面向21世纪课程教材

“十二五”普通高等教育
本科国家级规划教材

普通高等教育“十五”
国家级规划教材

普通高等教育“九五”
国家级重点教材

面向21世纪课程教材
Textbook Series for 21st Century

工科数学分析基础

第三版 下册

● 马知恩 王绵森 主编

高等教育出版社·北京

内容提要

本书第一版是教育部"高等教育面向21世纪教学内容和课程体系改革计划"的研究成果，是面向21世纪课程教材和教育部工科数学学科"九五"规划教材，普通高等教育"九五"国家级重点教材，曾获教育部2002年全国普通高等学校优秀教材一等奖；第二版是"十二五"普通高等教育本科国家级规划教材。第三版分上、下两册出版，第1—4章为上册，主要内容为一元函数微积分与常微分方程；第5—7章为下册，主要内容为多元函数微积分与无穷级数。

本书在保持第二版编写特色的基础上，根据几年来的教学实践经验，进行了较大的修订。适当降低了本书的难度，同时对部分内容进行了改写，使得本书思路更加简明，更加符合认识规律，更易于读者接受。在教材的表现形式上，采用双色印刷，并增加了边注和二维码，以满足读者的个性化学习需求。在习题的选配上，仍然分为A、B两类，并配有综合练习题，删去了一些难题，增加了一些基本训练题，还特别增加了章后习题，在书末附有部分习题答案与提示。

本书既可作为高等理工科院校的非数学类专业本科生教材，也可供其他专业选用和社会读者阅读。

图书在版编目(CIP)数据

工科数学分析基础. 下册 / 马知恩， 王绵森主编.
-- 3版. -- 北京 : 高等教育出版社， 2018.2(2022.12重印)
ISBN 978-7-04-049115-9

Ⅰ. ①工… Ⅱ. ①马… ②王… Ⅲ. ①数学分析-高等学校-教材 Ⅳ. ①O17

中国版本图书馆CIP数据核字(2017)第312683号

策划编辑	蒋　青	责任编辑	蒋　青	特约编辑	高　旭	封面设计	姜　磊
版式设计	张　杰	插图绘制	杜晓丹	责任校对	胡美萍	责任印制	存　怡

出版发行	高等教育出版社	网　址	http://www.hep.edu.cn
社　址	北京市西城区德外大街4号		http://www.hep.com.cn
邮政编码	100120	网上订购	http://www.hepmall.com.cn
印　刷	大厂益利印刷有限公司		http://www.hepmall.com
开　本	787 mm×1092 mm　1/16		http://www.hepmall.cn
印　张	23.75	版　次	1998年11月第1版
字　数	450千字		2018年 2 月第3版
购书热线	010－58581118	印　次	2022年12月第9次印刷
咨询电话	400－810－0598	定　价	51.80 元

本书如有缺页、倒页、脱页等质量问题，请到所购图书销售部门联系调换

物 料 号　49115－00

目　录

第五章　多元函数微分学及其应用

在上册中，我们讨论了一元函数微积分，研究的对象是仅依赖于一个自变量的一元函数.然而，在实际问题中常会遇到依赖于两个或两个以上自变量的所谓多元函数，因此，还需要讨论多元函数的微积分.多元函数微积分的基本概念、理论和方法是一元函数微积分中相应概念、理论和方法的推广与发展，它们既有许多相似之处，又有很多本质上的不同.读者在学习多元函数微积分的时候，要善于将它与一元函数微积分进行比较，既要注意它们的共同点和相互联系，更要注意它们之间的区别，研究多元函数所出现的新情况和新问题.这样，才能深刻理解，融会贯通.

本章讨论多元函数微分学.首先简要介绍 n 维 Euclid 空间 $\mathbf{R}^n$ 中点集的初步知识，在此基础上将极限、连续的概念推广到多元函数.然后重点讲解多元函数(包括多元数量值函数与多元向量值函数)的导数、微分与微分法以及它们的应用，包括利用多元函数微分讨论曲线和曲面的一些基本性质.

第一节　n 维 Euclid 空间 $\mathbf{R}^n$ 中点集的初步知识

由于多元函数的定义域是 n 维 Euclid 空间 $\mathbf{R}^n$ 中的子集，因此，本节先介绍 $\mathbf{R}^n$ 中点集的初步知识.

1.1　n 维 Euclid 空间 $\mathbf{R}^n$

大家知道，若在平面上建立平面直角坐标系 xOy，则平面上的任给一点 P（或实向量）必唯一地确定了一个二元有序实数组；反之，对于给定的二元有序实数组，也唯一地确定一个平面点(或实向量)，从而平面上的所有点(或实向量)与所有二元有序实数组建立了一一对应关系，并且两个实向量 $\boldsymbol{x}=(x_1,x_2)$ 与 $\boldsymbol{y}=(y_1,y_2)$ 的加法可表示为

$$\boldsymbol{x}+\boldsymbol{y}=(x_1+y_1,x_2+y_2),$$

实向量 $\boldsymbol{x}$ 与实数 $\alpha\in\mathbf{R}$ 的乘法可表示为

$$\alpha\boldsymbol{x}=(\alpha x_1,\alpha x_2),$$

这种实向量也称为平面(或二维)向量. 二维实向量的全体构成的集合记作 $\mathbf{R}^2$，按照向量的加法和数乘构成一个二维实向量空间(或二维实线性空间).

类比于二维实向量，我们称一个 n $(n>2)$ 元有序实数组

$$\boldsymbol{x}=(x_1,x_2,\cdots,x_n)\quad(x_i\in\mathbf{R},i=1,2,\cdots,n)$$

为一个 n **维实向量**，记 n 维实向量全体所构成的集合为

$$\mathbf{R}^n=\{\boldsymbol{x}=(x_1,x_2,\cdots,x_n)\mid x_i\in\mathbf{R},i=1,2,\cdots,n\}.$$

设有向量 $\boldsymbol{x}=(x_1,x_2,\cdots,x_n)\in\mathbf{R}^n$，$\boldsymbol{y}=(y_1,y_2,\cdots,y_n)\in\mathbf{R}^n$，定义两个向量的加法为

$$\boldsymbol{x}+\boldsymbol{y}=(x_1+y_1,x_2+y_2,\cdots,x_n+y_n),\tag{1.1}$$

向量 $\boldsymbol{x}$ 与数 $\alpha\in\mathbf{R}$ 的乘法为

$$\alpha\boldsymbol{x}=(\alpha x_1,\alpha x_2,\cdots,\alpha x_n),\tag{1.2}$$

并称 $\mathbf{R}^n$ 按照上述向量加法及数与向量的乘法构成一个 n **维实向量空间**(或 n **维实线性空间**).

在 n 维实向量空间 $\mathbf{R}^n$ 中也可以像二维实向量空间那样，定义两个向量 $\boldsymbol{x}$ 与 $\boldsymbol{y}$ 的**内积**为

$$\langle\boldsymbol{x},\boldsymbol{y}\rangle=\sum_{i=1}^{n}x_iy_i,\tag{1.3}$$

则 $\mathbf{R}^n$ 按照内积(1.3)构成一个 n **维 Euclid 空间**.

n 维 Euclid 空间 $\mathbf{R}^n$ 中的向量也称为点，向量 $\boldsymbol{x}$ 的第 i 个分量 x_i 也称为点 $\boldsymbol{x}$ 的第 i 个坐标. $\mathbf{R}^n$ 中的点(向量)常用小写黑体英文字母 $\boldsymbol{x},\boldsymbol{y},\boldsymbol{a},\boldsymbol{b}$ 等表示，有时也用大写英文字母 P,Q 等来表示 $\mathbf{R}^n$ 中的点.

$\mathbf{R}^n$ 中向量 $\boldsymbol{x}$ 的**长度**(或**范数**)定义为

$$\|\boldsymbol{x}\|=\sqrt{\langle\boldsymbol{x},\boldsymbol{x}\rangle}=\sqrt{x_1^2+x_2^2+\cdots+x_n^2},\tag{1.4}$$

注：本段利用联想类比的思想方法在高维空间 $\mathbf{R}^n$ $(n>2)$ 中引入线性运算和距离的概念，从而为研究 $\mathbf{R}^n$ 中点列的极限和多元函数的极限与连续性奠定基础. 类比法是科学技术中的一种创新思维方法，在多元函数微积分的研究中有广泛的应用.

两点 $\boldsymbol{x}$ 与 $\boldsymbol{y}$ 之间的**距离**定义为

$$\rho(\boldsymbol{x},\boldsymbol{y})=\|\boldsymbol{x}-\boldsymbol{y}\|=\sqrt{(x_1-y_1)^2+(x_2-y_2)^2+\cdots+(x_n-y_n)^2}.\tag{1.5}$$

1.2　$\mathbf{R}^n$ 中点列的极限

有了 $\mathbf{R}^n$ 空间中距离的概念,我们就能仿照数列(即 $\mathbf{R}$ 中的点列)极限的概念和有关性质来讨论 $\mathbf{R}^n$ 中的点列极限的概念和相应的性质.

定义 1.1(点列的极限)　设 $\{\boldsymbol{x}_k\}$ 是 $\mathbf{R}^n$ 中的一个点列,其中 $\boldsymbol{x}_k=(x_{k,1},x_{k,2},\cdots,x_{k,n})$,又设 $\boldsymbol{a}=(a_1,a_2,\cdots,a_n)$ 是 $\mathbf{R}^n$ 中的一固定点,若当 $k\to\infty$ 时,$\rho(\boldsymbol{x}_k,\boldsymbol{a})\to 0$,即

$$\forall \varepsilon>0,\exists N\in\mathbf{N}_+,\text{使得}\ \forall k>N,\text{恒有}\ \|\boldsymbol{x}_k-\boldsymbol{a}\|<\varepsilon, \tag{1.6}$$

则称点列 $\{\boldsymbol{x}_k\}$ 的**极限存在**,且称 $\boldsymbol{a}$ 为它的**极限**,记作

$$\lim_{k\to\infty}\boldsymbol{x}_k=\boldsymbol{a}\quad\text{或}\quad \boldsymbol{x}_k\to\boldsymbol{a}\ \ (k\to\infty).$$

这时也称点列 $\{\boldsymbol{x}_k\}$ **收敛于** $\boldsymbol{a}$.

定理 1.1　设点列 $\{\boldsymbol{x}_k\}\subseteq\mathbf{R}^n$,点 $\boldsymbol{a}\in\mathbf{R}^n$,则 $\lim\limits_{k\to\infty}\boldsymbol{x}_k=\boldsymbol{a}$ 的充要条件是 $\forall i=1,2,\cdots,n$,都有 $\lim\limits_{k\to\infty}x_{k,i}=a_i$.

证　由于 $\forall i=1,2,\cdots,n$,恒有

$$|x_{k,i}-a_i|\leqslant\|\boldsymbol{x}_k-\boldsymbol{a}\|.$$

根据定义 1.1 立即可证明必要性.下面证明充分性.设 $\forall i=1,2,\cdots,n$,都有 $\lim\limits_{k\to\infty}x_{k,i}=a_i$,则

$\forall\varepsilon>0,\exists N_i\in\mathbf{N}_+$,使得 $\forall k>N_i$,恒有 $|x_{k,i}-a_i|<\dfrac{\varepsilon}{\sqrt{n}}$.

令 $N=\max\{N_1,N_2,\cdots,N_n\}$,则 $\forall k>N$,必有

$$|x_{k,i}-a_i|<\frac{\varepsilon}{\sqrt{n}}\quad(i=1,2,\cdots,n).$$

从而 $\forall k>N$,有

$$\|\boldsymbol{x}_k-\boldsymbol{a}\|=\sqrt{\sum_{i=1}^{n}(x_{k,i}-a_i)^2}<\varepsilon,$$

故 $\lim\limits_{k\to\infty}\boldsymbol{x}_k=\boldsymbol{a}$.　▌

注:定理 1.1 表明,$\mathbf{R}^n$ 中点列 $\{\boldsymbol{x}_k\}$ 收敛于 $\boldsymbol{a}$ 等价于该点列的各个坐标(或分量)所构成的数列 $\{x_{k,i}\}$ 分别收敛于点 $\boldsymbol{a}$ 的相应坐标(或分量)a_i.从而,它把研究 $\mathbf{R}^n$ 中点列的收敛问题转化为实数列(即一维空间 $\mathbf{R}$ 中的点列)的收敛问题.这种"化多为一"的思想方法是一种将"未知"化为"已知"的方法,在多元函数微积分中经常使用.读者应认真学习,并用这种方法证明定理 1.2 中的(3).

定理 1.2　设 $\{\boldsymbol{x}_k\}$ 是 $\mathbf{R}^n$ 中的收敛点列,则

(1) $\{\boldsymbol{x}_k\}$ 的极限是唯一的;

(2) $\{\boldsymbol{x}_k\}$ 是有界点列,即 $\exists M\,(\in\mathbf{R})>0$,使得 $\forall k\in\mathbf{N}_+$,恒有 $\|\boldsymbol{x}_k\|\leqslant M$;

(3) 若 $\boldsymbol{x}_k\to\boldsymbol{a},\boldsymbol{y}_k\to\boldsymbol{b}$,则 $\boldsymbol{x}_k\pm\boldsymbol{y}_k\to\boldsymbol{a}\pm\boldsymbol{b},\alpha\boldsymbol{x}_k\to\alpha\boldsymbol{a},\langle\boldsymbol{x}_k,\boldsymbol{y}_k\rangle\to\langle\boldsymbol{a},\boldsymbol{b}\rangle$,其中 $\alpha\in\mathbf{R}$;

(4) 若 $\{\boldsymbol{x}_k\}$ 收敛于 $\boldsymbol{a}$,则它的任一子(点)列也收敛于 $\boldsymbol{a}$.

由于 $\mathbf{R}^n$ 中的向量不能比较大小,也不能相除,因此,数列极限中与单调性、保序

性、确界以及商有关的概念与命题不能直接地推广到 $\mathbf{R}^n$ 中的点列. 但是, Bolzano－Weierstrass 定理与 Cauchy 收敛原理在 $\mathbf{R}^n$ 中仍然成立.

想一想:

写出几个在数列极限中成立但对 $\mathbf{R}^n$ 中点列不成立的命题.

利用第一章定理 2.9 不难证明下面的定理.

定理 1.3(Bolzano−Weierstrass 定理) $\mathbf{R}^n$ 中的有界点列必有收敛子列.($\mathbf{R}^n$ 中点列 $\{\boldsymbol{x}_k\}$ 的收敛子列的极限也称为 $\{\boldsymbol{x}_k\}$ 的**极限点**.)

设 $\{\boldsymbol{x}_k\}$ 是 $\mathbf{R}^n$ 中的点列,若

$$\forall \varepsilon>0, \exists N \in \mathbf{N}_+, 使得\ \forall k>N 及\ p \in \mathbf{N}_+, 恒有\ \|\boldsymbol{x}_{k+p}-\boldsymbol{x}_k\|<\varepsilon,$$

则称 $\{\boldsymbol{x}_k\}$ 是 $\mathbf{R}^n$ 中的**基本点列**或 **Cauchy 点列**. 类似于定理 1.1 不难证明: $\{\boldsymbol{x}_k\}$ 是 Cauchy 点列的充要条件是 $\forall i=1,2,\cdots,n$, $\{x_{k,i}\}$ 都是 Cauchy 数列. 根据第一章中所介绍的数列的 Cauchy 收敛原理,立即可以得到 $\mathbf{R}^n$ 中点列的 Cauchy 收敛原理如下.

定理 1.4(Cauchy 收敛原理) $\mathbf{R}^n$ 中点列 $\{\boldsymbol{x}_k\}$ 收敛于 $\mathbf{R}^n$ 中的点的充要条件为 $\{\boldsymbol{x}_k\}$ 是 $\mathbf{R}^n$ 中的 Cauchy 点列.

这个定理刻画了空间 $\mathbf{R}^n$ 的完备性,就是说, $\mathbf{R}^n$ 中的 Cauchy 点列必收敛于 $\mathbf{R}^n$ 中的点. 现代数学中就是以此作为抽象空间完备性定义的.

1.3 $\mathbf{R}^n$ 中的开集与闭集

为了讨论多元函数的极限与连续性,本段简要地介绍 $\mathbf{R}^n$ 中点集的基本知识,包括开集、闭集与区域等. 虽然这些概念都是在空间 $\mathbf{R}^n$ 中定义的,但读者可以在平面 $\mathbf{R}^2$ 中去理解它们.

定义 1.2 设 A 是 $\mathbf{R}^n$ 中的一个点集, $\boldsymbol{a} \in \mathbf{R}^n$. 若存在 A 中的点列 $\{\boldsymbol{x}_k\}$, $\boldsymbol{x}_k \neq \boldsymbol{a}$ $(k=1,2,\cdots)$, 使得 $\boldsymbol{x}_k \to \boldsymbol{a}$ $(k\to\infty)$, 则称 $\boldsymbol{a}$ 是 A 的一个**聚点**. A 的所有聚点构成的集合称为 A 的**导集**, 记作 A'. 集合 $\overline{A}=A\cup A'$ 称为 A 的**闭包**. 若 $\boldsymbol{a}\in A$, 但 $\boldsymbol{a} \overline{\in} A'$, 则称 $\boldsymbol{a}$ 为 A 的**孤立点**. 若 $A'\subseteq A$, 则称 A 为**闭集**.

由定义易见,集 A 的聚点不一定属于 A. 若 A 的所有聚点都属于 A, 则 A 是闭集. 因此,若 A 是闭集, $\{\boldsymbol{x}_k\}$ 是 A 中的任一点列,且 $\boldsymbol{x}_k \to \boldsymbol{a}$ $(k\to\infty)$, 则 $\boldsymbol{a}\in A$. 反之亦真. 这说明闭集对于极限运算是封闭的.

例如,设 $A=\left\{\left(\dfrac{1}{k},\dfrac{1}{k}\right)\ \middle|\ k\in\mathbf{N}_+\right\}$ 是一平面点集,则点 $(0,0)$ 是 A 的唯一聚点,它不属于 A, 并且 $A'=\{(0,0)\}$, $\overline{A}=A\cup\{(0,0)\}$, A 中的所有点都是它的孤立点. A 不是闭集,但 $\overline{A}=A\cup\{(0,0)\}$ 是闭集.

由定义 1.2 易知,若 $A'=\varnothing$, 则 A 必为闭集. 从而知单点集和有限点集都是闭集.

定义 1.3　设 $\boldsymbol{a}\in\mathbf{R}^n$,$\delta>0$,称点集

$$U(\boldsymbol{a},\delta)=\{\boldsymbol{x}\in\mathbf{R}^n \mid \|\boldsymbol{x}-\boldsymbol{a}\|<\delta\}$$

为以 $\boldsymbol{a}$ 为中心、δ 为半径的**开球**或点 $\boldsymbol{a}$ 的 **δ 邻域**,称

$$\mathring{U}(\boldsymbol{a},\delta)=U(\boldsymbol{a},\delta)\setminus\{\boldsymbol{a}\}$$

为点 $\boldsymbol{a}$ 的**去心 δ 邻域**.它们可分别简记为 $U(\boldsymbol{a})$ 与 $\mathring{U}(\boldsymbol{a})$.

想一想:

在平面 $\mathbf{R}^2$ 上,画出点 $\boldsymbol{a}\in\mathbf{R}^2$ 的 δ 邻域和去心 δ 邻域.

在直线 $\mathbf{R}$ 上,开球 $U(a,\delta)$ 就是开区间 $(a-\delta,a+\delta)$;在平面 $\mathbf{R}^2$ 上,开球 $U(\boldsymbol{a},\delta)$ 就是以 $\boldsymbol{a}=(a_1,a_2)$ 为中心,δ 为半径的圆周 $(x_1-a_1)^2+(x_2-a_2)^2=\delta^2$ 内的所有点构成的集合(称为开圆盘);在空间 $\mathbf{R}^3$ 中,$U(\boldsymbol{a},\delta)$ 就是以 $\boldsymbol{a}=(a_1,a_2,a_3)$ 为中心,δ 为半径的球面 $(x_1-a_1)^2+(x_2-a_2)^2+(x_3-a_3)^2=\delta^2$ 内的所有点构成的集合,也就是通常所说的开球.

有了邻域的概念,$\mathbf{R}^n$ 中点列极限的概念也可以像数列极限那样,用邻域来刻画.设 $\{\boldsymbol{x}_k\}$ 是 $\mathbf{R}^n$ 中的一个点列,若

$$\forall\varepsilon>0,\ \exists N\in\mathbf{N}_+,\text{使得 }\forall k>N,\text{恒有 }\boldsymbol{x}_k\in U(\boldsymbol{a},\varepsilon),$$

则称点列 $\{\boldsymbol{x}_k\}$ 收敛于 $\boldsymbol{a}$,$\boldsymbol{a}$ 是 $\{\boldsymbol{x}_k\}$ 的极限.从而,得到下列用邻域来刻画集 A 聚点的定理:

定理 1.5　设 A 是 $\mathbf{R}^n$ 中的一个点集,$\boldsymbol{a}\in\mathbf{R}^n$,则 $\boldsymbol{a}\in A'$ 的充要条件为 $\forall\varepsilon>0$,$\mathring{U}(\boldsymbol{a},\varepsilon)\cap A\neq\varnothing$.也就是说,$\boldsymbol{a}$ 为 A 的聚点当且仅当 $\boldsymbol{a}$ 的任何去心 ε 邻域中都含有 A 中的点.

证　必要性　设 $\boldsymbol{a}\in A'$,根据定义 1.2,存在 A 中的点列 $\{\boldsymbol{x}_k\}$,$\boldsymbol{x}_k\neq\boldsymbol{a}$ $(k=1,2,\cdots)$,使得 $\lim\limits_{k\to\infty}\boldsymbol{x}_k=\boldsymbol{a}$.用邻域来表示,即 $\forall\varepsilon>0$,$\exists N\in\mathbf{N}_+$,使得 $\forall k>N$,恒有 $\boldsymbol{x}_k\in\mathring{U}(\boldsymbol{a},\varepsilon)$.由于 $\{\boldsymbol{x}_k\}\subseteq A$,从而得知,$\forall\varepsilon>0$,$\mathring{U}(\boldsymbol{a},\varepsilon)\cap A\neq\varnothing$,即 $\boldsymbol{a}$ 的任何去心 ε 邻域中都有 A 中的点.

充分性　若 $\forall\varepsilon>0$,$\mathring{U}(\boldsymbol{a},\varepsilon)\cap A\neq\varnothing$,则 $\forall k\in\mathbf{N}_+$,取 $\varepsilon_k=\dfrac{1}{k}$,必存在点 $\boldsymbol{x}_k\in\mathring{U}(\boldsymbol{a},\varepsilon_k)\cap A$.这就是说,存在 A 中的点列 $\{\boldsymbol{x}_k\}$,$\boldsymbol{x}_k\neq\boldsymbol{a}$ $(k=1,2,\cdots)$,并且 $\|\boldsymbol{x}_k-\boldsymbol{a}\|<\varepsilon_k=\dfrac{1}{k}$,从而 $\lim\limits_{k\to\infty}\boldsymbol{x}_k=\boldsymbol{a}$,故 $\boldsymbol{a}\in A'$.　▌

定义 1.4　设 $A\subseteq\mathbf{R}^n$,$\boldsymbol{a}\in\mathbf{R}^n$.

(1) 若存在 $\delta>0$,使 $U(\boldsymbol{a},\delta)\subseteq A$,则称 $\boldsymbol{a}$ 是集 A 的**内点**,由 A 的所有内点构成的集称为 A 的**内部**,记作 A° 或 $\operatorname{int}A$;

(2) 若存在 $\delta>0$,使 $U(\boldsymbol{a},\delta)\cap A=\varnothing$,则称 $\boldsymbol{a}$ 是集 A 的**外点**,A 的所有外点构成的集称为 A 的**外部**,记作 $\operatorname{ext} A$;

想一想:
一个集合 A 的边界点与聚点有什么不同?

(3) 若对任何 $\delta>0$,$U(\boldsymbol{a},\delta)$ 中既含有 A 中的点,也含有 A 的余集 A^c 中的点,则称 $\boldsymbol{a}$ 为集 A 的**边界点**,A 的所有边界点构成的集称为 A 的**边界**,记作 ∂A.

由定义 1.4 易见,$\mathbf{R}^n$ 中的任一点是且仅是 A 的内点、外点与边界点中的一种,即

$$\mathbf{R}^n=A^\circ\cup\partial A\cup\operatorname{ext} A,$$

且右端三个点集互不相交(图 5.1).

例 1.1 设 $A=\{(x,y)\in\mathbf{R}^2\mid(x-x_0)^2+(y-y_0)^2<\delta^2\}$,证明:

$$A^\circ=A,\ \partial A=\{(x,y)\in\mathbf{R}^2\mid(x-x_0)^2+(y-y_0)^2=\delta^2\},$$

$$\overline{A}=A\cup\partial A=\{(x,y)\in\mathbf{R}^2\mid(x-x_0)^2+(y-y_0)^2\leqslant\delta^2\}.$$

证 题中关于边界 ∂A 和闭包的结论是显然的,下面证明 $A^\circ=A$. 由定义知 $A^\circ\subseteq A$,因此只要证明 $A\subseteq A^\circ$. 设 $(\tilde{x},\tilde{y})\in A$,取 $\varepsilon<\delta-\sqrt{(\tilde{x}-x_0)^2+(\tilde{y}-y_0)^2}$,则点 $(\tilde{x},\tilde{y})$ 的 ε 邻域 $U((\tilde{x},\tilde{y}),\varepsilon)\subseteq A$,因而 $(\tilde{x},\tilde{y})$ 是 A 的内点(图 5.2),故 $A\subseteq A^\circ$. ▎

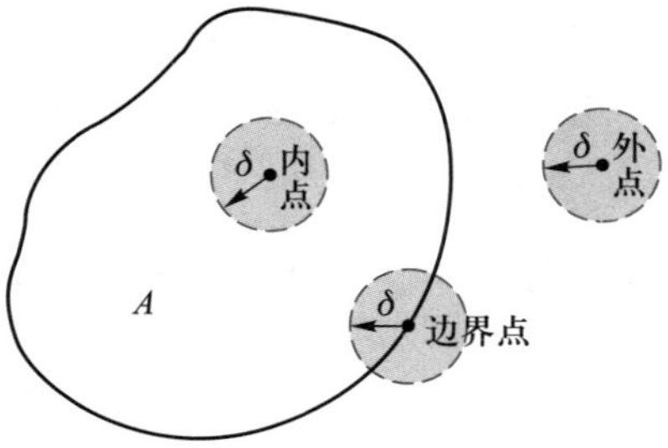

图 5.1

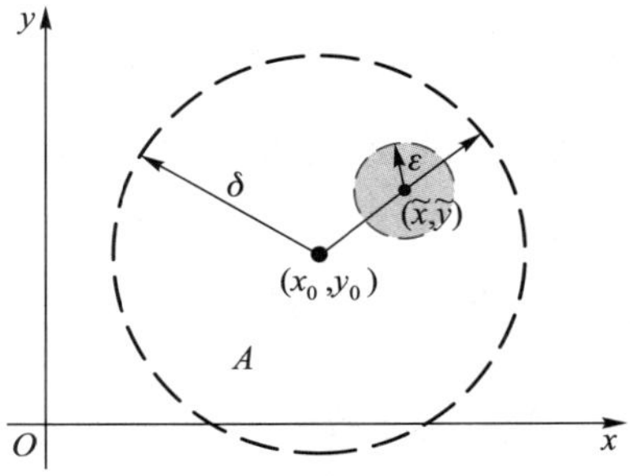

图 5.2

由定义易见,对于 $\mathbf{R}^n$ 中的任一点集 A,必有

$$\overline{A}=A\cup\partial A.$$

特别地,称开球与它的边界之并为**闭球**,记作

$$\overline{U}(\boldsymbol{a},\delta)=\{\boldsymbol{x}\in\mathbf{R}^n\mid\|\boldsymbol{x}-\boldsymbol{a}\|\leqslant\delta\}.$$

例 1.2 设 $A=\{(x,y)\in\mathbf{R}^2\mid x^2+y^2=0,1<x^2+y^2\leqslant4\}$(如图 5.3(a)所示). 由定义 1.4 易知,$A^\circ=\{(x,y)\in\mathbf{R}^2\mid1<x^2+y^2<4\}$,$\operatorname{ext} A=\{(x,y)\in\mathbf{R}^2\mid0<x^2+y^2<1,x^2+y^2>4\}$,$\partial A=\{(x,y)\in\mathbf{R}^2\mid x^2+y^2=1,x^2+y^2=4\}\cup\{(0,0)\}$,原点 $(0,0)$ 是 A 的孤立点,$\overline{A}=A\cup\partial A=\{(x,y)\in\mathbf{R}^2\mid x^2+y^2=0,1\leqslant x^2+y^2\leqslant4\}$ (A°、$\operatorname{ext} A$、∂A 及 $\overline{A}$ 分别如图 5.3(b)、 (c)、(d)及(e)所示).

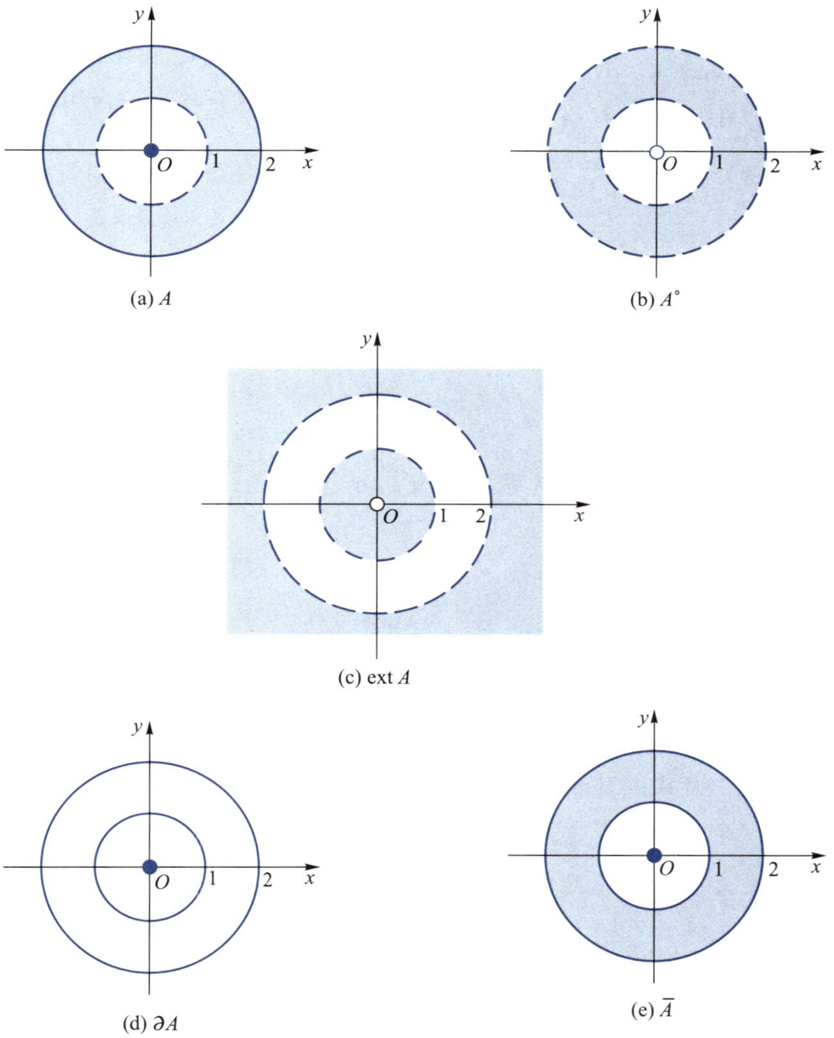

(a) A　(b) A°　(c) ext A　(d) ∂A　(e) $\overline{A}$

图 5.3

定义 1.5　设 $A\subseteq\mathbf{R}^n$,若 $A\subseteq A^{\circ}$,即 A 中的点全是 A 的内点,则称 A 为**开集**.

下面的定理刻画了开集与闭集的关系.

定理 1.6　$A\subseteq\mathbf{R}^n$ 是开集的充要条件为 A^c 是闭集.

***证**　**必要性**　设 A 是开集,故 $A^{\circ}=A$. 为了证明 A^c 是闭集,只要证明 $(A^c)'\subseteq A^c$. 若 $(A^c)'=\varnothing$,则显然有 $(A^c)'\subseteq A^c$. 若 $(A^c)'\neq\varnothing$,设 $\boldsymbol{x}\in(A^c)'$,则 $\forall\,\varepsilon>0$,

$$\mathring{U}(\boldsymbol{x},\varepsilon)\cap A^c\neq\varnothing.$$

由内点的定义知 $\boldsymbol{x}\notin A^{\circ}=A$,即 $\boldsymbol{x}\in A^c$,故 $(A^c)'\subseteq A^c$.

充分性　设 A^c 是闭集,即 $(A^c)'\subseteq A^c$. 为了证明 A 是开集 由于 $A^{\circ}\subseteq A$,所以只要

证明 $A\subseteq A^{\circ}$.设 $\boldsymbol{x}\in A$,则 $\boldsymbol{x}\,\overline{\in} A^c$.又因 A^c 为闭集,故有 $(A^c)'\subseteq A^c$,所以有 $\boldsymbol{x}\,\overline{\in}(A^c)'$.根据定理1.5,必 $\exists\delta_0>0$,使 $\mathring{U}(\boldsymbol{x},\delta_0)\cap A^c=\varnothing$,故 $\mathring{U}(\boldsymbol{x},\delta_0)\subseteq A$,又由 $\boldsymbol{x}\in A$,知 $\boldsymbol{x}\in A^{\circ}$,所以 $A\subseteq A^{\circ}$. ▍

想一想:

画出 $\mathbf{R}^3$ 空间中的开球与开区间、闭球与闭区间的几何图形.

例 1.3 $\mathbf{R}^n$ 中的开球 $U(\boldsymbol{a},\delta)$ 与开区间

$$(\boldsymbol{a},\boldsymbol{b})=\{\boldsymbol{x}=(x_1,x_2,\cdots,x_n)\in \mathbf{R}^n \mid a_i<x_i<b_i,i=1,2,\cdots,n\}$$

都是开集. 闭球 $\overline{U}(\boldsymbol{a},\delta)$ 与闭区间

$$[\boldsymbol{a},\boldsymbol{b}]=\{\boldsymbol{x}\in(x_1,x_2,\cdots,x_n)\in \mathbf{R}^n \mid a_i\leqslant x_i\leqslant b_i,i=1,2,\cdots,n\}$$

都是闭集.例1.2中的 A° 与 ext A 都是开集,∂A 与 $\overline{A}$ 都是闭集.

注意: 开集与闭集是常常碰到的两类点集,但是还存在着很多其他类型的点集.例如,直线 $\mathbf{R}$ 上的有理点集与无理点集既不是开集,又不是闭集,因为它们都没有内点,而且任一实数都是它们的聚点.因此,不能说一个点集"非开即闭".

下面的定理刻画了开集的特征.

想一想:

试举出无穷多个开集的交不是开集的例子.

定理 1.7 在 n 维 Euclid 空间 $\mathbf{R}^n$ 中,开集有如下性质:

(1) 空集 $\varnothing$ 与全空间 $\mathbf{R}^n$ 是开集;

(2) 任意多个开集的并是开集;

(3) 有限多个开集的交是开集.

***证** 根据定义,性质(1)显然成立.

(2) 设 $A_\alpha\subseteq\mathbf{R}^n$ ($\alpha\in\Lambda$,Λ 称为指标集)是一族开集.任取 $\boldsymbol{x}\in\bigcup\limits_{\alpha\in\Lambda}A_\alpha$,则必 $\exists\alpha_0\in\Lambda$ 使 $\boldsymbol{x}\in A_{\alpha_0}$.由于 A_{α_0} 是开集,所以 $\exists\delta>0$,使 $U(\boldsymbol{x},\delta)\subseteq A_{\alpha_0}\subseteq\bigcup\limits_{\alpha\in\Lambda}A_\alpha$,即 $\boldsymbol{x}$ 是 $\bigcup\limits_{\alpha\in\Lambda}A_\alpha$ 的内点,故 $\bigcup\limits_{\alpha\in\Lambda}A_\alpha$ 是开集.

(3) 设 $A_k\subseteq\mathbf{R}^n$ ($k=1,2,\cdots,m$)是开集,任取 $\boldsymbol{x}\in\bigcap\limits_{k=1}^{m}A_k$,则 $\boldsymbol{x}\in A_k$ ($k=1,2,\cdots,m$).由于 A_k 是开集,所以 $\forall k=1,2,\cdots,m$, $\exists\delta_k>0$,使 $U(\boldsymbol{x},\delta_k)\subseteq A_k$.取 $\delta=\min\{\delta_1,\delta_2,\cdots,\delta_m\}$,则

$$U(\boldsymbol{x},\delta)\subseteq U(\boldsymbol{x},\delta_k)\subseteq A_k\quad(k=1,2,\cdots,m).$$

因此,$U(\boldsymbol{x},\delta)\subseteq\bigcap\limits_{k=1}^{m}A_k$,即 $\boldsymbol{x}$ 是 $\bigcap\limits_{k=1}^{m}A_k$ 的内点,故 $\bigcap\limits_{k=1}^{m}A_k$ 是开集. ▍

由此定理,读者不难利用对偶原理(第一章第一节法则2)证明 $\mathbf{R}^n$ 中闭集的三个对应的基本性质:

（1）空集 $\varnothing$ 和全空间 $\mathbf{R}^n$ 是闭集；

（2）任意多个闭集的交是闭集；

（3）有限多个闭集的并是闭集.

1.4　$\mathbf{R}^n$ 中的紧集与区域

设 A 是 $\mathbf{R}^n$ 中的一个点集，如果存在一个常数 $M>0$，使得 $\forall \boldsymbol{x}\in A$，都有 $\|\boldsymbol{x}\|\leqslant M$，则称 A 是**有界集**，否则称为**无界集**. 显然，有界集的几何含义是它能包含在 $\mathbf{R}^n$ 中一个以原点 $\mathbf{0}$ 为中心、M 为半径的闭球 $\overline{U}(\mathbf{0},M)$ 中.

定义 1.6　设 A 是 $\mathbf{R}^n$ 中的一个点集，若 A 是有界闭集，则称 A 为**紧集**.

根据 Bolzano–Weierstrass 定理，若 A 是 $\mathbf{R}^n$ 中的紧集，则 A 中任何点列都有收敛于 A 中点的子列.

定义 1.7　设 $A\subseteq\mathbf{R}^n$ 是一个点集，如果 A 中的任意两点 $\boldsymbol{x}$ 与 $\boldsymbol{y}$ 都能用完全属于 A 的有限个线段①联结起来，则称 A 是**连通集**. 连通的开集称为**区域**. 区域与它的边界之并称为**闭区域**②.

显然，$\mathbf{R}^2$ 中的开圆盘是区域，闭圆盘是闭区域，图 5.4(a) 所示的 $\mathbf{R}^2$ 的点集是区域，图 5.4(b) 所示点集不是区域，在开圆盘中去掉任意一条直径后所得到的集合也不是区域，因为它们都破坏了集合的连通性.

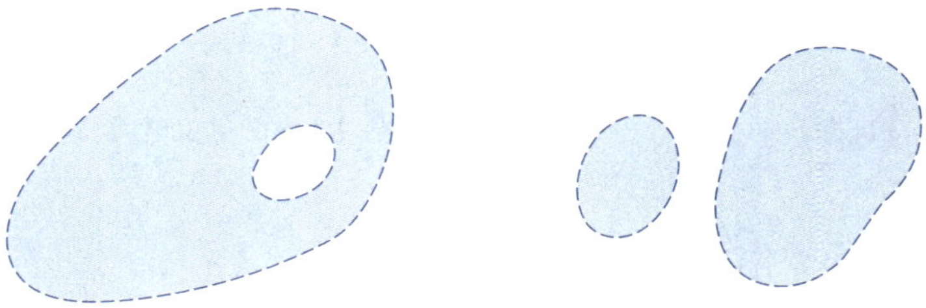

(a)　　(b)

图 5.4

设 $A\subseteq\mathbf{R}^n$，若联结 A 中任意两点的线段都属于 A，即若 $\boldsymbol{x}_1,\boldsymbol{x}_2\in A$，则 $\forall t\in[0,1]$，$t\boldsymbol{x}_1+(1-t)\boldsymbol{x}_2\in A$，则称 A 是 $\mathbf{R}^n$ 中的**凸集**. 由定义 1.7 得知，任何凸集都是连通的，因而任何凸开集都是区域.

---

①　设 $\boldsymbol{a}$ 与 $\boldsymbol{b}$ 是 $\mathbf{R}^n$ 中两个不同点，称 $\mathbf{R}^n$ 的点集

$$\{t\boldsymbol{a}+(1-t)\boldsymbol{b}\mid t\in\mathbf{R},0\leqslant t\leqslant 1\}$$

为 $\mathbf{R}^n$ 中联结点 $\boldsymbol{a}$ 与 $\boldsymbol{b}$ 的**线段**.

②　严格地说，所谓区域是指开区域，但有时区域也作为开区域与闭区域的统称.

习题 5.1

(A)

1. 设 $\{\boldsymbol{x}_k\}$ 为 $\mathbf{R}^n$ 中的点列，$\boldsymbol{a}\in\mathbf{R}^n$，$\lim\limits_{k\to\infty}\boldsymbol{x}_k=\boldsymbol{a}$，证明：$\lim\limits_{k\to\infty}\|\boldsymbol{x}_k\|=\|\boldsymbol{a}\|$.

2. 求平面 $\mathbf{R}^2$ 中下列点列的极限(其中 $n\in\mathbf{N}_+$)：

(1) $\left(\dfrac{(-1)^n}{n},\dfrac{n}{n-1}\right)$；　　(2) $\left(\dfrac{n^2+1}{n^2-n-1},\left(1+\dfrac{1}{n}\right)^n\right)$.

3. 证明定理 1.2 中的(2)，(4).

4. 求下列各集的导集、闭包，并说明是否为闭集：

(1) $A=\{(x,y)\mid x^2+y^2>2\}$；　　(2) $A=\left\{\left(\dfrac{1}{m},\dfrac{1}{n}\right)\middle| m,n\in\mathbf{N}_+\right\}$；

(3) $A=\{(x,y)\mid x,y$ 为整数$\}$；　　(4) $A=\{(x,y)\mid x,y$ 为有理数$\}$.

5. 下列集合是开集还是闭集，求出它们的内部、边界和闭包：

(1) $A=\{(x,y)\in\mathbf{R}^2\mid x\geqslant0,y\geqslant0,x+y\leqslant1\}$；　　(2) $A=\{(x,y)\in\mathbf{R}^2\mid y<x^2\}$；

(3) $A=\{\boldsymbol{x}\in\mathbf{R}^2\mid \|\boldsymbol{x}\|=1\}$；　　(4) $A=\{(x,y)\in\mathbf{R}^2\mid -1<x<1,y=0\}$.

6. 第 5 题中的集合是否为区域？有界还是无界？

7. 说明下列集合是紧集：

(1) 有限点集；　　(2) $A=\left\{0,1,\dfrac{1}{2},\dfrac{1}{3},\cdots\right\}$；

(3) $\mathbf{R}^n$ 中的闭区间；　　(4) $\mathbf{R}^n$ 中的单位球面 $\{\boldsymbol{x}\in\mathbf{R}^n\mid \|\boldsymbol{x}\|=1\}$.

(B)

1. 设 $A\subseteq\mathbf{R}^n$ 是一个点集. 证明：

(1) A° 与 $\operatorname{ext}A$ 是开集；　　(2) A'，∂A 是闭集；

(3) A 为开集$\Leftrightarrow A\cap\partial A=\varnothing$.

2. 以 $n=2$ 为例证明**聚点原理**：$\mathbf{R}^n$ 中的有界无限点集至少有一个聚点.

第二节 多元函数的极限与连续性

本节首先介绍多元数量值函数与多元向量值函数的概念，然后将一元函数的极限和连续性概念推广到多元函数，并讨论多元连续函数的性质.

2.1 多元函数的概念

在科学技术问题中常常要研究多个变量之间的关系. 例如，理想气体状态方程式

$p=R\dfrac{T}{V}$(R 为常数)表示气体的压强 p 对体积 V 与绝对温度 T 的依赖关系,可以看成两个自变量 V 和 T 与一个因变量 p 之间的关系.又如,将点电荷 q 置于空间 $\mathbf{R}^3$ 的坐标原点处,根据 Coulomb 定律,它在空间 $\mathbf{R}^3$ 中任一点 $\boldsymbol{r}=(x,y,z)$ 处产生的电场强度为

$$\boldsymbol{E}=kq\frac{\boldsymbol{r}}{\|\boldsymbol{r}\|^3}=kq\frac{x\boldsymbol{i}+y\boldsymbol{j}+z\boldsymbol{k}}{(x^2+y^2+z^2)^{3/2}}=E_x\boldsymbol{i}+E_y\boldsymbol{j}+E_z\boldsymbol{k}.$$

它表示电场强度向量 $\boldsymbol{E}=(E_x,E_y,E_z)$ 对空间点的坐标 x,y,z 的依赖关系,可以看作是三个自变量 x,y,z 与三个因变量 E_x,E_y,E_z 之间的关系,也可看成是三个变量 x,y,z 与一个向量 $\boldsymbol{E}$ 之间的关系.理想气体状态方程式中压强 p 就是 V,T 的一个数量值函数,而电场强度向量 $\boldsymbol{E}$ 就是 x,y,z 的一个向量值函数.因此,我们既要讨论多元数量值函数,还要讨论多元向量值函数.

定义 2.1　设 $A\subseteq\mathbf{R}^n$ 是一个点集,称映射 $f:A\to\mathbf{R}$ 是定义在 A 上的一个 n **元数量值函数**,简称为 n **元函数**,也可记作

$$w=f(\boldsymbol{x})=f(x_1,x_2,\cdots,x_n),$$

其中 $\boldsymbol{x}=(x_1,x_2,\cdots,x_n)\in A$ 称为**自变量**,$D(f)=A$ 称为 f 的**定义域**,w 称为**因变量**,与给定的 $\boldsymbol{x}\in D(f)$ 所对应的 w 称为函数 f 在点 $\boldsymbol{x}$ 处的**值**,$R(f)=\{w\mid w=f(\boldsymbol{x}),\boldsymbol{x}\in D(f)\}$ 称为 f 的**值域**.

习惯上,二元函数常记成 $z=f(x,y),(x,y)\in A\subseteq\mathbf{R}^2$.三元函数常记成

$$u=f(x,y,z),\ (x,y,z)\in A\subseteq\mathbf{R}^3.$$

例 2.1　求下列函数的定义域 D:

(1) $z=\ln(1-x^2-2y^2)$;　　(2) $z=\sqrt{1-x^2}+\sqrt{y^2-1}$;

(3) $w=\dfrac{1}{\sqrt{z-x^2-y^2}}$.

解　(1) $D=\{(x,y)\in\mathbf{R}^2\mid x^2+2y^2<1\}$,它是 xOy 平面上以椭圆 $x^2+2y^2=1$ 为边界的有界区域(图 5.5(a)中阴影部分).

(2) $D=\{(x,y)\in\mathbf{R}^2\mid |x|\leqslant1,|y|\geqslant1\}$,它表示 xOy 平面上的两个无界闭区域(图 5.5(b)中阴影部分).

(3) $D=\{(x,y,z)\in\mathbf{R}^3\mid z>x^2+y^2\}$,它表示三维空间 $\mathbf{R}^3$ 中抛物面 $z=x^2+y^2$ 上方的无界区域(图 5.5(c)中阴影部分). ▍

多元数量值函数的两种几何表示法　类似于一元函数,多元数量值函数也可以

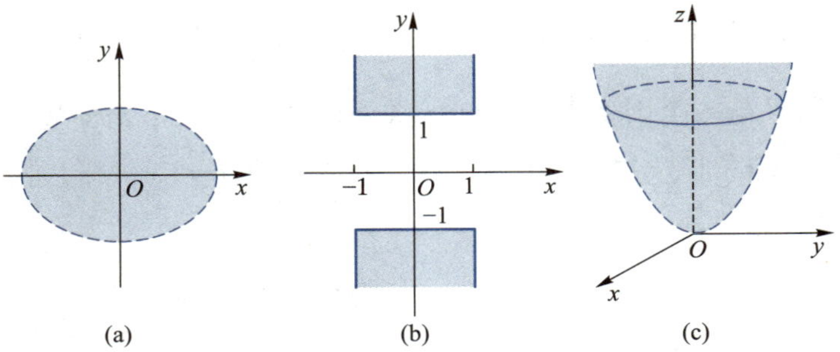

图 5.5

用它们的图像来表示.

二元函数 $z=f(x,y)((x,y)\in A\subseteq\mathbf{R}^2)$ 的图像

$$\mathrm{Gr}\,f=\{(x,y,z)\mid(x,y)\in A,z=f(x,y)\}$$

是 $\mathbf{R}^3$ 中的点集,通常是 $\mathbf{R}^3$ 中的一张曲面,而这个曲面在 xOy 坐标面的投影区域就是函数 f 的定义域 A.一般地,n 元函数 $w=f(x_1,x_2,\cdots,x_n)((x_1,x_2,\cdots,x_n)\in A\subseteq\mathbf{R}^n)$ 的图像

$$\mathrm{Gr}\,f=\{(x_1,x_2,\cdots,x_n,w)\mid(x_1,x_2,\cdots,x_n)\in A,w=f(x_1,x_2,\cdots,x_n)\}$$

是 $\mathbf{R}^{n+1}$ 中的点集.例如,二元函数 $z=\sqrt{x^2+y^2}$ $((x,y)\in\mathbf{R}^2)$ 的图像是 $\mathbf{R}^3$ 中以原点为顶点的 xOy 平面上方的圆锥面.n 元线性函数

$$w=a_1x_1+a_2x_2+\cdots+a_nx_n=\langle\boldsymbol{a},\boldsymbol{x}\rangle\quad(\boldsymbol{x}=(x_1,x_2,\cdots,x_n)\in\mathbf{R}^n)$$

的图像常称为 $\mathbf{R}^{n+1}$ 中的超平面,其中 $\boldsymbol{a}=(a_1,a_2,\cdots,a_n)\in\mathbf{R}^n$ 是常向量,但当 $n>2$ 时,它的图形无法显示出来.

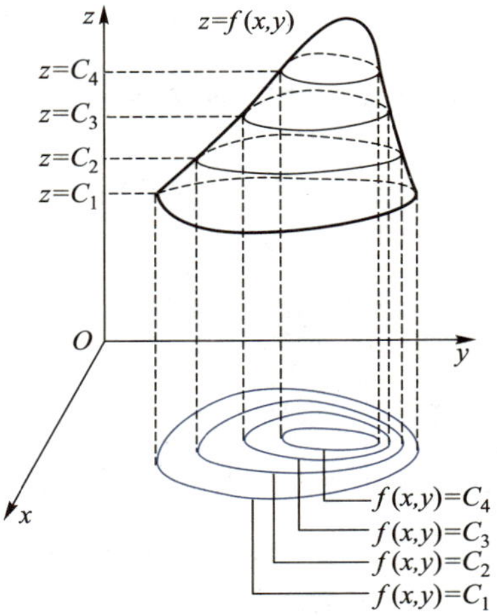

图 5.6

等值线 另一种图示函数 $z=f(x,y)$ 的方法是利用它的所谓等值线 $f(x,y)=C$(其中 C 为常数),它表示 xOy 平面上使函数 $z=f(x,y)$ 取相同函数值 C 的点 (x,y) 构成的集合.

容易看出,等值线 $f(x,y)=C$ 实际上就是曲面 $z=f(x,y)$ 与平面 $z=C$ 的交线在 xOy 坐标平面上的投影(图 5.6).因此,对于不同的 C,就得到不同的等值线,一个函数的所有等值线构成 xOy 平面上的一个曲线族. 将等值线族 $f(x,y)=C$ 中各曲线铅直提升(或下降)到相应的高度 $z=C$ 处,就不难想象出曲面 $z=f(x,y)$ 的图像.例如地图中的等高线就是等值线的一种例子.用水平平面 $z=C$ 截小山表面,其截

线在 xOy 平面上的投影就是表示这个小山表面形状的函数 $z=f(x,y)$ 的等高线 $f(x,y)=C$.这一系列(C 取不同值)等高线就形成了此山体的地形图(鸟瞰图).例如,若图5.6中的曲面 $z=f(x,y)$ 表示一小山的表面形状,由其等高线 $f(x,y)=C$ 便可看出,山体朝向 y 轴正向的一侧等高线分布较密,山体较为陡峭,而相反的一侧等高线分布较稀疏,山体较为平缓.

例 2.2　画出函数 $z=x^2+y^2$ 的等值线,并由此等值线讨论此曲面的形状.

解　显然,此等值线为

$$x^2+y^2=C.$$

容易看出,当 $C>0$ 时,等值线是以原点为中心的同心圆族(图5.7),C 越小圆半径越小;$C=0$ 时为原点 $O(0,0)$;$C<0$ 时无图形.由此可知,此曲面仅位于 xOy 平面的上方,与 xOy 平面相切于原点,在 xOy 平面上方与水平平面 $z=C$ 的截面都是圆,且越往上开口半径越大. ▌

想一想:

试根据例2.2与例2.3中所画出的两个函数等值线分布和变化的状况描绘出它们所表示的曲面的图形.

例 2.3　画出函数 $z=xy$ 的等值线,并对函数图像加以讨论.

解　等值线为

$$xy=C,$$

它是 xOy 平面上的等轴双曲线族(图5.8).

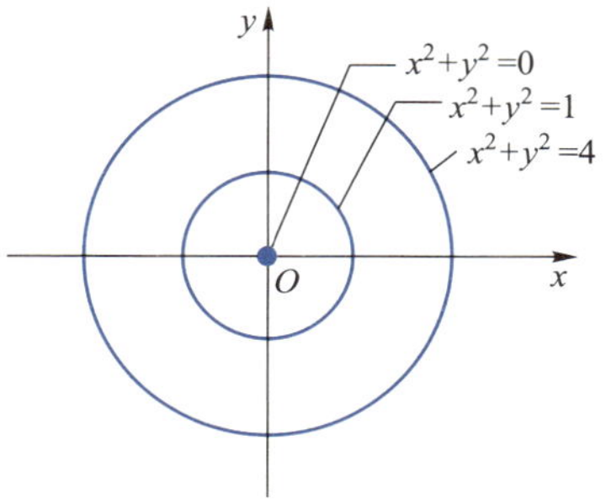

图 5.7

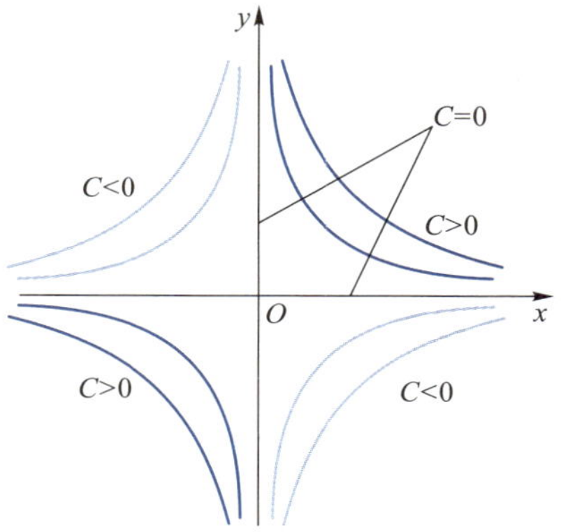

图 5.8

当 $C>0$ 时,等值线是位于第一与第三象限的双曲线族;当 $C<0$ 时,等值线是位于第二与第四象限的双曲线族;当 $C=0$ 时,等值线是直线 $x=0$ 与 $y=0$.因此,此等值线所表示的曲面 $z=xy$ 从两坐标轴在第一与第三象限逐渐向上升起并逐渐向外扩大;同时由两坐标轴在第二和第四象限逐渐向下向外延伸.原点 $O(0,0)$ 称为此曲面的

鞍点. ▍

对于三元函数 $u=f(x,y,z)$,它的图像不可能在四维空间中呈现,但我们却可以在三维空间 $Oxyz$ 中用曲面 $f(x,y,z)=C$ 来显示此三元函数的某些特征. $f(x,y,z)=C$ 称为函数 $u=f(x,y,z)$ 的**等值面**,其中 C 为常数.

例如,在置于原点 O 处的点电荷 q 所形成的电场中,电位函数为 $u=f(x,y,z)=\dfrac{q}{4\pi\varepsilon r}$,其中 $r=\sqrt{x^2+y^2+z^2}$,则电位 u 的等值面方程为

$$\frac{q}{4\pi\varepsilon r}=C \quad 或 \quad x^2+y^2+z^2=\left(\frac{q}{4\pi\varepsilon C}\right)^2.$$

它显然是以原点 O 为中心的同心球面.它表明,在由此点电荷 q 形成的电场中,在以此点为中心的任一球面上各点的电位相同,且 C 越小,球面的半径越大,其上各点的电位越低.在无限远离点电荷 q 的地方,电位将趋于零.

定义 2.2 设 $A\subseteq\mathbf{R}^n$ 是一个点集,称映射 $\boldsymbol{f}:A\to\mathbf{R}^m\ (m\geqslant 2)$ 为定义在 A 上的一个 n **元向量值函数**,也可记作 $\boldsymbol{y}=\boldsymbol{f}(\boldsymbol{x}),\boldsymbol{x}\in A$,其中 $\boldsymbol{x}=(x_1,x_2,\cdots,x_n)\in A$ 是自变量,$\boldsymbol{y}=(y_1,y_2,\cdots,y_m)\in\mathbf{R}^m$ 是因变量,$\boldsymbol{f}=(f_1,f_2,\cdots,f_m)$.

显然,一个 n 元向量值函数 $\boldsymbol{y}=\boldsymbol{f}(\boldsymbol{x})$ 对应于 m 个 n 元数量值函数:

$$\begin{cases} y_1=f_1(x_1,x_2,\cdots,x_n),\\ y_2=f_2(x_1,x_2,\cdots,x_n),\\ \qquad\cdots\cdots\cdots\cdots\\ y_m=f_m(x_1,x_2,\cdots,x_n). \end{cases}$$

为了运算方便起见,有时把 $\mathbf{R}^n$ 与 $\mathbf{R}^m$ 中的向量写成列向量.在这种情况下,可把 n 元向量值函数写成如下形式:

$$\boldsymbol{y}=\begin{pmatrix} y_1\\ y_2\\ \vdots\\ y_m \end{pmatrix}=\begin{pmatrix} f_1(\boldsymbol{x})\\ f_2(\boldsymbol{x})\\ \vdots\\ f_m(\boldsymbol{x}) \end{pmatrix}=\begin{pmatrix} f_1(x_1,x_2,\cdots,x_n)\\ f_2(x_1,x_2,\cdots,x_n)\\ \vdots\\ f_m(x_1,x_2,\cdots,x_n) \end{pmatrix},$$

其中 $\boldsymbol{x}=(x_1,x_2,\cdots,x_n)^{\mathrm{T}},\boldsymbol{y}=(y_1,y_2,\cdots,y_m)^{\mathrm{T}},\boldsymbol{f}=(f_1,f_2,\cdots,f_m)^{\mathrm{T}}$.

例 2.4 我们知道,空间 $\mathbf{R}^3$ 中曲线的参数方程为

$$x=x(t),y=y(t),z=z(t),\quad t\in[\alpha,\beta]\subset\mathbf{R},$$

它可以看成是从 $[\alpha,\beta]$ 到 $\mathbf{R}^3$ 的一个映射,即一元向量值函数

$$\boldsymbol{r}=\boldsymbol{r}(t),\quad t\in[\alpha,\beta],$$

其中 $\boldsymbol{r}(t)=(x(t),y(t),z(t))\in\mathbf{R}^3$. 本段开始提到的电场强度向量 $\boldsymbol{E}(\boldsymbol{r})=\boldsymbol{E}(x,y,z)$ 可以看成是从 $\mathbf{R}^3$ 到 $\mathbf{R}^3$ 的三元向量值函数.

2.2　多元函数的极限与连续性

与一元函数一样,为了建立多元函数微积分的理论,必须将一元函数的极限与连续性概念推广到多元函数. 这两个概念从一元推广到二元会有本质上的变化,而从二元推广到 n $(n>2)$ 元没有任何实质性的困难,因此,下面主要讨论二元函数.

设 A 是平面 $\mathbf{R}^2$ 上的一个点集,(x_0,y_0) 是 $\mathbf{R}^2$ 中的一点. 我们仿照一元函数极限的定义来定义二元数量值函数 $f:A\to\mathbf{R}$ 当 $(x,y)\to(x_0,y_0)$ 的极限. 在讨论一元函数 f 当 $x\to x_0$ 时的极限定义时,要求函数 f 定义在 x_0 的某去心邻域上. 这是由于:一方面极限是用来研究当 $x\to x_0$ 时 $f(x)$ 的变化趋势的,它与 f 在 x_0 处是否有定义,以及 f 在 x_0 处的函数值 $f(x_0)$ 的大小无关,也就是说,与 x_0 是否在 f 的定义域中无关;另一方面,为了反映 $f(x)$ 变化的趋势,还应要求在 x_0 的任何去心邻域中都含有 f 的定义域中的点 x. 从这一要求来看,f 在 x_0 的某去心邻域中的每一点有定义的要求显得过高,实际上只需要求在 x_0 的任何去心邻域中均含有使 f 有定义的点即可,即要求 x_0 是 f 的定义域的聚点. 下面,我们在这一放宽要求的前提下来定义二元函数的极限.

定义 2.3(二重极限)　设有点集 $A\subseteq\mathbf{R}^2$,$f:A\to\mathbf{R}$ 是一个二元数量值函数,(x_0,y_0) 是 A 的一个聚点. 若存在常数 $a\in\mathbf{R}$,使得

$$\forall\varepsilon>0,\exists\delta>0,\text{当}(x,y)\in\mathring{U}((x_0,y_0),\delta)\cap A\text{时,恒有}$$

$$|f(x,y)-a|<\varepsilon,\tag{2.1}$$

则称当 $(x,y)\to(x_0,y_0)$ 时 $f(x,y)$ **有极限**,且称 a 为当 $(x,y)\to(x_0,y_0)$ 时 $f(x,y)$ 的**极限**,记作

$$\lim_{(x,y)\to(x_0,y_0)}f(x,y)=a\quad\text{或}\quad\lim_{\substack{x\to x_0\\y\to y_0}}f(x,y)=a,$$

这个极限也称为**二重极限**. 否则,称当 $(x,y)\to(x_0,y_0)$ 时 $f(x,y)$ **没有极限**.

在上面的定义中,由于 f 的定义域是一个集合 A,因此,在(2.1)式中要求 $(x,y)\in\mathring{U}((x_0,y_0),\delta)\cap A$.

二重极限的定义在形式上与一元函数极限定义

注意:二重极限定义中,“当 $(x,y)\in\mathring{U}((x_0,y_0),\delta)\cap A$ 时”表示 (x,y) 满足不等式 $0<\sqrt{(x-x_0)^2+(y-y_0)^2}<\delta$ 且 (x,y) 是 A 中的点. 实际上,上面的不等式也可用

$$0<|x-x_0|<\delta_1,\quad 0<|y-y_0|<\delta_2$$

来代替(其中 δ_1,δ_2 为两个正常数). 你能给出证明吗?

并无多大差异,因此,一元函数极限的有关性质(如唯一性、局部有界性、局部保号性、夹逼准则以及 Heine 定理等)和运算法则都可以推广到二重极限中来,这里不再一一重述.

但是,在二重极限中,由于自变量的增多,产生了一些与一元函数极限的本质差异.在一元函数极限中,点 x 只能在数轴上从 x_0 左右趋于 x_0;在二重极限中,点 (x,y) 在平面集合 A 中趋于 (x_0,y_0) 的方式可能是多种多样的,方向可以任意多,路径也可以是千姿百态的.所谓 $\lim\limits_{(x,y)\to(x_0,y_0)} f(x,y)=a$ 是指当点 (x,y) 在集合 A 中从 (x_0,y_0) 的四面八方以可能有的任何方式和任何路径趋于 (x_0,y_0) 时,$f(x,y)$ 都趋于同一个常数 a.因此,如果当 (x,y) 以两种不同的方式或路径趋于 (x_0,y_0) 时 $f(x,y)$ 趋于不同的数,或者 (x,y) 按某一方式或路径趋于 (x_0,y_0) 时 $f(x,y)$ 不趋于一个确定的数,那么就可以断定当 (x,y) 趋于 (x_0,y_0) 时 $f(x,y)$ 的极限不存在.

二维码 5.2.1 二重极限与一元函数极限的比较.

例 2.5 用定义证明 $\lim\limits_{(x,y)\to(0,0)}\dfrac{x^2y}{x^2+y^2}=0$.

证 因为函数 $f(x,y)=\dfrac{x^2y}{x^2+y^2}$ 的定义域 $A=\mathbf{R}^2\setminus\{(0,0)\}$,并且

$$|f(x,y)-0|=\left|\frac{x^2y}{x^2+y^2}\right|\leqslant|y|\leqslant\sqrt{x^2+y^2}.$$

所以,对任给的 $\varepsilon>0$,只要取 $\delta=\varepsilon$,则当 $0<\|(x,y)-(0,0)\|=\sqrt{x^2+y^2}<\delta$ 时(即 $\forall(x,y)\in\mathring{U}((0,0),\delta)\cap A$),就有

$$|f(x,y)-0|<\varepsilon,$$

根据定义 2.3 知 $\lim\limits_{(x,y)\to(0,0)}\dfrac{x^2y}{x^2+y^2}=0$. ▌

☞二维码 5.2.2 判定二重极限不存在有哪些常用方法.

例 2.6 设 $f(x,y)=\dfrac{xy}{x^2+y^2}$,讨论二重极限 $\lim\limits_{(x,y)\to(0,0)} f(x,y)$ 是否存在.

解 当点 (x,y) 沿着直线 $y=kx$ 趋于 $(0,0)$ 时,有

$$\lim_{\substack{(x,y)\to(0,0)\\ y=kx}} f(x,y)=\lim_{x\to0}\frac{kx^2}{(1+k^2)x^2}=\frac{k}{1+k^2}.$$

上式说明,若 k 取不同值,即当 (x,y) 沿着不同的直线 $y=kx$ 趋于 $(0,0)$ 时,$f(x,y)$ 趋于不同的常数,因此 $\lim\limits_{(x,y)\to(0,0)} f(x,y)$ 不存在. ▌

明白了二元函数极限的概念,就不难讨论二元函数的连续性问题.与一元函数的连续性类似,可以定义二元函数连续性如下:

定义 2.4(二元连续函数)　设二元数量值函数 $f(x,y)$ 定义在点 (x_0,y_0) 的某一邻域 $U(x_0,y_0)$ 内,若

$$\lim_{(x,y)\to(x_0,y_0)} f(x,y)=f(x_0,y_0), \tag{2.2}$$

则称函数 f **在点** (x_0,y_0) **处连续**,否则,称 f **在点** (x_0,y_0) **处间断**.若 f 在区域 D 中的每一点处连续,则称 f 在区域 D 内**连续**.此时,我们说 f 是 D 内的**连续函数**.

函数的连续性也可用 $\varepsilon-\delta$ 语言来描述.即若 $\forall\varepsilon>0$, $\exists\delta>0$,使得 $\forall(x,y)\in U((x_0,y_0),\delta)$,恒有

$$|f(x,y)-f(x_0,y_0)|<\varepsilon, \tag{2.3}$$

则称 f 在点 (x_0,y_0) 处连续.

像一元函数一样,二元连续函数的和、差、积、商(除去分母为零的点)与复合函数仍为二元连续函数.

例如,函数 $z=\sin\dfrac{1}{x^2+y^2-1}$ 可看成是由 $z=\sin u$ 与 $u=\dfrac{1}{x^2+y^2-1}$ 复合而成的,而 $z=\sin u$ 是连续函数,$u=\dfrac{1}{x^2+y^2-1}$ 除圆周 $x^2+y^2=1$ 上的点之外在平面 $\mathbf{R}^2$ 上处处连续,因而复合函数 $z=\sin\dfrac{1}{x^2+y^2-1}$ 在它的定义域 $A=\{(x,y)\mid(x,y)\in\mathbf{R}^2$ 且 $x^2+y^2\neq1\}$ 上是连续的,圆周 $x^2+y^2=1$ 上的点都是间断点,称该圆周是函数的**间断线**.

注意:设二元函数 $f(x,y)$ 定义在闭区域 D 上,为了使定义 2.4 能用于讨论该函数在 D 的边界 ∂D 上的连续性,现对定义 2.4 作如下扩充:设点 $(x_0,y_0)\in\partial D$. 若 $\forall\varepsilon>0$, $\exists\delta>0$,使得当 $(x,y)\in U((x_0,y_0),\delta)\cap D$ 时,恒有

$$|f(x,y)-f(x_0,y_0)|<\varepsilon,$$

则称 $f(x,y)$ 在点 (x_0,y_0) 连续.

想一想:

二元函数 $z=f(x,y)$ 在 $\mathbf{R}^2$ 上关于 x 和 y 分别连续,能否断定它在 $\mathbf{R}^2$ 上关于 (x,y) 连续? 为什么?

又如,函数

$$f(x,y)=\begin{cases}\dfrac{xy}{x^2+y^2}, & x^2+y^2\neq0,\\ 0, & x^2+y^2=0.\end{cases}$$

由于 $\lim\limits_{(x,y)\to(0,0)}\dfrac{xy}{x^2+y^2}$ 不存在(例 2.6),因此,点 $(0,0)$ 是 f 的间断点.除此之外,它在平面 $\mathbf{R}^2$ 上处处连续.

再来考察函数

$$f(x,y)=\begin{cases}1-x, & 0\leqslant x<1,\ -1<y<1,\\ 1+x, & -1<x<0,\ -1<y<1,\\ 0, & \text{其他}\end{cases}$$

的连续性.由于该函数的图像酷似一顶帐篷,所以常称为**帐篷函数**(图 5.9).易见,在 xOy 平面上除去两条直线段 $y=1\ (-1<x<1)$ 和 $y=-1\ (-1<x<1)$ 外该函数处处连续.由于点 $x\in[0,1)$ 时,$f(x,y)=1-x$,

$$\lim_{y\to1}f(x,y)=\lim_{y\to1}(1-x)=1-x\neq0=f(x,1),$$

而当 $x\in(-1,0)$ 时,$f(x,y)=1+x$,

$$\lim_{y\to1}f(x,y)=\lim_{y\to1}(1+x)=1+x\neq0=f(x,1),$$

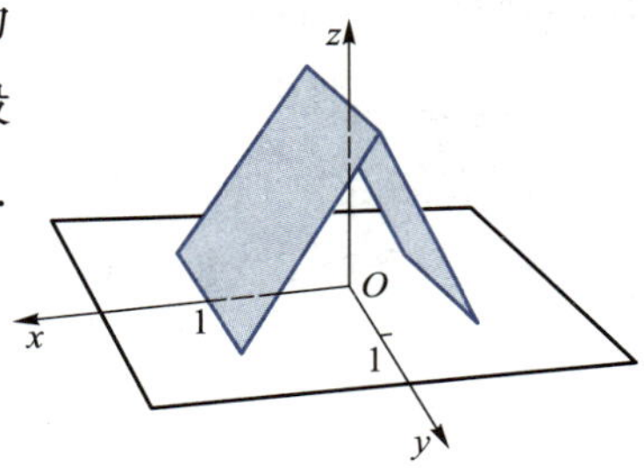

图 5.9

所以极限值均不等于该函数在 $y=1$ 上的值,故直线段 $y=1\ (-1<x<1)$ 上的点都是函数的间断点. 同理,直线段 $y=-1\ (-1<x<1)$ 上的点也是函数的间断点. 这两条直线段是该函数的间断线.

二元函数的极限和连续性概念可以很容易地推广到 $n\ (n>2)$ 元数量值函数与向量值函数,简要叙述如下.

设 $A\subseteq\mathbf{R}^n$ 是一点集,$f:A\to\mathbf{R}$ 是一个 n 元数量值函数,$\boldsymbol{x}_0=(x_{0,1},x_{0,2},\cdots,x_{0,n})$ 是 A 的聚点,若存在常数 $a\in\mathbf{R}$,使得

$$\forall\varepsilon>0,\exists\delta>0,\text{当}\ \boldsymbol{x}=(x_1,x_2,\cdots,x_n)\in\mathring{U}(\boldsymbol{x}_0,\delta)\cap A\ \text{时,恒有}$$
$$|f(\boldsymbol{x})-a|<\varepsilon,\tag{2.4}$$

则称 a 为当 $\boldsymbol{x}\to\boldsymbol{x}_0$ 时 $f(\boldsymbol{x})$ 的**极限**,记作

$$\lim_{\boldsymbol{x}\to\boldsymbol{x}_0}f(\boldsymbol{x})=a\quad\text{或}\quad f(\boldsymbol{x})\to a\quad(\boldsymbol{x}\to\boldsymbol{x}_0),$$

也可记成

$$\lim_{(x_1,\cdots,x_n)\to(x_{0,1},\cdots,x_{0,n})}f(x_1,\cdots,x_n)=\lim_{\substack{x_1\to x_{0,1}\\ \vdots\\ x_n\to x_{0,n}}}f(x_1,\cdots,x_n)=a.$$

这个极限也称为 n **重极限**.

关于 n 元向量值函数的极限也可类似定义.

设 $A\subseteq\mathbf{R}^n$ 为一点集,$\boldsymbol{f}=(f_1,\cdots,f_m)^{\mathrm{T}}:A\to\mathbf{R}^m$ 是一个 n 元向量值函数,$\boldsymbol{x}_0=(x_{0,1},\cdots,x_{0,n})$ 是 A 的一个聚点,$\boldsymbol{a}=(a_1,\cdots,a_m)\in\mathbf{R}^m$ 是一个常向量.若

$$\forall\varepsilon>0,\exists\delta>0,\text{使得当}\ \boldsymbol{x}=(x_1,\cdots,x_n)\in\mathring{U}(\boldsymbol{x}_0,\delta)\cap A\ \text{时,恒有}$$
$$\|\boldsymbol{f}(\boldsymbol{x})-\boldsymbol{a}\|<\varepsilon,\tag{2.5}$$

其中

$$\|\boldsymbol{f}(\boldsymbol{x})-\boldsymbol{a}\|=[(f_1(\boldsymbol{x})-a_1)^2+\cdots+(f_m(\boldsymbol{x})-a_m)^2]^{\frac{1}{2}},$$

则称 $\boldsymbol{a}$ 为当 $\boldsymbol{x}\to\boldsymbol{x}_0$ 时 $\boldsymbol{f}(\boldsymbol{x})$ 的**极限**，记作

$$\lim_{\boldsymbol{x}\to\boldsymbol{x}_0}\boldsymbol{f}(\boldsymbol{x})=\boldsymbol{a}\quad 或\quad \boldsymbol{f}(\boldsymbol{x})\to\boldsymbol{a}\quad(\boldsymbol{x}\to\boldsymbol{x}_0).$$

想一想：

证明(2.6)式.

不难证明

$$\lim_{\boldsymbol{x}\to\boldsymbol{x}_0}\boldsymbol{f}(\boldsymbol{x})=\boldsymbol{a}\Leftrightarrow\lim_{\boldsymbol{x}\to\boldsymbol{x}_0}f_k(\boldsymbol{x})=a_k\quad(k=1,2,\cdots,m).\tag{2.6}$$

这就是说，当 $\boldsymbol{x}\to\boldsymbol{x}_0$ 时，$\boldsymbol{f}(\boldsymbol{x})$ 的极限等于 $\boldsymbol{a}$ 的充要条件是：当 $\boldsymbol{x}\to\boldsymbol{x}_0$ 时，$\boldsymbol{f}$ 的每个分量 $f_k(\boldsymbol{x})$ 的极限等于向量 $\boldsymbol{a}$ 的对应分量 a_k $(k=1,2,\cdots,m)$. 因此，研究向量值函数的极限可以转化为研究它的各个分量(数量值函数)的极限.

关于 n 元数量值函数和向量值函数连续性的定义可参照定义 2.4 及其扩充(见边框中的注意)由读者自己写出来，并且可以证明：定义在区域 D 上的 n 元向量值函数 $\boldsymbol{f}$ 在点 $\boldsymbol{x}_0$ 处连续$\Leftrightarrow\boldsymbol{f}$ 的每个分量 f_k 在点 $\boldsymbol{x}_0$ 处连续$(k=1,2,\cdots,m)$. 因此，研究向量值函数的连续性也可转化为研究它的各个分量(数量值函数)的连续性.

2.3　有界闭区域上多元连续函数的性质

在第一章中已经指出，在闭区间上的一元连续函数有许多很好的性质，它们在理论上和应用中都有重要的价值. 由于闭区间实际上就是直线(一维空间)中的有界闭区域，因此，本段我们将这些性质推广到 $\mathbf{R}^n$ 空间有界闭区域上的多元连续函数中，它们的证明方法也与一元函数类似.

定理 2.1　设 $A\subseteq\mathbf{R}^n$ 是有界闭区域，$f:A\to\mathbf{R}$ 是 A 上的连续函数，则

(1)(**有界性**)　f 在 A 上有界；

(2)(**最大最小值定理**)　f 在 A 上能取得它的最大值与最小值.

证　(1) 用反证法. 假定 f 在 A 上无界，那么

$$\forall k\in\mathbf{N}_+,\ \exists\boldsymbol{x}_k\in A,使得\ |f(\boldsymbol{x}_k)|>k,$$

从而得到 A 中的点列 $\{\boldsymbol{x}_k\}$. 由已知 A 是有界闭区域，故存在 $\{\boldsymbol{x}_k\}$ 的子列 $\{\boldsymbol{x}_{k_i}\}$，使 $\boldsymbol{x}_{k_i}\to\boldsymbol{x}_0$ $(i\to\infty)$，且 $\boldsymbol{x}_0\in A$. 由于 f 是 A 上的连续函数，故 $\lim\limits_{i\to\infty}f(\boldsymbol{x}_{k_i})=f(\boldsymbol{x}_0)$，因而数列 $\{f(\boldsymbol{x}_{k_i})\}$ 有界，这与 $|f(\boldsymbol{x}_{k_i})|>k_i$ 的假定相矛盾，所以 f 在 A 上有界.

(2) 由(1)知 $f(A)$ 是 $\mathbf{R}$ 中的有界集，因此，$f(A)$ 必有上(下)确界，设 $\alpha=\sup f(A)$，故 $\forall\boldsymbol{x}\in A$，有 $f(\boldsymbol{x})\leqslant\alpha$. 下面证明 f 在 A 上能取到 α，即 α 为 f 在 A 上的最大值.

事实上,根据上确界的定义,

$$\forall k \in \mathbf{N}_+, \exists \boldsymbol{x}_k \in A,\text{使得}\ \alpha - \frac{1}{k} < f(\boldsymbol{x}_k) \leqslant \alpha,$$

从而有$\lim\limits_{k\to\infty} f(\boldsymbol{x}_k)=\alpha$.因为 A 为有界闭域,所以存在$\{\boldsymbol{x}_k\}$的子列$\{\boldsymbol{x}_{k_i}\}$,$\boldsymbol{x}_{k_i}\to\boldsymbol{x}_0$ $(i\to\infty)$,且 $\boldsymbol{x}_0\in A$.再利用f的连续性,即得到$f(\boldsymbol{x}_0)=\lim\limits_{i\to\infty} f(\boldsymbol{x}_{k_i})=\alpha$.这就证明了 f 在 $\boldsymbol{x}_0$ 处取得最大值 α (此时上确界 α 就是f在 A 上的最大值).类似可以证明 f 在 A 上也能取得最小值. ▌

定理 2.2(介值定理) 设 $A\subseteq\mathbf{R}^n$ 是一有界闭域,$f:A\to\mathbf{R}$ 在 A 上连续,m 与 M 分别是f在 A 上的最小值与最大值.如果常数 μ 是 m 与 M 之间的任一数:$m\leqslant\mu\leqslant M$,则必$\exists \boldsymbol{x}_0\in A$,使$f(\boldsymbol{x}_0)=\mu$.

(证明从略.)

定理 2.3(一致连续性) 设 $A\subseteq\mathbf{R}^n$ 是一个有界闭域,$f:A\to\mathbf{R}$ 是连续函数,则f在 A 上一致连续,即

$$\forall \varepsilon>0, \exists \delta=\delta(\varepsilon)>0,\text{使得}\ \forall \boldsymbol{x}_1,\boldsymbol{x}_2\in A,\text{当}\ \|\boldsymbol{x}_1-\boldsymbol{x}_2\|<\delta\ \text{时,恒有}$$

$$|f(\boldsymbol{x}_1)-f(\boldsymbol{x}_2)|<\varepsilon. \tag{2.7}$$

(证明从略.)

习题 5.2

(A)

1. 确定并画出下列函数的定义域:

(1) $z=x+\sqrt{y}$; (2) $z=\arccos\dfrac{y}{x}$;

(3) $z=\sqrt{\dfrac{2x-x^2-y^2}{x^2+y^2-x}}$; (4) $z=\arcsin\dfrac{x}{y^2}+\arcsin(1-y)$;

(5) $u=\mathrm{e}^z+\ln(x^2+y^2-1)$; (6) $u=\arccos\dfrac{z}{\sqrt{x^2+y^2}}$.

2. 指出下列函数图像的名称:

(1) $z=x+2y-1$; (2) $z=\sqrt{x^2+2y^2}$;

(3) $z=xy$; (4) $z=\mathrm{e}^{-(x^2+y^2)}$;

(5) $z=3-2x^2-y^2$; (6) $z=\sqrt{1-x^2-2y^2}$.

3. 用定义证明下列二重极限:

(1) $\lim\limits_{(x,y)\to(0,0)} xy\sin\dfrac{x}{x^2+y^2}=0$；　(2) $\lim\limits_{(x,y)\to(1,1)}(x^2+y^2)=2$；

(3) $\lim\limits_{(x,y)\to(3,2)}(3x-4y)=1$；　(4) $\lim\limits_{(x,y)\to(0,0)}\dfrac{\sqrt{xy+1}-1}{xy}=\dfrac{1}{2}$.

4. 证明：

(1) $\lim\limits_{(x,y)\to(0,0)}\dfrac{x+y}{x-y}$不存在；　(2) $\lim\limits_{(x,y)\to(0,0)}\dfrac{xy}{x+y}$不存在.

5. 求下列二重极限：

(1) $\lim\limits_{(x,y)\to(0,0)}\dfrac{e^x+e^y}{\cos x-\sin y}$；　(2) $\lim\limits_{(x,y)\to(0,0)}\dfrac{x^2y^{3/2}}{x^4+y^2}$；

(3) $\lim\limits_{(x,y)\to(0,2)}\dfrac{\sin(xy)}{x}$；　(4) $\lim\limits_{(x,y)\to(0,0)}x^2y^2\ln(x^2+y^2)$.

6. 讨论下列函数的连续性：

(1) $f(x,y)=\dfrac{x^2-y^2}{x^2+y^2}$；　(2) $f(x,y)=\dfrac{x-y}{x+y}$；

(3) $f(x,y)=\begin{cases}\dfrac{xy}{\sqrt{x^2+y^2}}, & x^2+y^2\neq 0,\\ 0, & x^2+y^2=0;\end{cases}$　(4) $f(x,y)=\begin{cases}\dfrac{\sin(xy)}{x^2+y^2}, & x^2+y^2\neq 0,\\ 0, & x^2+y^2=0.\end{cases}$

7. 设$f(x,y)=\dfrac{1}{xy}$，$r=\sqrt{x^2+y^2}$，$D_1=\{(x,y)\mid(x,y)\in\mathbf{R}^2,\dfrac{1}{k}x\leqslant y\leqslant kx,k>1$ 为常数$\}$，$D_2=\{(x,y)\mid(x,y)\in\mathbf{R}^2,x>0,y>0\}$.

(1) $\lim\limits_{\substack{r\to+\infty\\(x,y)\in D_1}}f(x,y)$是否存在？为什么？　(2) $\lim\limits_{\substack{r\to+\infty\\(x,y)\in D_2}}f(x,y)$是否存在？为什么？

8. 设函数$f(x,y)=\begin{cases}\dfrac{x^2y}{x^4+y^2}, & x^2+y^2\neq 0,\\ 0, & x^2+y^2=0.\end{cases}$

证明：当(x,y)沿过点$(0,0)$的每一条射线$x=t\cos\alpha,y=t\sin\alpha$ $(0<t<+\infty)$趋于点$(0,0)$时，$f(x,y)$的极限等于$f(0,0)$，即$\lim\limits_{t\to0}f(t\cos\alpha,t\sin\alpha)=f(0,0)$，但$f(x,y)$在点$(0,0)$不连续.

9. 设$f:D\subseteq\mathbf{R}^2\to\mathbf{R}$，若$f(x,y)$在区域$D$内对变量$x$连续，对变量$y$满足 Lipschitz 条件，即对$D$内任意两点$(x,y')$，$(x,y'')$，有

$$|f(x,y')-f(x,y'')|\leqslant L|y'-y''|,$$

其中L为常数，证明：$f(x,y)$在D内连续.

10. 设$D\subseteq\mathbf{R}^n$为一区域，$\boldsymbol{f}:D\to\mathbf{R}^m$为$n$元向量值函数. 证明：$\boldsymbol{f}$在$D$上连续等价于它的每个分量在$D$上连续.

11. 设$\boldsymbol{f}$是区域$D\subseteq\mathbf{R}^n$上的n元向量值函数，证明：$\boldsymbol{f}$在$\boldsymbol{x}_0\in D$连续$\Leftrightarrow$对于D中任何收敛于$\boldsymbol{x}_0$的点列$\{\boldsymbol{x}_k\}$，都有$\lim\limits_{k\to\infty}\boldsymbol{f}(\boldsymbol{x}_k)=\boldsymbol{f}(\boldsymbol{x}_0)$.

12. 设f为区域$D\subseteq\mathbf{R}^n$上的n元数量值函数. 证明：若f在$\boldsymbol{x}_0\in D$连续，且$f(\boldsymbol{x}_0)>0$，则存在正

常数 q,使得

$$\exists\delta>0,\forall \boldsymbol{x}\in U(\boldsymbol{x}_0,\delta)\cap D,\text{都有} f(\boldsymbol{x})\geqslant q>0.$$

(B)

1. 设 $\boldsymbol{f}:\mathbf{R}^n\to\mathbf{R}^m$ 是 n 元向量值函数.试用邻域的语言表述 $\boldsymbol{f}$ 在点 $\boldsymbol{x}_0\in\mathbf{R}^n$ 处连续的定义,并证明下列命题是等价的:

(1) $\boldsymbol{f}$ 在 $\mathbf{R}^n$ 上连续;

(2) 若 $W\subseteq\mathbf{R}^m$ 是开集,则 W 关于 $\boldsymbol{f}$ 的原像 $\boldsymbol{f}^{-1}(W)=\{\boldsymbol{x}\mid \boldsymbol{x}\in\mathbf{R}^n,\boldsymbol{f}(\boldsymbol{x})\in W\}$ 是 $\mathbf{R}^n$ 中的开集;

(3) 若 $W\subseteq\mathbf{R}^m$ 是闭集,则 W 关于 $\boldsymbol{f}$ 的原像 $\boldsymbol{f}^{-1}(W)$ 是 $\mathbf{R}^n$ 中的闭集.

2. 设有二元函数

$$f(x,y)=\begin{cases}\dfrac{x^2y^2}{x^2+y^2}, & x^2+y^2\neq 0,\\ 0, & x^2+y^2=0,\end{cases}$$

证明:$f(x,y)$ 在 $\mathbf{R}^2$ 上不一致连续.

3. 设 $\boldsymbol{f}$ 是定义在区域 $D\subseteq\mathbf{R}^n$ 上的 n 元向量值函数,并且满足 Lipschitz 条件,即存在常数 $L\geqslant 0$,使对所有 $\boldsymbol{x},\boldsymbol{y}\in D$,均有 $\|\boldsymbol{f}(\boldsymbol{x})-\boldsymbol{f}(\boldsymbol{y})\|\leqslant L\|\boldsymbol{x}-\boldsymbol{y}\|$,证明:$\boldsymbol{f}$ 在 A 上一致连续.

4. 设 $f:\mathbf{R}^n\to\mathbf{R}$ 是 n 元数量值连续函数,$c\in\mathbf{R}$ 是一个常数.证明:

(1) $\{\boldsymbol{x}\in\mathbf{R}^n\mid f(\boldsymbol{x})>c\}$ 与 $\{\boldsymbol{x}\in\mathbf{R}^n\mid f(\boldsymbol{x})<c\}$ 均为开集;

(2) $\{\boldsymbol{x}\in\mathbf{R}^n\mid f(\boldsymbol{x})\geqslant c\}$ 与 $\{\boldsymbol{x}\in\mathbf{R}^n\mid f(\boldsymbol{x})\leqslant c\}$ 均为闭集;

(3) $\{\boldsymbol{x}\in\mathbf{R}^n\mid f(\boldsymbol{x})=c\}$ 是闭集.

第三节 多元数量值函数的导数与微分

本节将把一元函数的导数与微分概念推广到多元数量值函数.我们以二元函数为主进行讲解,然后推广到 n 元函数.先介绍多元数量值函数的偏导数与全微分以及方向导数与梯度,再介绍高阶偏导数与高阶全微分以及复合函数的链式法则,最后介绍隐函数及其微分法.

3.1 偏导数

我们知道,一元函数在一点的导数表示函数在该点的变化率,它反映了在该点处函数值随自变量变化的快慢程度.对于二元函数 $z=f(x,y)$ 来说,当然也需要研究它的变化率问题.但是由于自变量多了一个,点 (x,y) 在 xOy 平面上变化,情况要复杂得多,因而因变量随自变量变化的情况也要比一元函数复杂得多. 我们首先来研究二元函数关于它的一个自变量的变化率.例如,对于二元函数 $z=f(x,y)$,在点 (x_0,y_0) 处,把 y 固定在 $y=y_0$,令 x 变化,这时它就是 x 的一元函数,该函数在 x_0 处的导数,就

称为函数 $f(x,y)$ 在点 (x_0,y_0) 处对 x 的偏导数.

定义 3.1（偏导数）　设函数 $z=f(x,y)$ 在点 (x_0,y_0) 的某一邻域 $U(x_0,y_0)$ 内有定义，当自变量 y 固定在 $y=y_0$，而 x 在 x_0 处有改变量 Δx，$(x_0+\Delta x,y_0)\in U(x_0,y_0)$ 时，相应地，函数 f 有改变量

$$f(x_0+\Delta x,y_0)-f(x_0,y_0).$$

如果极限

$$\lim_{\Delta x\to 0}\frac{f(x_0+\Delta x,y_0)-f(x_0,y_0)}{\Delta x}$$

存在，则称此极限值为函数 $z=f(x,y)$ 在点 (x_0,y_0) 处**对 x 的偏导数**，记作

$$f_x(x_0,y_0),\frac{\partial f(x_0,y_0)}{\partial x},z_x(x_0,y_0)\text{ 或}\left.\frac{\partial z}{\partial x}\right|_{(x_0,y_0)},$$

即

$$f_x(x_0,y_0)=\frac{\partial f(x_0,y_0)}{\partial x}=\lim_{\Delta x\to 0}\frac{f(x_0+\Delta x,y_0)-f(x_0,y_0)}{\Delta x}.\tag{3.1}$$

类似地，可定义函数 $z=f(x,y)$ 在 (x_0,y_0) 处**对 y 的偏导数**，记作

$$f_y(x_0,y_0),\frac{\partial f(x_0,y_0)}{\partial y},z_y(x_0,y_0)\text{ 或}\left.\frac{\partial z}{\partial y}\right|_{(x_0,y_0)},$$

即

$$f_y(x_0,y_0)=\frac{\partial f(x_0,y_0)}{\partial y}=\lim_{\Delta y\to 0}\frac{f(x_0,y_0+\Delta y)-f(x_0,y_0)}{\Delta y}.\tag{3.2}$$

如果二元函数 $z=f(x,y)$ 在点 (x_0,y_0) 处对 x 与对 y 的偏导数均存在，那么称 $f(x,y)$ 在 (x_0,y_0) 处**可偏导**.

由(3.1)式可见，$f(x,y)$ 在 (x_0,y_0) 处对 x 的偏导数，实际上就是把 y 固定在 y_0 时，关于 x 的一元函数 $f(x,y_0)$ 在 x_0 处的导数；同理，由(3.2)式可见，偏导数 $\frac{\partial f(x_0,y_0)}{\partial y}$ 就是把 x 固定在 x_0 时，关于 y 的一元函数 $f(x_0,y)$ 在 y_0 处的导数.

想一想：

试说明左边这段话的正确性. 提示：设 $z=f(x,y)$ 在 (x_0,y_0) 处可偏导，令 $\varphi(x)=f(x,y_0)$（或 $\psi(y)=f(x_0,y)$），证明 $\varphi'(x_0)=f_x(x_0,y_0)$（或 $\psi'(y_0)=f_y(x_0,y_0)$）.

与一元函数类似，若 f 在区域 $D\subseteq\mathbf{R}^2$ 内有定义，我们可以定义 f 在区域 D 内对 x 及对 y 的**偏导函数**分别为

$$\frac{\partial f(x,y)}{\partial x}=\lim_{\Delta x\to 0}\frac{f(x+\Delta x,y)-f(x,y)}{\Delta x},$$

$$\frac{\partial f(x,y)}{\partial y}=\lim_{\Delta y\to 0}\frac{f(x,y+\Delta y)-f(x,y)}{\Delta y},$$

其中$(x,y)\in D,(x+\Delta x,y)\in D,(x,y+\Delta y)\in D$.函数$z=f(x,y)$对$x$的偏导函数可简记为

$$f_x,\ \frac{\partial f}{\partial x},\ z_x,\ 或\frac{\partial z}{\partial x},$$

f对y的偏导函数可简记为

$$f_y,\frac{\partial f}{\partial y},z_y,或\frac{\partial z}{\partial y}.$$

在不致混淆时,偏导函数也简称为偏导数.由偏导函数的定义易知,$f(x,y)$在(x_0,y_0)处对x的偏导数$f_x(x_0,y_0)$就是偏导函数$f_x(x,y)$在(x_0,y_0)处的函数值,而$f_y(x_0,y_0)$就是偏导函数$f_y(x,y)$在(x_0,y_0)处的函数值.

注意:由偏导数的定义可见,求函数$z=f(x,y)$的偏导数,并不需要新的方法.因为求$\frac{\partial z}{\partial x}$时,是把$y$暂时看作常量而对$x$求导数;求$\frac{\partial z}{\partial y}$时,是把$x$暂时看作常量而对$y$求导数.所以,求偏导数的方法实际上仍旧是一元函数的求导方法.

例 3.1 设二元函数$z=\arctan\frac{y}{x}$,求$\frac{\partial z}{\partial x},\frac{\partial z}{\partial y}$及$\left.\frac{\partial z}{\partial x}\right|_{(1,1)}$.

解 把y看作常数,对x求导得

$$\frac{\partial z}{\partial x}=\frac{1}{1+\left(\frac{y}{x}\right)^2}\cdot\frac{-y}{x^2}=-\frac{y}{x^2+y^2}.$$

把x看作常数,对y求导得

$$\frac{\partial z}{\partial y}=\frac{1}{1+\left(\frac{y}{x}\right)^2}\cdot\frac{1}{x}=\frac{x}{x^2+y^2}.$$

由$\frac{\partial z}{\partial x}$的上述表达式得

$$\left.\frac{\partial z}{\partial x}\right|_{(1,1)}=-\left.\frac{y}{x^2+y^2}\right|_{\substack{x=1\\y=1}}=-\frac{1}{2}.$$

或

$$\left.\frac{\partial z}{\partial x}\right|_{(1,1)}=\left.\frac{\mathrm{d}}{\mathrm{d}x}\left(\arctan\frac{1}{x}\right)\right|_{x=1}=\left.\frac{1}{1+\frac{1}{x^2}}\left(-\frac{1}{x^2}\right)\right|_{x=1}=-\frac{1}{2}.$$ ▌

例 3.2　试由理想气体的状态方程

$$p = R\frac{T}{V} \quad (R\text{ 为常数}) \tag{3.3}$$

求$\frac{\partial p}{\partial T}\frac{\partial T}{\partial V}\frac{\partial V}{\partial p}$.

解　将 V 看作常量(即等容变化过程),对 T 求导得$\frac{\partial p}{\partial T}=\frac{R}{V}$;由(3.3)式解得 $T=\frac{1}{R}pV$,将 p 看作常量(即等压变化过程),对 V 求导得$\frac{\partial T}{\partial V}=\frac{p}{R}$;类似可求得$\frac{\partial V}{\partial p}=-\frac{RT}{p^2}$.所以

$$\frac{\partial p}{\partial T}\frac{\partial T}{\partial V}\frac{\partial V}{\partial p}=\frac{R}{V}\cdot\frac{p}{R}\cdot\left(-\frac{RT}{p^2}\right)=-\frac{RT}{Vp}=-1. \quad \blacksquare$$

注意:从例 3.2 的结果可以看出,偏导数记号$\frac{\partial z}{\partial x}$是一个整体记号,不能将它拆开,像一元函数那样将导数$\frac{\mathrm{d}y}{\mathrm{d}x}$看作是微商(微分之商).

例 3.3　研究二元函数

$$f(x,y)=\begin{cases}\dfrac{xy}{x^2+y^2}, & x^2+y^2\neq 0,\\ 0, & x^2+y^2=0\end{cases}$$

在点(0,0)处是否可偏导.

解　由于

$$\frac{f(0+\Delta x,0)-f(0,0)}{\Delta x}=0, \quad \frac{f(0,0+\Delta y)-f(0,0)}{\Delta y}=0,$$

故由偏导数的定义可得 $f(x,y)$ 在(0,0)处可偏导(两个偏导数均存在),且

$$f_x(0,0)=0, \quad f_y(0,0)=0. \quad \blacksquare$$

二元函数偏导数的几何意义　根据定义 3.1,二元函数 $z=f(x,y)$ 在点(x_0,y_0)处对 x 的偏导数 $f_x(x_0,y_0)$ 就是一元函数 $z=f(x,y_0)$ 在 x_0 处的导数,而二元函数 $z=f(x,y)$ 在几何上表示空间的一个曲面,函数 $z=f(x,y_0)$ 在几何上就表示曲面 $z=f(x,y)$ 与平面 $y=y_0$ 的交线

$$C_x:\begin{cases}z=f(x,y),\\ y=y_0.\end{cases}$$

于是由一元函数导数的几何意义立即可知 $f_x(x_0,y_0)$ 就是曲线 C_x 在点 $M(x_0,y_0,f(x_0,y_0))$ 处切线 T_x 的斜率(图 5.10),即

$$f_x(x_0,y_0)=\tan\alpha,$$

同理知$f_y(x_0,y_0)$就是曲线 $C_y:\begin{cases}z=f(x,y),\\x=x_0\end{cases}$ 在点 M 处切线 T_y 的斜率，即

$$f_y(x_0,y_0)=\tan\beta.$$

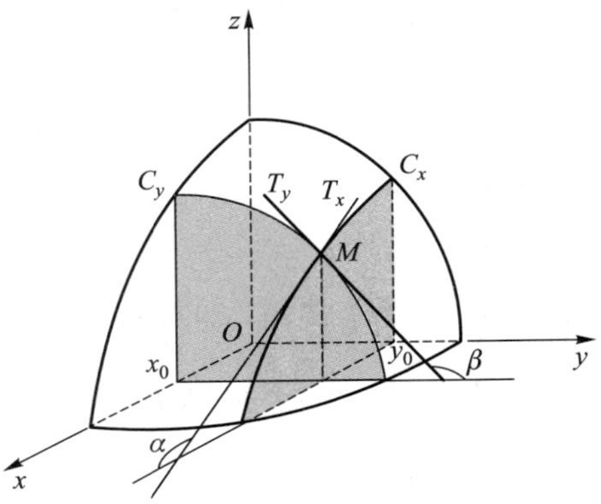

图 5.10

应当指出，与一元函数不同，对二元函数f来说，它在一点处可偏导，并不能保证f在此点连续. 例如，例 3.3 中的函数f在点(0,0)处可偏导，但在第二节中我们已经看到该函数在点(0,0)却不连续. 因此，一元函数在其可导点处一定连续的结论不能推广到二元函数. 实际上，当函数$f(x,y)$在(x_0,y_0)处的两个偏导数均存在时，根据一元函数可导必连续的结论，仅能保证当点(x,y)分别沿平行于x轴和y轴两个特殊路径趋于点(x_0,y_0)时，$f(x,y)\to f(x_0,y_0)$，这当然不能保证当点(x,y)以任意路径和方式趋于点(x_0,y_0)时都有$f(x,y)\to f(x_0,y_0)$，这就是不能保证$f(x,y)$在点(x_0,y_0)连续的原因.

仿照定义 3.1，可给出 n 元函数的偏导数的定义. 例如，设三元函数 $u=f(x,y,z)$ 定义在(x_0,y_0,z_0)的某一邻域 $U(x_0,y_0,z_0)$ 内，u 在(x_0,y_0,z_0)处对 x 的偏导数的定义为

$$\left.\frac{\partial u}{\partial x}\right|_{(x_0,y_0,z_0)}=\frac{\partial f(x_0,y_0,z_0)}{\partial x}=\lim_{\Delta x\to 0}\frac{f(x_0+\Delta x,y_0,z_0)-f(x_0,y_0,z_0)}{\Delta x}.$$

可以看出，与二元函数类似，它实际上是将 y 固定在 y_0、将 z 固定在 z_0 时，一元函数 $f(x,y_0,z_0)$在 x_0 处的导数，即

$$\left.\frac{\partial u}{\partial x}\right|_{(x_0,y_0,z_0)}=\left.\frac{\mathrm{d}}{\mathrm{d}x}f(x,y_0,z_0)\right|_{x=x_0}.$$

一般地，n 元函数

$$u=f(x_1,x_2,\cdots,x_n)$$

在 $\boldsymbol{x}_0(x_{0,1},x_{0,2},\cdots,x_{0,n})$处对变量 x_i $(i=1,2,\cdots,n)$的偏导数也定义为将其余变量 x_j $(j=1,\cdots,i-1,i+1,\cdots,n)$固定时，关于 x_i 的一元函数 $f(x_{0,1},\cdots,x_{0,i-1},x_i,x_{0,i+1},\cdots,x_{0,n})$在 $x_{0,i}$处的导数，即

$$\frac{\partial f(\boldsymbol{x}_0)}{\partial x_i}=\frac{\mathrm{d}}{\mathrm{d}x_i}f(x_{0,1},\cdots,x_{0,i-1},x_i,x_{0,i+1},\cdots,x_{0,n})\Big|_{x_i=x_{0,i}}. \tag{3.4}$$

因此，同二元函数一样，我们在求 n 元函数$f(x_1,x_2,\cdots,x_n)$对某一自变量 x_i 的偏

导函数时，只要将 f 看作是 x_i 的一元函数（将其他自变量都暂时看作常量），利用一元函数的求导法则，便可求得所要求的偏导数 $\dfrac{\partial f}{\partial x_i}$.

例 3.4　设三元函数 $u(x,y,z)=\sqrt[z]{\dfrac{y}{x}}$，求 u 对各个自变量的偏导数及 $\left.\dfrac{\partial u}{\partial x}\right|_{(1,2,1)}$.

解　$\dfrac{\partial u}{\partial x}=\dfrac{1}{z}\left(\dfrac{y}{x}\right)^{\frac{1}{z}-1}\left(-\dfrac{y}{x^2}\right)$，　$\dfrac{\partial u}{\partial y}=\dfrac{1}{z}\left(\dfrac{y}{x}\right)^{\frac{1}{z}-1}\dfrac{1}{x}$，　$\dfrac{\partial u}{\partial z}=\left(\dfrac{y}{x}\right)^{\frac{1}{z}}\ln\left(\dfrac{y}{x}\right)\left(-\dfrac{1}{z^2}\right)$，

$$\left.\frac{\partial u}{\partial x}\right|_{(1,2,1)}=\left.\frac{1}{z}\left(\frac{y}{x}\right)^{\frac{1}{z}-1}\left(-\frac{y}{x^2}\right)\right|_{(1,2,1)}=-2.$$

或

$$\left.\frac{\partial u}{\partial x}\right|_{(1,2,1)}=\left.\frac{\mathrm{d}}{\mathrm{d}x}u(x,2,1)\right|_{x=1}=\left.\frac{\mathrm{d}}{\mathrm{d}x}\left(\frac{2}{x}\right)\right|_{x=1}=\left.-\frac{2}{x^2}\right|_{x=1}=-2.\quad \blacksquare$$

3.2　全微分

对于一元函数 $f:U(x_0)\subseteq\mathbf{R}\to\mathbf{R}$，若存在一个关于 Δx 的线性函数 $L(\Delta x)=\alpha\Delta x$，使函数 f 的改变量可表示为

$$f(x_0+\Delta x)-f(x_0)=\alpha\Delta x+o(\Delta x),$$

其中常数 α 与 Δx 无关，$o(\Delta x)$ 是当 $\Delta x\to 0$ 时关于 Δx 的高阶无穷小，则称 f 在点 x_0 处可微，且称函数改变量的线性主部 $\alpha\Delta x$ 为 f 在 x_0 处的微分.

1. 二元函数的全微分

在实际应用中，对于多元函数，也需要讨论函数改变量的线性主部问题.例如，一个底面半径为 r 高为 h 的圆柱体受热（冷）后膨胀（收缩），底半径 r 与高 h 各自产生改变量 Δr 与 Δh，需要求体积 V 的改变量 ΔV. 由于

$$\begin{aligned}\Delta V&=\pi(r+\Delta r)^2(h+\Delta h)-\pi r^2 h\\&=2\pi rh\Delta r+\pi r^2\Delta h+2\pi r\Delta r\Delta h+\pi h(\Delta r)^2+\pi(\Delta r)^2\Delta h,\end{aligned}$$

所以当 $(\Delta r,\Delta h)\to(0,0)$ 时，易见上式右端的后三项之和是 $\rho=\sqrt{(\Delta r)^2+(\Delta h)^2}$ 的高阶无穷小，因而此时 ΔV 的值可用其余部分（即关于 Δr 与 Δh 的线性部分）$2\pi rh\Delta r+\pi r^2\Delta h$ 近似代替，这个近似值就是体积 V 的改变量 ΔV 的线性主部.

由此，类似于一元函数微分定义，可以给出二元函数全微分的定义如下.

定义 3.2（全微分）　设二元函数 $z=f(x,y)$ 在点 (x_0,y_0) 的某邻域 $U(x_0,y_0)$ 内有定义.如果对于 $(x_0+\Delta x,y_0+\Delta y)\in U(x_0,y_0)$，函数 f 在 (x_0,y_0) 处的改变量

$$\Delta z=f(x_0+\Delta x,y_0+\Delta y)-f(x_0,y_0)\tag{3.5}$$

可以表示为

$$\Delta z = a_1\Delta x + a_2\Delta y + o(\rho), \tag{3.6}$$

其中，a_1, a_2 是与 Δx, Δy 无关的两个常数（但一般与点(x_0, y_0)有关），$\rho = \sqrt{(\Delta x)^2+(\Delta y)^2}$，$o(\rho)$是当$\rho\to 0$（即 $\Delta x\to 0$, $\Delta y\to 0$）时关于ρ 的高阶无穷小，则称函数f 在点(x_0,y_0)处**可微**，并称 $a_1\Delta x+a_2\Delta y$ 为函数f 在点(x_0,y_0)处的**全微分**，记作 $\mathrm{d}z\big|_{(x_0,y_0)}$，或 $\mathrm{d}f(x_0,y_0)$，即

$$\mathrm{d}z\big|_{(x_0,y_0)} = a_1\Delta x + a_2\Delta y. \tag{3.7}$$

习惯上，将自变量的改变量 Δx 与 Δy 分别写成 $\mathrm{d}x$ 与 $\mathrm{d}y$，并分别称为自变量 x 与 y 的微分，所以函数f 的全微分也常写成

$$\mathrm{d}z\big|_{(x_0,y_0)} = a_1\mathrm{d}x + a_2\mathrm{d}y. \tag{3.8}$$

由上述定义可见，当ρ 充分小且 a_1 与 a_2 不全为零时，全微分 $\mathrm{d}z\big|_{(x_0,y_0)}$ 就是函数f 在(x_0,y_0)处改变量的线性主部.

上面我们给出了可微与全微分的定义，但f 究竟在什么条件下才可微呢？又当f 可微时，定义中的 a_1, a_2 究竟等于什么，即如何计算全微分？函数的可微性与连续性及可偏导之间又有什么关系？对于这些涉及全微分的基本问题，自然是我们应当关心的，下面就来讨论它们.

定理 3.1（可微的必要条件） 设函数 $z=f(x,y)$ 在点(x_0,y_0)处可微，则

（1）f 在(x_0,y_0)处连续；

（2）f 在(x_0,y_0)处的两个偏导数均存在，且有 $a_1=f_x(x_0,y_0)$，$a_2=f_y(x_0,y_0)$，即

$$\mathrm{d}f(x_0,y_0)=f_x(x_0,y_0)\mathrm{d}x+f_y(x_0,y_0)\mathrm{d}y. \tag{3.9}$$

证 （1）当f 在(x_0,y_0)处可微时，(3.6)式成立，在(3.6)式中令 $\rho\to 0$（即 $\Delta x\to 0$, $\Delta y\to 0$），得

$$\lim_{\rho\to 0}\Delta z = 0,$$

或

$$\lim_{\substack{\Delta x\to 0\\ \Delta y\to 0}} f(x_0 + \Delta x, y_0 + \Delta y) = f(x_0, y_0),$$

所以，f 在(x_0,y_0)处连续.

（2）由可微的定义，函数f 在(x_0,y_0)处的改变量可表示为

$$f(x_0 + \Delta x, y_0 + \Delta y) - f(x_0, y_0) = a_1\Delta x + a_2\Delta y + o(\rho),$$

取 $\Delta y=0$，则有 $\rho=|\Delta x|$，上式变为

$$f(x_0+\Delta x,y_0)-f(x_0,y_0)=a_1\Delta x+o(|\Delta x|).$$

所以

$$\lim_{\Delta x\to 0}\frac{f(x_0+\Delta x,y_0)-f(x_0,y_0)}{\Delta x}=\lim_{\Delta x\to 0}\left[a_1+\frac{o(|\Delta x|)}{\Delta x}\right]=a_1,$$

即在点(x_0,y_0)处$f(x,y)$对x的偏导数存在且$f_x(x_0,y_0)=a_1$.

同理,当取$\Delta x=0$时,可证在该点$f(x,y)$对y的偏导数也存在且$f_y(x_0,y_0)=a_2$.

综上可得

$$\mathrm{d}f(x_0,y_0)=a_1\mathrm{d}x+a_2\mathrm{d}y=f_x(x_0,y_0)\mathrm{d}x+f_y(x_0,y_0)\mathrm{d}y. \qquad \blacksquare$$

由定理 3.1 可知,当$z=f(x,y)$在$\boldsymbol{x}_0=(x_0,y_0)$处可微时,$f$在$\boldsymbol{x}_0$处的改变量必可表示为

$$\Delta z=f_x(\boldsymbol{x}_0)\Delta x+f_y(\boldsymbol{x}_0)\Delta y+o(\rho), \tag{3.10}$$

其中$o(\rho)$是当$\rho\to 0$时关于ρ的高阶无穷小;反之,若Δz可表示为(3.10)式,则由全微分的定义可知f在$\boldsymbol{x}_0$处可微.

(3.9)式给出了全微分的计算公式,由此可见,与一元函数的微分类似,二元函数$f(x,y)$在点(x_0,y_0)处的全微分不仅与f在点(x_0,y_0)处的各个偏导数有关,还与$\Delta x,\Delta y$有关.如果$z=f(x,y)$在区域$\Omega\subseteq\mathbf{R}^2$的每一点处都可微,则称$f$是$\Omega$内的**可微函数**,此时,点$(x,y)$处的全微分可简记成$\mathrm{d}f$或$\mathrm{d}z$,且有

$$\boxed{\mathrm{d}z=f_x\mathrm{d}x+f_y\mathrm{d}y.}$$

在一元函数中,我们知道函数在一点处可导与可微是等价的.对于二元函数,函数在一点处的所有偏导数均存在能否保证函数在此点处可微呢?例 3.3 已经给出了否定的答案.在例 3.3 中,函数f在点$O(0,0)$处的两个偏导数均存在,但f在该点处却不连续,而由定理 3.1 知函数在一点处连续是在该点可微的必要条件,所以,f在点O处不可微.这表明,对于多元函数在一点处的所有偏导数都存在,并不能保证函数在该点处可微.下面的例子显示:即使函数在一点处连续而且所有的偏导数均存在也不足以保证其在该点可微.

例 3.5　讨论函数$f(x,y)=\begin{cases}\dfrac{xy}{\sqrt{x^2+y^2}}, & x^2+y^2\neq 0,\\ 0, & x^2+y^2=0\end{cases}$

在点$O(0,0)$处的连续性与可微性.

证　由

$$\left|\frac{xy}{\sqrt{x^2+y^2}}-0\right|\leqslant|y|\leqslant\sqrt{x^2+y^2},$$

易见f在点(0,0)处连续.再由偏导数的定义,可得

$$f_x(0,0)=\lim_{\Delta x\to 0}\frac{f(0+\Delta x,0)-f(0,0)}{\Delta x}=0,$$

同理可得$f_y(0,0)=0$,故f在点(0,0)处的两个偏导数均存在.

下面利用反证法证明f在点(0,0)处不可微.假定$f(x,y)$在点(0,0)处可微,则由可微的定义及定理3.1可知

$$\Delta f=\mathrm{d}f(0,0)+o(\rho)=f_x(0,0)\Delta x+f_y(0,0)\Delta y+o(\rho)=o(\rho),$$

其中$o(\rho)$是当$\rho\to 0$时关于ρ的高阶无穷小.因此,极限$\lim\limits_{\rho\to 0}\dfrac{\Delta f}{\rho}$存在且为0.但

$$\Delta f=f(0+\Delta x,0+\Delta y)-f(0,0)=\frac{\Delta x\Delta y}{\sqrt{\Delta x^2+\Delta y^2}},$$

而由第二节例2.6可知,极限

$$\lim_{\rho\to 0}\frac{\Delta f}{\rho}=\lim_{\rho\to 0}\frac{\Delta x\Delta y}{\Delta x^2+\Delta y^2}$$

不存在,这就证明了f在点(0,0)处不可微. ▌

既然偏导数存在时未必可微,那么怎样加强条件才能保证函数可微呢?下面的定理给出了可微的一个充分条件.

定理3.2(可微的充分条件) 设函数$z=f(x,y)$在点(x_0,y_0)的某邻域内有定义,若$f(x,y)$的两个偏导数均在点(x_0,y_0)处连续,则该函数在点(x_0,y_0)处可微.

> 注:多元微积分中的许多重要概念和定理都是通过联想类比,从一元微积分中推广而来的,而其中不少定理的证明都是设法化"多"为"一"用"已知"解决"未知"的思想来完成的.定理3.2的证明中就是通过"插项"将二元函数的改变量转化为一元函数的改变量,再利用一元函数的微分中值定理和两个偏导函数的连续性建立改变量Δz与偏导数$f_x(x_0,y_0)$与$f_y(x_0,y_0)$之间的联系(3.14)式,最后得到$f(x,y)$在(x_0,y_0)可微的结论.

证 为了证明$f(x,y)$在点(x_0,y_0)处可微,只要证明(3.10)式成立.首先通过插项的方法把二元函数的改变量化为一元函数的改变量,

$$\begin{aligned}\Delta z&=f(x_0+\Delta x,y_0+\Delta y)-f(x_0,y_0)\\&=[f(x_0+\Delta x,y_0+\Delta y)-f(x_0,y_0+\Delta y)]+[f(x_0,y_0+\Delta y)-f(x_0,y_0)],\end{aligned}$$

上式右端中每一方括号内都是一元函数的改变量,由Lagrange微分中值公式,存在θ_i $(0<\theta_i<1,i=1,2)$,使得上式化为

$$\Delta z=f_x(x_0+\theta_1\Delta x,y_0+\Delta y)\Delta x+f_y(x_0,y_0+\theta_2\Delta y)\Delta y.\tag{3.11}$$

由于$f_x(x,y)$在(x_0,y_0)处连续,有

$$\lim_{\rho\to 0} f_x(x_0+\theta_1\Delta x, y_0+\Delta y)=f_x(x_0,y_0),$$

其中 $\rho=\sqrt{\Delta x^2+\Delta y^2}$，因此有

$$f_x(x_0+\theta_1\Delta x, y_0+\Delta y)=f_x(x_0,y_0)+\alpha_1(\rho), \tag{3.12}$$

其中 $\alpha_1(\rho)$ 是当 $\rho\to 0$ 时的无穷小.同理可得

$$f_y(x_0,y_0+\theta_2\Delta y)=f_y(x_0,y_0)+\alpha_2(\rho), \tag{3.13}$$

其中 $\alpha_2(\rho)$ 是当 $\rho\to 0$ 时的无穷小.将(3.12)及(3.13)式代入(3.11)式，即得

$$\Delta z=f_x(x_0,y_0)\Delta x+f_y(x_0,y_0)\Delta y+\alpha_1(\rho)\Delta x+\alpha_2(\rho)\Delta y, \tag{3.14}$$

由

$$\left|\frac{\alpha_1(\rho)\Delta x+\alpha_2(\rho)\Delta y}{\rho}\right|\leqslant|\alpha_1(\rho)|+|\alpha_2(\rho)|,$$

易知

$$\lim_{\rho\to 0}\frac{\alpha_1(\rho)\Delta x+\alpha_2(\rho)\Delta y}{\rho}=0,$$

所以

$$\alpha_1(\rho)\Delta x+\alpha_2(\rho)\Delta y=o(\rho),$$

于是，(3.14)式就成为(3.10)式，所以 f 在 (x_0,y_0) 处可微. ▌

☞二维码 5.3.1 二元函数连续、可偏导及可微的关系.

例 3.6　求二元函数 $z=\mathrm{e}^{xy}$ 在点(0,1)处当 $\Delta x=0.1,\Delta y=0.2$ 时的改变量 Δz 及全微分 $\mathrm{d}z$.

解　记 $z=f(x,y)=\mathrm{e}^{xy}$，则

$$\Delta z=f(0+0.1,1+0.2)-f(0,1)=\mathrm{e}^{0.12}-1.$$

由于 $z=\mathrm{e}^{xy}$ 的偏导数连续，由定理 3.2 知全微分 $\mathrm{d}z\big|_{(0,1)}$ 存在，再由(3.9)式得

$$\mathrm{d}z\big|_{(0,1)}=f_x(0,1)\mathrm{d}x+f_y(0,1)\mathrm{d}y=1\times 0.1+0\times 0.2=0.1. \quad ▌$$

应当指出，定理 3.2 的条件只是函数在一点处可微的一个充分条件而非必要条件，即 f 的所有偏导数均在点 (x_0,y_0) 处连续时，f 必在点 (x_0,y_0) 处可微，但可微函数的偏导数未必连续.

例 3.7　证明：函数

$$f(x,y)=\begin{cases}(x^2+y^2)\sin\dfrac{1}{x^2+y^2}, & x^2+y^2\neq 0,\\ 0, & x^2+y^2=0\end{cases}$$

在点(0,0)处可微，但 $f_x(x,y)$ 及 $f_y(x,y)$ 在点(0,0)处间断.

证 由偏导数的定义易求得$f_x(0,0)=f_y(0,0)=0$.因此有

$$\begin{aligned}&\Delta f-[f_x(0,0)\Delta x+f_y(0,0)\Delta y]\\=&f(\Delta x,\Delta y)-f(0,0)=(\Delta x^2+\Delta y^2)\sin\frac{1}{\Delta x^2+\Delta y^2}=\rho^2\sin\frac{1}{\rho^2}=o(\rho),\end{aligned}$$

故再由(3.10)式知f在点$(0,0)$处可微.下面证明它在点$(0,0)$处的偏导数不连续,事实上,当$x^2+y^2\neq 0$时,有

$$f_x(x,y)=2x\sin\frac{1}{x^2+y^2}-\frac{2x}{x^2+y^2}\cos\frac{1}{x^2+y^2}.$$

由于$\lim\limits_{\substack{x\to 0\\ y\to 0}}2x\sin\dfrac{1}{x^2+y^2}=0$,而

$$\lim_{\substack{y=x\\ x\to 0}}\frac{2x}{x^2+y^2}\cos\frac{1}{x^2+y^2}=\lim_{x\to 0}\frac{1}{x}\cos\frac{1}{2x^2}$$

不存在,所以$f_x(x,y)$在点$(0,0)$处间断.同法可证$f_y(x,y)$在点$(0,0)$处也间断. ▌

2. n 元函数的全微分

二元函数全微分的概念可直接推广到n元函数.设n元函数$u=f(\boldsymbol{x})=f(x_1,\cdots,x_n)$在点$\boldsymbol{x}_0=(x_{0,1},\cdots,x_{0,n})\in\mathbf{R}^n$的邻域$U(\boldsymbol{x}_0)\subseteq\mathbf{R}^n$内有定义,如果$\forall\boldsymbol{x}=\boldsymbol{x}_0+\Delta\boldsymbol{x}\in U(\boldsymbol{x}_0)$,存在一组与$\Delta\boldsymbol{x}=(\Delta x_1,\cdots,\Delta x_n)$无关的常数$a_1,\cdots,a_n$,使得函数$f$在$\boldsymbol{x}_0$处的改变量

$$\Delta u=f(\boldsymbol{x}_0+\Delta\boldsymbol{x})-f(\boldsymbol{x}_0)$$

可表示为

$$\Delta u=a_1\Delta x_1+\cdots+a_n\Delta x_n+o(\rho),$$

其中$o(\rho)$是当$\rho=\|\Delta\boldsymbol{x}\|\to 0$时关于$\rho$的高阶无穷小,则称$f$在点$\boldsymbol{x}_0$处**可微**,且称关于$\Delta x_1,\cdots,\Delta x_n$的线性函数

$$a_1\Delta x_1+\cdots+a_n\Delta x_n$$

为f在$\boldsymbol{x}_0$处的**全微分**,记为$\mathrm{d}f(\boldsymbol{x}_0)$,或$\mathrm{d}u\big|_{\boldsymbol{x}=\boldsymbol{x}_0}$,即

$$\mathrm{d}f(\boldsymbol{x}_0)=a_1\Delta x_1+\cdots+a_n\Delta x_n.$$

同二元函数一样,常记$\Delta x_i=\mathrm{d}x_i$,于是f的全微分也常写成

$$\mathrm{d}f(\boldsymbol{x}_0)=\sum_{i=1}^{n}a_i\mathrm{d}x_i.$$

定理3.1及定理3.2的结论也可直接推广到n元函数.例如,当n元函数f在点$\boldsymbol{x}_0$处可微时,则f在点$\boldsymbol{x}_0$处连续且它的所有偏导数均存在,而且可微定义中的$a_i=$

$\dfrac{\partial f(\boldsymbol{x}_0)}{\partial x_i}(i=1,\cdots,n)$，从而有

$$\mathrm{d}f(\boldsymbol{x}_0)=\sum_{i=1}^{n}\frac{\partial f(\boldsymbol{x}_0)}{\partial x_i}\mathrm{d}x_i. \tag{3.15}$$

此外，若 f 在点 $\boldsymbol{x}_0$ 处的所有偏导数均连续，则 f 在点 $\boldsymbol{x}_0$ 处一定可微.

例 3.8　求 $f(x,y,z)=\dfrac{1}{\sqrt{x^2+y^2+z^2}}$ 的全微分.

解　显然，在任意 $(x,y,z)\neq(0,0,0)$ 处，f 的所有偏导数均存在且连续，因此由定理 3.2 知 f 可微，再由(3.15)式得

$$\mathrm{d}f=f_x\mathrm{d}x+f_y\mathrm{d}y+f_z\mathrm{d}z=-\frac{x\mathrm{d}x+y\mathrm{d}y+z\mathrm{d}z}{(x^2+y^2+z^2)^{3/2}}\quad(x^2+y^2+z^2\neq 0).$$ ▍

3. 全微分在近似计算和误差估计中的应用

我们知道，当 n 元函数 f 在点 $\boldsymbol{x}_0$ 处可微时，有

$$\Delta f=f(\boldsymbol{x}_0+\Delta\boldsymbol{x})-f(\boldsymbol{x}_0)=\mathrm{d}f(\boldsymbol{x}_0)+o(\rho),$$

从而当 $\rho=\|\Delta\boldsymbol{x}\|\ll 1$ 时，有

$$f(\boldsymbol{x}_0+\Delta\boldsymbol{x})-f(\boldsymbol{x}_0)\approx\mathrm{d}f(\boldsymbol{x}_0)=\sum_{i=1}^{n}f_{x_i}(\boldsymbol{x}_0)\Delta x_i,$$

或

$$f(\boldsymbol{x})\approx f(\boldsymbol{x}_0)+\sum_{i=1}^{n}f_{x_i}(\boldsymbol{x}_0)(x_i-x_{0,i}). \tag{3.16}$$

可见与一元函数情况类似，当 $\rho\ll 1$ 时，用函数的全微分近似表示函数的改变量，就是在点 $\boldsymbol{x}_0$ 的邻域内把一个非线性函数 $f(\boldsymbol{x})$ 线性化.(3.16)式右端称为 $f(\boldsymbol{x})$ 的**局部线性化**或**局部线性逼近**.这种局部线性逼近的思想可以用来解决以下两类问题：

(1) 函数值的近似计算

例 3.9　求 $\sqrt{1.97^3+1.01^3}$ 的近似值.

解　令 $f(x,y)=\sqrt{x^3+y^3}$，$(x_0,y_0)=(2,1)$，$\Delta x=-0.03$，$\Delta y=0.01$，则

$$f_x(2,1)=\left.\frac{3x^2}{2\sqrt{x^3+y^3}}\right|_{(2,1)}=2,\quad f_y(2,1)=\left.\frac{3y^2}{2\sqrt{x^3+y^3}}\right|_{(2,1)}=\frac{1}{2},$$

$$\begin{aligned}\sqrt{1.97^3+1.01^3}&=f(x_0+\Delta x,y_0+\Delta y)\approx f(x_0,y_0)+\mathrm{d}f(x_0,y_0)\\&=f(2,1)+f_x(2,1)\Delta x+f_y(2,1)\Delta y=2.945.\end{aligned}$$ ▍

(2) 误差估计

设量 z 由公式 $z=f(x,y)$ 确定,如果 x 和 y 的近似值 x_0 和 y_0 分别有绝对误差 δ_x 和 δ_y,即 $|\Delta x|<\delta_x$, $|\Delta y|<\delta_y$,那么用近似值 x_0 和 y_0 代入公式 $z=f(x,y)$ 所得的值 $z_0=f(x_0,y_0)$ 也是 z 的近似值.由于 $|\Delta x|$ 和 $|\Delta y|$ 都很小,所以可用公式 $\Delta z\approx \mathrm{d}z$ 估计 z_0 的绝对误差

$$\begin{aligned}|\Delta z| \approx |\mathrm{d}z| &= |f_x(x_0,y_0)\Delta x+f_y(x_0,y_0)\Delta y|\\ &\leqslant |f_x(x_0,y_0)||\Delta x|+|f_y(x_0,y_0)||\Delta y|\\ &< |f_x(x_0,y_0)|\delta_x+|f_y(x_0,y_0)|\delta_y,\end{aligned}$$

从而可取 z_0 的绝对误差为

$$\delta_z=|f_x(x_0,y_0)|\delta_x+|f_y(x_0,y_0)|\delta_y, \tag{3.17}$$

由此得 z_0 的相对误差为

$$\frac{\delta_z}{|z_0|}=\left|\frac{f_x(x_0,y_0)}{f(x_0,y_0)}\right|\delta_x+\left|\frac{f_y(x_0,y_0)}{f(x_0,y_0)}\right|\delta_y. \tag{3.18}$$

例 3.10 设 $z=xy$,求由测量值 x_0,y_0 计算 z 所产生的绝对误差与相对误差.

解 将 $z_x=y,z_y=x$ 代入公式(3.17)与(3.18),得

绝对误差 $$\delta_z=|y_0|\delta_x+|x_0|\delta_y,$$

相对误差 $$\frac{\delta_z}{|z_0|}=\frac{\delta_x}{|x_0|}+\frac{\delta_y}{|y_0|}.$$

由此可见,乘积的相对误差等于各个因子的相对误差之和. ▍

同理可证,商的相对误差等于分子与分母的相对误差之和.

例 3.11 肾的一个重要功能是清除血液中的尿素.临床上用公式 $C=\dfrac{\sqrt{V}}{P}u$ 来计算尿素标准清除率,其中 u 表示尿中的尿素浓度(单位:mg/L),V 表示每分钟排出的尿量(单位:mL/min),P 表示血液中的尿素浓度(单位:mg/L).某患者的实际测量值 $u=5\ 000, V=1.44, P=200$,从而算得 $C=30$(正常人的 C 值约为 54).如果该测量值 u,V,P 的绝对误差分别为 50,0.014 4,2,试估算由测量值的误差对 C 值所带来的绝对误差和相对误差.

解 因 $\dfrac{\partial C}{\partial u}=\dfrac{\sqrt{V}}{P},\dfrac{\partial C}{\partial V}=\dfrac{u}{2P\sqrt{V}},\dfrac{\partial C}{\partial P}=-\dfrac{u\sqrt{V}}{P^2}$,当 $u=5\ 000, V=1.44, P=200$ 时,

$$\frac{\partial C}{\partial u}=0.006,\quad \frac{\partial C}{\partial V}=\frac{125}{12},\quad \frac{\partial C}{\partial P}=-0.15,$$

故 C 值的绝对误差为

$$\begin{aligned}\delta_C &= \left|\frac{\partial C}{\partial u}\right|\delta_u + \left|\frac{\partial C}{\partial V}\right|\delta_V + \left|\frac{\partial C}{\partial P}\right|\delta_P \\ &= 0.006\times 50 + \frac{125}{12}\times 0.0144 + 0.15\times 2 = 0.75,\end{aligned}$$

C 的相对误差为

$$\frac{\delta_C}{|C|} = \frac{0.75}{30} = 2.5\%. \quad \blacksquare$$

3.3 方向导数与梯度

1. 方向导数

我们知道二元函数 $f(x,y)$ 在点 (x_0,y_0) 处的两个偏导数，实际上是刻画函数 f 在点 (x_0,y_0) 处沿与 x 轴和 y 轴平行的方向的变化率.然而，在许多实际问题中，仅仅研究函数沿这两个特殊方向的变化率还远远不够，还需要研究函数在点 (x_0,y_0) 处沿各个不同方向的变化率.例如，在大气气象学中，为了确定某地的风速和风向，就要研究该地气压沿不同方向变化的快慢；在热传导问题中，需要研究某点温度沿不同方向变化的快慢等. 这些研究函数在某点处沿不同方向变化率的问题就是方向导数问题.

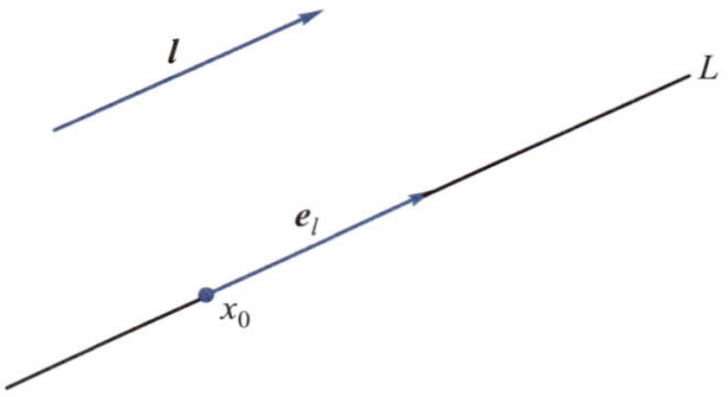

图 5.11

设点 $\boldsymbol{x}_0\in\mathbf{R}^2$，$\boldsymbol{l}$ 是平面上某一向量，其单位向量记为 $\boldsymbol{e}_l$，$f:U(\boldsymbol{x}_0)\subseteq\mathbf{R}^2\to\mathbf{R}$ 是一个二元函数.我们来讨论 f 在点 $\boldsymbol{x}_0$ 处沿 $\boldsymbol{l}$ 方向的变化率$\left(记作\left.\frac{\partial f}{\partial \boldsymbol{l}}\right|_{\boldsymbol{x}_0}\right)$.过点 $\boldsymbol{x}_0$ 作与 $\boldsymbol{l}$ 平行的直线 L（图 5.11），它的方程为

$$\boldsymbol{x} = \boldsymbol{x}_0 + t\boldsymbol{e}_l,\quad t\in\mathbf{R}. \tag{3.19}$$

$f(\boldsymbol{x})$ 在点 $\boldsymbol{x}_0$ 处沿 $\boldsymbol{l}$ 方向的变化率，就是当点 $\boldsymbol{x}$ 在直线 L 上变动时 $f(\boldsymbol{x})$ 在点 $\boldsymbol{x}_0$ 处的变化率.在点 $\boldsymbol{x}_0$ 与 $\boldsymbol{e}_l$ 固定的情况下，当点 $\boldsymbol{x}$ 在 L 上变动时，函数

$$f(\boldsymbol{x}) = f(\boldsymbol{x}_0 + t\boldsymbol{e}_l)$$

实际上是自变量 t 的一元函数，记作

$$F(t) = f(\boldsymbol{x}_0 + t\boldsymbol{e}_l).$$

因此，$f(\boldsymbol{x})$ 在点 $\boldsymbol{x}_0$ 沿 $\boldsymbol{l}$ 方向的变化率，也就是一元函数 $F(t)$ 在 $t=0$ 处的导数，即

$$\left.\frac{\partial f}{\partial \boldsymbol{l}}\right|_{\boldsymbol{x}_0} = \left.\frac{\mathrm{d}F(t)}{\mathrm{d}t}\right|_{t=0} = \lim_{t\to 0}\frac{F(t)-F(0)}{t} = \lim_{t\to 0}\frac{f(\boldsymbol{x}_0+t\boldsymbol{e}_l)-f(\boldsymbol{x}_0)}{t}.$$

由此,我们给出以下定义.

定义 3.3 (方向导数) 设点 $\boldsymbol{x}_0\in\mathbf{R}^2$,$\boldsymbol{l}$ 是平面上一向量,与 $\boldsymbol{l}$ 同向的单位向量为 $\boldsymbol{e}_l$,二元函数 f 定义在 $\boldsymbol{x}_0$ 的邻域 $U(\boldsymbol{x}_0)\subseteq\mathbf{R}^2$ 内,在 $U(\boldsymbol{x}_0)$ 内让自变量 $\boldsymbol{x}$ 由 $\boldsymbol{x}_0$ 沿与 $\boldsymbol{e}_l$ 平行的直线变到 $\boldsymbol{x}_0+t\boldsymbol{e}_l$,从而函数值有对应的改变量 $f(\boldsymbol{x}_0+t\boldsymbol{e}_l)-f(\boldsymbol{x}_0)$.若

$$\lim_{t\to0}\frac{f(\boldsymbol{x}_0+t\boldsymbol{e}_l)-f(\boldsymbol{x}_0)}{t}$$

注:多元函数 $f(\boldsymbol{x})$ 在点 $\boldsymbol{x}_0$ 处沿 $\boldsymbol{l}$ 方向的方向导数是通过引入参数 t 将该函数转化为一元函数

$$F(t)=f(\boldsymbol{x})=f(\boldsymbol{x}_0+t\boldsymbol{e}_l),$$

用 $F(t)$ 在 $t=0$ 处的导数来定义的,体现了"化多为一"用"已知"(一元函数导数定义)研究"未知"(多元函数的方向导数)的思想方法.

存在,则称此极限值为 f 在点 $\boldsymbol{x}_0$ 处沿 $\boldsymbol{l}$ 方向的**方向导数**,记作 $\left.\dfrac{\partial f}{\partial\boldsymbol{l}}\right|_{\boldsymbol{x}_0}$,或 $\dfrac{\partial f(\boldsymbol{x}_0)}{\partial\boldsymbol{l}}$,即

$$\left.\frac{\partial f}{\partial\boldsymbol{l}}\right|_{\boldsymbol{x}_0}=\lim_{t\to0}\frac{f(\boldsymbol{x}_0+t\boldsymbol{e}_l)-f(\boldsymbol{x}_0)}{t}. \tag{3.20}$$

我们对方向导数的定义再作如下说明:

(1) 定义中的 t 的绝对值就是两点 $\boldsymbol{x}_0$ 与 $\boldsymbol{x}=\boldsymbol{x}_0+t\boldsymbol{e}_l$ 之间的距离 d.事实上,注意到 $\boldsymbol{e}_l$ 为单位向量,于是有

$$d=\|(\boldsymbol{x}_0+t\boldsymbol{e}_l)-\boldsymbol{x}_0\|=\|t\boldsymbol{e}_l\|=|t|\,\|\boldsymbol{e}_l\|=|t|.$$

(2) **方向导数实际上是函数 f 在 $\boldsymbol{x}_0$ 处沿 $\boldsymbol{l}$ 方向关于距离的变化率**,它表示当 $\boldsymbol{x}$ 在 $\boldsymbol{x}_0$ 邻近沿 $\boldsymbol{l}$ 方向变化(无论 $t>0$ 还是 $t<0$)时,函数 $f(\boldsymbol{x})$ 变化的快慢程度.事实上,当 $t>0$ 时,由点 $\boldsymbol{x}_0$ 到点 $\boldsymbol{x}_0+t\boldsymbol{e}_l$ 的向量 $t\boldsymbol{e}_l$ 与 $\boldsymbol{l}$ 同向,所以,此时 $f(\boldsymbol{x}_0+t\boldsymbol{e}_l)-f(\boldsymbol{x}_0)$ 就是 f 在点 $\boldsymbol{x}_0$ 处沿 $\boldsymbol{l}$ 方向变到点 $\boldsymbol{x}_0+t\boldsymbol{e}_l$ 的改变量,又因 $t=d$,故

$$\frac{f(\boldsymbol{x}_0+t\boldsymbol{e}_l)-f(\boldsymbol{x}_0)}{t}=\frac{f(\boldsymbol{x}_0+t\boldsymbol{e}_l)-f(\boldsymbol{x}_0)}{d}$$

表示当动点由 $\boldsymbol{x}_0$ 沿 $\boldsymbol{l}$ 方向变到 $\boldsymbol{x}_0+t\boldsymbol{e}_l$ 时,函数 f 关于距离的平均变化率,所以,方向导数 $\left.\dfrac{\partial f}{\partial\boldsymbol{l}}\right|_{\boldsymbol{x}_0}$ 表示函数 f 在点 $\boldsymbol{x}_0$ 处关于距离的变化率.而当 $t<0$ 时,由点 $\boldsymbol{x}_0+t\boldsymbol{e}_l$ 到点 $\boldsymbol{x}_0$ 的向量 $-t\boldsymbol{e}_l$ 与 $\boldsymbol{l}$ 同向,又因 $d=-t$,于是由

$$\frac{f(\boldsymbol{x}_0+t\boldsymbol{e}_l)-f(\boldsymbol{x}_0)}{t}=\frac{f(\boldsymbol{x}_0)-f(\boldsymbol{x}_0+t\boldsymbol{e}_l)}{-t}=\frac{f(\boldsymbol{x}_0)-f(\boldsymbol{x}_0+t\boldsymbol{e}_l)}{d}$$

知此时方向导数(3.20)仍然是 f 在 $\boldsymbol{x}_0$ 处沿 $\boldsymbol{l}$ 方向关于距离的变化率.

(3) 由(2)可知,若方向导数 $\left.\dfrac{\partial f}{\partial\boldsymbol{l}}\right|_{\boldsymbol{x}_0}>0\ (<0)$,则 f 在 $\boldsymbol{x}_0$ 处沿 $\boldsymbol{l}$ 方向增加(减少).而且,方向导数的绝对值愈大,则表明 f 在 $\boldsymbol{x}_0$ 处沿 $\boldsymbol{l}$ 方向增加(减少)得愈快.

2. 方向导数的几何意义

过直线 $L:\boldsymbol{x}=\boldsymbol{x}_0+t\boldsymbol{e}_l$ 作平行于 z 轴的平面 π（图 5.12），它与曲面 $z=f(x,y)$ 所交的曲线记作 C.在平面 π 上考察曲线 C.容易看出，当 $t>0$ 时，$\overrightarrow{P_0P}$ 的方向与 $\boldsymbol{l}$ 的方向相对应，$\dfrac{f(\boldsymbol{x}_0+t\boldsymbol{e}_l)-f(\boldsymbol{x}_0)}{t}$表示曲线 C 的割线向量 $\overrightarrow{P_0P}$ 与向量 $\boldsymbol{l}$ 交角的正切值，即 $\overrightarrow{P_0P}$（关于 $\boldsymbol{l}$ 方向）的斜率；当 $t<0$ 时，P 在曲线 C 上位于 P_0 的另一侧，$\dfrac{f(\boldsymbol{x}_0+t\boldsymbol{e}_l)-f(\boldsymbol{x}_0)}{t}=\dfrac{f(\boldsymbol{x}_0)-f(\boldsymbol{x}_0+t\boldsymbol{e}_l)}{-t}$表示割线向量 $\overrightarrow{PP_0}$ 的斜率. 当 $t\to0$ 时，$\boldsymbol{x}\to\boldsymbol{x}_0$，割线转化为切线.

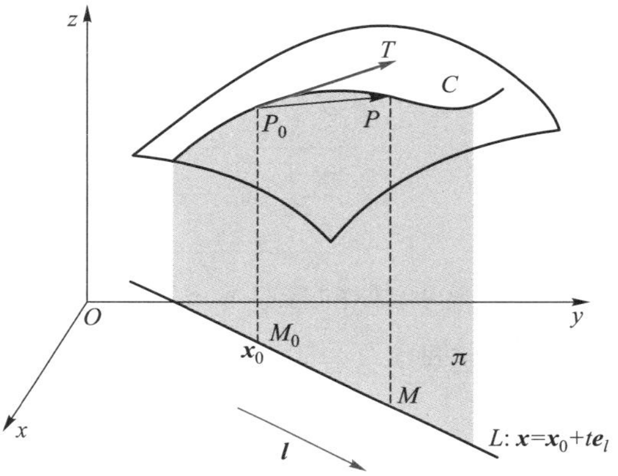

图 5.12

(3.20)式中极限的存在，意味着当点 $\boldsymbol{x}$ 沿向量 $\boldsymbol{l}$ 从 $\boldsymbol{x}_0$ 的两侧分别趋于点 $\boldsymbol{x}_0$ 时，极限存在且相等，即曲线 C 在点 P_0 仅有唯一的切线 T，它关于 $\boldsymbol{l}$ 方向的斜率就是方向导数$\left.\dfrac{\partial f}{\partial \boldsymbol{l}}\right|_{\boldsymbol{x}_0}$.

相应于一元函数的左（右）导数，对于方向导数，也可以按 $t\to0^+$ 与 $t\to0^-$ 讨论单侧方向导数.

例 3.12 设二元函数

$$f(x,y)=\begin{cases}\dfrac{xy^2}{x^2+y^4}, & x^2+y^2\neq0,\\ 0, & x^2+y^2=0,\end{cases}$$

求 f 在点(0,0)沿方向 $\boldsymbol{e}_l=(\cos\theta,\sin\theta)$ 的方向导数.

解 当 $\cos\theta\neq0$ 时，有

$$\frac{\partial f(0,0)}{\partial \boldsymbol{l}}=\lim_{t\to0}\frac{f(t\cos\theta,t\sin\theta)-f(0,0)}{t}=\lim_{t\to0}\frac{\cos\theta\cdot\sin^2\theta}{\cos^2\theta+t^2\sin^4\theta}=\frac{\sin^2\theta}{\cos\theta};$$

当 $\cos\theta=0$ 时，由于 $f(t\cos\theta,t\sin\theta)-f(0,0)=0$，从而$\dfrac{\partial f(0,0)}{\partial \boldsymbol{l}}=0$. ▌

由例 3.12 可知，当 $\theta=\dfrac{\pi}{4}$ 时，$\dfrac{\partial f(0,0)}{\partial \boldsymbol{l}}=\dfrac{\sqrt2}{2}$；当 $\theta=\dfrac{\pi}{4}+\pi$ 时，$\dfrac{\partial f(0,0)}{\partial \boldsymbol{l}}=-\dfrac{\sqrt2}{2}$.可见，$f$ 在点(0,0)处沿方向 $\theta=\dfrac{\pi}{4}$的方向导数与沿 $\theta=\dfrac{\pi}{4}+\pi$ 的方向导数的绝对

值相等但符号相反.一般地,由方向导数的定义容易看出,

$$\left.\frac{\partial f}{\partial(-\boldsymbol{l})}\right|_{\boldsymbol{x}_0}=-\left.\frac{\partial f}{\partial \boldsymbol{l}}\right|_{\boldsymbol{x}_0}.$$

即 f 在 $\boldsymbol{x}_0$ 处沿 $\boldsymbol{l}$ 方向的方向导数与沿 $-\boldsymbol{l}$ 方向的方向导数只差一个符号.因此,若 f 在 $\boldsymbol{x}_0$ 处沿 $\boldsymbol{l}$ 方向是增加(减少)的,则沿 $-\boldsymbol{l}$ 方向就是减少(增加)的.

二维码 5.3.2 方向导数与偏导数的关系.

用定义去判定一个函数的方向导数是否存在或计算方向导数的值,通常都是不方便的.下面定理给出方向导数存在的一个充分条件,以及方向导数的计算公式.

定理 3.3 若 $f(x,y)$ 在点 (x_0,y_0) 可微,则函数 f 在点 (x_0,y_0) 沿任意 $\boldsymbol{l}$ 方向的方向导数均存在,且

$$\boxed{\left.\frac{\partial f}{\partial \boldsymbol{l}}\right|_{(x_0,y_0)}=f_x(x_0,y_0)\cos\alpha+f_y(x_0,y_0)\cos\beta,}\tag{3.21}$$

其中 $\boldsymbol{l}$ 方向上的单位向量是 $\boldsymbol{e}_l=(\cos\alpha,\cos\beta)$.

证 由定理 3.1,当 $f(x,y)$ 在 (x_0,y_0) 处可微时函数 $f(x,y)$ 在 (x_0,y_0) 处的改变量可表示为

$$f(x_0+\Delta x,y_0+\Delta y)-f(x_0,y_0)=a_1\Delta x+a_2\Delta y+o(\rho),$$

其中 $a_1=f_x(x_0,y_0)$, $a_2=f_y(x_0,y_0)$.取 $\Delta x=t\cos\alpha$, $\Delta y=t\cos\beta$, $\boldsymbol{x}_0=(x_0,y_0)$,则有 $\rho=\sqrt{\Delta x^2+\Delta y^2}=|t|$,且

$$\begin{aligned}&f(x_0+t\cos\alpha,y_0+t\cos\beta)-f(x_0,y_0)\\&=f(\boldsymbol{x}_0+t\boldsymbol{e}_l)-f(\boldsymbol{x}_0)=a_1t\cos\alpha+a_2t\cos\beta+o(\rho),\end{aligned}$$

于是由方向导数的定义式(3.20),有

$$\begin{aligned}\left.\frac{\partial f}{\partial \boldsymbol{l}}\right|_{\boldsymbol{x}_0}&=\lim_{t\to0}\frac{f(\boldsymbol{x}_0+t\boldsymbol{e}_l)-f(\boldsymbol{x}_0)}{t}\\&=\lim_{t\to0}\left(a_1\cos\alpha+a_2\cos\beta+\frac{o(\rho)}{t}\right)=a_1\cos\alpha+a_2\cos\beta+\lim_{t\to0}\frac{o(|t|)}{t}\\&=a_1\cos\alpha+a_2\cos\beta.\end{aligned}\tag{3.22}$$

这就证明了当 f 在点 $\boldsymbol{x}_0$ 处可微时, f 在 $\boldsymbol{x}_0$ 处沿任意 $\boldsymbol{l}$ 方向的方向导数均存在.

将 $a_1=f_x(x_0,y_0)$, $a_2=f_y(x_0,y_0)$ 代入(3.22)式得知(3.21)式成立. ▌

与方向导数有着密切关系的另一个重要概念就是下面要介绍的梯度.

3. 梯度

函数 $z=f(x,y)$ 在点 (x_0,y_0) 处沿某方向的方向导数刻画了 $f(x,y)$ 在点 (x_0,y_0) 处沿该方向的变化率. 一般来说,在给定点沿不同方向的变化率(方向导数)是不相同的,而且在给定点可能存在无穷多个不同的方向. 那么沿无穷多个方向的方向导数中,沿哪个方向的方向导数最大,怎样求这个最大的方向导数的值(如果存在的话),在科学技术中是一个非常重要的问题. 例如,当热由热源向周围扩散时,常常需要知道温度变化最快的方向以及沿此方向温度的变化率. 为研究此类问题,就需要引入梯度的概念.

定义 3.4(梯度) 设二元函数 $z=f(x,y)$ 定义在点 (x_0,y_0) 的邻域中,如果存在一个向量,其方向为该函数在此点取得方向导数最大值的方向,其模等于该函数在此点的方向导数的最大值,则称该向量为函数 $f(x,y)$ 在**点** (x_0,y_0) **处的梯度**,记作 $\mathbf{grad}\,f(x_0,y_0)$,其中 grad 是英文 gradient 的简写.

利用方向导数的计算公式(3.21)和梯度的定义,容易得到梯度存在的一个充分条件和梯度的计算公式.

定理 3.4 设二元函数 $f(x,y)$ 在点 (x_0,y_0) 处可微,则 f 在该点的梯度一定存在,并且

$$\boxed{\mathbf{grad}\,f(x_0,y_0)=f_x(x_0,y_0)\boldsymbol{i}+f_y(x_0,y_0)\boldsymbol{j}.} \tag{3.23}$$

证 设 $\boldsymbol{l}$ 为任一向量,由于函数 $f(x,y)$ 在点 (x_0,y_0) 处可微,根据定理 3.3,f 在点 (x_0,y_0) 处沿 $\boldsymbol{e}_l=(\cos\alpha,\cos\beta)$ 的方向导数必定存在,并且

$$\left.\frac{\partial f}{\partial \boldsymbol{l}}\right|_{(x_0,y_0)}=f_x(x_0,y_0)\cos\alpha+f_y(x_0,y_0)\cos\beta.$$

作向量 $\boldsymbol{g}=(f_x(x_0,y_0),f_y(x_0,y_0))$,下面证明 $\boldsymbol{g}$ 就是 f 在点 (x_0,y_0) 处的梯度. 事实上,由于

$$\left.\frac{\partial f}{\partial \boldsymbol{l}}\right|_{(x_0,y_0)}=\langle \boldsymbol{g},\boldsymbol{e}_l\rangle=\|\boldsymbol{g}\|\cos(\boldsymbol{g},\boldsymbol{e}_l)\leqslant\|\boldsymbol{g}\|,$$

所以,当 $\cos(\boldsymbol{g},\boldsymbol{e}_l)=1$ 时,即 $\boldsymbol{e}_l$ 与 $\boldsymbol{g}$ 同向时,$\left.\frac{\partial f}{\partial \boldsymbol{l}}\right|_{(x_0,y_0)}=\|\boldsymbol{g}\|$. 也就是说,向量 $\boldsymbol{g}$ 的方向是函数 f 在点 (x_0,y_0) 处取得方向导数最大值的方向,$\boldsymbol{g}$ 的模 $\|\boldsymbol{g}\|$ 就是 f 在此点方向导数的最大值. 因此,

注意:上式左端表示 f 在点 (x_0,y_0) 处沿 $\boldsymbol{l}$ 方向的方向导数等于向量 $\boldsymbol{g}$ 在 $\boldsymbol{l}$ 方向的投影,即方向导数 $\left.\frac{\partial f}{\partial \boldsymbol{l}}\right|_{(x_0,y_0)}$ 等于梯度在 $\boldsymbol{l}$ 方向的投影.

$$\boldsymbol{g}=f_x(x_0,y_0)\boldsymbol{i}+f_y(x_0,y_0)\boldsymbol{j}=\mathbf{grad}\,f(x_0,y_0). \quad \blacksquare$$

函数 f 在 (x_0,y_0) 处的梯度也可以用 nabla 算符 ∇(也称向量微分算子)来表示,

记作 $\nabla f(x_0,y_0)$，其中符号 $\nabla=\left(\frac{\partial}{\partial x},\frac{\partial}{\partial y}\right)$，它本身并无意义，仅当将 ∇ 作用于函数 f 后表示如下向量

$$\nabla f(x_0,y_0)=\left(\frac{\partial f(x_0,y_0)}{\partial x},\frac{\partial f(x_0,y_0)}{\partial y}\right).$$

例 3.13 求二元函数 $u=x^2-xy+y^2$ 在点 $P(-1,1)$ 处沿方向 $\boldsymbol{e}_l=\frac{1}{\sqrt{5}}(2,1)$ 的方向导数.并指出 u 在该点沿哪个方向的方向导数最大？这个最大的方向导数值是多少？u 沿哪个方向减小得最快？沿哪个方向 u 的值不变？

解 解此题的关键是求函数 u 在 $(-1,1)$ 点处的梯度. 由于

$$\nabla u\Big|_{(-1,1)}=\left(\frac{\partial u}{\partial x},\frac{\partial u}{\partial y}\right)\Big|_{(-1,1)}=(2x-y,2y-x)\Big|_{(-1,1)}=(-3,3),$$

所以

$$\frac{\partial u(-1,1)}{\partial \boldsymbol{l}}=\langle\nabla u|_{(-1,1)},\boldsymbol{e}_l\rangle=\frac{1}{\sqrt{5}}(-6+3)=\frac{-3}{\sqrt{5}}.$$

方向导数取得最大值的方向即梯度方向，其单位向量为 $\frac{1}{\sqrt{2}}(-1,1)$，方向导数的最大值即 $\|\nabla u|_{(-1,1)}\|=3\sqrt{2}$. u 沿梯度的负向，即 $\frac{1}{\sqrt{2}}(1,-1)$ 的方向减小得最快. 为求使 u 的值不变的方向，就是求使 u 的变化率为零的方向，令 $\boldsymbol{e}_l=(\cos\theta,\sin\theta)$，则

$$\frac{\partial u}{\partial \boldsymbol{l}}\Big|_{(-1,1)}=\langle\nabla u|_{(-1,1)},\boldsymbol{e}_l\rangle=-3\cos\theta+3\sin\theta=3\sqrt{2}\sin\left(\theta-\frac{\pi}{4}\right).$$

令 $\frac{\partial u}{\partial \boldsymbol{l}}=0$，得 $\theta=\frac{\pi}{4}$ 或 $\pi+\frac{\pi}{4}$，故在点 $(-1,1)$ 处沿 $\theta=\frac{\pi}{4}$ 和 $\pi+\frac{\pi}{4}$ 的方向，函数 u 的值不变. ▌

二维码 5.3.3 方向导数与梯度的区别与联系.

从图 5.13 所示的函数 u 的等值线来看，例 3.13 的结论是显而易见的. 事实上，函数 $u=x^2-xy+y^2$ 的等值线 $x^2-xy+y^2=C$ 是如图 5.13 所示的一族椭圆. u 在点 $P(-1,1)$ 处的梯度方向为 $\overrightarrow{PP_1}$，它垂直于等值线在点 P 的切线，函数 u 在点 P 沿此方向的变化率显然最大，沿与 $\overrightarrow{PP_1}$ 相反的方向的变化率最小，而在点 P 使函数 u 的变化率为零

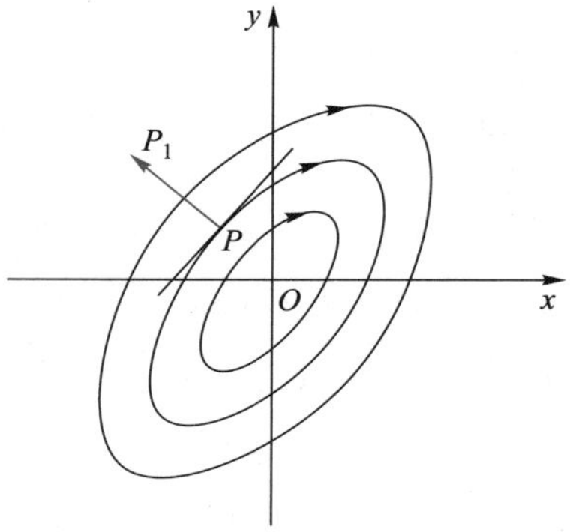

图 5.13

的方向当然应是等值线在点 P 的切线方向.

4. n 元函数的方向导数与梯度

方向导数与梯度的概念均可直接推广到 n 元函数. 设 $\boldsymbol{x}_0$ 是 $\mathbf{R}^n$ 中一个点,f 为定义在 $\boldsymbol{x}_0$ 的邻域 $U(\boldsymbol{x}_0)$ 内一个 n 元函数,$\boldsymbol{e}_l$ 为 $\mathbf{R}^n$ 中一个单位向量,则 n 元函数 $f(\boldsymbol{x})$ 在点 $\boldsymbol{x}_0$ 沿 $\boldsymbol{e}_l$ 方向的方向导数定义与二元函数完全类似,即

$$\left.\frac{\partial f}{\partial \boldsymbol{l}}\right|_{\boldsymbol{x}_0}=\lim_{t\to 0}\frac{f(\boldsymbol{x}_0+t\boldsymbol{e}_l)-f(\boldsymbol{x}_0)}{t}.$$

当 f 在点 $\boldsymbol{x}_0$ 可微时,f 在点 $\boldsymbol{x}_0$ 沿任意 $\boldsymbol{l}$ 方向的方向导数都存在,并且有如下的计算公式:

$$\left.\frac{\partial f}{\partial \boldsymbol{l}}\right|_{\boldsymbol{x}_0}=\sum_{k=1}^{n}\frac{\partial f(\boldsymbol{x}_0)}{\partial x_k}\cos\alpha_k,$$

其中 $\cos\alpha_1,\cos\alpha_2,\cdots,\cos\alpha_n$ 为向量 $\boldsymbol{l}$ 的方向余弦.

当 f 在点 $\boldsymbol{x}_0$ 处可微时,f 在 $\boldsymbol{x}_0$ 处的梯度也存在,计算公式为

$$\mathbf{grad}\, f(\boldsymbol{x}_0)=\nabla f(\boldsymbol{x}_0)=\left(\frac{\partial f}{\partial x_1},\frac{\partial f}{\partial x_2},\cdots,\frac{\partial f}{\partial x_n}\right)_{\boldsymbol{x}_0}.$$

5. 梯度的运算法则

根据梯度的计算公式(3.23)可见,求函数 $u=f(\boldsymbol{x})$ 的梯度实际上就是求偏导数. 故由已知的求导法则,可以得知梯度具有类似于求导法则的一些简单运算法则(其中的 C_1,C_2 为任意常数,函数 u,v 及 f 均可微):

(1) $\mathbf{grad}(C_1u+C_2v)=C_1\mathbf{grad}\,u+C_2\mathbf{grad}\,v$,或

$$\nabla(C_1u+C_2v)=C_1\nabla u+C_2\nabla v;$$

(2) $\mathbf{grad}(uv)=u\mathbf{grad}\,v+v\mathbf{grad}\,u$,或 $\nabla(uv)=u\nabla v+v\nabla u$;

(3) $\mathbf{grad}\left(\dfrac{u}{v}\right)=\dfrac{1}{v^2}[v\mathbf{grad}\,u-u\mathbf{grad}\,v]$,或 $\nabla\left(\dfrac{u}{v}\right)=\dfrac{1}{v^2}[v\nabla u-u\nabla v]\ (v\neq 0)$;

(4) $\mathbf{grad}\,f(u)=f'(u)\mathbf{grad}\,u$,或 $\nabla f(u)=f'(u)\nabla u$.

仅证(4),其余法则的证明留给读者. 设 $u=u(\boldsymbol{x})=u(x_1,\cdots,x_n)$,由一元函数的链式法则,我们有

$$\nabla f(u)=\left(\frac{\partial f(u)}{\partial x_1},\cdots,\frac{\partial f(u)}{\partial x_n}\right)=\left(f'(u)\frac{\partial u}{\partial x_1},\cdots,f'(u)\frac{\partial u}{\partial x_n}\right)$$

$$=f'(u)\left(\frac{\partial u}{\partial x_1},\cdots,\frac{\partial u}{\partial x_n}\right)=f'(u)\nabla u. \quad ▌$$

例 3.14 设点电荷 q 放在坐标原点 $O(0,0,0)$ 处,则在其周围将产生电场,且任一点 $M(x,y,z)$ 的电位与电场强度分别为

$$u=\frac{q}{4\pi\varepsilon r},\quad \boldsymbol{E}=\frac{q}{4\pi\varepsilon r^3}\boldsymbol{r}\ (r\neq 0),$$

其中 ε 为介电系数,$\boldsymbol{r}$ 为点 M 的向径,$r=\|\boldsymbol{r}\|$,求电位函数 u 的梯度.

解 $$\nabla u=\nabla\left(\frac{q}{4\pi\varepsilon r}\right)=\frac{q}{4\pi\varepsilon}\nabla\left(\frac{1}{r}\right)=\frac{q}{4\pi\varepsilon}\left(\frac{1}{r}\right)'\nabla r=-\frac{q}{4\pi\varepsilon r^2}\nabla r,$$

而 $\nabla r=\left(\frac{\partial r}{\partial x},\frac{\partial r}{\partial y},\frac{\partial r}{\partial z}\right)=\left(\frac{x}{r},\frac{y}{r},\frac{z}{r}\right)=\frac{\boldsymbol{r}}{r}$,故

$$\nabla u=-\frac{q}{4\pi\varepsilon r^3}\boldsymbol{r}=-\boldsymbol{E}.$$

因此,电位梯度的方向与电场强度 $\boldsymbol{E}$ 的方向相反,即沿向径的负方向电位 u 增长最快. ▎

例 3.15 一条鲨鱼在发现血腥味时,总是沿血腥味最浓的方向追寻.在海面上进行试验表明,如果把坐标原点取在血源处,在海平面上建立直角坐标系,那么点(x,y)处血液的浓度 C (每百万份水中所含血的份数)的近似值为 $C=\mathrm{e}^{-(x^2+2y^2)/10^4}$.求鲨鱼从点$(x_0,y_0)$出发向血源前进的路线.

解 设鲨鱼前进的路线为曲线 $\Gamma:y=f(x)$,我们首先来建立 $f(x)$ 应满足的方程.鲨鱼追踪最强的血腥味,所以每一瞬时它都将按血液浓度变化最快,即 C 的梯度方向前进,由梯度的计算公式得

$$\nabla C=\left(\frac{\partial C}{\partial x},\frac{\partial C}{\partial y}\right)=10^{-4}\mathrm{e}^{-(x^2+2y^2)/10^4}(-2x,-4y).$$

取鲨鱼前进的方向为曲线 Γ 的正向,相应方向的切线为正切线,正切线与 x 轴正向的交角为 θ (图 5.14),则在 Γ 上点(x,y)处 Γ 的正切线上的方向向量 $\boldsymbol{\tau}$ 可表示为$(\cos\theta,\sin\theta)$,或

$$(1,\tan\theta)=\left(1,\frac{\mathrm{d}y}{\mathrm{d}x}\right),$$

从而也可表示为 $\boldsymbol{\tau}=(\mathrm{d}x,\mathrm{d}y)$.

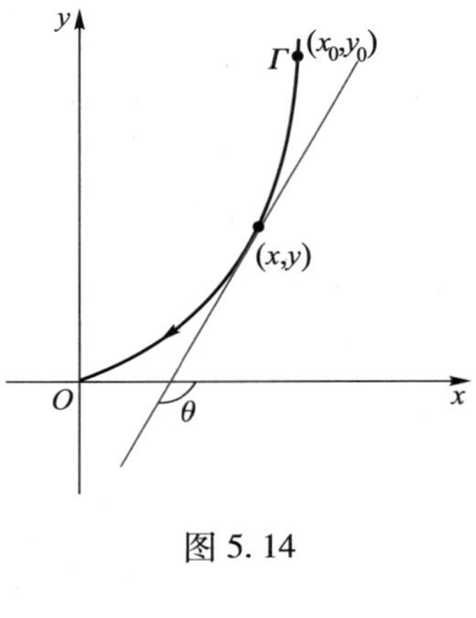

图 5.14

显然,$\boldsymbol{\tau}$ 必与 ∇C 平行同向,从而有

$$\frac{\mathrm{d}x}{-2x}=\frac{\mathrm{d}y}{-4y},$$

于是可得 $y=f(x)$ 应满足微分方程

$$\frac{\mathrm{d}y}{\mathrm{d}x}=2\frac{y}{x}. \tag{3.24}$$

由于鲨鱼的初始位置为(x_0,y_0),即初值条件为$y\big|_{x=x_0}=y_0$.

方程(3.24)是一个一阶可分离变量的微分方程,容易求得其通解为

$$y=Ax^2,$$

其中A为任意常数.代入初值条件$y\big|_{x=x_0}=y_0$,得$A=\dfrac{y_0}{x_0^2}$.于是鲨鱼从(x_0,y_0)出发进攻的路线是

$$y=\frac{y_0}{x_0^2}x^2. \quad ▌$$

3.4　高阶偏导数和高阶全微分

以二元函数为例,我们先来介绍高阶偏导数的概念.若$z=f(x,y)$在区域D内的两个偏导函数

$$z_x=\frac{\partial z}{\partial x}=f_x(x,y),\quad z_y=\frac{\partial z}{\partial y}=f_y(x,y)$$

在D内某点x处的偏导数仍存在,则这两个函数$f_x(x,y)$与$f_y(x,y)$的偏导数称为函数$f(x,y)$的**二阶偏导数**.按照求导次序的不同,二元函数z有以下四种不同的二阶偏导数,并分别记作

$$\frac{\partial}{\partial x}\left(\frac{\partial z}{\partial x}\right)=\frac{\partial^2 z}{\partial x^2}=z_{xx}=f_{xx}(x,y),\quad \frac{\partial}{\partial y}\left(\frac{\partial z}{\partial x}\right)=\frac{\partial^2 z}{\partial x\partial y}=z_{xy}=f_{xy}(x,y),$$

$$\frac{\partial}{\partial x}\left(\frac{\partial z}{\partial y}\right)=\frac{\partial^2 z}{\partial y\partial x}=z_{yx}=f_{yx}(x,y),\quad \frac{\partial}{\partial y}\left(\frac{\partial z}{\partial y}\right)=\frac{\partial^2 z}{\partial y^2}=z_{yy}=f_{yy}(x,y).$$

并称f_{xy}和f_{yx}为二阶混合偏导数.

类似地,可定义n $(n\geqslant 3)$阶偏导数.二阶及二阶以上的偏导数统称为**高阶偏导数**.

例 3.16　求二元函数$z=x^y$ $(x>0)$的所有二阶偏导数.

解　由$\dfrac{\partial z}{\partial x}=yx^{y-1}$及$\dfrac{\partial z}{\partial y}=x^y\ln x$,再分别关于变量$x,y$求偏导数,得

$$\frac{\partial^2 z}{\partial x^2}=\frac{\partial}{\partial x}\left(\frac{\partial z}{\partial x}\right)=y(y-1)x^{y-2},$$

$$\frac{\partial^2 z}{\partial x\partial y}=\frac{\partial}{\partial y}\left(\frac{\partial z}{\partial x}\right)=x^{y-1}+yx^{y-1}\ln x,$$

$$\frac{\partial^2 z}{\partial y \partial x}=\frac{\partial}{\partial x}\left(\frac{\partial z}{\partial y}\right)=yx^{y-1}\ln x+x^{y-1},$$

$$\frac{\partial^2 z}{\partial y^2}=\frac{\partial}{\partial y}\left(\frac{\partial z}{\partial y}\right)=x^y(\ln x)^2. \quad ▌$$

上例中混合偏导数 $z_{xy}=z_{yx}$，即在此例中，混合偏导数与求导的先后次序是无关的，但并非总是如此.

例 3.17 设二元函数

$$f(x,y)=\begin{cases} xy\dfrac{x^2-y^2}{x^2+y^2}, & x^2+y^2\neq 0,\\ 0, & x^2+y^2=0, \end{cases}$$

证明：$f_{xy}(0,0)\neq f_{yx}(0,0)$.

证 当 $x^2+y^2\neq 0$ 时利用求导法则，当 $x^2+y^2=0$ 时根据偏导数定义，可以求得

$$f_x(x,y)=\begin{cases} y\left[\dfrac{x^2-y^2}{x^2+y^2}+\dfrac{4x^2y^2}{(x^2+y^2)^2}\right], & x^2+y^2\neq 0,\\ 0, & x^2+y^2=0, \end{cases}$$

$$f_y(x,y)=\begin{cases} x\left[\dfrac{x^2-y^2}{x^2+y^2}-\dfrac{4x^2y^2}{(x^2+y^2)^2}\right], & x^2+y^2\neq 0,\\ 0, & x^2+y^2=0. \end{cases}$$

因此有，$f_x(0,y)=-y$，$f_y(x,0)=x$. 再由偏导数定义可得

$$f_{xy}(0,0)=\lim_{\Delta y\to 0}\frac{f_x(0,\Delta y)-f_x(0,0)}{\Delta y}=\lim_{\Delta y\to 0}\frac{-\Delta y}{\Delta y}=-1,$$

$$f_{yx}(0,0)=\lim_{\Delta x\to 0}\frac{f_y(\Delta x,0)-f_y(0,0)}{\Delta x}=\lim_{\Delta x\to 0}\frac{\Delta x}{\Delta x}=1.$$

所以 $f_{xy}(0,0)\neq f_{yx}(0,0)$. ▌

我们看到，此例中的两个二阶混合偏导数并不相等. 一般来说，f_{xy} 与 f_{yx} 是有区别的，前者是先对 x 求导然后对 y 求导，后者是先对 y 求导再对 x 求导，求导的次序是不同的. 但是可以证明（证明略去）：当 f_{xy} 和 f_{yx} 都在点 P 处连续时，则在点 P 处有 $f_{xy}=f_{yx}$，即二阶混合偏导数与求导次序无关.

对于 n 元函数的高阶偏导数，一般地可以证明：如果所有的 m 阶偏导数在点 P 处连续，则在点 P 处的 m 阶偏导数与求导次序无关. 例如，如果三元函数 $u=f(x,y,z)$ 在点 P 处的所有三阶偏导数连续，则在点 P 处有

$$f_{xxy}=f_{xyx}=f_{yxx}.$$

高阶全微分　我们知道,当二元函数 $u=f(x,y)$ 在区域 $\Omega\subseteq\mathbf{R}^2$ 内每一点均可微时,则在 Ω 内 u 的全微分为

$$\mathrm{d}u=\langle\nabla f,\boldsymbol{\Delta x}\rangle=\frac{\partial f}{\partial x}\mathrm{d}x+\frac{\partial f}{\partial y}\mathrm{d}y.$$

如果把 $\mathrm{d}x$、$\mathrm{d}y$ 看作固定不变,那么 $\mathrm{d}u$ 就是 (x,y) 的函数. 如果函数 $\mathrm{d}u$ 仍在 Ω 内可微,那么把这个函数 $\mathrm{d}u$ 再求全微分,其结果就称为 u 的**二阶全微分**,记作 $\mathrm{d}^2u=\mathrm{d}(\mathrm{d}u)$.

设 f 的各阶偏导数都存在且连续,对 $\mathrm{d}u=f_x\mathrm{d}x+f_y\mathrm{d}y$ 再求全微分可得

$$\begin{aligned}\mathrm{d}^2u&=\mathrm{d}(\mathrm{d}u)=\frac{\partial}{\partial x}(f_x\mathrm{d}x+f_y\mathrm{d}y)\mathrm{d}x+\frac{\partial}{\partial y}(f_x\mathrm{d}x+f_y\mathrm{d}y)\mathrm{d}y\\&=f_{xx}\mathrm{d}x^2+2f_{xy}\mathrm{d}x\mathrm{d}y+f_{yy}\mathrm{d}y^2.\end{aligned}$$

引进算符运算记号

$$\frac{\partial^2}{\partial x^2}\mathrm{d}x^2+2\frac{\partial^2}{\partial x\partial y}\mathrm{d}x\mathrm{d}y+\frac{\partial^2}{\partial y^2}\mathrm{d}y^2=\left(\frac{\partial}{\partial x}\mathrm{d}x+\frac{\partial}{\partial y}\mathrm{d}y\right)^2,$$

上式左端相当于将右端按二项式公式形式展开,则二阶全微分也可简洁地写成

$$\mathrm{d}^2u=\left(\frac{\partial}{\partial x}\mathrm{d}x+\frac{\partial}{\partial y}\mathrm{d}y\right)^2f.$$

类似地可以定义

$$\mathrm{d}^3u=\mathrm{d}(\mathrm{d}^2u),\quad \mathrm{d}^nu=\mathrm{d}(\mathrm{d}^{n-1}u).$$

而且可以验证

$$\mathrm{d}^nu=\left(\frac{\partial}{\partial x}\mathrm{d}x+\frac{\partial}{\partial y}\mathrm{d}y\right)\left(\frac{\partial}{\partial x}\mathrm{d}x+\frac{\partial}{\partial y}\mathrm{d}y\right)^{n-1}f=\left(\frac{\partial}{\partial x}\mathrm{d}x+\frac{\partial}{\partial y}\mathrm{d}y\right)^nf,$$

其中 $\left(\frac{\partial}{\partial x}\mathrm{d}x+\frac{\partial}{\partial y}\mathrm{d}y\right)^nf$ 表示将算符 $\left(\frac{\partial}{\partial x}\mathrm{d}x+\frac{\partial}{\partial y}\mathrm{d}y\right)$ 自乘 n 次后再作用到 f 上.

3.5　多元复合函数的偏导数和全微分

在一元函数的求导法中,复合函数的链式法则发挥了非常重要的作用.本段将把链式法则推广到多元函数.为了论述简洁,我们以由两个中间变量和两个自变量构成的复合函数 $z=f[u(x,y),v(x,y)]$ 为例来论述链式法则.

定理 3.5 若 $u=u(x,y)$ 和 $v=v(x,y)$ 均在点 (x,y) 处可微，且函数 $z=f(u,v)$ 在对应的点 (u,v) 处可微，则复合函数 $z=f[u(x,y),v(x,y)]$ 在点 (x,y) 处也必可微，且其全微分为

$$\boxed{\mathrm{d}z=\left(\frac{\partial z}{\partial u}\frac{\partial u}{\partial x}+\frac{\partial z}{\partial v}\frac{\partial v}{\partial x}\right)\mathrm{d}x+\left(\frac{\partial z}{\partial u}\frac{\partial u}{\partial y}+\frac{\partial z}{\partial v}\frac{\partial v}{\partial y}\right)\mathrm{d}y.} \tag{3.25}$$

注：在一元函数中，若函数 $u=\varphi(x)$ 在 x_0 处可导，而函数 $y=f(u)$ 在与 x_0 相对应的 u_0 处可导，则复合函数 $y=f[\varphi(x)]$ 在 x_0 处必可导，且其导数为 $\left.\frac{\mathrm{d}y}{\mathrm{d}x}\right|_{x_0}=f'(u_0)\varphi'(x_0)$. 由于一元函数中可导与可微是等价的，所以定理 3.5 可看作是一元复合函数求导法则在多元复合函数中的直接推广.

证 令自变量 x,y 分别有改变量 $\Delta x,\Delta y$，相应地，函数 u,v 分别有改变量 $\Delta u,\Delta v$，从而函数 f 有改变量 Δz. 由于 u,v 均在点 (x,y) 处可微，故有

$$\Delta u=\frac{\partial u}{\partial x}\Delta x+\frac{\partial u}{\partial y}\Delta y+o_1(\rho), \tag{3.26}$$

$$\Delta v=\frac{\partial v}{\partial x}\Delta x+\frac{\partial v}{\partial y}\Delta y+o_2(\rho), \tag{3.27}$$

其中 $\rho=\sqrt{\Delta x^2+\Delta y^2}$，$o_i(\rho)\ (i=1,2)$ 是当 $\rho\to 0$ 时关于 ρ 的高阶无穷小. 又由于函数 f 在 (x,y) 所对应的 (u,v) 处可微，故有

$$\Delta z=\frac{\partial z}{\partial u}\Delta u+\frac{\partial z}{\partial v}\Delta v+o\left(\sqrt{\Delta u^2+\Delta v^2}\right). \tag{3.28}$$

将(3.26)、(3.27)式代入(3.28)式并加以整理，则得复合函数 $z=f[u(x,y),v(x,y)]$ 的改变量为

$$\Delta z=\left(\frac{\partial z}{\partial u}\frac{\partial u}{\partial x}+\frac{\partial z}{\partial v}\frac{\partial v}{\partial x}\right)\Delta x+\left(\frac{\partial z}{\partial u}\frac{\partial u}{\partial y}+\frac{\partial z}{\partial v}\frac{\partial v}{\partial y}\right)\Delta y+\alpha, \tag{3.29}$$

其中

$$\alpha=\frac{\partial z}{\partial u}o_1(\rho)+\frac{\partial z}{\partial v}o_2(\rho)+o\left(\sqrt{\Delta u^2+\Delta v^2}\right).$$

要证明(3.25)式，只需证明(3.29)式中的 α 为 ρ 的高阶无穷小，即

$$\lim_{\rho\to 0}\frac{\alpha}{\rho}=\lim_{\rho\to 0}\left[\frac{\partial z}{\partial u}\frac{o_1(\rho)}{\rho}+\frac{\partial z}{\partial v}\frac{o_2(\rho)}{\rho}+\frac{o\left(\sqrt{\Delta u^2+\Delta v^2}\right)}{\rho}\right]=0.$$

事实上，注意到 $\frac{\partial z}{\partial u},\frac{\partial z}{\partial v}$ 均与 ρ 无关，以及 $\lim\limits_{\rho\to 0}\frac{o_i(\rho)}{\rho}=0\ (i=1,2)$，从而有

$$\lim_{\rho\to 0}\frac{1}{\rho}\left[\frac{\partial z}{\partial u}o_1(\rho)+\frac{\partial z}{\partial v}o_2(\rho)\right]=0,$$

因此,以下只需证明

$$\lim_{\rho\to 0}\frac{o(\sqrt{\Delta u^2+\Delta v^2})}{\rho}=0.$$

由于

$$\frac{o(\sqrt{\Delta u^2+\Delta v^2})}{\rho}=\frac{o(\sqrt{\Delta u^2+\Delta v^2})}{\sqrt{\Delta u^2+\Delta v^2}}\cdot\frac{\sqrt{\Delta u^2+\Delta v^2}}{\rho},\tag{3.30}$$

而当 ρ 充分小时,由(3.26)式可见

$$\frac{|\Delta u|}{\rho}\leqslant\left|\frac{\partial u}{\partial x}\right|\frac{|\Delta x|}{\rho}+\left|\frac{\partial u}{\partial y}\right|\frac{|\Delta y|}{\rho}+\frac{|o_1(\rho)|}{\rho}<\left|\frac{\partial u}{\partial x}\right|+\left|\frac{\partial u}{\partial y}\right|+1,$$

故 $\frac{\Delta u}{\rho}$ 有界,同理知 $\frac{\Delta v}{\rho}$ 也有界,于是知

$$\frac{\sqrt{\Delta u^2+\Delta v^2}}{\rho}$$

有界.再由 u,v 的可微性知 u,v 在 (x,y) 处连续,即当 $\rho\to 0$ 时有 $\Delta u\to 0$ 及 $\Delta v\to 0$,所以有

$$\lim_{\rho\to 0}\frac{o(\sqrt{\Delta u^2+\Delta v^2})}{\sqrt{\Delta u^2+\Delta v^2}}=0,$$

于是由(3.30)式知

$$\lim_{\rho\to 0}\frac{o(\sqrt{\Delta u^2+\Delta v^2})}{\rho}=0.\quad\blacksquare$$

当 $u=u(x,y)$,$v=v(x,y)$ 与 $z=f(u,v)$ 均可微时,由(3.25)式可见,对复合函数 $z=f[u(x,y),v(x,y)]$ 有下列链式法则:

$$\boxed{\begin{aligned}\frac{\partial z}{\partial x}&=\frac{\partial z}{\partial u}\frac{\partial u}{\partial x}+\frac{\partial z}{\partial v}\frac{\partial v}{\partial x},\\ \frac{\partial z}{\partial y}&=\frac{\partial z}{\partial u}\frac{\partial u}{\partial y}+\frac{\partial z}{\partial v}\frac{\partial v}{\partial y}.\end{aligned}}\tag{3.31}$$

注意:公式(3.31)式的结构有如下特征:复合函数 f 含有自变量 x(或 y)的中间变量有几个,则 f 对自变量 x(或 y)的偏导数公式中就有几项之和,而且每一项的构成与一元函数的链式法则类似,即为“函数对中间变量的导数再乘中间变量对自变量的导数”.

按照公式(3.31),我们可将多元复合函数的求导法则推广到由 m 个中间变量、n 个自变量构成的一般复合函数中去.设函数

$$y=f(u_1,u_2,\cdots,u_m)\text{ 及 }u_i=u_i(x_1,x_2,\cdots,x_n),\quad i=1,2,\cdots,m$$

都可微，则复合函数 $y=f(u_1(\boldsymbol{x}),u_2(\boldsymbol{x}),\cdots,u_m(\boldsymbol{x}))$ 也可微，其中 $\boldsymbol{x}=(x_1,x_2,\cdots,x_n)$，且有

$$\boxed{\mathrm{d}y=\frac{\partial y}{\partial x_1}\mathrm{d}x_1+\frac{\partial y}{\partial x_2}\mathrm{d}x_2+\cdots+\frac{\partial y}{\partial x_n}\mathrm{d}x_n,} \tag{3.32}$$

其中

$$\boxed{\frac{\partial y}{\partial x_j}=\frac{\partial y}{\partial u_1}\frac{\partial u_1}{\partial x_j}+\frac{\partial y}{\partial u_2}\frac{\partial u_2}{\partial x_j}+\cdots+\frac{\partial y}{\partial u_m}\frac{\partial u_m}{\partial x_j},\quad j=1,2,\cdots,n.} \tag{3.33}$$

多元函数的复合可以有多种不同情况，读者应善于分析函数间的复合关系，弄清哪些是中间变量，哪些是自变量，把链式法则灵活地应用到各种场合. 例如：

注：复合函数 $z=f[u(x,y),v(x,y)]$ 的链式法则(3.31)式(及其推广(3.33)式)是在里层函数 $u(x,y),v(x,y)$ 与外层函数 $z=f(u,v)$ 都可微的条件下得到的. 其实，当里层函数可偏导，外层函数的偏导数连续时，法则仍然成立. 虽然此时外层函数的条件加强了，但里层函数的条件却减弱了，而且这些条件在运算中比可微更容易验证，因此在应用中更为方便！

(1) 设 $z=f(u,v),u=\varphi(x),v=\psi(x)$ 均可微，则复合函数 $z=f[\varphi(x),\psi(x)]$ 是 x 的一元函数，应用公式(3.32)，得

$$\frac{\mathrm{d}z}{\mathrm{d}x}=\frac{\partial z}{\partial u}\frac{\mathrm{d}u}{\mathrm{d}x}+\frac{\partial z}{\partial v}\frac{\mathrm{d}v}{\mathrm{d}x}.$$

它称为复合函数 z 对 x 的**全导数**.

(2) 设 $w=f(u),u=\varphi(x,y,z)$ 均可微，则复合函数 $w=f[u(x,y,z)]$ 可微，它有一个中间变量，有三个自变量，应用公式(3.33)，得

$$\frac{\partial w}{\partial x}=\frac{\mathrm{d}w}{\mathrm{d}u}\frac{\partial u}{\partial x},\quad \frac{\partial w}{\partial y}=\frac{\mathrm{d}w}{\mathrm{d}u}\frac{\partial u}{\partial y},\quad \frac{\partial w}{\partial z}=\frac{\mathrm{d}w}{\mathrm{d}u}\frac{\partial u}{\partial z}.$$

(3) 设 $u=f(x,y,z),z=\varphi(x,y)$ 均可微，则复合函数 $u=f[x,y,z(x,y)]$ 可微，它有三个中间变量，有两个自变量，应用公式(3.33)，得

$$\frac{\partial u}{\partial x}=\frac{\partial f}{\partial x}+\frac{\partial f}{\partial z}\frac{\partial z}{\partial x},\quad \frac{\partial u}{\partial y}=\frac{\partial f}{\partial y}+\frac{\partial f}{\partial z}\frac{\partial z}{\partial y}.$$

注意：情况(3)中的复合关系是：一方面 u 直接依赖于 x 和 y，另一方面又通过中间变量 z 间接依赖于 x 和 y，如图 5.15 所示，称它为表示复合关系的树形图.

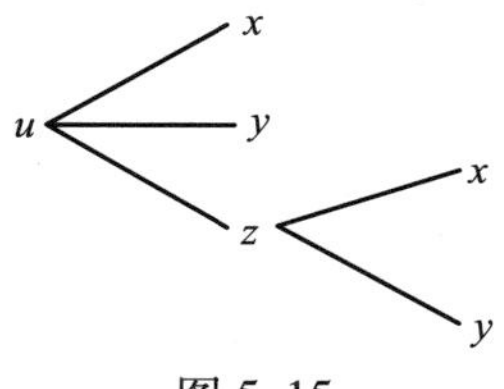

图 5.15

在求导公式中，左端的 $\dfrac{\partial u}{\partial x}$ 表示复合后的二元函数 u 对 x 的偏导数；而右端的 $\dfrac{\partial f}{\partial x}$ 表示复合前的三元函数 u 对其第一个变量 x 的偏导数，记号 $\dfrac{\partial u}{\partial x}$ 与 $\dfrac{\partial f}{\partial x}$ 的含义不同，不可混为一谈！类似，$\dfrac{\partial u}{\partial y}$ 与 $\dfrac{\partial f}{\partial y}$ 含义也不同.

例 3.18 设 $z=f(x,xy)$，其中 $z=f(u,v)$ 可微，求 $\dfrac{\partial z}{\partial x},\dfrac{\partial z}{\partial y}$.

解 由于 $u=x$ 及 $v=xy$ 显然可微，故复合函数可微，应用公式(3.31)得

$$\frac{\partial z}{\partial x}=\frac{\partial f}{\partial x}+\frac{\partial f}{\partial v}\frac{\partial v}{\partial x}=\frac{\partial f}{\partial x}+y\frac{\partial f}{\partial v},$$

$$\frac{\partial z}{\partial y}=\frac{\partial f}{\partial v}\frac{\partial v}{\partial y}=x\frac{\partial f}{\partial v}.$$ ▍

想一想：

例 3.18 的解中，左端的$\frac{\partial z}{\partial x}$与右端的$\frac{\partial f}{\partial x}$有什么不同？

把 $f(x,xy)$ 中的 x 看作是第一个变量，xy 看作是第二个变量，有时采用下面的记号来表示$\frac{\partial z}{\partial x}$更为方便清晰：

$$\frac{\partial z}{\partial x}=f_1+yf_2.$$

其中 f_1 表示 f 对第一个变量的偏导数，f_2 表示 f 对第二个变量的偏导数.

例 3.19　设 $u=\varphi(x^2+y^2)$，其中 φ 可导，求证：$x\frac{\partial u}{\partial y}-y\frac{\partial u}{\partial x}=0.$

证　把 $u=\varphi(x^2+y^2)$ 看作是由函数 $u=\varphi(z)$ 及 $z=x^2+y^2$ 复合而成，分别对 x 与 y 求导得

$$\frac{\partial u}{\partial x}=\varphi'(z)\cdot 2x,\qquad \frac{\partial u}{\partial y}=\varphi'(z)\cdot 2y,$$

从而

$$x\frac{\partial u}{\partial y}-y\frac{\partial u}{\partial x}=2xy\varphi'(z)-2xy\varphi'(z)=0.$$ ▍

例 3.20　设 $z=f(u,x,y)$，其中 f 具有对各变量的连续二阶偏导数，且 $u=xe^y$，求$\frac{\partial^2 z}{\partial x\partial y}$.

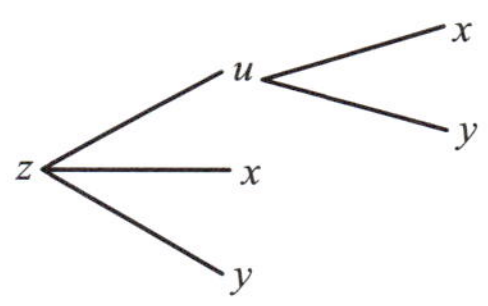

图 5.16

解　根据函数的复合结构（图 5.16）及复合函数的链式法则，得

$$\frac{\partial z}{\partial x}=\frac{\partial f}{\partial u}\frac{\partial u}{\partial x}+\frac{\partial f}{\partial x}=f_1e^y+f_2.$$

注意到 f_1 和 f_2 都是 u,x,y 的三元函数，再由复合函数的链式法则得

$$\frac{\partial^2 z}{\partial x\partial y}=\frac{\partial}{\partial y}\left(\frac{\partial z}{\partial x}\right)=\frac{\partial f_1}{\partial y}e^y+f_1e^y+\frac{\partial f_2}{\partial y}$$
$$=(f_{11}xe^y+f_{13})e^y+f_1e^y+f_{21}xe^y+f_{23},$$

其中 f_{ij} 表示 f 先对其第 i 个变量求导、再对其第 j 个变量求导的二阶偏导数. ▍

在解决物理、力学等问题时，常常需要通过坐标变换把在一种坐标系下的偏导数

关系式,通过复合函数的链式法则,变成另一种坐标系下的表达式,下面举例说明.

例 3.21 求 $\left(\frac{\partial u}{\partial x}\right)^2+\left(\frac{\partial u}{\partial y}\right)^2$ 与 $\frac{\partial^2 u}{\partial x^2}+\frac{\partial^2 u}{\partial y^2}$ 在极坐标系中的表达式,其中 $u=F(x,y)$ 具有连续的二阶偏导数.

☞二维码 5.3.4 怎样求多元复合函数的二阶偏导数.

解 令 $x=\rho\cos\theta, y=\rho\sin\theta$,从而

$$\rho=\sqrt{x^2+y^2},\quad \theta=\arctan\frac{y}{x}\text{①},\tag{3.34}$$

$$u=F(x,y)=F(\rho\cos\theta,\rho\sin\theta)\xlongequal{\text{def}}\overline{F}(\rho,\theta)$$
$$=\overline{F}\left(\sqrt{x^2+y^2},\arctan\frac{y}{x}\right).$$

这样一来,就可以把 $u=F(x,y)$ 看作是由 $u=\overline{F}(\rho,\theta)$ 与 $\rho=\sqrt{x^2+y^2}, \theta=\arctan\frac{y}{x}$ 复合而成.显然,$\overline{F}(\rho,\theta)$ 同样具有连续的二阶偏导数.应用链式法则得

$$\frac{\partial u}{\partial x}=\frac{\partial u}{\partial \rho}\frac{\partial \rho}{\partial x}+\frac{\partial u}{\partial \theta}\frac{\partial \theta}{\partial x},\quad \frac{\partial u}{\partial y}=\frac{\partial u}{\partial \rho}\frac{\partial \rho}{\partial y}+\frac{\partial u}{\partial \theta}\frac{\partial \theta}{\partial y}.\tag{3.35}$$

由(3.34)式有

$$\frac{\partial \rho}{\partial x}=\frac{x}{\sqrt{x^2+y^2}}=\frac{x}{\rho}=\cos\theta,\quad \frac{\partial \rho}{\partial y}=\frac{y}{\sqrt{x^2+y^2}}=\frac{y}{\rho}=\sin\theta,$$

$$\frac{\partial \theta}{\partial x}=-\frac{y}{x^2+y^2}=-\frac{\sin\theta}{\rho},\quad \frac{\partial \theta}{\partial y}=\frac{x}{x^2+y^2}=\frac{\cos\theta}{\rho}.\tag{3.36}$$

把它们代入(3.35)式得

$$\frac{\partial u}{\partial x}=\frac{\partial u}{\partial \rho}\cos\theta-\frac{\partial u}{\partial \theta}\frac{\sin\theta}{\rho},\tag{3.37}$$

$$\frac{\partial u}{\partial y}=\frac{\partial u}{\partial \rho}\sin\theta+\frac{\partial u}{\partial \theta}\frac{\cos\theta}{\rho}.\tag{3.38}$$

两式平方后相加得

---

① 当点 $P(x,y)$ 在第一、四象限时,规定 θ 的取值范围为 $-\frac{\pi}{2}<\theta<\frac{\pi}{2}$,则 $\theta=\arctan\frac{y}{x}$;

当点 $P(x,y)$ 在第二、三象限时,规定 θ 的取值范围为 $\frac{\pi}{2}<\theta<\frac{3}{2}\pi$,则 $\theta=\arctan\frac{y}{x}+\pi$,

此时以下推导仍成立.

$$\left(\frac{\partial u}{\partial x}\right)^2+\left(\frac{\partial u}{\partial y}\right)^2=\left(\frac{\partial u}{\partial \rho}\right)^2+\frac{1}{\rho^2}\left(\frac{\partial u}{\partial \theta}\right)^2.$$

将(3.37)式两端再对 x 求偏导数,应用链式法则,得

$$\frac{\partial^2 u}{\partial x^2}=\frac{\partial}{\partial \rho}\left(\frac{\partial u}{\partial \rho}\cos\theta-\frac{\partial u}{\partial \theta}\frac{\sin\theta}{\rho}\right)\frac{\partial \rho}{\partial x}+\frac{\partial}{\partial \theta}\left(\frac{\partial u}{\partial \rho}\cos\theta-\frac{\partial u}{\partial \theta}\frac{\sin\theta}{\rho}\right)\frac{\partial \theta}{\partial x}.$$

把(3.36)式中有关表达式代入并化简后得

$$\frac{\partial^2 u}{\partial x^2}=\frac{\partial^2 u}{\partial \rho^2}\cos^2\theta-2\frac{1}{\rho}\frac{\partial^2 u}{\partial \rho\partial \theta}\sin\theta\cos\theta+2\frac{\partial u}{\partial \theta}\frac{\sin\theta\cos\theta}{\rho^2}+\frac{\partial^2 u}{\partial \theta^2}\frac{\sin^2\theta}{\rho^2}+\frac{\partial u}{\partial \rho}\frac{\sin^2\theta}{\rho}.$$

类似地,将(3.38)式两端再对 y 求偏导并化简后可得

$$\frac{\partial^2 u}{\partial y^2}=\frac{\partial^2 u}{\partial \rho^2}\sin^2\theta+2\frac{1}{\rho}\frac{\partial^2 u}{\partial \rho\partial \theta}\sin\theta\cos\theta-2\frac{\partial u}{\partial \theta}\frac{\sin\theta\cos\theta}{\rho^2}+\frac{\partial^2 u}{\partial \theta^2}\frac{\cos^2\theta}{\rho^2}+\frac{\partial u}{\partial \rho}\frac{\cos^2\theta}{\rho},$$

于是

$$\frac{\partial^2 u}{\partial x^2}+\frac{\partial^2 u}{\partial y^2}=\frac{\partial^2 u}{\partial \rho^2}+\frac{1}{\rho^2}\frac{\partial^2 u}{\partial \theta^2}+\frac{1}{\rho}\frac{\partial u}{\partial \rho}.\quad ▌$$

一阶全微分形式的不变性　在一元函数中,一阶微分具有形式不变性.下面以二元函数为例来证明多元函数的一阶全微分也具有形式不变性.

设有函数 $z=f(u,v)$ 与 $u=\varphi(x,y)$,$v=\psi(x,y)$ 复合. 若 φ,ψ 在 (x,y) 处可微,且 f 在与 (x,y) 相应的 (u,v) 处可微,则复合函数的全微分为

$$\mathrm{d}z=\frac{\partial z}{\partial x}\mathrm{d}x+\frac{\partial z}{\partial y}\mathrm{d}y.$$

由复合函数求导法则,

$$\frac{\partial z}{\partial x}=\frac{\partial z}{\partial u}\frac{\partial u}{\partial x}+\frac{\partial z}{\partial v}\frac{\partial v}{\partial x},\quad \frac{\partial z}{\partial y}=\frac{\partial z}{\partial u}\frac{\partial u}{\partial y}+\frac{\partial z}{\partial v}\frac{\partial v}{\partial y}.$$

代入上式并整理得

$$\begin{aligned}\mathrm{d}z&=\left(\frac{\partial z}{\partial u}\frac{\partial u}{\partial x}+\frac{\partial z}{\partial v}\frac{\partial v}{\partial x}\right)\mathrm{d}x+\left(\frac{\partial z}{\partial u}\frac{\partial u}{\partial y}+\frac{\partial z}{\partial v}\frac{\partial v}{\partial y}\right)\mathrm{d}y\\&=\frac{\partial z}{\partial u}\left(\frac{\partial u}{\partial x}\mathrm{d}x+\frac{\partial u}{\partial y}\mathrm{d}y\right)+\frac{\partial z}{\partial v}\left(\frac{\partial v}{\partial x}\mathrm{d}x+\frac{\partial v}{\partial y}\mathrm{d}y\right).\end{aligned}$$

而 $\frac{\partial u}{\partial x}\mathrm{d}x+\frac{\partial u}{\partial y}\mathrm{d}y=\mathrm{d}u$,$\frac{\partial v}{\partial x}\mathrm{d}x+\frac{\partial v}{\partial y}\mathrm{d}y=\mathrm{d}v$,所以有

$$\mathrm{d}z=\frac{\partial z}{\partial u}\mathrm{d}u+\frac{\partial z}{\partial v}\mathrm{d}v.\tag{3.39}$$

上面的全微分形式与把函数 $z=f(u,v)$ 中的中间变量 u,v 看作是自变量时的全微分形式是完全一样的,我们把这一性质称为一阶全微分形式不变性. 换句话说,对于二元函数 $z=f(u,v)$ 来说,无论 u,v 是自变量还是中间变量,它的一阶全微分(若存在的话)均可写成(3.39)式形式.

由一阶全微分形式不变性,容易得到

全微分的有理运算法则

(1) $d(u\pm v)=du\pm dv$;

(2) $d(uv)=vdu+udv$;

(3) $d\left(\dfrac{u}{v}\right)=\dfrac{1}{v^2}(vdu-udv)$, $v\neq 0$.

想一想:

试由一阶全微分形式不变性证明全微分的运算法则

$$d(u\pm v)=du\pm dv.$$

例 3.22 设 $f(u,v)$ 可微,求 $z=f\left(\dfrac{x}{y},\dfrac{y}{x}\right)$ 的偏导数.

解 利用一阶全微分形式不变性得

$$dz=f_1 d\left(\frac{x}{y}\right)+f_2 d\left(\frac{y}{x}\right)=f_1\frac{ydx-xdy}{y^2}+f_2\frac{xdy-ydx}{x^2}$$

$$=\left(\frac{1}{y}f_1-\frac{y}{x^2}f_2\right)dx+\left(-\frac{x}{y^2}f_1+\frac{1}{x}f_2\right)dy,$$

从而

$$\frac{\partial z}{\partial x}=\frac{1}{y}f_1-\frac{y}{x^2}f_2,\quad \frac{\partial z}{\partial y}=-\frac{x}{y^2}f_1+\frac{1}{x}f_2. \quad ▌$$

应当指出,高阶全微分不具有微分形式不变性(见本节习题(B)的第 6 题).

3.6 由一个方程确定的隐函数的微分法

我们常常会碰到一些函数,其因变量与自变量的关系是以方程形式联系起来的. 例如在球面方程

$$x^2+y^2+z^2=1$$

中,如果把 x 和 y 看作是自变量,那么此球面方程在平面闭区域 $D=\{(x,y)\mid x^2+y^2\leqslant 1\}$ 上确定了两个连续的二元函数

$$z=\pm\sqrt{1-(x^2+y^2)}.$$

一般地,设有方程

$$F(x_1,\cdots,x_n,y)=0, \tag{3.40}$$

如果存在一个 n 元函数 $y=\varphi(\boldsymbol{x})$，$\boldsymbol{x}=(x_1,\cdots,x_n)\in\Omega\subseteq\mathbf{R}^n$（$\Omega$ 为一区域）使得将 $y=\varphi(\boldsymbol{x})$ 代入(3.40)后成为恒等式

$$F(x_1,\cdots,x_n,\varphi(x_1,\cdots,x_n))\equiv 0,$$

则称 $y=\varphi(\boldsymbol{x})$ 是由方程(3.40)所确定的**隐函数**.

我们在上册中已讲过如何不经过显化而直接由方程 $F(x,y)=0$ 求出由它所确定的隐函数的导数的方法.现在利用偏导数给出一个隐函数存在的充分条件和隐函数的导数公式.

定理 3.6(隐函数存在定理)　如果二元函数 $F(x,y)$ 满足：

(1) $F(x_0,y_0)=0$；

(2) 在点 (x_0,y_0) 的某邻域中有连续的偏导数；

(3) $F_y(x_0,y_0)\neq 0$，

则方程 $F(x,y)=0$ 在点 (x_0,y_0) 的某一邻域中唯一确定了一个具有连续导数的函数 $y=f(x)$，它满足 $y_0=f(x_0)$ 及 $F(x,f(x))\equiv 0$，并且

$$\frac{\mathrm{d}y}{\mathrm{d}x}=-\frac{F_x}{F_y}. \tag{3.41}$$

这个定理的证明从略，下面仅在由方程 $F(x,y)=0$ 已经确定了具有连续导数的函数 $y=f(x)$ 的假定下，来推出公式(3.41).将 $y=f(x)$ 代入 $F(x,y)=0$ 得

$$F(x,f(x))\equiv 0,$$

由链式法则，上式两端对 x 求导得

$$F_x+F_y\cdot\frac{\mathrm{d}y}{\mathrm{d}x}=0.$$

由于 F_y 连续且 $F_y(x_0,y_0)\neq 0$，所以存在点 (x_0,y_0) 的一个邻域，在这个邻域中 $F_y\neq 0$，于是

$$\frac{\mathrm{d}y}{\mathrm{d}x}=-\frac{F_x}{F_y}.$$

想一想：

怎样由 F_y 连续且 $F_y(x_0,y_0)\neq 0$ 推出存在 (x_0,y_0) 的一个邻域，在此邻域中 $F_y\neq 0$?

如果 $F(x,y)$ 的二阶偏导数连续，则由链式法则，对(3.41)的两端关于 x 再求导，就得到了二阶导数 $\dfrac{\mathrm{d}^2y}{\mathrm{d}x^2}$.

隐函数的求导方法可以推广到多元函数.例如，若一个三元方程

$$F(x,y,z)=0 \tag{3.42}$$

确定了一个二元函数 $z=f(x,y)$，则将 $z=f(x,y)$ 代入(3.42)，得

$$F(x,y,f(x,y)) \equiv 0,$$

应用链式法则,将上式两端分别对 x 和 y 求导,得

$$F_x + F_z \frac{\partial z}{\partial x} = 0, \quad F_y + F_z \frac{\partial z}{\partial y} = 0,$$

从而在 $F_z \neq 0$ 处有

$$\frac{\partial z}{\partial x} = -\frac{F_x}{F_z}, \quad \frac{\partial z}{\partial y} = -\frac{F_y}{F_z}. \tag{3.43}$$

例 3.23 设 $\varphi(u,v)$ 具有连续的一阶偏导数,方程 $\varphi(cx-az,cy-bz)=0$ 确定了函数 $z=z(x,y)$,求 az_x+bz_y,其中 a,b,c 均为常数.

解法一 令 $F(x,y,z)=\varphi(cx-az,cy-bz)$,显然复合函数 $F(x,y,z)$ 有对 x,y,z 的连续一阶偏导数.由隐函数求导公式(3.43)得

$$z_x = -\frac{F_x}{F_z} = -\frac{c\varphi_1}{-a\varphi_1 - b\varphi_2} = \frac{c\varphi_1}{a\varphi_1 + b\varphi_2},$$

$$z_y = -\frac{F_y}{F_z} = -\frac{c\varphi_2}{-a\varphi_1 - b\varphi_2} = \frac{c\varphi_2}{a\varphi_1 + b\varphi_2},$$

故

$$az_x + bz_y = c.$$

解法二 利用一阶全微分形式不变性. 由给定方程两端求全微分得

$$\varphi_1(c\mathrm{d}x - a\mathrm{d}z) + \varphi_2(c\mathrm{d}y - b\mathrm{d}z) = 0,$$

由此解得

$$\mathrm{d}z = \frac{c\varphi_1\mathrm{d}x + c\varphi_2\mathrm{d}y}{a\varphi_1 + b\varphi_2},$$

所以

$$z_x = \frac{c\varphi_1}{a\varphi_1 + b\varphi_2}, \quad z_y = \frac{c\varphi_2}{a\varphi_1 + b\varphi_2},$$

从而得

$$az_x + bz_y = c. \quad \blacksquare$$

例 3.24 设方程 $xyz+\sqrt{x^2+y^2+z^2}=\sqrt{2}$ 确定了函数 $z=z(x,y)$,求点 $(1,0,-1)$ 处的全微分 $\mathrm{d}z$.

解法一 利用一阶全微分形式不变性. 由给定方程两端求全微分得

$$yz\mathrm{d}x + xz\mathrm{d}y + xy\mathrm{d}z + \frac{x\mathrm{d}x + y\mathrm{d}y + z\mathrm{d}z}{\sqrt{x^2 + y^2 + z^2}} = 0.$$

将 $x=1,y=0,z=-1$ 代入上式得

$$-\mathrm{d}y+\frac{1}{\sqrt{2}}(\mathrm{d}x-\mathrm{d}z)=0.$$

从而

$$\mathrm{d}z\big|_{(1,0,-1)}=\mathrm{d}x-\sqrt{2}\,\mathrm{d}y.$$

解法二　利用求导公式(3.43)得

$$z_x=-\left(yz+\frac{x}{\sqrt{x^2+y^2+z^2}}\right)\Bigg/\left(xy+\frac{z}{\sqrt{x^2+y^2+z^2}}\right),$$

$$z_y=-\left(xz+\frac{y}{\sqrt{x^2+y^2+z^2}}\right)\Bigg/\left(xy+\frac{z}{\sqrt{x^2+y^2+z^2}}\right).$$

在点$(1,0,-1)$处，$z_x=1,z_y=-\sqrt{2}$，从而 $\mathrm{d}z=\mathrm{d}x-\sqrt{2}\,\mathrm{d}y$. ▌

从以上几例可以看出，利用一阶全微分形式不变性求隐函数的全微分或偏导数有其显著的优点，它比利用求导公式要方便. 特别是在变量间的关系较复杂时，用此方法无须去弄清各变量间的关系，只是将各变量一律视作自变量去求全微分，这样既简化了问题，也不易出错.

例 3.25　求 $\mathrm{e}^z+xyz=\mathrm{e}$ 所确定函数 $z=z(x,y)$ 的一阶与二阶偏导数 $\dfrac{\partial z}{\partial x},\dfrac{\partial z}{\partial y},\dfrac{\partial^2 z}{\partial x\partial y}$.

解　令 $F(x,y,z)=\mathrm{e}^z+xyz-\mathrm{e}$，则由公式(3.43)得

$$\frac{\partial z}{\partial x}=-\frac{F_x}{F_z}=-\frac{yz}{\mathrm{e}^z+xy},\quad \frac{\partial z}{\partial y}=-\frac{F_y}{F_z}=-\frac{xz}{\mathrm{e}^z+xy},$$

从而有

$$\frac{\partial^2 z}{\partial x\partial y}=\frac{\partial}{\partial y}\left(-\frac{yz}{\mathrm{e}^z+xy}\right)=-\frac{\left(z+y\dfrac{\partial z}{\partial y}\right)(\mathrm{e}^z+xy)-yz\left(\mathrm{e}^z\dfrac{\partial z}{\partial y}+x\right)}{(\mathrm{e}^z+xy)^2}.$$

将前面已经求得的$\dfrac{\partial z}{\partial y}$代入上式得

$$\frac{\partial^2 z}{\partial x\partial y}=-\frac{\left(z-\dfrac{xyz}{\mathrm{e}^z+xy}\right)(\mathrm{e}^z+xy)-yz\left(-\dfrac{xz\mathrm{e}^z}{\mathrm{e}^z+xy}+x\right)}{(\mathrm{e}^z+xy)^2}=-\frac{z\mathrm{e}^{2z}+xyz^2\mathrm{e}^z-x^2y^2z}{(\mathrm{e}^z+xy)^3}.$$ ▌

☞二维码 5.3.5　怎样求隐函数的二阶导数.

习题 5.3

(A)

1. 求下列函数的偏导数：

(1) $z=xy+\frac{x}{y}$;　　(2) $z=\arcsin\frac{x}{\sqrt{x^2+y^2}}$;

(3) $z=\arctan(x-y^2)$;　　(4) $z=(1+xy)^x$;

(5) $z=x^y y^x$;　　(6) $u=\left(\frac{x}{y}\right)^z$;

(7) $u=x^{y/z}$;　　(8) $u=\ln\sqrt{x^2+y^2+z^2}$;

(9) $u=xze^{\sin(yz)}$;　　(10) $u=\frac{y}{x}+\frac{z}{y}-\frac{x}{z}$.

2. (1) 设 $f(x,y)=x+(y-1)\arcsin\sqrt{\frac{x}{y}}$,求 $f_x(x,1)$;

(2) 设 $f(x,y)=\frac{\cos(x-2y)}{\cos(x+y)}$,求 $f_y\left(\pi,\frac{\pi}{4}\right)$.

3. 求曲线 $\begin{cases}z=\frac{1}{4}(x^2+y^2),\\ y=4\end{cases}$ 在点(2,4,5)处的切线与 x 轴正向所成的倾角.

4. (1) 研究 $f(x,y)=\begin{cases}x\sin\frac{1}{x^2+y^2}, & x^2+y^2\neq 0,\\ 0, & x^2+y^2=0\end{cases}$ 在点(0,0)是否存在偏导数 $f_x(0,0)$ 及 $f_y(0,0)$;

(2) 设函数 $f(x,y)=|x-y|g(x,y)$,其中函数 $g(x,y)$ 在点(0,0)的某邻域内连续,试问 $g(0,0)$ 为何值时,f 在点(0,0)的两个偏导数均存在? $g(0,0)$ 为何值时,f 在点(0,0)处可微?

5. 证明:$z=\sqrt{x^2+y^2}$ 在点(0,0)连续但偏导数不存在.

6. 设 $f(x,y)=(xy)^{1/3}$.证明:

(1) $f(x,y)$ 在点(0,0)只有沿两个坐标轴的正、负方向上存在方向导数;

(2) $f(x,y)$ 在点(0,0)连续.

7. 求函数 $z=\ln(1+x^2+y^2)$ 在点(1,2)的全微分.

8. 求函数 $z=\frac{y}{x}$ 在点(2,1)当 $(\Delta x,\Delta y)=(0.1,-0.2)$ 时的改变量与全微分.

9. 设 $du=2xdx-3ydy$,求函数 $u(x,y)$.

10. 试说明二元函数 $z=f(x,y)$ 在 $P_0(x_0,y_0)$ 连续、偏导数存在、沿任一方向 $\boldsymbol{l}$ 的方向导数存在、可微及一阶偏导数连续几个概念之间的关系.

11. 设 $f(x,y)$ 在区域 D 内具有一阶连续偏导数且恒有 $f_x=0$ 及 $f_y=0$,证明:f 在 D 内为一常量函数.

12. 设 x,y 的绝对值都很小,利用全微分概念推出下列各式的近似计算公式:

(1) $(1+x)^m(1+y)^n$;　　(2) $\arctan\frac{x+y}{1+xy}$.

13. 近似计算下列数值:

(1) $\sin 29°\cdot\tan 46°$;　　(2) $0.97^{1.05}$.

14. 有一圆柱体,受压后发生变形,它的半径由 20 cm 增大到 20.05 cm,高度由 100 cm 减少到 99 cm,求其体积改变量的近似值.

15. 单摆的周期 T 由公式 $T=2\pi\sqrt{\dfrac{l}{g}}$ 确定,其中 l 是摆长,g 是重力加速度.证明:T 的相对误差约等于 l 与 g 的相对误差的算术平均值.

16. 有一物体,测得它的质量为(0.100±0.000 5)kg,将它置于水中,受到水对它的浮力为(0.12±0.008)N.试求该物体密度的近似值,并估计近似值的绝对误差与相对误差(取重力加速度 $g=10\ \mathrm{m/s^2}$).

17. 证明梯度的下列运算法则(其中 u,v 为可微函数,C_1,C_2 为任意常数):

(1) $\nabla(C_1u+C_2v)=C_1\nabla u+C_2\nabla v$;　(2) $\nabla(uv)=u\nabla v+v\nabla u$;

(3) $\nabla\left(\dfrac{u}{v}\right)=\dfrac{1}{v^2}(v\nabla u-u\nabla v)\ (v\neq 0)$.

18. 求 $u=\ln(x+\sqrt{y^2+z^2})$ 在点 $A(1,0,1)$ 处沿点 A 指向点 $B(3,-2,2)$ 的方向导数.

19. 求 $u=xy^2+z^3-xyz$ 在点(1,1,2)处沿方向 $\boldsymbol{e}_l=\left(\cos\dfrac{\pi}{3},\cos\dfrac{\pi}{4},\cos\dfrac{\pi}{3}\right)$ 的方向导数.

20. 设 $u=\ln\left(\dfrac{1}{r}\right)$,其中 $r=\sqrt{(x-a)^2-(y-b)^2+(z-c)^2}$,求 ∇u,并指出在空间哪些点处成立 $\|\nabla u\|=1$.

21. 设 $u=\dfrac{z^2}{c^2}-\dfrac{x^2}{a^2}-\dfrac{y^2}{b^2}$,问 u 在点(a,b,c)处沿哪个方向增大最快?沿哪个方向减小最快?沿哪个方向变化率为零?

22. 设 $r=\sqrt{x^2+y^2+z^2}$,求 ∇r 及 $\nabla\dfrac{1}{r}\ (r\neq 0)$.

23. 求下列函数的所有一阶偏导数(假定函数 f 可微):

(1) $z=f(x,2x+y,x^2-3y)$;　(2) $z=f(x^2-2y^2)$.

24. 验证下列给定函数满足指定的方程:

(1) $z=\dfrac{xy}{x+y}$ 满足 $x\dfrac{\partial z}{\partial x}+y\dfrac{\partial z}{\partial y}=z$;　(2) $z=\dfrac{y}{x}\arcsin\dfrac{x}{y}$ 满足 $x\dfrac{\partial z}{\partial x}+y\dfrac{\partial z}{\partial y}=0$;

(3) $u=\dfrac{1}{\sqrt{(x-a)^2+(y-b)^2+(z-c)^2}}$ 满足 $u_{xx}+u_{yy}+u_{zz}=0$;

(4) $T=\dfrac{1}{2a\sqrt{\pi t}}\mathrm{e}^{-\frac{(x-a)^2}{4a^2t}}$ 满足 $\dfrac{\partial T}{\partial t}=a^2\dfrac{\partial^2 T}{\partial x^2}$.

25. 证明:如果函数 $u=f(x,y)$ 满足方程

$$A\frac{\partial^2 u}{\partial x^2}+2B\frac{\partial^2 u}{\partial x\partial y}+C\frac{\partial^2 u}{\partial y^2}=0,$$

式中 A,B,C 都是常数,且 $f(x,y)$ 具有连续的三阶偏导数,那么函数 $\dfrac{\partial u}{\partial x}$ 和 $\dfrac{\partial u}{\partial y}$ 也满足这个方程.

26. 求下列函数的高阶偏导数(假定函数 f 具有二阶连续偏导数或二阶连续导数,函数 g 具有二阶连续导数):

(1) $z=e^x(\cos y+x\sin y)$,所有二阶偏导数; (2) $z=x\ln(xy)$,$\dfrac{\partial^3 z}{\partial y\partial x^2}$,$\dfrac{\partial^3 z}{\partial y^2\partial x}$;

(3) $z=f(xy^2,x^2y)$,所有二阶偏导数; (4) $u=f(x^2+y^2+z^2)$,所有二阶偏导数;

(5) $z=f\left(xy,\dfrac{x}{y}\right)+g\left(\dfrac{y}{x}\right)$,$\dfrac{\partial^2 z}{\partial x\partial y}$; (6) $z=yf\left(\dfrac{x}{y}\right)+xg\left(\dfrac{y}{x}\right)$,$\dfrac{\partial^2 z}{\partial x^2}$,$\dfrac{\partial^2 z}{\partial x\partial y}$;

(7) $z=f(x^2-y^2,xy)$,$\dfrac{\partial^2 z}{\partial x\partial y}$.

27. 设 $f(x,y)$ 具有一阶连续偏导数,且 $f(1,1)=1$,$f_1(1,1)=a$,$f_2(1,1)=b$,又函数 $F(x)=f[x,f(x,f(x,x))]$,求 $F(1)$,$F'(1)$.

28. 设函数 $u=u(x,y)$ 具有二阶连续偏导数.试求常数 a 和 b,使得在变换

$$\xi = x + ay, \quad \eta = x + by$$

之下,可将方程 $\dfrac{\partial^2 u}{\partial x^2}+4\dfrac{\partial^2 u}{\partial x\partial y}+3\dfrac{\partial^2 u}{\partial y^2}=0$ 化为 $\dfrac{\partial^2 u}{\partial\xi\partial\eta}=0$.

29. 已知方程 $\dfrac{\partial^2 u}{\partial x^2}+\dfrac{\partial^2 u}{\partial y^2}=0$ 有形如 $u=\varphi\left(\dfrac{y}{x}\right)$ 的解,试求出这个解来.

30. 利用一阶全微分形式不变性和微分运算法则,求下列函数的全微分和偏导数(设 φ 与 f 均可微):

(1) $z=\varphi(xy)+\varphi\left(\dfrac{x}{y}\right)$; (2) $z=e^{xy}\sin(x+y)$;

(3) $u=\ln\sqrt{x^2+y^2+z^2}$; (4) $u=f(x^2-y^2,e^{xy},z)$.

31. 求下列方程所确定的隐函数 y 的一阶与二阶导函数:

(1) $\ln\sqrt{x^2+y^2}=\arctan\dfrac{y}{x}$; (2) $y=2x\arctan\dfrac{y}{x}$.

32. 求下列方程所确定的隐函数 z 的一阶与二阶偏导数:

(1) $\dfrac{x}{z}=\ln\dfrac{z}{y}$; (2) $x^2-2y^2+z^2-4x+2z-5=0$.

33. 证明:由方程 $F\left(x+\dfrac{z}{y},y+\dfrac{z}{x}\right)=0$ 所确定的隐函数 $z=z(x,y)$ 满足方程 $x\dfrac{\partial z}{\partial x}+y\dfrac{\partial z}{\partial y}=z-xy$,其中函数 F 具有一阶连续的偏导数.

34. 已知方程 $F(x+y,y+z)=1$ 确定了隐函数 $z=z(x,y)$,其中函数 F 具有二阶连续的偏导数,求 $\dfrac{\partial^2 z}{\partial y\partial x}$.

35. 设 $f(x,y,z)=xy^2z^3$,又 x,y,z 满足方程:

$$x^2+y^2+z^2-3xyz=0. \tag{*}$$

(1) 当 $z=z(x,y)$ 是由方程(*)所确定的隐函数时,求 $f_x(1,1,1)$;

(2) 当 $y=y(x,z)$ 是由方程(∗)所确定的隐函数时,求 $f_x(1,1,1)$.

36. 求由下列方程确定的隐函数 z 的全微分,其中 F 具有一阶连续偏导数,f 连续可导:

(1) $F(x-az,y-bz)=0$;　　(2) $x^2+y^2+z^2=yf\left(\dfrac{z}{y}\right)$.

37. 设 $y=f(x,t)$,而 t 是由方程 $F(x,y,t)=0$ 所确定的 x,y 的函数,其中 f,F 都具有一阶连续偏导数,证明:

$$\frac{\mathrm{d}y}{\mathrm{d}x}=\frac{\dfrac{\partial f}{\partial x}\dfrac{\partial F}{\partial t}-\dfrac{\partial f}{\partial t}\dfrac{\partial F}{\partial x}}{\dfrac{\partial f}{\partial t}\dfrac{\partial F}{\partial y}+\dfrac{\partial F}{\partial t}}.$$

(B)

1. 设 $f(x,y)$ 在点 P_0 可微,$\boldsymbol{l}_1=\left(\dfrac{1}{\sqrt{2}},\dfrac{1}{\sqrt{2}}\right)$,$\boldsymbol{l}_2=\left(-\dfrac{1}{\sqrt{2}},\dfrac{1}{\sqrt{2}}\right)$,$\dfrac{\partial f(P_0)}{\partial \boldsymbol{l}_1}=1$,$\dfrac{\partial f(P_0)}{\partial \boldsymbol{l}_2}=0$,确定 $\boldsymbol{l}$ 使 $\dfrac{\partial f(P_0)}{\partial \boldsymbol{l}}=\dfrac{7}{5\sqrt{2}}$.

2. 设 $f(x,y)$ 在 $P_0(2,0)$ 处沿 $\boldsymbol{l}_1=(2,-2)$ 的方向导数是 1,沿 $\boldsymbol{l}_2=(-2,0)$ 的方向导数是 -3.求 f 在 P_0 处沿 $\boldsymbol{l}=(3,2)$ 的方向导数.

3. 设二元函数 f 在点 P_0 的某邻域 $U(P_0)$ 内的偏导数 f_x 与 f_y 都有界.证明:f 在 $U(P_0)$ 内连续.

4. 设 n 元函数 f 在点 $\boldsymbol{x}_0$ 连续,n 元函数 g 在点 $\boldsymbol{x}_0$ 可微且 $g(\boldsymbol{x}_0)=0$,证明:$f(\boldsymbol{x})g(\boldsymbol{x})$ 在点 $\boldsymbol{x}_0$ 可微,且有

$$\mathrm{d}(f(\boldsymbol{x})g(\boldsymbol{x}))\Big|_{\boldsymbol{x}=\boldsymbol{x}_0}=f(\boldsymbol{x}_0)\mathrm{d}g(\boldsymbol{x}_0).$$

5. 设 $f_x(x,y)$ 在点 (x_0,y_0) 的某邻域内存在且在点 (x_0,y_0) 处连续,又 $f_y(x_0,y_0)$ 存在,证明:$f(x,y)$ 在点 (x_0,y_0) 处可微.

6. 设 $u=x\sin y$.

(1) 当 x,y 为自变量时,求二阶全微分 d^2u;

(2) 当 $x=\varphi(s,t)$,$y=\psi(s,t)$ 时,求二阶全微分 d^2u;

(3) 当 $\varphi\neq a_1s+b_1t+c_1$,$\psi\neq a_2s+b_2t+c_2$ 时,说明(2)中的 d^2u 与(1)中的 d^2u 不相同.

7. 设 $u=u(\sqrt{x^2+y^2})$ 具有连续二阶偏导数,且满足

$$\frac{\partial^2u}{\partial x^2}+\frac{\partial^2u}{\partial y^2}-\frac{1}{x}\cdot\frac{\partial u}{\partial x}+u=x^2+y^2,$$

试求函数 u 的表达式.

第四节　多元函数的 Taylor 公式与极值问题

本节中,我们首先把一元函数的 Taylor 公式推广到多元函数,然后讨论多元函数的极值问题和最大、最小值问题.本节与第五节中的向量均写成列向量.

4.1 多元函数的 Taylor 公式

回顾一元函数的 Taylor 公式，它是用 $x-x_0$ 的 n 次多项式去逼近函数 $f(x)$，即

$$f(x)=\sum_{k=0}^{n}\frac{f^{(k)}(x_0)}{k!}(x-x_0)^k+R_n,$$

根据 $f(x)$ 满足的不同条件，余项 R_n 可以写成 Lagrange 型余项或 Peano 型余项两种不同形式.

特别当 $n=1$ 时，具有 Lagrange 余项的一阶 Taylor 公式为

$$f(x)=f(x_0)+f'(x_0)(x-x_0)+R_1,$$

或

$$f(x_0+\Delta x)=f(x_0)+f'(x_0)\Delta x+R_1.$$

其中 $R_1=\frac{1}{2!}f''(x_0+\theta\Delta x)\Delta x^2\ (0<\theta<1)$.

对于二元函数 $f(x,y)$，我们也可以用由 $x-x_0$，$y-y_0$ 构成的多项式去逼近它，也就是建立二元函数的 Taylor 公式. 下面仅给出二元函数带 Lagrange 余项的 Taylor 公式的一阶形式.

定理 4.1 设二元函数 $z=f(x,y)$ 在点 (x_0,y_0) 的某邻域 $U(x_0,y_0)$ 内有连续的二阶偏导数. $(x_0+\Delta x,y_0+\Delta y)\in U(x_0,y_0)$，则存在 $\theta\in(0,1)$ 使得

$$f(x_0+\Delta x,y_0+\Delta y)=f(x_0,y_0)+f_x(x_0,y_0)\Delta x+f_y(x_0,y_0)\Delta y+R_1, \tag{4.1}$$

其中

$$R_1=\frac{1}{2!}(f_{xx}\Delta x^2+2f_{xy}\Delta x\Delta y+f_{yy}\Delta y^2)\big|_{(x_0+\theta\Delta x,y_0+\theta\Delta y)}. \tag{4.2}$$

证 设 $\varphi(t)=f(x_0+t\Delta x,y_0+t\Delta y)$，则 $\varphi(0)=f(x_0,y_0)$，$\varphi(1)=f(x_0+\Delta x,y_0+\Delta y)$. 由于 $f(x,y)$ 在 $U(x_0,y_0)$ 内有二阶连续偏导数，从而复合函数 $\varphi(t)=f(x_0+t\Delta x,y_0+t\Delta y)$ 在 $t=0$ 的某邻域内有连续的二阶导数. 于是由上列一元函数的带 Lagrange 余项的一阶 Taylor 公式得

$$\varphi(t)=\varphi(0)+\varphi'(0)t+\frac{1}{2!}\varphi''(\theta t)t^2,\quad 0<\theta<1. \tag{4.3}$$

由于

$$\varphi'(t)=f_x(x_0+t\Delta x,y_0+t\Delta y)\Delta x+f_y(x_0+t\Delta x,y_0+t\Delta y)\Delta y,$$

$$\varphi''(t)=f_{xx}(x_0+t\Delta x,y_0+t\Delta y)\Delta x^2+2f_{xy}(x_0+t\Delta x,y_0+t\Delta y)\Delta x\Delta y+$$

$$f_{yy}(x_0+t\Delta x,y_0+t\Delta y)\Delta y^2,$$

所以

$$\varphi'(0)=f_x(x_0,y_0)\Delta x+f_y(x_0,y_0)\Delta y,$$

$$\begin{aligned}\varphi''(\theta t)=&f_{xx}(x_0+\theta t\Delta x,y_0+\theta t\Delta y)\Delta x^2+\\&2f_{xy}(x_0+\theta t\Delta x,y_0+\theta t\Delta y)\Delta x\Delta y+\\&f_{yy}(x_0+\theta t\Delta x,y_0+\theta t\Delta y)\Delta y^2.\end{aligned}$$

将 $\varphi(0),\varphi'(0),\varphi''(\theta t)$ 代入(4.3)式，再令 $t=1$，便得二元函数的 Taylor 公式(4.1)．∎

注：二元函数 Taylor 公式证明的基本思路也是引入参数 t，将二元函数化为 t 的一元函数 $\varphi(t)=f(x_0+t\Delta x,y_0+t\Delta y)$，使要证明的公式(4.1)中的各项($f(x_0,y_0)$，$f_x(x_0,y_0)$，$f_y(x_0,y_0)$及二阶偏导数等)可利用一元函数 $\varphi(t)$ 的对应项来表示，并利用一元函数 $\varphi(t)$ 的 Taylor 公式来证明．后面关于 n 元函数 Taylor 公式的证明思路类似，只是表达形式更复杂些．

为了将二元函数的 Taylor 公式进一步推广到 n 元函数，我们将(4.1)、(4.2)式写成矩阵形式．

令 $\boldsymbol{x}_0=(x_0,y_0)^{\mathrm T}$，$\boldsymbol{x}_0+\Delta\boldsymbol{x}=(x_0+\Delta x,y_0+\Delta y)^{\mathrm T}$，则(4.1)式中一阶导数部分可写成二元函数 f 的梯度向量 $\nabla f(x_0,y_0)=(f_x(x_0,y_0),f_y(x_0,y_0))$ 与向量 $\Delta\boldsymbol{x}=(\Delta x,\Delta y)^{\mathrm T}$ 的内积形式，即

$$(f_x\Delta x+f_y\Delta y)\big|_{(x_0,y_0)}=\langle\nabla f(x_0,y_0),\Delta\boldsymbol{x}\rangle.$$

而(4.2)式是关于 $\Delta x,\Delta y$ 的一个二次型，其系数矩阵为

$$\boldsymbol{H}_f(\boldsymbol{x}_0+\theta\Delta\boldsymbol{x})=\begin{bmatrix}f_{xx}&f_{xy}\\f_{xy}&f_{yy}\end{bmatrix}\Bigg|_{(\boldsymbol{x}_0+\theta\Delta\boldsymbol{x})},$$

称为函数 f 在 $\boldsymbol{x}_0+\theta\Delta\boldsymbol{x}$ 处的 **Hesse 矩阵**，故二次型的矩阵形式为

$$R_1=\frac{1}{2!}(\Delta\boldsymbol{x})^{\mathrm T}\boldsymbol{H}_f(\boldsymbol{x}_0+\theta\Delta\boldsymbol{x})\Delta\boldsymbol{x}.$$

这样，我们就可把 Taylor 公式(4.1)、(4.2)写成如下的矩阵形式

$$f(\boldsymbol{x}_0+\Delta\boldsymbol{x})=f(\boldsymbol{x}_0)+\langle\nabla f(\boldsymbol{x}_0),\Delta\boldsymbol{x}\rangle+\frac{1}{2!}(\Delta\boldsymbol{x})^{\mathrm T}\boldsymbol{H}_f(\boldsymbol{x}_0+\theta\Delta\boldsymbol{x})\Delta\boldsymbol{x}.\qquad(4.4)$$

由于 $\boldsymbol{H}_f$ 的元素由 f 的二阶偏导数构成，而 f 的所有二阶偏导数均连续，可以证明(从略)，

$$(\Delta\boldsymbol{x})^{\mathrm T}\boldsymbol{H}_f(\boldsymbol{x}_0+\theta\Delta\boldsymbol{x})\Delta\boldsymbol{x}=(\Delta\boldsymbol{x})^{\mathrm T}\boldsymbol{H}_f(\boldsymbol{x}_0)\Delta\boldsymbol{x}+o(\|\Delta\boldsymbol{x}\|^2).$$

由此得到 $f(\boldsymbol{x})$ 在 $\boldsymbol{x}_0$ 处带有 Peano 余项的二阶 Taylor 公式

$$f(\boldsymbol{x}_0+\Delta\boldsymbol{x})=f(\boldsymbol{x}_0)+\langle\nabla f(\boldsymbol{x}_0),\Delta\boldsymbol{x}\rangle+\frac{1}{2!}(\Delta\boldsymbol{x})^{\mathrm T}\boldsymbol{H}_f(\boldsymbol{x}_0)\Delta\boldsymbol{x}+o(\|\Delta\boldsymbol{x}\|^2).\qquad(4.5)$$

例 4.1　设函数 $z=z(x,y)$ 是由方程 $z^3-2xz+y=0$ 所确定的隐函数，且 $z(1,1)=1$．求 $z(x,y)$ 在点(1,1)处带有 Peano 余项的二阶 Taylor 公式．

解　为求得 $z(x,y)$ 的二阶 Taylor 公式，必须先求得该函数的一、二阶偏导数.对方程 $z^3-2xz+y=0$ 两端求一阶全微分，得

$$3z^2\mathrm{d}z-2(z\mathrm{d}x+x\mathrm{d}z)+\mathrm{d}y=0,$$

故

$$\mathrm{d}z=\frac{2z}{3z^2-2x}\mathrm{d}x-\frac{1}{3z^2-2x}\mathrm{d}y,$$

从而

$$z_x=\frac{2z}{3z^2-2x},\quad z_y=\frac{-1}{3z^2-2x}. \tag{4.6}$$

注意到 $z(1,1)=1$，于是

$$z_x\big|_{(1,1,1)}=2,\quad z_y\big|_{(1,1,1)}=-1. \tag{4.7}$$

对(4.6)式再求一阶偏导数可得

$$z_{xx}=\frac{-2(3z^2+2x)z_x+4z}{(3z^2-2x)^2},\quad z_{xy}=\frac{-2(3z^2+2x)z_y}{(3z^2-2x)^2},\quad z_{yy}=\frac{6zz_y}{(3z^2-2x)^2}.$$

注意到(4.7)式，可得

$$z_{xx}\big|_{(1,1,1)}=-16,\quad z_{xy}\big|_{(1,1,1)}=z_{yx}\big|_{(1,1,1)}=10,\quad z_{yy}\big|_{(1,1,1)}=-6. \tag{4.8}$$

把(4.8)式代入公式(4.5)，便得函数 $z(x,y)$ 在点(1,1)处带有 Peano 余项的二阶 Taylor 公式为

$$\begin{aligned}z(x,y)=&1+2(x-1)-(y-1)+\\&\frac{1}{2!}[-16(x-1)^2+20(x-1)(y-1)-6(y-1)^2]+o(\rho^2),\end{aligned}$$

其中 $\rho^2=(x-1)^2+(y-1)^2$.　▌

在将 Taylor 公式推广到 n $(n\geqslant 3)$ 元函数之前，先介绍 $C^{(m)}$ 类函数的概念.

定义 4.1　设 $f(\boldsymbol{x})$ 是定义在区域 $\Omega\subseteq\mathbf{R}^n$ 内的 n 元函数，若 f 在 Ω 内连续，则称 f 是 Ω 上的 $C^{(0)}$ **类函数**，记为 $f\in C^{(0)}(\Omega)$，或 $C(\Omega)$；若 f 在 Ω 内具有连续的 m $(m\geqslant 1$，为正整数)阶偏导数，则称 f 是 Ω 上的 $C^{(m)}$ **类函数**，记作 $f\in C^{(m)}(\Omega)$.

用与证明定理 4.1 类似的思想方法不难证明下列定理.

定理 4.2　设 n 元函数 $f\in C^{(2)}(U(\boldsymbol{x}_0))$，$\boldsymbol{x}_0+\Delta\boldsymbol{x}\in U(\boldsymbol{x}_0)$，其中 $\boldsymbol{x}_0=(x_{0,1},x_{0,2},\cdots,x_{0,n})^{\mathrm{T}}\in\mathbf{R}^n$，$\Delta\boldsymbol{x}=(\Delta x_1,\Delta x_2,\cdots,\Delta x_n)^{\mathrm{T}}$.则存在 $\theta\in(0,1)$，使得

$$f(\boldsymbol{x}_0+\Delta\boldsymbol{x})=f(\boldsymbol{x}_0)+\sum_{i=1}^{n}\frac{\partial f(\boldsymbol{x}_0)}{\partial x_i}\Delta x_i+R_1, \tag{4.9}$$

其中

$$R_1=\frac{1}{2!}\sum_{i=1}^{n}\sum_{j=1}^{n}\frac{\partial^2 f(\boldsymbol{x}_0+\theta\Delta\boldsymbol{x})}{\partial x_i\partial x_j}\Delta x_i\Delta x_j,$$

称为 Lagrange 余项的一阶形式.

公式(4.9)也可写成如下的矩阵形式:

$$f(\boldsymbol{x}_0+\Delta\boldsymbol{x})=f(\boldsymbol{x}_0)+\langle\nabla f(\boldsymbol{x}_0),\Delta\boldsymbol{x}\rangle+\frac{1}{2!}(\Delta\boldsymbol{x})^{\mathrm{T}}\boldsymbol{H}_f(\boldsymbol{x}_0+\theta\Delta\boldsymbol{x})\Delta\boldsymbol{x},$$

其中实对称矩阵

$$\boldsymbol{H}_f(\boldsymbol{x}_0+\theta\Delta\boldsymbol{x})=\begin{bmatrix}f_{x_1x_1}(\boldsymbol{x}) & f_{x_1x_2}(\boldsymbol{x}) & \cdots & f_{x_1x_n}(\boldsymbol{x})\\ f_{x_2x_1}(\boldsymbol{x}) & f_{x_2x_2}(\boldsymbol{x}) & \cdots & f_{x_2x_n}(\boldsymbol{x})\\ \vdots & \vdots & & \vdots\\ f_{x_nx_1}(\boldsymbol{x}) & f_{x_nx_2}(\boldsymbol{x}) & \cdots & f_{x_nx_n}(\boldsymbol{x})\end{bmatrix}_{\boldsymbol{x}_0+\theta\Delta\boldsymbol{x}}$$

是函数 f 在点 $\boldsymbol{x}_0+\theta\Delta\boldsymbol{x}$ 的 Hesse 矩阵.

由此,类似可得 n 元函数 f 在 $\boldsymbol{x}_0$ 处带有 Peano 余项的 Taylor 公式,其形式与(4.5)式完全相同.

4.2　无约束极值、最大值与最小值

1. 无约束极值

在生产实践中,我们总是希望用料最省、时间最短、效益最大、质量最好,等等,这类问题的数学模型往往就可归结为多元函数的极值问题.为了讨论这类问题,我们首先把一元函数极值的概念推广到多元函数中来,并建立函数取得极值的条件.

定义 4.2　设 $f: U(\boldsymbol{x}_0)\subseteq\mathbf{R}^n\to\mathbf{R}$,若 $\forall\,\boldsymbol{x}\in U(\boldsymbol{x}_0)$,恒成立不等式

$$f(\boldsymbol{x})\leqslant f(\boldsymbol{x}_0)\quad(f(\boldsymbol{x})\geqslant f(\boldsymbol{x}_0)),$$

则称 f 在点 $\boldsymbol{x}_0$ 取得**无约束极大值(无约束极小值)** $f(\boldsymbol{x}_0)$,简称为**极大值(极小值)** $f(\boldsymbol{x}_0)$,点 $\boldsymbol{x}_0$ 称为 f 的**极大值点(极小值点)**,极大值与极小值统称为**极值**,极大值点与极小值点统称为**极值点**.

例如,二元函数 $z=x^2+y^2$ 在点(0,0)取得极小值 0,而 $z=\sqrt{1-x^2-y^2}$ 在点(0,0)取得极大值 1,它们所对应的曲面在相应点分别呈现为“谷”和“峰”(图 5.17).

如果二元函数 $z=f(x,y)$ 在点(x_0,y_0)的偏导数存在,且(x_0,y_0)为 f 的极值点,则一元函数 $f(x,y_0)$ 在 $x=x_0$ 必取得极值.由一元函数极值的必要条件,必有 $f_x(x_0,y_0)=$

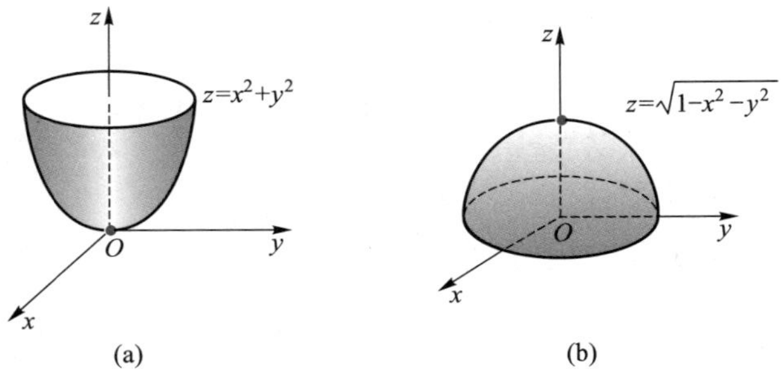

图 5.17

O,同理有 $f_y(x_0,y_0)=0$.因此,若 f 在 (x_0,y_0) 处可微,则由梯度的计算公式,可得 f 在点 (x_0,y_0) 取得极值的必要条件是

$$\nabla f(x_0,y_0)=(f_x,f_y)^{\mathrm{T}}\big|_{(x_0,y_0)}=\mathbf{0}.$$

一般地,有

定理 4.3(极值的必要条件) 设 n 元函数 f 在点 $\boldsymbol{x}_0$ 可微,且 $\boldsymbol{x}_0$ 为 f 的极值点,则必有 $\nabla f(\boldsymbol{x}_0)=\mathbf{0}$.

我们称满足 $\nabla f(\boldsymbol{x}_0)=\mathbf{0}$ 的点 $\boldsymbol{x}_0$ 为 f 的**驻点**.因此,定理 4.3 也可以说成:可微函数 f 的极值点必是 f 的驻点.但是,同一元函数一样,驻点未必都是极值点.例如,二元函数 $f(x,y)=x^2-y^2$,显然点 $(0,0)$ 是它的驻点,但却不是它的极值点,因为在点 $(0,0)$ 的任何去心邻域内,总有点 $(x,0)$ 使 $f(x,0)=x^2>0=f(0,0)$,也总有点 $(0,y)$ 使 $f(0,y)=-y^2<0=f(0,0)$.从 f 的图像(图 5.18)来看,双曲抛物面 $z=x^2-y^2$ 在原点附近呈现"马鞍形",既有向上延伸的部分,也有向下延伸的部分,因而函数 f 在该点不能取到极值.

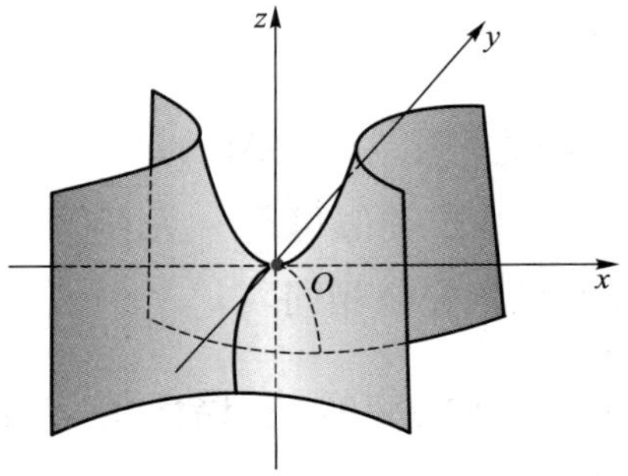

图 5.18

注:定理 4.3 指出 f 的极值点必是 f 的驻点的大前提是 f 在点 $\boldsymbol{x}_0$ 可微.如果 f 在点 $\boldsymbol{x}_0$ 不可微,或偏导数不存在,那么点 $\boldsymbol{x}_0$ 必定不是 f 的驻点,但仍有可能是 f 的极值点.例如点 $(0,0)$ 显然是函数 $z=\sqrt{x^2+y^2}$ 的极小值点.但点 $(0,0)$ 不是它的驻点.

现在,我们利用 Taylor 公式来证明多元函数极值的充分条件.

定理 4.4(极值的充分条件) 设 n 元函数 $f\in C^{(2)}(U(\boldsymbol{x}_0))$,$\nabla f(\boldsymbol{x}_0)=\mathbf{0}$,$\boldsymbol{H}_f(\boldsymbol{x}_0)$ 为 f 在点 $\boldsymbol{x}_0$ 的 Hesse 矩阵.若 $\boldsymbol{H}_f(\boldsymbol{x}_0)$ 正定(负定),则 $f(\boldsymbol{x}_0)$ 为 f 的极小值(极大值).

证 因为 $\nabla f(\boldsymbol{x}_0)=\mathbf{0}$,由 Taylor 公式(4.5),有

$$f(\boldsymbol{x}_0+\Delta\boldsymbol{x})-f(\boldsymbol{x}_0)=\frac{1}{2!}(\Delta\boldsymbol{x})^{\mathrm{T}}\boldsymbol{H}_f(\boldsymbol{x}_0)\Delta\boldsymbol{x}+o(\|\Delta\boldsymbol{x}\|^2),$$

当 $\boldsymbol{H}_f(\boldsymbol{x}_0)$ 正定时，由线性代数①的知识，知 $\boldsymbol{H}_f(\boldsymbol{x}_0)$ 的最小特征值 $\lambda_1>0$，而且，$\forall \Delta\boldsymbol{x}\neq\boldsymbol{0}$，恒有

$$(\Delta\boldsymbol{x})^{\mathrm{T}}\boldsymbol{H}_f(\boldsymbol{x}_0)\Delta\boldsymbol{x}\geqslant\lambda_1\|\Delta\boldsymbol{x}\|^2>0,$$

于是有

$$f(\boldsymbol{x}_0+\Delta\boldsymbol{x})-f(\boldsymbol{x}_0)\geqslant\frac{1}{2}\lambda_1\|\Delta\boldsymbol{x}\|^2+o(\|\Delta\boldsymbol{x}\|^2)=\left[\frac{1}{2}\lambda_1+o(1)\right]\|\Delta\boldsymbol{x}\|^2,$$

其中 $o(1)$ 是当 $\Delta\boldsymbol{x}\to\boldsymbol{0}$ 时的无穷小量. 由上式即知，当 $\Delta\boldsymbol{x}\neq\boldsymbol{0}$ 且 $\|\Delta\boldsymbol{x}\|$ 充分小时，就有

$$f(\boldsymbol{x}_0+\Delta\boldsymbol{x})-f(\boldsymbol{x}_0)>0,\text{或} f(\boldsymbol{x}_0+\Delta\boldsymbol{x})>f(\boldsymbol{x}_0),$$

这就是说，当 $\boldsymbol{H}_f(\boldsymbol{x}_0)$ 正定时，$f(\boldsymbol{x}_0)$ 为 f 的极小值. 同理可证，当 $\boldsymbol{H}_f(\boldsymbol{x}_0)$ 负定时，$f(\boldsymbol{x}_0)$ 为 f 的极大值. ▍

根据以上结论，我们可以得出求 $C^{(2)}$ 类函数 f 的极值的步骤：首先求出 f 的所有驻点，然后求出 f 在各个驻点处的 Hesse 矩阵，最后判定 Hesse 矩阵的类型，确定出 f 的极值点. 设 $\boldsymbol{x}_0$ 是 f 的驻点，则当 $\boldsymbol{H}_f(\boldsymbol{x}_0)$ 正定时，$f(\boldsymbol{x}_0)$ 是 f 的极小值；当 $\boldsymbol{H}_f(\boldsymbol{x}_0)$ 负定时，$f(\boldsymbol{x}_0)$ 是 f 的极大值；当 $\boldsymbol{H}_f(\boldsymbol{x}_0)$ 不定时，因为二次型 $(\boldsymbol{x}-\boldsymbol{x}_0)^{\mathrm{T}}\boldsymbol{H}_f(\boldsymbol{x}_0)(\boldsymbol{x}-\boldsymbol{x}_0)$ 不定，从而在 $\boldsymbol{x}_0$ 的邻域内 $[f(\boldsymbol{x})-f(\boldsymbol{x}_0)]$ 不定号，所以 $f(\boldsymbol{x}_0)$ 不是极值.

特别地，对于二元函数 $z=f(x,y)$，若点 $P_0(x_0,y_0)$ 为 f 的驻点，记

$$f_{xx}(P_0)=A,\quad f_{xy}(P_0)=B,\quad f_{yy}(P_0)=C,$$

则 f 在点 P_0 的 Hesse 矩阵为

$$\boldsymbol{H}_f(P_0)=\begin{bmatrix}A & B\\ B & C\end{bmatrix},$$

于是根据矩阵正定、负定和不定的判定方法，有

(1) 若 $A>0, AC-B^2>0$，则 $\boldsymbol{H}_f(P_0)$ 正定，故 $f(P_0)$ 为极小值；

(2) 若 $A<0, AC-B^2>0$，则 $\boldsymbol{H}_f(P_0)$ 负定，故 $f(P_0)$ 为极大值；

(3) 若 $AC-B^2<0$，则 $\boldsymbol{H}_f(P_0)$ 不定，故 $f(P_0)$ 不是极值.

当 $AC-B^2=0$ 时，称为临界情况. 这时，只根据二阶 Taylor 公式，还不足以确定点 P_0 是不是 f 的极值点.

例 4.2 求二元函数 $f(x,y)=x^3+y^3+3xy$ 的极值.

---

① 参见魏战线、李继成编《高等数学基础——线性代数与解析几何》(高等教育出版社，2013 年出版) 第 7 章定理 7.2.5 及其必要性的证明过程.

解 首先由

$$\begin{cases} f_x = 3x^2 + 3y = 0, \\ f_y = 3y^2 + 3x = 0, \end{cases}$$

容易求出 f 的驻点有两个：$M_1(0,0)$，$M_2(-1,-1)$. 其次再求二阶偏导数，得

$$f_{xx} = 6x, \quad f_{xy} = 3, \quad f_{yy} = 6y,$$

从而有

$$\boldsymbol{H}_f(M_1) = \begin{bmatrix} 0 & 3 \\ 3 & 0 \end{bmatrix}, \quad \boldsymbol{H}_f(M_2) = \begin{bmatrix} -6 & 3 \\ 3 & -6 \end{bmatrix}.$$

显然 $\boldsymbol{H}_f(M_1)$ 不定，$\boldsymbol{H}_f(M_2)$ 负定，故 M_1 不是 f 的极值点，$f(M_2)=1$ 是 f 的极大值. ▌

例 4.3 求函数 $f(x,y)=2x^2-3xy^2+y^4$ 的极值点.

解 由

$$\begin{cases} f_x = 4x - 3y^2 = 0, \\ f_y = 2y(2y^2 - 3x) = 0, \end{cases}$$

可求出 f 有唯一的驻点 $(0,0)$. 由于

$$f_{xx}(0,0) = 4, \quad f_{xy}(0,0) = 0, \quad f_{yy}(0,0) = 0,$$

所以 $AC-B^2=0$，属于临界状态，所以点 $(0,0)$ 到底是不是极值点需要进一步用极值的定义来讨论. 事实上，当 $(x,y)\neq(0,0)$ 时，从

$$f(x,y) - f(0,0) = 2x^2 - 3xy^2 + y^4 = (2x - y^2)(x - y^2)$$

可以看出，当 $x<0$ 时，$f(x,y)>f(0,0)$；当 $\frac{1}{2}y^2<x<y^2$ 时，$f(x,y)<f(0,0)$，因此 $(0,0)$ 不是 f 的极值点，从而知 f 没有极值点. ▌

☞二维码 5.4.1 用定义判定极值问题举例.

2. 最大值与最小值

设 $f(\boldsymbol{x})$ 在有界闭区域 Ω 上连续，则 f 在 Ω 上必能取到最大值与最小值. 如果最大值（最小值）在 Ω 的内部取到，那么这个最大值（最小值）就是 f 的极值，当 f 的偏导数均存在时，它必在 Ω 内的某个驻点处取到. 因此，同一元函数一样，为求连续函数 f 在有界闭区域 Ω 上的最大值（最小值），可以先求出 f 在 Ω 内部的一切驻点处的函数值、偏导数不存在点处的函数值及 f 在 Ω 的边界上的最大值（最小值），这些数中最大（最小）的一个便是所求的最大（最小）值.

例 4.4 求 $f(x,y)=x^2+2x^2y+y^2$ 在圆域 $D=\{(x,y)\mid x^2+y^2\leqslant 1\}$ 上的最大值与最小值.

解　由

$$\begin{cases} f_x = 2x(1+2y) = 0, \\ f_y = 2(x^2+y) = 0, \end{cases}$$

可求出函数 f 在 D 内有三个驻点：$M_1(0,0)$，$M_2\left(\frac{1}{\sqrt{2}},-\frac{1}{2}\right)$，$M_3\left(-\frac{1}{\sqrt{2}},-\frac{1}{2}\right)$，且有 $f(M_1)=0$，$f(M_2)=f(M_3)=\frac{1}{4}$.

在 D 的边界 $x^2+y^2=1$ 上，函数 f 成为变量 y 的一元函数：

$$\bar{f} = 1+2(1-y^2)y = 1+2y-2y^3,\quad -1 \leqslant y \leqslant 1.$$

由 $\frac{\mathrm{d}\bar{f}}{\mathrm{d}y}=2-6y^2=0$ 得 $y=\pm\frac{1}{\sqrt{3}}$，比较 $\bar{f}(-1)=\bar{f}(1)=1$，$\bar{f}\left(\frac{1}{\sqrt{3}}\right)=1+\frac{4\sqrt{3}}{9}$，$\bar{f}\left(-\frac{1}{\sqrt{3}}\right)=1-\frac{4\sqrt{3}}{9}$ 可知，f 在 D 的边界上的最小值是 $1-\frac{4\sqrt{3}}{9}$，最大值是 $1+\frac{4\sqrt{3}}{9}$.

把 f 在 D 内驻点处函数值与它在 D 的边界上的最大值、最小值进行比较，即得

$$\min_{(x,y)\in D} f(x,y)=0,\qquad \max_{(x,y)\in D} f(x,y)=1+\frac{4\sqrt{3}}{9}. \quad \blacksquare$$

例 4.5　证明：在周长为 $2p$ 的所有三角形中，以等边三角形的面积最大.

证　设三角形三边长分别为 x,y,z，则由面积公式可得目标函数为

$$S^2 = p(p-x)(p-y)(p-z). \tag{4.10}$$

由所给条件可知

$$x+y+z=2p,$$

即 $z=2p-x-y$，代入(4.10)式可将目标函数化为

$$S^2=f(x,y)=p(p-x)(p-y)(x+y-p).$$

于是问题就成为求上列目标函数 f 在区域(图 5.19)

$$D=\{(x,y)\mid 0<x<p,\quad p-x<y<p\}$$

上的最大值. 由方程组

$$\begin{cases} f_x = p(p-y)(2p-2x-y)=0, \\ f_y = p(p-x)(2p-x-2y)=0, \end{cases}$$

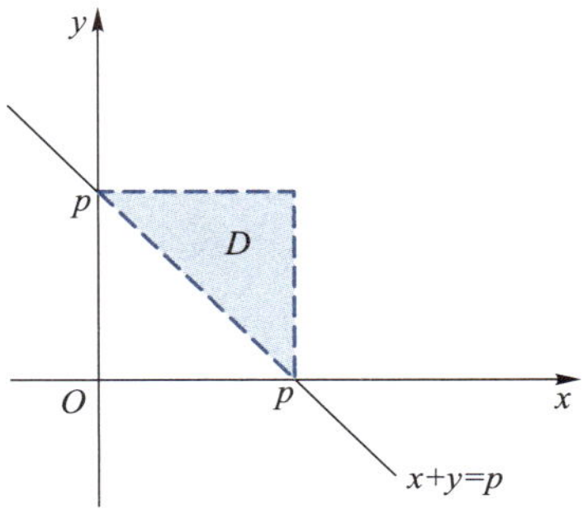

图 5.19

可求出 f 在 D 内有唯一驻点 $M\left(\frac{2p}{3},\frac{2p}{3}\right)$. 因为 f 在有界闭区域 $\overline{D}$ 上连续,故 f 在 $\overline{D}$ 上有最大值. 显然 f 在 $\overline{D}$ 的边界上的值恒为 0,而 f 在 D 内部的值大于零,故 f 在 $\overline{D}$ 的最大值必在 D 的内部取到. 由于在 D 内 f 的偏导数存在,且驻点唯一,因而最大值必在驻点 M 处取到. $f(M)$ 为 f 在 $\overline{D}$ 上的最大值,当然也是 f 在 D 内的最大值,即有

$$\max_{(x,y)\in D} f(x,y) = f\left(\frac{2p}{3},\frac{2p}{3}\right) = \frac{p^4}{27},$$

这时 $x=y=z=\frac{2p}{3}$,即面积最大的三角形为等边三角形. ▌

最值问题的应用是十分广泛的.下面,我们再介绍一些在实际应用中颇为重要的方法和例子.

3. 最小二乘法

最小二乘法是测量工作和科学实验中常用的一种数据处理方法. 例如,根据观测或实验得到自变量 x 和因变量 y 之间的一组数据 $(x_1,y_1),(x_2,y_2),\cdots,(x_n,y_n)$,要求寻找一个适当类型的函数 $y=f(x)$(如线性函数 $y=ax+b$,或二次函数 $y=ax^2+bx+c$ 等),使它在观测点 $x_1,x_2,\cdots,x_n$ 处所取的值 $f(x_1),f(x_2),\cdots,f(x_n)$ 与观测值 $y_1,y_2,\cdots,y_n$ 在某种尺度下最接近,从而可用 $y=f(x)$ 作为变量 x 与 y 之间函数关系的近似表达式. 常用的一种尺度和处理方法是:确定函数 $f(x)$ 中的待定参数(如前述例子中的参数 a 和 b 或 a,b 和 c),使得该函数在各点处的值与观测值的偏差

$$r_i=f(x_i)-y_i \quad (i=1,\cdots,n)$$

的平方和 $\sum_{i=1}^{n} r_i^2$ 达到最小. 这种根据偏差平方和为最小的条件来确定参数的方法就叫做**最小二乘法**. 因此,这是一个(关于待定参数的)多元函数的最小值问题. 工程技术和科学实验中有许多利用最小二乘法建立的经验公式.

从几何意义上讲,上述问题等价于确定一平面曲线(类型先给定),使它和实验数据点"最接近"(并不要求曲线严格通过已知点),故又称为**曲线拟合问题**.

现在,我们利用最小二乘法来建立人口增长函数的经验公式.

例 4.6 下面的表中"统计数字"一栏是 1971 年到 1990 年各年我国内地总人口数的统计数据. 试根据其中 1971 年到 1982 年的统计数据,利用最小二乘法建立我国人口增长的最佳拟合曲线,并预测 1990 年时我国总人口数.

我国总人口统计数字与预测数字对照表　　单位:亿

年份	统计数字	计算数字
1971	8.522 9	8.627 42
1972	8.717 7	8.760 51
1973	8.921 1	8.895 66
1974	9.085 9	9.032 89
1975	9.242 0	9.172 23
1976	9.371 7	9.313 73
1977	9.497 4	9.457 41
1978	9.625 9	9.603 30
1979	9.754 2	9.751 45
1980	9.870 5	9.901 88
1981	10.007 2	10.054 63
1982	10.165 4	10.209 74
1983	10.300 8	10.367 24
1984	10.435 7	10.527 17
1985	10.585 1	10.689 57
1986	10.750 7	10.854 48
1987	10.930 0	11.021 92
1988	11.102 6	11.191 95
1989	11.270 4	11.364 61
1990	11.433 3	11.539 93

解　根据所给数据,建立人口数 N 与时间 t 之间函数关系的一个经验公式 $N=N(t)$,并使得曲线 $N=N(t)$ 和给定的 12 组数据(即 1971 年到 1982 年的人口统计数字)在最小二乘意义下尽可能好地拟合,这时曲线 $N=N(t)$ 就叫做**最佳拟合曲线**.首先确定用什么类型的函数对数据进行拟合.从人口增长的统计资料可知,在不太长的时期内,人口增长接近于指数函数(参见第四章关于生物种群繁殖的数学模型).因此,可采用指数函数 $N=\mathrm{e}^{a+bt}$ 对数据进行拟合.要确定函数 $N=\mathrm{e}^{a+bt}$,也就是要确定其中的参数 a 和 b.为便于计算,取对数得 $\ln N=a+bt$,按照最小二乘法,问题就归结为选择参数 a 和 b,使得偏差平方和

$$Q(a,b)\xlongequal{\text{def}}\sum_{i=1}^{12}(a+bt_i-\ln N_i)^2 \tag{4.11}$$

为最小,其中 $t_i\ (i=1,\cdots,12)$ 依次为 1971,…,1982,N_i 为 t_i 年我国内地总人口的统

计数字.因此,本问题的数学模型就是求二元函数 $Q(a,b)$ 的最小值.

利用极值的必要条件得

$$\begin{cases} \dfrac{\partial Q}{\partial a} = 2\sum\limits_{i=1}^{12} (a + bt_i - \ln N_i) = 0, \\ \dfrac{\partial Q}{\partial b} = 2\sum\limits_{i=1}^{12} (a + bt_i - \ln N_i)t_i = 0, \end{cases}$$

整理得到

$$\begin{cases} 12a + \left(\sum\limits_{i=1}^{12} t_i\right)b = \sum\limits_{i=1}^{12} \ln N_i, \\ \left(\sum\limits_{i=1}^{12} t_i\right)a + \left(\sum\limits_{i=1}^{12} t_i^2\right)b = \sum\limits_{i=1}^{12} (\ln N_i)t_i. \end{cases}$$

解此方程组可得函数 $Q(a,b)$ 有唯一驻点

$$\bar{a} = -28.018\,72, \quad \bar{b} = 0.015\,31,$$

可以证明 $(\bar{a},\bar{b})$ 是 $Q(a,b)$ 的最小值点①.因此,所求人口增长问题的最佳拟合曲线是

$$N(t) = e^{-28.018\,72+0.015\,31t}. \tag{4.12}$$

依此函数,1990 年时我国内地总人口数预测为

$$N(1990) = 11.539\,93 \text{ 亿}.$$

上表是我国内地总人口的统计数据与按公式(4.12)计算所得数据的对照表,从表中 1971 年到 1982 年的数据对照可以看出,我们所建立的指数增长模型(4.12)与实际数据吻合得较好.因此对 1990 年人口的预测是比较可信的,实际上这个预测数据的相对误差不足 1%.图 5.20 是人口增长的最佳拟合曲线图,图中的曲线为曲线(4.12),图中的点为人口的统计数据点. ▌

因为指数增长模型假设人口的增长率为正常数,当时间较长时是与实际情况不符合的,所以不能用指数增长模型作人口的长期预报.关于如何改进人口增长的数学模型,可参考第四章的 logistic 模型.

---

① 显然 $\lim\limits_{\substack{a\to+\infty\\ b\to+\infty}} Q(a,b)=+\infty$,因此存在正常数 c,使 $\bar{a}^2+\bar{b}^2<c^2$,且当 $a^2+b^2>c^2$ 时有 $Q(a,b)>Q(\bar{a},\bar{b})$.令 $D=\{(a,b)\mid a^2+b^2\leqslant c^2\}\subseteq\mathbf{R}^2$,则连续函数 $Q(a,b)$ 应在有界闭区域 D 上某点 (a_0,b_0) 处取到最小值.而当 $(a,b)\notin D$ 时,$Q(a,b)>Q(\bar{a},\bar{b})\geqslant Q(a_0,b_0)$,即知 $Q(a_0,b_0)$ 为 $Q(a,b)$ 在 $\mathbf{R}^2$ 的最小值,故 (a_0,b_0) 必是 $Q(a,b)$ 的驻点,但函数 $Q(a,b)$ 只有唯一驻点 $(\bar{a},\bar{b})$,因此 $(a_0,b_0)=(\bar{a},\bar{b})$,即 $(\bar{a},\bar{b})$ 是函数 $Q(a,b)$ 的最小值点.

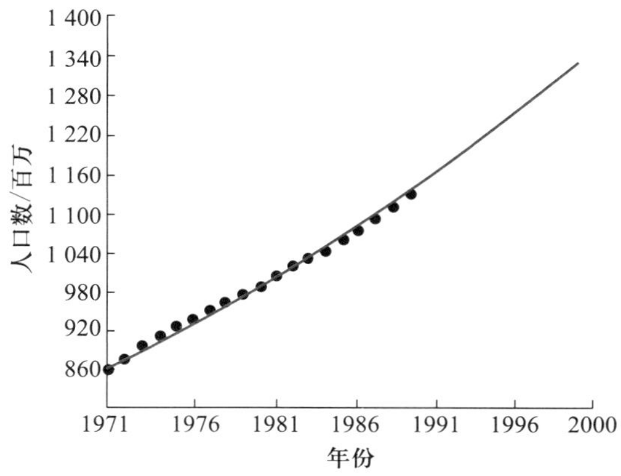

图 5.20

4. 最优化的产出水平

某工厂生产两种产品,它们的产量分别为 q_1 与 q_2,两者是不相关的,但其成本与生产技术又是相关的.假设两种产品的总成本 C 与其产量的函数关系为 $C=C(q_1,q_2)$,总收益 $R=R(q_1,q_2)$.问如何确定每种产品的产量以使厂商获得最大的利润?

厂商的利润函数显然为

$$L=R(q_1,q_2)-C(q_1,q_2).$$

因此,问题归结为求利润函数 L 的最大值.由极值的必要条件可得

$$\begin{cases}\dfrac{\partial L}{\partial q_1}=\dfrac{\partial R}{\partial q_1}-\dfrac{\partial C}{\partial q_1}=0,\\[2ex] \dfrac{\partial L}{\partial q_2}=\dfrac{\partial R}{\partial q_2}-\dfrac{\partial C}{\partial q_2}=0.\end{cases}\tag{4.13}$$

在经济学中把总成本对产量的偏导数$\dfrac{\partial C}{\partial q_1}$,$\dfrac{\partial C}{\partial q_2}$称为**边际成本**,把总收益对产量的偏导数$\dfrac{\partial R}{\partial q_1}$,$\dfrac{\partial R}{\partial q_2}$称为**边际收益**.它们分别反映了各种产品的产量变化时所引起总成本与总收益变化的快慢程度.(4.13)式表明,厂商为了获取最大利润,应该使每种产品达到这样的产出水平:使其边际收益与边际成本相等,即

$$\frac{\partial R}{\partial q_1}=\frac{\partial C}{\partial q_1},\qquad \frac{\partial R}{\partial q_2}=\frac{\partial C}{\partial q_2}.\tag{4.14}$$

例 4.7　某工厂生产两种产品,其产量分别为 q_1 件和 q_2 件,总成本函数 C(单位:元)是

$$C=q_1^2+2q_1q_2+q_2^2+5,$$

两种产品的需求函数分别是

$$q_1 = 2\,600 - p_1, \quad q_2 = 1\,000 - \frac{1}{4}p_2,$$

其中 p_1 和 p_2 分别是两种产品的单价(单位:元/件).为使工厂获得最大利润,试确定两种产品的产量.

解 由于 $q_1=2\,600-p_1, q_2=1\,000-\frac{1}{4}p_2$,从而两种产品的单价分别为

$$p_1 = 2\,600 - q_1, \quad p_2 = 4\,000 - 4q_2,$$

于是总收益函数为

$$\begin{aligned} R &= p_1q_1 + p_2q_2 = (2\,600 - q_1)q_1 + (4\,000 - 4q_2)q_2 \\ &= 2\,600q_1 + 4\,000q_2 - q_1^2 - 4q_2^2. \end{aligned}$$

根据(4.14)式,有

$$\begin{cases} 2\,600 - 2q_1 = 2q_1 + 2q_2, \\ 4\,000 - 8q_2 = 2q_1 + 2q_2, \end{cases}$$

即$\begin{cases} 2q_1+q_2=1\,300, \\ q_1+5q_2=2\,000. \end{cases}$解之,得

$$q_1 = 500, \quad q_2 = 300.$$

可以验证此组解满足极值存在的充分条件.因此,当两种产品的产量分别为 500 件与 300 件时,工厂获利最大.此时最大利润为

$$L = R - C = (2\,600q_1 + 4\,000q_2 - q_1^2 - 4q_2^2) - (q_1 + q_2)^2 - 5,$$

将 q_1 与 q_2 的值代入计算后得

$$L = 1\,249\,995 \text{ 元}. \quad \blacksquare$$

4.3 有约束极值,Lagrange 乘数法

无约束极值问题中,目标函数中各个自变量是独立变化的,没有附加什么约束条件,寻求函数极值点的范围是目标函数的定义域.

但是,大量的极值问题对目标函数的自变量往往还附加有某些限制条件.例如,在例 4.5 中,目标函数 $S^2=p(p-x)(p-y)(p-z)$ 的自变量不仅要符合定义域 $\{(x,y,z) \mid x>0,y>0,z>0\}$ 的要求,还须满足条件 $x+y+z=2p$.这类附有约束条件的极值问题,称为**有约束极值**(或**条件极值**)问题.

为了说明有约束极值与无约束极值的区别,让我们再看一个具体的例子.函数

$z=x^2+y^2$ 的无约束极小值显然在点(0,0)取得,且其值为零.如果加上约束条件

$$x+y-1=0,$$

那么有约束极小值就不可能在点(0,0)取得,因为这一点的坐标不满足约束条件.容易算出,所求的有约束极小值等于$\frac{1}{2}$,且在点$\left(\frac{1}{2},\frac{1}{2}\right)$处取得(图 5.21).在几何上,前一种情形所求的是曲面 $z=x^2+y^2$ 上各点的 z 坐标中的极小值,后一种情形所求的是曲面与平面 $x+y-1=0$ 的交线上各点的 z 坐标中的极小值.

我们也可以从等值线来解释有约束极值的几何意义.对于上述例子,函数 $z=x^2+y^2$的等值线是一族同心圆 $x^2+y^2=C^2$,约束条件 $x+y-1=0$ 的图像是直线 l (图 5.22),求函数 z 在此约束下的极小值点就是在直线 l 上寻找这样的点 P,使在点 P 函数 $z=x^2+y^2$ 的值达到极小,显然点 P 应该是直线 l 与圆 $x^2+y^2=\frac{1}{2}$的切点$\left(\frac{1}{2},\frac{1}{2}\right)$.

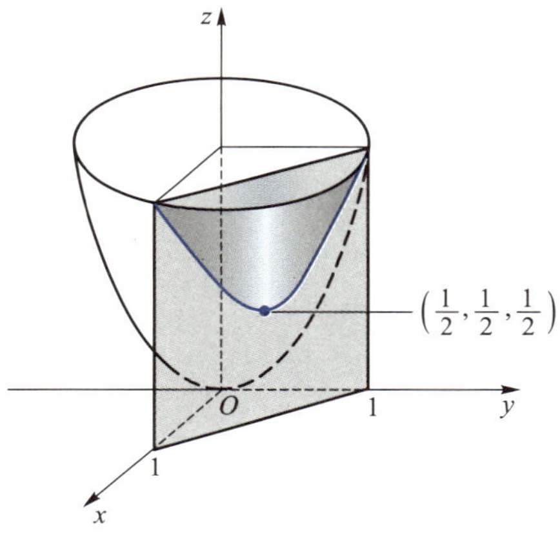

图 5.21

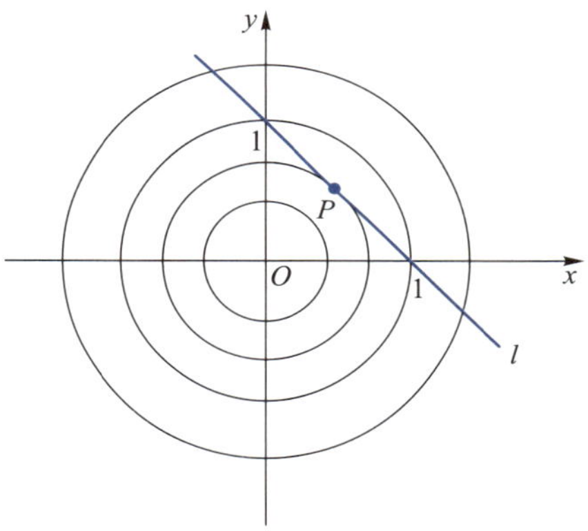

图 5.22

有约束极值的一种常见形式是在条件组

$$\varphi_k(x_1,x_2,\cdots,x_n)=0 \quad (k=1,\cdots,m,m<n) \tag{4.15}$$

的限制下,求目标函数

$$u=f(x_1,x_2,\cdots,x_n) \tag{4.16}$$

的极值.

在某些情形下,这种有约束极值问题可以化成无约束极值来求解.例如在例 4.5 中,我们从约束条件中解出 $z=2p-x-y$,代入目标函数后,问题便化成求 $f(x,y)=p(p-x)(p-y)(x+y-p)$的无约束极值.

然而,对于一般的有约束极值问题(4.15)、(4.16),要从隐函数方程组(4.15)中解出 m 个变量往往比较麻烦,甚至解不出来,因此需要寻求其他处理方法.下面介绍

的 Lagrange 乘数法就是一种不直接依赖消元而求解有约束极值的有效方法.我们从一种简单情形来说明这种方法.

Lagrange 乘数法 设目标函数

$$z=f(x,y) \tag{4.17}$$

在约束条件

$$\varphi(x,y)=0 \tag{4.18}$$

下取得极值,且(x_0,y_0)为其极值点;并设$f,\varphi\in C^{(1)}(U(x_0,y_0))$,且$\varphi_y(x_0,y_0)\neq 0$,于是有

$$\varphi(x_0,y_0)=0, \tag{4.19}$$

且由隐函数存在定理(定理 3.6)可知,方程(4.18)确定了一可导函数 $y=y(x)$,它满足 $\varphi[x,y(x)]\equiv 0$ 且 $y_0=y(x_0)$,把它代入目标函数(4.17)得

$$z=f[x,y(x)]. \tag{4.20}$$

这样一来,我们便把(4.17)在条件(4.18)下的有约束极值问题化成了一元函数(4.20)的无约束极值问题,而且 $x=x_0$ 就是函数(4.20)的极值点.由一元可导函数取得极值的必要条件可知

$$\left.\frac{\mathrm{d}z}{\mathrm{d}x}\right|_{x=x_0}=f_x(x_0,y_0)+f_y(x_0,y_0)\left.\frac{\mathrm{d}y}{\mathrm{d}x}\right|_{x=x_0}=0. \tag{4.21}$$

对约束条件(4.18)运用隐函数求导法则,得

$$\left.\frac{\mathrm{d}y}{\mathrm{d}x}\right|_{x=x_0}=-\frac{\varphi_x(x_0,y_0)}{\varphi_y(x_0,y_0)},$$

代入(4.21)式得

$$f_x(x_0,y_0)-f_y(x_0,y_0)\frac{\varphi_x(x_0,y_0)}{\varphi_y(x_0,y_0)}=0. \tag{4.22}$$

于是,(4.19)与(4.22)两式就是所求有约束极值的必要条件.从此两式中解出的(x_0,y_0)就可能是所求有约束极值的极值点(有约束极值点也称为**条件极值点**).

为了使(4.22)式的形式更为对称,我们利用行列式把它写成

$$\begin{vmatrix} f_x(x_0,y_0) & f_y(x_0,y_0) \\ \varphi_x(x_0,y_0) & \varphi_y(x_0,y_0) \end{vmatrix}=0.$$

由行列式的性质知,其两行的对应元素成比例,令此比例系数为$-\lambda_0$,于是上述有约束极值的必要条件可写成

$$\begin{cases} f_x(x_0,y_0)+\lambda_0\varphi_x(x_0,y_0)=0, \\ f_y(x_0,y_0)+\lambda_0\varphi_y(x_0,y_0)=0, \\ \varphi(x_0,y_0)=0. \end{cases} \tag{4.23}$$

容易看出,(4.23)式就是三元函数

$$L(x,y,\lambda)=f(x,y)+\lambda\varphi(x,y) \tag{4.24}$$

在(x_0,y_0,λ_0)取得无约束极值的必要条件.所以要求目标函数(4.17)在约束条件(4.18)下的有约束极值点(x_0,y_0),可以先构成函数(4.24),然后令它的三个偏导数为零得

$$\begin{cases}L_x(x,y,\lambda)=f_x(x,y)+\lambda\varphi_x(x,y)=0,\\ L_y(x,y,\lambda)=f_y(x,y)+\lambda\varphi_y(x,y)=0,\\ L_\lambda(x,y,\lambda)=\varphi(x,y)=0.\end{cases} \tag{4.25}$$

再从这三个方程中解出x_0,y_0,λ_0,则其中的点(x_0,y_0)就可能是所求的有约束极值点.函数(4.24)称为 **Lagrange 函数**,数λ称为 **Lagrange 乘数**,这种求有约束极值点的必要条件的方法称为 **Lagrange 乘数法**,(x_0,y_0,λ_0)就是 Lagrange 函数L的驻点.

☞二维码 5.4.2 多元函数与一元函数极值问题的差异.

方程组(4.25)也可写成向量形式

$$\begin{cases}\nabla f(P)=-\lambda\nabla\varphi(P),\\ \varphi(P)=0,\end{cases} \tag{4.26}$$

其中$\nabla f=(f_x,f_y)$是函数f的梯度,$\nabla\varphi$是φ的梯度.

我们可以利用等值线由(4.26)给出 Lagrange 乘数法的几何解释.设函数$f(x,y)$的等值线$f(x,y)=C$,如图 5.23 所示,其中$C_1>C_2>C_3>\cdots$,并设约束条件$\varphi(x,y)=0$为曲线Γ.求此约束条件下函数f的极大值点,在几何上就是在Γ上寻找使f达到极大值的点,它显然应是曲线Γ与某等值线相切的点$P_0(x_0,y_0)$,不可能是它们的交点(如图 5.23 所示).否则,Γ必从该等值线穿出,说明f在交点处的值不是在此点邻域内f的极大值,Γ上还存在着使f取更大值的点.(同理,在约束$\varphi(x,y)=0$下f的极小值点应是Γ与另一等值线$f=C$的切点P_1.)由于等值线$f=C$与约束曲线$\varphi(x,y)=0$在点P_0相切,它们在点P_0应有相同的法线.注意到f在点P_0的梯度$\nabla f(P_0)$就是等值线$f(x,y)=C$在点P_0的一个法向量;而$\nabla\varphi(P_0)$是曲线$\varphi(x,y)=0$在点P_0的一个法向量,

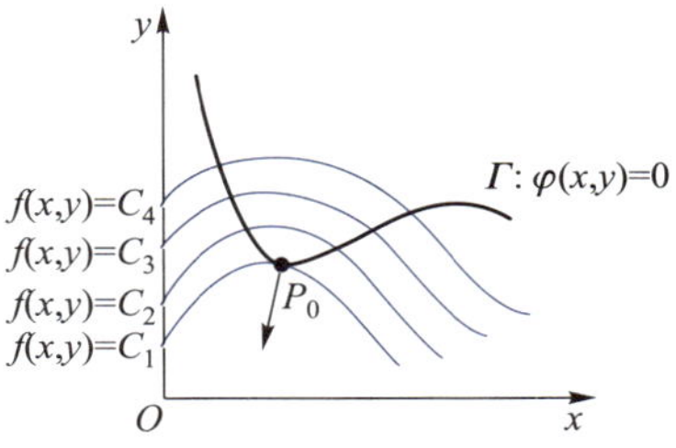

图 5.23

注意:由于方程$f(x,y)=C$所确定的等值线在点P_0的切线方程为

$$y-y_0=\left.\frac{\mathrm{d}y}{\mathrm{d}x}\right|_{x_0}(x-x_0),$$

根据隐函数求导法,$\left.\frac{\mathrm{d}y}{\mathrm{d}x}\right|_{x_0}=-\frac{f_x(P_0)}{f_y(P_0)}$,故等值线$f(x,y)=C$在点$P_0$的切线方程为

$$f_x(P_0)(x-x_0)+f_y(P_0)(y-y_0)=0.$$

所以应有

$$\nabla f(P_0) \mathbin{/\!/} \nabla\varphi(P_0),$$

因此必存在常数 $-\lambda$ 使

$$\nabla f(P_0) = -\lambda\nabla\varphi(P_0),$$

其中 P_0 满足方程 $\varphi(P_0)=0$.

从而知梯度 $\nabla f(P_0)$ 就是该等值线在点 P_0 处的一个法向量. 类似可证 $\nabla\varphi(P_0)$ 是约束曲线 $\varphi(x,y)=0$ 在点 P_0 的一个法向量.

Lagrange 函数 L 的驻点 (x_0,y_0,λ_0) 中的 (x_0,y_0) 是否真是有约束极值点？是极大值点还是极小值点？严格说来，需要另行判定. 但是对于具体的实际问题来说，在求得 (x_0,y_0) 后，一般可以由问题的实际意义来直接判断，而且由必要条件所求得的 (x_0,y_0) 往往就是所求的条件极值点.

注： 用 Lagrange 乘数法求二元函数 $z=f(x,y)$ 在约束条件 $\varphi(x,y)=0$ 下的极值点，在几何上就是求该函数的等值线与约束曲线 Γ: $\varphi(x,y)=0$ 的公共切点. 对三元函数也可得到类似的结论. 用这个结论在求解某些约束极值问题时可能较为简便.

例 4.8 欲生产容积为常数 V 的无盖长方体盒子，问如何设计可使盒子的表面积最小？

解 设盒子的长、宽、高分别为 x,y,z，则问题就是求目标函数（无盖长方体盒子表面积）

$$f(x,y,z) = 2xz + 2yz + xy$$

在约束条件

$$xyz - V = 0$$

下的最小值. 应用 Lagrange 乘数法，令

$$L(x,y,z,\lambda) = 2xz + 2yz + xy + \lambda(xyz - V),$$

求 L 对各个变量的偏导数，并令它们都等于 0，得

$$\begin{cases} L_x = 2z + y + \lambda yz = 0, & ① \\ L_y = 2z + x + \lambda xz = 0, & ② \\ L_z = 2x + 2y + \lambda xy = 0, & ③ \\ L_\lambda = xyz - V = 0, & ④ \end{cases}$$

①-②得 $$(y-x)(1+\lambda z)=0, \qquad ⑤$$

2×②-③得 $$(2z-y)(2+\lambda x)=0, \qquad ⑥$$

由⑤及⑥得 $$x=y=2z, \qquad ⑦$$

把⑦代入④得唯一解

$$z = \frac{1}{2}\sqrt[3]{2V}, \quad x = y = \sqrt[3]{2V}, \quad \lambda = -2\frac{1}{\sqrt[3]{2V}}.$$

于是 Lagrange 函数 L 有唯一驻点，因此 $\left(\sqrt[3]{2V}, \sqrt[3]{2V}, \frac{1}{2}\sqrt[3]{2V}\right)$ 是使函数 f 可能取得条件

极值的唯一一组解. 由于体积 V 是常数，当盒子的一条边，例如 z 很小时，盒子很薄其表面积很大；随着 z 的增大，表面积将逐渐变小，当 z 变得很大时，盒子又变得很薄，从而其表面积又变得很大. 由此容易看出盒子的最小表面积是存在的，故当 $x=y=\sqrt[3]{2V}$，$z=\frac{1}{2}\sqrt[3]{2V}$ 时，也即盒子的底面为正方形、而高等于底边长的一半时，盒子的表面积最小. ▌

对于 Lagrange 乘数法，以上讲了约束条件只有一个的情形. 实际上，这种方法也适用于约束条件有多个的情形. 我们不加推导地指出，对于一般的有约束极值问题（4.15）、（4.16），运用这种方法时，需要构造的 Lagrange 函数是

$$L(x_1,\cdots,x_n,\lambda_1,\cdots,\lambda_m)=f(x_1,\cdots,x_n)+\sum_{k=1}^{m}\lambda_k\varphi_k(x_1,\cdots,x_n),$$

而要求该有约束极值问题的极值点，也是在上述 Lagrange 函数的驻点中去寻求.

习题 5.4

(A)

1. 写出 $f(x,y)=2x^2-xy-y^2-6x-3y+5$ 在点 $(1,-2)$ 的 Taylor 公式.

2. 求 $f(x,y)=\sin x\sin y$ 在点 $\left(\frac{\pi}{4},\frac{\pi}{4}\right)$ 的二阶 Taylor 公式.

3. 求 $f(x,y)=x^y$ 在点 $(1,4)$ 的二阶 Taylor 公式，并用它计算 $1.08^{3.96}$ 的近似值.

4. 求下列函数的极值：

(1) $z=x^2(y-1)^2$；　(2) $z=(x^2+y^2-1)^2$；

(3) $z=xy(a-x-y)$；　(4) $z=e^{2x}(x+2y+y^2)$；

(5) $z=x^2+xy+y^2-3ax-3by$.

5. 求下列函数在指定区域 D 上的最大值与最小值：

(1) $z=x^2y(4-x-y)$，$D=\{(x,y)\mid x\geqslant 0,y\geqslant 0,x+y\leqslant 4\}$；

(2) $z=x^3+y^3-3xy$，$D=\{(x,y)\mid |x|\leqslant 2,|y|\leqslant 2\}$；

(3) $z=x^2+y^2-12x+16y$，$D=\{(x,y)\mid x^2+y^2\leqslant 25\}$.

6. 分解已知正数 a 为三个正的因子，使它们的倒数之和为最小.

7. 横放着的半圆柱形无盖容器（其轴截面 $ABCD$ 为水平面），其表面积等于 S，当其尺寸如何时，此容器有最大的容积？

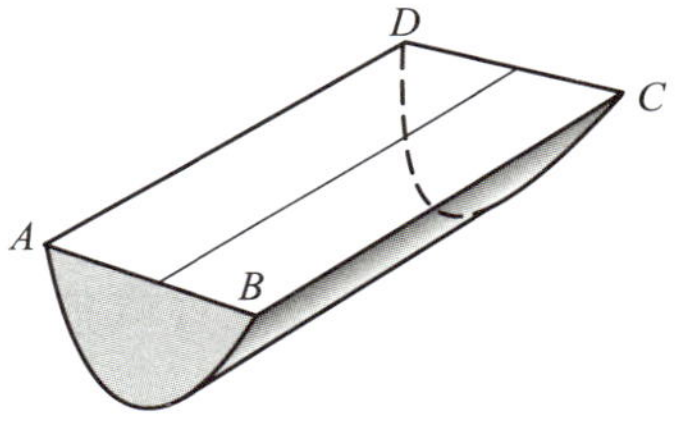

（第 7 题图）

8. 在 xOy 平面上求一点，使它到三直线 $x=0$，$y=0$ 及 $x+2y-16=0$ 的距离的平方和为最小.

9. 在 xOy 平面上求一点，使它到平面上 n 个已知点

$$(x_1,y_1),(x_2,y_2),\cdots,(x_n,y_n)$$

的距离的平方和为最小.

10. 求原点到曲线$\begin{cases}x^2+y^2=z,\\x+y+z=1\end{cases}$的最长和最短距离.

11. 有一下部为圆柱体、上部为圆锥的帐篷,它的容积为常数 K.今要使所用的布最少,试证帐篷尺寸间应有关系式为 $R=\sqrt{5}H,h=2H$(其中 R,H 分别为圆柱体的底半径及高,h 为圆锥的高).

12. 修建一个容积为常量 V 的长方体地下仓库,已知仓顶和墙壁每单位面积造价分别是地面每单位面积造价的 3 倍和 2 倍.问如何设计仓库的长、宽和高,可使它的造价最小.

13. 求椭圆 $x^2+3y^2=12$ 的内接等腰三角形,使其底边平行于椭圆的长轴,而且面积最大.

(B)

1. 证明:对任意正数 a,b,c 有 $abc^3\leqslant 27\left(\dfrac{a+b+c}{5}\right)^5$.

2. 求 $f(x_1,\cdots,x_n)=x_1x_2\cdots x_n$ 在条件 $\dfrac{1}{x_1}+\dfrac{1}{x_2}+\cdots+\dfrac{1}{x_n}=\dfrac{1}{a}$ $(x_i>0,i=1,\cdots,n,a>0)$之下的极值.并证明:当 $a_i>0\ (i=1,\cdots,n)$时,成立

$$n\left(\frac{1}{a_1}+\cdots+\frac{1}{a_n}\right)^{-1}\leqslant(a_1a_2\cdots a_n)^{\frac{1}{n}}.$$

3. 设 D 是 $\mathbf{R}^2$ 的有界闭区域,函数 $u(x,y)$ 在 D 有定义,在 D 的内部成立 $u_{xx}+u_{yy}+cu=0$,其中 $c<0$ 为常数.证明:

(1) u 在 D 上的正最大值(负最小值)不能在 D 的内部取得;

(2) 若 u 在 D 上连续,且在 D 的边界上 $u=0$,则在 D 上 $u\equiv 0$.

4. 设有一小山,取它的底面所在的平面为 xOy 坐标面,其底部所占的区域为 $D=\{(x,y)\mid x^2+y^2-xy\leqslant 75\}$,小山的高度函数为 $h(x,y)=75-x^2-y^2+xy$.

(1) 设 $M(x_0,y_0)$为区域 D 上的一个点,问 $h(x,y)$在该点沿平面上什么方向的方向导数最大?若记此方向导数的最大值为 $g(x_0,y_0)$,试写出 $g(x_0,y_0)$的表达式;

(2) 现欲利用此小山开展攀岩活动,为此需要在山脚寻找一上山坡度最大的点作为攀登的起点.也就是说,要在 D 的边界曲线 $x^2+y^2-xy=75$ 上找出使(1)中的 $g(x,y)$达到最大值的点.试确定攀登起点的位置.

第五节 多元向量值函数的导数与微分

本节将数量值函数的导数与微分概念以及它们的运算法则推广到向量值函数.我们将以一元和二元向量值函数为主进行讨论,然后推广到 n 元向量值函数,并讨论由方程组所确定的隐函数的微分法.为了讨论方便,本节中的向量值函数 $\boldsymbol{f}$ 一般都写成列向量.

对于一般的 n 元向量值函数 $\boldsymbol{f}:A\subseteq\mathbf{R}^n\to\mathbf{R}^m$，设 $\boldsymbol{f}$ 的第 i 个分量（数量值函数）为 $f_i\ (i=1,2,\cdots,m)$，以下我们把 $\boldsymbol{f}$ 记为列向量

$$\boldsymbol{f}(\boldsymbol{x})=\begin{bmatrix}f_1(\boldsymbol{x})\\f_2(\boldsymbol{x})\\\vdots\\f_m(\boldsymbol{x})\end{bmatrix}=\begin{bmatrix}f_1(x_1,x_2,\cdots,x_n)\\f_2(x_1,x_2,\cdots,x_n)\\\vdots\\f_m(x_1,x_2,\cdots,x_n)\end{bmatrix},\quad \boldsymbol{x}=(x_1,\cdots,x_n)^{\mathrm{T}}\in A.\tag{5.1}$$

在本章第二节，已给出了向量值函数的极限的定义，并且指出：当 $\boldsymbol{x}\to\boldsymbol{x}_0$ 时，$\boldsymbol{f}(\boldsymbol{x})$ 的极限等于 $\boldsymbol{a}=(a_1,a_2,\cdots,a_m)^{\mathrm{T}}\in\mathbf{R}^m$ 的充要条件是：当 $\boldsymbol{x}\to\boldsymbol{x}_0$ 时，$\boldsymbol{f}$ 的每个分量 f_i 的极限等于向量 $\boldsymbol{a}$ 的对应分量（常数）$a_i\ (i=1,2,\cdots,m)$，即

$$\lim_{\boldsymbol{x}\to\boldsymbol{x}_0}\boldsymbol{f}(\boldsymbol{x})=\boldsymbol{a}\Leftrightarrow\lim_{\boldsymbol{x}\to\boldsymbol{x}_0}f_i(\boldsymbol{x})=a_i\ (i=1,2,\cdots,m),\tag{5.2}$$

因此，研究向量值函数的极限与研究它的各个分量（数量值函数）的极限可以相互转化．以下在研究向量值函数的导数与微分中，我们将多次运用这一思想．

5.1　一元向量值函数的导数与微分

设有一元向量值函数 $\boldsymbol{f}:U(x_0)\subseteq\mathbf{R}\to\mathbf{R}^m$，其中

$$\boldsymbol{f}(x)=\begin{bmatrix}f_1(x)\\f_2(x)\\\vdots\\f_m(x)\end{bmatrix},\tag{5.3}$$

而 $f_i(x)$ 均为一元数量值函数．下面，将一元数量值函数的导数和微分概念推广到一元向量值函数．

定义 5.1　设 $\boldsymbol{f}:U(x_0)\subseteq\mathbf{R}\to\mathbf{R}^m$，$x_0+\Delta x\in U(x_0)$，若

$$\lim_{\Delta x\to0}\frac{\boldsymbol{f}(x_0+\Delta x)-\boldsymbol{f}(x_0)}{\Delta x}\tag{5.4}$$

存在，则称 $\boldsymbol{f}$ 在 x_0 处**可导**，并称此极限值为 $\boldsymbol{f}$ 在 x_0 处的**导数**，记为 $\boldsymbol{f}'(x_0)$，或 $\left.\dfrac{\mathrm{d}\boldsymbol{f}}{\mathrm{d}x}\right|_{x=x_0}$，或 $\mathrm{D}\boldsymbol{f}(x_0)$，即

$$\boldsymbol{f}'(x_0)=\lim_{\Delta x\to0}\frac{\boldsymbol{f}(x_0+\Delta x)-\boldsymbol{f}(x_0)}{\Delta x}.\tag{5.5}$$

下面，我们来看 $\boldsymbol{f}(x)$ 在 x_0 处的可导性与其分量 $f_i(x)\ (i=1,2,\cdots,m)$ 在 x_0 处可导性的关系，以及在 $\boldsymbol{f}$ 可导时如何求 $\boldsymbol{f}$ 的导数．由于向量

$$\frac{\boldsymbol{f}(x_0+\Delta x)-\boldsymbol{f}(x_0)}{\Delta x}=\begin{bmatrix}\dfrac{f_1(x_0+\Delta x)-f_1(x_0)}{\Delta x}\\ \vdots \\ \dfrac{f_m(x_0+\Delta x)-f_m(x_0)}{\Delta x}\end{bmatrix}$$

的第 i 个分量为

$$\frac{f_i(x_0+\Delta x)-f_i(x_0)}{\Delta x},\quad i=1,2,\cdots,m,$$

于是由(5.2)式可知,(5.4)式中的极限存在的充要条件是下列极限

$$\lim_{\Delta x\to 0}\frac{f_i(x_0+\Delta x)-f_i(x_0)}{\Delta x},\quad i=1,2,\cdots,m \tag{5.6}$$

都存在.显然,(5.6)式就是一元数量值函数 $f_i(x)$ 在 x_0 处的导数定义式.因此,向量值函数 $\boldsymbol{f}=(f_1,f_2,\cdots,f_m)^{\mathrm{T}}$ 在 x_0 处可导的充要条件是 $\boldsymbol{f}$ 的每个分量 f_i $(i=1,2,\cdots,m)$ 都在 x_0 处可导,并且当 $\boldsymbol{f}$ 在 x_0 处可导时,仍由(5.2)式知,$\boldsymbol{f}$ 在 x_0 的导数等于它的每个分量在 x_0 的导数所构成的向量,即

$$\boldsymbol{f}'(x_0)=(f_1'(x_0),f_2'(x_0),\cdots,f_m'(x_0))^{\mathrm{T}}. \tag{5.7}$$

如果 $\boldsymbol{f}$ 在区间 I 中的每一点都可导,则称 $\boldsymbol{f}$ 在 I 上**可导**,此时,$\boldsymbol{f}$ 在 I 中每一点 x 处都有导数 $\boldsymbol{f}'(x)$,称 $\boldsymbol{f}'(x)$ 为 $\boldsymbol{f}$ 的**导函数**.同一元数量值函数一样,我们定义 $\boldsymbol{f}$ 在 x_0 处的二阶导数$\left(记为\left.\dfrac{\mathrm{d}^2\boldsymbol{f}(x)}{\mathrm{d}x^2}\right|_{x=x_0},或 \boldsymbol{f}''(x_0),或 \mathrm{D}^2\boldsymbol{f}(x_0)\right)$为

$$\left.\frac{\mathrm{d}^2\boldsymbol{f}(x)}{\mathrm{d}x^2}\right|_{x=x_0}=\left.\frac{\mathrm{d}}{\mathrm{d}x}\left[\frac{\mathrm{d}\boldsymbol{f}(x)}{\mathrm{d}x}\right]\right|_{x=x_0}. \tag{5.8}$$

由此定义,并将前面关于 $\boldsymbol{f}$ 的导数的讨论结果用于 $\boldsymbol{f}'$,可知 $\boldsymbol{f}$ 在 x_0 处二阶可导的充要条件是 $\boldsymbol{f}$ 的每个分量 f_i $(i=1,2,\cdots,m)$ 都在 x_0 处二阶可导,且当 $\boldsymbol{f}$ 在 x_0 处二阶可导时,有

$$\boldsymbol{f}''(x_0)=(f_1''(x_0),f_2''(x_0),\cdots,f_m''(x_0))^{\mathrm{T}}. \tag{5.9}$$

类似可定义 $\boldsymbol{f}$ 在 x_0 处的 n 阶导数为

$$\mathrm{D}^n\boldsymbol{f}(x_0)=\mathrm{D}(\mathrm{D}^{n-1}\boldsymbol{f}(x))\big|_{x=x_0}. \tag{5.10}$$

当 $m=3$ 时,一元向量值函数的导数有明显的物理意义.事实上,若用 $\boldsymbol{r}(t)$ 表示质点在时刻 t 空间位置的向径,则质点在空间 $\mathbf{R}^3$ 中的运动方程可以用向量值函数 $\boldsymbol{r}=\boldsymbol{r}(t)$ 来表示,其中 $\boldsymbol{r}(t)=(x(t),y(t),z(t))^{\mathrm{T}}$.由物理学知道,质点的速度向量为

$$\boldsymbol{v}(t)=\lim_{\Delta t\to 0}\frac{\boldsymbol{r}(t+\Delta t)-\boldsymbol{r}(t)}{\Delta t}=\frac{\mathrm{d}\boldsymbol{r}}{\mathrm{d}t}\xlongequal{\text{由(5.7)式}}\left(\frac{\mathrm{d}x}{\mathrm{d}t},\frac{\mathrm{d}y}{\mathrm{d}t},\frac{\mathrm{d}z}{\mathrm{d}t}\right)^{\mathrm{T}}.$$

质点的加速度向量为

$$\boldsymbol{a}(t)=\lim_{\Delta t\to 0}\frac{\boldsymbol{v}(t+\Delta t)-\boldsymbol{v}(t)}{\Delta t}=\frac{\mathrm{d}\boldsymbol{v}}{\mathrm{d}t}=\frac{\mathrm{d}^2\boldsymbol{r}}{\mathrm{d}t^2}=\left(\frac{\mathrm{d}^2x}{\mathrm{d}t^2},\frac{\mathrm{d}^2y}{\mathrm{d}t^2},\frac{\mathrm{d}^2z}{\mathrm{d}t^2}\right)^{\mathrm{T}}.$$

这就是说，一元向量值函数 $\boldsymbol{r}=\boldsymbol{r}(t)$ 的一阶导数 $\frac{\mathrm{d}\boldsymbol{r}}{\mathrm{d}t}$ 在物理中表示运动质点的速度向量 $\boldsymbol{v}(t)$，而其二阶导数 $\frac{\mathrm{d}^2\boldsymbol{r}}{\mathrm{d}t^2}$ 则表示运动质点的加速度向量.

例 5.1　设有向量值函数

$$\boldsymbol{f}(x)=\begin{bmatrix}\sin 2x\\ \ln(x+\sqrt{1+x^2})\\ \arctan x^2\end{bmatrix},$$

试求 $\boldsymbol{f}'(x)$，$\boldsymbol{f}''(x)$ 及 $\boldsymbol{f}''(0)$.

解　由(5.7)、(5.9)式，分别得

$$\boldsymbol{f}'(x)=\begin{bmatrix}2\cos 2x\\ \dfrac{1}{\sqrt{1+x^2}}\\ \dfrac{2x}{1+x^4}\end{bmatrix},\quad \boldsymbol{f}''(x)=\begin{bmatrix}-4\sin 2x\\ -\dfrac{x}{(1+x^2)^{3/2}}\\ \dfrac{2(1-3x^4)}{(1+x^4)^2}\end{bmatrix},$$

故

$$\boldsymbol{f}''(0)=\boldsymbol{f}''(x)\big|_{x=0}=\begin{bmatrix}0\\0\\2\end{bmatrix}.\quad ▌$$

下面仿照一元数量值函数微分的定义给出一元向量值函数 $\boldsymbol{f}(x)$ 可微的定义，需要注意的是现在的函数改变量 $\boldsymbol{f}(x_0+\Delta x)-\boldsymbol{f}(x_0)$ 是一个列向量，因此 $\boldsymbol{f}$ 的微分也是一个列向量.

定义 5.2　设 $\boldsymbol{f}:U(x_0)\subseteq\mathbf{R}\to\mathbf{R}^m$ 是一个一元向量值函数，$x_0+\Delta x\in U(x_0)$. 若存在一个与 Δx 无关的 m 维列向量 $\boldsymbol{a}=(a_1,a_2,\cdots,a_m)^{\mathrm{T}}$，使

$$\boldsymbol{f}(x_0+\Delta x)-\boldsymbol{f}(x_0)=\boldsymbol{a}\Delta x+\boldsymbol{o}(\rho),\tag{5.11}$$

其中 $\rho=|\Delta x|$，$\boldsymbol{o}(\rho)$ 是关于 ρ 的高阶无穷小向量，则称 $\boldsymbol{f}$ 在 x_0 处**可微**，并称 $\boldsymbol{a}\Delta x$ 为 $\boldsymbol{f}$ 在 x_0 处的**微分**，记作 $\mathrm{d}\boldsymbol{f}(x_0)$，即 $\mathrm{d}\boldsymbol{f}(x_0)=\boldsymbol{a}\Delta x$.

下面的定理说明，判断向量值函数 $\boldsymbol{f}$ 的可微性可以转化为判断它的各个分量（数量值函数）的可微性.

定理 5.1　向量值函数 $\boldsymbol{f}:U(x_0)\subseteq\mathbf{R}\to\mathbf{R}^m$ 在 x_0 处可微的充要条件为 $\boldsymbol{f}$ 的每个分

量f_i $(i=1,2,\cdots,m)$都在x_0处可微,且当$\boldsymbol{f}$在x_0处可微时,有

$$\mathrm{d}\boldsymbol{f}(x_0)=\boldsymbol{f}'(x_0)\Delta x. \tag{5.12}$$

证 设向量值函数$\boldsymbol{f}$在x_0处可微,记高阶无穷小(m维)向量$\boldsymbol{o}(\rho)=(o_1(\rho),o_2(\rho),\cdots,o_m(\rho))^{\mathrm{T}}$,比较(5.11)式两端的第$i$个分量,可得

$$f_i(x_0+\Delta x)-f_i(x_0)=a_i\Delta x+o_i(\rho),\ i=1,2,\cdots,m,\ \rho=|\Delta x|,$$

于是根据一元数量值函数可微的定义,即知$\boldsymbol{f}$的每个分量f_i $(i=1,2,\cdots,m)$都在x_0处可微,且有

$$a_i=f'_i(x_0),\quad i=1,2,\cdots,m,$$

从而得可微定义中的向量$\boldsymbol{a}$为

$$\boldsymbol{a}=\begin{bmatrix}a_1\\ \vdots\\ a_m\end{bmatrix}=\begin{bmatrix}f'_1(x_0)\\ \vdots\\ f'_m(x_0)\end{bmatrix},$$

所以

$$\mathrm{d}\boldsymbol{f}(x_0)=\boldsymbol{a}\Delta x=\begin{bmatrix}f'_1(x_0)\\ \vdots\\ f'_m(x_0)\end{bmatrix}\Delta x=\boldsymbol{f}'(x_0)\Delta x,$$

或

$$\mathrm{d}\boldsymbol{f}(x_0)=\begin{bmatrix}f'_1(x_0)\Delta x\\ \vdots\\ f'_m(x_0)\Delta x\end{bmatrix}=\begin{bmatrix}\mathrm{d}f_1(x_0)\\ \vdots\\ \mathrm{d}f_m(x_0)\end{bmatrix}. \tag{5.13}$$

反之,若$\boldsymbol{f}$的每个分量f_i $(i=1,2,\cdots,m)$都在x_0处可微,易见上述推理过程反过来也成立.故$\boldsymbol{f}$在x_0处可微. ▌

若记$\mathrm{d}x=\Delta x$,则向量值函数$\boldsymbol{f}$在x_0处的微分可以表示为

$$\mathrm{d}\boldsymbol{f}(x_0)=\boldsymbol{f}'(x_0)\mathrm{d}x. \tag{5.14}$$

这样,一元向量值函数的微分与一元数量值函数的微分在形式上就统一起来了.不仅如此,综合以上讨论,还可知道一元向量值函数$\boldsymbol{f}$在x_0处的可微性与$\boldsymbol{f}$在x_0处的可导性也是等价的.

5.2 二元向量值函数的导数与微分

由以上讨论可见,讨论一元向量值函数$\boldsymbol{f}:A\subseteq\mathbf{R}\to\mathbf{R}^m$的导数与微分,实际上就是讨论其所有分量$f_i:A\subseteq\mathbf{R}\to\mathbf{R}$ $(i=1,2,\cdots,m)$的导数与微分,而分量f_i是数量值函

数，它的上述概念我们是熟知的.因此，一元向量值函数 $\boldsymbol{f}$ 的这些概念，也可以利用其分量 f_i $(i=1,2,\cdots,m)$ 的相应概念来定义.

对于二元向量值函数来说，情况是类似的.我们可以通过作为其分量的那些二元数量值函数的导数与微分来分别定义二元向量值函数的相关概念.

设有二元向量值函数 $\boldsymbol{f}: U((x_{01},x_{02}))\subseteq\mathbf{R}^2\to\mathbf{R}^m$，其中

$$\boldsymbol{f}(x_1,x_2)=\begin{bmatrix}f_1(x_1,x_2)\\ f_2(x_1,x_2)\\ \vdots\\ f_m(x_1,x_2)\end{bmatrix},\tag{5.15}$$

而 $f_i(x_1,x_2)$ $(i=1,2,\cdots,m)$ 均为二元数量值函数.现在我们来介绍 $\boldsymbol{f}$ 的导数与微分的概念.能否用形如(5.4)式的极限来定义二元向量值函数 $\boldsymbol{f}$ 在点 $\boldsymbol{x}_0=(x_{01},x_{02})^{\mathrm{T}}\subseteq\mathbf{R}^2$ 处的导数呢？回答是否定的.因为此时

$$\Delta\boldsymbol{x}=\boldsymbol{x}-\boldsymbol{x}_0=\begin{bmatrix}x_1\\ x_2\end{bmatrix}-\begin{bmatrix}x_{01}\\ x_{02}\end{bmatrix}=\begin{bmatrix}x_1-x_{01}\\ x_2-x_{02}\end{bmatrix}$$

是一个二维向量，$\boldsymbol{f}(\boldsymbol{x}_0+\Delta\boldsymbol{x})-\boldsymbol{f}(\boldsymbol{x}_0)$ 是一个 m 维向量，两个向量相除是没有意义的.

但是，由上一段的讨论知道，一元向量值函数 $\boldsymbol{f}$ 在 x_0 处可导（可微）的充要条件是 $\boldsymbol{f}$ 的每个分量都在 x_0 处可导（可微），并且当 $\boldsymbol{f}$ 在 x_0 处可微时，有

$$\begin{aligned}\mathrm{d}\boldsymbol{f}(x_0)&=(\mathrm{d}f_1(x_0),\mathrm{d}f_2(x_0),\cdots,\mathrm{d}f_m(x_0))^{\mathrm{T}}=(f'_1(x_0)\mathrm{d}x,f'_2(x_0)\mathrm{d}x,\cdots,f'_m(x_0)\mathrm{d}x)^{\mathrm{T}}\\&=(f'_1(x_0),f'_2(x_0),\cdots,f'_m(x_0))^{\mathrm{T}}\mathrm{d}x=\boldsymbol{f}'(x_0)\mathrm{d}x.\end{aligned}$$

仿此，我们给出二元向量值函数的导数与微分的定义.

定义 5.3　对于由(5.15)式定义的二元向量值函数 $\boldsymbol{f}$，如果 $\boldsymbol{f}$ 的每个分量 f_i（数量值函数）都在 $\boldsymbol{x}_0=(x_{01},x_{02})^{\mathrm{T}}\in\mathbf{R}^2$ 处可微，则称 $\boldsymbol{f}$ 在 $\boldsymbol{x}_0$ 处**可微**，也称 $\boldsymbol{f}$ 在 $\boldsymbol{x}_0$ 处**可导**，并将

注意：这里“可导”与“可微”等价.“可导”不等价于“可偏导”.当(5.15)式中的 $m=1$ 时，退化为二元函数 $f(x_1,x_2)$，可偏导是指 $\frac{\partial f}{\partial x_1},\frac{\partial f}{\partial x_2}$ 均存在，而可导还要求 f 可微.

$$\mathrm{d}\boldsymbol{f}(\boldsymbol{x}_0)=\begin{bmatrix}\mathrm{d}f_1(\boldsymbol{x}_0)\\ \mathrm{d}f_2(\boldsymbol{x}_0)\\ \vdots\\ \mathrm{d}f_m(\boldsymbol{x}_0)\end{bmatrix}=\begin{bmatrix}\frac{\partial f_1(\boldsymbol{x}_0)}{\partial x_1}\mathrm{d}x_1+\frac{\partial f_1(\boldsymbol{x}_0)}{\partial x_2}\mathrm{d}x_2\\ \frac{\partial f_2(\boldsymbol{x}_0)}{\partial x_1}\mathrm{d}x_1+\frac{\partial f_2(\boldsymbol{x}_0)}{\partial x_2}\mathrm{d}x_2\\ \vdots\\ \frac{\partial f_m(\boldsymbol{x}_0)}{\partial x_1}\mathrm{d}x_1+\frac{\partial f_m(\boldsymbol{x}_0)}{\partial x_2}\mathrm{d}x_2\end{bmatrix}$$

$$= \begin{bmatrix} \dfrac{\partial f_1(\boldsymbol{x}_0)}{\partial x_1} & \dfrac{\partial f_1(\boldsymbol{x}_0)}{\partial x_2} \\ \dfrac{\partial f_2(\boldsymbol{x}_0)}{\partial x_1} & \dfrac{\partial f_2(\boldsymbol{x}_0)}{\partial x_2} \\ \vdots & \vdots \\ \dfrac{\partial f_m(\boldsymbol{x}_0)}{\partial x_1} & \dfrac{\partial f_m(\boldsymbol{x}_0)}{\partial x_2} \end{bmatrix} \begin{bmatrix} \mathrm{d}x_1 \\ \mathrm{d}x_2 \end{bmatrix} \tag{5.16}$$

称为 $\boldsymbol{f}$ 在 $\boldsymbol{x}_0$ 处的**微分**，而将 $m\times 2$ 矩阵

$$\boldsymbol{A} = \begin{bmatrix} \dfrac{\partial f_1(\boldsymbol{x}_0)}{\partial x_1} & \dfrac{\partial f_1(\boldsymbol{x}_0)}{\partial x_2} \\ \dfrac{\partial f_2(\boldsymbol{x}_0)}{\partial x_1} & \dfrac{\partial f_2(\boldsymbol{x}_0)}{\partial x_2} \\ \vdots & \vdots \\ \dfrac{\partial f_m(\boldsymbol{x}_0)}{\partial x_1} & \dfrac{\partial f_m(\boldsymbol{x}_0)}{\partial x_2} \end{bmatrix} \tag{5.17}$$

想一想：

若对任给的 $\boldsymbol{f}: U(\boldsymbol{x}_0)\subseteq \mathbf{R}^2\to\mathbf{R}^m$，$\dfrac{\partial f_i}{\partial x_j}$ 均存在，$i=1,\cdots,m, j=1,2$. 能否用(5.17)式作为 $\boldsymbol{f}$ 在 $\boldsymbol{x}_0$ 的导数？

称为 $\boldsymbol{f}$ 在 $\boldsymbol{x}_0$ 处的**导数**，记为 $\mathrm{D}\boldsymbol{f}(\boldsymbol{x}_0)$，即 $\boldsymbol{f}$ 在 $\boldsymbol{x}_0$ 处的导数为

$$\mathrm{D}\boldsymbol{f}(\boldsymbol{x}_0) = (a_{ij})_{m\times 2}, \tag{5.18}$$

其中 $a_{ij} = \dfrac{\partial f_i(\boldsymbol{x}_0)}{\partial x_j}$ $(i=1,\cdots,m; j=1,2)$. 于是 $\boldsymbol{f}$ 在 $\boldsymbol{x}_0$ 处的微分可表示为

$$\mathrm{d}\boldsymbol{f}(\boldsymbol{x}_0) = \mathrm{D}\boldsymbol{f}(\boldsymbol{x}_0)\mathrm{d}\boldsymbol{x} \quad (\mathrm{d}\boldsymbol{x} = (\mathrm{d}x_1, \mathrm{d}x_2)^{\mathrm{T}}). \tag{5.19}$$

(5.17)式中的矩阵通常称为 $\boldsymbol{f}$ 在 $\boldsymbol{x}_0$ 处的 **Jacobi 矩阵**. 因此，若向量值函数 $\boldsymbol{f}$ 在 $\boldsymbol{x}_0$ 可导，则它在 $\boldsymbol{x}_0$ 处的导数就是它在该点处的 Jacobi 矩阵.

例 5.2 设有二元向量值函数

$$\boldsymbol{f}(x,y) = \begin{bmatrix} x^2-y^2 \\ 2xy \end{bmatrix},$$

试求 $\boldsymbol{f}$ 在点 $(1,1)^{\mathrm{T}}$ 处的导数与微分.

解 设 $f_1(x,y)=x^2-y^2$，$f_2(x,y)=2xy$，则

$$\mathrm{D}\boldsymbol{f}(x,y) = \begin{bmatrix} \dfrac{\partial f_1(x,y)}{\partial x} & \dfrac{\partial f_1(x,y)}{\partial y} \\ \dfrac{\partial f_2(x,y)}{\partial x} & \dfrac{\partial f_2(x,y)}{\partial y} \end{bmatrix} = \begin{bmatrix} 2x & -2y \\ 2y & 2x \end{bmatrix}.$$

所以

$$\mathrm{D}\boldsymbol{f}(1,1)=\begin{bmatrix}2&-2\\2&2\end{bmatrix}=\boldsymbol{A},\quad \mathrm{d}\boldsymbol{f}(1,1)=\boldsymbol{A}\begin{bmatrix}\mathrm{d}x\\\mathrm{d}y\end{bmatrix}=2\begin{bmatrix}\mathrm{d}x-\mathrm{d}y\\\mathrm{d}x+\mathrm{d}y\end{bmatrix}.\quad \blacksquare$$

一般地,对于 n 元向量值函数 $\boldsymbol{f}:U(\boldsymbol{x}_0)\subseteq\mathbf{R}^n\to\mathbf{R}^m$,若 $\boldsymbol{f}$ 的每个分量 f_i $(i=1,2,\cdots,m)$ 都在 $\boldsymbol{x}_0$ 处可微,则定义 $\boldsymbol{f}$ 在 $\boldsymbol{x}_0$ 处的**导数**(Jacobi 矩阵)为

$$\mathrm{D}\boldsymbol{f}(\boldsymbol{x}_0)=\begin{bmatrix}\dfrac{\partial f_1(\boldsymbol{x}_0)}{\partial x_1}&\dfrac{\partial f_1(\boldsymbol{x}_0)}{\partial x_2}&\cdots&\dfrac{\partial f_1(\boldsymbol{x}_0)}{\partial x_n}\\\dfrac{\partial f_2(\boldsymbol{x}_0)}{\partial x_1}&\dfrac{\partial f_2(\boldsymbol{x}_0)}{\partial x_2}&\cdots&\dfrac{\partial f_2(\boldsymbol{x}_0)}{\partial x_n}\\\vdots&\vdots&&\vdots\\\dfrac{\partial f_m(\boldsymbol{x}_0)}{\partial x_1}&\dfrac{\partial f_m(\boldsymbol{x}_0)}{\partial x_2}&\cdots&\dfrac{\partial f_m(\boldsymbol{x}_0)}{\partial x_n}\end{bmatrix}=\begin{bmatrix}\nabla f_1(\boldsymbol{x}_0)\\\nabla f_2(\boldsymbol{x}_0)\\\vdots\\\nabla f_m(\boldsymbol{x}_0)\end{bmatrix}.\qquad(5.20)$$

其中$\nabla f_i(\boldsymbol{x}_0)$为 n 元数量值函数 f_i 在点 $\boldsymbol{x}_0$ 处的梯度向量,并定义 $\boldsymbol{f}$ 在 $\boldsymbol{x}_0$ 处的**微分**为

$$\mathrm{d}\boldsymbol{f}(\boldsymbol{x}_0)=\begin{bmatrix}\mathrm{d}f_1(\boldsymbol{x}_0)\\\mathrm{d}f_2(\boldsymbol{x}_0)\\\vdots\\\mathrm{d}f_m(\boldsymbol{x}_0)\end{bmatrix}=\begin{bmatrix}\dfrac{\partial f_1(\boldsymbol{x}_0)}{\partial x_1}&\dfrac{\partial f_1(\boldsymbol{x}_0)}{\partial x_2}&\cdots&\dfrac{\partial f_1(\boldsymbol{x}_0)}{\partial x_n}\\\dfrac{\partial f_2(\boldsymbol{x}_0)}{\partial x_1}&\dfrac{\partial f_2(\boldsymbol{x}_0)}{\partial x_2}&\cdots&\dfrac{\partial f_2(\boldsymbol{x}_0)}{\partial x_n}\\\vdots&\vdots&&\vdots\\\dfrac{\partial f_m(\boldsymbol{x}_0)}{\partial x_1}&\dfrac{\partial f_m(\boldsymbol{x}_0)}{\partial x_2}&\cdots&\dfrac{\partial f_m(\boldsymbol{x}_0)}{\partial x_n}\end{bmatrix}\begin{bmatrix}\mathrm{d}x_1\\\mathrm{d}x_2\\\vdots\\\mathrm{d}x_n\end{bmatrix}$$

$$=\mathrm{D}\boldsymbol{f}(\boldsymbol{x}_0)\mathrm{d}\boldsymbol{x}\quad(\mathrm{d}\boldsymbol{x}=(\mathrm{d}x_1,\mathrm{d}x_2,\cdots,\mathrm{d}x_n)^{\mathrm{T}}).\qquad(5.21)$$

显然,当 $m=1$ 时,(5.21)式就是 n 元数量值函数 f 在点 $\boldsymbol{x}_0$ 处的全微分,此时,

$$\mathrm{D}f(\boldsymbol{x}_0)=\left(\frac{\partial f(\boldsymbol{x}_0)}{\partial x_1},\frac{\partial f(\boldsymbol{x}_0)}{\partial x_2},\cdots,\frac{\partial f(\boldsymbol{x}_0)}{\partial x_n}\right)$$

就是 f 在点 $\boldsymbol{x}_0$ 处的梯度向量,也就是 f 在点 $\boldsymbol{x}_0$ 处的**导数**,即 n 元数量值函数的导数就是它的梯度向量. 当 $n=1$ 时,(5.21)式就是一元向量值函数$\boldsymbol{f}(x)$的微分;当 $n=2$ 时,(5.21)式就是(5.16)式.

当 $m=n$ 时,(5.20)式中的矩阵成为方阵,该方阵的行列式称为 $\boldsymbol{f}$ 在 $\boldsymbol{x}_0$ 处的 Jacobi 行列式,习惯上将这个行列式记成

$$\boldsymbol{J}_f(\boldsymbol{x}_0)=\left.\frac{\partial(f_1,f_2,\cdots,f_n)}{\partial(x_1,x_2,\cdots,x_n)}\right|_{x_0}.$$

例如,

$$\left.\frac{\partial(f_1,f_2)}{\partial(x_1,x_2)}\right|_{\boldsymbol{x}_0}=\begin{vmatrix}\dfrac{\partial f_1(\boldsymbol{x}_0)}{\partial x_1} & \dfrac{\partial f_1(\boldsymbol{x}_0)}{\partial x_2}\\ \dfrac{\partial f_2(\boldsymbol{x}_0)}{\partial x_1} & \dfrac{\partial f_2(\boldsymbol{x}_0)}{\partial x_2}\end{vmatrix}.$$

例 5.3 设矩阵 $\boldsymbol{A}=(a_{ij})_{m\times n}$ 的每个元素都是常数，$f(\boldsymbol{x})=A\boldsymbol{x}$ ($\boldsymbol{x}=(x_1,x_2,\cdots,x_n)^{\mathrm{T}}\in\mathbf{R}^n$)，试求 $\mathrm{D}\boldsymbol{f}(\boldsymbol{x})$.

解 显然 $\boldsymbol{f}$ 的第 i 个分量 $f_i(x_1,x_2,\cdots,x_n)=a_{i1}x_1+a_{i2}x_2+\cdots+a_{in}x_n$ 是可微的，且有

$$\mathrm{D}f_i=(a_{i1},a_{i2},\cdots,a_{in}),\quad i=1,2,\cdots,m.$$

于是知 $\boldsymbol{f}$ 可微，且由(5.20)式得

$$\mathrm{D}\boldsymbol{f}(\boldsymbol{x})=\begin{bmatrix}\nabla f_1\\ \nabla f_2\\ \vdots\\ \nabla f_m\end{bmatrix}=\begin{bmatrix}a_{11} & a_{12} & \cdots & a_{1n}\\ a_{21} & a_{22} & \cdots & a_{2n}\\ \vdots & \vdots & & \vdots\\ a_{m1} & a_{m2} & \cdots & a_{mn}\end{bmatrix}=\boldsymbol{A}.$$ ▌

向量值函数的偏导数 由于研究问题的需要，我们来简要介绍多元向量值函数的偏导数的概念.多元数量值函数偏导数的定义几乎可以逐字逐句移到向量值函数中来.设 $\boldsymbol{f}:U(\boldsymbol{x}_0)\subseteq\mathbf{R}^n\to\mathbf{R}^m$ 是一个 n ($n\geqslant 2$)元向量值函数，若极限

$$\lim_{\Delta x_i\to 0}\frac{\boldsymbol{f}(\boldsymbol{x}_0+\Delta x_i\boldsymbol{e}_i)-\boldsymbol{f}(\boldsymbol{x}_0)}{\Delta x_i}\tag{5.22}$$

存在，则称此极限为 $\boldsymbol{f}$ 在 $\boldsymbol{x}_0$ 处关于 x_i ($\boldsymbol{x}$ 的第 i 个分量)的偏导数，记作 $\dfrac{\partial\boldsymbol{f}(\boldsymbol{x}_0)}{\partial x_i}$，或 $\boldsymbol{f}_{x_i}(\boldsymbol{x}_0)$，其中

$$\boldsymbol{e}_i=(0,\cdots,0,1,0,\cdots,0)^{\mathrm{T}},\quad i=1,2,\cdots,n$$

是第 i 个分量为 1、其余分量全为零的 n 维向量.

由此定义可知，向量值函数的偏导数本质上是一元向量值函数的导数，结合(5.2)式可知，n 元向量值函数 $\boldsymbol{f}$ 在 $\boldsymbol{x}_0$ 处关于 x_i 的偏导数存在的充要条件是：$\boldsymbol{f}$ 的每个分量 f_j ($j=1,2,\cdots,m$)在 $\boldsymbol{x}_0$ 处关于 x_i 的偏导数存在，且当 $\dfrac{\partial\boldsymbol{f}(\boldsymbol{x}_0)}{\partial x_i}$ 存在时，有

注：例如设 $\boldsymbol{f}:U(\boldsymbol{x}_0)\subseteq\mathbf{R}^3\to\mathbf{R}^2$，则

$$\frac{\partial\boldsymbol{f}(\boldsymbol{x}_0)}{\partial x_2}=\left(\left.\frac{\partial f_1(x_1,x_2,x_3)}{\partial x_2}\right|_{\boldsymbol{x}_0},\left.\frac{\partial f_2(x_1,x_2,x_3)}{\partial x_2}\right|_{\boldsymbol{x}_0}\right)^{\mathrm{T}},$$

其中

$$\left.\frac{\partial f_1(x_1,x_2,x_3)}{\partial x_1}\right|_{\boldsymbol{x}_0}=\lim_{\Delta x_1\to 0}\frac{f_1(x_{01}+\Delta x_1,x_{02},x_{03})-f_1(x_{01},x_{02},x_{03})}{\Delta x_1},$$

$$\left.\frac{\partial f_2(x_1,x_2,x_3)}{\partial x_2}\right|_{\boldsymbol{x}_0}=\lim_{\Delta x_2\to 0}\frac{f_2(x_{01},x_{02}+\Delta x_2,x_{03})-f_2(x_{01},x_{02},x_{03})}{\Delta x_2}.$$

$$\frac{\partial \boldsymbol{f}(\boldsymbol{x}_0)}{\partial x_i}=\left(\frac{\partial f_1(\boldsymbol{x}_0)}{\partial x_i},\frac{\partial f_2(\boldsymbol{x}_0)}{\partial x_i},\cdots,\frac{\partial f_m(\boldsymbol{x}_0)}{\partial x_i}\right)^{\mathrm{T}},$$

即 $\boldsymbol{f}$ 对 x_i 的偏导数等于其各分量分别对 x_i 求偏导数所得向量.

由于多元向量值函数 $\boldsymbol{f}(\boldsymbol{x}):U(\boldsymbol{x}_0)\subseteq\mathbf{R}^n\to\mathbf{R}^m$ 的偏导数存在与可微等价于它的各分量(n 元数值函数)$f_i(x_1,x_2,\cdots,x_n)$($i=1,2,\cdots,m$)的偏导数存在与可微,从而由多元数量值函数偏导数与可微的关系立即得到

定理 5.2　设 $\boldsymbol{f}(\boldsymbol{x}):U(\boldsymbol{x}_0)\subseteq\mathbf{R}^n\to\mathbf{R}^m$,$\boldsymbol{f}$ 在 $\boldsymbol{x}_0$ 处可微的充分条件是它的所有分量对各变量的偏导数都在 $\boldsymbol{x}_0$ 连续. 即

$$\frac{\partial f_i}{\partial x_j}\text{在点 }\boldsymbol{x}_0\text{ 连续},i=1,2,\cdots,m,j=1,2,\cdots,n.$$

5.3　微分运算法则

定理 5.3　设向量值函数 $\boldsymbol{f}$ 与 $\boldsymbol{g}$ 都在点 $\boldsymbol{x}$ 处可微,u 是在 $\boldsymbol{x}$ 处可微的数量值函数,则有

(1) $\boldsymbol{f}+\boldsymbol{g}$ 在 $\boldsymbol{x}$ 处可微,并且其导数为

$$\mathrm{D}(\boldsymbol{f}+\boldsymbol{g})(\boldsymbol{x})=\mathrm{D}\boldsymbol{f}(\boldsymbol{x})+\mathrm{D}\boldsymbol{g}(\boldsymbol{x});$$

(2) $\langle\boldsymbol{f},\boldsymbol{g}\rangle$ 在 $\boldsymbol{x}$ 处可微,并且其导数为

$$\mathrm{D}\langle\boldsymbol{f},\boldsymbol{g}\rangle(\boldsymbol{x})=(\boldsymbol{f}(\boldsymbol{x}))^{\mathrm{T}}\mathrm{D}\boldsymbol{g}(\boldsymbol{x})+(\boldsymbol{g}(\boldsymbol{x}))^{\mathrm{T}}\mathrm{D}\boldsymbol{f}(\boldsymbol{x});$$

(3) $u\boldsymbol{f}$ 在 $\boldsymbol{x}$ 处可微,并且其导数为

$$\mathrm{D}(u\boldsymbol{f})(\boldsymbol{x})=u\mathrm{D}\boldsymbol{f}(\boldsymbol{x})+\boldsymbol{f}(\boldsymbol{x})\mathrm{D}u(\boldsymbol{x});$$

(4) 若 $\boldsymbol{f}:\mathbf{R}\to\mathbf{R}^3$,$\boldsymbol{g}:\mathbf{R}\to\mathbf{R}^3$,则向量积 $\boldsymbol{f}\times\boldsymbol{g}$ 在 x 处可微,并且其导数为

$$\mathrm{D}(\boldsymbol{f}\times\boldsymbol{g})(x)=\mathrm{D}\boldsymbol{f}(x)\times\boldsymbol{g}(x)+\boldsymbol{f}(x)\times\mathrm{D}\boldsymbol{g}(x).$$

证　我们仅证明结论(2),其余的留给读者去证明.

设 $\boldsymbol{f}=(f_1,\cdots,f_m)^{\mathrm{T}}$,$\boldsymbol{g}=(g_1,\cdots,g_m)^{\mathrm{T}}$,其中 f_i 和 g_i 都是 n 元数量值函数. 已知 $\boldsymbol{f},\boldsymbol{g}$ 在 $\boldsymbol{x}$ 处可微,根据前面的讨论知数量值函数 f_i,g_i ($i=1,\cdots,m$)都在 $\boldsymbol{x}$ 处可微. 由数量值函数可微的性质知,数量值函数

$$F=\langle\boldsymbol{f},\boldsymbol{g}\rangle=\sum_{i=1}^{m}f_ig_i$$

在 $\boldsymbol{x}$ 处可微,并且有

$$\mathrm{D}F(\boldsymbol{x})=\mathrm{D}\left(\sum_{i=1}^{m}f_ig_i\right)(\boldsymbol{x})=\sum_{i=1}^{m}\mathrm{D}(f_ig_i)(\boldsymbol{x})=\sum_{i=1}^{m}\nabla(f_ig_i)(\boldsymbol{x}).$$

根据梯度的运算性质得知

$$\begin{aligned}\mathrm{D}F(\boldsymbol{x})&=\sum_{i=1}^{m}[f_i(\boldsymbol{x})\nabla g_i(\boldsymbol{x})+g_i(\boldsymbol{x})\nabla f_i(\boldsymbol{x})]\\&=[f_1(\boldsymbol{x}),f_2(\boldsymbol{x}),\cdots,f_m(\boldsymbol{x})]\begin{bmatrix}\nabla g_1(\boldsymbol{x})\\\nabla g_2(\boldsymbol{x})\\\vdots\\\nabla g_m(\boldsymbol{x})\end{bmatrix}+[g_1(\boldsymbol{x}),g_2(\boldsymbol{x}),\cdots,g_m(\boldsymbol{x})]\begin{bmatrix}\nabla f_1(\boldsymbol{x})\\\nabla f_2(\boldsymbol{x})\\\vdots\\\nabla f_m(\boldsymbol{x})\end{bmatrix}\\&=(\boldsymbol{f}(\boldsymbol{x}))^{\mathrm{T}}\mathrm{D}\boldsymbol{g}(\boldsymbol{x})+(\boldsymbol{g}(\boldsymbol{x}))^{\mathrm{T}}\mathrm{D}\boldsymbol{f}(\boldsymbol{x}).\end{aligned}$$ ▍

若$\boldsymbol{f},\boldsymbol{g}:\mathbf{R}\to\mathbf{R}^3$,则定理 5.3(2)中的等式变为

$$\frac{\mathrm{d}}{\mathrm{d}x}\langle\boldsymbol{f},\boldsymbol{g}\rangle(x)=\langle\boldsymbol{f},\boldsymbol{g}'\rangle(x)+\langle\boldsymbol{f}',\boldsymbol{g}\rangle(x).$$

由此,读者不难证明:若$\boldsymbol{r}=\boldsymbol{r}(t)$表示空间$\mathbf{R}^3$中动点$(x(t),y(t),z(t))^{\mathrm{T}}$的向径,则有

$$\|\boldsymbol{r}(t)\|=c\quad(c\text{ 为常数})\Leftrightarrow\langle\boldsymbol{r}'(t),\boldsymbol{r}(t)\rangle=0$$

(习题 5.5(A)第 4 题).

向量值复合函数求导的链式法则 为了介绍向量值函数的链式法则,先来看一个例子.

例 5.4 设有向量值函数

$$\boldsymbol{w}=\boldsymbol{f}(\boldsymbol{u})=\begin{bmatrix}u_1^2\\u_1u_2\end{bmatrix},\tag{5.23}$$

其中$\boldsymbol{w}=\begin{bmatrix}w_1\\w_2\end{bmatrix}$, $\boldsymbol{u}=\begin{bmatrix}u_1\\u_2\end{bmatrix}$,又

$$\boldsymbol{u}=\boldsymbol{g}(\boldsymbol{x})=\begin{bmatrix}x_1+\mathrm{e}^{x_2}\\\sin x_1\end{bmatrix},\tag{5.24}$$

其中$\boldsymbol{x}=\begin{bmatrix}x_1\\x_2\end{bmatrix}$,试验证

$$\mathrm{D}\boldsymbol{f}[\boldsymbol{g}(\boldsymbol{x})]=\mathrm{D}\boldsymbol{f}(\boldsymbol{u})\big|_{\boldsymbol{u}=\boldsymbol{g}(\boldsymbol{x})}\cdot\mathrm{D}\boldsymbol{g}(\boldsymbol{x}),\tag{5.25}$$

即复合函数$\boldsymbol{w}=\boldsymbol{f}[\boldsymbol{g}(\boldsymbol{x})]$对自变量$\boldsymbol{x}$的导数,等于$\boldsymbol{w}$对中间变量$\boldsymbol{u}$的导数与$\boldsymbol{u}$对自变量$\boldsymbol{x}$的导数之积.

证 由(5.24)式知$u_1=x_1+\mathrm{e}^{x_2}$,$u_2=\sin x_1$,代入(5.23)式,得复合函数

$$\boldsymbol{w}=\boldsymbol{f}[\boldsymbol{g}(\boldsymbol{x})]=\begin{bmatrix}x_1^2+\mathrm{e}^{2x_2}+2x_1\mathrm{e}^{x_2}\\x_1\sin x_1+\mathrm{e}^{x_2}\sin x_1\end{bmatrix},$$

由于$\boldsymbol{w}$的分量可导,故$\boldsymbol{w}$可导,且由(5.17)式得

$$\mathrm{D}\boldsymbol{f}[\boldsymbol{g}(\boldsymbol{x})]=\begin{bmatrix}2x_1+2\mathrm{e}^{x_2} & 2\mathrm{e}^{2x_2}+2x_1\mathrm{e}^{x_2}\\ \sin x_1+x_1\cos x_1+\mathrm{e}^{x_2}\cos x_1 & \mathrm{e}^{x_2}\sin x_1\end{bmatrix},\tag{5.26}$$

又由(5.23)式及(5.24)式分别可得

$$\mathrm{D}\boldsymbol{f}(\boldsymbol{u})=\begin{bmatrix}2u_1 & 0\\ u_2 & u_1\end{bmatrix},\tag{5.27}$$

$$\mathrm{D}\boldsymbol{g}(\boldsymbol{x})=\begin{bmatrix}1 & \mathrm{e}^{x_2}\\ \cos x_1 & 0\end{bmatrix},\tag{5.28}$$

由(5.27)式及(5.28)式可得

$$\begin{aligned}&\mathrm{D}\boldsymbol{f}(\boldsymbol{u})\big|_{\boldsymbol{u}=\boldsymbol{g}(\boldsymbol{x})}\cdot\mathrm{D}\boldsymbol{g}(\boldsymbol{x})\\
&=\begin{bmatrix}2x_1+2\mathrm{e}^{x_2} & 0\\ \sin x_1 & x_1+\mathrm{e}^{x_2}\end{bmatrix}\begin{bmatrix}1 & \mathrm{e}^{x_2}\\ \cos x_1 & 0\end{bmatrix}\\
&=\begin{bmatrix}2x_1+2\mathrm{e}^{x_2} & 2x_1\mathrm{e}^{x_2}+2\mathrm{e}^{2x_2}\\ \sin x_1+x_1\cos x_1+\mathrm{e}^{x_2}\cos x_1 & \mathrm{e}^{x_2}\sin x_1\end{bmatrix},\end{aligned}\tag{5.29}$$

比较(5.26)与(5.29)式的两端,即得(5.25)式. ▌

定理 5.4(向量值函数的链式法则)　设向量值函数 $\boldsymbol{u}=\boldsymbol{g}=(g_1,g_2,\cdots,g_p)^{\mathrm{T}}$ 在点 $\boldsymbol{x}_0\in\mathbf{R}^n$ 处可微,向量值函数 $\boldsymbol{w}=\boldsymbol{f}=(f_1,f_2,\cdots,f_m)^{\mathrm{T}}$ 在对应的点 $\boldsymbol{u}_0=\boldsymbol{g}(\boldsymbol{x}_0)\in\mathbf{R}^p$ 处可微,则复合函数 $\boldsymbol{w}=\boldsymbol{f}\circ\boldsymbol{g}$ 在点 $\boldsymbol{x}_0$ 处可微,并且

$$\mathrm{D}\boldsymbol{w}(\boldsymbol{x}_0)=\mathrm{D}\boldsymbol{f}(\boldsymbol{u}_0)\big|_{\boldsymbol{u}_0=\boldsymbol{g}(\boldsymbol{x}_0)}\mathrm{D}\boldsymbol{g}(\boldsymbol{x}_0)=\mathrm{D}\boldsymbol{f}(\boldsymbol{g}(\boldsymbol{x}_0))\mathrm{D}\boldsymbol{g}(\boldsymbol{x}_0).\tag{5.30}$$

证　已知向量值函数 $\boldsymbol{f}$ 与 $\boldsymbol{g}$ 分别在点 $\boldsymbol{u}_0$ 与 $\boldsymbol{x}_0$ 处可微,由向量值函数可微的定义,知它们的各个分量(数量值函数)分别在 $\boldsymbol{u}_0$ 与 $\boldsymbol{x}_0$ 处必可微.根据多元数量值函数复合函数的可微性定理及其链式法则,复合向量值函数 $\boldsymbol{w}=\boldsymbol{f}\circ\boldsymbol{g}$ 的各个分量 w_i 在 $\boldsymbol{x}_0$ 处可微,并且

$$\left.\frac{\partial w_i}{\partial x_j}\right|_{\boldsymbol{x}=\boldsymbol{x}_0}=\sum_{k=1}^{p}\left(\left.\frac{\partial f_i}{\partial u_k}\right|_{\boldsymbol{u}=\boldsymbol{u}_0}\left.\frac{\partial g_k}{\partial x_j}\right|_{\boldsymbol{x}=\boldsymbol{x}_0}\right),\quad i=1,2,\cdots,m,j=1,2,\cdots,n.\tag{5.31}$$

因此,再由向量值函数可微的定义,知向量值函数 $\boldsymbol{w}=\boldsymbol{f}\circ\boldsymbol{g}$ 在点 $\boldsymbol{x}_0$ 处可微,并且(5.31)式可以写成矩阵形式

$$\begin{bmatrix} \frac{\partial w_1}{\partial x_1} & \frac{\partial w_1}{\partial x_2} & \cdots & \frac{\partial w_1}{\partial x_n} \\ \frac{\partial w_2}{\partial x_1} & \frac{\partial w_2}{\partial x_2} & \cdots & \frac{\partial w_2}{\partial x_n} \\ \vdots & \vdots & & \vdots \\ \frac{\partial w_m}{\partial x_1} & \frac{\partial w_m}{\partial x_2} & \cdots & \frac{\partial w_m}{\partial x_n} \end{bmatrix}_{\boldsymbol{x}=\boldsymbol{x}_0}$$

$$= \begin{bmatrix} \frac{\partial f_1}{\partial u_1} & \frac{\partial f_1}{\partial u_2} & \cdots & \frac{\partial f_1}{\partial u_p} \\ \frac{\partial f_2}{\partial u_1} & \frac{\partial f_2}{\partial u_2} & \cdots & \frac{\partial f_2}{\partial u_p} \\ \vdots & \vdots & & \vdots \\ \frac{\partial f_m}{\partial u_1} & \frac{\partial f_m}{\partial u_2} & \cdots & \frac{\partial f_m}{\partial u_p} \end{bmatrix}_{\boldsymbol{u}=\boldsymbol{u}_0} \begin{bmatrix} \frac{\partial g_1}{\partial x_1} & \frac{\partial g_1}{\partial x_2} & \cdots & \frac{\partial g_1}{\partial x_n} \\ \frac{\partial g_2}{\partial x_1} & \frac{\partial g_2}{\partial x_2} & \cdots & \frac{\partial g_2}{\partial x_n} \\ \vdots & \vdots & & \vdots \\ \frac{\partial g_p}{\partial x_1} & \frac{\partial g_p}{\partial x_2} & \cdots & \frac{\partial g_p}{\partial x_n} \end{bmatrix}_{\boldsymbol{x}=\boldsymbol{x}_0}, \tag{5.32}$$

从而得到公式(5.30) ▌

公式(5.30)表明,向量值函数的链式法则在形式上与一元函数的链式法则是一样的.下面给出它的两种特殊情形:

(1) $m=1$.此时 f 是从 $\mathbf{R}^p$ 到 $\mathbf{R}$ 的数量值函数,因此复合映射 $\boldsymbol{w}=\boldsymbol{f}\circ\boldsymbol{g}$ 是从 $\mathbf{R}^n$ 到 $\mathbf{R}$ 的数量值函数,故

$$\mathrm{D}f(\boldsymbol{u}_0)=\left(\frac{\partial f(\boldsymbol{u}_0)}{\partial u_1},\frac{\partial f(\boldsymbol{u}_0)}{\partial u_2},\cdots,\frac{\partial f(\boldsymbol{u}_0)}{\partial u_p}\right).$$

利用公式(5.30)或(5.32)并按分量形式写出,即得

$$\frac{\partial w}{\partial x_j}=\sum_{i=1}^{p}\frac{\partial f(\boldsymbol{u}_0)}{\partial u_i}\frac{\partial g_i(\boldsymbol{x}_0)}{\partial x_j}\quad (j=1,2,\cdots,n),$$

它就是第三节中讲过的 n 元数量值复合函数的求导公式(3.32).

(2) $n=m=p$.此时 $\mathrm{D}\boldsymbol{w}(\boldsymbol{x}_0)$, $\mathrm{D}\boldsymbol{f}(\boldsymbol{u}_0)$ 与 $\mathrm{D}\boldsymbol{g}(\boldsymbol{x}_0)$ 都是 n 阶方阵,对求导公式(5.32)两端取对应的 Jacobi 行列式即得(下面的等式中略去了 $\boldsymbol{x}_0$ 与 $\boldsymbol{u}_0$):

$$\frac{\partial(w_1,w_2,\cdots,w_n)}{\partial(x_1,x_2,\cdots,x_n)}=\frac{\partial(f_1,f_2,\cdots,f_n)}{\partial(u_1,u_2,\cdots,u_n)}\frac{\partial(g_1,g_2,\cdots,g_n)}{\partial(x_1,x_2,\cdots,x_n)}, \tag{5.33}$$

这个公式与一元复合函数的求导公式 $\frac{\mathrm{d}y}{\mathrm{d}x}=\frac{\mathrm{d}y}{\mathrm{d}u}\frac{\mathrm{d}u}{\mathrm{d}x}$ 的形式类似,便于记忆.

例 5.5 设有向量值函数

$$\boldsymbol{w}=\boldsymbol{f}(\boldsymbol{u})=\begin{bmatrix}u_1^2-u_2u_3\\u_1u_3-u_2^2\end{bmatrix},\quad \boldsymbol{u}=\boldsymbol{g}(\boldsymbol{x})=\begin{bmatrix}x_1\cos x_2\\x_2\sin x_1\\x_1^2\mathrm{e}^{x_2}\end{bmatrix},$$

其中 $\boldsymbol{x}=(x_1,x_2)^{\mathrm{T}}$，$\boldsymbol{u}=(u_1,u_2,u_3)^{\mathrm{T}}$，$\boldsymbol{w}=(w_1,w_2)^{\mathrm{T}}$，试求

$$\mathrm{D}(\boldsymbol{f}\circ\boldsymbol{g})\big|_{(1,0)^{\mathrm{T}}},\quad \left.\frac{\partial w_1}{\partial x_1}\right|_{(1,0)^{\mathrm{T}}}\quad 及\quad \left.\frac{\partial(w_1,w_2)}{\partial(x_1,x_2)}\right|_{(1,0)^{\mathrm{T}}}.$$

解　由公式(5.32)得

$$\mathrm{D}(\boldsymbol{f}\circ\boldsymbol{g})(\boldsymbol{x})=\begin{bmatrix}2u_1&-u_3&-u_2\\u_3&-2u_2&u_1\end{bmatrix}\begin{bmatrix}\cos x_2&-x_1\sin x_2\\x_2\cos x_1&\sin x_1\\2x_1\mathrm{e}^{x_2}&x_1^2\mathrm{e}^{x_2}\end{bmatrix}.$$

因为当 $(x_1,x_2)^{\mathrm{T}}=(1,0)^{\mathrm{T}}$ 时，$(u_1,u_2,u_3)^{\mathrm{T}}=(1,0,1)^{\mathrm{T}}$，故

$$\mathrm{D}(\boldsymbol{f}\circ\boldsymbol{g})\big|_{(1,0)^{\mathrm{T}}}=\begin{bmatrix}2&-1&0\\1&0&1\end{bmatrix}\begin{bmatrix}1&0\\0&\sin 1\\2&1\end{bmatrix}=\begin{bmatrix}2&-\sin 1\\3&1\end{bmatrix},$$

$$\left.\frac{\partial w_1}{\partial x_1}\right|_{(1,0)^{\mathrm{T}}}=2,\quad \left.\frac{\partial(w_1,w_2)}{\partial(x_1,x_2)}\right|_{(1,0)^{\mathrm{T}}}=\begin{vmatrix}2&-\sin 1\\3&1\end{vmatrix}=2+3\sin 1.\quad ▌$$

5.4　由方程组所确定的隐函数的微分法

第三节中已经讨论了由一个方程所确定的隐函数(数量值函数)及其微分法，本段将研究在许多问题中经常遇到的由方程组所确定的隐函数(向量值函数)及其微分法.

考虑由 m 个 $m+n$ 元方程组成的方程组

$$\begin{cases}F_1(x_1,\cdots,x_n,y_1,\cdots,y_m)=0,\\F_2(x_1,\cdots,x_n,y_1,\cdots,y_m)=0,\\\cdots\cdots\cdots\cdots\\F_m(x_1,\cdots,x_n,y_1,\cdots,y_m)=0.\end{cases}\tag{5.34}$$

对于给定的 $x_1,\cdots,x_n$，(5.34)式就是包含 m 个方程、$m+n$ 个变量的方程组.如果存在定义在点集 $A\subseteq\mathbf{R}^n$ 上的 m 个函数

$$y_i=f_i(x_1,\cdots,x_n),\quad i=1,2,\cdots,m,\tag{5.35}$$

使得将其代入方程组(5.34)后它变成 m 个恒等式，那么就称这 m 个函数是它的**解**，或称为**由该方程组所确定的隐函数**.

下面,我们就一种简单情形来给出由方程组所确定的隐函数的存在定理(一般情形时的隐函数存在定理读者不难类似地写出来).

定理 5.5(隐函数存在定理) 设有函数方程组

$$\begin{cases}F_1(x,y,u,v)=0,\\F_2(x,y,u,v)=0.\end{cases}\tag{5.36}$$

如果函数 F_1,F_2 满足

(1) $F_i\in C^{(1)}(U(x_0,y_0,u_0,v_0)),i=1,2;$

(2) $F_i(x_0,y_0,u_0,v_0)=0,i=1,2;$

(3) Jacobi 行列式

$$J=\left.\frac{\partial(F_1,\ F_2)}{\partial(u,\ v)}\right|_{(x_0,y_0,u_0,v_0)}=\left.\begin{vmatrix}\dfrac{\partial F_1}{\partial u}&\dfrac{\partial F_1}{\partial v}\\\dfrac{\partial F_2}{\partial u}&\dfrac{\partial F_2}{\partial v}\end{vmatrix}\right|_{(x_0,y_0,u_0,v_0)}\neq 0,\tag{5.37}$$

则在点 $(x_0,y_0,u_0,v_0)\in\mathbf{R}^4$ 的某邻域 $U((x_0,y_0,u_0,v_0))$ 内由方程组(5.36)唯一确定了两个单值且有连续偏导数的二元函数

$$u=u(x,y),\quad v=v(x,y),\tag{5.38}$$

它满足

$$u_0=u(x_0,y_0),\quad v_0=v(x_0,y_0)$$

及

$$F_i(x,y,u(x,y),v(x,y))\equiv 0,\quad i=1,2,(x,y)\in U((x_0,y_0)).\tag{5.39}$$

此定理的证明从略.下面只在定理条件成立的情况下,来推导隐函数的导数公式.应用链式法则,由(5.39)中各等式两端对 x 求导,得

$$\begin{cases}\dfrac{\partial F_1}{\partial x}+\dfrac{\partial F_1}{\partial u}\dfrac{\partial u}{\partial x}+\dfrac{\partial F_1}{\partial v}\dfrac{\partial v}{\partial x}=0,\\[2ex]\dfrac{\partial F_2}{\partial x}+\dfrac{\partial F_2}{\partial u}\dfrac{\partial u}{\partial x}+\dfrac{\partial F_2}{\partial v}\dfrac{\partial v}{\partial x}=0,\end{cases}\tag{5.40}$$

这是一个以$\dfrac{\partial u}{\partial x},\dfrac{\partial v}{\partial x}$为未知量的线性代数方程组,因其系数行列式

$$J=\begin{vmatrix}\dfrac{\partial F_1}{\partial u}&\dfrac{\partial F_1}{\partial v}\\\dfrac{\partial F_2}{\partial u}&\dfrac{\partial F_2}{\partial v}\end{vmatrix}=\frac{\partial(F_1,F_2)}{\partial(u,v)}$$

在点 (x_0,y_0,u_0,v_0) 处不等于 0,于是利用 Cramer 法则就可解得

$$\begin{cases}\left.\dfrac{\partial u}{\partial x}\right|_{(x_0,y_0,u_0,v_0)}=-\dfrac{1}{J}\left.\dfrac{\partial(F_1,F_2)}{\partial(x,v)}\right|_{(x_0,y_0,u_0,v_0)},\\ \left.\dfrac{\partial v}{\partial x}\right|_{(x_0,y_0,u_0,v_0)}=-\dfrac{1}{J}\left.\dfrac{\partial(F_1,F_2)}{\partial(u,x)}\right|_{(x_0,y_0,u_0,v_0)}.\end{cases}\tag{5.41}$$

用类似的方法可解得

$$\begin{cases}\left.\dfrac{\partial u}{\partial y}\right|_{(x_0,y_0,u_0,v_0)}=-\dfrac{1}{J}\left.\dfrac{\partial(F_1,F_2)}{\partial(y,v)}\right|_{(x_0,y_0,u_0,v_0)},\\ \left.\dfrac{\partial v}{\partial y}\right|_{(x_0,y_0,u_0,v_0)}=-\dfrac{1}{J}\left.\dfrac{\partial(F_1,F_2)}{\partial(u,y)}\right|_{(x_0,y_0,u_0,v_0)}.\end{cases}\tag{5.42}$$

例 5.6　设二元函数 $u=u(x,y)$ 由方程组

$$u=f(x,y,z,t),\tag{5.43}$$

$$g(y,z,t)=0,\tag{5.44}$$

$$h(z,t)=0\tag{5.45}$$

所确定，其中 f,g,h 都是 $C^{(1)}$ 类函数，且 $J=\dfrac{\partial(g,h)}{\partial(z,t)}\neq 0$，求 $\dfrac{\partial u}{\partial y}$.

解法一　函数 $u=u(x,y)$ 可看成是按下述步骤得到的. 因 $\dfrac{\partial(g,h)}{\partial(z,t)}\neq 0$，故由隐函数存在定理，方程(5.44)与(5.45)确定了 z,t 为 y 的函数：$z=z(y)$，$t=t(y)$，将它们代入方程(5.43)，得 $u=u(x,y)$.

对方程(5.44)与(5.45)关于 y 求导数，得

$$\begin{cases}\dfrac{\partial g}{\partial y}+\dfrac{\partial g}{\partial z}\dfrac{\mathrm{d}z}{\mathrm{d}y}+\dfrac{\partial g}{\partial t}\dfrac{\mathrm{d}t}{\mathrm{d}y}=0,\\ \dfrac{\partial h}{\partial z}\dfrac{\mathrm{d}z}{\mathrm{d}y}+\dfrac{\partial h}{\partial t}\dfrac{\mathrm{d}t}{\mathrm{d}y}=0.\end{cases}$$

应用 Cramer 法则，解这个关于未知量 $\dfrac{\mathrm{d}z}{\mathrm{d}y},\dfrac{\mathrm{d}t}{\mathrm{d}y}$ 的线性方程组，得

$$\frac{\mathrm{d}z}{\mathrm{d}y}=-\frac{1}{J}\frac{\partial g}{\partial y}\frac{\partial h}{\partial t},\qquad \frac{\mathrm{d}t}{\mathrm{d}y}=\frac{1}{J}\frac{\partial g}{\partial y}\frac{\partial h}{\partial z}.$$

再由方程(5.43)即得

$$\frac{\partial u}{\partial y}=f_2+f_3\frac{\mathrm{d}z}{\mathrm{d}y}+f_4\frac{\mathrm{d}t}{\mathrm{d}y}=f_2+\frac{1}{J}\frac{\partial g}{\partial y}\left(-f_3\frac{\partial h}{\partial t}+f_4\frac{\partial h}{\partial z}\right).$$

解法二　将方程组写成下面的形式：

$$\begin{cases}F(x,y,z,t,u)\equiv f(x,y,z,t)-u=0,\\ g(y,z,t)=0,\\ h(z,t)=0.\end{cases}$$

由于 Jacobi 行列式

$$\frac{\partial(F,g,h)}{\partial(z,t,u)}=\begin{vmatrix}\frac{\partial F}{\partial z} & \frac{\partial F}{\partial t} & \frac{\partial F}{\partial u}\\ \frac{\partial g}{\partial z} & \frac{\partial g}{\partial t} & \frac{\partial g}{\partial u}\\ \frac{\partial h}{\partial z} & \frac{\partial h}{\partial t} & \frac{\partial h}{\partial u}\end{vmatrix}=\begin{vmatrix}\frac{\partial f}{\partial z} & \frac{\partial f}{\partial t} & -1\\ \frac{\partial g}{\partial z} & \frac{\partial g}{\partial t} & 0\\ \frac{\partial h}{\partial z} & \frac{\partial h}{\partial t} & 0\end{vmatrix}=-\frac{\partial(g,h)}{\partial(z,t)}=-J\neq 0,$$

根据定理 5.5 及相应的导数公式，该方程组确定了 z,t,u 都是 x,y 的隐函数，并且

$$\frac{\partial u}{\partial y}=-\frac{\frac{\partial(F,g,h)}{\partial(z,t,y)}}{\frac{\partial(F,g,h)}{\partial(z,t,u)}}=\frac{1}{J}\begin{vmatrix}f_3 & f_4 & f_2\\ \frac{\partial g}{\partial z} & \frac{\partial g}{\partial t} & \frac{\partial g}{\partial y}\\ \frac{\partial h}{\partial z} & \frac{\partial h}{\partial t} & 0\end{vmatrix}$$

$$=\frac{1}{J}\left(-f_3\frac{\partial g}{\partial y}\frac{\partial h}{\partial t}+f_4\frac{\partial g}{\partial y}\frac{\partial h}{\partial z}+Jf_2\right).\quad ▌$$

例 5.7　设函数 $x=x(u,v),y=y(u,v)$ 在点 (u,v) 的某一邻域内有连续的偏导数，且 $\frac{\partial(x,y)}{\partial(u,v)}\neq 0$.

（1）证明：方程组

$$\begin{cases}x=x(u,v),\\ y=y(u,v)\end{cases}\tag{5.46}$$

在点 (x,y,u,v) 的某一邻域内唯一确定一组单值连续且有连续偏导数的反函数 $u=u(x,y),v=v(x,y)$；

（2）求反函数 $u=u(x,y),v=v(x,y)$ 对 x,y 的偏导数；

（3）证明：

$$\frac{\partial(x,y)}{\partial(u,v)}\cdot\frac{\partial(u,v)}{\partial(x,y)}=1.\tag{5.47}$$

解　（1）将方程组改写成下面的形式：

$$\begin{cases}F(x,y,u,v)\equiv x-x(u,v)=0,\\ G(x,y,u,v)\equiv y-y(u,v)=0.\end{cases}$$

按假设

$$J=\frac{\partial(F,G)}{\partial(u,v)}=\begin{vmatrix}\frac{\partial F}{\partial u} & \frac{\partial F}{\partial v}\\ \frac{\partial G}{\partial u} & \frac{\partial G}{\partial v}\end{vmatrix}=\begin{vmatrix}-\frac{\partial x}{\partial u} & -\frac{\partial x}{\partial v}\\ -\frac{\partial y}{\partial u} & -\frac{\partial y}{\partial v}\end{vmatrix}=\frac{\partial(x,y)}{\partial(u,v)}\neq 0,$$

由定理 5.5,即得所要证的结论.

(2) 由方程组(5.46)各式两端求全微分,得

$$\begin{cases} \mathrm{d}x=\dfrac{\partial x}{\partial u}\mathrm{d}u+\dfrac{\partial x}{\partial v}\mathrm{d}v, \\ \mathrm{d}y=\dfrac{\partial y}{\partial u}\mathrm{d}u+\dfrac{\partial y}{\partial v}\mathrm{d}v, \end{cases}$$

将此方程组看成是以 $\mathrm{d}u,\mathrm{d}v$ 为未知量的线性代数方程组,由于其系数行列式 $J=\dfrac{\partial(x,y)}{\partial(u,v)}\neq 0$,于是由 Cramer 法则解得

$$\mathrm{d}u=\frac{1}{J}\frac{\partial y}{\partial v}\mathrm{d}x-\frac{1}{J}\frac{\partial x}{\partial v}\mathrm{d}y,\quad \mathrm{d}v=-\frac{1}{J}\frac{\partial y}{\partial u}\mathrm{d}x+\frac{1}{J}\frac{\partial x}{\partial u}\mathrm{d}y,$$

所以有

$$\frac{\partial u}{\partial x}=\frac{1}{J}\frac{\partial y}{\partial v},\quad \frac{\partial u}{\partial y}=-\frac{1}{J}\frac{\partial x}{\partial v},\quad \frac{\partial v}{\partial x}=-\frac{1}{J}\frac{\partial y}{\partial u},\quad \frac{\partial v}{\partial y}=\frac{1}{J}\frac{\partial x}{\partial u}. \tag{5.48}$$

(3) 由(5.48)式即得

$$\frac{\partial(u,v)}{\partial(x,y)}=\begin{vmatrix} \dfrac{1}{J}\dfrac{\partial y}{\partial v} & -\dfrac{1}{J}\dfrac{\partial x}{\partial v} \\ -\dfrac{1}{J}\dfrac{\partial y}{\partial u} & \dfrac{1}{J}\dfrac{\partial x}{\partial u} \end{vmatrix}=\frac{1}{J^2}\left(\frac{\partial y}{\partial v}\frac{\partial x}{\partial u}-\frac{\partial x}{\partial v}\frac{\partial y}{\partial u}\right)$$

$$=\frac{1}{J^2}\begin{vmatrix} \dfrac{\partial x}{\partial u} & \dfrac{\partial x}{\partial v} \\ \dfrac{\partial y}{\partial u} & \dfrac{\partial y}{\partial v} \end{vmatrix}=\frac{1}{J^2}J=\frac{1}{J}=\frac{1}{\dfrac{\partial(x,y)}{\partial(u,v)}},$$

所以(5.47)式成立.亦可利用(5.33)式来证明(5.47)式,读者不妨一试. ▍

(5.47)式可看作一元函数反函数求导公式$\dfrac{\mathrm{d}y}{\mathrm{d}x}=\dfrac{1}{\dfrac{\mathrm{d}x}{\mathrm{d}y}}$的推广,它在下一章重积分的换元法中将要用到.

习题 5.5

(A)

1. 用导数定义求下列向量值函数的导数:

(1) $\boldsymbol{f}:\mathbf{R}^n\to\mathbf{R}^m$ 是常向量;　(2) $\boldsymbol{f}(\boldsymbol{x})=\boldsymbol{A}\boldsymbol{x}+\boldsymbol{a}$,其中 $\boldsymbol{A}=(a_{ij})_{m\times n}$ 为常矩阵,$\boldsymbol{a}\in\mathbf{R}^m$ 为常向量.

2. 求下列向量值函数的 Jacobi 矩阵：

(1) $\boldsymbol{f}(x,y)=(x^2+\sin y,2xy)^{\mathrm{T}}$； (2) $\boldsymbol{f}(x,y)=(x^2,xy,y^2)^{\mathrm{T}}$；

(3) $\boldsymbol{f}(x,y,z)=(x\cos y,ye^x,\sin(xz))^{\mathrm{T}}$.

3. 求下列向量值函数在给定点的导数：

(1) $\boldsymbol{f}(x,y)=(x^2-y^2,y\tan x)^{\mathrm{T}}$，在点$(1,0)^{\mathrm{T}}$处；

(2) $\boldsymbol{f}(x,y)=(\arctan x,\mathrm{e}^{xy})^{\mathrm{T}}$，在点$(1,0)^{\mathrm{T}}$处；

(3) $\boldsymbol{f}(x,y,z)=\left(x^2y,\dfrac{1}{y^2+z^2}\right)^{\mathrm{T}}$，在点$(1,1,1)^{\mathrm{T}}$处；

(4) $\boldsymbol{f}(x,y,z)=\left(\sin(x^2-y^2),\ln(x^2+z^2),\dfrac{1}{\sqrt{y^2+z^2}}\right)^{\mathrm{T}}$，在点$(1,1,1)^{\mathrm{T}}$处.

4. 设$\boldsymbol{r}=\boldsymbol{r}(t)$为空间$\mathbf{R}^3$中动点$(x(t),y(t),z(t))^{\mathrm{T}}$的向径，证明：

$$\|\boldsymbol{r}(t)\|=c\ (c\text{ 为常数})\Leftrightarrow\langle\boldsymbol{r}'(t),\boldsymbol{r}(t)\rangle=0.$$

5. 求由下列方程组所确定的隐函数的导数：

(1) $\begin{cases}xu+yv=0,\\yu+xv=1,\end{cases}$ 求$\dfrac{\partial u}{\partial x},\dfrac{\partial v}{\partial y}$； (2) $\begin{cases}u+v+w=x,\\uv+vw+wu=y,\\uvw=z,\end{cases}$ 求$\dfrac{\partial u}{\partial x},\dfrac{\partial u}{\partial y},\dfrac{\partial u}{\partial z}$.

6. 设函数$u=u(x)$由方程组$u=f(x,y,z),\varphi(x^2,\mathrm{e}^y,z)=0,y=\sin x$确定，其中$f,\varphi$都具有一阶连续偏导数，且$\dfrac{\partial\varphi}{\partial z}\neq0$，求$\dfrac{\mathrm{d}u}{\mathrm{d}x}$.

7. 设函数$y=y(x),z=z(x)$由方程组$z=xf(x+y),F(x,y,z)=0$确定，其中f和F分别具有一阶连续导数和一阶连续偏导数，求$\dfrac{\mathrm{d}z}{\mathrm{d}x}$.

8. 设方程组$F(y-x,y-z)=0,G\left(xy,\dfrac{z}{y}\right)=0$确定了隐函数$x=x(y),z=z(y)$，其中$F$和$G$都具有一阶连续偏导数，求$\dfrac{\mathrm{d}x}{\mathrm{d}y}$.

9. 设$\boldsymbol{f}=(f_1,f_2)^{\mathrm{T}}$，$f_1(x_1,x_2,x_3,y_1,y_2)=2\mathrm{e}^{y_1}+x_1y_2-4x_2+3$，$f_2(x_1,x_2,x_3,y_1,y_2)=y_2\cos y_1-6y_1+2x_1-x_3$，$\boldsymbol{x}_0=(3,2,7)^{\mathrm{T}}$，$\boldsymbol{y}_0=(0,1)^{\mathrm{T}}$.求由向量方程$\boldsymbol{f}(\boldsymbol{x},\boldsymbol{y})=\mathbf{0}$所确定的隐函数$\boldsymbol{y}=\boldsymbol{g}(\boldsymbol{x})$在$\boldsymbol{x}_0$处的导数，其中$\boldsymbol{x}=(x_1,x_2,x_3)^{\mathrm{T}}$，$\boldsymbol{y}=(y_1,y_2)^{\mathrm{T}}$.

(B)

1. 设$\boldsymbol{f}:U(\boldsymbol{x}_0)\subseteq\mathbf{R}^n\to\mathbf{R}^m$，其中$\boldsymbol{f}=(f_1,\cdots,f_m)^{\mathrm{T}}$，$\boldsymbol{x}_0\in\mathbf{R}^n$，$\boldsymbol{x}=(x_1,\cdots,x_n)^{\mathrm{T}}\in\mathbf{R}^n$.若$\dfrac{\partial f_i(\boldsymbol{x}_0)}{\partial x_j}(i=1,\cdots,m,j=1,\cdots,n)$在$\boldsymbol{x}_0$的某邻域内存在，且在$\boldsymbol{x}_0$处连续，证明$\boldsymbol{f}$在$\boldsymbol{x}_0$处可微.

2. 证明定理 5.3(4).

3. 设$\boldsymbol{x}_0,\boldsymbol{y}_0\in\mathbf{R}^n$，$S$是联结$\boldsymbol{x}_0,\boldsymbol{y}_0$的线段，$\Omega$是包含$S$的区域，$\boldsymbol{f}=(f_1,\cdots,f_m)^{\mathrm{T}}:\Omega\to\mathbf{R}^m$连续，$\boldsymbol{f}$在$S$上($\boldsymbol{x}_0,\boldsymbol{y}_0$可以除外)可微，则存在$\boldsymbol{\xi}_1,\cdots,\boldsymbol{\xi}_m\in S$，使

$$\boldsymbol{f}(\boldsymbol{y}_0)-\boldsymbol{f}(\boldsymbol{x}_0)=\left(\frac{\partial f_i(\xi_i)}{\partial x_j}\right)_{m\times n}(\boldsymbol{y}_0-\boldsymbol{x}_0)$$

（向量值函数的 **Lagrange** 公式）.

第六节　多元函数微分学在几何上的简单应用

本节从空间曲线和曲面的参数方程出发，利用多元函数微分学的知识，以向量为工具，来研究曲线的切线与法平面、弧长以及曲面的切平面与法线.

6.1　空间曲线的切线与法平面

1. 曲线的参数方程

我们知道，平面曲线可以用参数方程 $x=x(t), y=y(t)\ (\alpha\leqslant t\leqslant\beta)$ 来表示. 例如，椭圆 $\frac{x^2}{a^2}+\frac{y^2}{b^2}=1$ 的参数方程是 $x=a\cos t, y=b\sin t\ (0\leqslant t\leqslant 2\pi)$；空间直线 L 的参数方程是

$$\boldsymbol{r}=\boldsymbol{r}_0+t\boldsymbol{a}\quad(-\infty<t<+\infty),$$

或

$$\begin{cases}x=x_0+lt,\\ y=y_0+mt,\\ z=z_0+nt\end{cases}\quad(-\infty<t<+\infty),$$

其中 $\boldsymbol{r}=(x,y,z)$①为直线 L 上动点 $P(x,y,z)$ 的向径 $\overrightarrow{OP}$，$\boldsymbol{r}_0=(x_0,y_0,z_0)$ 为直线 L 上的已知定点 (x_0,y_0,z_0) 的向径，$\boldsymbol{a}=(l,m,n)$ 为直线 L 的方向向量.

由直线 L 的参数方程可见，对于任一实数 t，按所给法则，在空间确定了唯一的点 (x,y,z). 因此，直线 L 可以看作是从区间 $(-\infty,+\infty)$ 到 $\mathbf{R}^3$ 的映射 $\boldsymbol{r}(t)=\boldsymbol{r}_0+t\boldsymbol{a}$ 的像.

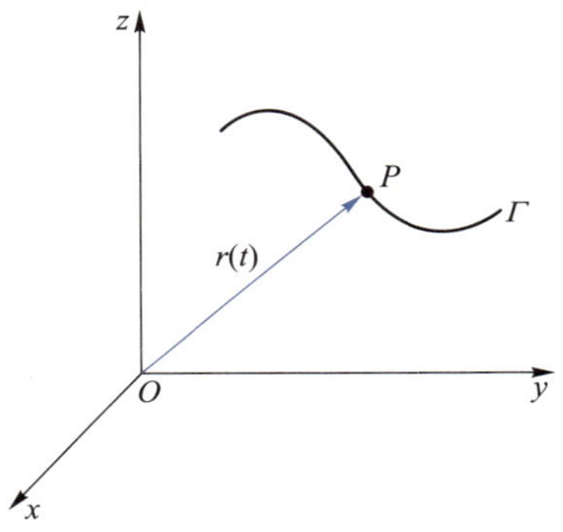

图 5.24

对于一般的空间曲线 Γ，也可看作是从区间 $[\alpha,\beta]$ 到 $\mathbf{R}^3$ 的一个连续映射 $\boldsymbol{r}$ 的像 $\{\boldsymbol{r}(t)\mid\alpha\leqslant t\leqslant\beta\}$，$\boldsymbol{r}(t)$ 就是向径 $\overrightarrow{OP}$（图 5.24）. 当 t 在区间 $[\alpha,\beta]$ 上变化时，向径 $\overrightarrow{OP}$ 端点 P 的轨迹就是曲线 Γ，它的方程可表示为

$$\boldsymbol{r}=\boldsymbol{r}(t)=(x(t),y(t),z(t))\quad(\alpha\leqslant t\leqslant\beta),\tag{6.1}$$

① 为了书写方便，本节的向量一般都写成行向量.

或

$$x=x(t),\quad y=y(t),\quad z=z(t)\quad(\alpha\leqslant t\leqslant\beta),\tag{6.2}$$

称(6.1)或(6.2)式为空间曲线 Γ 的**参数方程**.

例 6.1　在机械工程中常常遇到一种空间曲线,称为**螺旋线**,其形成规律是:动点 P 沿半径为 a 的圆周做匀速转动,而这圆周所在的平面又在空间做等速平移,移动的方向与圆周所在平面垂直.试推导此动点轨迹的方程.

解　取运动开始时(设 $t=0$)圆周的中心为坐标原点 O,圆周所在的平面为 xOy 坐标面,$\overrightarrow{OP_0}$的方向为 x 轴的正向,其中 P_0 为运动开始时动点的位置.圆周所在平面移动的方向为 z 轴的正向(图 5.25).

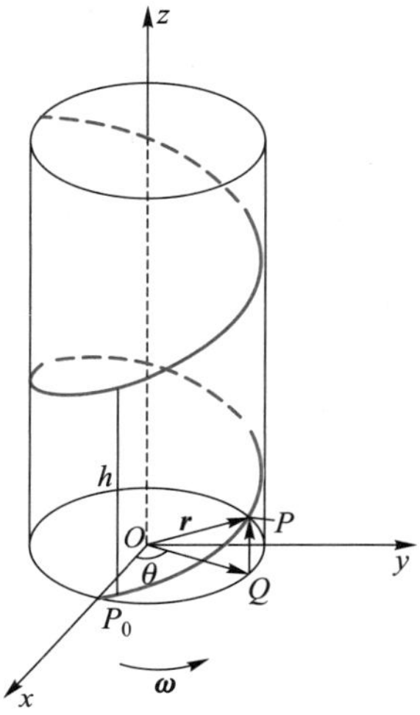

图 5.25

设点 P 转动的角速度为 $\boldsymbol{\omega}$,圆周沿 z 轴方向移动的速度为 $\boldsymbol{v}$,点 P_0 的坐标为$(a,0,0)$,于是经过时间 t 后,动点沿圆周转动了一个角度 ωt,并在 z 轴方向上上升了一段距离$\overline{QP}=vt$.所以在时刻 t,动点的坐标是

$$x=a\cos\omega t,\quad y=a\sin\omega t,\quad z=vt,\quad t\in[0,+\infty).$$

这就是螺旋线的参数方程,写成向量形式就是

$$\boldsymbol{r}=(a\cos\omega t,a\sin\omega t,vt),\quad t\in[0,+\infty).$$

如果取 $\theta=\omega t$ 作参变量,便有

$$x=a\cos\theta,\quad y=a\sin\theta,\quad z=k\theta,\quad \theta\in[0,+\infty),$$

其中 $k=\dfrac{v}{\omega}$.可见因参变量的不同选择,曲线可以有不同的参数方程.　▌

显然,上述螺旋线上的动点 P 始终在圆柱面 $x^2+y^2=a^2$ 上.如果让 θ 取负值,那么动点就沿着圆柱面转到 xOy 平面的下方去了.

因为当 θ 角转过 2π 后,动点 P 恰巧在圆柱面上由原来的位置升高了一段距离 $h=z(\theta+2\pi)-z(\theta)=k(\theta+2\pi)-k\theta=2\pi k$ (称常数 $2\pi k$ 为螺距),所以曲线在圆柱面上始终以同样的间距上升(或下降),这就是螺丝钉上螺纹的曲线,因而称为螺旋线.

2. 简单曲线与有向曲线

设空间曲线 Γ 的方程为 $\boldsymbol{r}=\boldsymbol{r}(t)$ $(\alpha\leqslant t\leqslant\beta)$.如果向量值函数 $\boldsymbol{r}(t)$ 在$[\alpha,\beta]$上连续,则称 Γ 为**连续曲线**;如果 Γ 为连续曲线,且 $\forall t_1,t_2\in(\alpha,\beta)$,$t_1\neq t_2$,均有 $\boldsymbol{r}(t_1)\neq\boldsymbol{r}(t_2)$,即在$(\alpha,\beta)$上 $\boldsymbol{r}$ 为单射,则称 Γ 为**简单曲线**.容易看出,简单曲线就是自身不相交的连续曲线.如果 Γ 为简单曲线,且 $\boldsymbol{r}(\alpha)=\boldsymbol{r}(\beta)$,则称 Γ 为**简单闭曲线**.对于选定了参数 t 的曲线 Γ,我们规定 t 增大的方向为 Γ 的**正向**(自然地,t 减小的方向,称为 Γ

的**负向**).例如,螺旋线 $\boldsymbol{r}=(a\cos\theta,a\sin\theta,k\theta)$ $(k>0)$的正向为上升的方向.对于规定了正向的曲线,称其为**有向曲线**.以下讨论的曲线均指有向曲线.

3. 空间曲线的切线与法平面

设空间简单曲线 Γ 的方程为

$$\boldsymbol{r}=\boldsymbol{r}(t)=(x(t),y(t),z(t))\quad(\alpha\leqslant t\leqslant\beta),$$

其中向量值函数 $\boldsymbol{r}(t)$ 在 $[\alpha,\beta]$ 上可导,其导数记作 $\dot{\boldsymbol{r}}(t)$,且有

$$\dot{\boldsymbol{r}}(t)=(\dot{x}(t),\dot{y}(t),\dot{z}(t))\neq\boldsymbol{0}\quad(\alpha\leqslant t\leqslant\beta).$$

我们来讨论 Γ 在点 $P_0(x(t_0),y(t_0),z(t_0))$ 处的切线方程.

与平面曲线的切线一样,空间曲线上点 P_0 处的切线也定义为曲线上过点 P_0 的割线 P_0P 当点 P 沿曲线趋于点 P_0 时的极限位置 P_0T(图 5.26).要求此切线的方程,关键在于求出它的一个方向向量.为此,在 Γ 上点 P_0 的邻近取点 $P(x(t_0+\Delta t),y(t_0+\Delta t),z(t_0+\Delta t))$,点 P_0 与 P 所对应的向径分别为 $\boldsymbol{r}(t_0)$ 与 $\boldsymbol{r}(t_0+\Delta t)$.从而向量

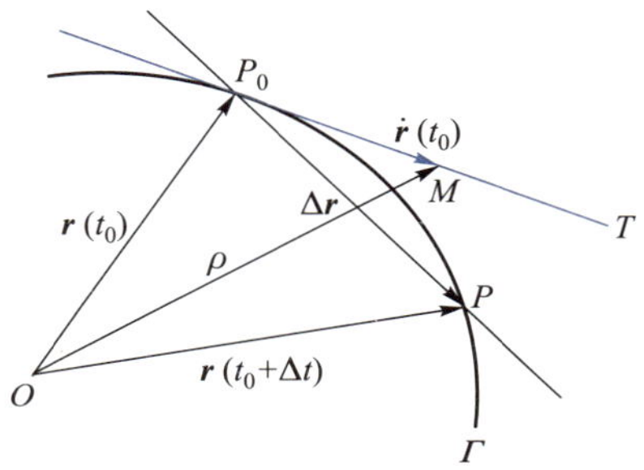

图 5.26

$$\overrightarrow{P_0P}=\boldsymbol{r}(t_0+\Delta t)-\boldsymbol{r}(t_0)=\Delta\boldsymbol{r}$$

为割线 P_0P 的一个方向向量.容易看出,向量

$$\frac{\overrightarrow{P_0P}}{\Delta t}=\frac{\Delta\boldsymbol{r}}{\Delta t}\tag{6.3}$$

也是割线 P_0P 的一个方向向量,而且不论 Δt 是正的还是负的,$\dfrac{\Delta\boldsymbol{r}}{\Delta t}$的方向始终与曲线 Γ 的参数 t 增大的方向(即 Γ 的正向)相一致.令 $\Delta t\to0$,对(6.3)式两端取极限得

$$\lim_{\Delta t\to0}\frac{\overrightarrow{P_0P}}{\Delta t}=\lim_{\Delta t\to0}\frac{\Delta\boldsymbol{r}}{\Delta t}=\dot{\boldsymbol{r}}(t_0).$$

由于 $\boldsymbol{r}(t)$ 的连续性,当 $\Delta t\to0$ 时,$\overrightarrow{P_0P}=\Delta\boldsymbol{r}\to\boldsymbol{0}$,点 P 沿曲线 Γ 趋于点 P_0,从而割线 P_0P 变成了切线 P_0T,而割线的方向向量变成了相应切线的方向向量 $\dot{\boldsymbol{r}}(t_0)$.由此可见:向径 $\boldsymbol{r}(t)$ 的导数 $\dot{\boldsymbol{r}}(t_0)$ 在几何上就

注意:曲线的正向总规定为对应于 t 增大的方向.因此,当 $\Delta t>0$ 时,$\Delta\boldsymbol{r}=\boldsymbol{r}(t_0+\Delta t)-\boldsymbol{r}(t_0)$ 与曲线正向一致,从而$\dfrac{\Delta\boldsymbol{r}}{\Delta t}$与曲线正向也一致.所以切向量 $\dot{\boldsymbol{r}}(t_0)=\lim\limits_{\Delta t\to0}\dfrac{\Delta\boldsymbol{r}}{\Delta t}$的方向与曲线正向一致;当 $\Delta t<0$ 时,$\Delta\boldsymbol{r}$ 的方向与曲线正向相反,但由于 $\Delta t<0$,故$\dfrac{\Delta\boldsymbol{r}}{\Delta t}$的方向仍与曲线正向一致,从而切向量 $\dot{\boldsymbol{r}}(t_0)$ 的方向始终指向曲线的正向.它的模为

$$\|\dot{\boldsymbol{r}}(t_0)\|=\sqrt{\dot{x}^2(t_0)+\dot{y}^2(t_0)+\dot{z}^2(t_0)}.$$

表示曲线 Γ 在相应点 P_0 处的切线 P_0T 的一个方向向量,而且它的方向与 Γ 的正向相一致,称它为 Γ 在点 P_0 处的**切向量**.

我们已知 $\boldsymbol{r}(t_0)$ 是曲线 Γ 上点 P_0 的向径,而 $\dot{\boldsymbol{r}}(t_0)$ 是 Γ 在点 P_0 的切向量,利用直线方程的向量形式,可将曲线 Γ 在 $P_0(\boldsymbol{r}(t_0))$ 处切线的向量方程写为

$$\boxed{\boldsymbol{\rho}=\boldsymbol{r}(t_0)+t\dot{\boldsymbol{r}}(t_0),} \tag{6.4}$$

其中 $\boldsymbol{\rho}=(x,y,z)$ 为切线上动点 $P(x,y,z)$ 的向径,$t\in\mathbf{R}$ 为参数.消去参数 t,即得该切线的对称式方程

$$\boxed{\frac{x-x(t_0)}{\dot{x}(t_0)}=\frac{y-y(t_0)}{\dot{y}(t_0)}=\frac{z-z(t_0)}{\dot{z}(t_0)}.} \tag{6.5}$$

由以上可知,当 $\boldsymbol{r}=\boldsymbol{r}(t)$ 可导,且 $\dot{\boldsymbol{r}}(t)\neq\mathbf{0}$ $(\alpha\leqslant t\leqslant\beta)$ 时,曲线 Γ 上各点处都存在切线.进一步,如果 $\dot{\boldsymbol{r}}(t)$ 在 $[\alpha,\beta]$ 上连续,则切线方向连续变化.一般地,称切线方向连续变化的曲线为**光滑曲线**.因此,当函数 $\boldsymbol{r}(t)$ 在 $[\alpha,\beta]$ 上有连续的导数且 $\dot{\boldsymbol{r}}(t)\neq\mathbf{0}$ $(\alpha\leqslant t\leqslant\beta)$ 时,曲线 $\boldsymbol{r}=\boldsymbol{r}(t)$ $(\alpha\leqslant t\leqslant\beta)$ 为光滑曲线.如果曲线 Γ 不是光滑曲线,但将 Γ 分成若干段后,每段都是光滑曲线,则称 Γ 为**分段光滑曲线**.

过曲线 Γ 上点 P_0 且与点 P_0 处的切线垂直的任一直线称为此曲线 Γ 在 P_0 处的**法线**,这些法线显然位于同一平面内,此平面称为 Γ 在点 P_0 的**法平面**.显然 $\dot{\boldsymbol{r}}(t_0)$ 是法平面的一个法线向量,于是法平面的方程是

$$\dot{\boldsymbol{r}}(t_0)\cdot[\boldsymbol{\rho}-\boldsymbol{r}(t_0)]=0,$$

或

$$\dot{x}(t_0)[x-x(t_0)]+\dot{y}(t_0)[y-y(t_0)]+\dot{z}(t_0)[z-z(t_0)]=0, \tag{6.6}$$

其中 $\boldsymbol{\rho}=(x,y,z)$ 是法平面上点 (x,y,z) 的向径.

如果曲线 Γ 是由两柱面的交线给出,设它的方程为

$$y=y(x),\quad z=z(x)\quad(a\leqslant x\leqslant b),$$

把 x 看作是参数,上式也可写成参数方程形式

$$x=x,\quad y=y(x),\quad z=z(x)\quad(a\leqslant x\leqslant b),$$

那么 Γ 上与参数 $x=x_0$ 相对应的点处的切线方程是

$$\boxed{\frac{x-x_0}{1}=\frac{y-y(x_0)}{\dot{y}(x_0)}=\frac{z-z(x_0)}{\dot{z}(x_0)},} \tag{6.7}$$

法平面方程是

$$x-x_0+\dot{y}(x_0)[y-y(x_0)]+\dot{z}(x_0)[z-z(x_0)]=0. \tag{6.8}$$

如果曲线 Γ 的方程由一般式方程

$$\begin{cases} F(x,y,z)=0, \\ G(x,y,z)=0 \end{cases} \tag{6.9}$$

给出，且在点 $P_0(x_0,y_0,z_0)$ 的某邻域内方程组(6.9)满足隐函数存在定理的条件，不妨设

$$\left.\frac{\partial(F,G)}{\partial(y,z)}\right|_{P_0} \neq 0,$$

那么在点 P_0 的某邻域内由(6.9)式确定了两个具有连续导数的一元隐函数 $y=y(x)$ 和 $z=z(x)$. 由隐函数求导法求出 $\dot{y}(x_0)$ 和 $\dot{z}(x_0)$ 之后，代入(6.7)和(6.8)式，即得曲线 Γ 在点 P_0 处的切线方程和法平面方程.

注意，在曲线 $\boldsymbol{r}=\boldsymbol{r}(t)$ 上，$\mathrm{d}\boldsymbol{r}=(\mathrm{d}x,\mathrm{d}y,\mathrm{d}z)=(\dot{x},\dot{y},\dot{z})\mathrm{d}t$ 与 $(\dot{x},\dot{y},\dot{z})$ 共线，因而向量 $(\mathrm{d}x,\mathrm{d}y,\mathrm{d}z)$ 也是曲线 $\boldsymbol{r}=\boldsymbol{r}(t)$ 的一个切向量. 因此，求曲线(6.9)在点 P_0 处的切向量也可以用下面的方法：由(6.9)式两端求全微分，并将点 P_0 代入，得

$$\begin{cases} F_x(P_0)\mathrm{d}x+F_y(P_0)\mathrm{d}y+F_z(P_0)\mathrm{d}z=0, \\ G_x(P_0)\mathrm{d}x+G_y(P_0)\mathrm{d}y+G_z(P_0)\mathrm{d}z=0, \end{cases}$$

将上式看作是以 $\mathrm{d}x,\mathrm{d}y,\mathrm{d}z$ 为未知量的齐次线性代数方程组，由于其所含方程个数(2)小于未知量个数(3)，由线性代数的知识知它必有非零解，求出它的任意一个非零解 $(\mathrm{d}x,\mathrm{d}y,\mathrm{d}z)|_{P_0}$，便是曲线(6.9)在点 P_0 处的一个切向量.

注意： 虽然导数 $\dot{\boldsymbol{r}}(t_0)$ 与微分 $\mathrm{d}\boldsymbol{r}(t_0)$ 都表示曲线 $\boldsymbol{r}=\boldsymbol{r}(t)$ 上与 t_0 所对应的点 P_0 处的切向量，但它们方向却不一定相同，$\dot{\boldsymbol{r}}(t_0)$ 与曲线的正向(即 t 增大方向)一致；而 $\mathrm{d}\boldsymbol{r}(t_0)=\dot{\boldsymbol{r}}(t_0)\Delta t$ 的方向，取决于 Δt 的正负. 当 $\Delta t<0$ 时它与曲线正向相反，它的模

$$\|\mathrm{d}\boldsymbol{r}\|=\sqrt{(\mathrm{d}x)^2+(\mathrm{d}y)^2+(\mathrm{d}z)^2}=\sqrt{\dot{x}^2+\dot{y}^2+\dot{z}^2}\,|\Delta t|$$

与

$$\|\dot{\boldsymbol{r}}\|=\sqrt{\dot{x}^2+\dot{y}^2+\dot{z}^2}$$

相比，伸缩了 $|\Delta t|$ 倍.

想一想：

微分

$$\mathrm{d}\boldsymbol{r}=(\mathrm{d}x,\mathrm{d}y,\mathrm{d}z)=(\dot{x}(t),\dot{y}(t),\dot{z}(t))\mathrm{d}t.$$

这里为什么没有“dt”？

例 6.2　求曲线 $\begin{cases} 2x^2+y^2+z^2=45, \\ x^2+2y^2=z \end{cases}$ 在点 $P_0(-2,1,6)$ 处的切线与法平面方程.

解　由曲线方程两端求全微分，利用一阶全微分形式不变性，得

$$\begin{cases} 4x\mathrm{d}x+2y\mathrm{d}y+2z\mathrm{d}z=0, \\ 2x\mathrm{d}x+4y\mathrm{d}y-\mathrm{d}z=0, \end{cases}$$

将点 P_0 的坐标代入，得

$$\begin{cases} 4\mathrm{d}x-\mathrm{d}y-6\mathrm{d}z=0, \\ 4\mathrm{d}x-4\mathrm{d}y+\mathrm{d}z=0, \end{cases}$$

容易求出这个齐次线性代数方程组的一个非零解是

$$(\mathrm{d}x,\mathrm{d}y,\mathrm{d}z)|_{P_0}=(25,28,12),$$

它就是曲线在点 P_0 处的一个切向量. 从而得曲线在点 P_0 处的切线方程是

$$\frac{x+2}{25}=\frac{y-1}{28}=\frac{z-6}{12},$$

法平面方程是

$$25(x+2)+28(y-1)+12(z-6)=0,$$

或

$$25x+28y+12z-50=0.\quad \blacksquare$$

6.2 弧长

1. 弧长的定义与计算

弧长是指一般曲线的长度,这在直观上是容易理解的.但直至目前,我们并未严格地定义它,更不知如何计算它.我们知道,对于联结两点 $P_1(x_1,y_1,z_1)$ 与 $P_2(x_2,y_2,z_2)$ 的直线段,其长度为

$$\|\overrightarrow{P_1P_2}\|=\sqrt{(x_1-x_2)^2+(y_1-y_2)^2+(z_1-z_2)^2}.\tag{6.10}$$

对于曲线段,当弧段很短时可以近似地看成是直线段,从而可以利用公式(6.10)来近似计算它的长度.因此,我们可以利用定积分的思想来定义和计算曲线的弧长.

定义 6.1(弧长) 设简单曲线 Γ 的方程是

$$\boldsymbol{r}=\boldsymbol{r}(t)=(x(t),y(t),z(t))\quad(\alpha\leqslant t\leqslant\beta).$$

Γ 的两个端点 A,B 分别对应于向径 $\boldsymbol{r}(\alpha),\boldsymbol{r}(\beta)$,在 Γ 上介于 A 和 B 之间沿着参数 t 增大的方向依次取 $n-1$ 个分点 $P_1,P_2,\cdots,P_{n-1}$(图 5.27),它们把 Γ 分成了 n 段.用直线段把相邻分点联结起来,即得一折线,它的长度是

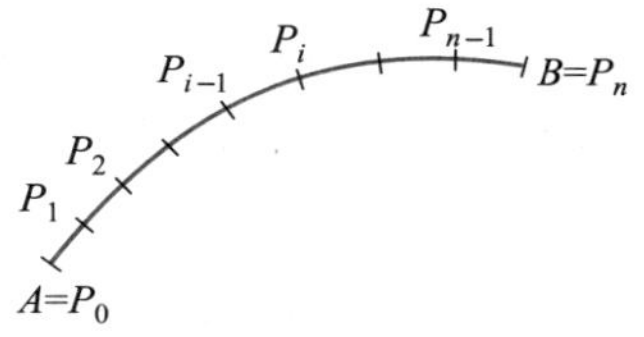

图 5.27

$$s_n=\sum_{i=1}^{n}\|\overrightarrow{P_{i-1}P_i}\|,$$

其中记 $A=P_0,B=P_n$.如果不论分点如何选取,当 $d=\max\limits_{1\leqslant i\leqslant n}\|\overrightarrow{P_{i-1}P_i}\|\to 0$ 时,折线的长度 s_n 有确定的极限 s,则称 Γ 为**可求长的曲线**,且称这个极限值 s 为 Γ 的**长度**,或 Γ 的**弧长**,即

$$s=\lim_{d\to 0}\sum_{i=1}^{n}\|\overrightarrow{P_{i-1}P_i}\|.$$

定理 6.1(弧长的计算公式) 设在 $[\alpha,\beta]$ 上 $\dot{\boldsymbol{r}}(t)$ 连续且 $\dot{\boldsymbol{r}}(t)\neq\boldsymbol{0}$,则曲线 $\boldsymbol{r}=\boldsymbol{r}(t)$ $(\alpha\leqslant t\leqslant\beta)$ 是可求长的曲线,且 Γ 的长度为

$$\boxed{s=\int_\alpha^\beta\|\dot{\boldsymbol{r}}(t)\|\mathrm{d}t=\int_\alpha^\beta\sqrt{[\dot{x}(t)]^2+[\dot{y}(t)]^2+[\dot{z}(t)]^2}\,\mathrm{d}t.}\tag{6.11}$$

证　设分点 P_i 对应于参数 $t_i\ (i=0,1,\cdots,n)$，其中 $t_0=\alpha, t_n=\beta$. 这样便有

$$\alpha=t_0<t_1<\cdots<t_{n-1}<t_n=\beta.$$

首先来求 $\|\overrightarrow{P_{i-1}P_i}\|$ 的表达式. 由于

$$\|\overrightarrow{P_{i-1}P_i}\|=\|\boldsymbol{r}(t_i)-\boldsymbol{r}(t_{i-1})\|=\sqrt{(\Delta x_i)^2+(\Delta y_i)^2+(\Delta z_i)^2},$$

利用 Lagrange 微分中值公式得

$$\|\overrightarrow{P_{i-1}P_i}\|=\sqrt{[\dot{x}(\xi_i)]^2+[\dot{y}(\eta_i)]^2+[\dot{z}(\zeta_i)]^2}\,\Delta t_i,$$

其中

$$\Delta t_i=t_i-t_{i-1},\quad \xi_i,\eta_i,\zeta_i\in(t_{i-1},t_i),\quad i=1,2,\cdots,n.$$

为了使上式右端根式中的函数在同一点处取值，将其变形得到

$$\|\overrightarrow{P_{i-1}P_i}\|=\sqrt{[\dot{x}(\xi_i)]^2+[\dot{y}(\xi_i)]^2+[\dot{z}(\xi_i)]^2}\,\Delta t_i+R_i\Delta t_i=\|\dot{\boldsymbol{r}}(\xi_i)\|\Delta t_i+R_i\Delta t_i,$$

其中

$$R_i=\sqrt{[\dot{x}(\xi_i)]^2+[\dot{y}(\eta_i)]^2+[\dot{z}(\zeta_i)]^2}-\sqrt{[\dot{x}(\xi_i)]^2+[\dot{y}(\xi_i)]^2+[\dot{z}(\xi_i)]^2}. \tag{6.12}$$

于是

$$s_n=\sum_{i=1}^{n}\|\overrightarrow{P_{i-1}P_i}\|=\sum_{i=1}^{n}\|\dot{\boldsymbol{r}}(\xi_i)\|\Delta t_i+\sum_{i=1}^{n}R_i\Delta t_i. \tag{6.13}$$

令 $\lambda=\max\limits_{1\leqslant i\leqslant n}\Delta t_i$，由定积分的定义和存在定理，易知

$$\lim_{\lambda\to 0}\sum_{i=1}^{n}\|\dot{\boldsymbol{r}}(\xi_i)\|\Delta t_i=\int_{\alpha}^{\beta}\|\dot{\boldsymbol{r}}(t)\|\mathrm{d}t. \tag{6.14}$$

这样，由(6.13)式及(6.14)式便知，要证明(6.11)式成立，只要证明

$$\lim_{\lambda\to 0}\sum_{i=1}^{n}R_i\Delta t_i=0. \tag{6.15}$$

为此，我们来估计 R_i. 利用不等式①

$$\left|\sqrt{a_1^2+a_2^2+a_3^2}-\sqrt{b_1^2+b_2^2+b_3^2}\right|\leqslant|a_1-b_1|+|a_2-b_2|+|a_3-b_3|,$$

由(6.12)式便得

$$|R_i|\leqslant|\dot{y}(\eta_i)-\dot{y}(\xi_i)|+|\dot{z}(\zeta_i)-\dot{z}(\xi_i)|.$$

因为 $\dot{y}(t)$，$\dot{z}(t)$ 在 $[\alpha,\beta]$ 上连续，从而在 $[\alpha,\beta]$ 上一致连续，所以 $\forall\varepsilon>0$，$\exists\delta=\delta(\varepsilon)>0$，只要 $t',t''\in[\alpha,\beta]$，$|t'-t''|<\delta$，就有

---

① 令向量 $\boldsymbol{a}=(a_1,a_2,a_3)$，$\boldsymbol{b}=(b_1,b_2,b_3)$，则由三角不等式 $\big|\|\boldsymbol{a}\|-\|\boldsymbol{b}\|\big|\leqslant\|\boldsymbol{a}-\boldsymbol{b}\|$ 及 $\|\boldsymbol{a}-\boldsymbol{b}\|\leqslant|a_1-b_1|+|a_2-b_2|+|a_3-b_3|$ 即可得此不等式.

$$|\dot{y}(t')-\dot{y}(t'')|<\varepsilon,\quad |\dot{z}(t')-\dot{z}(t'')|<\varepsilon.$$

特别地，当 $\lambda=\max\limits_{1\leqslant i\leqslant n}\Delta t_i<\delta$ 时，有

$$|R_i|<2\varepsilon,\quad \left|\sum_{i=1}^{n}R_i\Delta t_i\right|<2\varepsilon(\beta-\alpha),$$

从而(6.15)式成立. ▌

平面曲线是空间曲线的特例($z=0$)，因此，对于平面曲线 $\Gamma: x=x(t), y=y(t)$ $(\alpha\leqslant t\leqslant\beta)$，其弧长为

$$\boxed{s=\int_{\alpha}^{\beta}\sqrt{[\dot{x}(t)]^2+[\dot{y}(t)]^2}\,\mathrm{d}t.}$$

从而有

(1) 若平面曲线 Γ 在直角坐标系下的方程是

$$y=y(x)\quad(a\leqslant x\leqslant b),$$

则 Γ 有参数方程 $x=x, y=y(x)(a\leqslant x\leqslant b)$，因而 Γ 的弧长为

$$\boxed{s=\int_{a}^{b}\sqrt{1+[y'(x)]^2}\,\mathrm{d}x.}$$

(2) 若平面曲线 Γ 在极坐标下的方程是

$$\rho=\rho(\theta)\quad(\alpha\leqslant\theta\leqslant\beta),$$

则 Γ 有参数方程 $x=\rho(\theta)\cos\theta, y=\rho(\theta)\sin\theta\ (\alpha\leqslant\theta\leqslant\beta)$，于是 Γ 的弧长为

$$s=\int_{\alpha}^{\beta}\sqrt{[x'(\theta)]^2+[y'(\theta)]^2}\,\mathrm{d}\theta=\int_{\alpha}^{\beta}\sqrt{[\rho(\theta)]^2+[\rho'(\theta)]^2}\,\mathrm{d}\theta.$$

例 6.3 计算(平面曲线)摆线(也称旋轮线)一拱

$$x=a(t-\sin t),\quad y=a(1-\cos t)\quad(0\leqslant t\leqslant 2\pi)$$

的弧长.

解 因为

$$\sqrt{\dot{x}^2(t)+\dot{y}^2(t)}=\sqrt{a^2(1-\cos t)^2+a^2\sin^2 t}=a\sqrt{2(1-\cos t)}=2a\left|\sin\frac{t}{2}\right|,$$

所以

$$s=2a\int_0^{2\pi}\left|\sin\frac{t}{2}\right|\mathrm{d}t=2a\int_0^{2\pi}\sin\frac{t}{2}\mathrm{d}t=8a.\quad ▌$$

例 6.4 求平面曲线 $x=\dfrac{1}{4}y^2-\dfrac{1}{2}\ln y\ (1\leqslant y\leqslant \mathrm{e})$ 的弧长.

解 当 $1\leqslant y\leqslant\mathrm{e}$ 时，此曲线的参数方程可视为 $x=\dfrac{1}{4}y^2-\dfrac{1}{2}\ln y, y=y$，由于

$$\sqrt{1+\left(\frac{\mathrm{d}x}{\mathrm{d}y}\right)^2}=\sqrt{1+\frac{1}{4}\left(y-\frac{1}{y}\right)^2}=\frac{1}{2}\left(y+\frac{1}{y}\right),$$

故

$$s=\frac{1}{2}\int_1^{\mathrm{e}}\left(y+\frac{1}{y}\right)\mathrm{d}y=\frac{1}{4}(\mathrm{e}^2+1).\quad ▌$$

例 6.5 求螺旋线 $x=a\cos\theta, y=a\sin\theta, z=k\theta$ 一个螺距之间的长度.

解 由于

$$\sqrt{\dot{x}^2(\theta)+\dot{y}^2(\theta)+\dot{z}^2(\theta)}=\sqrt{a^2+k^2},$$

所以所求弧长为

$$s=\int_{\theta_0}^{\theta_0+2\pi}\sqrt{a^2+k^2}\,\mathrm{d}\theta=2\pi\sqrt{a^2+k^2}\quad(\theta_0\in\mathbf{R}).\quad ▌$$

2. 弧微分与自然参数

设曲线 Γ 的参数方程为 $\boldsymbol{r}=\boldsymbol{r}(t)\ (\alpha\leqslant t\leqslant\beta)$，$\dot{\boldsymbol{r}}(t)$ 连续且 $\dot{\boldsymbol{r}}(t)\neq\mathbf{0}$，$t_0$ 为 $[\alpha,\beta]$ 上的固定参数值，$s(t)$ 为从 $\boldsymbol{r}(t_0)$ 到 $\boldsymbol{r}(t)$ 的弧长函数，而且规定：当 $t>t_0$ 时，$s(t)>0$；当 $t<t_0$ 时，$s(t)<0$，则由(6.11)式有

$$s(t)=\int_{t_0}^{t}\|\dot{\boldsymbol{r}}(\tau)\|\mathrm{d}\tau\quad(\alpha\leqslant t\leqslant\beta).\qquad(6.16)$$

显然，由(6.16)式定义的函数 $s(t)$ 是 $[\alpha,\beta]$ 上连续可导且单调增的函数，t 增加的方向也是 $s(t)$ 增大的方向，且有

$$\frac{\mathrm{d}s}{\mathrm{d}t}=\|\dot{\boldsymbol{r}}(t)\|=\sqrt{[\dot{x}(t)]^2+[\dot{y}(t)]^2+[\dot{z}(t)]^2},$$

我们称

$$\mathrm{d}s=\|\dot{\boldsymbol{r}}(t)\|\mathrm{d}t=\sqrt{[\dot{x}(t)]^2+[\dot{y}(t)]^2+[\dot{z}(t)]^2}\,\mathrm{d}t\qquad(6.17)$$

为**弧长 $s(t)$ 的微分**，简称为**弧微分**.

由于 $\dfrac{\mathrm{d}s}{\mathrm{d}t}=\|\dot{\boldsymbol{r}}(t)\|>0$，故 $s=s(t)$ 存在反函数 $t=t(s)$，将它代入 Γ 的参数方程 $\boldsymbol{r}=\boldsymbol{r}(t)$，便得到 Γ 的以弧长 s 为参数的方程

$$\boldsymbol{r}=\boldsymbol{r}(t(s))\quad(a\leqslant s\leqslant b),$$

称 s 为曲线 Γ 的**自然参数**，其中 $[a,b]$ 为函数 $s=s(t)\ (\alpha\leqslant t\leqslant\beta)$ 的值域. 这样，通过上

注：注意到 $\|\dot{\boldsymbol{r}}(t)\|=\sqrt{\dot{x}^2(t)+\dot{y}^2(t)+\dot{z}^2(t)}$，(6-16)式的右端就是一个变上限的定积分. 由于被积函数 $\|\dot{\boldsymbol{r}}(t)\|$ 连续，故由微积分第一基本定理可知

$$\frac{\mathrm{d}s}{\mathrm{d}t}=\|\dot{\boldsymbol{r}}(t)\|,$$

于是弧段的长度

$$\Delta s=\|\dot{\boldsymbol{r}}(t)\|\Delta t+o(\Delta t).$$

可见 $\mathrm{d}s=\|\dot{\boldsymbol{r}}(t)\|\Delta t$ 就是 Δs 的线性主部. 因此，求弧长 s，只需求出各小弧段 Δs 的线性主部后将其无限累加(积分)即可.

从几何上看，由于 $\dot{\boldsymbol{r}}(t)$ 是曲线 $\boldsymbol{r}=\boldsymbol{r}(t)$ 上 t 所对应的点 P 处曲线正方向的一个切向量，从而 $\|\dot{\boldsymbol{r}}(t)\|\Delta t\ (\Delta t>0)$ 就是与 Δt 所对应的上述切向量的模. 所以，弧长也就是将上述这些切向量的模无限累加所得.

式，就建立了区间$[a,b]$上s值与曲线Γ上点之间的一一对应关系.采用自然参数，对讨论曲线的许多问题会带来方便.例如，切线向量$\frac{\mathrm{d}\boldsymbol{r}}{\mathrm{d}s}$是单位向量.事实上，由(6.17)式有

$$(\mathrm{d}s)^2=(\mathrm{d}x)^2+(\mathrm{d}y)^2+(\mathrm{d}z)^2,$$

故

$$\left(\frac{\mathrm{d}x}{\mathrm{d}s}\right)^2+\left(\frac{\mathrm{d}y}{\mathrm{d}s}\right)^2+\left(\frac{\mathrm{d}z}{\mathrm{d}s}\right)^2=1.$$

这就说明

$$\frac{\mathrm{d}\boldsymbol{r}}{\mathrm{d}s}=\left(\frac{\mathrm{d}x}{\mathrm{d}s},\frac{\mathrm{d}y}{\mathrm{d}s},\frac{\mathrm{d}z}{\mathrm{d}s}\right)$$

是一个单位切向量.于是，设切向量与x轴、y轴、z轴正向的夹角分别为α,β,γ，则有

$$\boxed{\frac{\mathrm{d}x}{\mathrm{d}s}=\cos\alpha,\quad \frac{\mathrm{d}y}{\mathrm{d}s}=\cos\beta,\quad \frac{\mathrm{d}z}{\mathrm{d}s}=\cos\gamma.}\tag{6.18}$$

6.3 曲面的切平面与法线

1. 曲面的参数方程

正像曲线可用参数方程来表示一样，曲面的方程也可以表示成参数形式，并且曲面的参数方程为研究曲面问题带来许多方便.

我们知道，方程

$$x^2+y^2=R^2\tag{6.19}$$

在xOy平面上表示中心在原点、半径为R的圆.若令

$$x=R\cos\theta,$$

则可将它表示成参数方程

$$x=R\cos\theta,\quad y=R\sin\theta\quad(0\leqslant\theta\leqslant2\pi).$$

方程(6.19)在$Oxyz$空间表示半径为R、中心轴为z轴的圆柱面，其中$z\in(-\infty,+\infty)$，因此圆柱面的方程可以通过参数θ与z写成

$$x=R\cos\theta,\quad y=R\sin\theta,\quad z=z\quad((\theta,z)\in D=[0,2\pi]\times(-\infty,+\infty)),\tag{6.20}$$

或向量形式

$$\boldsymbol{r}=\boldsymbol{r}(\theta,z)=(R\cos\theta,R\sin\theta,z)\quad((\theta,z)\in D).\tag{6.21}$$

由方程(6.20)或(6.21)可见,此圆柱面也可以看作是平面区域[①] D 到 $\mathbf{R}^3$ 的连续映射下的像.

为了说明曲面的方程可以用含有两个参数的参数方程来表示,我们再来看一个例子.

例 6.6 建立半径为 R 的球面的参数方程.

解 设球心在坐标原点 O,$P(x,y,z)$ 为此球面上任一点,从 z 轴正向到向径 $\overrightarrow{OP}$ 的转角为 φ,从坐标平面 xOz 到由 z 轴和 $\overrightarrow{OP}$ 所确定的平面 π 的转角(从 z 轴正向看去,其旋转方向为逆时针方向)为 θ.取 φ 与 θ 为参数,显然有

$$(\varphi,\theta)\in D=\{(\varphi,\theta)\mid 0\leqslant\varphi\leqslant\pi,\ 0\leqslant\theta\leqslant 2\pi\}\subseteq\mathbf{R}^2.$$

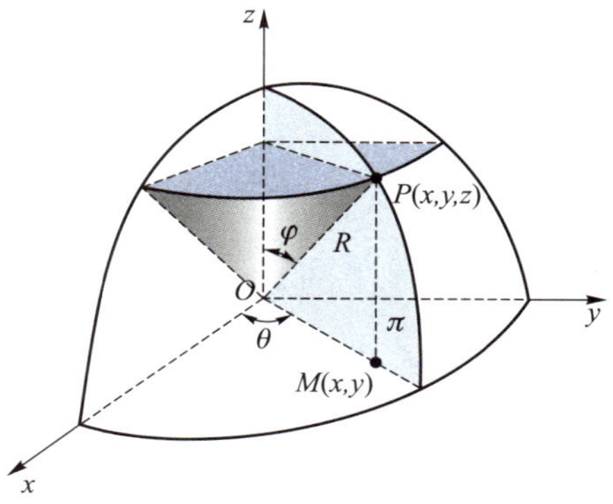

图 5.28

由图 5.28 易见,

$$x=\|\overrightarrow{OM}\|\cos\theta,\quad y=\|\overrightarrow{OM}\|\sin\theta,$$

而

$$\|\overrightarrow{OM}\|=R\sin\varphi,$$

从而知此球面的参数方程为

$$x=R\sin\varphi\cos\theta,\quad y=R\sin\varphi\sin\theta,\quad z=R\cos\varphi\quad(0\leqslant\varphi\leqslant\pi,\ 0\leqslant\theta\leqslant 2\pi).$$

或

$$\boldsymbol{r}=\boldsymbol{r}(\varphi,\theta)=(R\sin\varphi\cos\theta,R\sin\varphi\sin\theta,R\cos\varphi)\quad(0\leqslant\varphi\leqslant\pi,0\leqslant\theta\leqslant 2\pi).\tag{6.22}$$

因此,此球面可看成平面区域

$$D=\{(\varphi,\theta)\mid 0\leqslant\varphi\leqslant\pi,0\leqslant\theta\leqslant 2\pi\}$$

到 $\mathbf{R}^3$ 的连续映射(6.22)的像. ▌

一般地,曲面 S 可以看作是由平面上某一区域 D 到空间 $Oxyz$ 的某一连续映射的像,从而 S 的方程可用此映射表示为

$$x=x(u,v),\quad y=y(u,v),\quad z=z(u,v)\quad((u,v)\in D),\tag{6.23}$$

或写成向量形式为

$$\boldsymbol{r}=\boldsymbol{r}(u,v)=(x(u,v),y(u,v),z(u,v))\quad((u,v)\in D),\tag{6.24}$$

---

① 为叙述方便起见,本书今后所指的区域也可以包含它的全部或部分边界.

称(6.23)或(6.24)式为**曲面的参数方程**,其中函数 x,y,z 均在 D 中连续.

注意:与曲线不同,曲面的参数方程是由两个独立参数构成的.例如,方程(6.20)或(6.21)就是以 θ,z 为参数的上述圆柱面的参数方程,(6.22)是以 θ,φ 为参数的球面方程.

2. 曲面上曲线的表示

对于曲面的参数方程(6.23)或(6.24),若在 D 中固定 $v=v_0$,让 u 变化,则此时在映射 $\boldsymbol{r}$ 下像点的集合应是曲面 S 上的一条曲线,称为曲面 S 上的 u **曲线**.它的方程应为

$$\boldsymbol{r}=\boldsymbol{r}(u,v_0)=(x(u,v_0),y(u,v_0),z(u,v_0)) \quad (u\in I_1),$$

同理可得曲面 S 上的 v **曲线**的方程为

$$\boldsymbol{r}=\boldsymbol{r}(u_0,v)=(x(u_0,v),y(u_0,v),z(u_0,v)) \quad (v\in I_2),$$

其中 I_1 与 I_2 分别为 u 与 v 所允许的变化区间.

这样,过曲面 S 上的每一点 P 就有一条 u 曲线和一条 v 曲线,它们的交点就是 P.u 曲线族和 v 曲线族构成曲面 S 上的**参数曲线网**,而曲面 S 可以看成是由它的 u 曲线族和 v 曲线族织成的.从直观上来看,曲面 S 可以看成是映射 $\boldsymbol{r}$ 将平面 uOv 上的区域 D 在 $\mathbf{R}^3$ 中变形后得到的(图 5.29),而 D 内的坐标网相应地变成了曲面 S 的参数曲线网.

想一想:

比较一下空间曲面与空间曲线,

(1) 它们的参数方程有何不同?

(2) 它们的一般式方程有何不同?

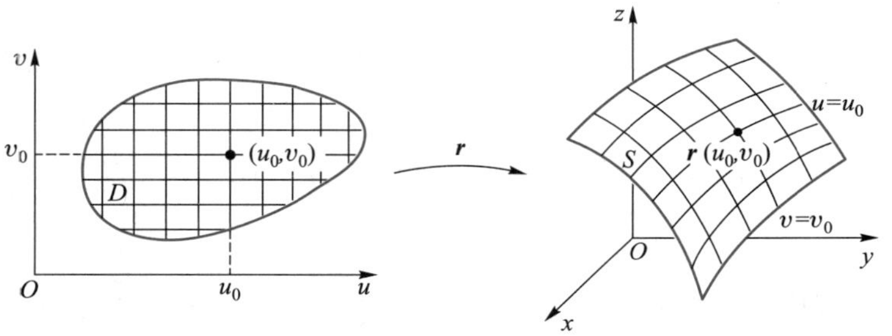

图 5.29

例如,在球面的方程(6.22)中令 $\theta=\theta_0$ 便得到此球面的 φ 曲线,其方程为

$$\boldsymbol{r}=\boldsymbol{r}(\varphi,\theta_0)=(R\sin\varphi\cos\theta_0,R\sin\varphi\sin\theta_0,R\cos\varphi) \quad (0\leqslant\varphi\leqslant\pi).$$

在图 5.28 中,φ 曲线就是过 z 轴的半平面 π 与球面的交线,即球面的经线.

在(6.22)中令 $\varphi=\varphi_0$ 便得到此球面的 θ 曲线,其方程为

$$\boldsymbol{r}=\boldsymbol{r}(\varphi_0,\theta)=(R\sin\varphi_0\cos\theta,R\sin\varphi_0\sin\theta,R\cos\varphi_0) \quad (0\leqslant\theta\leqslant 2\pi).$$

在图 5.28 中,θ 曲线就是以 z 轴为对称轴、O 为顶点的圆锥面与球面的交线,即球面的纬线.

当 θ_0 与 φ_0 在相应区间变化时，就得到 φ 曲线族和 θ 曲线族，它们构成了球面的参数曲线网.球面可以看成是由它们织成的.

由于曲面 S 是平面区域 D 在连续映射 $\boldsymbol{r}$ 下像点的集合，所以曲面 S 上任一曲线必是区域 D 内某一平面曲线 $u=u(t),v=v(t)\ (t\in I)$ 在映射 $\boldsymbol{r}$ 下像点的集合，因而它的方程为

$$\boldsymbol{r}=\boldsymbol{r}[u(t),v(t)]=(x(u(t),v(t)),y(u(t),v(t)),z(u(t),v(t)))\quad(t\in I).$$

例 6.7　机械工程中常见的一种曲面称为**正螺面**，它是当长为 l 的一动直线段（或直线）在平面上匀速地绕与此平面垂直的轴旋转，而此直线段（或直线）所在平面又匀速地沿此轴向上或向下运动时，该直线段（或直线）的运动轨迹.试建立它的方程.

解　建立坐标系使运动开始时直线段位于 xOy 平面 x 轴的正向上，且该直线段以原点为起点（图 5.30）.设 $\overrightarrow{OM}$ 旋转的角速度为 $\omega>0$，平面垂直移动的速度为 $b>0$，正螺面上动点 $P(x,y,z)$ 与 z 轴的距离为 u.于是由图 5.30 易得

$$x=u\cos\omega t,\quad y=u\sin\omega t,\quad z=bt.$$

注意：不要将双参数 u,v 的正螺面方程 $\boldsymbol{r}(u,v)=(u\cos v,u\sin v,av)$ 与单参数的螺旋线方程 $\boldsymbol{r}(v)=(a\cos v,a\sin v,kv)$ 混淆.实际上，当将参数 u 固定后，正螺面就是一条螺旋线，这正说明螺旋线是正螺面的 v 曲线，而正螺面就是由这种 v 曲线族所织成的.

注：由正螺面方程可以看到：曲面用双参数方程表示的优点之一是可以表示多值曲面.

令 $\omega t=v$，$\dfrac{b}{\omega}=a$，于是正螺面的参数方程为

$$\boldsymbol{r}(u,v)=(u\cos v,u\sin v,av)\quad(0\leqslant u\leqslant l,\ -\infty<v<+\infty),$$

其中 $a>0$ 为常数，u 与 v 为参数，正螺面的图形如图 5.31 所示.机械中的螺杆及某些建筑中的旋转楼梯都是正螺面.　▌

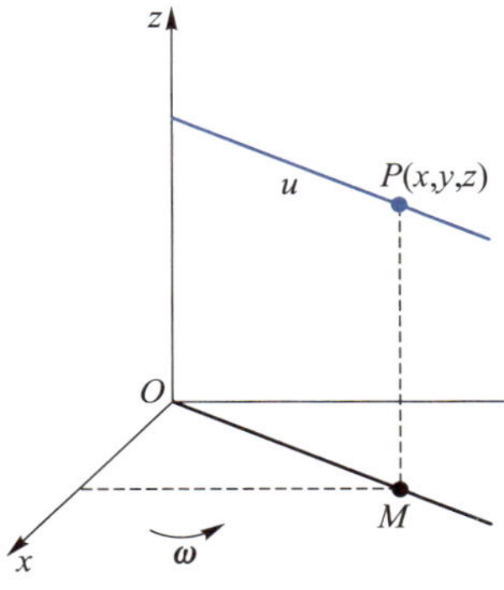

图 5.30

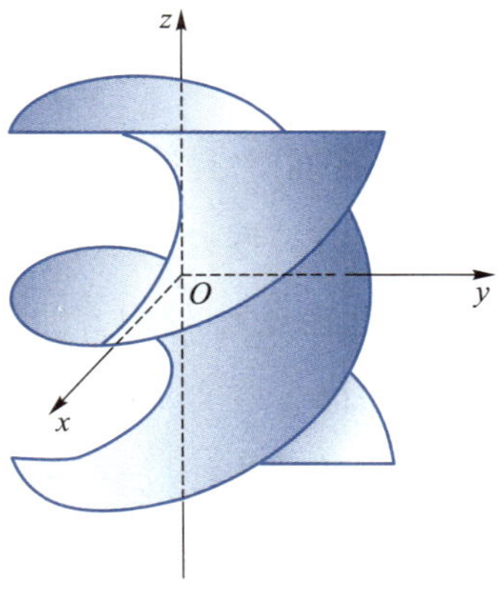

图 5.31

3. 曲面的切平面与法线

设曲面 S 的参数方程为

$$\boldsymbol{r}=\boldsymbol{r}(u,v)=(x(u,v),y(u,v),z(u,v))\quad((u,v)\in D\subseteq\mathbf{R}^2),$$

其中 $\boldsymbol{r}$ 在 D 内连续,在点 $(u_0,v_0)\in D$ 可微,其偏导数为

$$\boldsymbol{r}_u(u_0,v_0)=\left(\frac{\partial x}{\partial u},\frac{\partial y}{\partial u},\frac{\partial z}{\partial u}\right)\bigg|_{(u_0,v_0)},\quad \boldsymbol{r}_v(u_0,v_0)=\left(\frac{\partial x}{\partial v},\frac{\partial y}{\partial v},\frac{\partial z}{\partial v}\right)\bigg|_{(u_0,v_0)},$$

且 $\boldsymbol{r}_u(u_0,v_0)\times\boldsymbol{r}_v(u_0,v_0)\neq\boldsymbol{0}$ (此时点 (u_0,v_0) 称为曲面 S 的**正则点**).

曲面 S 上过点 $\boldsymbol{r}(u_0,v_0)$ 的 u 曲线为

$$\boldsymbol{r}=\boldsymbol{r}(u,v_0),$$

它是以 u 为参数的空间曲线的参数方程. 由于 $\boldsymbol{r}=\boldsymbol{r}(u,v)$ 在 (u_0,v_0) 点可微,故 u 曲线在点 $\boldsymbol{r}_0=\boldsymbol{r}(u_0,v_0)$ 的切向量为 $\boldsymbol{r}_u(u_0,v_0)$;同理可得,$v$ 曲线在点 $\boldsymbol{r}_0$ 的切向量为 $\boldsymbol{r}_v(u_0,v_0)$. 由于 (u_0,v_0) 是正则点,所以向量 $\boldsymbol{r}_u(u_0,v_0)$ 与 $\boldsymbol{r}_v(u_0,v_0)$ 不平行,从而由上述 u 曲线的切线与 v 曲线的切线确定了一张平面 π (图 5.32),它是过点 $\boldsymbol{r}_0$ 且以 $\boldsymbol{r}_u(u_0,v_0)\times\boldsymbol{r}_v(u_0,v_0)$ 为法线方向向量的平面.

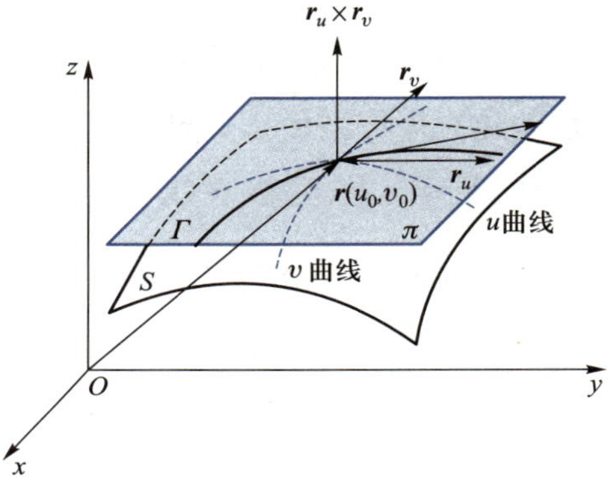

图 5.32

下面证明:曲面 S 上过点 $\boldsymbol{r}_0$ 的任一曲线在点 $\boldsymbol{r}_0$ 若有切线,则此切线必位于平面 π 上. 事实上,在 S 上过点 $\boldsymbol{r}_0$ 任作一条在 $\boldsymbol{r}_0$ 处有切线的曲线 Γ,它的方程为

$$\boldsymbol{r}=\boldsymbol{r}[u(t),v(t)]\quad(t\in I),$$

其中 $u(t_0)=u_0,v(t_0)=v_0$. 由上式两端在 t_0 处对 t 求导,根据链式法则有

$$\dot{\boldsymbol{r}}(t_0)=\boldsymbol{r}_u(u_0,v_0)\dot{u}(t_0)+\boldsymbol{r}_v(u_0,v_0)\dot{v}(t_0). \tag{6.25}$$

(6.25)式表明,曲面 S 上过点 $\boldsymbol{r}_0$ 的任一曲线 Γ 在点 $\boldsymbol{r}_0$ 的切向量 $\dot{\boldsymbol{r}}(t_0)$ 都可以用 $\boldsymbol{r}_u(u_0,v_0)$ 与 $\boldsymbol{r}_v(u_0,v_0)$ 线性表示,故 Γ 在点 $\boldsymbol{r}_0$ 的切线必位于平面 π 上.

因此,我们把在点 $\boldsymbol{r}_0$ 处由 u 曲线和 v 曲线的切向量 $\boldsymbol{r}_u(u_0,v_0)$ 与 $\boldsymbol{r}_v(u_0,v_0)$ 所确定的平面 π 称为曲面 S 在点 $\boldsymbol{r}_0$ 的**切平面**,而把过点 $\boldsymbol{r}_0$ 且垂直于切平面 π 的直线称为此曲面 S 在点 $\boldsymbol{r}_0$ 处的**法线**,法线的方向向量称为**法向量**. 显然,法向量可取为

$$(\boldsymbol{r}_u\times\boldsymbol{r}_v)_{(u_0,v_0)}=\left(\frac{\partial(y,z)}{\partial(u,v)},\frac{\partial(z,x)}{\partial(u,v)},\frac{\partial(x,y)}{\partial(u,v)}\right)_{(u_0,v_0)}\xlongequal{\text{记为}}(A,B,C),$$

于是 S 在点 $\boldsymbol{r}_0$ 的切平面方程为

$$\boxed{A(x-x_0)+B(y-y_0)+C(z-z_0)=0,}$$

法线方程为

$$\frac{x-x_0}{A}=\frac{y-y_0}{B}=\frac{z-z_0}{C},$$

其中 $x_0=x(u_0,v_0),y_0=y(u_0,v_0),z_0=z(u_0,v_0)$.

若偏导数

$$\boldsymbol{r}_u=\left(\frac{\partial x}{\partial u},\frac{\partial y}{\partial u},\frac{\partial z}{\partial u}\right),\quad \boldsymbol{r}_v=\left(\frac{\partial x}{\partial v},\frac{\partial y}{\partial v},\frac{\partial z}{\partial v}\right)$$

均在区域 D 内连续,则称曲面 S 是一**光滑曲面**,在几何上表示此曲面有连续转动的切平面.

若曲面 S 的方程为直角坐标系下的方程 $F(x,y,z)=0$,设 F 具有对各个变量的连续偏导数,且 $(F_x,F_y,F_z)\neq\boldsymbol{0}$.不妨设 $F_z\neq0$,则由隐函数存在定理,方程 $F(x,y,z)=0$ 确定了一个单值连续且有连续偏导数的二元函数 $z=z(x,y)$.把 x 与 y 看作是参数,于是曲面 S 的参数方程为

$$\boldsymbol{r}(x,y)=(x,y,z(x,y)).$$

由于

$$\boldsymbol{r}_x=(1,0,z_x)=\left(1,0,-\frac{F_x}{F_z}\right),\quad \boldsymbol{r}_y=(0,1,z_y)=\left(0,1,-\frac{F_y}{F_z}\right),$$

从而

$$\boldsymbol{r}_x\times\boldsymbol{r}_y=\left(\frac{F_x}{F_z},\frac{F_y}{F_z},1\right),$$

故可取 $\boldsymbol{n}=(F_x,F_y,F_z)$ 作为法向量,于是曲面在点 $P_0(x_0,y_0,z_0)$ 的切平面方程为

$$\boxed{F_x(P_0)(x-x_0)+F_y(P_0)(y-y_0)+F_z(P_0)(z-z_0)=0,}\tag{6.26}$$

法线方程为

$$\frac{x-x_0}{F_x(P_0)}=\frac{y-y_0}{F_y(P_0)}=\frac{z-z_0}{F_z(P_0)}.\tag{6.27}$$

若曲面方程为 $z=f(x,y)$ 或 $f(x,y)-z=0$,则由(6.26)及(6.27)两式可得曲面在点 (x_0,y_0,z_0) 处的切平面与法线方程分别为

$$\boxed{z-z_0=f_x(x_0,y_0)(x-x_0)+f_y(x_0,y_0)(y-y_0)}\tag{6.28}$$

及

$$\frac{x-x_0}{f_x(x_0,y_0)}=\frac{y-y_0}{f_y(x_0,y_0)}=\frac{z-z_0}{-1},\tag{6.29}$$

其中 $z_0=f(x_0,y_0)$.

值得指出的是,当$f(x,y)$在(x_0,y_0)可微时,方程(6.28)的右端恰好是函数$z=f(x,y)$在(x_0,y_0)的全微分,而左端是切平面上点的竖坐标的改变量.因此,函数$z=f(x,y)$在点(x_0,y_0)处的全微分在几何上表示曲面$z=f(x,y)$在点$P_0(x_0,y_0,z_0)$(其中$z_0=f(x_0,y_0)$)处的切平面上点的竖坐标的改变量——有向线段$\overrightarrow{PM}$的值(图 5.33).当$|x-x_0|$与$|y-y_0|$充分小时,用全微分 dz 去近似代替函数的改变量 Δz,也就是用

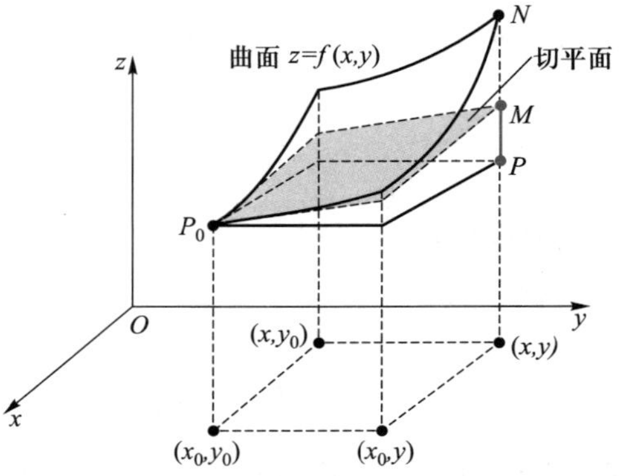

图 5.33

$$f(x_0,y_0)+f_x(x_0,y_0)(x-x_0)+f_y(x_0,y_0)(y-y_0)$$

去近似代替$f(x,y)$,在几何上就是用曲面在点 P_0 的切平面去近似代替曲面.这是局部线性化思想在二元函数中的体现.

由曲面的法向量还可以看到三元可微函数 $u=F(x,y,z)$的一个事实:它的梯度向量 $\nabla u=\left(\frac{\partial F}{\partial x},\frac{\partial F}{\partial y},\frac{\partial F}{\partial z}\right)$正是它的等值面 $F(x,y,z)=C$(其中 C 为常数)的一个法向量.我们知道,沿梯度方向,函数 u 增长最快;沿梯度的负方向,函数 u 减小最快.而函数值 u 的变化对应于 u 的等值面的变化,所以,从几何上看,函数 u 变化最剧烈的方向,正是沿着与 u 的等值面“垂直”的法线方向.

例 6.8 求正螺面 $x=u\cos v,y=u\sin v,z=av$ 在 $u=\sqrt{2},v=\frac{\pi}{4}$处的切平面与法线方程,其中常数 $a\neq 0$.

解 由于 $\boldsymbol{r}=(u\cos v,u\sin v,av)$,所以

$$\boldsymbol{r}_u=(x_u,y_u,z_u)=(\cos v,\sin v,0),\quad \boldsymbol{r}_v=(x_v,y_v,z_v)=(-u\sin v,u\cos v,a),$$

在 $u=\sqrt{2},v=\frac{\pi}{4}$处,$\boldsymbol{r}_u=\left(\frac{\sqrt{2}}{2},\frac{\sqrt{2}}{2},0\right)$,$\boldsymbol{r}_v=(-1,1,a)$,$\boldsymbol{r}_u\times\boldsymbol{r}_v=\left(\frac{\sqrt{2}}{2}a,-\frac{\sqrt{2}}{2}a,\sqrt{2}\right)$,于是曲面上对应于点$\left(1,1,\frac{\pi}{4}a\right)$处的法线向量可取为

$$\boldsymbol{n}=(a,-a,2),$$

从而可得所求切平面方程是

$$ax-ay+2z=\frac{\pi}{2}a,$$

法线方程是

$$\frac{x-1}{a}=\frac{y-1}{-a}=\frac{z-\frac{\pi}{4}a}{2}.\quad \blacksquare$$

例 6.9　已知椭球面 $S: x^2+2y^2+z^2=\frac{5}{2}$ 和平面 π: $x-y+z+4=0$.

（1）求 S 的与平面 π 平行的切平面的方程；

（2）求 S 上距离平面 π 最近和最远的点.

想一想：
当曲线是以一般式方程的形式，即两个曲面的交线给出时，如何利用两曲面的切平面或法向量，求出该曲线的切向量及切线方程？

解　（1）设 S 上点 $P_0(x_0,y_0,z_0)$ 处的切平面与平面 π 平行，由于 S 上点 P_0 处法向量为

$$\boldsymbol{n}\big|_{P_0}=(x_0,2y_0,z_0),$$

平面 π 的法向量为 $(1,-1,1)$，按照平面平行的条件，应该有

$$\frac{x_0}{1}=\frac{2y_0}{-1}=\frac{z_0}{1},$$

从而得 $x_0=z_0, y_0=-\frac{1}{2}z_0$. 代入曲面 S 的方程得 $z_0=\pm1$，因而得到满足要求的点 P_0 有两个：$P_0'\left(1,-\frac{1}{2},1\right)$ 和 $P_0''\left(-1,\frac{1}{2},-1\right)$，则点 P_0' 和 P_0'' 处的切平面方程分别是

$$(x-1)-\left(y+\frac{1}{2}\right)+(z-1)=0 \text{ 和 } (x+1)-\left(y-\frac{1}{2}\right)+(z+1)=0,$$

或

$$x-y+z-\frac{5}{2}=0 \text{ 和 } x-y+z+\frac{5}{2}=0.$$

它们都与平面 π 平行.

（2）容易求出点 P_0' 和 P_0'' 到平面 π 的距离分别是 $\frac{13}{2\sqrt{3}}$ 和 $\frac{3}{2\sqrt{3}}$. 显然，椭球面上每一点的切平面都使椭球面位于切平面的一侧，因此，椭球面 S 夹在（1）中所求出的两个相互平行的切平面之间. 易求出原点到上述与 π 平行的两个切平面的距离都是 $\frac{5}{2\sqrt{3}}$，而原点到平面 π 的距离为 $\frac{4}{\sqrt{3}}$. 由于 $\frac{4}{\sqrt{3}}>\frac{5}{2\sqrt{3}}$，所以平面 π 位于上述两个平行的切平面所夹空间区域之外，从而知平面 π 与椭球面 S 不相交. 由上述椭球面 S、平面 π 以及与之平行的 S 的切平面之间的关系可知 P_0'' 和 P_0' 分别是 S 上距离平面 π 最近和最远的点.　$\blacksquare$

习题 5.6

(A)

1. 求下列曲线在给定点的切线和法平面方程:

(1) $\boldsymbol{r}=(t,2t^2,t^2)$,在 $t=1$ 处; (2) $\boldsymbol{r}=(3\cos\theta,3\sin\theta,4\theta)$,在点$\left(\frac{3}{\sqrt{2}},\frac{3}{\sqrt{2}},\pi\right)$处;

(3) $\begin{cases}x^2+y^2=1,\\ y^2+z^2=1,\end{cases}$ 在点(1,0,1)处.

2. 求曲线 $\boldsymbol{r}=(t,-t^2,t^3)$ 上的与平面 $x+2y+z=4$ 平行的切线方程.

3. 证明:螺线 $\boldsymbol{r}=(a\cos\theta,a\sin\theta,k\theta)$ 上任一点的切线与 Oz 轴交成定角.

4. 求下列平面曲线的弧长:

(1) $y=\frac{1}{2p}x^2$ 由顶点到点$(\sqrt{2}p,p)$的一段弧;

(2) $x=x(t)=\int_0^{t^2}\sqrt{1+u}\,\mathrm{d}u,\ y=y(t)=\int_0^{t^2}\sqrt{1-u}\,\mathrm{d}u,\ 0\leqslant t\leqslant 1$;

(3) $x^{2/3}+y^{2/3}=a^{2/3}$ $(a>0)$的全长;

(4) $\boldsymbol{r}=(\mathrm{e}^t\sin t,\mathrm{e}^t\cos t)$ $\left(0\leqslant t\leqslant\frac{\pi}{2}\right)$;

(5) $\boldsymbol{r}=(a(\cos t+t\sin t),a(\sin t-t\cos t))$ $(a>0,0\leqslant t\leqslant 2\pi)$;

(6) 极坐标系中的曲线 $\rho=a(1+\cos\theta)$ 的全长;

(7) 极坐标系中的曲线 $\rho=a\sin^3\frac{\theta}{3}$ $(a>0)$的全长;

(8) 曲线 $y(x)=\int_{-\sqrt{3}}^{x}\sqrt{3-t^2}\,\mathrm{d}t$ 的全长;

(9) $y=\ln\cos x$ $\left(0\leqslant x\leqslant\alpha,\alpha<\frac{\pi}{2}\right)$.

5. 求下列空间曲线的弧长:

(1) $\boldsymbol{r}=(\mathrm{e}^t\cos t,\mathrm{e}^t\sin t,\mathrm{e}^t)$ 介于点(1,0,1)与点$(0,\mathrm{e}^{\pi/2},\mathrm{e}^{\pi/2})$之间的弧段;

(2) $\boldsymbol{r}=(2t,t^2-2,1-t^2)$ $(0\leqslant t\leqslant 2)$;

(3) $\begin{cases}x^2=3y,\\ 2xy=9z\end{cases}$ 介于点(0,0,0)与点(3,3,2)之间的弧段.

6. 两条曲线的交角是指它们在交点处的切线的交角.证明:曲线 $\boldsymbol{r}=(a\mathrm{e}^t\cos t,a\mathrm{e}^t\sin t,a\mathrm{e}^t)$ 与圆锥面 $x^2+y^2=z^2$ 的各母线相交的角度相同.

7. 写出下列曲面的一种参数方程,其中 a,b,c 均为正常数:

(1) $\frac{x^2}{a^2}+\frac{y^2}{b^2}+\frac{z^2}{c^2}=1$; (2) $\frac{x^2}{a^2}-\frac{y^2}{b^2}-\frac{z^2}{c^2}=1$;

(3) $\dfrac{x^2}{a^2}-\dfrac{y^2}{b^2}=2z$；　　(4) $\dfrac{x^2}{a^2}+\dfrac{y^2}{b^2}=\dfrac{z^2}{c^2}$.

8. 求 xOz 坐标面内的曲线$\begin{cases}x=f(v),\\z=g(v)\end{cases}$ $(a\leqslant v\leqslant b)$绕 Oz 轴旋转一周所得旋转曲面的参数方程，其中 $f(v)>0$.

9. 写出曲面 $\boldsymbol{r}=\boldsymbol{r}(u,v)$ 上点 $\boldsymbol{r}(u_0,v_0)$ 处的切平面与法线的参数方程.

10. 求下列曲面在指定点处的切平面与法线的方程：

(1) $\boldsymbol{r}=(a\cos\varphi\cos\theta,a\cos\varphi\sin\theta,a\sin\varphi)$，在 (φ_0,θ_0) 处；

(2) $z^2=\dfrac{x^2}{4}+\dfrac{y^2}{9}$，在点 $(6,12,5)$ 处；

(3) $x^3+y^3+z^3+xyz-6=0$，在点 $(1,2,-1)$ 处；

(4) $\mathrm{e}^{x/z}+\mathrm{e}^{y/z}=4$，在点 $(\ln 2,\ln 2,1)$ 处.

11. 试求一平面，使它通过曲线$\begin{cases}y^2=x,\\z=3(y-1)\end{cases}$在 $y=1$ 处的切线，且与曲面 $x^2+y^2=4z$ 相切.

12. (1) 求曲面 $x^2+y^2+z^2=x$ 的切平面，使它垂直于平面 $x-y-\dfrac{1}{2}z=2$ 和平面 $x-y-z=2$；

(2) 过直线$\begin{cases}10x+2y-2z=27,\\x+y-z=0\end{cases}$作曲面 $3x^2+y^2-z^2=27$ 的切平面，求此切平面的方程.

13. 求曲面 $z=xy$ 的法线，使它与平面 $x+3y+z+9=0$ 垂直.

14. 求曲面 $x^2+2y^2+z^2=22$ 的法线，使它与直线$\begin{cases}x+3y+z=3,\\x+y=0\end{cases}$平行.

15. 求曲线$\begin{cases}3x^2+2y^2=12,\\z=0\end{cases}$绕 y 轴旋转一周所得旋转面在点 $(0,\sqrt{3},\sqrt{2})$ 处由内部指向外部的单位法向量.

16. (1) 设 $\boldsymbol{n}$ 是曲面 $2x^2+3y^2+z^2=6$ 在点 $P_0(1,1,1)$ 处由内部指向外部的法向量，求函数 $u=\dfrac{1}{z}\sqrt{6x^2+8y^2}$ 在点 P_0 处沿方向 $\boldsymbol{n}$ 的方向导数；

(2) 求函数 $u=\dfrac{x}{\sqrt{x^2+y^2+z^2}}$ 在点 $P(1,2,-2)$ 处沿曲线 $x=t,y=2t^2,z=-2t^4$ 在点 P 处的与参数增大方向一致的切向量方向上的方向导数.

17. 求锥面 $\dfrac{x^2}{a^2}+\dfrac{y^2}{b^2}=\dfrac{z^2}{c^2}$ 在其上一点 $P_0(x_0,y_0,z_0)$ 处的切平面方程，并证明切平面通过锥面在点 P_0 处的母线.

18. 证明：曲面 $xyz=a^3\ (a>0)$ 上任一点处的切平面和三个坐标面所围四面体的体积是一常数.

19. 设 a,b 和 c 为常数，函数 $F(u,v)$ 有连续的一阶偏导数. 证明：曲面 $F\left(\dfrac{x-a}{z-c},\dfrac{y-b}{z-c}\right)=0$ 上任意

一点处的切平面均通过某定点.

20. 设 a 和 b 为常数,证明:曲面 $F(x-az,y-bz)=0$ 上任意一点处的切平面均与某定直线平行.

21. 两个曲面在交线上某点的交角是指两曲面在该点的法线的交角.证明:球面 $x^2+y^2+z^2=R^2$ 与锥面 $x^2+y^2=k^2z^2$ 正交$\left(\text{即交角为}\dfrac{\pi}{2}\right)$.

(B)

1. 试证:旋转面 $z=f(\sqrt{x^2+y^2})$ 上任一点的法线与旋转轴相交,其中 $f'(u)$ 连续且不等于零.

2. 设 $\boldsymbol{F}(u,v)$ 是一个连续可微的非零向量值函数,$\boldsymbol{F}:\mathbf{R}^2\to\mathbf{R}^3$.证明:函数 $\boldsymbol{F}(u,v)$ 的长度是常数的充要条件为 $\dfrac{\partial \boldsymbol{F}}{\partial u}\cdot\boldsymbol{F}\equiv 0$ 及 $\dfrac{\partial \boldsymbol{F}}{\partial v}\cdot\boldsymbol{F}\equiv 0$.

3. 证明:曲面 Σ 是一个球面的充要条件为 Σ 的所有法线通过一个定点.

4. 设函数 $u=F(x,y,z)$ 在条件 $\varphi(x,y,z)=0$ 和 $\psi(x,y,z)=0$ 之下在点 $P_0(x_0,y_0,z_0)$ 处取得极值 m.证明:曲面 $F(x,y,z)=m$,$\varphi(x,y,z)=0$ 和 $\psi(x,y,z)=0$ 在点 P_0 的法线共面,其中函数 F,φ 及 ψ 均有连续的且不同时为零的一阶偏导数.

第七节 空间曲线的曲率与挠率

本节将利用多元函数微分学的知识和向量工具对空间曲线的性态作进一步的研究.为此,我们先介绍 Frenet 活动标架,然后利用它来讨论曲线的曲率与挠率.

7.1 Frenet 标架

在曲线的研究中,用曲线上建立活动的坐标系来取代原有固定的直角坐标系会带来许多方便.例如,船在大海中航行,对于时刻 t 在海平面上或空中所发现的目标,往往以此时刻船的位置为坐标原点所建立的某一坐标系来测量目标的位置.当 t 变化时,这一坐标系将作为一刚体随船的航线而变化.

回顾空间直角坐标系,我们是用三个相互正交的平面的交线来构造坐标架的.要在曲线上建立活动的坐标架,自然也希望寻找三个由曲线特征所确定的相互正交的平面,用它们的交线来构造坐标架.以下设曲线 Γ 的自然参数方程为 $\boldsymbol{r}=\boldsymbol{r}(s)$,而 Γ 的一般参数方程用 $\boldsymbol{r}=\boldsymbol{r}(t)$ 表示.为了区分它们的导数,我们用 $\boldsymbol{r}',\boldsymbol{r}'',\cdots$ 分别表示 $\dfrac{\mathrm{d}\boldsymbol{r}}{\mathrm{d}s},\dfrac{\mathrm{d}^2\boldsymbol{r}}{\mathrm{d}s^2},\cdots$,用 $\dot{\boldsymbol{r}},\ddot{\boldsymbol{r}},\cdots$ 分别表示 $\dfrac{\mathrm{d}\boldsymbol{r}}{\mathrm{d}t},\dfrac{\mathrm{d}^2\boldsymbol{r}}{\mathrm{d}t^2},\cdots$,并且假定所出现的函数 $\boldsymbol{r}$ 的导数都是连续的.

1. 法平面与切线

设 $\boldsymbol{r}'(s)\neq\boldsymbol{0}$.在上一节中已经指出,$\boldsymbol{r}'(s_0)$是 Γ 在点$\boldsymbol{r}(s_0)$处其正向与 Γ 正向一致的单位切向量,记作 $\boldsymbol{T}(s_0)$.即

$$\boldsymbol{T}(s_0)=\boldsymbol{r}'(s_0), \tag{7.1}$$

于是 Γ 在点 $\boldsymbol{r}(s_0)$的法平面方程为

$$(\boldsymbol{\rho}-\boldsymbol{r}(s_0))\cdot\boldsymbol{r}'(s_0)=0,$$

其中 $\boldsymbol{\rho}$ 是法平面上动点的向径.Γ 在点 $\boldsymbol{r}(s_0)$的切线方程为

$$\boldsymbol{\rho}=\boldsymbol{r}(s_0)+\lambda\boldsymbol{r}'(s_0),$$

其中 $\boldsymbol{\rho}$ 是切线上动点的向径,$\lambda\in\mathbf{R}$ 为参数.

2. 密切平面与次法线

通过 Γ 上点$\boldsymbol{r}(s_0)$的切线的平面称为 Γ 在点$\boldsymbol{r}(s_0)$的切平面.显然,这种切平面有无穷多个,其中哪一个与曲线 Γ 最贴近呢?如果 Γ 是平面曲线,那么显然 Γ 所在的平面就是与 Γ 最贴近的切平面.当 Γ 是空间曲线时,与它最贴近的切平面可以用如下的方法得到:将 Γ 在点 $\boldsymbol{r}(s_0)$的切线与 Γ 上 $\boldsymbol{r}(s_0)$邻近的点 $\boldsymbol{r}(s_0+\Delta s)$所确定的平面记作 π',当 $\Delta s\to 0$ 时点 $\boldsymbol{r}(s_0+\Delta s)$将沿 Γ 趋于点 $\boldsymbol{r}(s_0)$,如果此时 π'有极限位置 π,那么就认为 π 是与曲线 Γ 最贴近的切平面,称它为曲线 Γ 在点 $\boldsymbol{r}(s_0)$处的**密切平面**;而把密切平面在点$\boldsymbol{r}(s_0)$的法线,称为曲线 Γ 在点 $\boldsymbol{r}(s_0)$的**次法线**.下面来求它们的方程.

由平面 π'的构造可知,向量 $\boldsymbol{r}'(s_0)$与 $\boldsymbol{r}(s_0+\Delta s)-\boldsymbol{r}(s_0)$均在 π'上,从而 π'的法向量可取为

$$\boldsymbol{r}'(s_0)\times(\boldsymbol{r}(s_0+\Delta s)-\boldsymbol{r}(s_0)).$$

对向量 $\boldsymbol{r}(s_0+\Delta s)-\boldsymbol{r}(s_0)$的各分量分别应用一元函数的 Taylor 公式,可得

$$\boldsymbol{r}(s_0+\Delta s)-\boldsymbol{r}(s_0)=\boldsymbol{r}'(s_0)\Delta s+\frac{1}{2!}(\boldsymbol{r}''(s_0)+\boldsymbol{\varepsilon})\Delta s^2,$$

其中 $\Delta s\to 0$ 时 $\boldsymbol{\varepsilon}\to\boldsymbol{0}$.注意到 $\boldsymbol{r}'(s_0)\times\boldsymbol{r}'(s_0)=\boldsymbol{0}$,从而

$$\boldsymbol{r}'(s_0)\times(\boldsymbol{r}(s_0+\Delta s)-\boldsymbol{r}(s_0))=\frac{\Delta s^2}{2}\boldsymbol{r}'(s_0)\times(\boldsymbol{r}''(s_0)+\boldsymbol{\varepsilon}),$$

所以,$\boldsymbol{r}'(s_0)\times(\boldsymbol{r}''(s_0)+\boldsymbol{\varepsilon})$也是 π'的法向量.令 $\Delta s\to 0$,得这个向量积的极限为 $\boldsymbol{r}'(s_0)\times\boldsymbol{r}''(s_0)$.因此,当 $\boldsymbol{r}'(s_0)\times\boldsymbol{r}''(s_0)\neq\boldsymbol{0}$ 时,可得 Γ 在点 $\boldsymbol{r}(s_0)$次法线的方向向量(简称为**次法向量**)为

$$\boldsymbol{r}'(s_0)\times\boldsymbol{r}''(s_0).$$

由于$\|\boldsymbol{r}'(s)\|=1$,即向量 $\boldsymbol{r}'(s)$的模不变,由本章习题 5.5(A)第 4 题可知

$$\boldsymbol{r}'(s_0)\perp\boldsymbol{r}''(s_0), \tag{7.2}$$

于是由向量积的定义可知，Γ 在点 $\boldsymbol{r}(s_0)$ 处的单位次法向量（记为 $\boldsymbol{B}(s_0)$）为

$$\boldsymbol{B}(s_0)=\frac{\boldsymbol{r}'(s_0)\times\boldsymbol{r}''(s_0)}{\|\boldsymbol{r}'(s_0)\times\boldsymbol{r}''(s_0)\|}=\frac{\boldsymbol{r}'(s_0)\times\boldsymbol{r}''(s_0)}{\|\boldsymbol{r}''(s_0)\|}. \tag{7.3}$$

所以，Γ 在点 $\boldsymbol{r}(s_0)$ 的密切平面方程为

$$\boldsymbol{B}(s_0)\cdot(\boldsymbol{\rho}-\boldsymbol{r}(s_0))=0,$$

或

$$(\boldsymbol{r}'(s_0)\times\boldsymbol{r}''(s_0))\cdot(\boldsymbol{\rho}-\boldsymbol{r}(s_0))=0.$$

Γ 在 $\boldsymbol{r}(s_0)$ 处的次法线方程为

$$\boldsymbol{\rho}=\boldsymbol{r}(s_0)+\lambda\boldsymbol{B}(s_0),$$

或

$$\boldsymbol{\rho}=\boldsymbol{r}(s_0)+\lambda(\boldsymbol{r}'(s_0)\times\boldsymbol{r}''(s_0)).$$

3. 从切平面与主法线

由 Γ 在点 $\boldsymbol{r}(s_0)$ 即点 P 的切向量 $\boldsymbol{T}(s_0)=\boldsymbol{r}'(s_0)$ 与次法向量 $\boldsymbol{B}(s_0)$ 所确定的平面，称为曲线 Γ 在点 $\boldsymbol{r}(s_0)$ 的**从切平面**（图 5.34），它显然既垂直于法平面也垂直于密切平面. 从切平面在点 $\boldsymbol{r}(s_0)$ 的法线称为曲线 Γ 在点 $\boldsymbol{r}(s_0)$ 的**主法线**，并取

$$\boldsymbol{N}(s_0)=\boldsymbol{B}(s_0)\times\boldsymbol{T}(s_0) \tag{7.4}$$

作为 Γ 在点 $\boldsymbol{r}(s_0)$ 的主法线的单位方向向量（简称为单位**主法向量**）. 于是 Γ 过点 $\boldsymbol{r}(s_0)$ 的从切平面与主法线的方程分别为

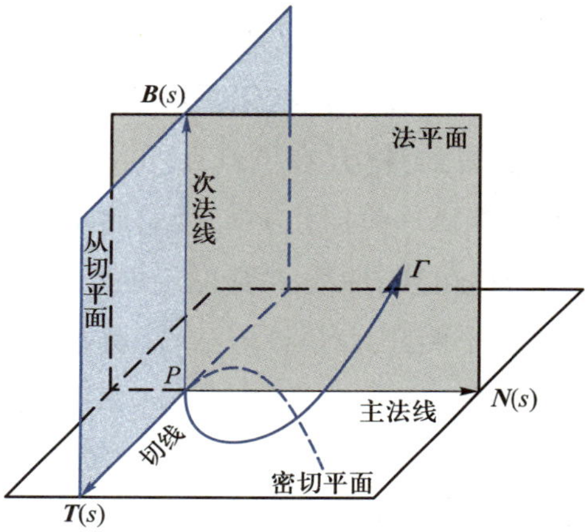

图 5.34

$$(\boldsymbol{\rho}-\boldsymbol{r}(s_0))\cdot\boldsymbol{N}(s_0)=0,\quad \boldsymbol{\rho}=\boldsymbol{r}(s_0)+\lambda\boldsymbol{N}(s_0).$$

主法向量的表达式(7.4)还可以简化. 把表达式(7.3)与(7.1)代入(7.4)得

$$\boldsymbol{N}(s_0)=\frac{1}{\|\boldsymbol{r}''(s_0)\|}(\boldsymbol{r}'(s_0)\times\boldsymbol{r}''(s_0))\times\boldsymbol{r}'(s_0),$$

再由(7.2)式可知，$\boldsymbol{N}(s_0)$ 与 $\boldsymbol{r}''(s_0)$ 平行且同向. 又由于 $\|\boldsymbol{N}(s_0)\|=1$，所以

$$\boldsymbol{N}(s_0)=\frac{\boldsymbol{r}''(s_0)}{\|\boldsymbol{r}''(s_0)\|}. \tag{7.5}$$

容易看出，曲线 Γ 在点 $\boldsymbol{r}(s_0)$ 处的从切平面、密切平面和法平面相互正交，它们的三条交线分别是 Γ 的切线、主法线和次法线（图 5.34）. 而相互正交的三个单位向量 $\boldsymbol{T}$，$\boldsymbol{N}$ 和 $\boldsymbol{B}$ 构成以点 P 为原点的空间（右手）直角坐标系，称为曲线 Γ 在点 $P=\boldsymbol{r}(s_0)$ 处的 **Frenet 标架**. 当点 P 沿曲线 Γ 移动时，这个标架贴附在 Γ 上作为一个刚体

随之而移动,因此又称其为**活动标架**.

以上,标架向量 $\boldsymbol{T},\boldsymbol{N},\boldsymbol{B}$ 是在曲线 Γ 的方程由自然参数方程 $\boldsymbol{r}=\boldsymbol{r}(s)$ 给出的情形下推导出的.如果 Γ 的方程由一般参数方程 $\boldsymbol{r}=\boldsymbol{r}(t)$ 给出,则可以证明(习题 5.7(A)第 1 题),当 $\dot{\boldsymbol{r}}(t_0)\neq\boldsymbol{0}$, $\ddot{\boldsymbol{r}}(t_0)\neq\boldsymbol{0}$ 时, Γ 上点 $\boldsymbol{r}(t_0)$ 处的单位切向量 $\boldsymbol{T}(t_0)$ 及单位次法向量 $\boldsymbol{B}(t_0)$ 的计算公式分别为

$$\boldsymbol{T}(t_0)=\frac{\dot{\boldsymbol{r}}(t_0)}{\|\dot{\boldsymbol{r}}(t_0)\|}\quad 与 \quad \boldsymbol{B}(t_0)=\frac{\dot{\boldsymbol{r}}(t_0)\times\ddot{\boldsymbol{r}}(t_0)}{\|\dot{\boldsymbol{r}}(t_0)\times\ddot{\boldsymbol{r}}(t_0)\|},\tag{7.6}$$

而当按照(7.6)式算出 $\boldsymbol{T}(t_0)$ 及 $\boldsymbol{B}(t_0)$ 时,则 $\boldsymbol{r}(t_0)$ 处的单位主法向量 $\boldsymbol{N}(t_0)$ 便可由公式 $\boldsymbol{N}(t_0)=\boldsymbol{B}(t_0)\times\boldsymbol{T}(t_0)$ 算出.上述向量 $\boldsymbol{T}(t_0),\boldsymbol{N}(t_0),\boldsymbol{B}(t_0)$ 即构成 Γ 上 $\boldsymbol{r}(t_0)$ 处的 Frenet 标架向量.

例 7.1　求螺旋线 $\boldsymbol{r}=(a\cos t,a\sin t,kt)$ 的 Frenet 标架、密切平面以及从切平面的方程.

解　由于

$$\dot{\boldsymbol{r}}=(-a\sin t,a\cos t,k),\quad \ddot{\boldsymbol{r}}=(-a\cos t,-a\sin t,0),\quad \dot{\boldsymbol{r}}\times\ddot{\boldsymbol{r}}=a(k\sin t,-k\cos t,a),$$

所以

$$\|\dot{\boldsymbol{r}}\|=\sqrt{a^2+k^2},\quad \|\dot{\boldsymbol{r}}\times\ddot{\boldsymbol{r}}\|=a\sqrt{a^2+k^2}.$$

于是由公式(7.6)即得

$$\boldsymbol{T}=\frac{\dot{\boldsymbol{r}}}{\|\dot{\boldsymbol{r}}\|}=\frac{1}{\sqrt{a^2+k^2}}(-a\sin t,a\cos t,k),$$

$$\boldsymbol{B}=\frac{\dot{\boldsymbol{r}}\times\ddot{\boldsymbol{r}}}{\|\dot{\boldsymbol{r}}\times\ddot{\boldsymbol{r}}\|}=\frac{1}{\sqrt{a^2+k^2}}(k\sin t,-k\cos t,a),$$

从而得

$$\boldsymbol{N}=\boldsymbol{B}\times\boldsymbol{T}=(-\cos t,-\sin t,0).$$

上述三向量 $\boldsymbol{T},\boldsymbol{N},\boldsymbol{B}$ 所构成的坐标系即为所求 Frenet 标架.

密切平面的方程为

$$\boldsymbol{B}(t)\cdot(\boldsymbol{\rho}-\boldsymbol{r}(t))=0,$$

即

$$k\sin t(x-a\cos t)-k\cos t(y-a\sin t)+a(z-kt)=0.$$

从切平面的方程为

$$\boldsymbol{N}(t)\cdot(\boldsymbol{\rho}-\boldsymbol{r}(t))=0,$$

即

$$-\cos t(x-a\cos t)-\sin t(y-a\sin t)=0. \quad \blacksquare$$

7.2 曲率

1. 曲率的定义与计算

通俗地讲，所谓曲率就是指曲线上各点的弯曲程度.在工程技术、生产实践和自然科学中，不少问题与曲线的弯曲程度有关.例如，在铁路转弯处，铁道的外轨要比内轨高，而且转弯愈急，也即“弯曲”愈大处，内、外轨的高度差也就愈大，这是由于做转动的列车在“弯曲”较大处所受的向心力愈大的缘故.再如，车床的主轴由于自重总会产生弯曲变形，如果弯曲过大，就将影响车床的精度和正常运行.为了从数量上刻画曲线的弯曲程度，需要引入一个度量概念——曲率.

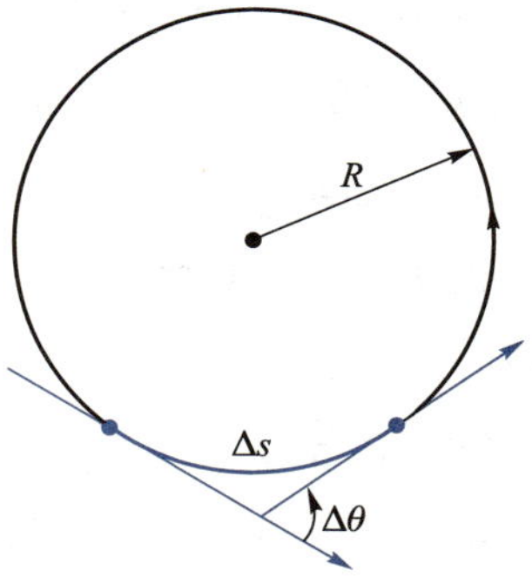

图 5.35

如果所考察的平面曲线 Γ 是半径为 R 的圆周(图 5.35)，曲线上各点处的弯曲程度是一样的.这时，我们可以用单位弧段上，曲线切线所转过的角度即$\dfrac{\Delta\theta}{\Delta s}$来度量曲线的弯曲程度，其中 $\Delta\theta$ 是在弧段 Δs 上切线所转过的角度.显然对圆周来说，

$$\frac{\Delta\theta}{\Delta s}=C\ (\text{常数}).$$

即，曲线上切线的转角 θ 随弧长 s 均匀变化.所以，我们就用$\dfrac{\Delta\theta}{\Delta s}$来作为圆周弯曲程度的度量，称为圆周的曲率.

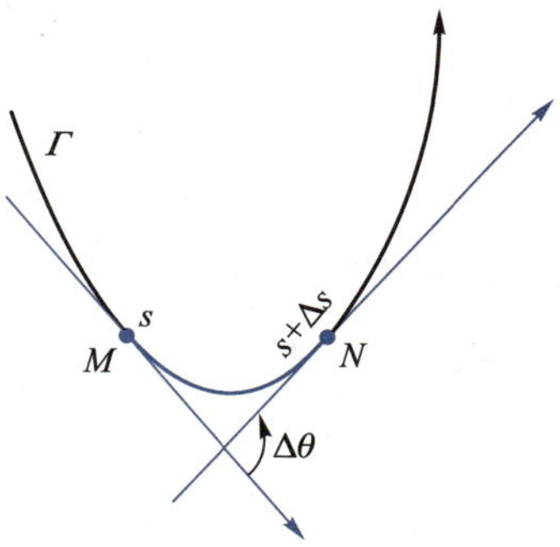

图 5.36

对一般的曲线来说，各点处的弯曲程度不尽相同(图 5.36)，换句话说，曲线上切线的转角 θ 随弧长 s 的变化是非均匀的.这时$\dfrac{\Delta\theta}{\Delta s}$并非常数，它只能表示从 s_0 到 $s_0+\Delta s$ 弧段上的平均弯曲程度，称为**平均曲率**.为了精确地刻画曲线在一点的弯曲程度，需要令 $\Delta s\to 0$，对平均曲率取极限.容易看出，这就要利用导数的概念.为此，我们引入以下定义：

定义 7.1(曲率) 设空间光滑曲线 Γ 的方程为 $\boldsymbol{r}=\boldsymbol{r}(s)\ (a\leqslant s\leqslant b)$，其中 s 为自然参数，Γ 上点 M 对应的参数为 s，Γ 上点 M 附近点 N 对应的参数为 $s+\Delta s$，Γ 在点 M 处的切线向量 $\boldsymbol{r}'(s)$ 与点 N 处的切线向量 $\boldsymbol{r}'(s+\Delta s)$ 的夹角为 $\Delta\theta$，称极限值

$$\lim_{\Delta s\to 0}\left|\frac{\Delta\theta}{\Delta s}\right|$$

为 Γ 在点 M 处的**曲率**，记为 κ（读作 kappa），即

$$\boxed{\kappa=\lim_{\Delta s\to 0}\left|\frac{\Delta\theta}{\Delta s}\right|.}$$

根据定义，曲率 κ 显然与切线向量 $\boldsymbol{r}'(s)$ 有关，那么它们的关系究竟如何？曲率又该如何计算？下面就来讨论这些问题.为此，先来证明下述简单命题.

引理　设 $\boldsymbol{e}(t)$ 为定义在 $U(t_0)\subseteq\mathbf{R}$ 上的单位向量值函数，$\Delta\boldsymbol{e}=\boldsymbol{e}(t_0+\Delta t)-\boldsymbol{e}(t_0)$，$\Delta\theta$ 为 $\boldsymbol{e}(t_0)$ 与 $\boldsymbol{e}(t_0+\Delta t)$ 的夹角，则

$$\lim_{\Delta t\to 0}\left\|\frac{\Delta\boldsymbol{e}}{\Delta\theta}\right\|=1. \tag{7.7}$$

证　把向量 $\boldsymbol{e}(t)$ 的起点固定在空间一点（例如坐标原点），则当 t 在 $U(t_0)$ 中变化时，$\boldsymbol{e}(t)$ 的终点轨迹便是单位球面上的一段曲线.设 $\boldsymbol{e}(t_0)$ 与 $\boldsymbol{e}(t_0+\Delta t)$ 的终点分别为 Q_0 与 Q，则 $\Delta\boldsymbol{e}=\overrightarrow{Q_0Q}$（图 5.37）.于是，对于任意固定的 Q，在 $\triangle OQ_0Q$ 内有

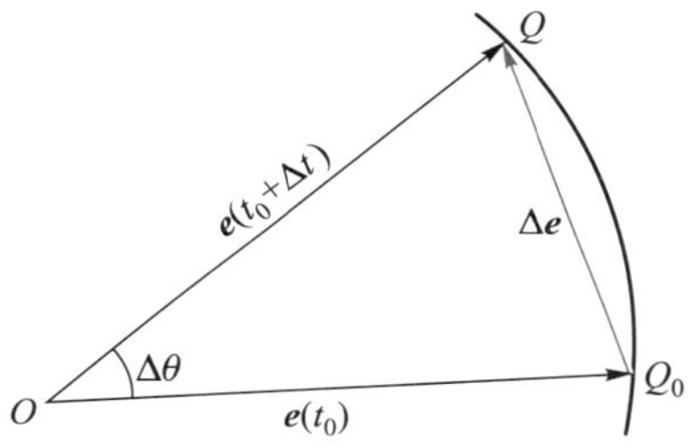

图 5.37

$$\|\Delta\boldsymbol{e}\|=\|\overrightarrow{Q_0Q}\|=2\|\boldsymbol{e}(t_0)\|\sin\frac{|\Delta\theta|}{2}=2\sin\frac{|\Delta\theta|}{2},$$

从而

$$\lim_{\Delta t\to 0}\left\|\frac{\Delta\boldsymbol{e}}{\Delta\theta}\right\|=\lim_{\Delta\theta\to 0}\frac{2\sin\dfrac{|\Delta\theta|}{2}}{|\Delta\theta|}=1. \quad \blacksquare$$

由上述引理立即可以导出曲率 κ 的计算公式.

定理 7.1　设空间曲线 Γ 的方程为 $\boldsymbol{r}=\boldsymbol{r}(s)$，$s$ 为自然参数，$\boldsymbol{r}(s)$ 二阶可导.则 Γ 上点 $\boldsymbol{r}(s)$ 处的曲率为

$$\boxed{\kappa(s)=\|\boldsymbol{r}''(s)\|.} \tag{7.8}$$

证　我们知道 $\boldsymbol{T}(s)=\boldsymbol{r}'(s)$ 是 Γ 在点 $\boldsymbol{r}(s)$ 处与 Γ 正向一致的单位切向量.设 $\boldsymbol{T}(s)$ 与 $\boldsymbol{T}(s+\Delta s)$ 的夹角为 $\Delta\theta$，则由曲率的定义及(7.7)式，注意到 $\Delta\boldsymbol{T}=\Delta\boldsymbol{e}$，可得

$$\begin{aligned}\kappa(s)&=\lim_{\Delta s\to 0}\left|\frac{\Delta\theta}{\Delta s}\right|=\lim_{\Delta s\to 0}\left\|\frac{\Delta\boldsymbol{T}}{\Delta\theta}\right\|\cdot\lim_{\Delta s\to 0}\left|\frac{\Delta\theta}{\Delta s}\right|\\&=\lim_{\Delta s\to 0}\left(\left\|\frac{\Delta\boldsymbol{T}}{\Delta\theta}\right\|\left|\frac{\Delta\theta}{\Delta s}\right|\right)=\lim_{\Delta s\to 0}\left\|\frac{\Delta\boldsymbol{T}}{\Delta s}\right\|\end{aligned}$$

$$= \| \boldsymbol{T}'(s) \| = \| \boldsymbol{r}''(s) \|. \quad \blacksquare$$

推论 设空间曲线 Γ 由一般的参数方程 $\boldsymbol{r}=\boldsymbol{r}(t)$ 给定，$\boldsymbol{r}(t)$ 二阶可导且 $\dot{\boldsymbol{r}}(t)\neq\boldsymbol{0}$，则 Γ 在点 $\boldsymbol{r}(t)$ 的曲率为

$$\boxed{\kappa(t)=\frac{\|\dot{\boldsymbol{r}}(t)\times\ddot{\boldsymbol{r}}(t)\|}{\|\dot{\boldsymbol{r}}(t)\|^3}.} \tag{7.9}$$

注：注意到曲率 κ 等于 $\boldsymbol{r}(s)$ 的切向量 $\boldsymbol{T}(s)$ 的导数的模. 由于 $\boldsymbol{T}(s)$ 刻画切线的方向，因而由

$$\kappa=\|\boldsymbol{T}'(s)\|$$

可见，曲率可看作是切线方向对弧长的转动率，转动越"快"则曲率越大. 另一方面，由于切向量 $\boldsymbol{T}$ 在密切平面上，因此，曲率 κ 实际上反映了曲线上各点在其密切平面上的弯曲程度.

证 由链式法则可知

$$\boldsymbol{r}'(s)=\frac{\mathrm{d}\boldsymbol{r}}{\mathrm{d}s}=\frac{\mathrm{d}\boldsymbol{r}}{\mathrm{d}t}\cdot\frac{\mathrm{d}t}{\mathrm{d}s},\quad \boldsymbol{r}''(s)=\frac{\mathrm{d}^2\boldsymbol{r}}{\mathrm{d}s^2}=\frac{\mathrm{d}^2\boldsymbol{r}}{\mathrm{d}t^2}\cdot\left(\frac{\mathrm{d}t}{\mathrm{d}s}\right)^2+\frac{\mathrm{d}\boldsymbol{r}}{\mathrm{d}t}\cdot\frac{\mathrm{d}^2t}{\mathrm{d}s^2}. \tag{7.10}$$

注意到 $\|\boldsymbol{r}'(s)\|=1$，利用向量积的定义与(7.2)式，由(7.8)式可得

$$\kappa(s)=\|\boldsymbol{r}''(s)\|=\|\boldsymbol{r}''(s)\times\boldsymbol{r}'(s)\|.$$

将(7.10)式代入上式右端并注意到 $\dot{s}(t)=\|\dot{\boldsymbol{r}}(t)\|$，得

$$\kappa(t)=\left\|\left(\frac{\mathrm{d}t}{\mathrm{d}s}\right)^3\ddot{\boldsymbol{r}}\times\dot{\boldsymbol{r}}+\frac{\mathrm{d}^2t}{\mathrm{d}s^2}\frac{\mathrm{d}t}{\mathrm{d}s}\dot{\boldsymbol{r}}\times\dot{\boldsymbol{r}}\right\|=\frac{\|\dot{\boldsymbol{r}}\times\ddot{\boldsymbol{r}}\|}{\|\dot{\boldsymbol{r}}\|^3}. \quad \blacksquare$$

对于平面曲线 $\boldsymbol{r}=(x(t),y(t),0)$，由(7.9)式易得

$$\boxed{\kappa=\frac{|\dot{x}\ddot{y}-\dot{y}\ddot{x}|}{[(\dot{x})^2+(\dot{y})^2]^{3/2}}.} \tag{7.11}$$

对于平面曲线 $y=y(x)$，即 $\boldsymbol{r}=(x,y(x),0)$，若 $y(x)$ 二阶可导，则由(7.11)式易得

$$\boxed{\kappa=\frac{|y''|}{[1+(y')^2]^{3/2}}.} \tag{7.12}$$

例 7.2 证明：曲线 L 为直线的充分必要条件是其曲率处处为零.

证 **必要性** 设 L 为直线，取其长度 s 为参数，得其方程为

$$\boldsymbol{r}=\boldsymbol{r}_0+s\boldsymbol{e}_l \quad (\boldsymbol{e}_l\text{ 为直线 } L \text{ 的单位方向向量})$$

于是

$$\boldsymbol{r}'=\boldsymbol{e}_l,\quad \boldsymbol{r}''=\boldsymbol{0},$$

故由(7.8)式知 $\kappa(s)\equiv0$.

充分性 设 L 的曲率 $\kappa\equiv0$，即 $\|\boldsymbol{r}''(s)\|\equiv0$，从而

$$\boldsymbol{r}''(s)=\boldsymbol{0}.$$

令 $\boldsymbol{r}(s)=(x(s),y(s),z(s))$，便有

$$x''(s)=0,\quad y''(s)=0,\quad z''(s)=0.$$

积分两次得

$$x(s)=c_1s+\bar{c}_1,\quad y(s)=c_2s+\bar{c}_2,\quad z(s)=c_3s+\bar{c}_3.$$

这就是以 s 为参数的空间直线的参数方程. ▌

例 7.3　求半径为 R 的圆的曲率.

解法一　取圆心为坐标原点 O,建立平面直角坐标系.则圆的参数方程为

$$\begin{cases}x=R\cos t,\\ y=R\sin t\end{cases}\quad(0\leqslant t\leqslant 2\pi).$$

故

$$\dot{x}=-R\sin t,\quad \ddot{x}=-R\cos t,\quad \dot{y}=R\cos t,\quad \ddot{y}=-R\sin t.$$

代入公式(7.11)中可算得

$$\kappa=\frac{1}{R}.$$

解法二　在圆周上任取两点 P_1,P_2,圆在点 P_1 与 P_2 切线的夹角 $\Delta\theta$ 等于 OP_1 与 OP_2 所夹的圆心角,其中 O 为圆心.于是弧长

$$\Delta s=\widehat{P_1P_2}=R\Delta\theta.$$

由曲率定义直接可得

$$\kappa=\lim_{\Delta s\to 0}\left|\frac{\Delta\theta}{\Delta s}\right|=\frac{1}{R}.\quad ▌$$

由此可见,圆周上各点的弯曲程度相同,且曲率等于半径的倒数,半径愈小,曲率愈大.这是与实际情况相符合的.

例 7.4　求螺旋线 $\boldsymbol{r}=(a\cos t,a\sin t,kt)$ 的曲率.

解　由于

$$\dot{\boldsymbol{r}}(t)=(-a\sin t,a\cos t,k),\quad \ddot{\boldsymbol{r}}(t)=(-a\cos t,-a\sin t,0),$$

从而

$$\dot{\boldsymbol{r}}\times\ddot{\boldsymbol{r}}=(ka\sin t,-ka\cos t,a^2),$$

$$\|\dot{\boldsymbol{r}}\times\ddot{\boldsymbol{r}}\|=a\sqrt{a^2+k^2},\quad \|\dot{\boldsymbol{r}}\|=\sqrt{a^2+k^2}.$$

于是由公式(7.9)得

$$\kappa=\frac{a}{a^2+k^2}.\quad ▌$$

2. 曲率半径与曲率圆

如上所述,曲率是曲线在各点处弯曲程度的度量.曲线在不同的点处其弯曲程度可能不同,为了更形象地表示出曲线在一点处的弯曲程度,下面引入曲率圆的概念.先设 P 为平面曲线 Γ 上一点,过点 P 在 Γ 所在平面上作此曲线的法线,再在曲线凹

向一侧的法线上取点 Q 使 $\|\overrightarrow{PQ}\|=\frac{1}{\kappa}$,其中 κ 是 Γ 在点 P 的曲率.以点 Q 为圆心、$\|\overrightarrow{PQ}\|$ 为半径的圆称为平面曲线 Γ 在点 P 处的**曲率圆**,显然,曲率圆与曲线 Γ 在点 P 处相切且有相同的曲率,因此,曲率圆的弯曲程度形象地表示了 Γ 在点 P 处的弯曲程度.

如果 Γ 是一空间曲线,那么在点 P 与 Γ 最贴近的切平面是点 P 处的密切平面 π.在点 P 处曲线的主法线上取点 Q,使 $\overrightarrow{PQ}$ 的正向与 $\boldsymbol{N}(s)$ 的正向相同,且使 $\|\overrightarrow{PQ}\|=\frac{1}{\kappa}$.以 Q 为圆心、$\frac{1}{\kappa}$ 为半径且在平面 π 上的圆称为 Γ 在点 P 处的**曲率圆或密切圆**(图 5.38).此曲率圆的圆心 Q 与半径 R 分别称为曲线 Γ 在点 P 处的**曲率中心与曲率半径**.于是若取弧长作参数,则曲率中心的向径 $\boldsymbol{r}_Q$ 与曲率半径 R 分别为

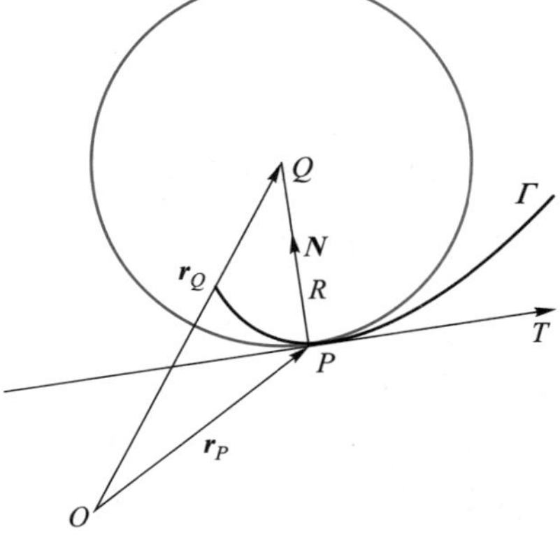

图 5.38

$$\boxed{\boldsymbol{r}_Q=\boldsymbol{r}_P(s)+R(s)\boldsymbol{N}(s)},\tag{7.13}$$

及

$$\boxed{R=\frac{1}{\kappa}}.\tag{7.14}$$

其中 $\boldsymbol{r}_P$ 为点 P 的向径.

当 Γ 为平面曲线时,密切平面就是 Γ 所在的平面,而主法线就是 Γ 的法线.这时(7.13)与(7.14)就分别是平面曲线 Γ 在点 P 的曲率中心的向径和曲率半径的表达式.

例 7.5 列车在从直道进入弯道时,为什么常会产生摇晃震动?怎样去减小这种摇晃?

解 列车在拐弯时将受到向心力的作用,如果向心力的变化不连续,则将产生摇晃.由力学知识可知,轨道上一点处向心力的大小为 $\frac{mv^2}{R}$,其中 m 是物体的质量,v 是运动的速度,R 是轨道在该点处的曲率半径.如果让列车由直道直接进入圆弧形轨道(图 5.39),尽管轨道是光滑连接的,但是由于直线的曲率半径为无穷大,因而在轨道的连接点 B 处,向心力的大小将发生跳跃.这就会导致摇晃震动.为了减小摇晃,必须

让轨道的曲率半径 R 连续变化.容易求得立方抛物线 $y=ax^3$ $(a>0)$ 在任一点的曲率半径为

$$R=\frac{(1+9a^2x^4)^{3/2}}{6a|x|},$$

当 $x\neq0$ 时,R 随 x 连续变化,且当 $x\to0$ 时 R 趋于无穷大.因此,如果我们在修筑铁路时,先在直道末端接上一段立方抛物线 $\overset{\frown}{BC}$（图 5.40）,再在立方抛物线上选取适当的点 C 处与圆弧形轨道 $\overset{\frown}{CD}$ 相接,使此立方抛物线在点 C 处的曲率半径近似于圆弧 $\overset{\frown}{CD}$ 的半径.这样,在从直轨 $\overset{\frown}{AB}$ 转入弯轨 $\overset{\frown}{BCD}$ 时,曲率半径 R 将接近连续变化.从而减小列车的摇晃震动. ▍

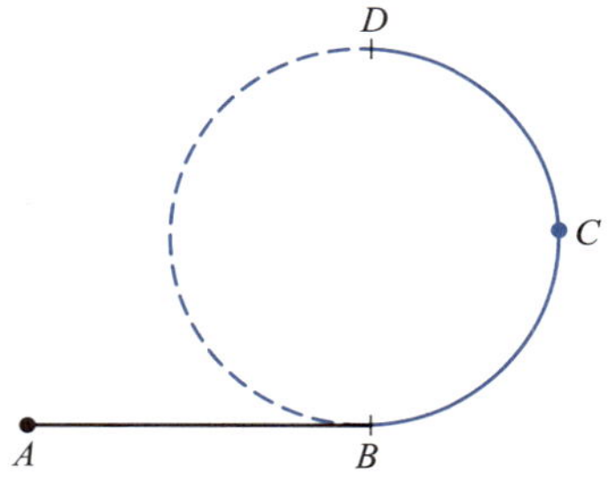

图 5.39

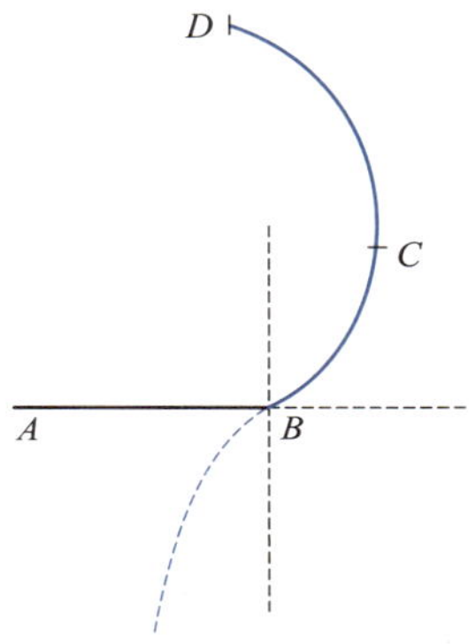

图 5.40

例 7.6　设工件内表面的截线为抛物线 $y=0.4x^2$（单位:cm）(图 5.41).现在要用砂轮磨削其内表面,问用直径多大的砂轮才比较合适?

解　为了在磨削时不使砂轮磨削到工件里面去,即多磨掉不应磨去的部分,砂轮的半径应小于工件截线上各点处曲率半径的最小值.为此先求抛物线 $y=0.4x^2$ 上任一点(x,y)处的曲率半径.由于

$$y'=0.8x,\quad y''=0.8,$$

所以曲率半径 R 为

$$R=\frac{1}{\kappa}=\frac{(1+y'^2)^{\frac{3}{2}}}{|y''|}=\frac{(1+0.64x^2)^{\frac{3}{2}}}{0.8}.$$

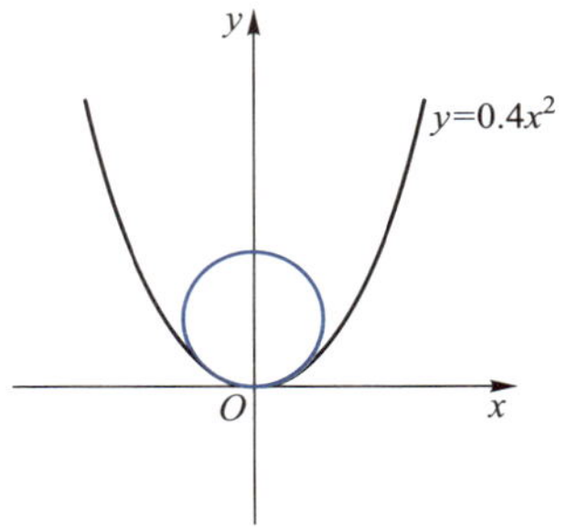

图 5.41

容易求出在抛物线的顶点$(0,0)$处曲率半径 R 取到最小值

$$\min R(x)=\frac{1}{0.8}=1.25,$$

所以选用砂轮的直径应略小于 2.5 cm. ▍

*3. 渐伸线与渐屈线

若一条曲线 C 上任一点的切线均为另一条曲线 Γ 相应点的法线,则称 C 为 Γ 的**渐屈线**,称 Γ 为 C 的**渐伸线**(图 5.42).容易看出,用一条柔软而无伸缩的线贴附在曲线 C 上,固定点 A 如图 5.42 所示,将线的另一端 B 沿 C 的切线方向拉紧,逐渐展开,则点 B 的轨迹就是 C 的渐伸线 Γ.

下面我们来求已知曲线 C 的渐伸线 Γ 的方程.设 C 的方程为 $\boldsymbol{r}=\boldsymbol{r}(s)$,所求渐伸线的方程为 $\boldsymbol{\rho}=\boldsymbol{\rho}(s)$.由渐伸线的定义可知

$$\boldsymbol{\rho}(s)=\boldsymbol{r}(s)+\alpha(s)\boldsymbol{T}(s), \qquad (7.15)$$

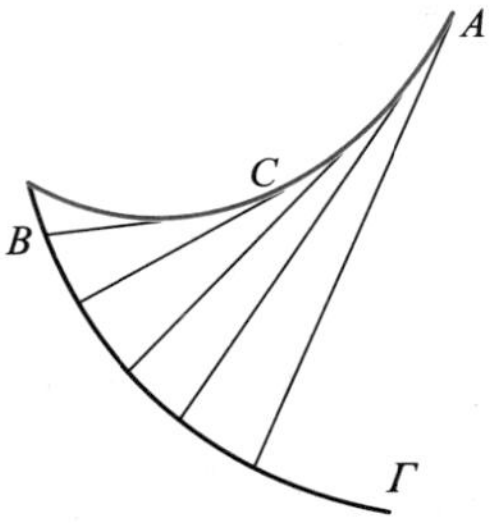

图 5.42

其中 $\boldsymbol{T}(s)$ 为曲线 C 的单位切向量,$\alpha(s)$ 为待定数量值函数.为求 $\alpha(s)$,将(7.15)式两端对 s 求导,并注意到 $\boldsymbol{T}(s)=\boldsymbol{r}'(s)$,得

$$\boldsymbol{\rho}'(s)=[1+\alpha'(s)]\boldsymbol{r}'(s)+\alpha(s)\boldsymbol{r}''(s).$$

两端点乘 $\boldsymbol{r}'(s)$,由于 $\boldsymbol{r}'(s)\perp\boldsymbol{r}''(s)$,可得

$$\boldsymbol{\rho}'(s)\cdot\boldsymbol{r}'(s)=1+\alpha'(s).$$

注意到 $\boldsymbol{\rho}'(s)$ 是渐伸线 Γ 的切向量,由渐伸线的定义知

$$\boldsymbol{\rho}'(s)\cdot\boldsymbol{r}'(s)=0,$$

从而有

$$1+\alpha'(s)=0.$$

解得

$$\alpha(s)=a-s,$$

其中 a 为任意常数.代入(7.15)式便得渐伸线 Γ 的方程为

$$\boxed{\boldsymbol{\rho}(s)=\boldsymbol{r}(s)+(a-s)\boldsymbol{T}(s).}$$

对于渐屈线的方程本书不作一般讨论.仅指出下述的简单情形:平面曲线的曲率中心轨迹就是此曲线的渐屈线(证明从略).因此,平面曲线 $\boldsymbol{r}=\boldsymbol{r}(s)$ 的渐屈线方程就是(7.13)式.

例 7.7 求椭圆 $\dfrac{x^2}{a^2}+\dfrac{y^2}{b^2}=1$ 的渐屈线方程.

解 若利用公式(7.13)需要引入弧长参数比较麻烦.我们直接根据曲率中心的定义来求此渐屈线方程.设椭圆上点的向径为 $\boldsymbol{r}(t)$,所求渐屈线上点的向径为 $\boldsymbol{\rho}(t)$.将所给椭圆看成一空间曲线,化成参数方程为

$$\boldsymbol{r}(t)=(a\cos t,b\sin t,0),\quad t\in[0,2\pi],$$

其单位切向量为

$$\boldsymbol{e}_\tau(t)=\frac{\dot{\boldsymbol{r}}(t)}{\|\dot{\boldsymbol{r}}(t)\|}=\frac{1}{\sqrt{a^2\sin^2t+b^2\cos^2t}}(-a\sin t,b\cos t,0).$$

从而椭圆上点 $\boldsymbol{r}(t)$(凹向一侧)的单位法向量为

$$\boldsymbol{e}_n(t)=(0,0,1)\times\boldsymbol{e}_\tau(t)=\frac{1}{\sqrt{a^2\sin^2t+b^2\cos^2t}}(-b\cos t,-a\sin t,0).$$

于是由曲率中心的定义有

$$\boldsymbol{\rho}(t)=\boldsymbol{r}(t)+R(t)\boldsymbol{e}_n(t). \tag{7.16}$$

由(7.14)式与(7.11)式可得

$$R(t)=\frac{1}{\kappa(t)}=\frac{(a^2\sin^2 t+b^2\cos^2 t)^{3/2}}{ab},$$

把 $\boldsymbol{r}(t)$，$R(t)$，$\boldsymbol{e}_n(t)$ 代入(7.16)式后化简即得所求渐屈线的方程为

$$\boldsymbol{\rho}(t)=\left(\frac{1}{a}(a^2-b^2)\cos^3 t,\ -\frac{1}{b}(a^2-b^2)\sin^3 t,0\right),\quad t\in[0,2\pi],$$

或化成直角坐标方程为

$$(ax)^{2/3}+(by)^{2/3}=(a^2-b^2)^{2/3}.\quad ▌$$

渐伸线与渐屈线在机械原理中有着重要的应用.

7.3　挠率

如上所述，曲率是从曲线 Γ 在点 P（即 $\boldsymbol{r}(s)$）处的密切平面上考察 Γ 的弯曲程度.对空间曲线 Γ 来说，它可能同时还向点 P 的密切平面之外弯曲，我们把这种弯曲叫做扭曲.现在，我们来考察 Γ 在点 P 的扭曲情况，换句话说，就是研究 Γ 在点 P 处偏离密切平面的情况.

当曲线 Γ 扭曲时，随着点在曲线 Γ 上移动，相应的密切平面的位置将随着改变，从而它的次法向量也将随之而转动.在本节 7.2 段已经指出，曲率 $\kappa(s)=\|\boldsymbol{T}'(s)\|$ 反映了曲线切线方向的转动快慢程度，同理，$\|\boldsymbol{B}'(s)\|$ 反映了曲线次法线方向的转动快慢程度，因而它刻画了曲线偏离密切平面的程度，即曲线扭曲的程度.现在我们来考察向量 $\boldsymbol{B}'(s)$.

因为 $\boldsymbol{B}(s)$ 是单位向量，故有 $\boldsymbol{B}'(s)\perp\boldsymbol{B}(s)$.又由 $\boldsymbol{B}(s)=\boldsymbol{T}(s)\times\boldsymbol{N}(s)$ 求导得

$$\boldsymbol{B}'=\boldsymbol{T}'\times\boldsymbol{N}+\boldsymbol{T}\times\boldsymbol{N}', \tag{7.17}$$

注意 $\boldsymbol{N}=\dfrac{\boldsymbol{r}''}{\|\boldsymbol{r}''\|}=\dfrac{\boldsymbol{T}'}{\|\boldsymbol{T}'\|}$，从而有 $\boldsymbol{T}'\times\boldsymbol{N}=\boldsymbol{0}$. 代入上式得

$$\boldsymbol{B}'=\boldsymbol{T}\times\boldsymbol{N}', \tag{7.18}$$

这表明 $\boldsymbol{B}'\perp\boldsymbol{T}$，前已说明 $\boldsymbol{B}'\perp\boldsymbol{B}$，故 $\boldsymbol{B}'$ 必与 $\boldsymbol{B}\times\boldsymbol{T}$ （即 $\boldsymbol{N}$）是共线的，不妨设

$$\boldsymbol{B}'=-\tau\boldsymbol{N}, \tag{7.19}$$

其中 τ 为一数量，为确定 τ，用 $\boldsymbol{N}$ 与上式两端作内积，得

$$\tau=-\boldsymbol{B}'\cdot\boldsymbol{N},$$

而且由(7.19)式知 $\|\boldsymbol{B}'\|=|\tau|$.

定义 7.2(挠率)　称

$$\tau(s)=-\boldsymbol{B}'(s)\cdot\boldsymbol{N}(s) \tag{7.20}$$

为曲线 $\boldsymbol{r}=\boldsymbol{r}(s)$ 在点 $\boldsymbol{r}(s)$ 处的**挠率**.

根据前面的分析,挠率 $\tau(s)$ 的绝对值 $|\tau(s)|=\|\boldsymbol{B}'(s)\|$,反映了曲线在点 $\boldsymbol{r}(s)$ 处的扭曲程度.

由定义 7.2 可以导出挠率的另一计算公式(证略).

$$\boxed{\tau(s)=\frac{[\boldsymbol{r}'(s)\ \ \boldsymbol{r}''(s)\ \ \boldsymbol{r}'''(s)]}{\|\boldsymbol{r}''(s)\|^2}.} \tag{7.21}$$

如果曲线的方程为

$$\boldsymbol{r}=\boldsymbol{r}(t)=(x(t),y(t),z(t)),\quad t_1\leqslant t\leqslant t_2.$$

那么,当 $\dot{\boldsymbol{r}}(t)\times\ddot{\boldsymbol{r}}(t)\neq\boldsymbol{0}$ 时,由变换 $s=s(t)$ 不难将曲线的挠率公式(7.21)转换(习题 5.7(A)第 13 题)为

$$\boxed{\tau(t)=\frac{[\dot{\boldsymbol{r}}(t)\ \ \ddot{\boldsymbol{r}}(t)\ \ \dddot{\boldsymbol{r}}(t)]}{\|\dot{\boldsymbol{r}}(t)\times\ddot{\boldsymbol{r}}(t)\|^2}.} \tag{7.22}$$

例 7.8 证明:曲线 $\boldsymbol{r}=\boldsymbol{r}(s)$ 是平面曲线的充要条件是其上任一点的挠率为零.

证 必要性 设 $\boldsymbol{r}=\boldsymbol{r}(s)$ 是平面曲线,从而其任一点的密切平面都是同一平面,即曲线 $\boldsymbol{r}=\boldsymbol{r}(s)$ 所在的平面,于是次法向量 $\boldsymbol{B}(s)$ 是一常向量.由(7.20)式知

$$\tau(s)=-\boldsymbol{B}'\cdot\boldsymbol{N}\equiv 0.$$

充分性 设 $\tau(s)\equiv 0$,则由(7.19)式得 $\boldsymbol{B}'\equiv\boldsymbol{0}$,由其坐标式易知 $\boldsymbol{B}$ 为一常向量,记为 $\boldsymbol{B}_0$.由于 $\boldsymbol{T}\perp\boldsymbol{B}$,因而 $\boldsymbol{T}\cdot\boldsymbol{B}_0=0$,即 $\boldsymbol{r}'(s)\cdot\boldsymbol{B}_0=0$,从而

$$(\boldsymbol{r}(s)\cdot\boldsymbol{B}_0)'=0.$$

将上式两端积分得

$$\boldsymbol{r}(s)\cdot\boldsymbol{B}_0=C\ (\text{常数}),$$

令 $s=0$,得 $C=\boldsymbol{r}(0)\cdot\boldsymbol{B}_0$,代入上式得

$$(\boldsymbol{r}(s)-\boldsymbol{r}(0))\cdot\boldsymbol{B}_0=0,$$

故曲线上任一点 $\boldsymbol{r}(s)$ 均在过点 $\boldsymbol{r}(0)$ 且以 $\boldsymbol{B}_0$ 为法向量的平面上,故为平面曲线. ▌

例 7.9 求螺旋线 $\boldsymbol{r}(t)=(a\cos t,a\sin t,kt)$ 的挠率.

解 由于

$$\dot{\boldsymbol{r}}(t)=(-a\sin t,a\cos t,k),\quad \ddot{\boldsymbol{r}}(t)=(-a\cos t,-a\sin t,0),$$

$$\dddot{\boldsymbol{r}}(t)=(a\sin t,-a\cos t,0).$$

于是

$$[\dot{\boldsymbol{r}}\ \ddot{\boldsymbol{r}}\ \dddot{\boldsymbol{r}}] = \begin{vmatrix} -a\sin t & a\cos t & k \\ -a\cos t & -a\sin t & 0 \\ a\sin t & -a\cos t & 0 \end{vmatrix} = ka^2,$$

$$\|\dot{\boldsymbol{r}} \times \ddot{\boldsymbol{r}}\|^2 = a^2(a^2+k^2),$$

所以,由公式(7.22)得

$$\tau(t) = \frac{ka^2}{a^2(a^2+k^2)} = \frac{k}{a^2+k^2}. \quad \blacksquare$$

习题 5.7

(A)

1. 如果曲线的方程为 $\boldsymbol{r}=\boldsymbol{r}(t)$ (t 为一般参数),试推导标架向量 $\boldsymbol{T},\boldsymbol{B}$ 的计算公式(7.6).

2. 求下列曲线的 Frenet 标架;

(1) $\boldsymbol{r}=(\cos^3 t,\sin^3 t,\cos 2t)$;　　(2) $\boldsymbol{r}=(3t-t^3,3t^2,3t+t^3)$;

(3) $\boldsymbol{r}=(a(1-\sin t),a(1-\cos t),bt)$　$(a>0,b>0)$.

3. 求曲线 $\boldsymbol{r}=(a\cos t,b\sin t,\mathrm{e}^t)$ 在 $t=0$ 处的密切平面和从切平面的方程.

4. 求曲线 $\boldsymbol{r}=(\operatorname{ch} t,\operatorname{sh} t,t)$ 在其上任意一点处的次法线和主法线的方程.

5. 证明:螺旋线 $\boldsymbol{r}=(a\cos t,a\sin t,bt)$ 上任意一点处的主法线都与 z 轴垂直相交.

6. 设曲线 Γ 的方程为 $\boldsymbol{r}=\boldsymbol{r}(t)$,其中 $\boldsymbol{r}\in C^{(2)}$,$P_0$ (即 $\boldsymbol{r}(t_0)$) 及 P (即 $\boldsymbol{r}(t_0+\Delta t)$) 是 Γ 上两点,且 $\dot{\boldsymbol{r}}(t_0)\times\ddot{\boldsymbol{r}}(t_0)\neq\boldsymbol{0}$.记 Γ 在 P 的切线为 l,过 P_0 及 l 的平面为 π'.证明:当 P 沿 Γ 趋于 P_0 时,平面 π' 的极限位置为 Γ 在 P_0 的密切平面.

7. 求第 2 题中各曲线的曲率.

8. 求下列平面曲线在指定点处的曲率:

(1) $y=4x-x^2$,在其顶点处;　　(2) $y=\sin x$,在点 $\left(\dfrac{\pi}{2},1\right)$ 处;

(3) $\boldsymbol{r}=(a\cos^3 t,a\sin^3 t)$,在 $t=t_0$ 处;　　(4) $\boldsymbol{r}=(a(t-\sin t),a(1-\cos t))$,在 $t=t_0$ 处.

9. 曲线 $y=\ln x$ 上哪一点处的曲率半径最小?求出该点处的曲率半径.

10. 求曲线 $y=\mathrm{e}^x$ 在点(0,1)处的曲率圆的方程.

11. 一飞机沿抛物线路径 $y=\dfrac{x^2}{10\ 000}$ (y 轴铅直向上,单位:m)做俯冲飞行,在坐标原点 O 处飞行的速度为 $v=200$ m/s,飞行员体重 $G=70$ kg.求飞机俯冲至最低点(即原点 O)处时座椅对飞行员的反作用力.

12. 证明:螺旋线 $\boldsymbol{r}=(a\cos t,a\sin t,bt)$ 的曲率中心轨迹仍然是螺旋线.

13. 证明挠率的计算公式(7.22).

14. 求第 2 题中各曲线的挠率.

(B)

1. 求抛物线 $y^2=2px$ 的渐屈线方程.

2. 求螺旋线 $\boldsymbol{r}=(a\cos t,a\sin t,bt)$ 的渐伸线方程,并证明这些渐伸线都是平面曲线.

3. 设 $\overline{\Gamma}$ 为曲线 Γ 的曲率中心轨迹.证明:在对应点,曲线 $\overline{\Gamma}$ 的切线与曲线 Γ 的切线垂直.

4. 求曲线 $\begin{cases}x+\operatorname{sh}x=y+\sin y,\\ z+e^z=x+1+\ln(x+1)\end{cases}$ 在点 $O(0,0,0)$ 处的曲率和 Frenet 标架.

5. 证明:

(1) 若曲线在每一点处的切线都经过一个定点,则该曲线必是一条直线;

(2) 若曲线在每一点处的密切平面都经过一个定点,则该曲线必是一条平面曲线.

第 5 章习题

1. 选择题(在每小题给出的四个选项中只有一个是正确的,试选择正确的选项并说明理由):

(1) 二元函数 $f(x,y)=\begin{cases}\dfrac{xy}{x^2+y^2}, & (x,y)\neq(0,0),\\ 0, & (x,y)=(0,0)\end{cases}$ 在点 $(0,0)$ 处( ).

(A) 连续,偏导数存在　　(B) 连续,偏导数不存在

(C) 不连续,偏导数存在　　(D) 偏导数存在且可微

(2) 函数 $f(x,y)=\sqrt{|xy|}$ 在点 $(0,0)$ 处( ).

(A) 连续但偏导数不存在　　(B) 偏导数存在但不可微

(C) 可微　　(D) 可偏导且偏导数连续

(3) 二元函数 $f(x,y)$ 在点 (x_0,y_0) 处两个偏导数 $f_x(x_0,y_0)$, $f_y(x_0,y_0)$ 存在是 $f(x,y)$ 在该点连续的( ).

(A) 充分条件而非必要条件　　(B) 必要条件而非充要条件

(C) 充分必要条件　　(D) 既非充分条件又非必要条件

(4) 考虑二元函数的下面 4 条性质:

① $f(x,y)$ 在点 (x_0,y_0) 处连续;　　② $f(x,y)$ 在点 (x_0,y_0) 处的两个偏导数连续;

③ $f(x,y)$ 在点 (x_0,y_0) 处可微;　　④ $f(x,y)$ 在点 (x_0,y_0) 处的两个偏导数存在.

若用“$P\Rightarrow Q$”表示可由性质 P 推出性质 Q,则有( ).

(A) ②⇒③⇒①　　(B) ③⇒②⇒①

(C) ③⇒④⇒①　　(D) ③⇒①⇒④

(5) 设函数 $f(x,y)$ 在点 $(0,0)$ 的邻域内有定义,且 $f_x(0,0)=1$, $f_y(0,0)=2$,则( ).

(A) $f(0,y)$ 在 $y=0$ 处不连续

(B) $\mathrm{d}f(x,y)\big|_{(0,0)}=\mathrm{d}x+2\mathrm{d}y$

(C) $\left.\dfrac{\partial f}{\partial \boldsymbol{l}}\right|_{(0,0)}=\cos\alpha+2\cos\beta$,其中 $\cos\alpha,\cos\beta$ 为 $\boldsymbol{l}$ 方向的方向余弦

(D) $f(x,y)$ 在点 $(0,0)$ 处沿 x 轴负方向的方向导数为 -1

(6) 设函数 $z=f(x,y)$ 在点 $(0,0)$ 的邻域内有定义,且 $f_x(0,0)=3, f_y(0,0)=1$,则(　　).

(A) $\mathrm{d}z\big|_{(0,0)}=3\mathrm{d}x+\mathrm{d}y$

(B) 曲面 $z=f(x,y)$ 在点 $(0,0,f(0,0))$ 的法向量为 $(3,1,1)$

(C) 曲线 $\begin{cases} z=f(x,y), \\ y=0 \end{cases}$ 在点 $(0,0,f(0,0))$ 的切向量为 $(1,0,3)$

(D) 曲线 $\begin{cases} z=f(x,y), \\ y=0 \end{cases}$ 在点 $(0,0,f(0,0))$ 的切向量为 $(3,0,1)$

(7) 已知函数 $f(x,y)$ 在点 $(0,0)$ 的某个邻域内连续,且 $\lim\limits_{\substack{x\to 0\\ y\to 0}}\dfrac{f(x,y)-xy}{(x^2+y^2)^2}=1$,则(　　).

(A) 点 $(0,0)$ 不是 $f(x,y)$ 的极值点

(B) 点 $(0,0)$ 是 $f(x,y)$ 的极大值点

(C) 点 $(0,0)$ 是 $f(x,y)$ 的极小值点

(D) 根据所给条件无法判断点 $(0,0)$ 是否为 $f(x,y)$ 的极值点

(8) 设函数 $u(x,y)=\varphi(x+y)+\varphi(x-y)+\int_{x-y}^{x+y}\psi(t)\,\mathrm{d}t$,其中函数 φ 具有二阶导数,ψ 具有一阶导数,则必有(　　).

(A) $\dfrac{\partial^2 u}{\partial x^2}=-\dfrac{\partial^2 u}{\partial y^2}$　　(B) $\dfrac{\partial^2 u}{\partial x^2}=\dfrac{\partial^2 u}{\partial y^2}$

(C) $\dfrac{\partial^2 u}{\partial x\partial y}=\dfrac{\partial^2 u}{\partial y^2}$　　(D) $\dfrac{\partial^2 u}{\partial x\partial y}=\dfrac{\partial^2 u}{\partial x^2}$

(9) 若 $f(x,y)$ 与 $\varphi(x,y)$ 均为可微函数,且 $\varphi_y(x,y)\neq 0$,已知 (x_0,y_0) 是 $f(x,y)$ 在约束条件 $\varphi(x,y)=0$ 下的一个极值点,下列选项正确的是(　　).

(A) 若 $f_x(x_0,y_0)=0$,则 $f_y(x_0,y_0)=0$　　(B) 若 $f_x(x_0,y_0)=0$,则 $f_y(x_0,y_0)\neq 0$

(C) 若 $f_x(x_0,y_0)\neq 0$,则 $f_y(x_0,y_0)=0$　　(D) 若 $f_x(x_0,y_0)\neq 0$,则 $f_y(x_0,y_0)\neq 0$

(10) 函数 $f(x,y)=\arctan\dfrac{x}{y}$ 在点 $(0,1)$ 处的梯度等于(　　).

(A) $\boldsymbol{i}$　　(B) $-\boldsymbol{i}$　　(C) $\boldsymbol{j}$　　(D) $-\boldsymbol{j}$

2. 填空题.

(1) 设 $f(u,v)$ 为二元可微函数,$z=f(x^y,y^x)$,则 $\dfrac{\partial z}{\partial x}=$________.

(2) 设 $f(u,v)$ 具有二阶连续偏导数,$z=f(x,xy)$,则 $\dfrac{\partial^2 z}{\partial x\partial y}=$________.

(3) 设 $u=\mathrm{e}^{-x}\sin\dfrac{x}{y}$,则 $\dfrac{\partial^2 u}{\partial x\partial y}\Big|_{(2,1/\pi)}=$________.

(4) 设 $z=\dfrac{1}{x}f(xy)+y\varphi(x+y)$,$f,\varphi$ 具有二阶连续导数,则 $\dfrac{\partial^2 z}{\partial x\partial y}=$________.

(5) 设函数 $f(u,v)$ 可微,$z=z(x,y)$ 由方程 $(x+1)z-y^2=x^2f(x-z,y)$ 确定,则 $\mathrm{d}z\big|_{(0,1)}=$________.

(6) 函数 $u=\ln(x^2+y^2+z^2)$ 在点 $M(1,2,-2)$ 处的梯度=________.

(7) 曲面 $z=x^2+y^2$ 与平面 $2x+4y-z=0$ 平行的切平面方程是________.

(8) 曲面 $x^2+2y^2+3z^2=21$ 在点 $(1,-2,2)$ 处的法线方程为________.

(9) 曲面 $z-e^z+2xy=3$ 在点 $(1,2,0)$ 处的切平面方程为________.

(10) 在曲线 $x=t,y=-t^2,z=t^3$ 的所有切线中,与平面 $x+2y+z=4$ 平行的切线的个数为________.

3. 设 $u=z^{y^x}$,求所有的一阶偏导数.

4. 设 $f(x,y)=x^3\cos(1-y)+(y-1)\sin\sqrt{\dfrac{x}{y}}$,求 $f_x(x,1)$,$f_x(1,1)$,$f_y(1,1)$.

5. 设函数 $f(u,v)$ 具有二阶连续偏导数,$y=f(e^x,\cos x)$,求 $\left.\dfrac{dy}{dx}\right|_{x=0}$,$\left.\dfrac{d^2y}{dx^2}\right|_{x=0}$.

6. 已知 $f(x,y)$ 在点 $(0,0)$ 处连续,且 $\lim\limits_{(x,y)\to(0,0)}\dfrac{f(x,y)}{x^2+y^2}$ 存在,试讨论 $f(x,y)$ 在点 $(0,0)$ 处是否可微.

7. 求函数 $f(x,y)=(1+e^y)\cos x-ye^y$ 的极值点及相应的极值.

8. 设函数 $f(u,v)$ 具有二阶连续偏导数,且满足 $\dfrac{\partial^2 f}{\partial u^2}+\dfrac{\partial^2 f}{\partial v^2}=1$,令 $g(x,y)=f\left(xy,\dfrac{1}{2}(x^2-y^2)\right)$,求 $\dfrac{\partial^2 g}{\partial x^2}+\dfrac{\partial^2 g}{\partial y^2}$.

9. 设 $z=z(x,y)$ 具有二阶连续偏导数,且在变换 $u=x-2y,v=x+ay$ 下可将方程 $6\dfrac{\partial^2 z}{\partial x^2}+\dfrac{\partial^2 z}{\partial x\partial y}-\dfrac{\partial^2 z}{\partial y^2}=0$ 化简为 $\dfrac{\partial^2 z}{\partial u\partial v}=0$,求常数 a.

10. 函数 $z=z(x,y)$ 是由方程 $x^2+y^2-z=\varphi(x+y+z)$ 所确定的函数,其中 φ 具有二阶导数,且 $\varphi'\neq -1$.

(1) 求 dz; (2) 记 $u(x,y)=\dfrac{1}{x-y}\left(\dfrac{\partial z}{\partial x}-\dfrac{\partial z}{\partial y}\right)$,求 $\dfrac{\partial u}{\partial x}$.

11. 设 $\varphi(u)$ 可导且 $\varphi(0)=1$,二元函数 $z=\varphi(x+y)e^{xy}$ 满足 $\dfrac{\partial z}{\partial x}+\dfrac{\partial z}{\partial y}=0$,求 $\varphi(u)$.

12. 已知函数 $f(x,y)$ 满足 $\dfrac{\partial f}{\partial x}=f(x,y)$,$\dfrac{\partial f}{\partial y}=e^x\cos y$,$f(0,0)=0$,求 $f(x,y)$.

13. 设 $z=z(x,y)$ 是由方程 $x^2-6xy+10y^2-2yz-z^2+18=0$ 确定的函数,求 $z=z(x,y)$ 的极值点和极值.

14. 求曲线 $\begin{cases}x^2+y^2-2z^2=0,\\x+y+3z=5\end{cases}$ 上距离 xOy 面最远的点和最近的点.

15. 设函数 $f(u)$ 在 $(0,+\infty)$ 内具有二阶导数,且 $z=f(\sqrt{x^2+y^2})$ 满足等式 $\dfrac{\partial^2 z}{\partial x^2}+\dfrac{\partial^2 z}{\partial y^2}=0$.

(1) 验证 $f''(u)+\dfrac{1}{u}f'(u)=0$; (2) 若 $f(1)=0$,$f'(1)=1$,求函数 $f(u)$ 的表达式.

16. 求曲面 $2^{x/z}+2^{y/z}=8$ 在点 $P(2,2,1)$ 处的切平面方程和法线方程.

17. 已知函数 $f(x,y)$ 满足 $\frac{\partial^2 f}{\partial x\partial y}=x+y$，且 $f(x,0)=x^2$，$f(0,y)=y$，求 $f(x,y)$.

18. 已知两平面曲线 $f(x,y)=0$，$g(x,y)=0$，又 (α,β) 和 (ξ,η) 分别为两曲线上的点，试证：如果这两点是两曲线上相距最近或最远的点，则下列关系式成立

$$\frac{\alpha-\xi}{\beta-\eta}=\frac{f_x(\alpha,\beta)}{f_y(\alpha,\beta)}=\frac{g_x(\xi,\eta)}{g_y(\xi,\eta)}.$$

19. 已知函数 $f(x,y)=x+y+xy$，曲线 $C:x^2+y^2+xy=3$，求 $f(x,y)$ 在曲线 C 上的最大方向导数.

综合练习题

1. 已知某工厂过去几年的产量与利润的数据如下：

产量 x/千件	40	47	55	70	90	100
利润 y/千元	32	34	43	54	72	85

通过把这些数据 $(x_i,y_i)(i=1,\cdots,6)$ 所对应的点描在坐标纸上，可以看出这些点的连线接近于一条直线，因此可以认为利润 y 与产量 x 的函数关系是线性函数，试利用最小二乘法求出这个线性函数，并估计当产量达到 12 万件时该工厂的利润是多少？

2. 位于坐标原点的我舰向位于点 $A(1,0)$ 处的敌舰发射鱼雷，已知敌舰以常速度 v_0 沿直线 $x=1$ 逃窜，鱼雷的速度为 $5v_0$，试求鱼雷的轨迹曲线方程 $y=f(x)$，并求何时击中敌舰.

第六章 多元函数积分学及其应用

我们在第三章中所讨论过的定积分，其被积函数是一元函数，积分范围是区间，因而它一般只能用来研究分布在某一区间上的量的求和问题，例如平面曲边梯形的面积、细棒的质量等.但是在科学技术中，往往还会碰到许多非均匀分布在平面或空间的某种几何形体上的可加量的求和问题，例如，空间区域的体积，平面薄板、空间物体或物质曲线和曲面的质量等.这时就需要把定积分的概念加以推广，来讨论被积函数是多元函数而积分范围是平面或空间中某一几何形体的积分，即多元函数的积分.

多元函数积分的种类较多，但可从是否考虑方向性，把它们划分为两大类型.本章先介绍与方向性无关的多元函数积分，称为多元数量值函数的积分或第一大类型积分，讲解其概念、性质、计算和应用，包括含参变量的积分，然后结合场论介绍与方向性有关的第二大类型积分.

第一节 多元数量值函数积分的概念与性质

1.1 物体质量的计算

设有一质量非均匀分布的物体，其密度是点 M 的连续函数 $\mu=f(M)$.如果函数 f 已知，怎样来求物体的质量呢？

在定积分中，我们已经讲解了求线密度为 $\mu=f(M)=f(x)$ 的细棒 AB（图 6.1）质量的思想和步骤.当线密度 μ 为常量时，物质是均匀分布在区间 $[a,b]$ 上的.这时棒 AB 的质量 m 可简单地利用乘法得到：$m=\mu\cdot(b-a)$.当 $\mu=f(x)$ 是连续变量时，物质在 $[a,b]$ 上是非均匀分布的.

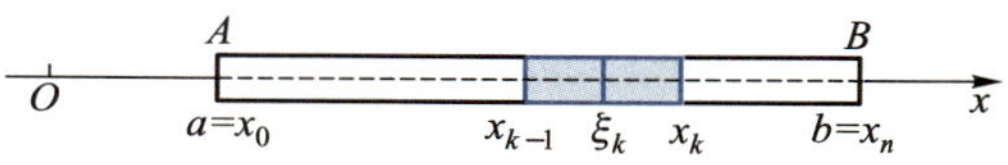

图 6.1

为了运用物质为均匀分布的已知结果去解决非均匀分布的问题，我们采用了“分”“匀”“合”“精”四个步骤，将线密度为$\mu=f(x)$的细棒AB的质量m化为下述定积分来求：

$$m=\lim_{\max\Delta x_k\to 0}\sum_{k=1}^{n}f(\xi_k)\Delta x_k=\int_a^b f(x)\,\mathrm{d}x. \tag{1.1}$$

对于平面或空间内的物体，当其密度函数$\mu=f(M)$已知时，其质量的计算也可通过“分”“匀”“合”“精”的步骤来解决. 例如，对平面薄板来说，假设它所占的平面区域为(σ)（图 6.2），其面密度$\mu=f(M)$在(σ)上连续，我们可按下述步骤来计算它的质量.

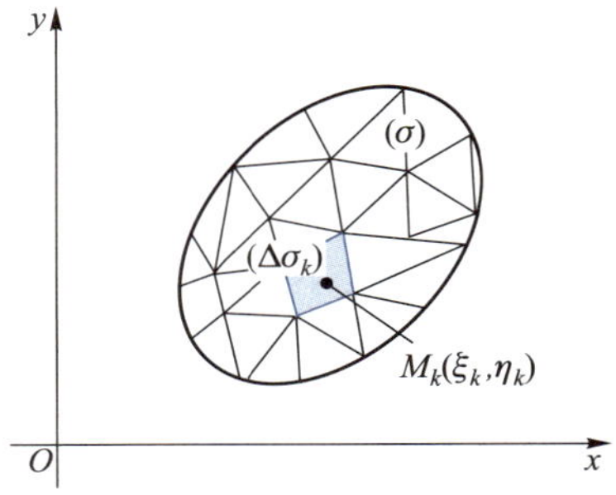

图 6.2

分　把薄板所在的区域(σ)任意地划分为n个子域$(\Delta\sigma_k)$$(k=1,2,\cdots,n)$它们的面积记作$\Delta\sigma_k$（图 6.2）.

匀　当子域$(\Delta\sigma_k)$很小时，其上的物质可以近似地看成是均匀分布的，也就是说，密度函数$f(M)$在$(\Delta\sigma_k)$上可以近似地看作是常数，即等于$(\Delta\sigma_k)$内的任一点M_k的值$f(M_k)$，从而$(\Delta\sigma_k)$上质量Δm_k的近似值为

$$\Delta m_k\approx f(M_k)\Delta\sigma_k.$$

合　把所有Δm_k的近似值加起来，就得到薄板质量m的近似值为

$$m=\sum_{k=1}^{n}\Delta m_k\approx\sum_{k=1}^{n}f(M_k)\Delta\sigma_k.$$

精　(σ)的所有子域$(\Delta\sigma_k)$$(k=1,2,\cdots,n)$被划分得越小，上述近似值的近似程度就越高. 设$d$为这$n$个子域$(\Delta\sigma_k)$的直径①中的最大者，当子域的数目$n$无限增大，而且$d$趋于零时，每一子域都无限缩小，我们把上述近似值的极限规定为此薄板的质量m，即

$$m=\lim_{d\to 0}\sum_{k=1}^{n}f(M_k)\Delta\sigma_k. \quad \blacksquare \tag{1.2}$$

可见，薄板的质量也可由一个和式的极限来确定. 和式极限(1.2)与(1.1)式中的和式极限形式上完全一样，唯一的差别是(1.1)式中的每一项是函数在子区间上任一点M_k的函数值乘该子区间的长度，而(1.2)式中的每一项是函数在平面子域上任一点M_k的函数值乘该子域的面积. 这种差别是由于质量分布的范围不同所引起的.

---

① 闭区域的直径是指此闭区域中任意两点间距离的最大值.

一般说来,设有一物质非均匀分布在某一几何形体(Ω)上的物体(这里的几何形体(Ω)可以是直线段、平面或空间区域,一片曲面或一段曲线),其密度函数$\mu=f(M)$在(Ω)上连续,可以完全依照上面的四个步骤来计算其质量.

分 把(Ω)任意地划分为n个部分,记作$(\Delta\Omega_k)$,$k=1,2,\cdots,n$.并把$(\Delta\Omega_k)$的度量(例如面积、体积、曲面面积、曲线的弧长等)记为$\Delta\Omega_k$.

匀 把$(\Delta\Omega_k)$上物质的分布近似看成是均匀的,即在$(\Delta\Omega_k)$上把密度函数$\mu=f(M)$近似看作是等于其中任一点M_k处的函数值$f(M_k)$,从而$(\Delta\Omega_k)$上质量Δm_k的近似值为

$$\Delta m_k \approx f(M_k)\Delta\Omega_k.$$

合 把所有上述近似值加起来得此物体质量的近似值为

$$m=\sum_{k=1}^{n}\Delta m_k \approx \sum_{k=1}^{n} f(M_k)\Delta\Omega_k.$$

精 设d为n个$(\Delta\Omega_k)$直径①中的最大者,当$d\to 0$时上述和式的极限值就是此物体的质量m,即

$$m=\sum_{k=1}^{n}\Delta m_k=\lim_{d\to 0}\sum_{k=1}^{n} f(M_k)\Delta\Omega_k. \tag{1.3}$$

1.2 多元数量值函数积分的概念

从上面求质量的问题中我们看到,尽管物质分布的几何形体可以不同,甚至涉及不同维数的空间,但是通过点函数从数量关系来看,求质量的问题都归结为求同一形式和式的极限(1.3).在科学技术中还有大量类似的问题,例如各种物体的质心和转动惯量、平面或空间几何形体的面积或体积等,都可以看成是分布在某一几何形体上的可加量的求和问题,从而最终都可归结为形如(1.3)的和式的极限问题而得到解决.为了从数量关系上给出解决这类问题的一般方法,我们抛开它们的具体意义,仅保留其数学结构的特征,给出以下多元函数积分的概念.

定义 1.1(多元数量值函数积分) 设(Ω)表示一个有界的几何形体,它是可度量的(即可求长或可求面积或可求体积),函数f是定义在(Ω)上的有界数量值函数.

将(Ω)任意地划分为n个小部分$(\Delta\Omega_k)$,$k=1,2,\cdots,n$.用$\Delta\Omega_k$表示$(\Delta\Omega_k)$的度量.

注:定义中之所以要求f在(Ω)上有界,是因为仿照第三章定积分定义边注(第175页)中的证明可知:当f在(Ω)上无界时,积分(1.4)一定不存在.

① 几何形体$(\Delta\Omega_k)$的直径是指此几何形体上任意两点间距离的最大值.

任取点 $M_k \in (\Delta\Omega_k)$，作乘积

$$f(M_k)\Delta\Omega_k, \quad k=1,2,\cdots,n.$$

作和式

$$\sum_{k=1}^{n} f(M_k)\Delta\Omega_k.$$

如果不论(Ω)怎样划分，点 M_k 在$(\Delta\Omega_k)$中怎样选取，当所有$(\Delta\Omega_k)$的直径的最大值 $d\to 0$ 时上述和式都趋于同一常数，那么，称函数 f 在(Ω)上**可积**，且称此常数为多元数量值函数 f 在(Ω)上的**积分**，在不致混淆的情况下，也简称为函数 f 在(Ω)上的积分，记作

$$\boxed{\int_{(\Omega)} f(M)\,\mathrm{d}\Omega = \lim_{d\to 0}\sum_{k=1}^{n} f(M_k)\Delta\Omega_k,} \tag{1.4}$$

其中(Ω)称为**积分域**[1]，f 称为**被积函数**，$f(M)\,\mathrm{d}\Omega$ 称为**被积式**或**积分微元**.

下面，我们根据积分域(Ω)的不同类型，分别给出积分(1.4)的具体表达式和名称.

(1) 如果(Ω)是 x 轴上的闭区间$[a,b]$，那么 f 就是定义在区间$[a,b]$上的一元函数，$\Delta\Omega_k$ 就是子区间的长度 Δx_k，从而(1.4)式可以具体地写成

$$\int_{(\Omega)} f(M)\,\mathrm{d}\Omega = \lim_{d\to 0}\sum_{k=1}^{n} f(\xi_k)\Delta x_k,$$

而积分 $\int_{(\Omega)} f(M)\,\mathrm{d}\Omega$ 就是定积分 $\int_a^b f(x)\,\mathrm{d}x$.

二维码 6.1.1 数量值函数积分概念的实质.

(2) 如果(Ω)是 xOy 平面上的区域(σ)[2]，那么 f 就是定义在(σ)上的二元函数，$\Delta\Omega_k$ 就是子区域的面积 $\Delta\sigma_k$，从而(1.4)式也可更具体地写成

$$\int_{(\Omega)} f(M)\,\mathrm{d}\Omega = \lim_{d\to 0}\sum_{k=1}^{n} f(\xi_k,\eta_k)\Delta\sigma_k,$$

称为 f 在区域(σ)上的**二重积分**，其中(ξ_k,η_k)就是点 M_k 的直角坐标. 为了明确显示二重积分有两个独立的积分变量，我们常用两个积分符号把二重积分表示为

$$\boxed{\iint_{(\sigma)} f(x,y)\,\mathrm{d}\sigma = \lim_{d\to 0}\sum_{k=1}^{n} f(\xi_k,\eta_k)\Delta\sigma_k,}$$

其中(σ)就是二重积分的积分域，$\mathrm{d}\sigma$ 称为**面积微元**.

---

① 为方便起见，今后对积分域，我们均用带有圆括号的字母表示，而用不带括号的相同字母表示此形体的度量. 例如，Ω 是积分形体(Ω)的度量.

② 本书中的区域可以包含它的部分或全部边界，作为积分域的区域都是指闭区域.

(3) 如果(Ω)为三维空间的区域(V)，那么f就是定义在(V)上的三元函数，$\Delta\Omega_k$就是子区域的体积ΔV_k.为了明确显示这时的积分有三个独立的积分变量，我们常采用三个积分符号，而把(1.4)式具体写成

$$\iiint\limits_{(V)} f(x,y,z)\,\mathrm{d}V = \lim_{d\to 0}\sum_{k=1}^{n} f(\xi_k,\eta_k,\zeta_k)\Delta V_k,$$

称为f在区域(V)上的**三重积分**，其中(ξ_k,η_k,ζ_k)为点M_k的直角坐标，(V)是三重积分的积分域，$\mathrm{d}V$称为**体积微元**.

(4) 如果(Ω)为一条平面(或空间)的曲线弧段(C)，那么f就是定义在弧段(C)上的二元(或三元)函数，$\Delta\Omega_k$就是子弧段的弧长Δs_k，于是(1.4)式可以具体写成

$$\int_{(C)} f(x,y)\,\mathrm{d}s = \lim_{d\to 0}\sum_{k=1}^{n} f(\xi_k,\eta_k)\Delta s_k$$

$$\left(\text{或}\int_{(C)} f(x,y,z)\,\mathrm{d}s = \lim_{d\to 0}\sum_{k=1}^{n} f(\xi_k,\eta_k,\zeta_k)\Delta s_k\right),$$

称为f在曲线段(C)上**对弧长的曲线积分**，也称为**第一型线积分**，其中(C)称为**积分路径**.被积函数形式上是二元(或三元)函数，但是由于点M在曲线(C)上变动，它的坐标将受到(C)的方程的约束，所以实质上独立的变量只有一个.这也是为什么只用一个积分符号去表示曲线积分的原因.

(5) 如果(Ω)为一片曲面(S)，那么f就是定义在(S)上的三元函数，$\Delta\Omega_k$就是子曲面的面积ΔS_k.由于点M在曲面(S)上变化，它的坐标x,y,z中只有两个是独立的，因此我们用两个积分符号来表示这类积分，而将(1.4)式具体写为

$$\iint\limits_{(S)} f(x,y,z)\,\mathrm{d}S = \lim_{d\to 0}\sum_{k=1}^{n} f(\xi_k,\eta_k,\zeta_k)\Delta S_k,$$

称为f在曲面(S)上**对面积的曲面积分**，也称为**第一型面积分**.

我们看到，多元函数的积分虽然类型多样，但都是形同(1.4)式的和式极限，只不过被积函数的定义域是不同的几何形体罢了.这反映了在不同几何形体(Ω)上对非均匀分布可加量求和问题的需要.例如，如果物质连续分布在空间区域(V)上，那么在密度函数$\mu(x,y,z)$已知的情况下，(V)的质量就是μ在(V)上的三重积分$\iiint\limits_{(V)}\mu(x,y,z)\,\mathrm{d}V$；如果物质连续分布在一片曲面$(S)$上，那么在密度函数$\mu(x,y,z)$已

注：这里我们将二重、三重积分，第一型线、面积分用几何形体上的积分统一定义，不仅避免了烦琐的重复，而且突出了它们的共性与解决问题的思想和步骤，也便于理解它们的差异仅在于积分域的不同.

知的情况下,(S) 的质量就是μ 在(S) 上对面积的曲面积分$\iint\limits_{(S)}\mu(x,y,z)\,\mathrm{d}S$.

1.3 积分存在的条件和性质

在多元数量值函数积分的定义中,要求不论(Ω)怎样划分,不论点 M_k 在$(\Delta\Omega_k)$中怎样选取,当所有$(\Delta\Omega_k)$的直径的最大值 $d\to 0$ 时和式均趋于同一个数.这时,我们才说积分存在,或f在(Ω)上可积.

类似于定积分,可以证明(从略),若(Ω)是有界闭集且可度量,$f\in C((\Omega))$,则f在(Ω)上一定可积.

下面我们在(Ω)是有界闭集、可度量且被积函数可积的前提下来讨论积分的主要性质,它们的证明与定积分中相应性质类似.

1. 线性性质

(1) $\int_{(\Omega)}kf(M)\,\mathrm{d}\Omega=k\int_{(\Omega)}f(M)\,\mathrm{d}\Omega$,$k$ 为一常数;

(2) $\int_{(\Omega)}[f(M)\pm g(M)]\,\mathrm{d}\Omega=\int_{(\Omega)}f(M)\,\mathrm{d}\Omega\pm\int_{(\Omega)}g(M)\,\mathrm{d}\Omega$.

2. 对积分域的可加性 设$(\Omega)=(\Omega_1)\cup(\Omega_2)$,且$(\Omega_1)$与$(\Omega_2)$除边界点外无公共部分,则

$$\int_{(\Omega)}f(M)\,\mathrm{d}\Omega=\int_{(\Omega_1)}f(M)\,\mathrm{d}\Omega+\int_{(\Omega_2)}f(M)\,\mathrm{d}\Omega.$$

3. 积分不等式

(1) 若$f(M)\leqslant g(M)$,$\forall M\in(\Omega)$,则

$$\int_{(\Omega)}f(M)\,\mathrm{d}\Omega\leqslant\int_{(\Omega)}g(M)\,\mathrm{d}\Omega;$$

(2) $\left|\int_{(\Omega)}f(M)\,\mathrm{d}\Omega\right|\leqslant\int_{(\Omega)}|f(M)|\,\mathrm{d}\Omega$;

(3) 若 $l\leqslant f(M)\leqslant L$,$\forall M\in(\Omega)$,则

$$l\Omega\leqslant\int_{(\Omega)}f(M)\,\mathrm{d}\Omega\leqslant L\Omega.$$

☞二维码 6.1.2 多元数量值函数积分中值定理的证明.

4. 中值定理 设$f\in C((\Omega))$,(Ω)为一有界连通闭集,则在(Ω)上至少存在一点 P,使

$$\int_{(\Omega)}f(M)\,\mathrm{d}\Omega=f(P)\Omega.$$

习题 6.1

(A)

1. 当$f(M)=1$时,积分$\int_{(\Omega)} f(M)\mathrm{d}\Omega$的值表示什么意义?

2. 积分$\int_{(\Omega)} f(M)\mathrm{d}\Omega$定义中的所有$(\Delta\Omega_k)$的直径的最大值$d\to 0$能否用所有$(\Delta\Omega_k)$的度量的最大值趋于零代替,为什么?

3. 试说明二重积分、三重积分与定积分的共同点和不同点.

4. 就二重积分证明积分对积分域的可加性.

5. 利用积分的性质在所给区域上比较下列积分的大小:

(1) $\iint\limits_{(\sigma)}(x+y)\mathrm{d}\sigma$ 与 $\iint\limits_{(\sigma)}(x+y)^2\mathrm{d}\sigma$, $(\sigma)=\{(x,y)\mid x\geqslant 0, y\geqslant 0, x+y\leqslant 1\}$;

(2) $\iint\limits_{(\sigma)}(x^2+y^2)^2\mathrm{d}\sigma$ 与 $\iint\limits_{(\sigma)}(x^2+y^2)^3\mathrm{d}\sigma$, $(\sigma)=\{(x,y)\mid 1\leqslant x^2+y^2\leqslant 4\}$;

(3) $\iint\limits_{(\sigma_1)}(x^2+y^2)\mathrm{d}\sigma$ 与 $\iint\limits_{(\sigma_2)}(x^2+y^2)\mathrm{d}\sigma$, $(\sigma_1)=\{(x,y)\mid x^2+y^2\leqslant 1\}$, $(\sigma_2)=\{(x,y)\mid x^2+y^2\leqslant 4\}$;

(4) $\iint\limits_{(\sigma_1)}x^2y\mathrm{d}\sigma$ 与 $\iint\limits_{(\sigma_2)}x^2y\mathrm{d}\sigma$, $(\sigma_1)=\{(x,y)\mid x^2+y^2\leqslant 1, y\geqslant 0\}$, $(\sigma_2)=\{(x,y)\mid x^2+y^2\leqslant 1\}$.

(B)

1. 证明:若$f(M)$在(Ω)上连续,(Ω)是紧的且可度量,$f(M)\geqslant 0$,但$f(M)\not\equiv 0$,则

$$\int_{(\Omega)} f(M)\mathrm{d}\Omega > 0.$$

2. 证明**反常积分中值定理**:若(Ω)是紧的且可度量的连通集,$f(M)$,$g(M)$在(Ω)上连续,$g(M)$在(Ω)上不变号,则在(Ω)中至少存在一点P,使得

$$\int_{(\Omega)} f(M)g(M)\mathrm{d}\Omega = f(P)\int_{(\Omega)} g(M)\mathrm{d}\Omega.$$

3. 比较下列积分的大小:

$\iint\limits_{(\sigma_1)}xy\mathrm{d}\sigma$, (σ_1)是由$x=0$, $y=0$与$x+y=3$所围成的平面区域,

$\iint\limits_{(\sigma_2)}xy\mathrm{d}\sigma$, (σ_2)是由$x=-1$, $y=0$与$x+y=3$所围成的平面区域.

4. 设$f(x,y)$为连续函数,求

$$\lim_{r\to 0^+}\frac{1}{\pi r^2}\iint\limits_{(\sigma_r)} f(x,y)\mathrm{d}\sigma,$$

其中$(\sigma_r)=\{(x,y)\mid (x-x_0)^2+(y-y_0)^2\leqslant r^2\}$.

5. 设$f(x,y)$在平面有界闭区域(σ)上连续,证明:若$f(x,y)$在(σ)上非负,且$\iint\limits_{(\sigma)} f(x,y)\mathrm{d}\sigma=0$,则有$f(x,y)\equiv 0$, $\forall (x,y)\in(\sigma)$.

第二节　二重积分的计算

从这一节开始,我们分别讲解各类积分的计算法.为了得出二重积分的计算公式,先介绍二重积分的几何意义.

2.1　二重积分的几何意义

设$(\sigma)\subseteq\mathbf{R}^2$是有界闭区域,$f\in C((\sigma))$.由定义,$f$在$(\sigma)$上的二重积分就是下列和式的极限:

$$\iint\limits_{(\sigma)}f(x,y)\,\mathrm{d}\sigma=\lim_{d\to0}\sum_{k=1}^{n}f(\xi_k,\eta_k)\Delta\sigma_k.$$

下面,我们根据这个和式极限的结构来说明二重积分的几何意义.为方便起见,设$f(x,y)\geqslant0$.于是二元函数$z=f(x,y)$在几何上就表示位于域(σ)上方的曲面(S)(图6.3(a)),它在xOy坐标平面上的投影就是闭域(σ).以(σ)的边界为准线作母线平行于z轴的柱面,便得一以(σ)为底、曲面(S)为顶的曲顶柱体.现在我们来说明:若f在(σ)上非负,则二重积分$\iint\limits_{(\sigma)}f(x,y)\,\mathrm{d}\sigma$的值等于以$(\sigma)$为底,$(S)$为顶的曲顶柱体的体积.

此曲顶柱体的体积在域(σ)上是非均匀分布的量,其原因在于此柱体的高在变化.若高不变,这个平顶柱体的体积在(σ)上是均匀分布的(图6.3(b)),它可以简单地利用乘法:底面积×高得到.为了利用已知的这个均匀分布的体积公式来求此非均匀分布的体积,我们可以像本章第一节1.1段中那样,采用"分""匀""合""精"四个步骤来完成.

想一想:

(1) 若在域(σ)上$f(x,y)\leqslant0$,$\iint\limits_{(\sigma)}f(x,y)\,\mathrm{d}\sigma$的几何意义是什么?

(2) 若在域(σ)上$f(x,y)$变号,怎样用二重积分表示曲面$z=f(x,y)$在(σ)上与xOy平面以及由(σ)边界为准线的柱面所围成的立体体积?

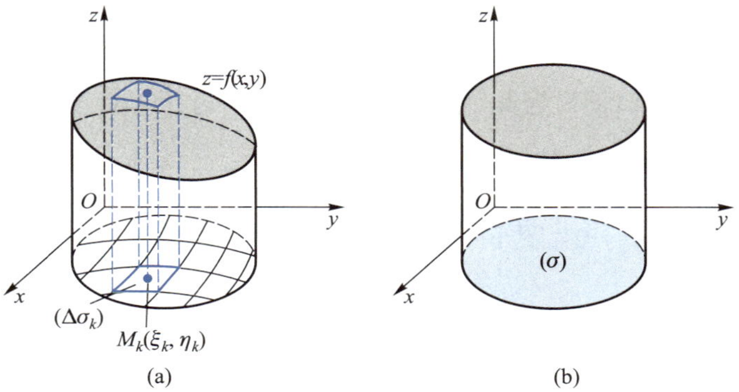

图6.3

分 把区域(σ)任意划分成n个子域$(\Delta\sigma_k)(k=1,2,\cdots,n)$，$(\Delta\sigma_k)$的面积记为$\Delta\sigma_k$.以每一子域$(\Delta\sigma_k)$的边界为准线，作母线平行于$z$轴的柱面，这样，就把整个曲顶柱体划分成$n$个小曲顶柱体.

匀 由于子域$(\Delta\sigma_k)$很小，以它为底的小曲顶柱体的高变化不大，可以近似地看作不变，即看作是$(\Delta\sigma_k)$内任一点$M_k(\xi_k,\eta_k)$处的函数值$f(\xi_k,\eta_k)$（图 6.3(a)）.从而这一小曲顶柱体的体积ΔV_k可以近似地表示为

$$\Delta V_k \approx f(\xi_k,\eta_k)\Delta\sigma_k.$$

合 把各小曲顶柱体体积的近似值加起来，就得到整个曲顶柱体体积V的近似值

$$V \approx \sum_{k=1}^{n} f(\xi_k,\eta_k)\Delta\sigma_k.$$

精 令各子域$(\Delta\sigma_k)$直径的最大值$d\to 0$，取极限便得到体积V的精确值

$$V=\lim_{d\to 0}\sum_{k=1}^{n} f(\xi_k,\eta_k)\Delta\sigma_k=\iint\limits_{(\sigma)} f(x,y)\,\mathrm{d}\sigma.$$

这就说明了二重积分的几何意义.

2.2 直角坐标系下二重积分的计算法

下面，我们利用二重积分的几何意义来讨论它的计算方法.设$f\in C((\sigma))$，为简单起见，我们仍假设在(σ)上$f(x,y)\geqslant 0$.以下就积分域(σ)可能出现的三种类型来分别讨论二重积分的计算方法.

(1) 设$(\sigma)=\{(x,y)\mid a\leqslant x\leqslant b, y_1(x)\leqslant y\leqslant y_2(x)\}$，其中$y_1(x)$与$y_2(x)$均在$[a,b]$上连续.这一区域$(\sigma)$的特点是：过$[a,b]$上任一点$x_1$，作与$y$轴平行同向的直线，与$(\sigma)$的边界至多相交于两点$(x_1,y_1(x_1))$与$(x_1,y_2(x_1))$（在区间端点$a,b$处所分别对应的两点可能重合）（图 6.4）.为方便起见，称这种类型的区域(σ)为 ***x* 型区域**.由几何意义可知，二重积分$\iint\limits_{(\sigma)} f(x,y)\,\mathrm{d}\sigma$的值等于以$(\sigma)$为底、$z=f(x,y)$为顶的曲顶柱体的体积$V$（图 6.5）.在定积分应用中，我们知道这一体积$V$也可用已知平行截面面积求体积的方法来计算.为此，将此曲顶柱体用平行于坐标平面yOz的平面来切割.为了求其平行截面的面积，在$[a,b]$上任意固定一点x_1，考虑曲顶柱体与平面$x=x_1$的截面面积$S(x_1)$.由图 6.5 易见，这一截面是由曲线$\begin{cases} z=f(x,y), \\ x=x_1 \end{cases}$在区间$[y_1(x_1),y_2(x_1)]$上所形成的曲边梯形，它的面积$S(x_1)$可用定积分表示为

$$S(x_1)=\int_{y_1(x_1)}^{y_2(x_1)} f(x_1,y)\,\mathrm{d}y.$$

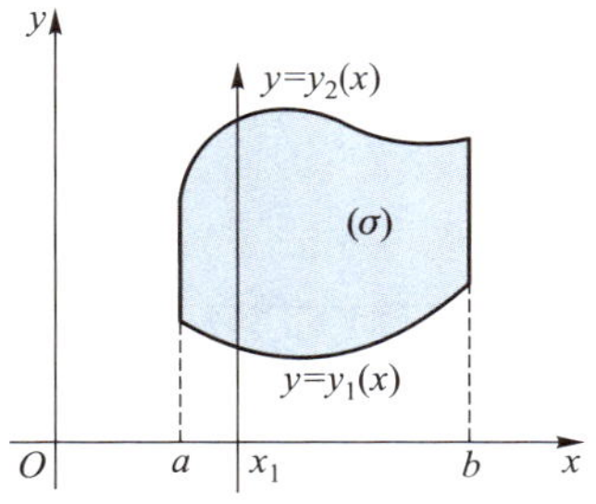

图 6.4

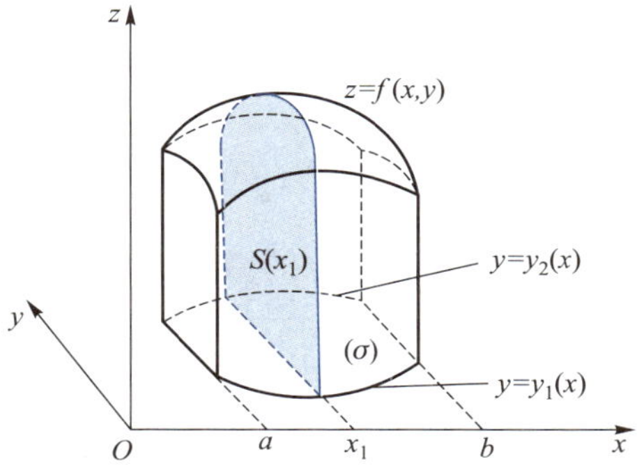

图 6.5

改记 x_1 为 x,并让它在 a 与 b 之间变动,这时截面积 $S(x)$ 也将随之而变动,即

$$S(x)=\int_{y_1(x)}^{y_2(x)}f(x,y)\,\mathrm{d}y.$$

值得注意的是,在求上述积分时,x 应看作是常量,积分变量是 y.求得 $S(x)$ 之后,再利用定积分的微元法,便可得所求曲顶柱体的体积

$$V=\int_a^b S(x)\,\mathrm{d}x=\int_a^b\left[\int_{y_1(x)}^{y_2(x)}f(x,y)\,\mathrm{d}y\right]\mathrm{d}x.$$

另一方面,根据二重积分的几何意义,又有

$$V=\iint_{(\sigma)}f(x,y)\,\mathrm{d}\sigma,$$

所以

$$V=\iint_{(\sigma)}f(x,y)\,\mathrm{d}\sigma=\int_a^b\left[\int_{y_1(x)}^{y_2(x)}f(x,y)\,\mathrm{d}y\right]\mathrm{d}x. \tag{2.1}$$

这样一来,二重积分的计算,化成了接连两次计算一元函数的定积分:先固定 x,把函数 $f(x,y)$ 看作是关于 y 的一元函数,对 y 从区域 (σ) 的边界 $y_1(x)$ 至 $y_2(x)$ 作定积分;再将积分后所得的一元函数 $S(x)$,在区间 $[a,b]$ 上关于 x 作定积分.这样,就把二重积分化成了由接连两次定积分所构成的**累次积分**,或称为**二次积分**,也可把其中的方括号去掉写成

$$\int_a^b\int_{y_1(x)}^{y_2(x)}f(x,y)\,\mathrm{d}y\mathrm{d}x\quad 或\quad \int_a^b\mathrm{d}x\int_{y_1(x)}^{y_2(x)}f(x,y)\,\mathrm{d}y.$$

(2) 设 $(\sigma)=\{(x,y)\mid x_1(y)\leqslant x\leqslant x_2(y),c\leqslant y\leqslant d\}$,其中 $x_1(y)$ 与 $x_2(y)$ 均在 $[c,d]$ 上连续(图 6.6).这一区域 (σ) 的特点是:过 $[c,d]$ 上任一点 y_1 作与 x 轴平行同向的直线,与域 (σ) 的边界至多相

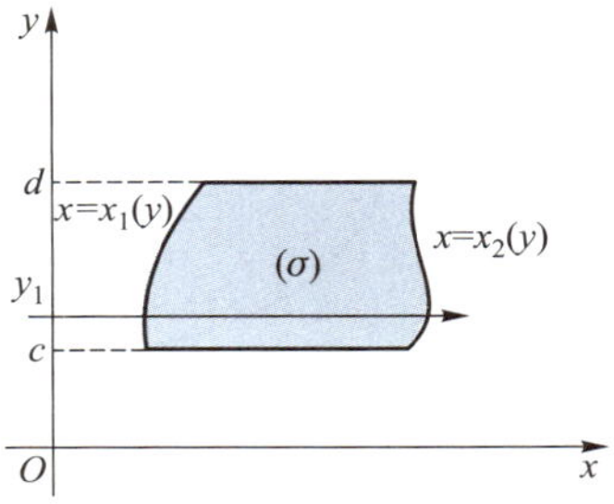

图 6.6

交于两点$(x_1(y_1),y_1)$与$(x_2(y_1),y_1)$.这类区域称为 **y 型区域**.对于这种 y 型区域(σ),我们用平行于坐标平面 xOz 的平面去切割此曲顶柱体.先计算由曲线$\begin{cases}z=f(x,y)\\ y=y_1\end{cases}$,在区间$[x_1(y_1),x_2(y_1)]$ $(c\leqslant y_1\leqslant d)$上所形成的曲边梯形的面积,再在区间$[c,d]$上利用定积分的微元法可得

$$\boxed{\iint\limits_{(\sigma)} f(x,y)\,\mathrm{d}\sigma=\int_c^d\int_{x_1(y)}^{x_2(y)} f(x,y)\,\mathrm{d}x\mathrm{d}y=\int_c^d\mathrm{d}y\int_{x_1(y)}^{x_2(y)} f(x,y)\,\mathrm{d}x.} \tag{2.2}$$

在这里的累次积分是先固定 y 对 x 计算由 $x_1(y)$ 到 $x_2(y)$ 的定积分,其中 $x_1(y)$ 与 $x_2(y)$ 分别表示(σ)的左段边界与右段边界上的点对应于 y 的横坐标,然后再将积分后所得的函数对 y 在区间$[c,d]$上求定积分.

如果积分域(σ)既是 x 型区域又是 y 型区域,那么,由等式(2.1)与(2.2)可知

$$\int_a^b\int_{y_1(x)}^{y_2(x)} f(x,y)\,\mathrm{d}y\mathrm{d}x=\int_c^d\int_{x_1(y)}^{x_2(y)} f(x,y)\,\mathrm{d}x\mathrm{d}y. \tag{2.3}$$

(2.3)式表明:当 $f(x,y)$ 在积分域(σ)上连续时,累次积分可以交换积分顺序.

注意:一般来说,在交换累次积分的积分顺序时,积分上、下限将随之改变.

(3) 设积分域(σ)既非 x 型又非 y 型区域(图 6.7).这时我们可以把(σ)先分成若干子域,使每一子域成为 x 型区域或 y 型区域,从而每一子域上的二重积分都可通过累次积分算出,再根据本章第一节 1.3 段中的性质 2,在域(σ)上的二重积分值就等于这些子域上二重积分值之和.

例 2.1 求二重积分

$$I=\iint\limits_{(\sigma)} f(x,y)\,\mathrm{d}\sigma,$$

其中 $f(x,y)=1-\dfrac{x}{3}-\dfrac{y}{4}$,$(\sigma)=\{(x,y)\mid -1\leqslant x\leqslant 1,-2\leqslant y\leqslant 2\}$是一矩形域(图 6.8).

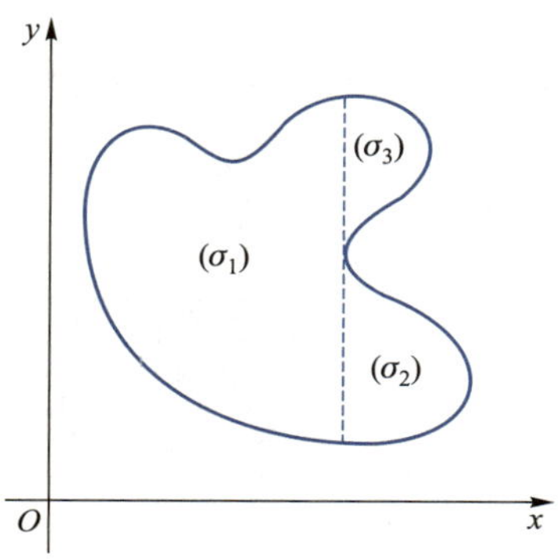

图 6.7

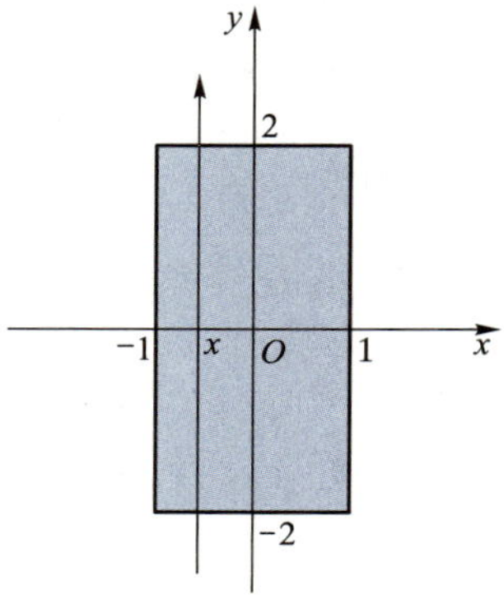

图 6.8

解法一 由于(σ)是一x型区域，它在x轴上的投影为区间$[-1,1]$，这就是累次积分中对x的积分区间.在区间$[-1,1]$上任取一点x，作与y轴平行同向的直线穿过积分域(σ)，过(σ)边界穿入、穿出点的纵坐标分别为$y=-2$与$y=2$.$[-2,2]$便是对y的积分区间.固定x先对y积分，再对x积分得

$$I=\int_{-1}^{1}\int_{-2}^{2}\left(1-\frac{x}{3}-\frac{y}{4}\right)\mathrm{d}y\mathrm{d}x=\int_{-1}^{1}\left(y-\frac{xy}{3}-\frac{y^2}{8}\right)\Big|_{-2}^{2}\mathrm{d}x$$

$$=\int_{-1}^{1}\left(4-\frac{4}{3}x\right)\mathrm{d}x=8.$$

解法二 由于(σ)也是一y型区域，它在y轴上的投影为区间$[-2,2]$，在区间$[-2,2]$上任取一点y，作与x轴平行同向的直线，穿入、穿出(σ)点的横坐标分别为$x=-1$与$x=1$.固定y先对x积分，再对y积分得

$$I=\int_{-2}^{2}\int_{-1}^{1}\left(1-\frac{x}{3}-\frac{y}{4}\right)\mathrm{d}x\mathrm{d}y$$

$$=\int_{-2}^{2}\left(x-\frac{x^2}{6}-\frac{xy}{4}\right)\Big|_{-1}^{1}\mathrm{d}y$$

$$=\int_{-2}^{2}\left(2-\frac{y}{2}\right)\mathrm{d}y=8.\ \blacksquare$$

注意：解法一与解法二中的累次积分交换了积分顺序，但是它们对x与对y的积分上、下限均未发生变化.这种情况仅对矩形域才会出现.

例 2.2 计算$\iint\limits_{(\sigma)}(x^2+y^2)\mathrm{d}\sigma$，其中$(\sigma)$为直线$x=1$，$y=0$及抛物线$y=x^2$所围成的区域.

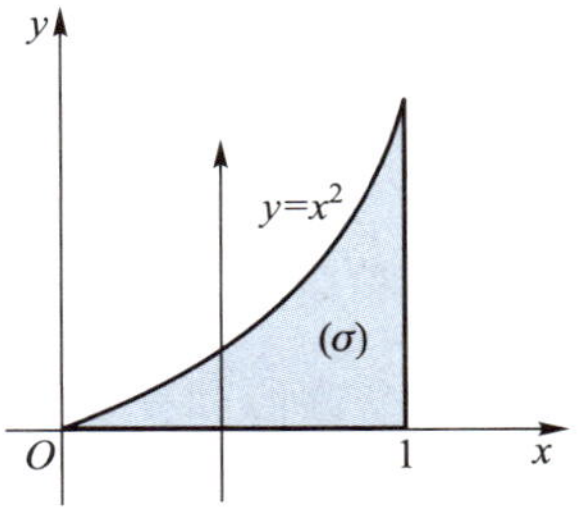

图 6.9

解法一 画出积分域(σ)如图6.9所示.将(σ)视为x型区域.它在x轴上的投影为$[0,1]$. $\forall x\in[0,1]$，作与y轴平行同向的直线，与(σ)的下边界和上边界交点的纵坐标分别为$y=0$与$y=x^2$.先对y后对x积分得

$$\iint\limits_{(\sigma)}(x^2+y^2)\mathrm{d}\sigma=\int_0^1\mathrm{d}x\int_0^{x^2}(x^2+y^2)\mathrm{d}y$$

$$=\int_0^1\left(x^2y+\frac{y^3}{3}\right)\Big|_0^{x^2}\mathrm{d}x=\int_0^1\left(x^4+\frac{x^6}{3}\right)\mathrm{d}x=\frac{26}{105}.$$

解法二 将(σ)视为y型区域.它在y轴上的投影为$[0,1]$. $\forall y\in[0,1]$，作与x轴平行同向的直线，它与(σ)的左边界和右边界交点的横坐标分别为$x=\sqrt{y}$与$x=1$.先对x后对y积分得

$$\iint\limits_{(\sigma)}(x^2+y^2)\mathrm{d}\sigma=\int_0^1\mathrm{d}y\int_{\sqrt{y}}^{1}(x^2+y^2)\mathrm{d}x$$

$$= \int_0^1 \left(\frac{1}{3} + y^2 - \frac{1}{3} y^{\frac{3}{2}} - y^{\frac{5}{2}} \right) \mathrm{d}y = \frac{26}{105}. \quad \blacksquare$$

例 2.3 计算 $\iint\limits_{(\sigma)} xy\mathrm{d}\sigma$，其中$(\sigma)$为抛物线 $y^2=x$ 与直线 $y=x-2$ 所围成的区域.

解 画出积分域(σ)如图 6.10 所示.将(σ)视为 y 型区域，为向 y 轴投影，先求出直线与抛物线的交点，它们是 $A(4,2)$ 与 $B(1,-1)$，于是(σ)在 y 轴上的投影为区间$[-1,2]$. $\forall y\in[-1,2]$，作与 x 轴平行同向的直线，穿入、穿出(σ)边界点的横坐标分别为 $x=y^2$ 与 $x=y+2$.于是先对 x 后对 y 积分得

二维码 6.2.1 在直角坐标系下计算二重积分的一般步骤.

$$\iint\limits_{(\sigma)} xy\mathrm{d}\sigma = \int_{-1}^{2} \mathrm{d}y \int_{y^2}^{y+2} xy\mathrm{d}x$$

$$= \frac{1}{2} \int_{-1}^{2} y[(y+2)^2 - y^4]\mathrm{d}y = 5\frac{5}{8}.$$

如果将(σ)看成是 x 型区域，它在 x 轴的投影为区间$[0,4]$.由于当 $x\in[0,1]$与 $x\in[1,4]$时，与 y 轴平行同向的直线穿入(σ)的边界曲线有不同的方程，故必须用直线 $x=1$ 将(σ)分成两部分（图 6.10），把(σ)看作是(σ_1)与(σ_2)两个 x 型区域的并.分别先对 y 后对 x 积分，得

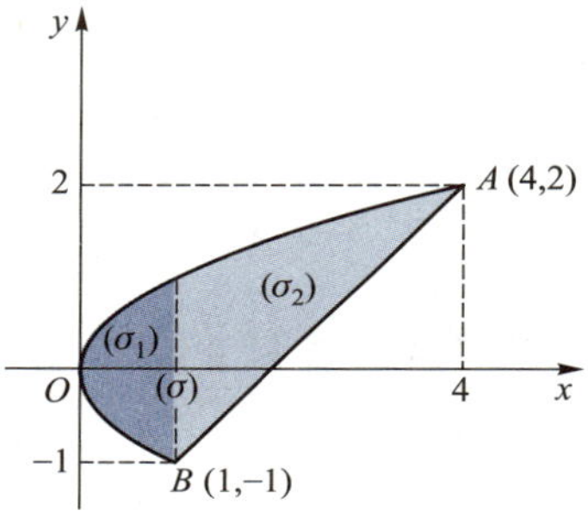

图 6.10

$$\iint\limits_{(\sigma)} xy\mathrm{d}\sigma = \int_0^1 \mathrm{d}x \int_{-\sqrt{x}}^{\sqrt{x}} xy\mathrm{d}y + \int_1^4 \mathrm{d}x \int_{x-2}^{\sqrt{x}} xy\mathrm{d}y.$$

由上式可以算得同样结果，但用这种方法计算显然要麻烦一些.

如果利用对称性就会方便一些.由于(σ_1)关于 x 轴对称，而被积函数是关于 y 的奇函数，所以 $\iint\limits_{(\sigma_1)} xy\mathrm{d}\sigma = 0$，于是

$$\iint\limits_{(\sigma)} xy\mathrm{d}\sigma = \iint\limits_{(\sigma_2)} xy\mathrm{d}\sigma = \int_1^4 \mathrm{d}x \int_{x-2}^{\sqrt{x}} xy\mathrm{d}y$$

$$= 5\frac{5}{8}. \quad \blacksquare$$

二维码 6.2.2 如何利用对称性简化二重积分的计算.

☞二维码 6.2.3 关于积分域轮换对称性结论的证明及其应用.

例 2.4 计算 $\iint\limits_{(\sigma)} \frac{\sin x}{x}\mathrm{d}\sigma$，其中$(\sigma)$为直线 $y=x$ 与抛物线 $y=x^2$ 所围成的区域.

解　画出积分域(σ)如图 6.11 所示.先对 y 后对 x 积分,得

$$\iint_{(\sigma)}\frac{\sin x}{x}\mathrm{d}\sigma=\int_0^1\mathrm{d}x\int_{x^2}^{x}\frac{\sin x}{x}\mathrm{d}y$$

$$=\int_0^1\frac{\sin x}{x}(x-x^2)\mathrm{d}x=1-\sin 1.$$ ▌

注:这里被积函数在点(0,0)无定义,但由于当 $x\to 0$ 时其极限存在,而改变被积函数在个别点的值不影响其积分值,故此时可理解为对此被积函数在点(0,0)用极限值补充定义后再讨论.

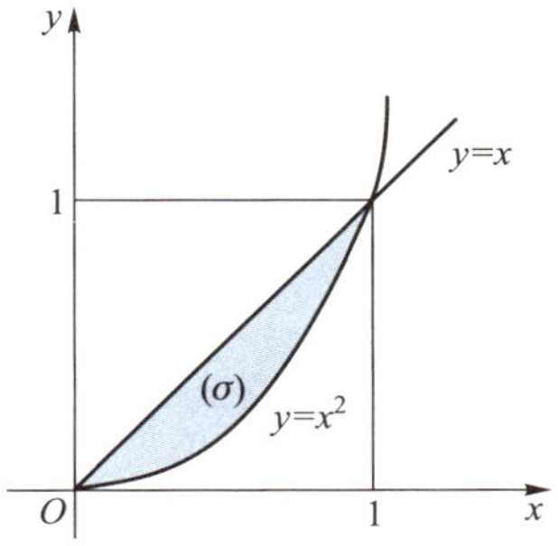

图 6.11

注意:由例 2.3 和例 2.4 可以看到,计算二重积分时,选取适当的积分顺序是一个值得注意的问题.如果积分顺序选取不当,不仅可能引起计算上的麻烦,而且可能导致积分无法算出.

如果先对 x 后对 y 积分,则有

$$\iint_{(\sigma)}\frac{\sin x}{x}\mathrm{d}\sigma=\int_0^1\mathrm{d}y\int_{y}^{\sqrt{y}}\frac{\sin x}{x}\mathrm{d}x.$$

由于$\dfrac{\sin x}{x}$的原函数不能用初等函数表示,因而无法继续进行计算.

例 2.5　计算 $\iint_{(\sigma)}(x^2y^2+xy^3\mathrm{e}^{x^2+y^2})\mathrm{d}\sigma$,其中$(\sigma)$为直线 $y=x$,$y=-1$ 与 $x=1$ 所围成的区域.

解　画出积分域(σ)如图 6.12 所示的三角形 ABC.由于被积函数比较复杂,直接计算是比较费时的,为了利用对称性,作辅助线 $y=-x$,将(σ)划分为由 OAB 所构成的三角形域(σ_1)与由 OBC 所构成的(σ_2),它们分别关于 y 轴和 x 轴对称.将所给积分拆开,有

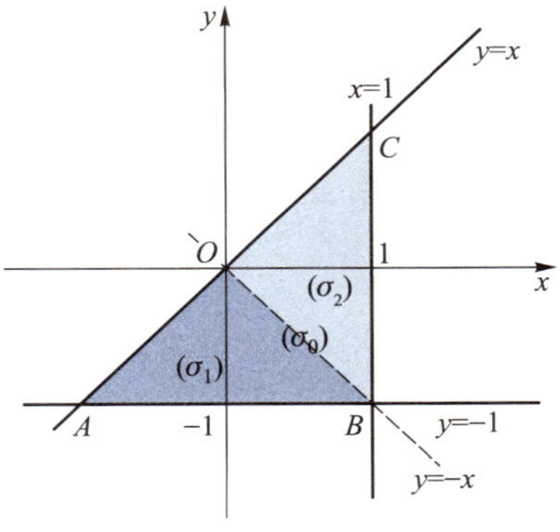

图 6.12

$$\iint_{(\sigma)}(x^2y^2+xy^3\mathrm{e}^{x^2+y^2})\mathrm{d}\sigma=\iint_{(\sigma)}x^2y^2\mathrm{d}\sigma+\iint_{(\sigma)}xy^3\mathrm{e}^{x^2+y^2}\mathrm{d}\sigma$$

$$=\iint_{(\sigma)}x^2y^2\mathrm{d}\sigma+\iint_{(\sigma_1)}xy^3\mathrm{e}^{x^2+y^2}\mathrm{d}\sigma+\iint_{(\sigma_2)}xy^3\mathrm{e}^{x^2+y^2}\mathrm{d}\sigma,$$

由于(σ_1)关于 y 轴对称,而被积函数 $xy^3\mathrm{e}^{x^2+y^2}$ 是 x 的奇函数,由对称性可知

$$\iint\limits_{(\sigma_1)} xy^3 e^{x^2+y^2} d\sigma = 0;$$

由于(σ_2)关于 x 轴对称,而被积函数也是 y 的奇函数,所以

$$\iint\limits_{(\sigma_2)} xy^3 e^{x^2+y^2} d\sigma = 0.$$

再注意到 x^2y^2 关于 x 与 y 都是偶函数,将由 x 轴、y 轴、$x=1$、$y=-1$ 所围成的正方形域记作(σ_0),于是分别利用关于 y 轴和 x 轴的对称性可知

$$\iint\limits_{(\sigma)} x^2y^2 d\sigma = 2\iint\limits_{(\sigma_0)} x^2y^2 d\sigma = 2\int_0^1 x^2 dx\int_{-1}^0 y^2 dy = \frac{2}{9}.$$

综上可知,所求二重积分的值等于$\frac{2}{9}$. ▌

例 2.6 交换累次积分

$$I = \int_{-2}^0 dx\int_0^{\frac{2+x}{2}} f(x,y)dy + \int_0^2 dx\int_0^{\frac{2-x}{2}} f(x,y)dy$$

的积分顺序.

注意:交换累次积分的顺序时,先要根据累次积分的积分限画出相应二重积分的积分域,再根据积分域的特性化为另一顺序的累次积分.

解 首先,由此累次积分来确定(相应二重积分的)积分域(σ).由所给的上、下限可知,x,y 的变化范围是

$$0 \leqslant y \leqslant \frac{2+x}{2},\ -2 \leqslant x \leqslant 0;$$

$$0 \leqslant y \leqslant \frac{2-x}{2},\ 0 \leqslant x \leqslant 2.$$

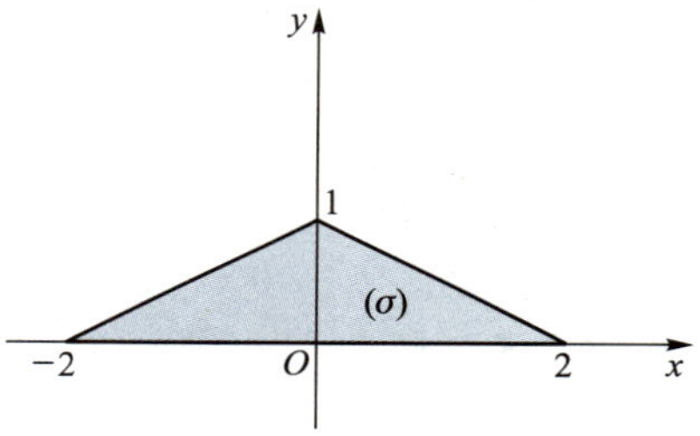

图 6.13

由这些不等式可画出积分域(σ)如图 6.13 所示.然后将原积分化为先对 x 后对 y 的累次积分,得

$$I = \int_0^1 dy\int_{2y-2}^{2-2y} f(x,y)dx.$$ ▌

下面,我们对二重积分化为累次积分的公式(2.2)给出一种粗略的但却更为形象的解释.在被积函数 $f\in C((\sigma))$ 的条件下,我们用平行于 x 轴和 y 轴的直线,分别对积分域(σ)进行等距离分割(图 6.14),所得的子域中除了边缘上一些不规则的以外,均为矩形,其面积为 $\Delta\sigma=\Delta x\Delta y$.在每一小矩形中均取其左下角点$(x,y)$为积分和式中的点.可以证明(从略),当

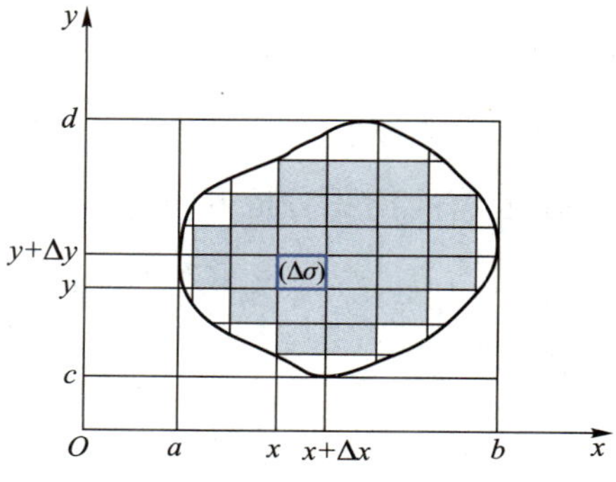

图 6.14

$d \to 0$ 时，全部子域上的和式 $\sum\limits_{(\sigma)} f(x,y)\Delta\sigma$ 与仅计算矩形子域上的和式 $\sum\limits_{(\sigma)} f(x,y)\Delta x\Delta y$ 的极限值是相等的，即

$$\iint\limits_{(\sigma)} f(x,y)\,\mathrm{d}\sigma = \lim_{d\to 0}\sum_{(\sigma)} f(x,y)\Delta\sigma = \lim_{d\to 0}\sum_{(\sigma)} f(x,y)\Delta x\Delta y.$$

我们把最后的和式极限记作 $\iint\limits_{(\sigma)} f(x,y)\,\mathrm{d}x\mathrm{d}y$，其中 $\mathrm{d}x\mathrm{d}y$ 称为**直角坐标的面积微元**.

在上述求和式极限的过程中，随着 $d\to 0$，和式的项数将无限地增加. 为形象化起见，我们把求和式极限的过程通俗地称为"无限累加". 设想 $f(x,y)$ 是分布在区域 (σ) 上物质的面密度，在把每一个子域上的乘积 $f(x,y)\Delta y\Delta x$ 累加时，先关于 y"无限累加"就相当于先把分布在这些小矩形上的质量分别累加成一些平行于 y 轴的竖长条的质量；再关于 x"无限累加"相当于把这些竖长条的质量再累加成 (σ) 上的质量. 把 $f(x,y)\Delta y\Delta x$ 关于 y"无限累加"得 $\int_{y_1(x)}^{y_2(x)} f(x,y)\,\mathrm{d}y\Delta x$，关于 x 再"无限累加"即得

$$V = \iint\limits_{(\sigma)} f(x,y)\,\mathrm{d}x\mathrm{d}y = \int_a^b \int_{y_1(x)}^{y_2(x)} f(x,y)\,\mathrm{d}y\mathrm{d}x.$$

类似地，如果先关于 x"无限累加"，再关于 y"无限累加"，便得

$$\iint\limits_{(\sigma)} f(x,y)\,\mathrm{d}x\mathrm{d}y = \int_c^d \int_{x_1(y)}^{x_2(y)} f(x,y)\,\mathrm{d}x\mathrm{d}y.$$

2.3　极坐标系下二重积分的计算法

在定积分的计算中，换元法发挥了重要的作用，我们常可通过变量变换把一个难算的定积分化为容易计算的. 二重积分的计算中也有类似的换元法，不过二重积分计算中的困难不仅出现在被积函数上，更多地表现在积分域的形状上.

对于二重积分

$$\iint\limits_{(\sigma)} f(x,y)\,\mathrm{d}\sigma = \lim_{d\to 0}\sum_{(\sigma)} f(x,y)\Delta\sigma,$$

设被积函数在积分域上连续. 若积分域 (σ) 与被积函数 $f(x,y)$ 用极坐标表示更为简便，则应考虑将其化为极坐标系下的二重积分来计算. 为此，建立极坐标系，令极点与 xOy 直角坐标系的原点重合，x 轴取为极轴. 利用直角坐标与极坐标的转换公式

$$x = \rho\cos\theta,\ y = \rho\sin\theta\quad(0 \leqslant \rho < +\infty, 0 \leqslant \theta \leqslant 2\pi),\tag{2.4}$$

把 (σ) 的边界曲线方程化成极坐标，并将被积函数变换为

$$f(x,y) = f(\rho\cos\theta, \rho\sin\theta).$$

☞二维码 6.2.4 关于二重积分极坐标变换的补充说明.

为了把面积微元 $d\sigma$ 用极坐标表出,我们用极坐标曲线网

$$\rho = 常数,\theta = 常数$$

来划分积分域(σ)(图 6.15).容易看出,规则子域$(\Delta\sigma)$的面积为

$$\Delta\sigma = \frac{1}{2}[(\rho+\Delta\rho)^2\Delta\theta - \rho^2\Delta\theta]$$

$$= \rho\Delta\rho\Delta\theta + \frac{1}{2}(\Delta\rho)^2\Delta\theta.$$

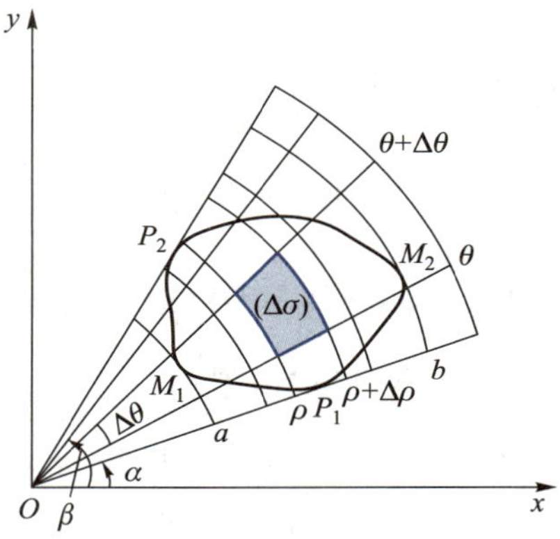

图 6.15

当 $\Delta\rho$ 与 $\Delta\theta$ 均充分小时,略去高阶项 $\frac{1}{2}(\Delta\rho)^2\Delta\theta$,得

$$\Delta\sigma \approx \rho\Delta\rho\Delta\theta.$$

从而

$$\lim_{d\to 0}\sum_{(\sigma)} f(x,y)\Delta\sigma = \lim_{d\to 0}\sum_{(\sigma)} f(\rho\cos\theta,\rho\sin\theta)\rho\Delta\rho\Delta\theta,$$

即

$$\boxed{\iint_{(\sigma)} f(x,y)\,d\sigma = \iint_{(\sigma)} f(\rho\cos\theta,\rho\sin\theta)\rho\,d\rho\,d\theta.} \qquad (2.5)$$

可见在极坐标系下的面积微元为

$$d\sigma = \rho\,d\rho\,d\theta,$$

而(2.5)式右端的积分就是极坐标系下的二重积分,其中(σ)的边界曲线由极坐标方程给出.

注意:将直角坐标系下的二重积分化为极坐标计算时要注意三点:

1. 将积分域的边界曲线用极坐标表示;
2. 将被积函数变换为极坐标形式;
3. 将积分微元转换成极坐标形式,即

$$d\sigma = \rho\,d\rho\,d\theta.$$

为了把极坐标系下的二重积分 $\iint_{(\sigma)} f(\rho\cos\theta,\rho\sin\theta)\rho\,d\rho\,d\theta$ 化成累次积分,我们应用“无限累加”的思想.由图6.15可见,当我们用射线 $\theta = C$ 切割区域(σ)时,开始于 $\theta=\alpha$,终止于 $\theta=\beta$,而当 $\theta\in[\alpha,\beta]$ 时,(σ)的边界曲线被分成了关于 ρ 的两个单值支 $\widehat{P_1M_1P_2}$ 与 $\widehat{P_1M_2P_2}$,其方程分别记为 $\rho=\rho_1(\theta)$ 与 $\rho=\rho_2(\theta)$ $(\alpha\leqslant\theta\leqslant\beta)$.$[\alpha,\beta]$ 就是 θ 的变化区间,$\forall\theta\in(\alpha,\beta)$,作从坐标原点出发的射线,穿入、穿出$(\sigma)$边界点的 ρ 坐标分别为 $\rho_1(\theta)$,$\rho_2(\theta)$.于是$[\rho_1(\theta),\rho_2(\theta)]$便是 ρ 的变化区间.我们对子域$(\Delta\sigma)$上的乘积 $f(\rho\cos\theta,\rho\sin\theta)\rho\Delta\rho\Delta\theta$“无限累加”时,先关于 ρ 无限累加成一些扇形状长条得 $\int_{\rho_1(\theta)}^{\rho_2(\theta)} f(\rho\cos\theta,\rho\sin\theta)\rho\,d\rho\Delta\theta$,然后

再关于θ在$[\alpha,\beta]$上无限累加，便得

$$\iint\limits_{(\sigma)} f(x,y)\mathrm{d}\sigma = \iint\limits_{(\sigma)} f(\rho\cos\theta,\rho\sin\theta)\rho\mathrm{d}\rho\mathrm{d}\theta = \int_{\alpha}^{\beta}\mathrm{d}\theta\int_{\rho_1(\theta)}^{\rho_2(\theta)} f(\rho\cos\theta,\rho\sin\theta)\rho\mathrm{d}\rho. \tag{2.6}$$

☞二维码 6.2.5 极坐标下二重积分化为累次积分公式的导出.

当用同心圆$\rho=C$切割(σ)时，开始于$\rho=a$，终止于$\rho=b$（图6.15）.$[a,b]$就是对ρ的变化区间.这时，(σ)的边界曲线被分成关于θ的两个单值支$\widehat{M_1P_1M_2}$与$\widehat{M_1P_2M_2}$，分别记为$\theta=\theta_1(\rho)$与$\theta=\theta_2(\rho)$.$\forall\rho\in(a,b)$，用以原点为圆心，ρ为半径的圆周逆时针方向穿过(σ)，穿入、穿出(σ)边界点的θ坐标分别为$\theta_1(\rho)$与$\theta_2(\rho)$.于是$[\theta_1(\rho),\theta_2(\rho)]$便是$\theta$的变化区间.对子域$(\Delta\sigma)$上的乘积先关于$\theta$“无限累加”，再关于$\rho$“无限累加”，得

$$\iint\limits_{(\sigma)} f(x,y)\mathrm{d}\sigma = \iint\limits_{(\sigma)} f(\rho\cos\theta,\rho\sin\theta)\rho\mathrm{d}\rho\mathrm{d}\theta = \int_{a}^{b}\mathrm{d}\rho\int_{\theta_1(\rho)}^{\theta_2(\rho)} f(\rho\cos\theta,\rho\sin\theta)\rho\mathrm{d}\theta. \tag{2.7}$$

二维码 6.2.6 在极坐标系下如何将二重积分化为累次积分.

例 2.7　计算$I=\iint\limits_{(\sigma)}(x^2+y^2)\mathrm{d}\sigma$，其中$(\sigma)$为不等式$a^2\leqslant x^2+y^2\leqslant b^2$所确定的区域(图6.16).

解　把(σ)用极坐标表示为$a\leqslant\rho\leqslant b,0\leqslant\theta\leqslant 2\pi$，将被积式化为极坐标形式，根据上述定限方法容易得到

$$I=\iint\limits_{(\sigma)}\rho^2\cdot\rho\mathrm{d}\rho\mathrm{d}\theta=\int_0^{2\pi}\mathrm{d}\theta\int_a^b\rho^3\mathrm{d}\rho=\frac{\pi}{2}(b^4-a^4).$$ ▌

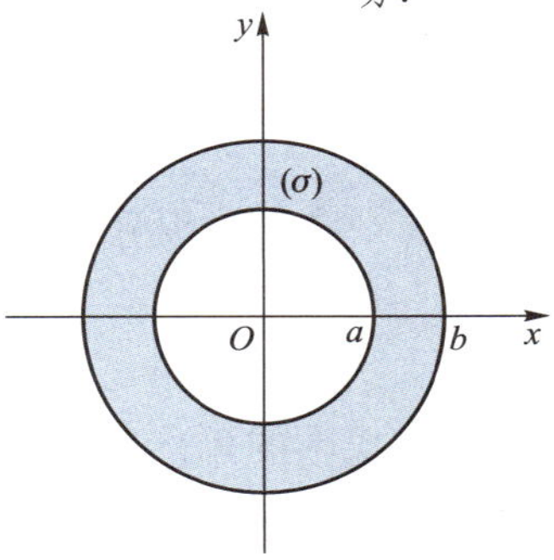

图 6.16

读者不难看出，如果用直角坐标来计算上例中的积分I，将要麻烦得多.

例 2.8　计算由不等式

$$x^2+y^2+z^2\leqslant 4a^2\text{ 与 }x^2+y^2\leqslant 2ay$$

所确定的立体的体积.

解　这两个不等式表示位于球面及柱面内公共部分的立体，其图形在xOy平面上方的部分如图6.17所示.由对称性可知，所求立体的体积是它在第一卦限中那部分体积的四倍.第一卦限内的这个

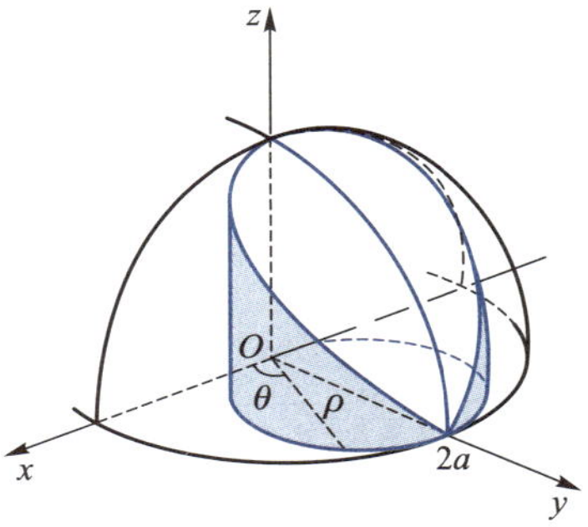

图 6.17

立体是以球面 $z=\sqrt{4a^2-x^2-y^2}$ 为顶，以 xOy 平面上的半圆域 $(\sigma)=\{(x,y)\mid x^2+y^2\leqslant 2ay,x\geqslant 0\}$ 为底的曲顶柱体，把域 (σ) 用极坐标表示为

$$\left\{(\rho,\theta)\,\middle|\,0\leqslant\rho\leqslant 2a\sin\theta,0\leqslant\theta\leqslant\frac{\pi}{2}\right\}$$

(图 6.18).应用公式(2.5)得所求立体的体积为

$$V=4\iint\limits_{(\sigma)}\sqrt{4a^2-x^2-y^2}\,\mathrm{d}\sigma$$

$$=4\iint\limits_{(\sigma)}\sqrt{4a^2-\rho^2}\rho\mathrm{d}\rho\mathrm{d}\theta.$$

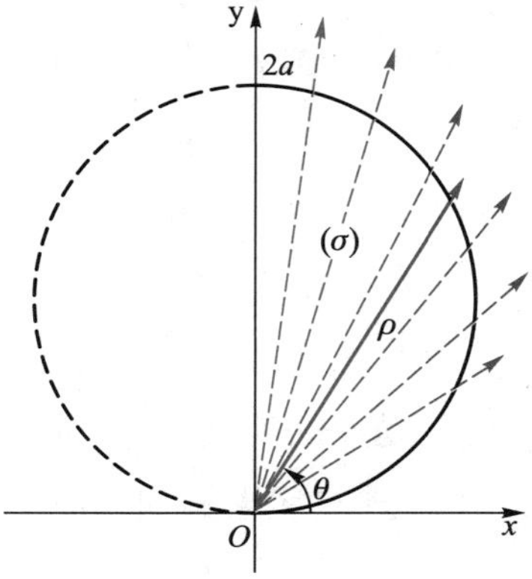

图 6.18

为将它化为先对 ρ 后对 θ 积分的累次积分，用射线 $\theta=c$ （常数）切割域 (σ)（图 6.18），由 $\theta=0$ 到 $\theta=\frac{\pi}{2}$ 切割完毕.对 $\left[0,\frac{\pi}{2}\right]$ 的每一确定的 θ 值，ρ 的变化由 $\rho=0$ 到 $\rho=2a\sin\theta$，所以有

$$V=4\int_0^{\frac{\pi}{2}}\mathrm{d}\theta\int_0^{2a\sin\theta}\sqrt{4a^2-\rho^2}\rho\mathrm{d}\rho$$

$$=4\int_0^{\frac{\pi}{2}}\left[-\frac{1}{3}(4a^2-\rho^2)^{\frac{3}{2}}\Bigg|_0^{2a\sin\theta}\right]\mathrm{d}\theta$$

$$=\frac{32a^3}{3}\int_0^{\frac{\pi}{2}}(1-\cos^3\theta)\mathrm{d}\theta=\frac{16}{9}a^3(3\pi-4).$$ ▌

例 2.9 将累次积分

$$I=\int_0^1\mathrm{d}x\int_{1-x}^{\sqrt{1-x^2}}f(x^2+y^2)\mathrm{d}y$$

化成极坐标系中的累次积分.

解 在直角坐标系中 I 的积分域为

$$(\sigma)=\{(x,y)\mid 1-x\leqslant y\leqslant\sqrt{1-x^2},0\leqslant x\leqslant 1\},$$

它是由圆弧 $y=\sqrt{1-x^2}$ 与直线 $y=1-x$ 所围成，如图 6.19 所示.它们的极坐标方程分别为

$$\rho=1\text{ 与 }\rho=\frac{1}{\sin\theta+\cos\theta},$$

应用与例 2.8 类似的方法可得

$$I=\iint\limits_{(\sigma)}f(x^2+y^2)\mathrm{d}y\mathrm{d}x=\iint\limits_{(\sigma)}f(\rho^2)\rho\mathrm{d}\rho\mathrm{d}\theta$$

$$=\int_0^{\frac{\pi}{2}}\mathrm{d}\theta\int_{\frac{1}{\sin\theta+\cos\theta}}^1 f(\rho^2)\rho\mathrm{d}\rho.$$ ▌

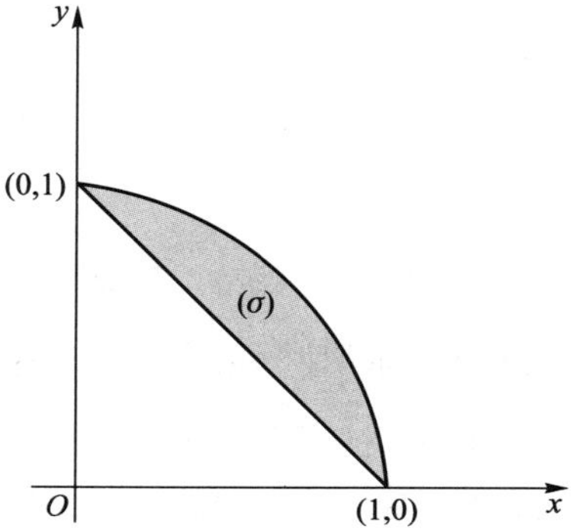

图 6.19

例 2.10 计算$\iint\limits_{(\sigma)} e^{-(x^2+y^2)}\mathrm{d}\sigma$,其中$(\sigma)$为圆域$x^2+y^2\leqslant R^2$.

解 采用极坐标,则积分域

$$(\sigma)=\{(\rho,\theta)\mid 0\leqslant\rho\leqslant R,0\leqslant\theta\leqslant 2\pi\},$$

于是

$$\iint\limits_{(\sigma)} e^{-(x^2+y^2)}\mathrm{d}\sigma=\iint\limits_{(\sigma)} e^{-\rho^2}\rho\mathrm{d}\rho\mathrm{d}\theta=\int_0^{2\pi}\mathrm{d}\theta\int_0^R e^{-\rho^2}\rho\mathrm{d}\rho$$

$$=\int_0^{2\pi}\frac{1}{2}(1-e^{-R^2})\mathrm{d}\theta=(1-e^{-R^2})\pi. \qquad \blacksquare$$

读者容易看出,由于$\int e^{-x^2}\mathrm{d}x$不能用初等函数表示,故在xOy直角坐标系下,这个二重积分是无法求出的.

例 2.11 计算$\iint\limits_{(\sigma)} x^2\mathrm{d}\sigma$,其中$(\sigma)$是由圆周$x^2+y^2=R^2$与直线$y=-x$所围成的右上半圆域$(\sigma)$(图6.20).

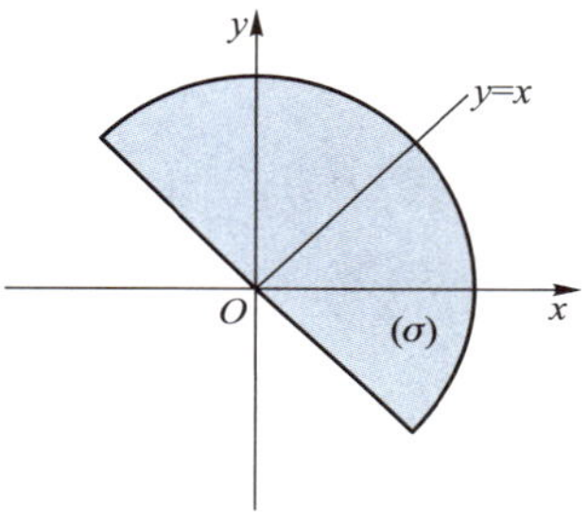

图 6.20

解 本题可以直接化为极坐标计算,但运算稍显复杂.注意到积分域(σ)关于x与y具有轮换对称性,即关于直线$y=x$对称,于是

$$\iint\limits_{(\sigma)} x^2\mathrm{d}\sigma=\iint\limits_{(\sigma)} y^2\mathrm{d}\sigma=\frac{1}{2}\iint\limits_{(\sigma)}(x^2+y^2)\mathrm{d}\sigma.$$

又由于被积函数x^2+y^2关于x和y都是偶函数,由积分域的部分对称性可知

$$\iint\limits_{(\sigma)}(x^2+y^2)\mathrm{d}\sigma=2\iint\limits_{(\sigma_0)}(x^2+y^2)\mathrm{d}\sigma,$$

其中(σ_0)是圆$x^2+y^2\leqslant R^2$在第一象限部分,于是

$$\iint\limits_{(\sigma)} x^2\mathrm{d}\sigma=\iint\limits_{(\sigma_0)}(x^2+y^2)\mathrm{d}\sigma=\int_0^{\frac{\pi}{2}}\int_0^R\rho^2\rho\mathrm{d}\rho\mathrm{d}\theta=\frac{1}{8}\pi R^4. \qquad \blacksquare$$

☞二维码 6.2.7 积分域边界曲线由参数方程给出时二重积分的计算法.

2.4 曲线坐标下二重积分的计算法

在2.3段中我们看到,运用极坐标变换有时可使二重积分的计算简化.但是,极坐标只是一种特殊的坐标变换,有时为简化二重积分的计算,需要使用其他形式的坐标变换.

☞二维码 6.2.8 利用二重积分证明不等式举例.

例 2.12 在如图6.21所示的区域(σ)上计算重积分

$$\iint\limits_{(\sigma)}(y-x)\mathrm{d}\sigma.$$

由图可见,无论将(σ)作为x或y型区域都需要把(σ)分成三个子域来计算.颇为麻烦,而且此积分域(σ)也不宜于化为极坐标.

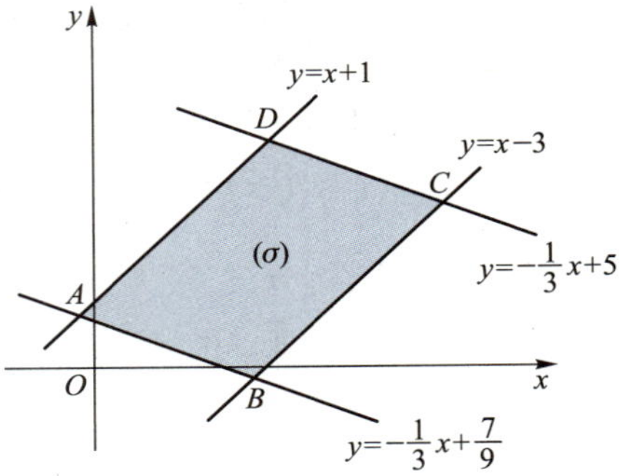

图 6.21

下面,我们来介绍在一般形式的坐标变换下计算二重积分$\iint\limits_{(\sigma)} f(x,y)\mathrm{d}\sigma$(其中$f$在$(\sigma)$上连续)的方法,也就是二重积分的一般换元法.

作变换

$$T:\ \begin{cases} u=u(x,y), & (x,y)\in(\sigma), \\ v=v(x,y), & (u,v)\in(\sigma'), \end{cases}$$

其中(σ)与(σ')均为平面有界区域.若以下三个条件满足

(1) 函数$u,v\in C^{(1)}((\sigma))$;

(2) Jacobi 行列式$\dfrac{\partial(u,v)}{\partial(x,y)}=\begin{vmatrix} u_x & u_y \\ v_x & v_y \end{vmatrix}\neq 0,\ \forall(x,y)\in(\sigma)$;

(3) 此变换将xOy直角坐标平面中的域(σ)一一对应地映射为uOv直角坐标平面中的(σ')(图 6.22),

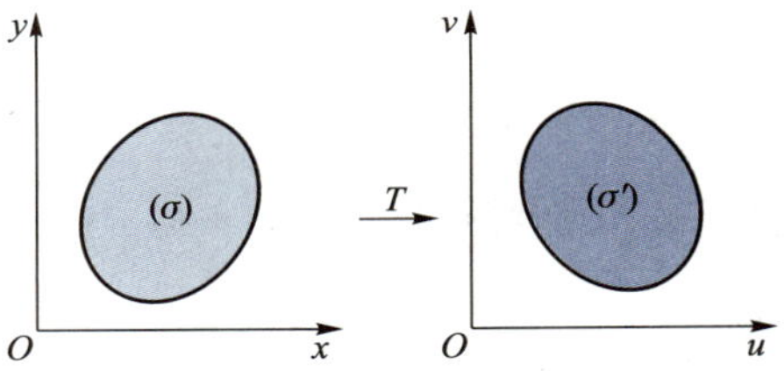

图 6.22

则称变换T为一**正则变换**.可以证明(从略),在正则变换T下,存在唯一的逆变换

$$T^{-1}:\ \begin{cases} x=x(u,v), \\ y=y(u,v), \end{cases}\quad (u,v)\in(\sigma'),$$

它将(σ')变为(σ),也是正则的,而且保持将(σ')的内部变为(σ)的内部,外部变为外部,边界变为边界.

现在,对于二重积分$\iint\limits_{(\sigma)} f(x,y)\mathrm{d}\sigma$,我们用变换$T$将$xOy$直角坐标平面中的积分域$(\sigma)$映射为$uOv$直角坐标平面中的域$(\sigma')$.为了计算变换到$uOv$平面中$(\sigma')$上的二重积分,我们用坐标线$u=c_1,v=c_2$来划分区域$(\sigma')$,其中$c_1$与$c_2$均为常数.显然,在$uOv$直角坐标平面上,子域$(\Delta\sigma')$的面积$\Delta\sigma'=\Delta u\cdot\Delta v$.(图 6.23(a))为了建立二重积分在这两个直角坐标系下的关系,我们利用T的逆变换T^{-1}把$(\Delta\sigma')$变回xOy平面(图 6.23(b)).

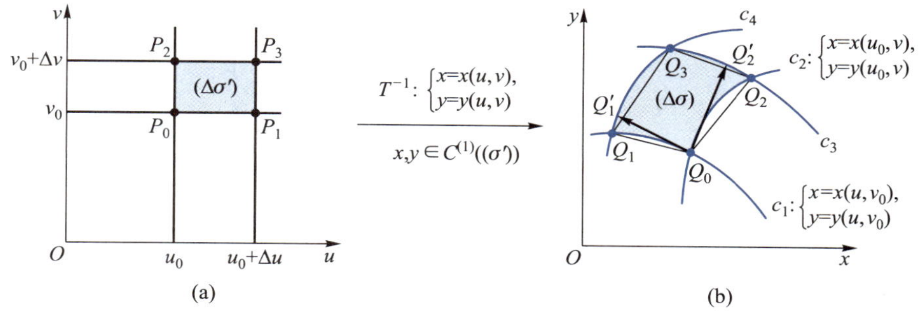

图 6.23

由逆变换 T^{-1}的表达式可见,T^{-1}将直线 $v=v_0$ 映射为 xOy 平面上的曲线 c_1:$\begin{cases}x=x(u,v_0),\\y=y(u,v_0)\end{cases}$写成向量形式为 $\boldsymbol{r}=(x(u,v_0),y(u,v_0))=\boldsymbol{r}(u,v_0)$;将 uOv 平面上的直线 $v=v_0+\Delta v$ 映射为曲线

$$c_3:\begin{cases}x=x(u,v_0+\Delta v),\\y=y(u,v_0+\Delta v),\end{cases}\text{或 } \boldsymbol{r}=\boldsymbol{r}(u,v_0+\Delta v).$$

同理,直线 $u=u_0$ 与 $u=u_0+\Delta u$,将分别被映射为 c_2:$\boldsymbol{r}=\boldsymbol{r}(u_0,v)$与 c_4:$\boldsymbol{r}=\boldsymbol{r}(u_0+\Delta u,v)$.

于是 uOv 平面上的子域$(\Delta\sigma')$将被 T^{-1}映射为 xOy 平面上以 Q_0、Q_1、Q_3、Q_2 为顶点的曲边四边形域$(\Delta\sigma)$(图 6.23(b)).由于 Δu 与 Δv 很小,所以$(\Delta\sigma)$的面积 $\Delta\sigma$ 可近似地看作是由直线段$\overline{Q_0Q_1}$、$\overline{Q_1Q_3}$、$\overline{Q_3Q_2}$、$\overline{Q_2Q_0}$所围成的平行四边形面积,即

$$\Delta\sigma\approx\|\overrightarrow{Q_0Q_1}\times\overrightarrow{Q_0Q_2}\|.$$

注意到向量

$$\begin{aligned}\overrightarrow{Q_0Q_1}&=\boldsymbol{r}(u_0+\Delta u,v_0)-\boldsymbol{r}(u_0,v_0)\\&=\boldsymbol{r}_u(u_0,v_0)\Delta u+\boldsymbol{o}(\Delta u),\\\overrightarrow{Q_0Q_2}&=\boldsymbol{r}(u_0,v_0+\Delta v)-\boldsymbol{r}(u_0,v_0)\\&=\boldsymbol{r}_v(u_0,v_0)\Delta v+\boldsymbol{o}(\Delta v),\end{aligned}$$

取其线性主部,于是

$$\Delta\sigma\approx\|\boldsymbol{r}_u\times\boldsymbol{r}_v\|_{(u_0,v_0)}\cdot\Delta u\Delta v$$

注意:之所以$(\Delta\sigma)$可以近似地看成是所述的平行四边形,是因为容易证明舍去高阶无穷小后,$\overrightarrow{Q_0Q_1}=\overrightarrow{Q_2Q_3}$.事实上,

$$\begin{aligned}\overrightarrow{Q_0Q_1}&=\boldsymbol{r}(u_0+\Delta u,v_0)-\boldsymbol{r}(u_0,v_0)\\&=\boldsymbol{r}_u(u_0,v_0)\Delta u+\boldsymbol{o}(\Delta u),\\\overrightarrow{Q_2Q_3}&=\boldsymbol{r}(u_0+\Delta u,v_0+\Delta v)-\boldsymbol{r}(u_0,v_0+\Delta v)\\&=\boldsymbol{r}_u(u_0,v_0+\Delta v)\Delta u+\boldsymbol{o}(\Delta u),\end{aligned}$$

由于变换 T^{-1}的表达式中函数 x,$y\in C^{(1)}((\sigma'))$,故 $\boldsymbol{r}_u(u_0,v_0+\Delta v)$在$(u_0,v_0)$连续.于是

$$\begin{aligned}\overrightarrow{Q_2Q_3}&=(\boldsymbol{r}_u(u_0,v_0)+\boldsymbol{o}(\Delta v))\Delta u+\boldsymbol{o}(\Delta u)\\&=\boldsymbol{r}_u(u_0,v_0)\Delta u+\boldsymbol{o}(\rho),\end{aligned}$$

其中 $\rho=\sqrt{(\Delta u)^2+(\Delta v)^2}$,可见舍去 ρ 的高阶无穷小后有

$$\overrightarrow{Q_0Q_1}=\overrightarrow{Q_2Q_3}.$$

$$= \left\| \begin{vmatrix} \boldsymbol{i} & \boldsymbol{j} & \boldsymbol{k} \\ x_u & y_u & 0 \\ x_v & y_v & 0 \end{vmatrix}_{(u_0,v_0)} \right\| \Delta u \Delta v$$

$$= \left| \begin{vmatrix} x_u & y_u \\ x_v & y_v \end{vmatrix}_{(u_0,v_0)} \right| \Delta u \Delta v$$

$$= \left| \frac{\partial(x,y)}{\partial(u,v)} \right|_{(u_0,v_0)} \Delta u \Delta v.$$

由于(u_0,v_0)是(σ)中的任一点,故可将下标省去.所以

$$\boxed{\mathrm{d}\sigma = \left| \frac{\partial(x,y)}{\partial(u,v)} \right| \mathrm{d}u\mathrm{d}v = \left| \frac{\partial(x,y)}{\partial(u,v)} \right| \mathrm{d}\sigma',} \quad (2.8)$$

其中 $\mathrm{d}\sigma' = \mathrm{d}u\mathrm{d}v$ 是 uOv 直角坐标平面上的面积微元.(2.8)式表明,映射 T 将 xOy 平面上的面积微元 $\mathrm{d}\sigma$ 映射成 uOv 平面上的面积微元 $\mathrm{d}\sigma'$,使面积产生了伸缩,伸缩系数为$\left| \frac{\partial(x,y)}{\partial(u,v)} \right|$.于是,在映射 T 的作用下,xOy 坐标系下的二重积分与 uOv 坐标系下二重积分之间的关系为

注意:这里实际上是用一元向量值函数 $\boldsymbol{r}(u,v_0)$ 在 $u=u_0$ 处的向量微分 $\boldsymbol{r}_u(u_0,v_0)\Delta u$ 近似替代了向量$\overrightarrow{Q_0Q_1}$.由向量值函数导数的几何意义可知,向量微分 $\boldsymbol{r}_u(u_0,v_0)\Delta u$ 位于曲线(c_1)在(u_0,v_0)的切线上与 Δu 同向,其模是弧段$\overset{\frown}{Q_0Q_1}$在点 Q_0 处的弧微分,也就是$\overset{\frown}{Q_0Q_1}$弧长的线性主部(不难证明它也是弦长 Q_0Q_1 的线性主部),于是微分向量 $\boldsymbol{r}_u(u_0,v_0)\Delta u$ 就是切向量$\overrightarrow{Q_0Q_1'}$.可见,从几何上看,我们是用切线上的向量$\overrightarrow{Q_0Q_1'}$与$\overrightarrow{Q_0Q_2'}$所构成的平行四边形的面积作为$(\Delta\sigma)$面积的近似值.即

$$\Delta\sigma \approx \| \overrightarrow{Q_0Q_1'} \times \overrightarrow{Q_0Q_2'} \|.$$

$$\boxed{\iint\limits_{(\sigma)} f(x,y)\mathrm{d}\sigma = \iint\limits_{(\sigma')} f[x(u,v),y(u,v)] \left| \frac{\partial(x,y)}{\partial(u,v)} \right| \mathrm{d}\sigma'.} \quad (2.9)$$

对于 uOv 直角坐标系下由(2.9)右端所表示的二重积分应用公式(2.2)或(2.3),便可将其化为对变量 u 与 v 的累次积分.

应当指出,如果 Jacobi 行列式$\frac{\partial(x,y)}{\partial(u,v)}$在域$(\sigma')$上的个别点或一条曲线上为零,而在其他点上不为零,那么公式(2.9)仍然成立.

现在,我们利用公式(2.9)来计算例 2.12 中的二重积分 $\iint\limits_{(\sigma)}(y-x)\mathrm{d}\sigma$,其中$(\sigma)$如图 6.21 所示.

解 注意到(σ)的边界是由直线族$y-x=c_1$ 中的两条平行直线(对应于 $c_1=1$ 与 $c_1=-3$)以及直线族 $y+\frac{1}{3}x=c_2$ 中的两条平行直线$\left(对应于 c_2=\frac{7}{9}与 c_2=5\right)$所围成,这就启发我们去作变换

$$u = y - x, \quad v = y + \frac{1}{3}x, \quad (2.10)$$

变换(2.10)将 xOy 平面上的区域(σ)映射成 uOv 直角坐标平面上的(σ')(图 6.24).由于(见第五章公式(5.47))

$$\frac{\partial(x,y)}{\partial(u,v)}=\frac{1}{\dfrac{\partial(u,v)}{\partial(x,y)}}=\frac{1}{\begin{vmatrix}-1 & 1\\ \dfrac{1}{3} & 1\end{vmatrix}}=-\frac{3}{4},$$

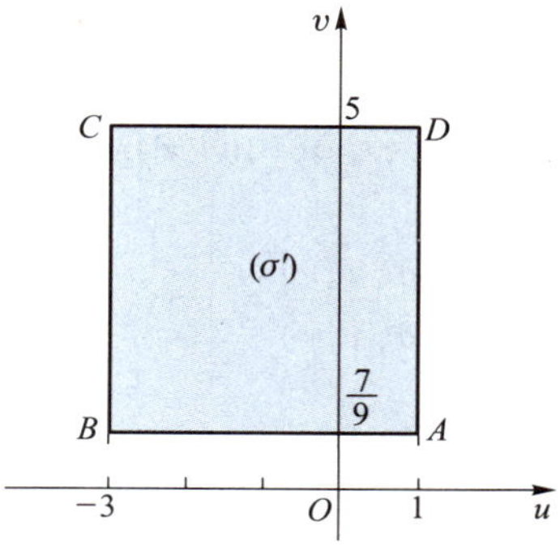

图 6.24

由(2.10)式注意到 $y-x=u$,于是由公式(2.9)可得

$$I=\iint\limits_{(\sigma)}(y-x)\mathrm{d}\sigma=\iint\limits_{(\sigma')}u\left|\frac{\partial(x,y)}{\partial(u,v)}\right|\mathrm{d}\sigma'$$

$$=\frac{3}{4}\iint\limits_{(\sigma')}u\mathrm{d}u\mathrm{d}v=\frac{3}{4}\int_{\frac{7}{9}}^{5}\mathrm{d}v\int_{-3}^{1}u\mathrm{d}u=-\frac{38}{3}.\quad \blacksquare$$

值得指出,由于变换(2.10)在 xOy 平面上的几何意义比较明显,我们也可以直接在 xOy 平面上利用"无限累加"的思想通过变换把二重积分化为累次积分,而不必把域(σ)映射到 uOv 直角坐标平面上去计算.这时,利用 $u=y-x=c_1$, $v=y+\frac{1}{3}x=c_2$ 分割域(σ),就是用与(σ)边界直线相平行的直线族分割(σ).由公式(2.8)可知,面积微元

$$\mathrm{d}\sigma=\left|\frac{\partial(x,y)}{\partial(u,v)}\right|\mathrm{d}u\mathrm{d}v=\frac{3}{4}\mathrm{d}u\mathrm{d}v,$$

从而,在 xOy 平面上有

$$\iint\limits_{(\sigma)}(y-x)\mathrm{d}\sigma=\iint\limits_{(\sigma)}u\left|\frac{\partial(x,y)}{\partial(u,v)}\right|\mathrm{d}u\mathrm{d}v=\frac{3}{4}\iint\limits_{(\sigma)}u\mathrm{d}u\mathrm{d}v.$$

在(σ)上"无限累加"乘积项 $u\mathrm{d}u\mathrm{d}v$ 时,先沿 u 增加方向累加,再沿 v 增加方向累加,由图 6.24 直接可得

$$I=\frac{3}{4}\iint\limits_{(\sigma)}u\mathrm{d}u\mathrm{d}v=\frac{3}{4}\int_{\frac{7}{9}}^{5}\mathrm{d}v\int_{-3}^{1}u\mathrm{d}u=-\frac{38}{3}.$$

事实上,在 2.3 段中对于极坐标换元法,我们所采用的主要方法就是把二重积分在 xOy 平面上通过变换化成极坐标的累次积分去计算的.

例 2.13　计算 $\iint\limits_{(\sigma)}\sqrt{xy}\,\mathrm{d}\sigma$,其中$(\sigma)$为由曲线 $xy=1$, $xy=2$, $y=x$, $y=4x$ $(x>0,y>0)$所围成的区域.

解　由图 6.25 可见,如果我们用直角坐标直接计算此积分,必须将积分域(σ)分成三个子域来进行,比较麻烦.为了使所给积分容易计算,我们采用曲线坐标变换:

$$u=xy,\quad v=\frac{y}{x}.\tag{2.11}$$

在此变换下(σ)的边界曲线映射成 uOv 直角坐标平面上的矩形域

$$(\sigma')=\{(u,v)\mid 1\leqslant u\leqslant 2,1\leqslant v\leqslant 4\},$$

为了求得积分微元的变换式,我们求出

$$\frac{\partial(u,v)}{\partial(x,y)}=\begin{vmatrix} y & x \\ -\dfrac{y}{x^2} & \dfrac{1}{x}\end{vmatrix}=2\frac{y}{x},$$

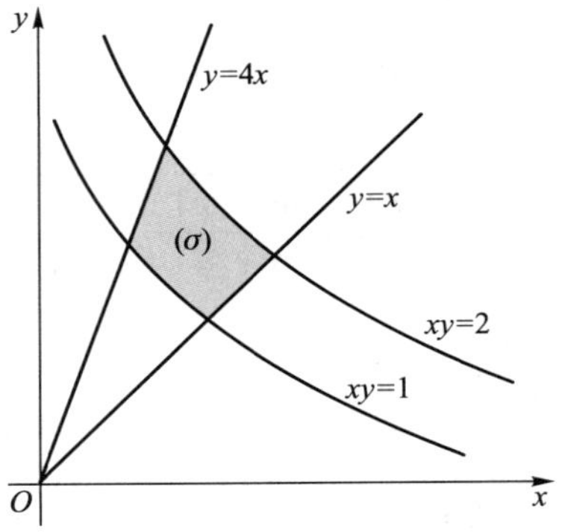

图 6.25

从而

$$\frac{\partial(x,y)}{\partial(u,v)}=\frac{1}{\dfrac{\partial(u,v)}{\partial(x,y)}}=\frac{1}{2v},$$

于是,由(2.9)式得

$$\iint\limits_{(\sigma)}\sqrt{xy}\,\mathrm{d}\sigma=\iint\limits_{(\sigma')}\sqrt{u}\,\frac{1}{2v}\mathrm{d}u\mathrm{d}v=\frac{1}{2}\int_1^4\frac{1}{v}\mathrm{d}v\int_1^2\sqrt{u}\,\mathrm{d}u=\frac{2}{3}(2\sqrt{2}-1)\ln 2.$$ ▍

例 2.14　计算 $I=\iint\limits_{(\sigma)}x^2\mathrm{d}\sigma$, 其中$(\sigma)$为椭圆$\dfrac{x^2}{4}+\dfrac{y^2}{9}=1$ 的内部.

解　由于积分域是椭圆,如果采用极坐标变换,积分域的边界曲线方程变得比较复杂,使积分难以计算.为简化积分域的边界曲线方程,我们运用曲线坐标变换

$$\frac{x^2}{4}=\rho^2\cos^2\theta,\quad \frac{y^2}{9}=\rho^2\sin^2\theta,$$

即

$$x=2\rho\cos\theta,\quad y=3\rho\sin\theta\quad(0\leqslant\rho<+\infty,0\leqslant\theta\leqslant 2\pi).\tag{2.12}$$

此变换的逆变换将 xOy 平面上所给的椭圆映射成 $\theta O\rho$ 直角坐标平面上的矩形域$(\sigma')=\{(\theta,\rho)\mid 0\leqslant\theta\leqslant 2\pi,0\leqslant\rho\leqslant 1\}$.由于

$$\mathrm{d}\sigma=\left|\frac{\partial(x,y)}{\partial(\theta,\rho)}\right|\mathrm{d}\rho\mathrm{d}\theta=6\rho\mathrm{d}\rho\mathrm{d}\theta,$$

注:变换(2.12)在 $\rho=0$ 与射线 $\theta=2\pi$ 上不满足正则变换的条件.这时参照二维码 6.2.4 中对极坐标的处理方法可知公式(2.9)仍然成立.

从而

$$I=\iint\limits_{(\sigma')}4\rho^2\cos^2\theta\cdot 6\rho\mathrm{d}\rho\mathrm{d}\theta=24\int_0^{2\pi}\cos^2\theta\mathrm{d}\theta\int_0^1\rho^3\mathrm{d}\rho=6\int_0^{2\pi}\cos^2\theta\mathrm{d}\theta=6\pi.$$ ▍

形如例 2.12 中所用的变换

$$x=a\rho\cos\theta,\quad y=b\rho\sin\theta\quad(0\leqslant\rho<+\infty,0\leqslant\theta\leqslant 2\pi)$$

称为**广义极坐标变换**.容易看出,在此变换下,面积微元 $\mathrm{d}\sigma=ab\rho\mathrm{d}\rho\mathrm{d}\theta$.

当 $a=b=1$ 时,广义极坐标变换就是极坐标变换.这时通过 Jacobi 行列式算得的

面积微元就是 $d\sigma=\rho d\rho d\theta$，与 2.3 段中所得一致.

习题 6.2

（A）

1. 设有一母线平行于 z 轴的柱体，它与 xOy 平面的交线为一闭曲线，此闭曲线所围区域为 (σ)，柱体的顶部和底部分别由曲面 $z=f_2(x,y)$ 与 $z=f_1(x,y)$ 构成. 试用二重积分表示此柱体的体积.

2. 试用二重积分的几何意义说明：

(1) $\iint\limits_{(\sigma)} k\mathrm{d}\sigma = k\sigma$，$k\in\mathbf{R}_+$ 为常数，σ 表示区域 (σ) 的面积；

(2) $\iint\limits_{(\sigma)} \sqrt{R^2-x^2-y^2}\,\mathrm{d}\sigma = \dfrac{2}{3}\pi R^3$，$(\sigma)$ 是以原点为中心，半径为 R 的圆；

(3) 若积分域关于 y 轴对称，则

i) 当 $f(x,y)$ 是 x 的奇函数时，二重积分 $\iint\limits_{(\sigma)} f(x,y)\mathrm{d}\sigma = 0$，

ii) 当 $f(x,y)$ 是 x 的偶函数时，有

$$\iint\limits_{(\sigma)} f(x,y)\mathrm{d}\sigma = 2\iint\limits_{(\sigma_1)} f(x,y)\mathrm{d}\sigma,$$

其中 (σ_1) 为 (σ) 在右半平面 $x\geqslant 0$ 中的部分区域；

(4) 若积分域关于 x 轴对称，被积函数 $f(x,y)$ 分别具有怎样的对称性时有

$$\iint\limits_{(\sigma)} f(x,y)\mathrm{d}\sigma = 0,\quad \iint\limits_{(\sigma)} f(x,y)\mathrm{d}\sigma = 2\iint\limits_{(\sigma_1)} f(x,y)\mathrm{d}\sigma,$$

其中 (σ_1) 为 (σ) 在上半平面 $y\geqslant 0$ 中的部分区域.

3. 计算下列二重积分：

(1) $\iint\limits_{(\sigma)} x^2 y\mathrm{d}\sigma$，$(\sigma)$ 是由 $x=0, y=1$ 与 $x=\sqrt{y}$ 所围成的区域；

(2) $\iint\limits_{(\sigma)} \dfrac{x^2}{y^2}\mathrm{d}\sigma$，$(\sigma)$ 是由 $xy=1, y=x$ 与 $x=2$ 所围成的区域；

(3) $\iint\limits_{(\sigma)} xy\mathrm{d}\sigma$，$(\sigma)=\{(x,y)\mid 0\leqslant y\leqslant x\leqslant 1\}$；

(4) $\iint\limits_{(\sigma)} (x+y)^2\mathrm{d}\sigma$，$(\sigma)$ 是由 $|x|+|y|=1$ 所围成的区域；

(5) $\iint\limits_{(\sigma)} \dfrac{x}{y}\sqrt{1-\sin^2 y}\,\mathrm{d}\sigma$，$(\sigma)=\left\{(x,y)\,\middle|\, -\sqrt{y}\leqslant x\leqslant\sqrt{3y}, \dfrac{\pi}{2}\leqslant y\leqslant 2\pi\right\}$；

(6) $\iint\limits_{(\sigma)} \mathrm{e}^{-y^2}\mathrm{d}\sigma$，$(\sigma)=\{(x,y)\mid 0\leqslant x\leqslant y\leqslant 1\}$；

(7) $\iint\limits_{(\sigma)} (y+xf(x^2+y^2))\mathrm{d}\sigma$，$(\sigma)$ 是由 $y=x^2$ 和 $y=1$ 所围成的区域；

(8) $\iint\limits_{(\sigma)} (x^2+y^2)\mathrm{d}\sigma$，$(\sigma)$ 是正方形区域：$-1\leqslant x\leqslant 1$，$-1\leqslant y\leqslant 1$；

(9) $\iint\limits_{(\sigma)}(x\sin y+y\cos x)\mathrm{d}\sigma$,$(\sigma)$ 是以$(1,1)$,$(-1,1)$ 和$(-1,-1)$ 为顶点的三角形区域;

(10) $\iint\limits_{(\sigma)}x\ln(y+\sqrt{1+y^2})\mathrm{d}\sigma$,$(\sigma)$ 是由 $y=4-x^2$,$y=-3x$ 和 $x=1$ 所围成的区域.

4. 把二重积分 $I=\iint\limits_{(\sigma)}f(x,y)\mathrm{d}\sigma$ 在直角坐标系中分别以两种不同的次序化为累次积分,其中(σ)为

(1) $\{(x,y)\mid y^2\leqslant x,x+y\leqslant 2\}$;

(2) $x=\sqrt{y}$,$y=x-1$,$y=0$ 与 $y=1$ 所围成的区域.

5. 交换下列累次积分的顺序:

(1) $\int_{-1}^{1}\mathrm{d}x\int_{x^2+x}^{x+1}f(x,y)\mathrm{d}y$;

(2) $\int_0^2\mathrm{d}x\int_{x^2}^{1}f(x,y)\mathrm{d}y$;

(3) $\int_0^2\mathrm{d}x\int_0^x f(x,y)\mathrm{d}y+\int_2^{\sqrt{8}}\mathrm{d}x\int_0^{\sqrt{8-x^2}}f(x,y)\mathrm{d}y$;

(4) $\int_0^1\mathrm{d}y\int_0^{2y}f(x,y)\mathrm{d}x+\int_1^3\mathrm{d}y\int_0^{2y^2}f(x,y)\mathrm{d}x$.

6. 利用极坐标计算下列二重积分:

(1) $\iint\limits_{(\sigma)}\mathrm{e}^{x^2+y^2}\mathrm{d}\sigma$,$(\sigma)=\{(x,y)\mid a^2\leqslant x^2+y^2\leqslant b^2\}$,其中 $a>0,b>0$;

(2) $\iint\limits_{(\sigma)}\sqrt{x^2+y^2}\mathrm{d}\sigma$,$(\sigma)=\{(x,y)\mid 2x\leqslant x^2+y^2\leqslant 4,x\geqslant 0,y\geqslant 0\}$;

(3) $\iint\limits_{(\sigma)}(x+y)^2\mathrm{d}\sigma$,$(\sigma)=\{(x,y)\mid (x^2+y^2)^2\leqslant 2a(x^2-y^2),a>0\}$;

(4) $\iint\limits_{(\sigma)}\arctan\dfrac{y}{x}\mathrm{d}\sigma$,$(\sigma)$ 为圆域 $x^2+y^2\leqslant 1$ 在第一象限部分;

(5) $\iint\limits_{(\sigma)}\sqrt{R^2-x^2-y^2}\mathrm{d}\sigma$,$(\sigma)$ 为圆域 $x^2+y^2\leqslant Rx$ 在第一象限部分;

(6) $\iint\limits_{(\sigma)}(x+y)^2\mathrm{d}\sigma$,$(\sigma)$ 是圆域 $x^2+y^2\leqslant a^2$.

7. 把下列累次积分化为极坐标的累次积分,并计算其值:

(1) $\int_0^2\mathrm{d}x\int_0^{\sqrt{2x-x^2}}(x^2+y^2)\mathrm{d}y$;

(2) $\int_0^1\mathrm{d}x\int_{1-x}^{\sqrt{1-x^2}}(x^2+y^2)^{-3/2}\mathrm{d}y$;

(3) $\int_1^2\mathrm{d}y\int_0^y\dfrac{x\sqrt{x^2+y^2}}{y}\mathrm{d}x$.

8. 求下列各组曲线所围成平面图形的面积:

(1) $xy=a^2$,$x+y=\dfrac{5}{2}a$ $(a>0)$;

(2) $(x^2+y^2)^2=2a^2(x^2-y^2)$,$x^2+y^2=a^2$ $(x^2+y^2\geqslant a^2,a>0)$;

(3) $\rho=a(1+\sin\theta)$ $(a\geqslant 0)$.

9. 求下列各组曲面所围成立体的体积:

(1) $z=x^2+y^2$,$x+y=4$,$x=0$,$y=0$,$z=0$;

(2) $z=\sqrt{x^2+y^2}$,$x^2+y^2=2ax$ $(a>0)$,$z=0$;

(3) $x^2+y^2=a^2$,$y^2+z^2=a^2$ $(a>0)$.

10. 一金属叶片形如心脏线 $\rho=a(1+\cos\theta)$,如果它在任一点的密度与原点到该点的距离成正比,求它的全部质量.

11. 以半径为 4 cm 的铜球的直径为中心轴，钻通一个半径为 1 cm 的圆孔，问损失掉的铜的体积是多少？

12. 在一个形状为旋转抛物面 $z=x^2+y^2$ 的容器中，盛有$8\pi\ \mathrm{cm}^3$的水，今再灌入$120\pi\ \mathrm{cm}^3$的水，问液面将升高多少？

13. 利用适当的变换计算下列二重积分：

（1）$\iint\limits_{(\sigma)} \sqrt{1-\frac{x^2}{a^2}-\frac{y^2}{b^2}}\mathrm{d}\sigma,(\sigma)=\left\{(x,y)\left|\frac{x^2}{a^2}+\frac{y^2}{b^2}\leqslant 1\right.\right\}$，其中 $a>0,b>0$；

（2）$\iint\limits_{(\sigma)} \mathrm{e}^{y/y+x}\mathrm{d}\sigma,(\sigma)$ 是以$(0,0)$，$(1,0)$ 和$(0,1)$ 为顶点的三角形内部；

（3）$\iint\limits_{(\sigma)} xy\mathrm{d}\sigma,(\sigma)$ 由曲线 $xy=1,xy=2,y=x,y=4x\ (x>0,y>0)$ 所围成.

14. 求下列曲线所围成的平面图形的面积：

（1）$(x-y)^2+x^2=a^2\ (a>0)$；

（2）$x+y=a,x+y=b,y=\alpha x,y=\beta x\ (0<a<b,0<\alpha<\beta)$；

（3）$xy=a^2,xy=2a^2,y=x,y=2x\ (x>0,y>0)$；

（4）$y^2=2px,y^2=2qx,x^2=2ry,x^2=2sy\ (0<p<q,0<r<s)$.

(B)

1. 计算下列二重积分：

（1）$\iint\limits_{(\sigma)} \sqrt{|y-x^2|}\mathrm{d}\sigma,(\sigma)=\{(x,y)\mid |x|\leqslant 1,0\leqslant y\leqslant 2\}$；

（2）$\iint\limits_{(\sigma)} (x+y)\mathrm{d}\sigma,(\sigma)=\{(x,y)\mid x^2+y^2\leqslant x+y\}$；

（3）$\iint\limits_{(\sigma)} y^2\mathrm{d}\sigma,(\sigma)$ 是 x 轴与摆线的一拱$\begin{cases}x=a(t-\sin t)\\ y=a(1-\cos t)\end{cases}$，$(0\leqslant t\leqslant 2\pi,a>0)$ 所围成的区域.

2. 计算累次积分

$$\int_{1/4}^{1/2}\mathrm{d}y\int_{1/2}^{\sqrt{y}}\mathrm{e}^{y/x}\mathrm{d}x+\int_{1/2}^{1}\mathrm{d}y\int_{y}^{\sqrt{y}}\mathrm{e}^{y/x}\mathrm{d}x.$$

3. 设$f(x,y)=\begin{cases}2x, & 0\leqslant x\leqslant 1,0\leqslant y\leqslant 1,\\ 0, & 其他,\end{cases}$ $F(t)=\iint\limits_{x+y\leqslant t} f(x,y)\mathrm{d}\sigma$，求 $F(t)$.

4. 计算 $\iint\limits_{(\sigma)} x[1+yf(x^2+y^2)]\mathrm{d}\sigma$，其中$(\sigma)$是由 $y=x^3,y=1,x=-1$ 所围成的区域，$f(x^2+y^2)$是(σ)上的连续函数.

5. 设函数$f(x)$在区间$[0,1]$上连续，并设$\int_0^1 f(x)\mathrm{d}x=A$，求$\int_0^1\mathrm{d}x\int_x^1 f(x)f(y)\mathrm{d}y$.

6. 证明 Dirichlet 公式$\int_0^a\mathrm{d}x\int_0^x f(x,y)\mathrm{d}y=\int_0^a\mathrm{d}y\int_y^a f(x,y)\mathrm{d}x\ (a>0)$，并由此证明$\int_0^a\mathrm{d}y\int_0^y f(x)\mathrm{d}x=\int_0^a(a-x)f(x)\mathrm{d}x$，其中 f 连续.

7. 设$f(x)$在$[a,b]$上连续，试利用二重积分证明：

$$\left[\int_a^b f(x)\mathrm{d}x\right]^2 \leqslant (b-a)\int_a^b f^2(x)\mathrm{d}x.$$

8. 试求曲线$(a_1x+b_1y+c_1)^2+(a_2x+b_2y+c_2)^2=1\ (a_1b_2-a_2b_1\neq 0)$所围平面图形的面积.

9. 求抛物面$z=1+x^2+y^2$的一个切平面，使得它与该抛物面及圆柱面$(x-1)^2+y^2=1$围成的体积最小，试写出切平面方程并求出最小的体积.

10. 设$f(t)$是连续的奇函数，试利用适当的正交变换证明$\iint\limits_{(\sigma)} f(ax+by+c)\mathrm{d}\sigma=0$，其中$(\sigma)$关于直线$ax+by+c=0$对称，且$a^2+b^2\neq 0$.

11. 设有一半径为R，高为H的圆柱形容器，盛有$\frac{2}{3}H$高的水，放在离心机上高速旋转.因受离心力的作用，水面呈抛物面形状，问当水刚要溢出容器时，水面的最低点在何处？

12. 设$a>0,b>0$为常数，(σ)为椭圆域$\frac{x^2}{a^2}+\frac{y^2}{b^2}\leqslant 1$，$f(t)$是连续函数，且$f(t)\neq 0$，证明：

$$\iint\limits_{(\sigma)} \frac{(b+1)f\left(\frac{x}{a}\right)+(a-1)f\left(\frac{y}{b}\right)}{f\left(\frac{x}{a}\right)+f\left(\frac{y}{b}\right)}\mathrm{d}\sigma=\frac{\pi}{2}ab(a+b).$$

13. 设函数$f(t)$在$[0,+\infty)$连续，且满足方程

$$f(t)=\mathrm{e}^{4\pi t^2}+\iint\limits_{x^2+y^2\leqslant 4t^2} f\left(\frac{1}{2}\sqrt{x^2+y^2}\right)\mathrm{d}\sigma,$$

求$f(t)$.

第三节 三重积分的计算

3.1 化三重积分为单积分与二重积分的累次积分

在本章第一节中我们已知道，三元函数$u=f(x,y,z)$在空间区域(V)上的三重积分就是下列和式极限：

$$\iiint\limits_{(V)} f(x,y,z)\mathrm{d}V=\lim_{d\to 0}\sum_{k=1}^{n} f(\xi_k,\eta_k,\zeta_k)\Delta V_k.$$

而且当$f\in C((V))$时，其三重积分一定存在，今后我们总假定被积函数$f\in C((V))$.

设积分域$(V)=\{(x,y,z)\mid z_1(x,y)\leqslant z\leqslant z_2(x,y),(x,y)\in(\sigma)\subseteq\mathbf{R}^2\}$，其中$z_1\in C((\sigma))$，$z_2\in C((\sigma))$，$(\sigma)$是$(V)$在$xOy$平面的投影区域(图 6.26).

我们已经知道单(定)积分和二重积分的计算法，因此，如果能把三重积分化成单积分和二重积分的累次积分，那么它的计算问题也就得到了解决.为此，先把(V)在xOy平面上的投影区域(σ)分成若干子域$(\Delta\sigma)$，以每一子域$(\Delta\sigma)$的边界曲线为准线，作母线平行于z轴的柱面把域(V)分割成了若干竖长条，再用平行于xOy平面

的平面把这些竖长条切割成若干小柱台（图 6.26），于是这些小柱台（ΔV）的体积为

$$\Delta V=\Delta z\Delta\sigma.$$

在（ΔV）内任取一点 $P(x,y,z)$，它在 xOy 平面的投影点 $M(x,y,0)$ 必在（$\Delta\sigma$）内，于是由三重积分定义可知，

$$\iiint_{(V)} f(x,y,z)\,\mathrm{d}V=\lim_{d\to 0}\sum_{(V)} f(x,y,z)\Delta z\Delta\sigma.$$

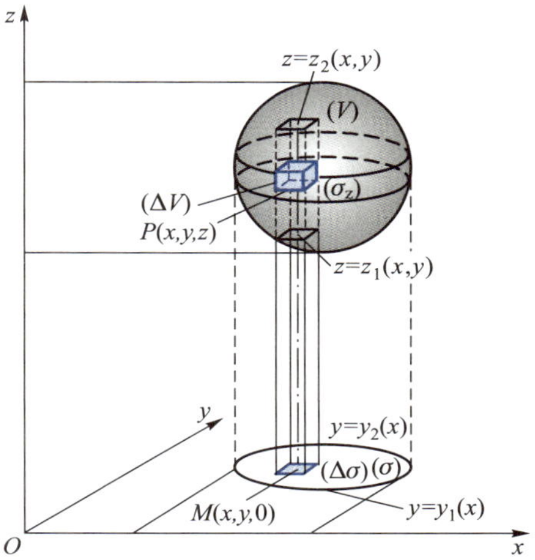

图 6.26

如果我们在把乘积项 $f(x,y,z)\Delta z\Delta\sigma$ “无限累加”时，先固定（x,y）和 $\Delta\sigma$，沿竖长条（即沿 z 轴方向）进行，并把相同的公因式 $\Delta\sigma$ 提出，然后再把（σ）上各竖长条中求得的和“无限累加”，那么便有

$$\lim_{d\to 0}\sum_{(V)} f(x,y,z)\Delta z\Delta\sigma=\lim_{d'\to 0}\sum_{(\sigma)}\left(\lim_{\max\Delta z\to 0}\sum_{z} f(x,y,z)\Delta z\right)\Delta\sigma,$$

其中 d' 是（σ）中各（$\Delta\sigma$）的直径中最大者，由定积分与二重积分的概念知

$$\lim_{\max\Delta z\to 0}\sum_{z} f(x,y,z)\Delta z=\int_{z_1(x,y)}^{z_2(x,y)} f(x,y,z)\,\mathrm{d}z\overset{\text{def}}{=\!=\!=}\Phi(x,y),$$

$$\lim_{d'\to 0}\sum_{(\sigma)}\Phi(x,y)\Delta\sigma=\iint_{(\sigma)}\Phi(x,y)\,\mathrm{d}\sigma,$$

于是得

$$\boxed{\iiint_{(V)} f(x,y,z)\,\mathrm{d}V=\iint_{(\sigma)}\left[\int_{z_1(x,y)}^{z_2(x,y)} f(x,y,z)\,\mathrm{d}z\right]\mathrm{d}\sigma.}\qquad(3.1)$$

这样，就把三重积分化成了单积分与二重积分的累次积分，这种积分顺序简称为“先单后重”.

在计算（3.1）式中内层的定积分时，x 与 y 视为常数，积分变量是 z.求出原函数后根据 Newton-Leibniz 公式，把 z 用上下限代入，从而得到一个二元函数 $\Phi(x,y)$，然后再按本章第二节中所讲的方法计算二重积分 $\iint_{(\sigma)}\Phi(x,y)\,\mathrm{d}\sigma$.

例 3.1 计算 $I=\iiint_{(V)} xyz\,\mathrm{d}V$，其中（$V$）由三个坐标面 $x=0,y=0,z=0$ 和平面 $x+y+z=1$ 所围成.

解 首先画出积分域（V）如图 6.27 所示.容易看出（V）在 xOy 平面上的投影区域（σ）为三角形区域：

$$(\sigma)=\{(x,y)\mid x+y\leqslant 1,x\geqslant 0,y\geqslant 0\}.$$

于是由(3.1)式得

$$I=\iint\limits_{(\sigma)}\left(\int_0^{1-x-y}xyz\mathrm{d}z\right)\mathrm{d}\sigma$$

$$=\frac{1}{2}\iint\limits_{(\sigma)}xyz^2\Big|_0^{1-x-y}\mathrm{d}\sigma$$

$$=\frac{1}{2}\iint\limits_{(\sigma)}xy(1-x-y)^2\mathrm{d}\sigma$$

$$=\frac{1}{2}\int_0^1\mathrm{d}x\int_0^{1-x}xy(1-x-y)^2\mathrm{d}y$$

$$=\frac{1}{720}.\quad\blacksquare$$

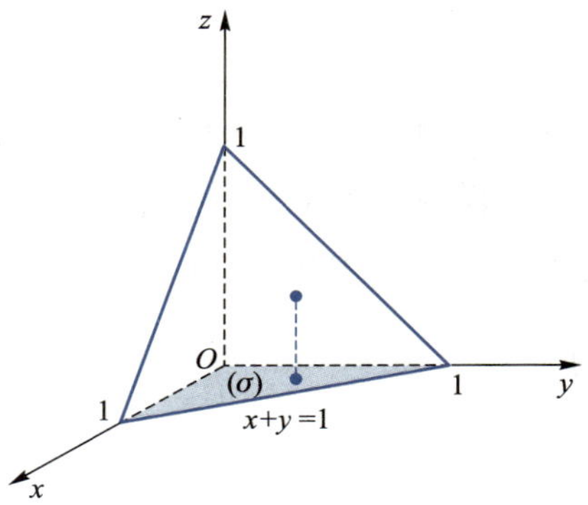

图 6.27

这个三重积分也可以先化成如下三个单积分的累次积分后再逐步计算：

$$I=\iint\limits_{(\sigma)}\left[\int_0^{1-x-y}xyz\mathrm{d}z\right]\mathrm{d}\sigma=\int_0^1\mathrm{d}x\int_0^{1-x}\mathrm{d}y\int_0^{1-x-y}xyz\mathrm{d}z.$$

注：右端的累次积分应理解为

$$\int_0^1\left[\int_0^{1-x}\left[xy\int_0^{1-x-y}z\mathrm{d}z\right]\mathrm{d}y\right]\mathrm{d}x.$$

例 3.2 计算 $I=\iiint\limits_{(V)}z\mathrm{d}V$，其中$(V)$是以原点为中心，$R$为半径的上半球体.

解 因为$(V)=\{(x,y,z)\mid x^2+y^2\leqslant R^2,0\leqslant z\leqslant\sqrt{R^2-x^2-y^2}\}$，它在 xOy 平面的投影区域$(\sigma)=\{(x,y)\mid x^2+y^2\leqslant R^2\}$（图 6.28）.于是

$$I=\iint\limits_{(\sigma)}\left(\int_0^{\sqrt{R^2-x^2-y^2}}z\mathrm{d}z\right)\mathrm{d}\sigma$$

$$=\frac{1}{2}\iint\limits_{(\sigma)}(R^2-x^2-y^2)\mathrm{d}\sigma.$$

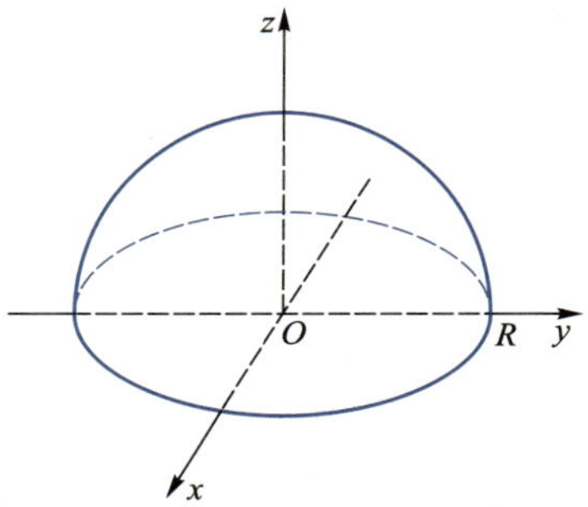

图 6.28

对这个二重积分，显然用极坐标计算比较方便，从而

$$I=\frac{1}{2}\iint\limits_{(\sigma)}(R^2-\rho^2)\rho\mathrm{d}\rho\mathrm{d}\theta=\frac{1}{2}\int_0^{2\pi}\mathrm{d}\theta\int_0^R(R^2-\rho^2)\rho\mathrm{d}\rho$$

$$=\frac{1}{2}\int_0^{2\pi}\left(\frac{R^4}{2}-\frac{R^4}{4}\right)\mathrm{d}\theta=\frac{\pi R^4}{4}.\quad\blacksquare$$

如果我们把积分域(V)被平行于 xOy 平面的平面所截出的平面区域记作(σ_z)，并将 z 的变化范围设为$[a,b]$.由三重积分定义，在“无限累加”乘积项$f(x,y,z)\Delta z\Delta\sigma$时，先固定 z 和 Δz，在以(σ_z)为底、厚度为 Δz 的薄层上“无限累加”（参见图 6.26），把公因式 Δz 提出；然后再在区间$[a,b]$上把各薄层所求得的和“无限累加”，那么便有

$$\lim_{d\to 0}\sum_{(V)} f(x,y,z)\Delta z\Delta\sigma=\lim_{\max\Delta z\to 0}\sum_{z}\left(\lim_{d'\to 0}\sum_{(\sigma_z)} f(x,y,z)\Delta\sigma\right)\Delta z,$$

其中 d' 为 (σ_z) 中各 $(\Delta\sigma)$ 的直径中的最大者. 于是得

$$\iiint_{(V)} f(x,y,z)\,\mathrm{d}V=\int_a^b\left[\iint_{(\sigma_z)} f(x,y,z)\,\mathrm{d}\sigma\right]\mathrm{d}z, \tag{3.2}$$

这种积分顺序简称为“先重后单”.

例 3.3 计算

$$I=\iiint_{(V)} z^2\,\mathrm{d}V,\quad (V)=\left\{(x,y,z)\ \middle|\ \frac{x^2}{a^2}+\frac{y^2}{b^2}+\frac{z^2}{c^2}\leqslant 1\right\}.$$

二维码 6.3.1 在直角坐标系下计算三重积分的一般步骤.

解 由于被积函数仅是 z 的函数，所以为计算方便，我们采用先重后单的积分顺序，利用(3.2)式得

$$I=\int_{-c}^{c}\left(\iint_{(\sigma_z)} z^2\,\mathrm{d}\sigma\right)\mathrm{d}z=\int_{-c}^{c}\left(z^2\iint_{(\sigma_z)}\mathrm{d}\sigma\right)\mathrm{d}z,$$

其中 (σ_z) 为椭球体 (V) 被平行于 xOy 平面的平面所截出的截面(图 6.29)，它就是平面 $z=z$ 上的椭圆域

$$(\sigma_z)=\left\{(x,y)\ \middle|\ \frac{x^2}{a^2\left(1-\dfrac{z^2}{c^2}\right)}+\frac{y^2}{b^2\left(1-\dfrac{z^2}{c^2}\right)}\leqslant 1,\ |z|\leqslant c\right\}.$$

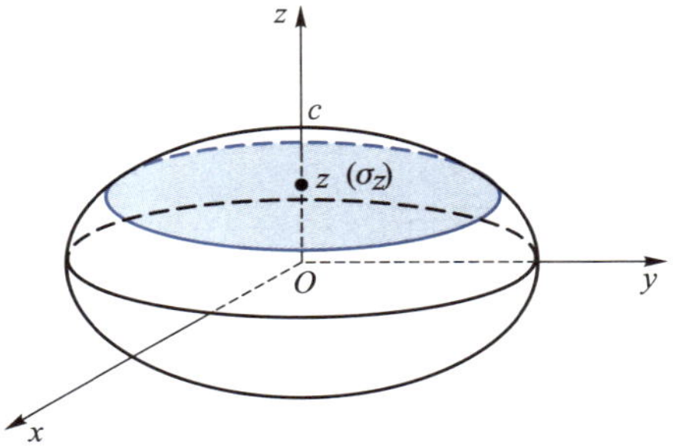

图 6.29

由于椭圆域 (σ_z) 的面积为

$$\iint_{(\sigma_z)}\mathrm{d}\sigma=\pi ab\left(1-\frac{z^2}{c^2}\right),$$

所以

$$I=\int_{-c}^{c}\pi ab\left(1-\frac{z^2}{c^2}\right)z^2\,\mathrm{d}z=\frac{4}{15}\pi abc^3.\quad\blacksquare$$

例 3.4 计算

$$I=\iiint\limits_{(V)}(x+y+z)\,\mathrm{d}V,(V)=\{(x,y,z)\mid x^2+y^2\leqslant z\leqslant\sqrt{2-x^2-y^2}\}.$$

解 易见积分域(V)是由上半球面$z=\sqrt{2-x^2-y^2}$与旋转抛物面$z=x^2+y^2$所围成,如图 6.30 所示.由图可见,(V)在xOy坐标平面上的投影(σ)就是两曲面交线

$$\begin{cases}z=\sqrt{2-x^2-y^2},\\ z=x^2+y^2\end{cases}\tag{3.3}$$

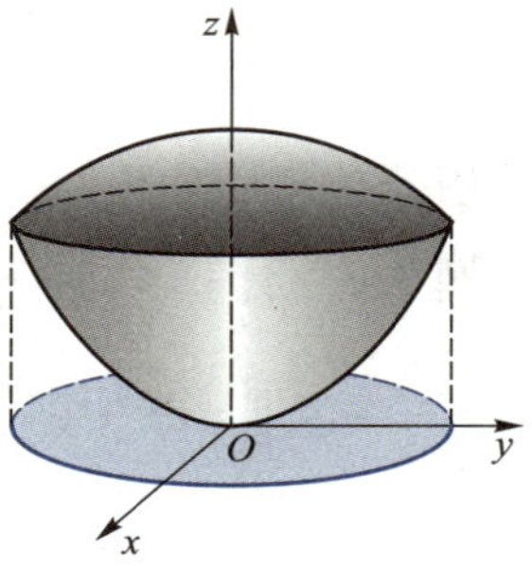

图 6.30

在xOy平面上的投影.由(3.3)式可解得$z=1$.于是交线(3.3)也可表示为

$$\begin{cases}z=x^2+y^2,\\ z=1.\end{cases}$$

所以投影区域$(\sigma)=\{(x,y)\mid x^2+y^2\leqslant 1\}$.

注意到积分域(V)关于xOz平面对称,而y关于y是奇函数,从而

$$\iiint\limits_{(V)}y\,\mathrm{d}V=0.$$

同理,由对称性可知

$$\int\limits_{(V)}x\,\mathrm{d}V=0.$$

于是

$$I=\iiint\limits_{(V)}x\,\mathrm{d}V+\iiint\limits_{(V)}y\,\mathrm{d}V+\iiint\limits_{(V)}z\,\mathrm{d}V=\iiint\limits_{(V)}z\,\mathrm{d}V$$

$$=\iint\limits_{(\sigma)}\mathrm{d}\sigma\int_{x^2+y^2}^{\sqrt{2-x^2-y^2}}z\,\mathrm{d}z=\frac{1}{2}\iint\limits_{(\sigma)}[(2-x^2-y^2)-(x^2+y^2)^2]\,\mathrm{d}\sigma.$$

将上式右端的二重积分化为极坐标计算得

$$I=\frac{1}{2}\int_0^{2\pi}\mathrm{d}\theta\int_0^1(2-\rho^2-\rho^4)\rho\,\mathrm{d}\rho=\frac{7}{12}\pi.\quad\blacksquare$$

二维码 6.3.2 如何利用对称性简化三重积分的计算.

☞二维码 6.3.3 利用对称性简化三重积分计算举例.

3.2 柱面与球面坐标下三重积分的计算法

1. 曲线坐标下的三重积分

与二重积分一样,三重积分也可通过换元法来计算.对于在$Oxyz$直角坐标系下给出的三重积分$\iiint\limits_{(V)}f(x,y,z)\,\mathrm{d}V$,作正则变换:

$$u=u(x,y,z),\quad v=v(x,y,z),\quad w=w(x,y,z),$$
$$(x,y,z)\in(V),\quad (u,v,w)\in(V'),\tag{3.4}$$

其中(V)与(V')均为$\mathbf{R}^3$中的有界闭域，函数$u,v,w\in C^{(1)}((V))$；Jacobi 行列式$\dfrac{\partial(u,v,w)}{\partial(x,y,z)}\neq 0,\ \forall(x,y,z)\in(V)$；而且此变换将域$(V)$一一对应地映射为$(V')$. 与二元函数类似，这时也存在唯一的逆变换

$$x=x(u,v,w),\quad y=y(u,v,w),\quad z=z(u,v,w),\quad (u,v,w)\in(V'),\tag{3.5}$$

它将(V')变为(V)，它也是正则的且保持内部变成内部，外部变成外部，边界变成边界.

在变换(3.4)下，$Oxyz$ 直角坐标空间中，点$P_0(x_0,y_0,z_0)$也可以用三片曲面

$$u(x,y,z)=u(x_0,y_0,z_0)=u_0,\quad v(x,y,z)=v(x_0,y_0,z_0)=v_0,$$
$$w(x,y,z)=w(x_0,y_0,z_0)=w_0$$

的交点来确定. (u_0,v_0,w_0)称为空间点P_0的**曲线坐标**.

在 $Ouvw$ 直角坐标空间，用坐标面族$u=c_1,v=c_2,w=c_3$来划分积分域(V')，可得体积微元$\mathrm{d}V'=\mathrm{d}u\mathrm{d}v\mathrm{d}w$. 它在 $Oxyz$ 空间上对应于由曲面族

$$u(x,y,z)=c_1,\quad v(x,y,z)=c_2,\quad w(x,y,z)=c_3$$

划分区域(V)所得的体积微元$\mathrm{d}V$. 像二重积分一样可以证明(从略)$\mathrm{d}V$与$\mathrm{d}V'$有如下关系：

$$\boxed{\mathrm{d}V=\left|\frac{\partial(x,y,z)}{\partial(u,v,w)}\right|\mathrm{d}V'=\left|\frac{\partial(x,y,z)}{\partial(u,v,w)}\right|\mathrm{d}u\mathrm{d}v\mathrm{d}w,}\tag{3.6}$$

其中

$$\frac{\partial(x,y,z)}{\partial(u,v,w)}=\begin{vmatrix}x_u & x_v & x_w\\ y_u & y_v & y_w\\ z_u & z_v & z_w\end{vmatrix}$$

是变换(3.5)的 Jacobi 行列式. 从而

$$\boxed{\begin{aligned}&\iiint\limits_{(V)}f(x,y,z)\,\mathrm{d}V\\ =&\iiint\limits_{(V')}f[x(u,v,w),y(u,v,w),z(u,v,w)]\left|\frac{\partial(x,y,z)}{\partial(u,v,w)}\right|\mathrm{d}u\mathrm{d}v\mathrm{d}w,\end{aligned}}\tag{3.7}$$

其中积分域(V')是积分域(V)通过变换(3.4)在 $Ouvw$ 平面上的像. (3.7)式右端的积分称为曲线坐标下的三重积分. 可以仿照二重积分化为累次积分的思想，把它化成累次(三次)积分.

类似于二重积分，当变换(3.4)在 $Oxyz$ 空间内的几何意义比较明显时，我们也可

通过此变换,在 $Oxyz$ 空间利用“无限累加”的思想把三重积分直接化成累次积分.这时公式(3.7)可写成

$$\iiint_{(V)} f(x,y,z)\,\mathrm{d}V=\iiint_{(V)} f[x(u,v,w),y(u,v,w),z(u,v,w)]\left|\frac{\partial(x,y,z)}{\partial(u,v,w)}\right|\mathrm{d}u\mathrm{d}v\mathrm{d}w, \tag{3.8}$$

其中右端积分区域(V)的边界曲面应当用相应的曲线坐标表示.

正像极坐标是常见而且重要的一种平面曲线坐标那样,空间曲线坐标也有两种常见的重要类型,我们分述如下.

2. 柱面坐标及柱面坐标下三重积分的计算法

作变换

$$x=\rho\cos\theta,y=\rho\sin\theta,z=z\quad(\rho\geqslant 0,0\leqslant\theta\leqslant 2\pi,-\infty<z<+\infty), \tag{3.9}$$

由于

$$\frac{\partial(x,y,z)}{\partial(\rho,\theta,z)}=\begin{vmatrix}\cos\theta & -\rho\sin\theta & 0\\ \sin\theta & \rho\cos\theta & 0\\ 0 & 0 & 1\end{vmatrix}=\rho, \tag{3.10}$$

从而当 $\rho\neq 0,0\leqslant\theta<2\pi$ 时,(3.9)为一正则变换,其逆变换由表达式

$$\rho=\sqrt{x^2+y^2},\ \cos\theta=\frac{x}{\sqrt{x^2+y^2}},\ \sin\theta=\frac{y}{\sqrt{x^2+y^2}},\quad z=z\quad(x^2+y^2\neq 0)$$

所确定.于是空间中点 $P_0(x_0,y_0,z_0)$ 也可用坐标 (ρ_0,θ_0,z_0) 表示,它是圆柱面 $x^2+y^2=\rho_0^2$(即 $\rho=\rho_0$),过 z 轴且对 xOz 平面的转角为 $\theta=\theta_0$ 的半平面 $y=x\tan\theta_0$(即 $\theta=\theta_0$),以及平面 $z=z_0$ 的交点,称为点 P_0 的**柱面坐标**(图 6.31).

用曲面族

$$\rho=c_1,\quad \theta=c_2,\quad z=c_3$$

划分积分域(V),由(3.10)与(3.17)式可知,柱面坐标下的体积微元为

$$\boxed{\mathrm{d}V=\rho\mathrm{d}\rho\mathrm{d}\theta\mathrm{d}z,}$$

从而

$$\iiint_{(V)} f(x,y,z)\,\mathrm{d}V=\iiint_{(V)} f(\rho\cos\theta,\rho\sin\theta,z)\rho\mathrm{d}\rho\mathrm{d}\theta\mathrm{d}z, \tag{3.11}$$

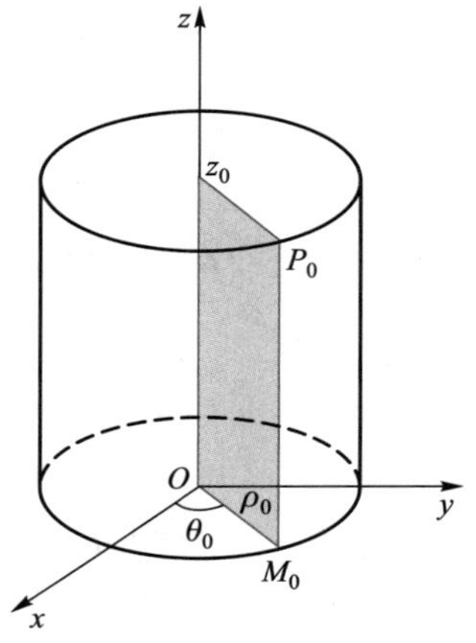

图 6.31

其中(V)的边界曲面由柱面坐标表示.

如果积分域(V)在xOy平面上的投影区域为(σ),且(V)的边界曲面可关于z被分成两个单值曲面$z=z_1(x,y)$,$z=z_2(x,y)$,$(x,y)\in(\sigma)$,如图6.26所示,那么把(3.11)式右端在柱面坐标下的三重积分化成对z的定积分与关于(σ)的二重积分的累次积分得

$$\iiint\limits_{(V)} f(\rho\cos\theta,\rho\sin\theta,z)\rho\mathrm{d}\rho\mathrm{d}\theta\mathrm{d}z$$
$$=\iint\limits_{(\sigma)}\rho\mathrm{d}\rho\mathrm{d}\theta\int_{z_1(\rho\cos\theta,\rho\sin\theta)}^{z_2(\rho\cos\theta,\rho\sin\theta)} f(\rho\cos\theta,\rho\sin\theta,z)\,\mathrm{d}z.$$

注:柱面坐标的体积微元也容易从图6.32中直接得到.

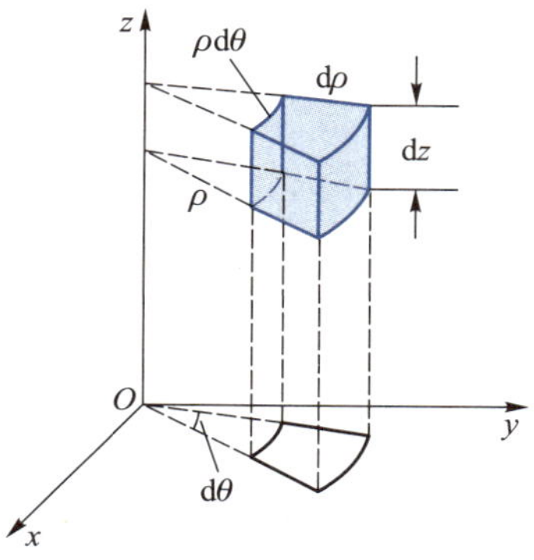

图6.32

例3.5　计算$I=\iiint\limits_{(V)} z\mathrm{d}V$,$(V)$是由旋转抛物面$z=x^2+y^2$,圆柱面$x^2+y^2=2y$与平面$z=0$所围区域位于抛物面之外、$xOy$平面之上部分.

解　由图6.33可见,积分域(V)在xOy平面上的投影区域(σ)的边界曲线为圆周$x^2+y^2=2y$.因此,用柱面坐标计算比较方便.利用直角坐标与柱面坐标的关系(3.9),将积分域的边界曲面方程化成柱面坐标得

$$z=\rho^2,\quad \rho=2\sin\theta,\quad z=0,$$

从而

$$I=\iiint\limits_{(V)} z\mathrm{d}V=\iint\limits_{(\sigma)}\rho\mathrm{d}\rho\mathrm{d}\theta\int_0^{\rho^2} z\mathrm{d}z,$$

$$(\sigma)=\{(\rho,\theta)\mid 0\leqslant\rho\leqslant 2\sin\theta,0\leqslant\theta\leqslant\pi\}.$$

注意到(σ)关于y轴的对称性,可知

注意:在柱面坐标下计算三重积分,其实就是先对z求定积分,再在(σ)上用极坐标计算二重积分.事实上,由(3.1)式,

$$\iiint\limits_{(V)} f(x,y,z)\,\mathrm{d}V$$
$$=\iint\limits_{(\sigma)}\mathrm{d}\sigma\int_{z_1(x,y)}^{z_2(x,y)} f(x,y,z)\,\mathrm{d}z$$
$$=\iint\limits_{(\sigma)}\Phi(x,y)\,\mathrm{d}\sigma$$
$$=\iint\limits_{(\sigma)}\Phi(\rho\cos\theta,\rho\sin\theta)\rho\mathrm{d}\rho\mathrm{d}\theta,$$

其中$\Phi(x,y)=\int_{z_1(x,y)}^{z_2(x,y)} f(x,y,z)\,\mathrm{d}z$.

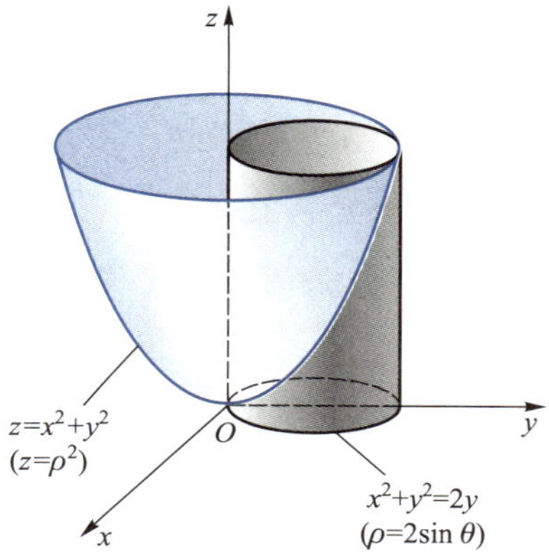

图6.33

$$I=\int_0^{\frac{\pi}{2}}\mathrm{d}\theta\int_0^{2\sin\theta}\rho^5\mathrm{d}\rho=\frac{64}{6}\int_0^{\frac{\pi}{2}}\sin^6\theta\mathrm{d}\theta=\frac{5}{3}\pi.$$ ▌

例 3.6 计算 $I=\iiint\limits_{(V)}(x^3y^2+z)\mathrm{d}V$，其中 (V) 由曲面 $z=x^2+y^2$ 与平面 $z=4$ 所围成.

解 积分域 (V) 如图 6.34 所示. 由于被积函数中 x^3y^2 是 x 的奇函数，而积分域 (V) 关于 yOz 坐标平面对称，从而

$$\iiint\limits_{(V)}x^3y^2\mathrm{d}V=0,$$

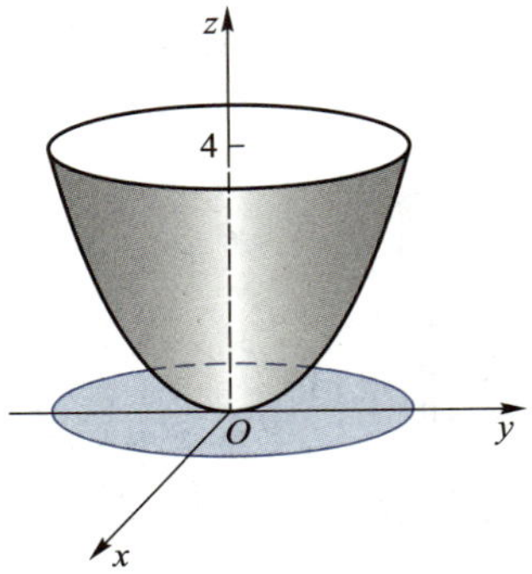

图 6.34

于是

$$I=\iiint\limits_{(V)}x^3y^2\mathrm{d}V+\iiint\limits_{(V)}z\mathrm{d}V=\iiint\limits_{(V)}z\mathrm{d}V.$$

易见 (V) 在 xOy 平面的投影区域为

$$(\sigma)=\{(x,y)\mid x^2+y^2\leqslant 4\},$$

为了利用柱面坐标计算，将积分域 (V) 的边界曲面化为柱面坐标方程得

$$\begin{cases}z=\rho^2,\\ z=4,\end{cases}$$

于是

$$I=\iiint\limits_{(V)}z\rho\mathrm{d}z\mathrm{d}\rho\mathrm{d}\theta=\iint\limits_{(\sigma)}\rho\mathrm{d}\rho\mathrm{d}\theta\int_{\rho^2}^4 z\mathrm{d}z=\int_0^{2\pi}\mathrm{d}\theta\int_0^2\rho\mathrm{d}\rho\int_{\rho^2}^4 z\mathrm{d}z=\frac{64}{3}\pi.$$ ▌

例 3.7 计算 $I=\iiint\limits_{(V)}\sqrt{x^2+z^2}\,\mathrm{d}V$，$(V)$ 是由 $y=x^2+z^2$ 与 $y=4$ 所围成的区域.

解 由图 6.35 可见，若将积分域 (V) 向 xOy 平面投影，则必须将旋转抛物面分成两个单值支 $z=\pm\sqrt{y-x^2}$，这必将导致积分运算的繁难. 注意到 (V) 向 xOz 平面投影是一圆域 $(\sigma)=\{(x,y)\mid x^2+z^2\leqslant 4\}$ 以及被积函数的表达式，利用柱面坐标，或先对 y 作定积分再在 xOz 平面上利用极坐标计算二重积分将会方便得多. 为此，令

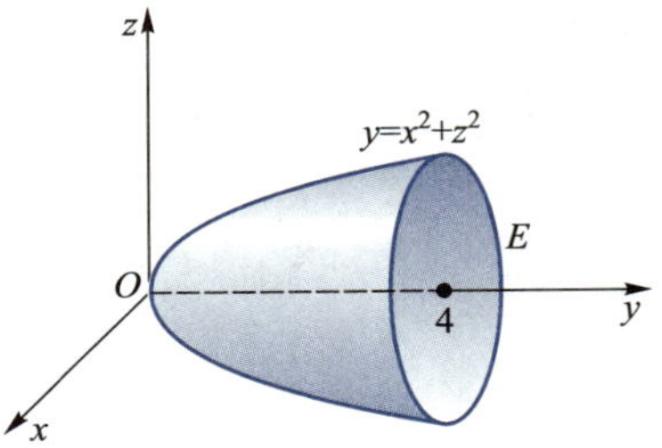

图 6.35

$$x=\rho\cos\theta,\quad z=\rho\sin\theta,\quad y=y,$$

得

$$I=\iint\limits_{(\sigma)}\rho\,\mathrm{d}\rho\,\mathrm{d}\theta\int_{\rho^2}^{4}\rho\,\mathrm{d}y=\iint\limits_{(\sigma)}\rho^2(4-\rho^2)\,\mathrm{d}\rho\,\mathrm{d}\theta=4\int_0^{\frac{\pi}{2}}\mathrm{d}\theta\int_0^2\rho^2(4-\rho^2)\,\mathrm{d}\rho=\frac{128}{15}\pi.$$ ▌

3. 球面坐标及球面坐标下三重积分的计算法

空间中的点 $P(x,y,z)$ 还可以用以下三个曲面的交点来表示：半径为 r 的球面，顶点在原点 O、对称轴为 z 轴且半顶角为 φ 的圆锥面，通过 z 轴且对 xOz 坐标平面的转角为 θ 的半平面（图 6.36）. 数组 (r,φ,θ) 称为点 P 的**球面坐标**. 由图 6.36 易见，直角坐标到球面坐标的变换公式为

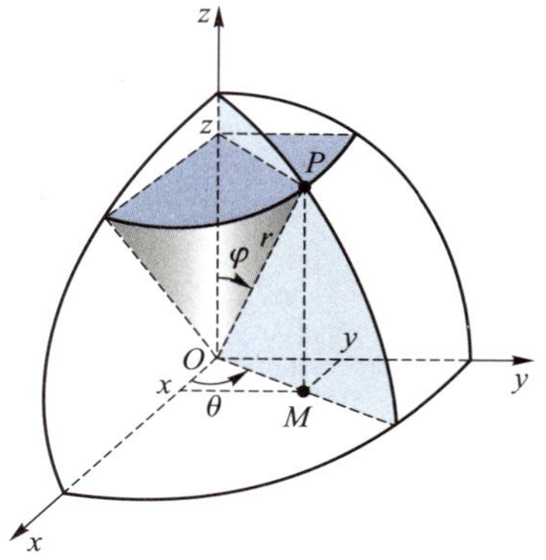

图 6.36

$$\boxed{\begin{gathered}x=r\sin\varphi\cos\theta,\quad y=r\sin\varphi\sin\theta,\\ z=r\cos\varphi\\ (r\geqslant 0,0\leqslant\varphi\leqslant\pi,0\leqslant\theta\leqslant 2\pi).\end{gathered}}\tag{3.12}$$

用曲面族

$$r=c_1,\quad \varphi=c_2,\quad \theta=c_3$$

划分积分域 (V)，由于

注：容易看出，如果把 r 固定，那么 (3.12) 式就是第五章例 6.6 所建立的半径为 r 的球面的参数方程.

$$\frac{\partial(x,y,z)}{\partial(r,\varphi,\theta)}=\begin{vmatrix}\sin\varphi\cos\theta & r\cos\varphi\cos\theta & -r\sin\varphi\sin\theta\\ \sin\varphi\sin\theta & r\cos\varphi\sin\theta & r\sin\varphi\cos\theta\\ \cos\varphi & -r\sin\varphi & 0\end{vmatrix}=r^2\sin\varphi,$$

由 (3.6) 与 (3.7) 式可知，在球面坐标下的体积微元为

$$\boxed{\mathrm{d}V=r^2\sin\varphi\,\mathrm{d}r\,\mathrm{d}\varphi\,\mathrm{d}\theta,}\tag{3.13}$$

实际上，球面坐标下的体积微元 (3.13) 也可利用图 6.37，从几何上直接得到. 于是

$$\boxed{\begin{aligned}&\iiint\limits_{(V)}f(x,y,z)\,\mathrm{d}V\\ =&\iiint\limits_{(V)}f(r\sin\varphi\cos\theta,r\sin\varphi\sin\theta,r\cos\varphi)r^2\sin\varphi\,\mathrm{d}r\,\mathrm{d}\varphi\,\mathrm{d}\theta,\end{aligned}}\tag{3.14}$$

其中 (V) 的边界曲面由球面坐标表示.

为了把 (3.14) 右端的三重积分化成累次积分，我们在把诸子域上的乘积项 $f(r\sin\varphi\cos\theta,r\sin\varphi\sin\theta,r\cos\varphi)r^2\sin\varphi$“无限累加”时，先固定 $\varphi,\theta,\Delta\varphi,\Delta\theta$，沿 r 方向“无限累加”，把公因式 $\Delta\varphi\Delta\theta$ 提出（图 6.38）；然后固定 θ 与 $\Delta\theta$，把各锥形条上“无限累加”所得的结果沿 φ 方向“无限累加”，把公因式 $\Delta\theta$ 提出，这样就在各“橘瓣”形上

得到结果;最后再把这些结果沿 θ 方向"无限累加".这样,就把(3.14)式右端的三重积分化成了先对 r、后对 φ 再对 θ 的累次(三次)积分.

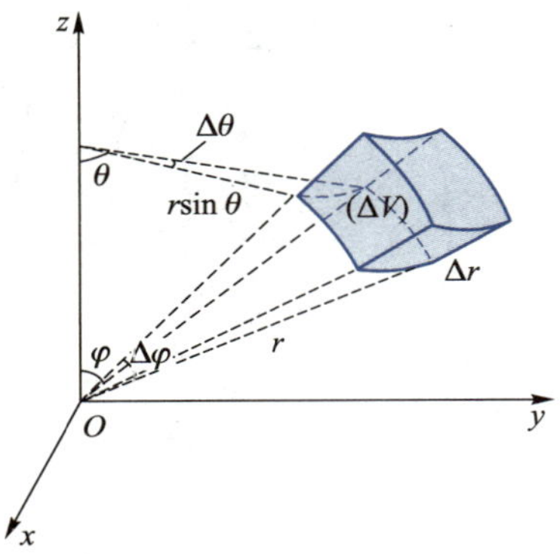

图 6.37

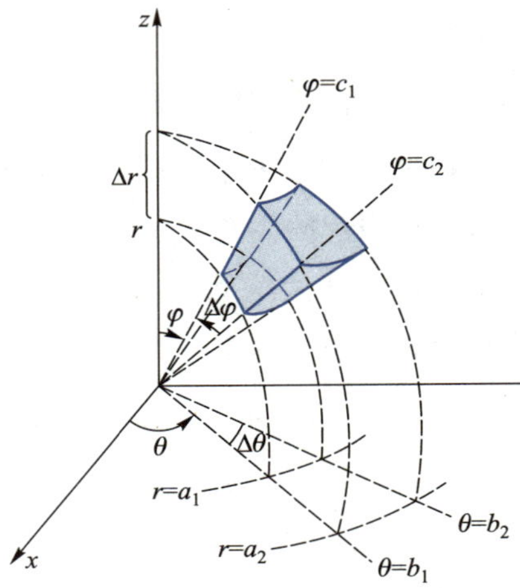

图 6.38

例 3.8 设(V)为球面 $x^2+y^2+z^2=2az$ $(a>0)$ 和锥面(以 z 轴为对称轴,顶角为 2α)所围的空间区域,求(V)的体积.

解 由于区域(V)由球面和锥面围成(图 6.39),因此,使用球面坐标比较方便.在球面坐标下,所给球面的方程为

$$r=2a\cos\varphi,$$

所给圆锥面的方程为

$$\varphi=\alpha,$$

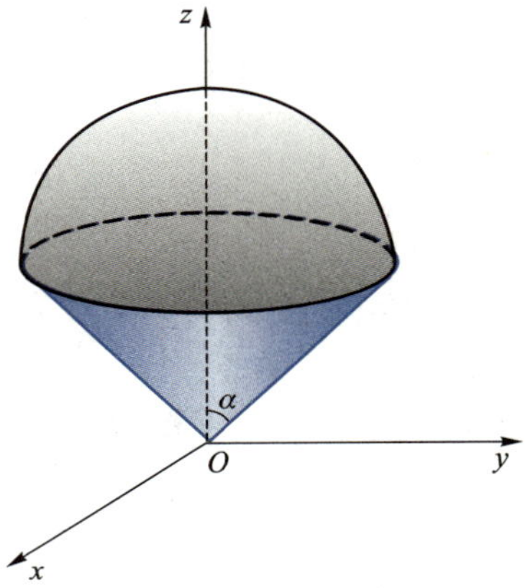

图 6.39

容易看出,对所给区域(V)来说,r,φ,θ 的变化范围为

$$0\leqslant r\leqslant 2a\cos\varphi,\ 0\leqslant\varphi\leqslant\alpha,\ 0\leqslant\theta<2\pi.$$

于是

$$V=\iiint\limits_{(V)}\mathrm{d}V=\iiint\limits_{(V)}r^2\sin\varphi\mathrm{d}r\mathrm{d}\varphi\mathrm{d}\theta=\int_0^{2\pi}\mathrm{d}\theta\int_0^{\alpha}\sin\varphi\mathrm{d}\varphi\int_0^{2a\cos\varphi}r^2\mathrm{d}r$$

$$=\frac{16}{3}\pi a^3\int_0^{\alpha}\cos^3\varphi\sin\varphi\mathrm{d}\varphi=\frac{4\pi a^3}{3}(1-\cos^4\alpha).$$ ▌

例 3.9　计算 $I=\iiint\limits_{(V)} z^2\mathrm{d}V$，其中

$$(V)=\{(x,y,z)\mid x^2+y^2+z^2\leqslant R^2, x^2+y^2+(z-R)^2\leqslant R^2\}.$$

解法一　利用柱面坐标.把(V)的边界曲面方程化成柱面坐标（图 6.40），得

$$z=\sqrt{R^2-\rho^2},\quad z=R-\sqrt{R^2-\rho^2}.$$

它们的交线在 xOy 平面上的投影方程为

$$\begin{cases}\rho=\dfrac{\sqrt{3}}{2}R,\\ z=0.\end{cases}$$

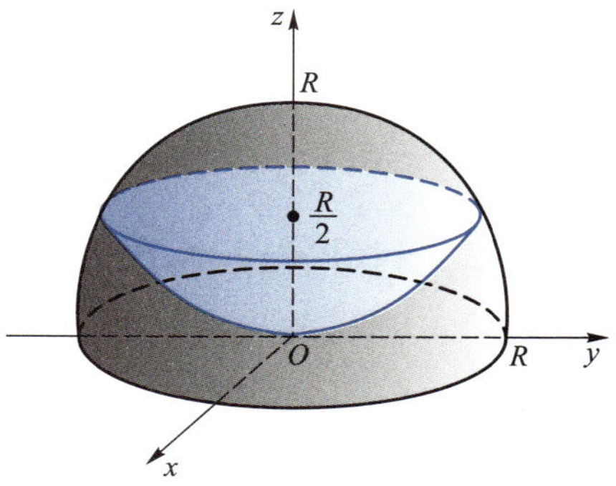

图 6.40

于是

$$I=\iiint\limits_{(V)} z^2\rho\,\mathrm{d}z\mathrm{d}\rho\mathrm{d}\theta=\int_0^{2\pi}\mathrm{d}\theta\int_0^{\frac{\sqrt{3}}{2}R}\rho\,\mathrm{d}\rho\int_{R-\sqrt{R^2-\rho^2}}^{\sqrt{R^2-\rho^2}}z^2\mathrm{d}z$$

$$=\frac{2\pi}{3}\int_0^{\frac{\sqrt{3}}{2}R}\rho\left[(R^2-\rho^2)^{\frac{3}{2}}-(R-\sqrt{R^2-\rho^2})^3\right]\mathrm{d}\rho$$

$$=-\frac{2\pi}{3}\left[\frac{2}{5}(R^2-\rho^2)^{\frac{5}{2}}+2R^3\rho^2-\frac{3}{4}R\rho^4+R^2(R^2-\rho^2)^{\frac{3}{2}}\right]\Bigg|_0^{\frac{\sqrt{3}}{2}R}$$

$$=\frac{59}{480}\pi R^5.$$

解法二　利用球面坐标.把(V)的边界曲面方程化成球面坐标，得

$$r=R,\quad r=2R\cos\varphi,$$

它们的交线为圆

$$\begin{cases}r=R,\\ \varphi=\dfrac{\pi}{3}.\end{cases}$$

因此，(V)的边界曲面由

$$r=2R\cos\varphi\left(\frac{\pi}{3}\leqslant\varphi\leqslant\frac{\pi}{2}\right)$$

$$r=R\quad\left(0\leqslant\varphi\leqslant\frac{\pi}{3}\right)$$

组成（图 6.40）.于是

> 注意：将直角坐标下的三重积分化为球面坐标下三重积分的步骤：
> 1. 将积分域(V)的边界曲面利用关系式(3.12)用球面坐标表示；
> 2. 将被积函数通过(3.12)式用球面坐标表示；
> 3. 将体积微元变换成球面坐标下的体积微元
> $$\mathrm{d}V=\rho^2\sin\varphi\,\mathrm{d}r\mathrm{d}\varphi\mathrm{d}\theta.$$

$$I=\iiint\limits_{(V)} r^2\cos^2\varphi r^2\sin\varphi\mathrm{d}r\mathrm{d}\varphi\mathrm{d}\theta$$

$$=\int_0^{2\pi}\mathrm{d}\theta\int_0^{\frac{\pi}{3}}\cos^2\varphi\sin\varphi\mathrm{d}\varphi\int_0^R r^4\mathrm{d}r+\int_0^{2\pi}\mathrm{d}\theta\int_{\frac{\pi}{3}}^{\frac{\pi}{2}}\cos^2\varphi\sin\varphi\mathrm{d}\varphi\int_0^{2R\cos\varphi}r^4\mathrm{d}r$$

$$=\frac{2\pi}{5}R^5\left(-\frac{1}{3}\cos^3\varphi\right)\Bigg|_0^{\frac{\pi}{3}}+\frac{2\pi}{5}(2R)^5\left(-\frac{1}{8}\cos^8\varphi\right)\Bigg|_{\frac{\pi}{3}}^{\frac{\pi}{2}}=\frac{59}{480}\pi R^5.$$

解法三 利用“先重后单”的方法.用平行于 xOy 的平面 $z=c$ 去横截区域(V),所得的圆域记为(σ_z),由图 6.40 可见,为了在 z 的变化区间上给出(σ_z)的表达式,必须求得两球面交线处 z 的值. 为此求解方程组$\begin{cases}x^2+y^2+z^2=R^2,\\x^2+y^2+(z-R)^2=R^2,\end{cases}$可得 $z=\dfrac{R}{2}$. 于是

二维码 6.3.4 在计算三重积分 $\iiint\limits_{(V)}f(x,y,z)\mathrm{d}V$ 时如何选用柱面坐标或球面坐标.

$$(\sigma_z)=\begin{cases}\{(x,y)\mid x^2+y^2\leqslant R^2-(z-R)^2\}, & 0\leqslant z\leqslant\dfrac{R}{2},\\ \{(x,y)\mid x^2+y^2\leqslant R^2-z^2\}, & \dfrac{R}{2}\leqslant z\leqslant R.\end{cases}$$

因此

$$I=\int_0^{\frac{R}{2}}z^2\mathrm{d}z\iint\limits_{(\sigma_z)}\mathrm{d}\sigma+\int_{\frac{R}{2}}^R z^2\mathrm{d}z\iint\limits_{(\sigma_z)}\mathrm{d}\sigma.$$

在平面 $z=z$ 上直接运用截圆面积公式可得

$$I=\int_0^{\frac{R}{2}}z^2\pi[R^2-(z-R)^2]\mathrm{d}z+\int_{\frac{R}{2}}^R z^2\pi(R^2-z^2)\mathrm{d}z$$

$$=\pi\left[\left(\frac{2R}{4}z^4-\frac{1}{5}z^5\right)\Bigg|_0^{\frac{R}{2}}+\left(\frac{R^2}{3}z^3-\frac{1}{5}z^5\right)\Bigg|_{\frac{R}{2}}^R\right]=\frac{59}{480}\pi R^5.$$ ▍

例 3.10 计算 $I=\iiint\limits_{(V)}(x+y+z)\cos(x+y+z)^2\mathrm{d}V$,其中

$$(V)=\{(x,y,z)\mid 0\leqslant x-y\leqslant 1,0\leqslant x-z\leqslant 1,0\leqslant x+y+z\leqslant 1\}.$$

解 为了使积分域(V)变得简单,我们利用坐标变换

$$x-y=u,\quad x-z=v,\quad x+y+z=w,$$

由于

$$\frac{\partial(u,v,w)}{\partial(x,y,z)}=\begin{vmatrix}1&-1&0\\1&0&-1\\1&1&1\end{vmatrix}=3,$$

所以

$$\frac{\partial(x,y,z)}{\partial(u,v,w)}=\frac{1}{3}.$$

于是由(3.8)式得

$$I=\iiint\limits_{(V)} w\cos w^2\left|\frac{\partial(x,y,z)}{\partial(u,v,w)}\right|\mathrm{d}u\mathrm{d}v\mathrm{d}w=\frac{1}{3}\iiint\limits_{(V)} w\cos w^2\mathrm{d}u\mathrm{d}v\mathrm{d}w.$$

再用 u,v,w 表示(V),得

$$(V)=\{(u,v,w)\mid 0\leqslant u\leqslant 1,0\leqslant v\leqslant 1,0\leqslant w\leqslant 1\},$$

因此,

$$I=\int_0^1\mathrm{d}u\int_0^1\mathrm{d}v\int_0^1\frac{1}{3}w\cos w^2\mathrm{d}w=\frac{1}{6}\sin 1.$$ ▌

习题 6.3

(A)

1. 设积分域(V):(1) 关于 xOy 平面对称;(2) 关于 yOz 平面对称;(3) 关于 zOx 平面对称.试分别说明被积函数具有什么特性时,三重积分

$$\iiint\limits_{(V)} f(x,y,z)\mathrm{d}V=0,\quad \iiint\limits_{(V)} f(x,y,z)\mathrm{d}V=2\iiint\limits_{(V')} f(x,y,z)\mathrm{d}V,$$

其中(V')为(V)在对称面一侧的子区域.

2. 设(V)是球体:$x^2+y^2+z^2\leqslant 4$,(V_1)是其上半球体,试判断下列各题是否正确?为什么?

(1) $\iiint\limits_{(V)}(x+y+z)^2\mathrm{d}V=2\iiint\limits_{(V_1)}(x+y+z)^2\mathrm{d}V$;

(2) $\iiint\limits_{(V)}xyz\mathrm{d}V=0$;

(3) $\iiint\limits_{(V)}3\mathrm{d}V=3\iiint\limits_{(V)}\mathrm{d}V=3\cdot\frac{4}{3}\pi\cdot 8=32\pi$;

(4) $\iiint\limits_{(V)}3(x^2+y^2+z^2)\mathrm{d}V=3\iiint\limits_{(V)}4\mathrm{d}V=12\cdot\frac{4}{3}\pi\cdot 8=128\pi$.

3. 仅从积分域考虑,选用你认为最方便的坐标系将三重积分 $I=\iiint\limits_{(V)}f(x,y,z)\mathrm{d}V$ 化成由三个单积分构成的累次积分,其中积分域(V)为

(1) 由平面 $x+\frac{y}{2}+\frac{z}{3}=1$ 与各坐标面围成的区域;

(2) 由 $z=\sqrt{4-x^2-y^2}$ 与 $z=\sqrt{x^2+y^2}$ 所围成的区域;

(3) $(V)=\{(x,y,z)\mid x^2+y^2\leqslant 2x,0\leqslant z\leqslant\sqrt{4-x^2-y^2}\}$;

(4) $(V)=\{(x,y,z)\mid a-\sqrt{a^2-x^2-y^2}\leqslant z\leqslant\sqrt{a^2-x^2-y^2}\quad(a>0)\}$.

4. 计算下列三重积分:

(1) $\iiint\limits_{(V)} e^x \mathrm{d}V$,$(V)$ 是由平面 $x=0, y=1, z=0, y=x$ 和 $x+y-z=0$ 所围成的闭区域;

(2) $\iiint\limits_{(V)} y\cos(x+z)\mathrm{d}V$,$(V)$ 为由抛物柱面 $y=\sqrt{x}$,平面 $y=0, z=0$ 及 $x+z=\dfrac{\pi}{2}$ 所围成的闭区域;

(3) $\iiint\limits_{(V)} \dfrac{e^z}{\sqrt{x^2+y^2}}\mathrm{d}V$,$(V)$ 为由 $z=\sqrt{x^2+y^2}, z=1, z=2$ 所围成的闭区域;

(4) $\iiint\limits_{(V)} (x^2+y^2)\mathrm{d}V$,$(V)$ 为由 $x^2+y^2=2z$ 与 $z=2$ 所围成的闭区域;

(5) $\iiint\limits_{(V)} xy\mathrm{d}V$,$(V)$ 为由 $x^2+y^2=1$ 与平面 $z=0, z=1, x=0, y=0$ 所围成的第一卦限内的闭区域;

(6) $\iiint\limits_{(V)} xy\mathrm{d}V$,$(V)$ 为由 $xy=z, x+y=1$ 与 $z=0$ 所围成的闭区域;

(7) $\iiint\limits_{(V)} (x^2+y^2)\mathrm{d}V$,$(V)$ 由 $z=\sqrt{a^2-x^2-y^2}, z=\sqrt{A^2-x^2-y^2}, z=0$ 所围成,其中 $A>a>0$;

(8) $\iiint\limits_{(V)} z\mathrm{d}V$,$(V)$ 由 $z=\sqrt{4-x^2-y^2}$ 与 $z=\dfrac{1}{3}(x^2+y^2)$ 所围成;

(9) $\iiint\limits_{(V)} \dfrac{1}{1+x^2+y^2}\mathrm{d}V$,$(V)$ 由 $x^2+y^2=z^2$ 与 $z=1$ 所围成;

(10) $\iiint\limits_{(V)} z^2\mathrm{d}V$,$(V)$ 为两球体 $x^2+y^2+z^2\leqslant R^2$ 与 $x^2+y^2+z^2\leqslant 2Rz$ 的公共部分,$R>0$;

(11) $\iiint\limits_{(V)} xyz\mathrm{d}V$,$(V)$ 为 $x^2+y^2+z^2=1$ 位于第一卦限中的闭区域;

(12) $\iiint\limits_{(V)} \sqrt{1-x^2-y^2-z^2}\mathrm{d}V$,$(V)$ 为由不等式 $x^2+y^2+z^2\leqslant 1, z\geqslant\sqrt{x^2+y^2}$ 所确定的闭区域;

(13) $\iiint\limits_{(V)} (x+y)\mathrm{d}V$,$(V)$ 由 $x^2+y^2=1, x^2+y^2=4, z=0, z=x+2$ 所围成;

(14) $\iiint\limits_{(V)} \dfrac{z\ln(x^2+y^2+z^2+1)}{x^2+y^2+z^2+1}\mathrm{d}V$,$(V)=\{(x,y,z)\mid x^2+y^2+z^2\leqslant 1\}$;

(15) $\iiint\limits_{(V)} z(x^2+y^2)\mathrm{d}V$,$(V)=\{(x,y,z)\mid z\geqslant\sqrt{x^2+y^2}, 1\leqslant x^2+y^2+z^2\leqslant 4\}$;

(16) $\iiint\limits_{(V)} z\mathrm{d}V$,$(V)=\{(x,y,z)\mid x^2+y^2+(z-a)^2\leqslant a^2, x^2+y^2\leqslant z^2\ (a>0)\}$.

5. 选用适当的坐标系计算下列累次积分:

(1) $\int_{-1}^{1}\mathrm{d}x\int_{0}^{\sqrt{1-x^2}}\mathrm{d}y\int_{\sqrt{x^2+y^2}}^{1}z^3\mathrm{d}z$;　　(2) $\int_{-3}^{3}\mathrm{d}x\int_{-\sqrt{9-x^2}}^{\sqrt{9-x^2}}\mathrm{d}y\int_{0}^{\sqrt{9-x^2-y^2}}z\sqrt{x^2+y^2+z^2}\mathrm{d}z$.

6. 求下列立体的体积:

(1) 由 $x^2+y^2+z^2=a^2, x^2+y^2+z^2=b^2$ 与 $z=\sqrt{x^2+y^2}$ $(z\geqslant 0)$ 所围成的立体 $(b>a>0)$;

(2) 由 $z=6-x^2-y^2$ 与 $z=\sqrt{x^2+y^2}$ 所围成的立体;

(3) 由 $(x^2+y^2+z^2)^2=a^3z$ $(a>0)$ 所围成的立体;

(4) 由 $x=\sqrt{y-z^2}, \dfrac{1}{2}\sqrt{y}=x$ 与 $y=1$ 所围成的立体;

(5) 由 $z=\frac{xy}{a}$, $x^2+y^2=ax$ $(a>0)$ 与 $z=0$ 所围成的立体；

(6) 由 $\frac{x^2}{a^2}+\frac{y^2}{b^2}+\frac{z^2}{c^2}\leqslant 1$ $(a>0,b>0,c>0)$ 所确定的立体；

(7) 由 $\frac{x^2}{a^2}+\frac{y^2}{b^2}-\frac{z^2}{c^2}=-1$ 与 $\frac{x^2}{a^2}+\frac{y^2}{b^2}=1$ $(a>0,b>0,c>0)$ 所围成的立体.

7. 计算 $\iiint\limits_{(V)}(x^2+y^2)\,\mathrm{d}V$，其中 (V) 为平面曲线 $\begin{cases}y^2=2z\\x=0\end{cases}$ 绕 z 轴旋转一周形成的曲面与平面 $z=8$ 所围成的立体.

8. 证明：抛物面 $z=x^2+y^2+1$ 上任一点处的切平面与曲面 $z=x^2+y^2$ 所围立体的体积恒为一常数值.

(B)

1. 计算下列三重积分：

(1) $\iiint\limits_{(V)}\frac{1}{\sqrt{x^2+y^2+z^2}}\mathrm{d}V$, $(V)=\{(x,y,z)\mid x^2+y^2+(z-1)^2\leqslant 1, z\geqslant 1, y\geqslant 0\}$；

(2) $\iiint\limits_{(V)}\left|\sqrt{x^2+y^2+z^2}-1\right|\mathrm{d}V$, (V) 由 $z=\sqrt{x^2+y^2}$ 与 $z=1$ 围成；

(3) $\iiint\limits_{(V)}\sqrt{1-\frac{x^2}{a^2}-\frac{y^2}{b^2}-\frac{z^2}{c^2}}\,\mathrm{d}V$, $(V)=\left\{(x,y,z)\,\middle|\,\frac{x^2}{a^2}+\frac{y^2}{b^2}+\frac{z^2}{c^2}\leqslant 1\ (a>0,b>0,c>0)\right\}$.

2. 将累次积分 $\int_0^1\mathrm{d}x\int_0^1\mathrm{d}y\int_0^{x^2+y^2}f(x,y,z)\,\mathrm{d}z$ 分别化为先对 x 和先对 y 的累次积分.

3. 设 $F(t)=\iiint\limits_{(V)}x\ln(1+x^2+y^2+z^2)\,\mathrm{d}V$，$(V)$ 由 $x^2+y^2+z^2\leqslant t^2$ 与 $\sqrt{y^2+z^2}\leqslant x$ 确定，求 $\frac{\mathrm{d}F(t)}{\mathrm{d}t}$.

4. 设 f 为连续函数，求函数 $F(t)=\iiint\limits_{(V)}f(x^2+y^2+z^2)\,\mathrm{d}V$ 的导数 $F'(t)$，其中 $(V)=\{(x,y,z)\mid x^2+y^2+z^2\leqslant t^2\}$.

5. 设 $f(x)$ 连续，$(V)=\{(x,y,z)\mid 0\leqslant z\leqslant h, x^2+y^2\leqslant t^2\}$，$F(t)=\iiint\limits_{(V)}[z^2+f(x^2+y^2)]\,\mathrm{d}V$，求 $\frac{\mathrm{d}F}{\mathrm{d}t}$ 和 $\lim\limits_{t\to 0^+}\frac{F(t)}{t^2}$.

6. 计算三重积分 $\iiint\limits_{(V)}(x+y+z)^2\,\mathrm{d}V$，其中 (V) 为椭球体 $\frac{x^2}{a^2}+\frac{y^2}{b^2}+\frac{z^2}{c^2}\leqslant 1$.

第四节　含参变量的积分与反常重积分

在许多问题中所遇到的积分，其被积函数除依赖于积分变量外还可能依赖于另外的变量.例如，在变力沿直线做功的问题中，如果此变力 f 不仅与位移 x 有关，还与时间 t 有关，即 $f=f(x,t)$，那么此变力将物体由 $x=a$ 移至 $x=b$ 所做的功应为 $W(t)=\int_a^b f(x,t)\,\mathrm{d}x$，这种积分称为含参变量积分.其实,我们已经不止一次地遇到过这种积分.例如将二重积分化成累次积分时所遇到的积分 $\int_c^d f(x,y)\mathrm{d}y$,第三章第五节中所介绍的 Γ 函数,都是含参变量积分.本节将不通过计算其值而直接讨论含参变量积分的某些重要性质.此外,为满足科学技术的需要,还要将重积分的概念加以拓广,介绍反常重积分的概念、性质与计算.

4.1 含参变量的积分

在本段中我们总记 $D=[a,b]\times[c,d]$.如果 $f\in C(D)$,那么对任一固定的 $y\in[c,d]$,积分

$$F(y)=\int_a^b f(x,y)\mathrm{d}x \tag{4.1}$$

存在,且将随 y 的改变而变化,我们称积分(4.1)为**含参变量 y 的积分**,它是参变量 y 的函数.同样,对任一 $x\in[a,b]$,积分

$$G(x)=\int_c^d f(x,y)\mathrm{d}y$$

称为**含参变量 x 的积分**,它是参变量 x 的函数.

下面我们以含参变量积分(4.1)为例来讨论其有关性质.

定理 4.1(连续性) 若 $f\in C(D)$,则

$$F(y)=\int_a^b f(x,y)\mathrm{d}x$$

在区间 $[c,d]$ 上连续.

证 任取 $y\in[c,d]$,令 $y+\Delta y\in[c,d]$.由于 $f\in C(D)$,且 D 是有界闭域,故 f 必在 D 上一致连续,从而对 $\forall\varepsilon>0$,存在仅与 ε 有关的 $\delta(\varepsilon)>0$,使得 $\forall(x,y)\in D$,当 $\Delta x=0$, $|\Delta y|<\delta$ 时有

$$|f(x,y+\Delta y)-f(x,y)|<\frac{\varepsilon}{b-a}.$$

于是

$$\begin{aligned}&|F(y+\Delta y)-F(y)|\\ \leqslant&\int_a^b|f(x,y+\Delta y)\\&\qquad-f(x,y)|\mathrm{d}x\\<&\int_a^b\frac{\varepsilon}{b-a}\mathrm{d}x=\varepsilon,\end{aligned}$$

因此 $F(y)$ 在 $[c,d]$ 上连续. ▌

注:定理 4.1 证明的思想是:$\forall\varepsilon>0$ 要证明 $\exists\delta(\varepsilon)$ 使 $|\Delta y|<\delta$ 时恒有 $|F(y+\Delta y)-F(y)|<\varepsilon$.由于(4.1)式右端的积分变量和积分上、下限均与 y 及 Δy 无关,故可将 F 的改变量转化为被积函数 f 的改变量.为了保证 $|f(x,y+\Delta y)-f(x,y)|<\frac{\varepsilon}{b-a}$ 中的 ε 是与 x 和 y 无关的常数,需要 f 在 D 上一致连续.不难看出,实际上我们证明了 $F(y)$ 在 $[c,d]$ 上是一致连续的.

由此定理可见,

$$\lim_{y\to y_0}F(y)=F(y_0),$$

即

$$\lim_{y\to y_0}\int_a^b f(x,y)\,dx=\int_a^b f(x,y_0)\,dx=\int_a^b[\lim_{y\to y_0}f(x,y)]\,dx.$$

注：定理 4.1 告诉我们，当 $f\in C(D)$ 时，求极限与求积分可以交换顺序.

定理 4.2（可导性）　若 $f\in C(D)$，$f_y\in C(D)$，则

$$F(y)=\int_a^b f(x,y)\,dx$$

在 $[c,d]$ 上有连续的导数，且求导与积分可交换顺序，即

$$F'(y)=\frac{d}{dy}\int_a^b f(x,y)\,dx=\int_a^b\frac{\partial f(x,y)}{\partial y}dx.$$

注：定理 4.2 告诉我们，在所给的条件下，对含参变量的积分求导可以在积分号内进行，或者说导数与积分可以交换顺序.

证　任取 $y\in[c,d]$，令 $y+\Delta y\in[c,d]$，于是

$$\Delta F=F(y+\Delta y)-F(y)=\int_a^b[f(x,y+\Delta y)-f(x,y)]\,dx.$$

由微分中值定理知

$$f(x,y+\Delta y)-f(x,y)=f_y(x,y+\theta\Delta y)\Delta y,\quad 0<\theta<1,$$

代入上式并除以 Δy 得

$$\frac{\Delta F}{\Delta y}=\int_a^b f_y(x,y+\theta\Delta y)\,dx. \tag{4.2}$$

由于 $f_y(x,y)$ 在闭域 D 上连续，根据定理 4.1 可知

$$F'(y)=\lim_{\Delta y\to 0}\frac{\Delta F}{\Delta y}=\int_a^b\lim_{\Delta y\to 0}f_y(x,y+\theta\Delta y)\,dx=\int_a^b f_y(x,y)\,dx,$$

并且 $F'(y)$ 在 $[c,d]$ 上连续. ▌

例 4.1　求含参变量积分 $\int_0^1\arctan\frac{x}{y}dx\ (y\neq 0)$ 对参数 y 的导数.

解　当 $y\neq 0$ 时，由定理 4.2 得

$$\frac{d}{dy}\int_0^1\arctan\frac{x}{y}dx=\int_0^1\left(\frac{\partial}{\partial y}\arctan\frac{x}{y}\right)dx=-\int_0^1\frac{x}{x^2+y^2}dx=\frac{1}{2}\ln\frac{y^2}{1+y^2}.$$ ▌

定理 4.3（积分顺序交换性）　若 $f\in C(D)$，则

$$F(y)=\int_a^b f(x,y)\,dx \text{ 在}[c,d]\text{ 上可积},$$

$$G(x)=\int_c^d f(x,y)\,dy \text{ 在}[a,b]\text{ 上可积},$$

且

$$\int_c^d\left(\int_a^b f(x,y)\,dx\right)dy=\int_a^b\left(\int_c^d f(x,y)\,dy\right)dx.$$

从二重积分的几何意义来看,等式的成立是显然的.下面我们再给以分析证明.

注:定理 4.3 实际上就是在二重积分计算(第六章 2.2 节)中所述的累次积分交换积分顺序的特例.那时结论的成立是将其化为二重积分,再利用二重积分的几何意义,把它化为另一顺序的累次积分.这里我们借助于含参变量积分的相关结论,直接给出了分析证明.

证 由定理 4.1,$F(y)\in C([c,d])$,$G(x)\in C([a,b])$,因此它们在相应的区间上都是可积的.设 $\forall t\in[c,d]$,令

$$I(t)=\int_c^t \mathrm{d}y\int_a^b f(x,y)\,\mathrm{d}x-\int_a^b \mathrm{d}x\int_c^t f(x,y)\,\mathrm{d}y, \tag{4.3}$$

对变量 t 求导,对其中第一个积分直接利用微积分学第一基本定理;对于第二个积分,先利用定理 4.2,再利用微积分学第一基本定理,得

$$I'(t)=\int_a^b f(x,t)\,\mathrm{d}x-\int_a^b f(x,t)\,\mathrm{d}x\equiv 0,$$

于是在 $[c,d]$ 上有 $I(t)\equiv k$ (k 为常数).

由(4.3)式可知 $I(c)=0$,从而 $k=0$.于是 $I(t)\equiv 0$,$\forall t\in[c,d]$,所以 $I(d)=0$,即结论成立. ▌

注:定理 4.3 告诉我们,当 $f\in C(D)$ 时,若积分限均为常数,则对含参变量积分求积分可以在积分号内进行,或者说积分可以交换顺序.

例 4.2 计算积分 $\displaystyle\int_0^1 \frac{x^b-x^a}{\ln x}\mathrm{d}x\ (a,b>0)$.

解 这个积分难以直接计算,需要利用定理 4.3 来求.由于

$$\frac{x^b-x^a}{\ln x}=\int_a^b x^y\,\mathrm{d}y,$$

由定理 4.3 可知

$$\int_0^1 \frac{x^b-x^a}{\ln x}\mathrm{d}x=\int_0^1 \mathrm{d}x\int_a^b x^y\,\mathrm{d}y=\int_a^b \mathrm{d}y\int_0^1 x^y\,\mathrm{d}x=\int_a^b \frac{1}{1+y}\mathrm{d}y=\ln\frac{1+b}{1+a}.$$ ▌

在把二重积分化为累次积分时,我们更常碰到的含参变量积分,其上、下限也是参变量的函数.下面就来讨论这种含参变量积分的连续性和求导法.

定理 4.4 设 $f(x,y)\in C(D)$.$x_i(y)\in C[c,d]$,$i=1,2$,且其值域均为 $[a,b]$.则

$$F(y)=\int_{x_1(y)}^{x_2(y)} f(x,y)\,\mathrm{d}x$$

必在 $[c,d]$ 上连续.

证 $\forall y\in[c,d)$,令 $y+\Delta y\in[c,d]$,有

$$\Delta F=F(y+\Delta y)-F(y)=\int_{x_1(y+\Delta y)}^{x_2(y+\Delta y)} f(x,y+\Delta y)\,\mathrm{d}x-\int_{x_1(y)}^{x_2(y)} f(x,y)\,\mathrm{d}x,$$

由于

$$\int_{x_1(y+\Delta y)}^{x_2(y+\Delta y)} f(x,y+\Delta y)\mathrm{d}x$$

$$= \int_{x_1(y+\Delta y)}^{x_1(y)} f(x_1 y+\Delta y)\mathrm{d}x + \int_{x_1(y)}^{x_2(y)} f(x,y+\Delta y)\mathrm{d}x + \int_{x_2(y)}^{x_2(y+\Delta y)} f(x,y+\Delta y)\mathrm{d}x,$$

从而

$$\Delta F = \int_{x_1(y+\Delta y)}^{x_1(y)} f(x,y+\Delta y)\mathrm{d}x + \int_{x_1(y)}^{x_2(y)} [f(x,y+\Delta y) - f(x,y)]\mathrm{d}x + \int_{x_2(y)}^{x_2(y+\Delta y)} f(x,y+\Delta y)\mathrm{d}x. \tag{4.4}$$

由于$f\in C(D)$，令$\Delta y\to 0$，注意到(4.4)式右端第二个积分的上下限与Δy无关，故由定理4.1可知，其值趋于0；又由于f在闭域D有界，设$|f(x,y+\Delta y)|\leqslant M$.故有

$$\left|\int_{x_1(y+\Delta y)}^{x_1(y)} f(x,y+\Delta y)\mathrm{d}x\right| \leqslant M|x_1(y+\Delta y) - x_1(y)|,$$

$$\left|\int_{x_2(y)}^{x_2(y+\Delta y)} f(x,y+\Delta y)\mathrm{d}x\right| \leqslant M|x_2(y+\Delta y) - x_2(y)|.$$

再由条件$x_1(y),x_2(y)\in C[c,d]$，由上两不等式可知当$\Delta y\to 0$时，(4.4)式右端第一个与第三个积分也均趋于0.所以

$$\lim_{\Delta y\to 0}\Delta F = 0.$$

即$F(y)=\int_{x_1(y)}^{x_2(y)} f(x,y)\mathrm{d}x$在$[c,d]$上连续. ▌

定理4.5　若$f(x,y)$与$f_y(x,y)$均在D上连续，$x_1(y)$与$x_2(y)$的值域均为$[a,b]$且它们都在$[c,d]$上可导，则

$$F(y) = \int_{x_1(y)}^{x_2(y)} f(x,y)\mathrm{d}x \tag{4.5}$$

也在$[c,d]$上可导，且有

$$F'(y) = \int_{x_1(y)}^{x_2(y)} f_y(x,y)\mathrm{d}x + f[x_2(y),y]x'_2(y) - f[x_1(y),y]x'_1(y).$$

证　将由(4.5)式所确定的函数看作是由

$$G(y,x_1,x_2) \equiv \int_{x_1}^{x_2} f(x,y)\mathrm{d}x \text{ 与 } x_1 = x_1(y),x_2 = x_2(y)$$

所构成的复合函数.

考察三元函数$G(y,x_1,x_2)$.由所设条件，据定理4.2可知G对第一个变量y的导数：

$$G_y = \int_{x_1}^{x_2} f_y(x,y)\mathrm{d}x \text{ 存在且连续.}$$

再据变上限求导定理，可知

$$G_{x_1} = -f(x_1,y),\quad G_{x_2} = f(x_2,y)$$

也均存在且连续.故三元函数 $G(y,x_1,x_2)$ 在域 $[c,d]\times[a,b]\times[a,b]$ 上可微.应用复合函数链导法则,可知 $F(y)$ 在 $[c,d]$ 上可导,而且

$$F'(y)=G_y+G_{x_1}\frac{\mathrm{d}x_1}{\mathrm{d}y}+G_{x_2}\frac{\mathrm{d}x_2}{\mathrm{d}y}$$

$$=\int_{x_1(y)}^{x_2(y)}f_y(x,y)\,\mathrm{d}x+f[x_2(y),y]x_2'(y)-f(x_1(y),y)x_1'(y).\quad\blacksquare$$

例 4.3 求 $F(y)=\int_y^{y^2}\frac{\sin(xy)}{x}\mathrm{d}x$ 的导数.

解 由定理 4.5 得

$$F'(y)=\int_y^{y^2}\cos(xy)\,\mathrm{d}x+2y\frac{\sin y^3}{y^2}-\frac{\sin y^2}{y}=\frac{3\sin y^3-2\sin y^2}{y}.\quad\blacksquare$$

含参变量的积分不难推广到含参变量的无穷积分 $F(y)=\int_a^{+\infty}f(x,y)\,\mathrm{d}x$,可以证明(从略),在一定条件下定理 4.1、4.2、4.3 的结论仍然成立,即含参变量的无穷积分也同样具有连续性,求导与求积分可变换顺序以及积分顺序可交换等性质.

4.2 反常重积分

与一元函数的反常积分一样,重积分也可以推广为无穷区域与无界函数两类反常重积分.下面以二重积分为例,对这两类反常重积分的概念和收敛的判别法则作一简单介绍(证明略去).

1. 无界区域的二重积分

定义 4.1 设 (σ) 是一无界区域,$f\in C((\sigma))$,任作一有界区域序列 (σ_1),(σ_2),$\cdots$,(σ_n),$\cdots$,使 $(\sigma_n)\subsetneqq(\sigma)$ $(n=1,2,\cdots)$,且当 $n\to+\infty$ 时 (σ_n) 扩张成为 (σ).如果不论 (σ_n) 如何作法①,极限

$$\lim_{n\to+\infty}\iint_{(\sigma_n)}f(x,y)\,\mathrm{d}\sigma$$

总存在,那么称 $f(x,y)$ 在无界区域 (σ) 上的**二重积分** $\iint_{(\sigma)}f(x,y)\,\mathrm{d}\sigma$ **收敛**,并称此极限值为该**反常二重积分的值**,即 $\iint_{(\sigma)}f(x,y)\,\mathrm{d}\sigma=\lim_{n\to+\infty}\iint_{(\sigma_n)}f(x,y)\,\mathrm{d}\sigma$;否则称此反常二重积分**发散**.

例 4.4 讨论无界区域的二重积分 $\iint_{(\sigma)}\frac{1}{\rho^\alpha}\mathrm{d}\sigma$ 的敛散性,其中 $\rho=\sqrt{x^2+y^2}$,(σ) 为

① 由于无界区域的多样性,严格地讲,对 $\{(\sigma_n)\}$ 的作法有一定限制,本书不作进一步讨论,有兴趣的读者可参阅陈纪修等编《数学分析》有关章节.

去掉以原点 O 为中心的单位圆 Γ 内部的全平面.

解 注意到任一可扩张到 $\mathbf{R}^2$ 的有界区域序列 $\{(\sigma_n)\}$ $((\sigma_n)\subsetneqq(\sigma))$，当 $n\gg 1$ 时，总存在以原点 O 为中心，ρ_n 与 ρ_n' 为半径，分别与圆周 Γ 所围成的两同心圆环系列 $\{(R_n)\}$ 与 $\{(R_n')\}$ 使 $n\to+\infty$ 时有 $\rho_n\to+\infty$，$\rho_n'\to+\infty$，且有

$$(R_n')\subseteq(\sigma_n)\subseteq(R_n).$$

注：由于定义要求 (σ_n) 的任意性，无法计算二重积分，故将 (σ_n) 夹在两个圆环域序列中，再运用夹逼定理.

因此，研究 $\iint\limits_{(\sigma)}\frac{1}{\rho^\alpha}\mathrm{d}\sigma$ 的收敛性，即极限 $\lim\limits_{n\to+\infty}\iint\limits_{(\sigma_n)}\frac{1}{\rho^\alpha}\mathrm{d}\sigma$ 的存在性，只需证明极限 $\lim\limits_{n\to+\infty}\iint\limits_{(R_n')}\frac{1}{\rho^\alpha}\mathrm{d}\sigma$ 与 $\lim\limits_{n\to+\infty}\iint\limits_{(R_n)}\frac{1}{\rho^\alpha}\mathrm{d}\sigma$ 均存在且相等. 注意到二者的等价性，只需证明 $\lim\limits_{n\to+\infty}\iint\limits_{(R_n)}\frac{1}{\rho^\alpha}\mathrm{d}\sigma$ 存在即可.应用极坐标化为累次积分得

$$\iint\limits_{(R_n)}\frac{1}{\rho^\alpha}\mathrm{d}\sigma=\int_0^{2\pi}\mathrm{d}\theta\int_1^{\rho_n}\frac{1}{\rho^\alpha}\rho\mathrm{d}\rho=2\pi\frac{1}{2-\alpha}(\rho_n^{2-\alpha}-1)\quad(\alpha\neq 2);$$

当 $\alpha=2$ 时，

$$\iint\limits_{(R_n)}\frac{1}{\rho^2}\mathrm{d}\sigma=\int_0^{2\pi}\mathrm{d}\theta\int_1^{\rho_n}\frac{1}{\rho}\mathrm{d}\rho=2\pi\ln\rho_n.$$

于是可知反常二重积分 $\iint\limits_{(\sigma)}\frac{1}{\rho^\alpha}\mathrm{d}\sigma$ 当 $\alpha>2$ 时收敛；类似地，通过讨论 $\lim\limits_{n\to\infty}\iint\limits_{(R_n')}\frac{1}{\rho^\alpha}\mathrm{d}\sigma$ 的发散性，可知当 $\alpha\leqslant 2$ 时发散.

由此例不难得到下面的收敛判别法.

定理 4.6（收敛判别法） 设 $f(x,y)$ 在无界区域 (σ) 上连续，若存在 $\rho_0>0$，使当 $\rho=\sqrt{x^2+y^2}\geqslant\rho_0$ 且 $(x,y)\in(\sigma)$ 时，有

$$|f(x,y)|\leqslant\frac{M}{\rho^\alpha},$$

其中 M 与 α 均为常数，则当 $\alpha>2$ 时反常二重积分 $\iint\limits_{(\sigma)}f(x,y)\mathrm{d}\sigma$ 收敛.

想一想：

能否利用例 4.4 给出无界区域 (σ) 上二重积分 $\iint\limits_{(\sigma)}f(x,y)\mathrm{d}\sigma$ 发散的判别法.

例 4.5 证明无界区域上的二重积分

$$I=\iint\limits_{(\mathbf{R}^2)}\mathrm{e}^{-x^2-y^2}\mathrm{d}x\mathrm{d}y$$

收敛，并求其值，其中 $\mathbf{R}^2$ 是全平面.

证 由于对任意实数 α 均有

$$\lim_{\rho\to+\infty}\rho^\alpha\mathrm{e}^{-\rho^2}=0<1,$$

从而$\exists \rho_0>0$,使当$\rho>\rho_0$时有

$$e^{-\rho^2}<\frac{1}{\rho^\alpha},$$

特别当$\alpha>2$时上不等式仍然成立.由定理4.6可知反常二重积分I收敛.

因此,要求I的值只需要选取一组可以扩充到全平面的特殊区域序列去计算就行了.

现取$(\sigma_n)=\{(x,y)\mid x^2+y^2\leqslant a_n^2\}$,当$n\to+\infty$时,有$a_n\to+\infty$,于是

$$I=\iint_{(\mathbf{R}^2)}e^{-(x^2+y^2)}dxdy=\lim_{n\to+\infty}\iint_{(\sigma_n)}e^{-(x^2+y^2)}dxdy$$

$$=\lim_{n\to+\infty}\int_0^{2\pi}d\theta\int_0^{a_n}e^{-\rho^2}\rho d\rho=\lim_{n\to+\infty}\pi(1-e^{-a_n^2})=\pi.\quad \blacksquare$$

如果我们把扩充至全平面的区域序列选作正方形序列

$$(D_n)=\{(x,y)\mid -n\leqslant x\leqslant n,\ -n\leqslant y\leqslant n\},$$

那么有

$$I=\iint_{(\mathbf{R}^2)}e^{-(x^2+y^2)}dxdy=\lim_{n\to+\infty}\iint_{(D_n)}e^{-(x^2+y^2)}dxdy$$

$$=\lim_{n\to+\infty}\left[\int_{-n}^{n}e^{-y^2}dy\int_{-n}^{n}e^{-x^2}dx\right]=\lim_{n\to+\infty}\left(\int_{-n}^{n}e^{-x^2}dx\right)^2=\left(\int_{-\infty}^{+\infty}e^{-x^2}dx\right)^2.$$

由于反常二重积分I存在,其值为π,从而

$$\left(\int_{-\infty}^{+\infty}e^{-x^2}dx\right)^2=\pi,$$

或

$$\frac{1}{\sqrt{\pi}}\int_{-\infty}^{+\infty}e^{-x^2}dx=1. \tag{4.6}$$

(4.6)式中的反常积分称为**概率积分**,它在概率统计中占有重要的地位.

注:概率积分$\int_{-\infty}^{+\infty}e^{-x^2}dx$的收敛性很容易证明,但由于$e^{-x^2}$的原函数不能用初等函数表示,故此反常积分的值在一元函数中难以求出.这里我们是将它平方后看作累次积分,再化为二重反常积分来计算的.

2. 无界函数的二重积分

定义 4.2 设$f(x,y)$在有界闭域(σ)上除一点$P_0(x_0,y_0)$外处处连续,且当$(x,y)\to(x_0,y_0)$时,$f(x,y)\to\infty$.作点P_0的任一d邻域$U(P_0,d)$,记$N_d=U(P_0,d)\cap(\sigma)$.如果不论$U(P_0,d)$如何选取,当$d\to0$,即N_d缩为点P_0时,极限

$$\lim_{d\to0}\iint_{(\sigma)\setminus(N_d)}f(x,y)d\sigma$$

存在,那么称在区域(σ)上无界函数$f(x,y)$的反常二重积分$\iint_{(\sigma)}f(x,y)d\sigma$ **收敛**,并称

该极限值为此**反常二重积分的值**，即 $\iint\limits_{(\sigma)} f(x,y)\mathrm{d}\sigma = \lim\limits_{d\to 0}\iint\limits_{(\sigma)\setminus(N_d)} f(x,y)\mathrm{d}\sigma$；否则称其**发散**.

例 4.6　讨论无界函数的二重积分 $\iint\limits_{(\sigma)}\frac{1}{\rho^{\alpha}}\mathrm{d}\sigma\ (\alpha>0)$ 的敛散性，其中 $\rho=\sqrt{x^2+y^2}$，(σ) 为以原点 O 为圆心、半径为 R 的圆域.

解　注意到 $\rho\to 0$ 时 $\frac{1}{\rho^{\alpha}}\to\infty$，故所给积分是一无界函数的二重积分. 对于任一包含原点而且缩小为原点的闭区域序列 $\{(\sigma_n)\}\subsetneqq(\sigma)$，$n=1,2,\cdots$，总存在圆心为原点 O，半径分别为 ε_n 与 ε'_n $(0<\varepsilon'_n<\varepsilon_n<R)$ 的圆域序列 $\{(R_n)\}$ 与 $\{(R'_n)\}$，$n=1,2,\cdots$，使当 $n\to+\infty$ 时，$\varepsilon_n\to 0$，$\varepsilon'_n\to 0$，且有

$$(R'_n)\subseteq(\sigma_n)\subseteq(R_n),\quad n=1,2,\cdots.$$

由定义 4.2 可知，研究 $\iint\limits_{(\sigma)}\frac{1}{\rho^{\alpha}}\mathrm{d}\sigma\ (\alpha>0)$ 的收敛性，需要证明 $\lim\limits_{n\to\infty}\iint\limits_{(\sigma)\setminus(\sigma_n)}\frac{1}{\rho^{\alpha}}\mathrm{d}\sigma\ (\alpha>0)$ 存在，由于 $(\sigma)\setminus(R_n)\subseteq(\sigma)\setminus(\sigma_n)\subseteq(\sigma)\setminus(R'_n)$，类似于例 4.4，只需证明极限 $\lim\limits_{n\to\infty}\iint\limits_{(\sigma)\setminus(R_n)}\frac{1}{\rho^{\alpha}}\mathrm{d}\sigma$ 存在即可. 利用极坐标得

$$\lim_{n\to+\infty}\iint\limits_{(\sigma)\setminus(R_n)}\frac{1}{\rho^{\alpha}}\mathrm{d}\sigma=\lim_{n\to+\infty}\int_0^{2\pi}\mathrm{d}\theta\int_{\varepsilon_n}^{R}\frac{1}{\rho^{\alpha}}\rho\mathrm{d}\rho$$

$$=\begin{cases}\lim\limits_{n\to+\infty}2\pi\dfrac{1}{2-\alpha}(R^{2-\alpha}-\varepsilon_n^{2-\alpha}),\alpha\neq 2,\\ \lim\limits_{n\to+\infty}2\pi(\ln R-\ln\varepsilon_n),\alpha=2.\end{cases}$$

由此可见，反常积分 $\iint\limits_{(\sigma)}\frac{1}{\rho^{\alpha}}\mathrm{d}\sigma\ (\alpha>0)$ 当 $0<\alpha<2$ 时收敛；类似地，可以证明 $\alpha\geqslant 2$ 时原积分发散.

由此例不难得到下面的判别法：

定理 4.7（收敛判别法）　设 $f(x,y)$ 在有界闭域 (σ) 上除 $P_0(x_0,y_0)$ 外处处连续，且当 $(x,y)\to(x_0,y_0)$ 时 $f(x,y)\to\infty$. 若不等式

$$|f(x,y)|\leqslant\frac{M}{\rho^{\alpha}}$$

在 (σ) 上除点 (x_0,y_0) 外处处成立，其中 M 与 α 均为常数，$\rho=\sqrt{(x-x_0)^2+(y-y_0)^2}$，则当 $\alpha<2$ 时反常二重积分 $\iint\limits_{(\sigma)}f(x,y)\mathrm{d}\sigma$ 收敛.

想一想：

如何给出无界函数二重积分发散的判别法.

例 4.7 证明反常二重积分

$$I=\iint\limits_{(\sigma)}\frac{1}{|x|+|y|}\mathrm{d}\sigma$$

收敛,其中$(\sigma)=\{(x,y)\mid x^2+y^2\leqslant 1\}$.

证 由于

$$(|x|+|y|)^2\geqslant x^2+y^2,$$

从而在(σ)内除点$(0,0)$外有

$$\frac{1}{|x|+|y|}<\frac{1}{\sqrt{x^2+y^2}}=\frac{1}{\rho},$$

由定理 4.7 可知反常重积分 I 收敛. ▌

习题 6.4

(A)

1. 求下列极限:

(1) $\lim\limits_{\alpha\to 0}\int_0^1\frac{\mathrm{d}x}{1+x^2+\alpha^2}$; (2) $\lim\limits_{\alpha\to 0}\int_0^2 x^2\cos\alpha x\mathrm{d}x$;

(3) $\lim\limits_{\alpha\to 0}\int_0^1\sqrt{1+\alpha^2-x^2}\mathrm{d}x$.

2. 求下列函数的导数:

(1) $F(x)=\int_x^{x^2}\mathrm{e}^{-xy^2}\mathrm{d}y$; (2) $F(y)=\int_{a+y}^{b+y}\frac{\sin xy}{x}\mathrm{d}x$;

(3) $F(x)=\int_0^x(x+y)f(y)\mathrm{d}y$,其中$f$为可微函数,求$F''(x)$.

3. 利用定理 4.2 计算下列积分:

(1) $\int_0^1\frac{\ln(1+x)}{1+x^2}\mathrm{d}x$; (2) $\int_0^{\pi/2}\ln(a^2\sin^2x+b^2\cos^2x)\mathrm{d}x\ (a>0,b>0)$.

4. 利用定理 4.3 计算积分 $\int_0^{+\infty}\frac{\mathrm{e}^{-ax}-\mathrm{e}^{-bx}}{x}\mathrm{d}x\ (a>0,b>0)$

5. 计算下列反常重积分:

(1) $\iint\limits_{(D)}\frac{\mathrm{d}\sigma}{\sqrt{1-x^2-y^2}},(D)=\{(x,y)\mid x^2+y^2\leqslant 1\}$;

(2) $\iint\limits_{(D)}\ln\frac{1}{\sqrt{x^2+y^2}}\mathrm{d}\sigma,(D)=\{(x,y)\mid x^2+y^2\leqslant 1\}$;

(3) $\iint\limits_{(D)}\frac{\mathrm{d}\sigma}{\sqrt{x^2+y^2}},(D)=\{(x,y)\mid x^2+y^2\leqslant x\}$;

(4) $\int_{-\infty}^{+\infty}\int_{-\infty}^{+\infty}e^{-(x^2+y^2)}\cos(x^2+y^2)\,dxdy$.

(B)

1. 设 $F(x)=\int_a^b f(y)\,|x-y|\,dy$,其中 $a<b$,且 $f(y)$ 为可微函数,求 $F''(x)$.

2. 设 f 有连续的一阶偏导数,求 $F(\alpha)=\int_0^{\alpha}f(x+\alpha,x-\alpha)\,dx$ 的导数 $\dfrac{dF}{d\alpha}$.

*3. 试证明定理 4.6.

第五节　重积分的应用

在第三章定积分应用一节中已经看到,求一个非均匀连续分布在区间 $[a,b]$ 上的可加量 Q,可以通过"分""匀""合""精"四步来建立积分式得到,这四步中的关键是"匀",也即是建立积分微元.我们还看到,如果把分布在子区间 $[a,x]$ $(x\in[a,b])$ 上的量记作 $Q(x)$,那么在通常情况下,这个积分微元就是 $Q(x)$ 的微分,它通常可以在微小子区间 $[x,x+dx]$ 上,通过处理相应均匀量的乘法公式得到.

如果所求量 Q 是非均匀地连续分布在平面或空间的某一区域 (Ω) 上,那么要计算它就要建立相应的二重或三重积分. 和定积分情形一样,建立积分式的关键在于求得积分微元,下面我们就来阐述这一问题.

5.1　重积分的微元法

1. 区域函数及其对域的导数

让我们以求连续分布在平面区域 (σ) 上的质量 m 这一问题来说明有关概念.把由区域 (σ) 的所有可能的子区域 $(\Delta\sigma)$ 所构成的集合记作 Ω_σ,Ω_σ 中的任一元素 $(\Delta\sigma)$ 对应着确定的质量,因而质量 m 可以看作是定义在 Ω_σ 上的一个函数,记作

$$m=F((\Delta\sigma)),\quad (\Delta\sigma)\in\Omega_\sigma.$$

为了研究物质在 (σ) 上分布的疏密情况,人们引入了面密度的概念.当物质均匀分布时,面密度

$$\mu=\frac{F((\Delta\sigma))}{\Delta\sigma}\quad(\Delta\sigma\text{ 是域}(\Delta\sigma)\text{ 的面积});$$

当物质非均匀分布时,若 $(\Delta\sigma)$ 收缩为其中一点 (x,y) 时上述比值的极限存在,则将此极限值规定为此平面物体在点 (x,y) 处的面密度,即

$$\mu=\lim_{(\Delta\sigma)\to(x,y)}\frac{F((\Delta\sigma))}{\Delta\sigma}=f(x,y),\quad (x,y)\in(\Delta\sigma).$$

显然面密度 μ 是点 (x,y) 的函数.

容易看出,在点 M 处的面密度实际上就是质量函数 F 在点 M 处对区域面积的变化率.

一般地,把由平面区域(σ)中一切子区域$(\Delta\sigma)$构成的集合记作 Ω_σ,则映射 F: $\Omega_\sigma\to\mathbf{R}$ 称为**区域函数**,记作

$$F=F((\Delta\sigma)),\quad (\Delta\sigma)\in\Omega_\sigma,$$

其中 Ω_σ 称为其定义域.

为了研究此区域函数 F 对区域面积的变化率,相应于面密度,我们引入如下定义:

定义 5.1 设 F 是定义于 Ω_σ 上的区域函数,$M(x,y)$是(σ)中的一点.在(σ)内任作一包含点 M 的子域$(\Delta\sigma)$,$(\Delta\sigma)\in\Omega_\sigma$,其面积记为 $\Delta\sigma$.若保持 M 点不动,当$(\Delta\sigma)$的直径 $d\to 0$(即$(\Delta\sigma)\to M$)时比式$\dfrac{F((\Delta\sigma))}{\Delta\sigma}$的极限存在,记作$f(M)$,则称此极限值$f(M)$为区域函数 F 在点 M 处对区域面积的导数或对区域(σ)的**导数**,简称为区域函数 F 在点 M 处的导数.记作

$$\frac{\mathrm{d}F}{\mathrm{d}\sigma}=\lim_{d\to 0}\frac{F((\Delta\sigma))}{\Delta\sigma}=f(M),\tag{5.1}$$

或

$$\frac{\mathrm{d}F}{\mathrm{d}\sigma}=f(x,y).$$

想一想:

能将(5.1)式中的 $d\to 0$ 改为 $\Delta\sigma\to 0$ 吗?

并称$f(x,y)\mathrm{d}\sigma$ 为区域函数 F 在点 $M(x,y)$处对区域(σ)的**微分**,简称为区域函数 F 在点 M 处的微分.记作

$$\mathrm{d}F=f(x,y)\mathrm{d}\sigma.$$

由(5.1)式可见

$$\frac{F((\Delta\sigma))}{\Delta\sigma}-f(M)=\alpha(\Delta\sigma),$$

其中 $\alpha(\Delta\sigma)$是关于 $\Delta\sigma$ 的无穷小量.于是,

$$F((\Delta\sigma))=f(x,y)\Delta\sigma+\alpha(\Delta\sigma)\cdot\Delta\sigma.$$

令 $\Delta\sigma=\mathrm{d}\sigma$,注意到 $\alpha(\Delta\sigma)\Delta\sigma$ 是 $\Delta\sigma$ 的高阶无穷小.可见,区域函数 $F((\Delta\sigma))$的微分 $\mathrm{d}F=f(x,y)\mathrm{d}\sigma$ 是此区域函数 $F((\Delta\sigma))$关于 $\Delta\sigma$ 的线性主部.这与一元函数的微分类似.

区域函数及其导数与微分的概念,不难推广到空间区域.

注意:这种导数概念与第五章中所讲的偏导数、全导数是不同的概念.它在物理、力学及其他科学中同样有重要的地位.例如,平面在点 M 的压强 $p(M)$是力函数 $P((\Delta\sigma))$在点 M 对区域(σ)的导数

$$p(M)=\left.\frac{\mathrm{d}P}{\mathrm{d}\sigma}\right|_M=\lim_{(\Delta\sigma)\to M}\frac{P((\Delta\sigma))}{\Delta\sigma}.$$

2. 变域上的重积分对域的导数

在定积分中我们知道,变上限积分 $\int_a^x f(t)\,\mathrm{d}t$ 是上限 x 的函数.由微积分学第一基本定理可知,当$f(x)$连续时,有

$$\frac{\mathrm{d}}{\mathrm{d}x}\int_a^x f(t)\,\mathrm{d}t=f(x).$$

在重积分中也有类似的结论,下面以二重积分为例来加以说明,三重积分完全类似.

设被积函数$f\in C((\sigma))$,$M(x,y)$为域(σ)内任一点,任作一包含点 M 的子域$(\Delta\sigma)\subseteq(\sigma)$,那么当被积函数$f$给定后,二重积分 $\iint\limits_{(\Delta\sigma)}f(M)\,\mathrm{d}\sigma$ 的值将随$(\Delta\sigma)$而变,是区域$(\Delta\sigma)$的函数,记作

$$\Phi((\Delta\sigma))=\iint\limits_{(\Delta\sigma)}f(M)\,\mathrm{d}\sigma,\quad M\in(\Delta\sigma)\subseteq(\sigma).$$

注意到$f\in C((\sigma))$,由积分中值定理可知

$$\Phi((\Delta\sigma))=\iint\limits_{(\Delta\sigma)}f(M)\,\mathrm{d}\sigma=f(\bar{x},\bar{y})\Delta\sigma,$$

其中点$(\bar{x},\bar{y})\in(\Delta\sigma)$,$\Delta\sigma$ 是$(\Delta\sigma)$的面积,于是

$$\frac{\Phi((\Delta\sigma))}{\Delta\sigma}=f(\bar{x},\bar{y}).$$

固定M,令子域$(\Delta\sigma)$的直径 $d\to0$,即令$(\Delta\sigma)$收缩到点$M(x,y)$,从而$(\bar{x},\bar{y})\to(x,y)$,由$f(x,y)$的连续性和区域函数导数的定义可得

$$\frac{\mathrm{d}\Phi}{\mathrm{d}\sigma}=\lim_{d\to0}\frac{\Phi((\Delta\sigma))}{\Delta\sigma}=f(x,y).\tag{5.2}$$

(5.2)式表明:连续函数在变域上的二重积分作为区域函数,它在点(x,y)处对区域的导数等于被积函数在该点的值.

由(5.2)式可知

$$\Phi((\Delta\sigma))=f(M)\Delta\sigma+o(\Delta\sigma),\tag{5.3}$$

其中 $o(\Delta\sigma)$当$(\Delta\sigma)\to M$ 点时是 $\Delta\sigma$ 的高阶无穷小.

令 $\Delta\sigma=\mathrm{d}\sigma$,可见,当$f$在$(\sigma)$上连续时,二重积分 $\iint\limits_{(\sigma)}f(M)\,\mathrm{d}\sigma$ 中的被积表达式$f(M)\,\mathrm{d}\sigma$ 实际上就是区域函数 $\Phi((\Delta\sigma))$对区域的微分.也就是区域函数 $\Phi((\Delta\sigma))$关于 $\Delta\sigma$ 的线性主部.

注:由(5.2)与(5.3)式可见,尽管区域函数不能用平面坐标直接给出,但它的线性主部以及变化率均可通过二元函数表出.

3. 微元法

由(5.3)式可知,如果把一个在域(σ)上关于区域具有可加性的量 Φ 视为一定

义在 Ω_σ 上的区域函数在区域(σ)上的值，并且能把它用二重积分 $\iint\limits_{(\sigma)} f(x,y)\mathrm{d}\sigma$ 来表示，那么当$f(x,y)$ 在(σ) 上连续时，积分微元$f(x,y)\mathrm{d}\sigma$ 就是这一区域函数 Φ 对区域的微分.因此，在建立 Φ 的积分表达式时，寻找积分微元就是寻找区域函数 Φ 的微分 $\mathrm{d}\Phi$，也就是寻找区域函数 $\Phi((\Delta\sigma))$ 的线性主部. 在处理实际问题中，与定积分类似，通常在微小区域$(\mathrm{d}\sigma)$中把非均匀分布的量 Φ 视为均匀分布，或者将微小区域$(\mathrm{d}\sigma)$看作一点，然后利用已知的几何或物理公式，通过处理相应均匀量所用的乘法得到的近似值往往就是所求的微分 $\mathrm{d}\Phi$，也就是我们要寻求的积分微元.求得了积分微元 $\mathrm{d}\Phi$ 后，立即可写出计算 Φ 的二重积分表达式.这种方法称为重积分的**微元法**.下面我们以液体的静压力为例来具体说明.

注意：求积分微元时，首先分析造成所求量 Φ 非均匀分布的原因.它往往是由于某一相关量 f 变化所引起的.将此量看作不变，用处理相应均匀分布的乘法，得出的乘积 $f\cdot\mathrm{d}\sigma$ 往往就是所求的微元

$$\mathrm{d}\Phi = f\cdot\mathrm{d}\sigma.$$

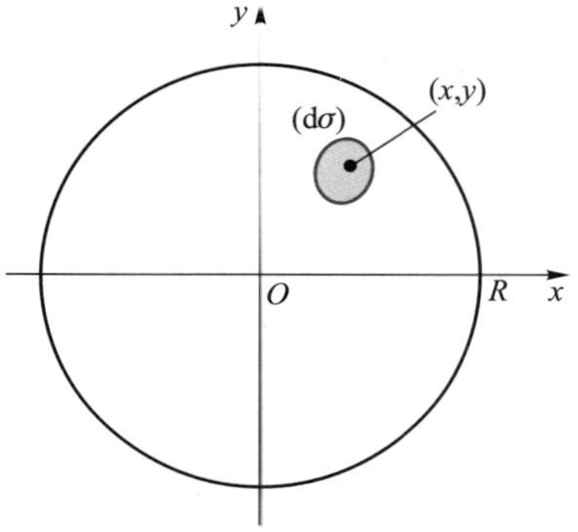

图 6.41

例 5.1 设有一水平放置的半径为 R 的圆管道(图 6.41)内部充满液体，已知液体在管道的横截面上的压强 $p=f(x,y)$ 为一连续函数，求液体对管道闸门(垂直于管道的轴)的静压力 P.

解 在管道闸门上建立平面直角坐标系，取圆心为坐标原点.由于压强随点而变，所以闸门上静压力的分布是非均匀的，并且关于区域具有可加性，因此，这显然是在圆域(σ)：$x^2+y^2\leqslant R^2$ 上的二重积分问题.

为寻找压力微元，我们在微小区域$(\mathrm{d}\sigma)$上，把非均匀分布的压力看作是均匀的，即把变动的压强 p 看作是不变的，等于$(\mathrm{d}\sigma)$上一点(x,y)处压强的值 $f(x,y)$. 记$(\mathrm{d}\sigma)$的面积为 $\mathrm{d}\sigma$，于是有压力微元

$$\mathrm{d}P = f(x,y)\mathrm{d}\sigma, \tag{5.4}$$

从而

$$P = \iint\limits_{(\sigma)} f(x,y)\mathrm{d}\sigma.$$

比如，设水平管道中充满水(水的密度为 μ)，则点(x,y)处的压强

$$p = \mu g(R-y),$$

即 $f(x,y)=(R-y)\mu g$，其中 g 为重力加速度，从而水对闸门的静压力为

$$P = \iint\limits_{(\sigma)} \mu g(R-y)\mathrm{d}\sigma = \mu g\int_0^{2\pi}\mathrm{d}\theta\int_0^R(R-\rho\sin\theta)\rho\mathrm{d}\rho = \mu g\pi R^3. \quad ▌$$

若把压力 P 视为区域函数，则

$$\frac{\mathrm{d}P}{\mathrm{d}\sigma}=p=f(x,y),$$

因而（5.4）式中的 $f(x,y)\mathrm{d}\sigma$ 就是这个区域函数 P 对区域的微分.

☞二维码 6.5.1 用微元法建立重积分表达式的思想剖析.

5.2　应用举例

例 5.2　求物质均匀分布，半径为 a 的半球体的质心.

解　我们先回顾一下质点系质心的计算. 设空间内有 n 个质点 $P_1,P_2,\cdots,P_n$，P_i 的质量为 m_i；坐标为 $(x_i,y_i,z_i)(i=1,2,\cdots,n)$ 的质点 P_i 对 xOy 坐标平面的静矩为 m_iz_i. 由于质点系对各坐标平面的静矩具有可加性，因而上述质点系对 xOy，yOz，zOx 坐标平面的静矩分别为

$$M_{xy}=\sum_{i=1}^{n}m_iz_i,\quad M_{yz}=\sum_{i=1}^{n}m_ix_i,\quad M_{zx}=\sum_{i=1}^{n}m_iy_i.$$

由物理学知道，如果把质点系的质量集中在这样一点 P，使得集中的质量在点 P 对各坐标平面的静矩分别等于质点系对同一坐标平面的静矩，那么点 P 就称为该质点系的**质心**. 于是可求得质心 $P(\bar{x},\bar{y},\bar{z})$ 的坐标为

$$\bar{x}=\frac{M_{yz}}{m},\quad \bar{y}=\frac{M_{zx}}{m},\quad \bar{z}=\frac{M_{xy}}{m},\quad m=\sum_{i=1}^{n}m_i.$$

现在来计算上述半球体的质心. 建立坐标系如图 6.42 所示，由对称性可知质心应在 z 轴上，从而

$$\bar{x}=0,\ \bar{y}=0.$$

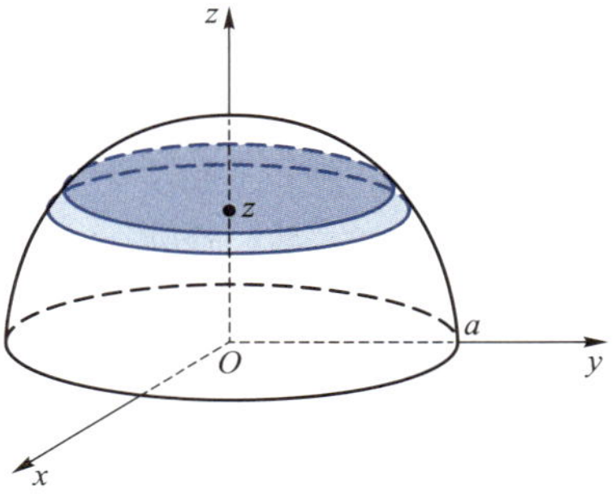

图 6.42

为求 $\bar{z}$，我们首先需要求此半球体对 xOy 平面的静矩. 由于半球体上各点到 xOy 平面的距离不尽相同，因而上半球体对 xOy 平面的静矩是一个非均匀分布的可加量. 容易看出，这是一个三重积分问题. 将半球体所在的区域 (V) 划分成若干子域，把微小子域 $(\mathrm{d}V)$ 近似地看作是一个质点 (x,y,z)，$(\mathrm{d}V)$ 中的质量都集中于此点，$(\mathrm{d}V)$ 的体积记作 $\mathrm{d}V$. 这样一来，就把半球体离散化而看作是一个质点系. 容易看出，$(\mathrm{d}V)$ 上的质量对 xOy 平面的静矩近似地等于

$$\mathrm{d}M_{xy}=Kz\mathrm{d}V,$$

它就是此半球体对 xOy 平面的静矩微元，其中常数 K 是半球体的体密度. 从而

$$M_{xy}=\iiint\limits_{(V)}Kz\mathrm{d}V,$$

其中(V)为$0\leqslant z\leqslant\sqrt{a^2-x^2-y^2}$.利用柱面坐标可求得

$$M_{xy}=\int_0^{2\pi}\mathrm{d}\theta\int_0^a\rho\mathrm{d}\rho\int_0^{\sqrt{a^2-\rho^2}}Kz\mathrm{d}z=\frac{K\pi}{4}a^4.$$

又容易求得半球体的质量为

$$m=\iiint\limits_{(V)}K\mathrm{d}V=\int_0^{2\pi}\mathrm{d}\theta\int_0^a\rho\mathrm{d}\rho\int_0^{\sqrt{a^2-\rho^2}}K\mathrm{d}z=\frac{2K\pi}{3}a^3,$$

于是$\bar{z}=\dfrac{M_{xy}}{m}=\dfrac{3}{8}a$,故所求质心为$P\left(0,0,\dfrac{3}{8}a\right)$.

应当指出,如果我们把此半球体用垂直于z轴的平面切成薄片,那么在z轴上截距为z到$z+\mathrm{d}z$的薄片体积可视为$\pi(a^2-z^2)\mathrm{d}z$.注意到其上各点的竖坐标可近似地看成是不变的,均等于z,于是可立即得到此薄片对xOy平面的静矩

$$\mathrm{d}M_{xy}=z\cdot K\pi(a^2-z^2)\mathrm{d}z,$$

从而

$$M_{xy}=\int_0^a K\pi z(a^2-z^2)\mathrm{d}z=\frac{K\pi}{4}a^4.\quad\blacksquare$$

注:读者不难看出,这种作法其实就相当于在柱面坐标下,对三重积分利用"先重后单"的思想化成累次积分来计算的方法.

例 5.3 求半径为R、质量均匀分布的圆盘对于其中心轴的转动惯量I_O和对其直径的转动惯量I_D.

解 先回顾一下转动惯量的概念.设有一质量为m的质点,它到一已知轴L的垂直距离为r,绕轴L旋转的角速度为ω.由于质点转动时的切线速度为$v=r\omega$,因而它的动能为

$$\frac{1}{2}mv^2=\frac{1}{2}(mr^2)\omega^2. \tag{5.5}$$

如果此质点平动,则动能为

$$E_K=\frac{1}{2}mv^2, \tag{5.6}$$

其中质量m为平动惯性大小的度量.将(5.5)式与(5.6)式比较可见,mr^2相当于平动时的质量m,它是质点转动时惯性大小的度量,称为质点对轴L的**转动惯量**.由力学可知,质点系对同一轴的转动惯量也具有可加性,即质点系对轴L的转动惯量等于各质点对L转动惯量之和.

现在回到我们的问题.设圆盘的面密度为常数μ,取圆盘的中心为坐标原点,z轴为中心轴,则圆盘上各点到z轴的距离$r=\sqrt{x^2+y^2}$,它随点的位置而异,圆盘对其

中心轴的转动惯量在圆盘上是非均匀分布的，并且具有可加性，因此需要用二重积分来计算. 设圆盘所在区域为(σ)，把(σ)任意划分成若干小区域，首先求点(x,y)处的质量微元 $\mathrm{d}m=\mu\mathrm{d}\sigma$ 对中心轴的转动惯量，即转动惯量微元

$$\mathrm{d}I_O=r^2\mathrm{d}m=\mu(x^2+y^2)\mathrm{d}\sigma,$$

从而

$$I_O=\iint\limits_{(\sigma)}\mu(x^2+y^2)\mathrm{d}\sigma=\mu\int_0^{2\pi}\mathrm{d}\theta\int_0^R\rho^3\mathrm{d}\rho=\frac{\pi\mu R^4}{2}.$$

因为圆盘的质量 $m=\mu\pi R^2$，故 I_O 也可写作

$$I_O=\frac{mR^2}{2}.$$

由对称性可知

$$I_D=I_x=I_y,$$

由上面计算可知，

$$I_O=I_x+I_y,$$

故

$$I_D=\frac{1}{2}I_O=\frac{mR^2}{4}.\quad ▌$$

想一想：

(1) 试用圆心在原点的同心圆划分圆盘. 通过半径为 ρ 与 $\rho+\mathrm{d}\rho$ 的圆周所围成圆环的转动惯量来求圆盘的转动惯量.

(2) 这样计算与例 5.3 计算法有何关系？

例 5.4　设有一圆板，半径为 R，密度为一常数 μ，在板的中心垂线上有一质量为 1 的质点 P'，求板对该质点的引力.

解　设质点 P' 与圆心的距离为 h，取坐标系如图 6.43 所示. 由 Newton 万有引力定律可知，若有质量分别为m与m'的质点P与P'，则P对P'的引力为

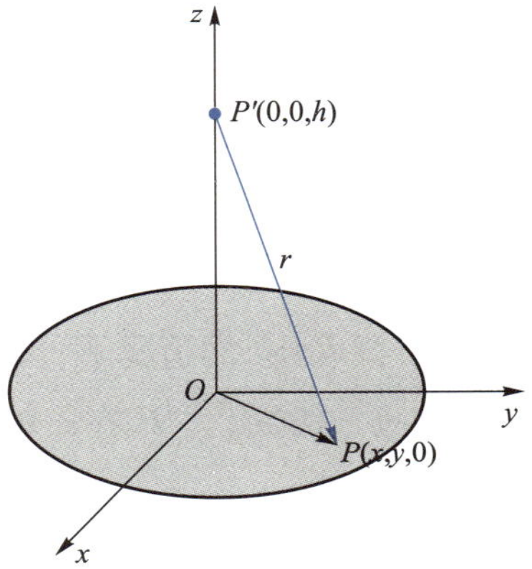

图 6.43

$$\boldsymbol{F}=G\frac{mm'}{r^2}\boldsymbol{e}_r,$$

其中 r 为 P 与 P'两点间的距离，$\boldsymbol{e}_r$ 为由 P'指向 P 的单位向量，G 为万有引力常量. 现在，点 P'到圆板内各点的距离不尽相同，方向也随圆板内点的不同而改变. 因此，我们需要将圆板划分成小块，运用积分的思想来求其引力. 将圆板所占区域(σ)任意划分，把微元$(\Delta\sigma)$看作一质点 P，它对质点 P'的引力即引力微元可应用 Newton 万有引力公式得到：

$$\mathrm{d}\boldsymbol{F}=G\frac{\boldsymbol{e}_r}{r^2}\mu\mathrm{d}\sigma=G\frac{\boldsymbol{r}}{r^3}\mu\mathrm{d}\sigma.$$

由于 d$\boldsymbol{F}$ 为一向量，没有可加性，要把它在(σ)内无限累加，只能对其分量分别进行.由图 6.43 可见

$$\boldsymbol{r}=\overrightarrow{P'P}=(x,y,-h),$$

从而

$$\mathrm{d}\boldsymbol{F}=\left(\frac{G\mu x}{(x^2+y^2+h^2)^{3/2}}\mathrm{d}\sigma,\frac{G\mu y}{(x^2+y^2+h^2)^{3/2}}\mathrm{d}\sigma,\frac{-G\mu h}{(x^2+y^2+h^2)^{3/2}}\mathrm{d}\sigma\right).$$

因此，要求引力，一般说来需要计算三个二重积分.然而，对于我们现在的问题，由对称性易见，引力 $\boldsymbol{F}$ 在 x 轴和 y 轴上的分量 F_x 与 F_y 必因相互抵消而为零，即 $F_x=F_y=0$，于是只需计算 F_z.采用极坐标得

想一想：

若用同心圆划分圆盘，通过半径 ρ 与 $\rho+\mathrm{d}\rho$ 所围圆环对点 P'的引力来求圆盘对点 P 的引力，应如何求？

$$F_z=\iint\limits_{(\sigma)}\frac{-G\mu h}{(x^2+y^2+h^2)^{3/2}}\mathrm{d}\sigma=\int_0^{2\pi}\mathrm{d}\theta\int_0^R\frac{-G\mu h}{(h^2+\rho^2)^{3/2}}\rho\mathrm{d}\rho$$
$$=-2\pi\mu hG\int_0^R\frac{\rho}{(h^2+\rho^2)^{3/2}}\mathrm{d}\rho=-2\pi\mu G\left(1-\frac{h}{\sqrt{h^2+R^2}}\right),\tag{5.7}$$

所以引力为

$$\boldsymbol{F}=-2\pi\mu G\left(1-\frac{h}{\sqrt{h^2+R^2}}\right)\boldsymbol{k}.\quad ▌$$

值得指出，在 $R\gg h$ 的情况下，可以把半径为 R 的圆域(σ)视为全平面，即将(σ)视为一无界区域，这时引力 $\boldsymbol{F}$ 在 z 轴上的投影可作为无界区域(σ)上的反常三重积分计算，

$$F_z=\iint\limits_{(\sigma)}\frac{-G\mu h}{(x^2+y^2+h^2)^{3/2}}\mathrm{d}\sigma=\lim_{n\to+\infty}\iint\limits_{(\sigma_n)}\frac{-G\mu h}{(x^2+y^2+h^2)^{3/2}}\mathrm{d}\sigma,$$

其中(σ_n)是半径为 R_n 的圆域，当 $n\to+\infty$ 时 $R_n\to+\infty$，于是由(5.7)式可得：

$$F_z=\lim_{n\to+\infty}\left[-2\pi\mu G\left(1-\frac{h}{\sqrt{h^2+R_n^2}}\right)\right]=-2\pi\mu G,$$

从而引力

$$\boldsymbol{F}=-2\pi\mu G\boldsymbol{k}.$$

习题 6.5

(A)

1. 求由下列曲线所围成的均匀薄板的质心坐标：

（1）$ay=x^2, x+y=2a\ (a>0)$；

（2）$x=a(t-\sin t), y=a(1-\cos t)(0\leqslant t\leqslant 2\pi, a>0)$与 x 轴；

（3）$\rho=a(1+\cos\theta)(a>0)$.

2. 求边界为下列曲面的均匀物体的质心：

（1）$z=c\sqrt{1-\frac{x^2}{a^2}-\frac{y^2}{b^2}}, z=0\ (a>0, b>0, c>0)$；

（2）$z=\sqrt{3a^2-x^2-y^2}, x^2+y^2=2az\ (a>0)$；

（3）$z=x^2+y^2, x+y=a, x=0, y=0, z=0\ (a>0)$.

3. 设一薄板由 $y=\mathrm{e}^x, y=0, x=0, x=2$ 所围成，其面密度 $\mu(x,y)=xy$，求薄板对两个坐标轴的转动惯量 I_x 和 I_y.

4. 求物质均匀分布的物体：$x^2+y^2+z^2\leqslant 2, x^2+y^2\geqslant z^2$ 对 z 轴的转动惯量.

5. 求物质均匀分布的底半径为 R，高为 H 的正圆柱体对于底的直径的转动惯量.

6. 求物质均匀分布的高为 H，半顶角为 α，体密度为 μ 的圆锥体对位于其顶点的一单位质量质点的引力.

7. 如果一个底半径为 R，高为 H 的正圆柱体上的任一点的密度在数量上等于自圆柱体的底面圆中心到该点距离的平方，试求该圆柱体的质量.

（B）

1. 一个火山的形状可以用曲面 $z=h\mathrm{e}^{-\sqrt{x^2+y^2}/(4h)}(z>0)$ 来表示. 在一次爆发之后，有体积为 V 的熔岩附着在山上，使它具有和原来一样的形状. 求火山高度 h 变化的百分比.

2. 在某一生产过程中，要在半圆形的直径上添上一个边与直径等长的矩形，使整个平面图形的质心落在圆心上，试求矩形的另一边长.

3. 一个物质均匀分布的圆柱体，全部质量为 M，占有的区域是 $x^2+y^2\leqslant a^2, 0\leqslant z\leqslant h$，求它对位于点 $(0,0,b)$ 且质量为 M' 的一个质点的引力，其中 $b>h$.

4. 设物体对轴 L 的转动惯量为 I_L，对通过质心 C 平行于 L 的轴 L_C 的转动惯量为 I_C，L_C 与 L 的距离为 a，试证：$I_L=I_C+ma^2$，其中 m 为物体的质量. 这一公式称为**平行轴定理**.

5. 利用平行轴定理求半径为 R 的球体对于任一条切线 T 的转动惯量 I_T.

第六节　第一型线积分与面积分

6.1　第一型线积分

在本章第一节中我们已通过和式的极限式（1.4）给出了点函数 $f(M)$ 在形体 (Ω) 上积分的定义. 当 (Ω) 是平面或空间的可求长曲线段 (C) 时，相应的积分就分别是平面或空间曲线积分，即

$$\int_{(C)} f(x,y)\,\mathrm{d}s = \lim_{d\to 0}\sum_{k=1}^{n} f(\xi_k,\eta_k)\Delta s_k,$$

或

$$\int_{(C)} f(x,y,z)\,\mathrm{d}s = \lim_{d\to 0}\sum_{k=1}^{n} f(\xi_k,\eta_k,\zeta_k)\Delta s_k. \tag{6.1}$$

这里弧段长 Δs_k 始终是正的,换句话说,曲线积分的值与积分路径(C)的方向无关,我们把这种曲线积分称为**对弧长的线积分**,也称为**第一型线积分**.

第一型线积分的计算公式 设有一有界的简单光滑空间曲线(C),其参数方程为

$$x=x(t),y=y(t),z=z(t)\quad(\alpha\leqslant t\leqslant\beta). \tag{6.2}$$

若函数$f(x,y,z)$在(C)上连续,则

$$\boxed{\int_{(C)} f(x,y,z)\,\mathrm{d}s = \int_{\alpha}^{\beta} f[x(t),y(t),z(t)]\sqrt{\dot{x}^2(t)+\dot{y}^2(t)+\dot{z}^2(t)}\,\mathrm{d}t.} \tag{6.3}$$

证 把区间$[\alpha,\beta]$任意划分

$$\alpha=t_0<t_1<t_2<\cdots<t_n=\beta,$$

曲线(C)相应地被分割成 n 个小弧段,设$[t_{k-1},t_k]$对应的小弧段为(Δs_k),其弧长为 Δs_k.由弧长的计算公式可知

$$\Delta s_k=\int_{t_{k-1}}^{t_k}\sqrt{\dot{x}^2(t)+\dot{y}^2(t)+\dot{z}^2(t)}\,\mathrm{d}t.$$

由于曲线(C)光滑,故被积函数$\sqrt{\dot{x}^2(t)+\dot{y}^2(t)+\dot{z}^2(t)}$连续,应用积分中值定理,得

$$\Delta s_k=\sqrt{\dot{x}^2(\tau_k)+\dot{y}^2(\tau_k)+\dot{z}^2(\tau_k)}\,\Delta t_k,\quad t_{k-1}\leqslant\tau_k\leqslant t_k. \tag{6.4}$$

令

$$x(\tau_k)=\xi_k,\quad y(\tau_k)=\eta_k,\quad z(\tau_k)=\zeta_k, \tag{6.5}$$

显然,点 $M_k(\xi_k,\eta_k,\zeta_k)$应位于小弧段$(\Delta s_k)$上,作和式

$$\begin{aligned}&\sum_{k=1}^{n} f(\xi_k,\eta_k,\zeta_k)\Delta s_k\\=&\sum_{k=1}^{n} f[x(\tau_k),y(\tau_k),z(\tau_k)]\sqrt{\dot{x}^2(\tau_k)+\dot{y}^2(\tau_k)+\dot{z}^2(\tau_k)}\,\Delta t_k,\end{aligned} \tag{6.6}$$

由于被积函数f在积分路径(C)上连续,故第一型线积分$\int_{(C)} f(x,y,z)\,\mathrm{d}s$存在,即无论对$(C)$如何划分,无论点 M_k 在(Δs_k)上如何选取,当$(\Delta s_k)(k=1,2,\cdots)$的直径的最大者 $d\to 0$ 时,(6.6)式左端和式都趋于同一值.因而对用(6.5)式特别选取的点 M_k,也必有

$$\int_{(C)} f(x,y,z)\,\mathrm{d}s = \lim_{d\to 0}\sum_{k=1}^{n} f(\xi_k,\eta_k,\zeta_k)\Delta s_k.$$

另一方面，由于 $f[x(t),y(t),z(t)]\cdot\sqrt{\dot{x}^2(t)+\dot{y}^2(t)+\dot{z}^2(t)}$ 在区间 $[\alpha,\beta]$ 上连续，由定积分的定义和存在定理可知

$$\lim_{d\to 0}\sum_{k=1}^{n} f[x(\tau_k),y(\tau_k),z(\tau_k)]\cdot\sqrt{\dot{x}^2(\tau_k)+\dot{y}^2(\tau_k)+\dot{z}^2(\tau_k)}\Delta t_k$$

$$=\int_{\alpha}^{\beta} f[x(t),y(t),z(t)]\sqrt{\dot{x}^2(t)+\dot{y}^2(t)+\dot{z}^2(t)}\,\mathrm{d}t.$$

所以公式(6.3)成立。∎

公式(6.3)表明，在计算第一型线积分 $\int_{(C)} f(x,y,z)\,\mathrm{d}s$ 时，可以把弧长微元 $\mathrm{d}s$ 看作是弧微分，把弧微分公式与积分路径 (C) 的参数方程代入被积表达式，然后去计算所得的定积分即可。由于弧长 Δs_k 总是正的，所以定积分的上限必须大于下限。

例 6.1 计算线积分 $I = \int_{(C)} (x^2+y^2+z^2)\,\mathrm{d}s$，其中 (C) 为螺旋线 $x=a\cos t, y=a\sin t, z=kt$ 上相应于 $0\leqslant t\leqslant 2\pi$ 的一段弧。

解 由公式(6.3)得

$$I=\int_0^{2\pi}(a^2+k^2t^2)\sqrt{a^2+k^2}\,\mathrm{d}t=\frac{2}{3}\pi\sqrt{a^2+k^2}(3a^2+4\pi^2k^2).\quad\blacksquare$$

例 6.2 求 $I = \int_{(C)} y\,\mathrm{d}s$，其中 (C) 为抛物线 $y^2=2x$ 上介于 $(2,-2)$ 与 $(2,2)$ 两点间的线段。

解 I 是平面上的第一型线积分，选择 y 为积分变量，把积分路径的方程 $y^2=2x$ 看作是以 y 为参数的参数方程：$x=\frac{1}{2}y^2, y=y$。由公式(6.3)得

$$I=\int_{-2}^{2} y\sqrt{1+\left(\frac{\mathrm{d}x}{\mathrm{d}y}\right)^2}\,\mathrm{d}y=\int_{-2}^{2} y\sqrt{1+y^2}\,\mathrm{d}y=0.\quad\blacksquare$$

例 6.3 计算线积分 $I=\oint_{(C)}(x^2+y^2+2z)\,\mathrm{d}s$，其中 (C) 为

注意：为了把(6.1)式右端化成定积分，我们利用积分中值定理，将(6.1)中的 Δs_k 化为(6.4)式。点 (ξ_k,η_k,ζ_k) 在曲线 (C) 上，应由 (C) 的参数方程(6.2)中的参数 t_k 来确定。将它们代入(6.1)式右端后，为了使所得的关于 t 的定积分和式中的 t_k 与积分中值定理所确定的 τ_k 一致，我们由(6.5)式将 (ξ_k,η_k,ζ_k) 选取为由 τ_k 在 (C) 上所确定的特殊点。然而这样一来就破坏了线积分定义中所要求 (ξ_k,η_k,ζ_k) 的任意性，以及定积分定义中要求 τ_k 的任意性。但是由于函数 f 的连续性和曲线 (C) 的光滑性，得证了线积分与定积分均存在。因此，这种特殊选取是合理的。

注：在第一型线积分的定义(6.1)中，$\mathrm{d}s$ 最初仅是一个记号，并无明确的含义。在证明了计算公式(6.3)后才看到，可以把 $\mathrm{d}s$ 作为积分路径 (C) 的弧微分。

注：实际上，注意到积分路径 (C) 是关于 x 轴对称的，而被积函数又是 y 的奇函数，立即可知题中线积分之值为零。

$$\begin{cases}x^2+y^2+z^2=a^2,\\x+y+z=0.\end{cases}$$

解 由于曲线(C)的方程具有轮换对称性,故

$$\oint_{(C)}x^2\mathrm{d}s=\oint_{(C)}y^2\mathrm{d}s=\oint_{(C)}z^2\mathrm{d}s,$$

注:对于第一型线积分,与重积分类似,同样可利用对称性简化其计算.

从而

$$\oint_{(C)}(x^2+y^2)\mathrm{d}s=\frac{2}{3}\oint_{(C)}(x^2+y^2+z^2)\mathrm{d}s=\frac{2}{3}\oint_{(C)}a^2\mathrm{d}s=\frac{2}{3}a^2\cdot 2\pi a=\frac{4}{3}\pi a^3.$$

又由于(C)关于坐标原点对称,而$\oint_{(C)}2z\mathrm{d}s$中的被积函数关于x,y和z为奇函数,故

$$\oint_{(C)}2z\mathrm{d}s=0,$$

于是

$$I=\frac{4}{3}\pi a^3.\quad ▌$$

例 6.4(柱面的侧面积) 设椭圆柱面$\frac{x^2}{5}+\frac{y^2}{9}=1$被平面$z=y$与$z=0$所截,求位于第一、二卦限内所截下部分的侧面积$A$(图 6.44).

解 此椭圆柱面的准线是xOy平面上的半个椭圆(C):

$$\frac{x^2}{5}+\frac{y^2}{9}=1\ (y\geqslant 0).$$

对(C)进行划分,运用积分的微元法,在弧微元$\mathrm{d}s$上的一小片柱面面积可近似地看作是以$\mathrm{d}s$为底,以截线L上点M的竖坐标$z=y$为高的长方形面积,从而得侧面积微元

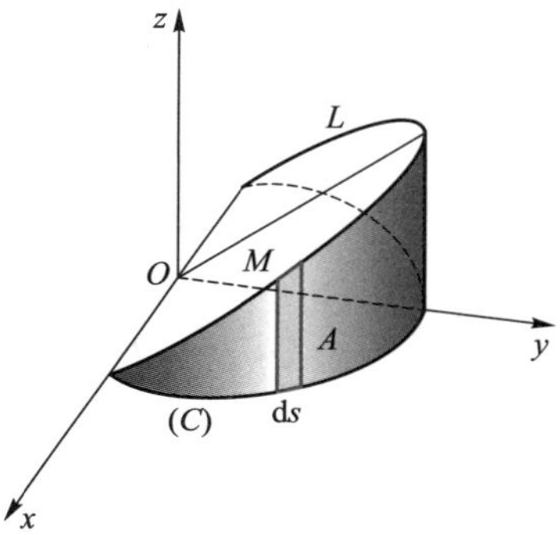

图 6.44

$$\mathrm{d}A=y\mathrm{d}s,$$

于是所求侧面积为

$$A=\int_{(C)}y\mathrm{d}s.$$

把(C)的方程化成参数方程

$$x=\sqrt{5}\cos t,y=3\sin t\quad(0\leqslant t\leqslant\pi),$$

所以

$$A=\int_{(C)}y\mathrm{d}s=\int_0^{\pi}3\sin t\sqrt{5\sin^2t+9\cos^2t}\,\mathrm{d}t$$

$$=-3\int_0^{\pi}\sqrt{5+4\cos^2t}\,\mathrm{d}(\cos t)=9+\frac{15}{4}\ln 5.$$ ▌

例 6.5　设有一半圆形的金属丝，物质均匀分布，求它的质心和对直径的转动惯量.

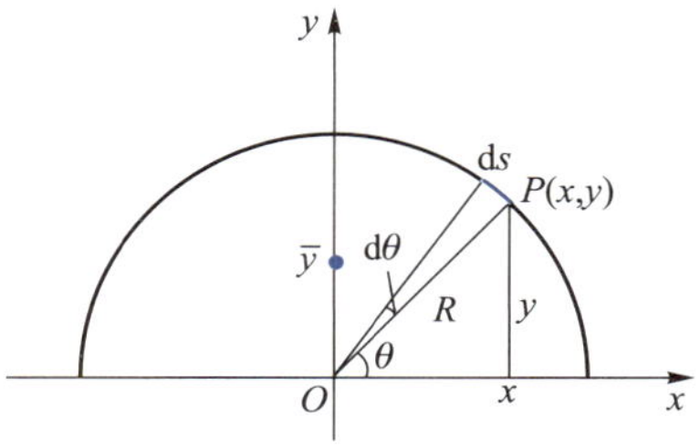

图 6.45

解　选取坐标系如图 6.45 所示. 设圆半径为 R，金属丝线密度为 μ，由对称性可知质心的横坐标 $\bar{x}=0$. 任意划分半圆弧 (C)，易见，弧微元 ds 所对应的金属丝对 x 轴的静矩微元为

$$\mathrm{d}M_x=y\mathrm{d}m=\mu y\mathrm{d}s,$$

从而

$$M_x=\int_{(C)}\mu y\mathrm{d}s.$$

(C) 以极角 θ 为参数的参数方程为

$$x=R\cos\theta,\quad y=R\sin\theta\quad(0\leqslant\theta\leqslant\pi),$$

于是

$$M_x=\mu\int_0^{\pi}R^2\sin\theta\mathrm{d}\theta=2\mu R^2.$$

半圆的质量显然为 $m=\pi R\mu$，所以质心的纵坐标为

$$\bar{y}=\frac{M_x}{m}=\frac{2\mu R^2}{\pi R\mu}=\frac{2R}{\pi}.$$

注：这里 ds 可通过 (C) 的参数方程计算弧微分得到

$\mathrm{d}s=\sqrt{R^2(-\sin\theta)^2+R^2\cos^2\theta}\,\mathrm{d}\theta=R\mathrm{d}\theta$，

也可以更简单地利用求圆弧的公式直接从图 6.45 得到.

ds 段金属丝对直径（即 x 轴）的转动惯量，即转动惯量微元为

$$\mathrm{d}I_x=y^2\mathrm{d}m=\mu y^2\mathrm{d}s,$$

从而金属丝对其直径的转动惯量为

$$I_x=\mu\int_{(C)}y^2\mathrm{d}s=\mu\int_0^{\pi}R^3\sin^2\theta\mathrm{d}\theta=\frac{\mu\pi R^3}{2}=\frac{m}{2}R^2,$$

其中 $m=\mu\pi R$ 是金属丝的质量. ▌

6.2　第一型面积分

正像线积分要以弧长为基础一样，面积分需要以曲面面积为基础.

1. 曲面的面积

设在 $\mathbf{R}^3$ 空间有一曲面 (S)，其参数方程为

$$\boldsymbol{r}=\boldsymbol{r}(u,v)=(x(u,v),y(u,v),z(u,v)),(u,v)\in(\sigma)\subseteq\mathbf{R}^2. \tag{6.7}$$

从几何上看,曲面(S)是uOv参数平面上的区域(σ)在映射$\boldsymbol{r}$下的像.

我们用微元法来讨论曲面的面积.设向量值函数$\boldsymbol{r}(u,v)$在(σ)上连续可微,且

$$\boldsymbol{r}_u\times\boldsymbol{r}_v\neq\boldsymbol{0}.$$

在uOv参数平面上,用坐标线$u=c_1$和$v=c_2$把域(σ)划分成若干小矩形,考察其中一个以点$M(u,v)$,$M_1(u+\Delta u,v)$,$M_2(u+\Delta u,v+\Delta v)$,$M_3(u,v+\Delta v)$为顶点的小矩形$(\Delta\sigma)$($\Delta u>0,\Delta v>0$)(图6.46(a)).设在映射$\boldsymbol{r}$下,$M,M_1,M_2,M_3$的像点分别为曲面$S$上的点$P,P_1,P_2,P_3$,于是映射$\boldsymbol{r}$把$(\Delta\sigma)$映射成由曲面上的曲边四边形$PP_1P_2P_3$所围成的$(\Delta S)$(图6.46(b)).容易看出,向量

注:所设条件保证了在(σ)上曲面S的光滑性,即有连续转动的切平面;同时,也保证了$\boldsymbol{r}_u$与$\boldsymbol{r}_v$均在(σ)上是处处非零的向量.

$$\overrightarrow{PP_1}=\boldsymbol{r}(u+\Delta u,v)-\boldsymbol{r}(u,v)=\boldsymbol{r}_u\Delta u+\boldsymbol{o}(\rho)\approx\boldsymbol{r}_u\Delta u,$$

$$\overrightarrow{PP_3}=\boldsymbol{r}(u,v+\Delta v)-\boldsymbol{r}(u,v)=\boldsymbol{r}_v\Delta v+\boldsymbol{o}(\rho)\approx\boldsymbol{r}_v\Delta v,$$

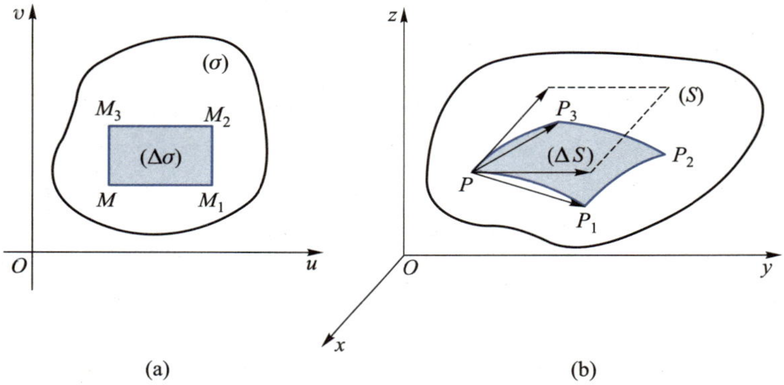

图6.46

其中$\rho=\sqrt{\Delta u^2+\Delta v^2}$.$\boldsymbol{r}_u\Delta u$与$\boldsymbol{r}_v\Delta v$分别为曲面$S$上过点$P(u,v)$的弧段$\overset{\frown}{PP_1}$和弧段$\overset{\frown}{PP_3}$相应的切向量,它们都位于曲面$S$在点$P$的切平面上.当$\Delta u$与$\Delta v$都很小时,以此两切向量为邻边所构成的平行四边形面积显然可作为(ΔS)面积ΔS的近似值,即

注:容易看出,$\|\boldsymbol{r}_u\Delta u\|$就是$\|\overrightarrow{PP_1}\|$关于$\Delta u$的线性主部,而且通过求弧长$\overset{\frown}{PP_1}$的公式,利用积分中值定理和被积函数的连续性,不难证明它也是弧长$\overset{\frown}{PP_1}$的线性主部.

$$\Delta S\approx\|\boldsymbol{r}_u\Delta u\times\boldsymbol{r}_v\Delta v\|=\|\boldsymbol{r}_u\times\boldsymbol{r}_v\|\Delta u\Delta v.$$

由此可知曲面面积微元

$$\mathrm{d}S=\|\boldsymbol{r}_u\times\boldsymbol{r}_v\|\mathrm{d}u\mathrm{d}v, \tag{6.8}$$

从而曲面(S)的面积为

$$\boxed{S=\iint\limits_{(\sigma)}\|\boldsymbol{r}_u\times\boldsymbol{r}_v\|\mathrm{d}u\mathrm{d}v.} \tag{6.9}$$

例 6.6 求半径为 a 的球面面积.

解 由第五章例 6.6 可知,此球面的参数方程为

$$\boldsymbol{r}(\varphi,\theta)=(a\sin\varphi\cos\theta,a\sin\varphi\sin\theta,a\cos\varphi),$$
$$(\varphi,\theta)\in D=[0,\pi]\times[0,2\pi].$$

☞二维码 6.6.1 曲面面积微元与微分的关系.

由于

$$\boldsymbol{r}_\varphi=(a\cos\varphi\cos\theta,a\cos\varphi\sin\theta,-a\sin\varphi),$$
$$\boldsymbol{r}_\theta=(-a\sin\varphi\sin\theta,a\sin\varphi\cos\theta,0).$$

经计算可知

$$\|\boldsymbol{r}_\varphi\times\boldsymbol{r}_\theta\|=a^2\sin\varphi.$$

于是由公式(6.9)可知

$$S=\iint_{(\sigma)}a^2\sin\varphi\mathrm{d}\varphi\mathrm{d}\theta=\int_0^{2\pi}\mathrm{d}\theta\int_0^{\pi}a^2\sin\varphi\mathrm{d}\varphi=4\pi a^2. \quad ▌$$

若曲面 S 的方程由直角坐标给出:$z=z(x,y),(x,y)\in(\sigma)$,将 x 与 y 视为参数,此曲面的向量方程可写成

$$\boldsymbol{r}=\boldsymbol{r}(x,y)=(x,y,f(x,y)),$$

从而

$$\boldsymbol{r}_x=(1,0,f_x),\quad \boldsymbol{r}_y=(0,1,f_y),$$

而

$$\mathrm{d}S=\|\boldsymbol{r}_x\times\boldsymbol{r}_y\|\mathrm{d}x\mathrm{d}y=\left\|\begin{vmatrix}\boldsymbol{i}&\boldsymbol{j}&\boldsymbol{k}\\1&0&f_x\\0&1&f_y\end{vmatrix}\right\|\mathrm{d}x\mathrm{d}y=\sqrt{1+f_x^2+f_y^2}\mathrm{d}x\mathrm{d}y, \tag{6.10}$$

代入公式(6.9),得

$$\boxed{S=\iint_{(\sigma)}\|\boldsymbol{r}_x\times\boldsymbol{r}_y\|\mathrm{d}x\mathrm{d}y=\iint_{(\sigma)}\sqrt{1+f_x^2+f_y^2}\mathrm{d}x\mathrm{d}y.} \tag{6.11}$$

注意到 $\boldsymbol{n}=\boldsymbol{r}_x\times\boldsymbol{r}_y=-f_x\boldsymbol{i}-f_y\boldsymbol{j}+\boldsymbol{k}$ 是曲面(S)在点 P_0 处的一个法向量,它的第三方向余弦为

$$\cos\gamma=\frac{1}{\sqrt{1+f_x^2+f_y^2}},$$

其中 γ 是 $\boldsymbol{n}$ 与 z 轴的夹角,于是由(6.10)式可知

$$\mathrm{d}S\cdot\frac{1}{\sqrt{1+f_x^2+f_y^2}}=\mathrm{d}S\cdot\cos\gamma=\mathrm{d}x\mathrm{d}y=\mathrm{d}\sigma_{xy}. \tag{6.12}$$

所以，我们说面积微元 $dxdy(=d\sigma_{xy})$ 就是曲面面积微元 dS 在 xOy 坐标面上的投影. 或者说，曲面面积微元 dS 是位于曲面 S 的切平面上，且它在 xOy 平面上的投影为 $d\sigma_{xy}$ 的那一块面积.

注意： 公式(6.11)仅适用于由函数 $z=f(x,y)$ 所表示的曲面，即这时曲面在 (σ_{xy}) 上关于 z 是单值的. 而公式(6.9)所适用的曲面具有一般性.

当曲面 S 可用方程

$$y=f(z,x),(z,x)\in(\sigma_{zx}) \quad 或 \quad x=f(y,z),(y,z)\in(\sigma_{yz})$$

表示时，相应的曲面面积公式分别为

$$S=\iint\limits_{(\sigma_{zx})}\sqrt{1+f_z^2+f_x^2}\,dzdx \quad 或 \quad S=\iint\limits_{(\sigma_{yz})}\sqrt{1+f_y^2+f_z^2}\,dydz. \tag{6.13}$$

例 6.7 求圆柱面 $x^2+y^2=a^2$ 在第一卦限中被平面 $z=0, z=mx\ (m>0), x=b\ (b<a)$ 所截下部分的面积(图 6.47).

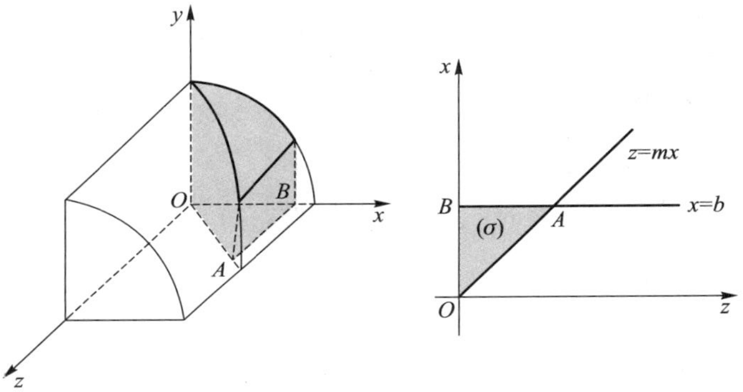

图 6.47

解 将所求部分曲面向 xOz 平面投影，曲面的方程可写成

$$y=\sqrt{a^2-x^2},(x,z)\in(\sigma),$$

其中 $(\sigma)=\{(x,z)\mid 0\leqslant x\leqslant b, 0\leqslant z\leqslant mx\}$. 于是

$$\sqrt{1+y_x^2+y_z^2}=\sqrt{1+\left(\frac{-x}{y}\right)^2}=a(a^2-x^2)^{-1/2},$$

从而由公式(6.13)，得

$$S=\iint\limits_{(\sigma)}a(a^2-x^2)^{-1/2}dzdx=\int_0^b dx\int_0^{mx}a(a^2-x^2)^{-1/2}dz$$

$$=\int_0^b amx(a^2-x^2)^{-1/2}dx=a^2m-am\sqrt{a^2-b^2}.$$ ▌

2. 第一型面积分的计算

现在，在曲面面积的基础上来解决第一型面积分的计算问题. 在本章第一节中我们已经知道，当几何形体 (Ω) 为一曲面 (S) 时，相应的积分就是第一型面积分，即

$$\iint_{(S)} f(x,y,z)\,\mathrm{d}S = \lim_{d\to 0}\sum_{k=1}^{n} f(\xi_k,\eta_k,\zeta_k)\Delta S_k.$$

用类似于第一型线积分计算公式的证明方法，可以证明：如果 $f(x,y,z)$ 在有界光滑曲面 (S) 上连续，(S) 的方程为

注：容易看出当曲面 (S) 是坐标平面上一块平面时，第一型的积分就退化为二重积分.

$$\boldsymbol{r}=\boldsymbol{r}(u,v)=x(u,v)\boldsymbol{i}+y(u,v)\boldsymbol{j}+z(u,v)\boldsymbol{k},\quad (u,v)\in(\sigma),$$

那么 f 在 (S) 上的第一型面积分的计算公式为

$$\iint_{(S)} f(x,y,z)\,\mathrm{d}S = \iint_{(\sigma)} f[x(u,v),y(u,v),z(u,v)]\,\|\boldsymbol{r}_u\times\boldsymbol{r}_v\|\,\mathrm{d}u\mathrm{d}v. \tag{6.14}$$

公式(6.14)可以这样来理解：由于被积函数 f 沿曲面 (S) 变化，因而积分变量 x,y,z 应受曲面 (S) 方程的约束. 把 $\mathrm{d}S$ 视为曲面面积微元，将曲面参数方程(6.7)与微元表达式(6.8)代入(6.14)式的左端，注意到当点 (x,y,z) 在 (S) 上变化时，参数 (u,v) 相应的变化区域为 (σ)，便可得到公式(6.14)的右端.

注：与第一型线积分类似，第一型面积分定义中的 $\mathrm{d}S$ 最初只是一个记号，并无明确的含义. 仅当导出了计算公式(6.14)之后，才看到可以把 $\mathrm{d}S$ 看作是曲面面积微元，即 $\mathrm{d}S=\|\boldsymbol{r}_u\times\boldsymbol{r}_v\|\,\mathrm{d}u\mathrm{d}v$.

若 (S) 的方程为 $z=z(x,y)$，$(x,y)\in(\sigma)$，则(6.14)式可写成

$$\iint_{(S)} f(x,y,z)\,\mathrm{d}S = \iint_{(\sigma)} f[x,y,z(x,y)]\sqrt{1+z_x^2+z_y^2}\,\mathrm{d}x\mathrm{d}y. \tag{6.15}$$

例 6.8　计算 $\iint_{(S)} z\,\mathrm{d}S$，其中曲面 (S) 是圆锥面 $z=\sqrt{x^2+y^2}$ 上介于平面 $z=1$ 与 $z=2$ 间的部分.

解　容易看出曲面 (S) 在 xOy 平面上的投影区域为

$$(\sigma)=\{(x,y)\mid 1\leqslant x^2+y^2\leqslant 4\},$$

于是由公式(6.15)可知

$$\iint_{(S)} z\,\mathrm{d}S = \iint_{(\sigma)}\sqrt{x^2+y^2}\sqrt{1+\frac{x^2}{x^2+y^2}+\frac{y^2}{x^2+y^2}}\,\mathrm{d}x\mathrm{d}y$$

$$=\sqrt{2}\iint_{(\sigma)}\rho\cdot\rho\,\mathrm{d}\rho\mathrm{d}\theta=\sqrt{2}\int_0^{2\pi}\mathrm{d}\theta\int_1^2\rho^2\,\mathrm{d}\rho=\frac{14}{3}\sqrt{2}\,\pi.$$ ▌

例 6.9　计算面积分 $I=\iint_{(S)}(ax+by+cz+d)^2\,\mathrm{d}S$，其中 (S) 为球面 $x^2+y^2+z^2=a^2$.

解　为了利用对称性，将被积函数展开，得

$$I=a^2\iint_{(S)}x^2\,\mathrm{d}S+b^2\iint_{(S)}y^2\,\mathrm{d}S+c^2\iint_{(S)}z^2\,\mathrm{d}S+2ab\iint_{(S)}xy\,\mathrm{d}S+2bc\iint_{(S)}yz\,\mathrm{d}S+$$

$$2ac\iint_{(S)}zx\,\mathrm{d}S+2ad\iint_{(S)}x\,\mathrm{d}S+2bd\iint_{(S)}y\,\mathrm{d}S+2cd\iint_{(S)}z\,\mathrm{d}S+\iint_{(S)}d^2\,\mathrm{d}S.$$

由于球面关于 xOy 平面对称，而上式右端第五、六、九三个积分中的被积函数关于 z 为奇函数，从而这三个积分的值均为零；又由于球面也关于 zOx 平面对称，而上式右端第四、八两个积分的被积函数关于 y 为奇函数，从而这两个积分的值也为零. 再利用球面关于 yOz 平面对称可知第七个积分的值也为零. 于是

$$I = a^2\iint_{(S)} x^2\mathrm{d}S + b^2\iint_{(S)} y^2\mathrm{d}S + c^2\iint_{(S)} z^2\mathrm{d}S + d^2\iint_{(S)}\mathrm{d}S.$$

由于球面(S)具有轮换对称性，可知

$$\iint_{(S)} x^2\mathrm{d}S = \iint_{(S)} y^2\mathrm{d}S = \iint_{(S)} z^2\mathrm{d}S = \frac{1}{3}\iint_{(S)}(x^2+y^2+z^2)\mathrm{d}S,$$

于是

$$\begin{aligned} a^2\iint_{(S)} x^2\mathrm{d}S + b^2\iint_{(S)} y^2\mathrm{d}S + c^2\iint_{(S)} z^2\mathrm{d}S &= \frac{1}{3}(a^2+b^2+c^2)\iint_{(S)}(x^2+y^2+z^2)\mathrm{d}S \\ &= \frac{1}{3}(a^2+b^2+c^2)a^2\iint_{(S)}\mathrm{d}S = \frac{1}{3}(a^2+b^2+c^2)4\pi a^4, \end{aligned}$$

易见

$$d^2\iint_{(S)}\mathrm{d}S = 4\pi a^2 d^2,$$

因此

$$I = \frac{4}{3}\pi a^4(a^2+b^2+c^2) + 4\pi a^2 d^2. \quad ▌$$

例 6.10 物质均匀分布且半径为 R 的球缺面如图 6.48 所示，求其质心坐标.

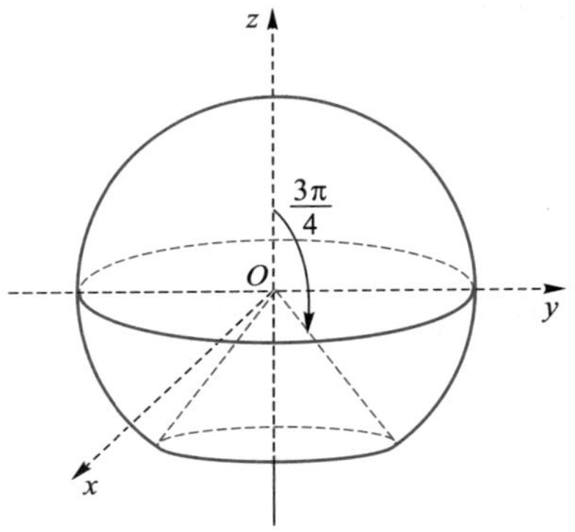

图 6.48

解 为了将球面用参数方程表示，选取 φ 与 θ 为参数，则所给球缺面的参数方程

$$x = R\sin\varphi\cos\theta, \quad y = R\sin\varphi\sin\theta,$$

$$z = R\cos\varphi, \quad 0 \leqslant \varphi \leqslant \frac{3\pi}{4}, \quad 0 \leqslant \theta \leqslant 2\pi,$$

或

$$\boldsymbol{r} = \boldsymbol{r}(\varphi,\theta) = (R\sin\varphi\cos\theta, R\sin\varphi\sin\theta, R\cos\varphi),$$

$$0 \leqslant \varphi \leqslant \frac{3\pi}{4}, 0 \leqslant \theta \leqslant 2\pi.$$

由对称性可知，质心应位于 z 轴上. 在所给球缺面上任取一点 $P(x,y,z)$，含点 P 的曲面面积微元 $\mathrm{d}S$ 上的质量关于 xOy 平面的静矩微分

$$\mathrm{d}M_{xy} = z\mu\mathrm{d}S,$$

其中常数 μ 是面密度. 于是所给球缺面对 xOy 平面的静矩为

$$M_{xy}=\mu\iint_{(S)}z\mathrm{d}S=\mu\iint_{(\sigma)}R\cos\varphi\,\|\boldsymbol{r}_\varphi\times\boldsymbol{r}_\theta\|\,\mathrm{d}\varphi\mathrm{d}\theta,$$

其中参数(φ,θ)的变化区域为

$$(\sigma)=\left\{(\varphi,\theta)\,\middle|\,0\leqslant\varphi\leqslant\frac{3\pi}{4},0\leqslant\theta\leqslant 2\pi\right\}.$$

容易算得

$$\|\boldsymbol{r}_\varphi\times\boldsymbol{r}_\theta\|=R^2\sin\varphi,$$

于是

$$M_{xy}=\mu\iint_{(\sigma)}R^3\sin\varphi\cos\varphi\mathrm{d}\varphi\mathrm{d}\theta=\mu R^3\int_0^{2\pi}\mathrm{d}\theta\int_0^{\frac{3\pi}{4}}\sin\varphi\cos\varphi\mathrm{d}\varphi=\frac{\pi}{2}\mu R^3.$$

由公式(6.9)可得此球缺面的质量为

$$M=\mu\iint_{(\sigma)}R^2\sin\varphi\mathrm{d}\varphi\mathrm{d}\theta=\mu R^2\int_0^{2\pi}\mathrm{d}\theta\int_0^{\frac{3\pi}{4}}\sin\varphi\mathrm{d}\varphi=(2+\sqrt{2})\pi\mu R^2.$$

所以球缺面质心的 z 坐标为

$$\bar{z}=\frac{M_{xy}}{M}=\frac{R}{2(2+\sqrt{2})},$$

从而得知质心的坐标为$\left(0,0,\dfrac{R}{2(2+\sqrt{2})}\right)$.　▌

习题 6.6

(A)

1. 计算下列第一型线积分:

(1) $\int_{(C)}y\mathrm{d}s$,(C) 为抛物线 $y^2=2x$ 上由点$(0,0)$ 到点$(2,2)$ 的弧段;

(2) $\int_{(C)}(x^2+y^2)^n\mathrm{d}s$,$(C)$ 为圆周 $x^2+y^2=a^2\ (a>0)$;

(3) $\int_{(C)}z\mathrm{d}s$,(C) 为圆锥螺线 $x=t\cos t,y=t\sin t,z=t\ (0\leqslant t\leqslant t_0)$;

(4) $\int_{(C)}(x+y)\mathrm{d}s$,$(C)$ 为以$(0,0)$,$(1,0)$ 和$(0,1)$ 为顶点的三角形的边界;

(5) $\oint_{(C)}x^2\mathrm{d}s$,$(C)$ 为圆周$\begin{cases}x^2+y^2+z^2=4,\\ z=\sqrt{3};\end{cases}$

(6) $\oint_{(C)}|y|\mathrm{d}s$,$(C)$ 为球面 $x^2+y^2+z^2=2$ 与平面 $x=y$ 的交线.

2. 试导出用极坐标方程 $\rho=\rho(\theta)(\alpha\leqslant\theta\leqslant\beta)$ 表示的曲线 (C) 的线积分计算公式：

$$\int_{(C)} f(x,y)\,\mathrm{d}s = \int_{\alpha}^{\beta} f(\rho(\theta)\cos\theta,\rho(\theta)\sin\theta)\ \sqrt{\rho^2(\theta)+\rho'^2(\theta)}\,\mathrm{d}\theta.$$

3. 计算下列线积分：

(1) $\int_{(C)} \sqrt{x}\,\mathrm{d}s$，$(C)$ 为抛物线 $y=\sqrt{x}$ 上从点 $(0,0)$ 到点 $(1,1)$ 的一段弧；

(2) $\oint_{(C)} \sqrt{x^2+y^2}\,\mathrm{d}s$，$(C)$ 为圆周 $x^2+y^2=ax\ (a>0)$；

(3) $\oint_{(C)} |y|\,\mathrm{d}s$，$(C)$ 为双纽线 $(x^2+y^2)^2=a^2(x^2-y^2)\ (a>0)$.

4. 有一铁丝成半圆形 $x=a\cos t, y=a\sin t\ (0\leqslant t\leqslant\pi)$，其上每一点的密度等于该点的纵坐标，求铁丝的质量.

5. 计算圆柱面 $x^2+y^2=R^2$ 介于 xOy 平面及柱面 $z=R+\dfrac{x^2}{R}$ 之间的一块面积，其中 $R>0$.

6. 设螺旋线 $x=a\cos\theta, y=a\sin\theta, z=k\theta\ (0\leqslant\theta\leqslant2\pi)$ 上物质的线密度为 $\rho(x,y,z)=x^2+y^2+z^2$，求：

(1) 它关于 z 轴的转动惯量；

(2) 它的质心.

7. 求曲面 $z=\sqrt{x^2+y^2}$ 包含在圆柱面 $x^2+y^2=2x$ 内那一部分的面积.

8. 求地球上由经线 $\varphi=30°, \varphi=60°$ 和纬线 $\theta=45°, \theta=60°$ 所围那部分的面积（把地球近似看成是半径 $R=6.4\times10^6$ m 的球）.

9. 求下列平面曲线所构成的旋转面的面积：

(1) 星形线 $x^{2/3}+y^{2/3}=a^{2/3}$ 绕 y 轴；

(2) 圆周 $x^2+y^2=a^2$ 被直线 $y=\dfrac{a}{\sqrt{2}}$ 截下的劣弧绕 $y=\dfrac{a}{\sqrt{2}}$.

10. 计算下列第一型面积分：

(1) $\iint_{(S)}\left(2x+\dfrac{4}{3}y+z\right)\mathrm{d}S$，$(S)$ 为平面 $\dfrac{x}{2}+\dfrac{y}{3}+\dfrac{z}{4}=1\ (x\geqslant0,y\geqslant0,z\geqslant0)$；

(2) $\iint_{(S)}(x^2+y^2)\,\mathrm{d}S$，$(S)$ 为区域 $(G)=\{(x,y,z)\mid\sqrt{x^2+y^2}\leqslant z\leqslant1\}$ 的边界曲面；

(3) $\iint_{(S)}(x+y+z)\,\mathrm{d}S$，$(S)$ 为上半球面 $z=\sqrt{a^2-x^2-y^2}$；

(4) $\iint_{(S)}\sqrt{R^2-x^2-y^2}\,\mathrm{d}S$，$(S)$ 为上半球面 $z=\sqrt{R^2-x^2-y^2}$；

(5) $\iint_{(S)}\dfrac{\mathrm{d}S}{r^2}$，$(S)$ 为圆柱面 $x^2+y^2=R^2$ 介于平面 $z=0$ 及 $z=H\ (H>0)$ 之间的部分，r 为 (S) 上的点到原点的距离；

(6) $\oiint_{(S)}\dfrac{1}{(1+x+y)^2}\mathrm{d}S$，$(S)$ 是以 $(0,0,0),(1,0,0),(0,1,0),(0,0,1)$ 为顶点的四面体的边界面；

(7) $\iint\limits_{(S)} |xyz|\,\mathrm{d}S$，$(S)$ 为曲面 $z=x^2+y^2$ 在平面 $z=1$ 下面的部分；

(8) $\iint\limits_{(S)} (xy+yz+zx)\,\mathrm{d}S$，$(S)$ 为锥面 $z=\sqrt{x^2+y^2}$ 被曲面 $x^2+y^2=2ax\ (a>0)$ 所截得的部分；

(9) $\iint\limits_{(S)} z\,\mathrm{d}S$，$(S)$ 为螺旋面：$x=\mu\cos\theta, y=\mu\sin\theta, z=\theta$ 的一部分，其中 $0\leqslant\mu\leqslant a, 0\leqslant\theta\leqslant 2\pi$；

(10) $\iint\limits_{(S)} z^2\,\mathrm{d}S$，$(S)$ 为圆锥面：$x=r\cos\varphi\sin\alpha, y=r\sin\varphi\sin\alpha, z=r\cos\alpha$ 的一部分，其中 $0\leqslant r\leqslant a, 0\leqslant\varphi\leqslant 2\pi$，$\alpha\ \left(0<\alpha<\dfrac{\pi}{2}\right)$ 为常数.

11. 设形如悬链线 $y=\dfrac{a}{2}(\mathrm{e}^{x/a}+\mathrm{e}^{-x/a})$ 的物质曲线上每一点的密度与该点的纵坐标成反比，且在点 $(0,a)$ 的密度等于 μ，试求该物质曲线在横坐标 $x_1=0$ 及 $x_2=a$ 间一段的质量 m.

12. 设球面三角形为 $x^2+y^2+z^2=a^2, x\geqslant 0, y\geqslant 0, z\geqslant 0$，求：

(1) 其周界的形心坐标（即密度为 1 的质心坐标）；

(2) 此球面三角形的形心坐标.

13. 求密度为常数 μ 的均匀锥面 $\dfrac{x^2}{a^2}+\dfrac{y^2}{a^2}-\dfrac{z^2}{b^2}=0\ (0\leqslant z\leqslant b)$ 对 z 轴的转动惯量.

14. 求高为 $2h$，半径为 R，物质均匀分布的正圆柱面对(1) 中心轴线；(2) 中央横截面的一条直径；(3) 底面的一条直径的转动惯量.

(B)

1. 求平面 $x+y=1$ 上被坐标面与曲面 $z=xy$ 截下的在第一卦限部分的面积.

2. 求平面光滑曲线 $y=f(x)\ (a\leqslant x\leqslant b, f(x)>0)$ 绕 x 轴旋转所得旋转曲面的面积.

3. 求曲线 $x=a(t-\sin t), y=a(1-\cos t)\ (0\leqslant t\leqslant 2\pi)$ (1) 绕 x 轴；(2) 绕 y 轴；(3) 绕直线 $y=2a$ 旋转所成旋转曲面的面积，其中 $a>0$.

4. 求平面曲线 $x^2+(y-b)^2=a^2\ (b\geqslant a)$ 绕 x 轴所构成的环（轮胎）面的面积.

5. 证明：由平面上一已知弧段，绕这平面上一条不穿过这弧段的直线旋转而成的旋转曲面的面积，等于这弧段的长度与这弧段的形心旋转一周时所经路程的长度的乘积.

6. 求物质均匀分布，半径为 R 的球面对距球心为 $a\ (a>R)$ 处的单位质量的质点 A 的引力.

7. 计算 $\oint_{(C)} x^2\,\mathrm{d}s$，$(C)$ 为球面 $x^2+y^2+z^2=1$ 被平面 $x+y+z=0$ 所截出的圆周.

8. 设半径为 R 的球面 (S)，其球心位于定球面 $x^2+y^2+z^2=a^2\ (a>0)$ 上，问 R 取何值时，球面 (S) 在定球面内部的那部分面积最大？

9. 设 (S) 为椭球面 $\dfrac{x^2}{2}+\dfrac{y^2}{2}+z^2=1$ 的上半部分，点 $P(x,y,z)\in(S)$，π 为 (S) 在点 P 处的切平面，$\rho(x,y,z)$ 为点 $O(0,0,0)$ 到平面 π 的距离，求 $\iint\limits_{(S)} \dfrac{z}{\rho(x,y,z)}\,\mathrm{d}S$.

10. 一个体积为 V,外表面积为 S 的雪堆,融化的速度是 $\frac{\mathrm{d}V}{\mathrm{d}t}=-\alpha S$,其中 α 是一个常数.假设在融化期间雪堆的形状保持为 $z=h-\frac{x^2+y^2}{h}$, $z>0$,其中 $h=h(t)$.问一个高度为 h_0 的雪堆全部融化需要多长时间?

第七节 第二型线积分与面积分

从这一节开始,我们将介绍多元函数积分中的第二大类型,包括第二型的线积分与面积分.在第一型线积分与面积分中,积分曲线(C)与积分曲面(S)是不考虑方向的,从而相应的弧长微元 $\mathrm{d}s$ 与曲面面积微元 $\mathrm{d}S$ 都总是取正值.对于第二型线积分与面积分,积分曲线与积分曲面将必须考虑方向,而且被积表达式由两向量的点积构成.这是两大类型线积分与面积分的差异.

第二型线、面积分概念也是为满足实际问题的需要而引入的,特别是研究各种物理场的需要.因此,本节先介绍场的概念,然后从实例出发分别介绍这两种第二型积分的概念、性质、计算方法以及与第一型积分的关系,它们在场论中的应用将放在第八节中专门介绍.

7.1 场的概念

在物理等学科中我们常常研究各种各样的场,如温度场、高度场、电位场、力场、电场强度场、磁场、流速场,等等.一般地,我们把分布着某种物理量的平面或空间区域称为**场**,在数学上表现为定义在某一区域上的数量值函数或向量值函数.当这个函数为数量值函数时,称为**数量场**;当这个函数为向量值函数时,称为**向量场**.例如上述几种场中,温度场、高度场、电位场是数量场,其余的都是向量场.

从数学的观点来看,给定了一个函数,就相当于给定了一个场.若此函数是一数量值函数 $u(M)$ ($M\in(G)\subseteq\mathbf{R}^3$),则为数量场;若是一向量值函数 $\boldsymbol{A}(M)$ ($M\in(G)\subseteq\mathbf{R}^3$),则为向量场.此函数也称为**场函数**,$(G)$称为**场域**.

如果场中的物理量仅与点 M 的位置有关,不随时间变化,那么这种场称为**定常场或稳定场**,视场是数量场或向量场分别记作 $u(M)$ 或 $\boldsymbol{A}(M)$;若场不仅与点 M 的位置有关,而且也与时间 t 有关,则称其为**非定常场或时变场**,分别记作 $u(M,t)$ 或 $\boldsymbol{A}(M,t)$.本节中仅讨论定常场.

无论是数量场还是向量场,我们都需要从宏观和微观两个方面去研究它们,既要掌握场中物理量的总体分布情况,也要揭示物理量在场中各点的变化规律.

场的几何描述 场的几何描述可以帮助我们直观地了解场中物理量的总体分布情况.我们知道给定一个场,在数学上也就是给定了一个函数.对于一个平面或空间的数量场:$u=u(M)=u(x,y),(x,y)\in(D)\subseteq\mathbf{R}^2$ 或 $u=u(M)=u(x,y,z),(x,y,z)\in(G)\subseteq\mathbf{R}^3$,相应的二元函数 $u(x,y)$ 和三元函数 $u(x,y,z)$ 可以分别通过等值线 $u(x,y)=C$ 和等值面 $u(x,y,z)=C$ 来几何表示(见第五章 4.3 节),而等值线(面)的形状和疏密程度可以从宏观上反映出该物理量在场内的分布情况.

例 7.1 高度场的等高线.

设 $h=h(x,y)((x,y)\in(D))$ 是在域 (D) 内的一个高度场,等值线 $h(x,y)=C$ 就是其等高线.这些等高线能清晰地反映出场中地势的高低分布情况.例如考察 $h(x,y)=C_i\ (i=1,2,3)$,$C_1<C_2<C_3$,如图 6.49 所示.由这些等高线不难看出,该地区 (D) 内东西两边各有一个小山包,西边的山较高,东边的较低,西边的山靠东侧比较陡,靠西侧比较平缓,我们通常见到的地形图就是利用等高线绘制的.

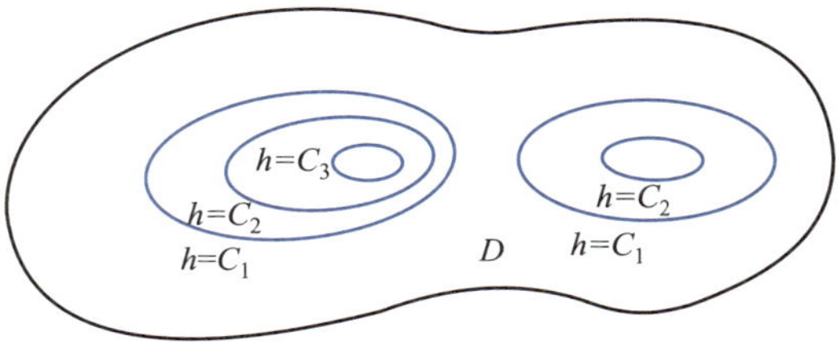

图 6.49

例 7.2 电位场的等值面.

设有一带电量为 q 的点电荷,在空间形成一个电位场.若建立坐标系,并将此点电荷所在位置取作坐标原点,则电位场可表示为

$$u=\frac{q}{4\pi\varepsilon r}\quad(r\neq 0),$$

其中 ε 为介电系数,$r=\sqrt{x^2+y^2+z^2}$.

该电位场的等值面 $u=C$ 的方程为

$$x^2+y^2+z^2=R^2\quad\left(R=\frac{q}{4\pi\varepsilon C}\right),$$

它是一族以坐标原点为球心的球面.由此可见,在每一球面上电位均相同,而且半径 R 越大的球面上电位的值 C 越小.

对于数量场 $u(x,y,z)((x,y,z)\in(G))$,容易看出,场 (G) 内任一点 (x_0,y_0,z_0) 必位于等值面 $u(x,y,z)=u(x_0,y_0,z_0)$ 上;又由于 u 为单值函数,因而任意两个不同等值面不会相交.

等值线(面)是宏观了解数量场分布的一种方法,对数量场微观的研究主要是研究函数 $u=u(M)$ 在各点的性态和变化情况,沿各个方向变化的快慢程度,以及沿什么方向变化最大等,这就是第五章第三节中所讨论过的方向导数和梯度.

对于一个空间的向量场 $\boldsymbol{A}=\boldsymbol{A}(M)=\boldsymbol{A}(x,y,z)$,$(x,y,z)\in(G)\subseteq\mathbf{R}^3$,域$(G)$内任一点都确定着一个向量. 我们把$(G)$内这样的曲线称为**向量线**,它上面每一点处切向量的方向,正好与场在此点所确定向量的方向吻合(图 6.50). 例如,若图 6.50 中的向量场是一段河流中的流速场,则向量线就是这段河流中水的流线,它反映了此向量场中水流动方向的总体分布.

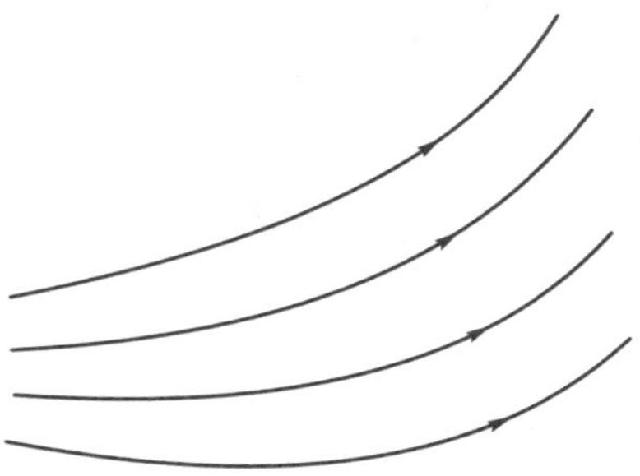

图 6.50

对于向量场 $\boldsymbol{A}(M)$,无论宏观和微观的研究都还有一些重要的问题需要讨论. 例如,对于河流中的流速场,如果河床不断地有水渗入或渗出,那么我们一方面需要从总体上了解单位时间内通过某一截面水流量的多少,另一方面也需要从微观上考察河床每一点渗水的强度. 又如,在具有旋涡的流速场中,我们既要研究沿某一闭合曲线的环流量,也要研究场中各点旋转趋势的大小和方向. 为了对向量场进行这些比较深入的研究,需要首先介绍第二型线积分和第二型面积分.

7.2 第二型线积分

1. 第二型线积分的概念

首先我们讨论下面一个具体问题.

力场做功问题 我们知道,质点在力场中运动,力场将会对其做功. 如果力场 $\boldsymbol{F}$ 的大小和方向始终不变,且质点沿直线运动. 那么,质点每运动一单位长度,力场所做的功均相同,换句话说,功是随质点运动均匀变化的. 这时,当质点从点 A 沿直线运动到点 B 时,力场所做的功 W 可通过向量点积公式得到

$$W=\boldsymbol{F}\cdot\overrightarrow{AB}. \tag{7.1}$$

现在考察质点 M 沿曲线 $\widehat{AB}$ 运动,且力场 $\boldsymbol{F}(M)$ 随点 M 的位置不同而变化,显然,$\boldsymbol{F}$ 所做的功是非均匀变化的. 为了利用均匀变化的公式(7.1)来处理此非均匀变化问题,我们仍可通过"分""匀""合""精"的步骤来实现.

分 从点 A 到点 B 依次插入 $n-1$ 个分点 $M_1,M_2,\cdots,M_{n-1}$,把曲线段 $\widehat{AB}$ 分成 n 个有向小弧段,并把点 A 与 B 分别记作 M_0 与 M_n (图 6.51).

匀 由于各小段有向弧 $\widehat{M_{k-1}M_k}$ 很短,可以近似地看作是弦向量 $\overrightarrow{M_{k-1}M_k}$,而且 $\boldsymbol{F}(M)$ 在其上变化也不大,可以近似地用 $\widehat{M_{k-1}M_k}$ 上任一点 $\overline{M}_k$ 处的力 $\boldsymbol{F}(\overline{M}_k)$ 代替,于是当质点从点 M_{k-1} 沿 $\widehat{M_{k-1}M_k}$ 移动到点 M_k 时,力场 $\boldsymbol{F}$ 所做的功便可以近似地用均匀变

化的公式(7.1)来求,即

$$\Delta W_k \approx \boldsymbol{F}(\overline{M}_k)\cdot\overrightarrow{M_{k-1}M_k},\ k=1,2,\cdots,n.$$

合　把沿各有向小弧段上所做的功相加,便得到所求功的近似值

$$W=\sum_{k=1}^{n}\Delta W_k \approx \sum_{k=1}^{n}\boldsymbol{F}(\overline{M}_k)\cdot\overrightarrow{M_{k-1}M_k}.$$

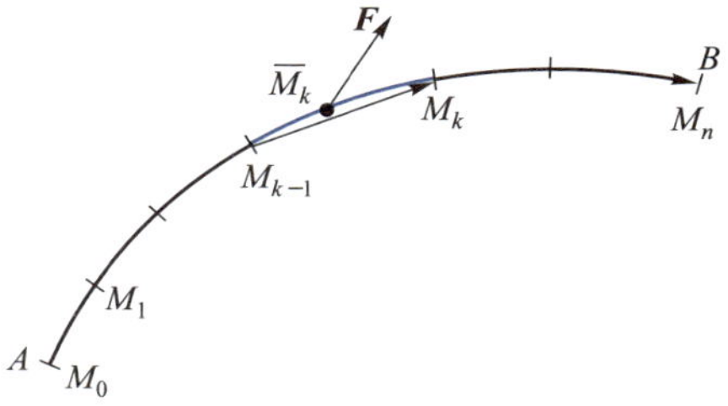

图 6.51

精　当各小段弧长的最大值 $d\to 0$ 时,便得到所求功的精确值

$$W=\lim_{d\to 0}\sum_{k=1}^{n}\boldsymbol{F}(\overline{M}_k)\cdot\overrightarrow{M_{k-1}M_k}.$$

将上述和式极限抽象化就得到第二型线积分的定义.

定义 7.1(第二型线积分)　设(C)是向量场$\boldsymbol{A}(M)$所在区域中的一条以 A 为起点、B 为终点且可求长的有向曲线,$\boldsymbol{A}(M)$在(C)上有界.

在(C)上自起点 A (记作 M_0)到终点 B (记作 M_n)依次任意插入 $n-1$ 个分点 $M_1,M_2,\cdots,M_{n-1}$,把(C)分成 n 个有向小弧段.

在每一有向小弧段$\widehat{M_{k-1}M_k}$上任取一点 $\overline{M}_k$,作点积

$$\boldsymbol{A}(\overline{M}_k)\cdot\overrightarrow{M_{k-1}M_k},\quad k=1,2,\cdots,n.$$

将各小弧段所对应的点积相加得和式

$$\sum_{k=1}^{n}\boldsymbol{A}(\overline{M}_k)\cdot\overrightarrow{M_{k-1}M_k}.$$

如果无论(C)被怎样划分,点 $\overline{M}_k$ 在$\widehat{M_{k-1}M_k}$上被怎样选取,当所有小弧段的最大长度 $d\to 0$ 时上述和式都趋于同一常数,则称此极限值为向量值函数(或向量场)$\boldsymbol{A}(M)$沿有向曲线(C)的**第二型曲线积分**,简称为**第二型线积分**,记作

注意:第二型与第一型线积分的主要差别在于:第一型线积分中,积分微元 $f(M)\mathrm{d}s$ 是两数量的乘积,积分路径没有方向性,$\mathrm{d}s$ 是弧微分,它始终为正;第二型线积分中,积分微元 $\boldsymbol{A}(M)\cdot\mathbf{d}\boldsymbol{s}$ 是两向量的点积,积分路径(C)具有方向性,沿$(\widehat{AB})$积分与沿$(\widehat{BA})$积分,由于其中分点的顺序相反,向量$\overrightarrow{M_{k-1}M_k}$反向,从而积分的值反号.

$$\int_{(C)}\boldsymbol{A}(M)\cdot\mathbf{d}\boldsymbol{s}=\lim_{d\to 0}\sum_{k=1}^{n}\boldsymbol{A}(\overline{M}_k)\cdot\overrightarrow{M_{k-1}M_k}. \tag{7.2}$$

此时,称向量值函数$\boldsymbol{A}(M)$在曲线(C)上可积.

可以证明(从略),当$\boldsymbol{A}(M)$在有向光滑(或分段光滑)曲线(C)上连续时,$\boldsymbol{A}(M)$在(C)上一定可积.

当需要注明曲线(C)的起点A与终点B时,将$\int_{(C)}\boldsymbol{A}(M)\cdot\mathbf{ds}$记为$\int_{(AB)}\boldsymbol{A}(M)\cdot\mathbf{ds}$.

这个定义是第二型线积分的向量形式.在直角坐标系下,也可以把它表示为坐标形式.

设(C)为空间曲线,在直角坐标系下,$\boldsymbol{A}(M)=(P(x,y,z),Q(x,y,z),R(x,y,z))$. 把各小段的弦向量$\overrightarrow{M_{k-1}M_k}$写成分量形式

$$\overrightarrow{M_{k-1}M_k}=(\Delta x_k,\Delta y_k,\Delta z_k),$$

其中$\Delta x_k,\Delta y_k,\Delta z_k$分别为$\overrightarrow{M_{k-1}M_k}$在$x,y,z$三个坐标轴上的投影.将点$\overline{M}_k$的坐标记为$(\xi_k,\eta_k,\zeta_k)$,于是定义中的和式极限可写成

$$\lim_{d\to 0}\sum_{k=1}^{n}\{P(\xi_k,\eta_k,\zeta_k)\Delta x_k+Q(\xi_k,\eta_k,\zeta_k)\Delta y_k+R(\xi_k,\eta_k,\zeta_k)\Delta z_k\},$$

这个极限相应地记作

$$\int_{(C)}P(x,y,z)\,\mathrm{d}x+Q(x,y,z)\,\mathrm{d}y+R(x,y,z)\,\mathrm{d}z,\tag{7.3}$$

就是第二型线积分的坐标形式.因此,第二型线积分也称为**对坐标的线积分**.

由第二型线积分的定义可知,力场$\boldsymbol{F}$将质点由点A沿曲线(C)移至点B时所做的功为

$$W=\int_{(C)}\boldsymbol{F}\cdot\mathbf{ds}=\int_{(C)}P(x,y,z)\,\mathrm{d}x+Q(x,y,z)\,\mathrm{d}y+R(x,y,z)\,\mathrm{d}z,$$

其中$\boldsymbol{F}=(P,Q,R)$.

注:定积分$\int_a^b f(x)\,\mathrm{d}x$可以看作是积分路径在$Ox$轴上线段$\overline{ab}$的线积分.它在由曲边梯形面积等问题引入时,由于不具备路径的方向性.故应属于第一型线积分.但当补充定义$\int_a^b f(x)\,\mathrm{d}x=-\int_b^a f(x)\,\mathrm{d}x$后,意味着赋予了路径$\overline{ab}$的方向.这时它应属于第二型线积分.

注意:(7.3)式中的积分实际上是三个积分的组合,它们也可以单独出现,例如

$$\int_{(C)}P(x,y,z)\,\mathrm{d}x=\lim_{d\to 0}\sum_{k=1}^{n}P(\xi_k,\eta_k,\zeta_k)\Delta x_k.$$

这时,被积式可理解为

$$(P,0,0)\cdot(\mathrm{d}x,\mathrm{d}y,\mathrm{d}z).$$

2. 第二型线积分的性质

设以下所讨论的第二型线积分均存在.

性质 1 如果把积分路径(C)的方向反过来(记作$(-C)$),那么积分的值将改变符号,即

$$\int_{(C)}\boldsymbol{A}(M)\cdot\mathbf{ds}=-\int_{(-C)}\boldsymbol{A}(M)\cdot\mathbf{ds}.$$

性质 2 设A,B,P为曲线(C)上任意三点,则

$$\int_{(\widehat{AB})}\boldsymbol{A}(M)\cdot\mathbf{ds}=\int_{(\widehat{AP})}\boldsymbol{A}(M)\cdot\mathbf{ds}+\int_{(\widehat{PB})}\boldsymbol{A}(M)\cdot\mathbf{ds}.$$

性质 3　如果由闭合曲线(C)所围成的平面区域被划分为两个无公共内点的区域(σ_1)和(σ_2)，它们的边界分别记作(C_1)和(C_2)（图 6.52），那么沿闭合曲线(C)的第二型线积分$\oint_{(C)} P(x,y)\mathrm{d}x+Q(x,y)\mathrm{d}y$等于按同一方向闭合曲线$(C_1)$和$(C_2)$的第二型线积分之和，即

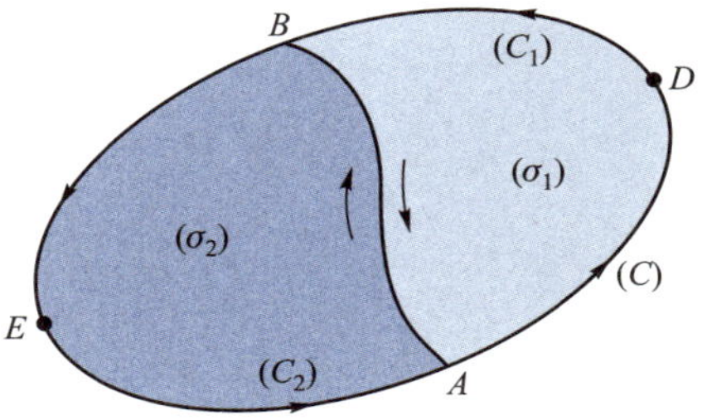

图 6.52

$$\oint_{(C)} P\mathrm{d}x+Q\mathrm{d}y=\oint_{(C_1)} P\mathrm{d}x+Q\mathrm{d}y+\oint_{(C_2)} P\mathrm{d}x+Q\mathrm{d}y,$$

其中曲线(C)，(C_1)，(C_2)或者都取正向，或者都取负向①.

事实上，若三个积分路径都取正向，如图 6.52 所示，则由性质 1 与 2 可得

$$\begin{aligned}&\oint_{(+C_1)}\boldsymbol{A}(M)\cdot\mathbf{d}\boldsymbol{s}+\oint_{(+C_2)}\boldsymbol{A}(M)\cdot\mathbf{d}\boldsymbol{s}\\&=\int_{(\widehat{ADBA})}\boldsymbol{A}(M)\cdot\mathbf{d}\boldsymbol{s}+\int_{(\widehat{ABEA})}\boldsymbol{A}(M)\cdot\mathbf{d}\boldsymbol{s}\\&=\int_{(\widehat{ADB})}\boldsymbol{A}(M)\cdot\mathbf{d}\boldsymbol{s}+\int_{(\widehat{BA})}\boldsymbol{A}(M)\cdot\mathbf{d}\boldsymbol{s}+\int_{(\widehat{AB})}\boldsymbol{A}(M)\cdot\mathbf{d}\boldsymbol{s}+\int_{(\widehat{BEA})}\boldsymbol{A}(M)\cdot\mathbf{d}\boldsymbol{s}\\&=\int_{(\widehat{ADB})}\boldsymbol{A}(M)\cdot\mathbf{d}\boldsymbol{s}+\int_{(\widehat{BEA})}\boldsymbol{A}(M)\cdot\mathbf{d}\boldsymbol{s}=\oint_{(+C)}\boldsymbol{A}(M)\cdot\mathbf{d}\boldsymbol{s}.\end{aligned}$$

将上式两端同乘-1，并利用性质 1 就有

$$\oint_{(-C_1)}\boldsymbol{A}(M)\cdot\mathbf{d}\boldsymbol{s}+\oint_{(-C_2)}\boldsymbol{A}(M)\cdot\mathbf{d}\boldsymbol{s}=\oint_{(-C)}\boldsymbol{A}(M)\cdot\mathbf{d}\boldsymbol{s}.$$

3. 第二型线积分的计算

设光滑有向曲线(C)的参数方程是

$$\boldsymbol{r}=\boldsymbol{r}(t)=(x(t),y(t),z(t))\quad(\alpha\leqslant t\leqslant\beta),$$

$t=\alpha$对应于(C)的起点A，$t=\beta$对应于(C)的终点B.又设向量值函数

$$\boldsymbol{A}=\boldsymbol{A}(x,y,z)=(P(x,y,z),Q(x,y,z),R(x,y,z))$$

在曲线(C)上连续，这时第二型线积分$\int_{(C)}\boldsymbol{A}(M)\cdot\mathbf{d}\boldsymbol{s}$存在，于是可以通过和式极限，用与推导第一型线积分计算公式类似的方法得

$$\begin{aligned}\int_{(C)}\boldsymbol{A}(M)\cdot\mathbf{d}\boldsymbol{s}&=\int_{(C)}(P(x,y,z),Q(x,y,z),R(x,y,z))\cdot(\mathrm{d}x,\mathrm{d}y,\mathrm{d}z)\\&=\int_{(C)}P(x,y,z)\mathrm{d}x+Q(x,y,z)\mathrm{d}y+R(x,y,z)\mathrm{d}z,\end{aligned}$$

① 闭合曲线(C)的正向如下确定：沿闭合曲线(C)行走使(C)所围的区域始终位于人的左侧.反之为负向.

其中

$$\begin{aligned}\int_{(C)} P(x,y,z)\,\mathrm{d}x &= \int_{\alpha}^{\beta} P[x(t),y(t),z(t)]\dot{x}(t)\,\mathrm{d}t,\\ \int_{(C)} Q(x,y,z)\,\mathrm{d}y &= \int_{\alpha}^{\beta} Q[x(t),y(t),z(t)]\dot{y}(t)\,\mathrm{d}t,\\ \int_{(C)} R(x,y,z)\,\mathrm{d}z &= \int_{\alpha}^{\beta} R[x(t),y(t),z(t)]\dot{z}(t)\,\mathrm{d}t.\end{aligned} \tag{7.4}$$

由此可见,计算第二型线积分 $\int_{(C)} \boldsymbol{A}(M)\cdot \mathrm{d}\boldsymbol{s}$,只要将 $\mathrm{d}\boldsymbol{s}$ 看作是向量$(\mathrm{d}x,\mathrm{d}y,\mathrm{d}z)$,把积分路径$(C)$的参数式代入 $\boldsymbol{A}(M)\cdot \mathrm{d}\boldsymbol{s}$ 中,然后计算(7.4)式右端三个定积分之和就行了.

☞二维码 6.7.1 第二型线积分 $\int_{(C)} \boldsymbol{A}(M)\cdot \mathrm{d}\boldsymbol{s}$ 中 $\mathrm{d}\boldsymbol{s}$ 的几何意义.

例 7.3 计算 $I=\int_{(C)} yz\mathrm{d}x - xz\mathrm{d}y + 2z^2\mathrm{d}z$,其中$(C)$是螺旋线 $x=a\cos t, y=a\sin t, z=kt$ 上对应于从 $t=0$ 到 $t=\pi$ 的有向弧.

解 由计算公式(7.4)可知,

$$I=\int_0^{\pi}(-a^2kt\sin^2 t - a^2kt\cos^2 t + 2k^3t^2)\,\mathrm{d}t = k\pi^2\left(\frac{2}{3}k^2\pi - \frac{a^2}{2}\right). \quad ▌$$

例 7.4 计算 $I=\int_{(C)} 6x^2y\mathrm{d}x + 10xy^2\mathrm{d}y$,其中$(C)$是曲线 $y=x^3$ 从点$(2,8)$至$(1,1)$的一段.

解 把曲线(C)的方程写成以 x 为参数的参数方程:$x=x, y=x^3$,注意到积分路径的方向,得

$$I=\int_2^1 (6x^2x^3 + 10x(x^3)^2\cdot 3x^2)\,\mathrm{d}x = -3\,132. \quad ▌$$

例 7.5 计算

$$I=\int_{(C)} 2yx^3\mathrm{d}y + 3x^2y^2\mathrm{d}x,$$

其中起点和终点分别为 $O(0,0)$ 和 $B(1,1)$ 的积分路径(C)为

(1) 抛物线 $y=x^2$;(2) 直线段 $y=x$;

(3) 依次联结 $O(0,0)$, $A(1,0)$, $B(1,1)$ 的有向折线,如图 6.53 所示.

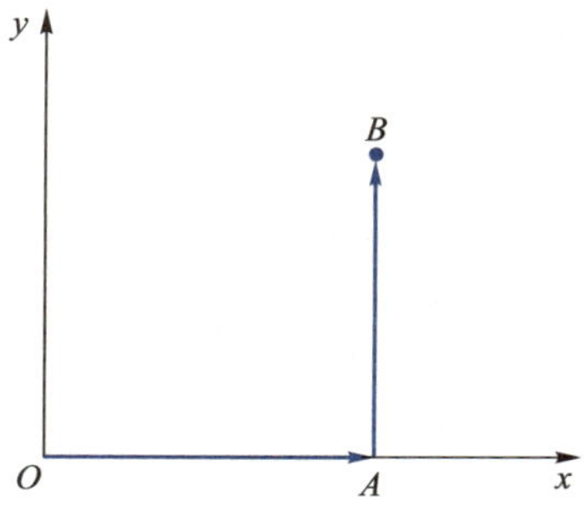

图 6.53

解 (1) 把 x 看作参变量,则有

$$I=\int_0^1 (4x^6 + 3x^6)\,\mathrm{d}x = 1;$$

(2) 以 x 为参变量,得

$$I=\int_0^1(2x^4+3x^4)\,\mathrm{d}x=1;$$

(3) $I=\int_{(C)}2yx^3\mathrm{d}y+3x^2y^2\mathrm{d}x=\int_{(\overrightarrow{OA})}2yx^3\mathrm{d}y+3x^2y^2\mathrm{d}x+\int_{(\overrightarrow{AB})}2yx^3\mathrm{d}y+3x^2y^2\mathrm{d}x$,

在 $\overrightarrow{OA}$ 上以 x 为参变量,其方程为 $y=0$;在 $\overrightarrow{AB}$ 上以 y 为参变量,其方程为 $x=1$,从而

$$I=\int_0^1 3x^2\cdot 0\mathrm{d}x+\int_0^1 2y\mathrm{d}y=1.\quad \blacksquare$$

例 7.5 的结果显示,对于某些第二型线积分,其积分值仅取决于起点和终点,而与积分路径无关,这是一个重要而有趣的性质.怎样的第二型线积分具有这一重要性质呢? 我们将在 8.2 节中进行讨论.

例 7.6　质量为 m 的质点,从空间一点 A 沿某光滑曲线 (C) 移动到另一点 B,求重力所做的功 W.

解　建立空间直角坐标系,取铅直向上的方向为 z 轴(图 6.54),则质点在任一点 M 处所受的重力为 $\boldsymbol{F}(M)=(0,0,-mg)$.

设点 A 与 B 的坐标分别为 (x_0,y_0,z_0) 与 (x_1,y_1,z_1),从而

$$W=\int_{(C)}\boldsymbol{F}\cdot\mathbf{d}\boldsymbol{s}=-mg\int_{(C)}\mathrm{d}z$$

$$=-mg\int_{z_0}^{z_1}\mathrm{d}z=mg(z_0-z_1).\quad \blacksquare$$

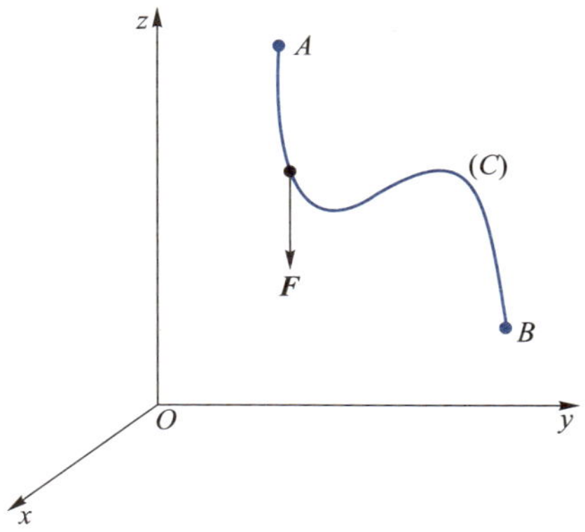

图 6.54

4. 两类线积分的联系

由公式(7.4)可知,第二型线积分中的微元向量 $\mathbf{d}\boldsymbol{s}=(\mathrm{d}x,\mathrm{d}y,\mathrm{d}z)$ 就是有向积分路径 (C) 在点 M 的切向量,且

$$\|\mathbf{d}\boldsymbol{s}\|=\sqrt{(\mathrm{d}x)^2+(\mathrm{d}y)^2+(\mathrm{d}z)^2}=\mathrm{d}s.$$

如果我们用 $\boldsymbol{e}_\tau$ 表示与有向路径 (C) 的方向一致的单位切向量,那么 $\mathbf{d}\boldsymbol{s}$ 可用弧微分 $\mathrm{d}s$ 和 $\boldsymbol{e}_\tau$ 的乘积表示,即

$$\mathbf{d}\boldsymbol{s}=\boldsymbol{e}_\tau\mathrm{d}s,$$

于是

$$\int_{(C)}\boldsymbol{A}(M)\cdot\mathbf{d}\boldsymbol{s}=\int_{(C)}\boldsymbol{A}(M)\cdot\boldsymbol{e}_\tau\mathrm{d}s.\tag{7.5}$$

(7.5)式表达了两类线积分的联系,它的右端是数量值函数 $\boldsymbol{A}(M)\cdot\boldsymbol{e}_\tau$ 的第一型线积分.

现在把(7.5)式用坐标表示.设有向曲线(C)在点M处切向量的方向余弦为$\cos\alpha,\cos\beta,\cos\gamma$，并设

$\boldsymbol{A}(M)=(P(x,y,z),Q(x,y,z),R(x,y,z))$，

则(7.5)式的坐标表达式为

注意：在(7.6)式中，方向余弦$\cos\alpha,\cos\beta,\cos\gamma$都是$x,y,z$的函数，一般情况下，它们的形式比较复杂.所以除了一些特殊情况外，计算第二型线积分不必化为第一型线积分而直接计算更为简便.

$$\int_{(C)} P\mathrm{d}x+Q\mathrm{d}y+R\mathrm{d}z=\int_{(C)}(P\cos\alpha+Q\cos\beta+R\cos\gamma)\mathrm{d}s. \tag{7.6}$$

由(7.5)或(7.6)式我们看到，在把有方向的第二型线积分化为无方向的第一型线积分时，曲线的方向已通过$\boldsymbol{e}_\tau=(\cos\alpha,\cos\beta,\cos\gamma)$被包含在第一型线积分的被积函数中了.

7.3 第二型面积分

1. 第二型面积分的概念

与第二型线积分一样，为了研究第二型面积分，首先要给曲面确定方向.通常遇到的曲面都有两侧之分.如果是闭合曲面，有内侧与外侧之分；如果不闭合，有上侧与下侧、左侧与右侧、前侧与后侧之分.这种曲面称为**双侧曲面**，它的特征是：规定此曲面在一点P处法向量的指向之后，当点在曲面上连续移动而不越过其边界再回到原来位置时，法向量的指向不变.本书只限于讨论这种双侧曲面.对于双侧曲面，其法向量的两个指向可以根据需要任意确定，我们把确定了法向量指向的曲面称为**有向曲面**，而且用法向量的指向来确定曲面的方向，或者说确定曲面的侧.例如，有上、下侧之分的曲面(S)，上侧是指其法向量朝上的一侧；对于闭合曲面，外侧是指其法向量朝外的一侧.

注：也存在单侧曲面.例如，将一长方形纸条$ABCD$先扭转一次，再把两对边AB与CD粘合起来，这样构成的曲面称为Möbius带(图6.55).如果用颜色来涂这张曲面，可以不越过曲面的边缘而涂遍这条纸带，因而它不能分开两侧，此曲面就是一张单侧曲面.

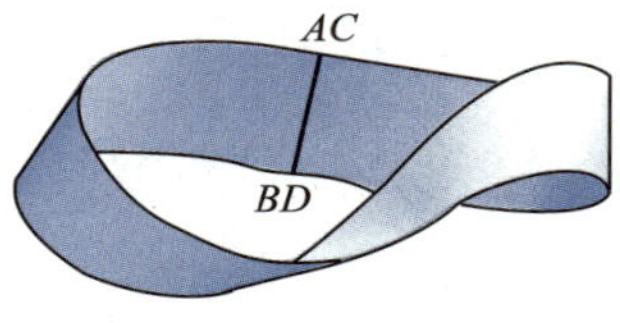

图6.55

流量问题 设有不可压缩的流体(即流体的密度是不变的)在一空间流速场$\boldsymbol{v}(M)(M\in(G)\subseteq\mathbf{R}^3)$中流动，$(S)$为$(G)$中一有向曲面，求流体流向曲面$(S)$指定一侧的流量(即单位时间内通过曲面$(S)$的流体的体积).

设$\boldsymbol{e}_n$为曲面(S)指向给定侧的单位法向量.如果流速场中各点的流速$\boldsymbol{v}(M)$均相同，即$\boldsymbol{v}$是一常向量，(S)是一平面，如图6.56所示，那么通过(S)的流量Q等于图中斜柱体的体积，它在(S)上显然是均匀分布的，可通过两向量的点积得到，即

$$Q=\boldsymbol{v}\cdot\boldsymbol{e}_nS, \tag{7.7}$$

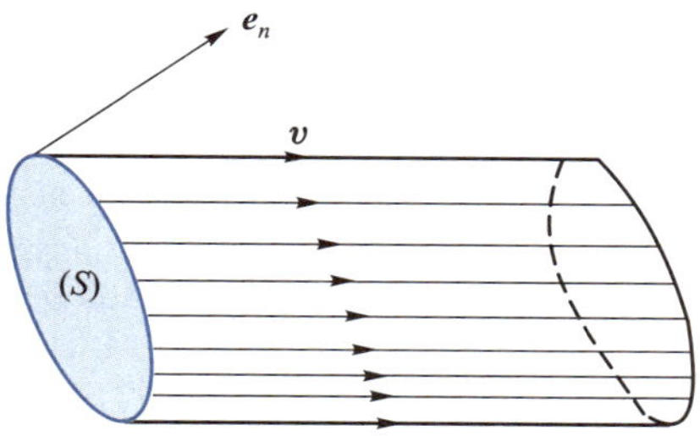

图 6.56

其中 S 为平面 (S) 的面积.

容易看出,当 v 与 e_n 的夹角为锐角时,由于 $v \cdot e_n > 0$,这时流量 Q 就是以 (S) 为底、$|v|$ 为斜高的斜柱体的体积 V;当 $v \perp e_n$ 时,流量 $Q=0$;当 v 与 e_n 的夹角为钝角时,$v \cdot e_n < 0$,从而流量 $Q = v \cdot e_n S = -V < 0$,这里负号表示流体实际上是流向与 e_n 反向的一侧.

如果流速场不是常向量场,而 (S) 是一片有向曲面,这时流量在 (S) 上是非均匀分布的,要计算流向曲面一侧的流量就需要运用积分的方法.

分　把曲面 (S) 任意分成 n 个子片 (ΔS_k),$k=1,2,\cdots,n$. 用 ΔS_k 表示 (ΔS_k) 的面积.

匀　在各小片曲面 (ΔS_k) 上,任取一点 M_k,把 (ΔS_k) 上各点的流速视为常向量 $v(M_k)$,且把 (ΔS_k) 视为一平面,于是通过 (ΔS_k) 流向 e_n 所指向一侧的流量 ΔQ_k 可用公式(7.7)近似表示,即

$$\Delta Q_k \approx v(M_k) \cdot e_n \Delta S_k,\ \ k=1,2,\cdots,n.$$

当 $v(M_k) \cdot e_n > 0$ 时,这个近似值就是以 (ΔS_k) 为底以 $v(M_k)$ 为斜高的小柱体体积(图 6.57).

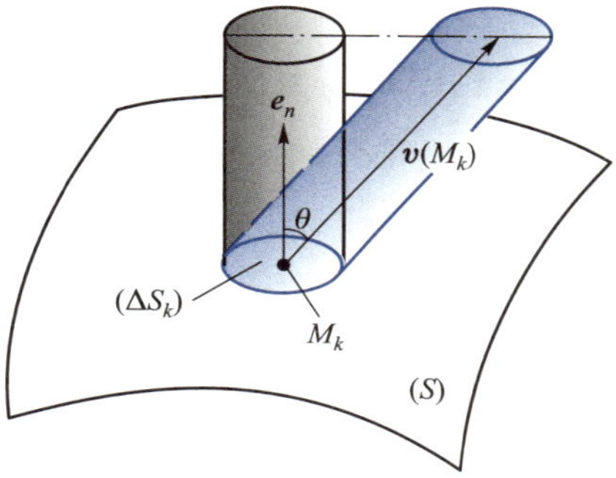

图 6.57

合　将流过各小片曲面流量的近似值相加,得所求流量 Q 的近似值

$$Q = \sum_{k=1}^{n} \Delta Q_k \approx \sum_{k=1}^{n} v(M_k) \cdot e_n \Delta S_k.$$

精　当所有小曲面直径的最大值 $d \to 0$ 时,上述和式的极限就规定为所求流量的精确值

$$Q = \lim_{d \to 0} \sum_{k=1}^{n} v(M_k) \cdot e_n \Delta S_k.$$

把上述和式的极限加以抽象,便得到第二型面积分的下述定义:

定义 7.2(第二型面积分)　设在向量场 $A(M)$ 的场域中有一可求面积的有向曲面 (S),指定它的一侧.

把曲面 (S) 任意划分成 n 小片 (ΔS_1),(ΔS_2),$\cdots$,(ΔS_n).

任取一点 $M_k \in (\Delta S_k)$,作点积

$$A(M_k) \cdot e_n(M_k) \Delta S_k\ \ (k=1,2,\cdots,n),$$

其中 $\boldsymbol{e}_n(M_k)$ 是曲面在点 M_k 处指向给定侧的单位法向量，ΔS_k 表示 (ΔS_k) 的面积.

作和式

$$\sum_{k=1}^{n}\boldsymbol{A}(M_k)\cdot\boldsymbol{e}_n(M_k)\Delta S_k.$$

如果不论曲面 (S) 怎样划分，点 M_k 在 (ΔS_k) 上怎样选取，当各小曲面 (ΔS_k) 直径的最大值 $d\to 0$ 时上述和式都趋于同一常数，则称此极限值为向量场 $\boldsymbol{A}(M)$ 沿有向曲面 (S) 的**第二型曲面积分**，简称为**第二型面积分**，记作

注意：(7.8)式的右端中，$\boldsymbol{A}(M_k)\cdot\boldsymbol{e}_n(M_k)$ 是一个标量，所以这个和式极限实际上是一个第一型曲面积分 $\iint\limits_{(S)}[\boldsymbol{A}(M)\cdot\boldsymbol{e}_n]\mathrm{d}S$，但其被积函数中包含着积分曲面 (S) 的法线方向，此方向确定了积分值的符号.我们把这个含有曲面法线方向的第一型曲面积分称为第二型曲面积分.

$$\boxed{\iint\limits_{(S)}\boldsymbol{A}(M)\cdot\mathbf{d}\boldsymbol{S}=\lim_{d\to 0}\sum_{k=1}^{n}\boldsymbol{A}(M_k)\cdot\boldsymbol{e}_n(M_k)\Delta S_k.}\tag{7.8}$$

其中 $\mathbf{d}\boldsymbol{S}=\boldsymbol{e}_n\mathrm{d}S$ 称为**曲面面积微元向量**.

这是第二型面积分的向量形式.在直角坐标系下，也可以把此定义用坐标形式给出.设

$$\boldsymbol{A}(M)=(P(x,y,z),Q(x,y,z),R(x,y,z)),$$
$$\boldsymbol{e}_n(M)=(\cos\alpha,\cos\beta,\cos\gamma),\ M_k=(\xi_k,\eta_k,\zeta_k),$$

则有

$$\begin{aligned}&\iint\limits_{(S)}\boldsymbol{A}(M)\cdot\mathbf{d}\boldsymbol{S}\\&=\lim_{d\to 0}\sum_{k=1}^{n}\boldsymbol{A}(M_k)\cdot\boldsymbol{e}_n(M_k)\Delta S_k\\&=\lim_{d\to 0}\sum_{k=1}^{n}[P(\xi_k,\eta_k,\zeta_k)\Delta S_k\cos\alpha_k+Q(\xi_k,\eta_k,\zeta_k)\Delta S_k\cos\beta_k+\\&\quad R(\xi_k,\eta_k,\zeta_k)\Delta S_k\cos\gamma_k]\\&=\iint\limits_{(S)}P(x,y,z)\cos\alpha\mathrm{d}S+Q(x,y,z)\cos\beta\mathrm{d}S+R(x,y,z)\cos\gamma\mathrm{d}S,\end{aligned}\tag{7.9}$$

☞二维码 6.7.2 第二型面积分 $\iint\limits_{(S)}\boldsymbol{A}(M)\cdot\mathbf{d}\boldsymbol{S}$ 中 $\mathbf{d}\boldsymbol{S}$ 的几何意义.

其中 $\mathrm{d}S=\|\mathbf{d}\boldsymbol{S}\|$.类似于本章(6.12)式可知，$\cos\alpha\mathrm{d}S,\cos\beta\mathrm{d}S,\cos\gamma\mathrm{d}S$ 分别是曲面面积微元向量 $\mathbf{d}\boldsymbol{S}$ 在 yOz,zOx,xOy 坐标平面上的有向投影，把它们分别记成 $\mathrm{d}y\wedge\mathrm{d}z,\mathrm{d}z\wedge\mathrm{d}x,\mathrm{d}x\wedge\mathrm{d}y$①，即

$$\mathbf{d}\boldsymbol{S}=(\mathrm{d}y\wedge\mathrm{d}z,\mathrm{d}z\wedge\mathrm{d}x,\mathrm{d}x\wedge\mathrm{d}y),$$

---

① 有的书上也把 $\mathrm{d}x\wedge\mathrm{d}y$ 写成 $\mathrm{d}x\mathrm{d}y$，但应注意它不同于直角坐标系下二重积分的面积微元.这里的 $\mathrm{d}x\mathrm{d}y$ 或 $\mathrm{d}x\wedge\mathrm{d}y$ 包含有正负号，取决于 (S) 法线的正向.

或

$$\mathrm{d}S\cos\alpha=\mathrm{d}y\wedge\mathrm{d}z,\quad \mathrm{d}S\cos\beta=\mathrm{d}z\wedge\mathrm{d}x,\quad \mathrm{d}S\cos\gamma=\mathrm{d}x\wedge\mathrm{d}y.\tag{7.10}$$

于是(7.9)式可写成

$$\begin{aligned}&\iint\limits_{(S)}\boldsymbol{A}(M)\cdot\mathbf{d}\boldsymbol{S}\\&=\iint\limits_{(S)}P(x,y,z)\mathrm{d}y\wedge\mathrm{d}z+Q(x,y,z)\mathrm{d}z\wedge\mathrm{d}x+R(x,y,z)\mathrm{d}x\wedge\mathrm{d}y.\end{aligned}\tag{7.11}$$

上式右端就是第二型面积分的坐标形式,因此第二型面积分也称为**对坐标的面积分**.

应当指出,第二型面积分与第一型面积分的主要区别在于第一型面积分的积分微元$f(M)\mathrm{d}S$是两个数量的乘积,积分曲面没有方向性,$\mathrm{d}S$在各坐标面上的投影$\mathrm{d}\sigma\geqslant 0$;而第二型面积分的积分微元$\boldsymbol{A}(M)\cdot\mathbf{d}\boldsymbol{S}$是两个向量的点积,曲面有两侧之分,在坐标表达式(7.11)中,$\mathrm{d}y\wedge\mathrm{d}z$,$\mathrm{d}z\wedge\mathrm{d}x$,$\mathrm{d}x\wedge\mathrm{d}y$是向量$\mathbf{d}\boldsymbol{S}$在相应坐标平面上的有向投影,其正负取决于法向量$\boldsymbol{n}$的方向.例如,当$(S)$在点$M$的法向量$\boldsymbol{n}$与$z$轴正向交角为锐角时,$\mathrm{d}x\wedge\mathrm{d}y=\mathrm{d}\sigma_{xy}$为正;为钝角时$\mathrm{d}x\wedge\mathrm{d}y=-\mathrm{d}\sigma_{xy}$为负;为直角时为零,其中$\mathrm{d}\sigma_{xy}$是$(\mathrm{d}S)$在$xOy$坐标平面上投影区域的面积,在不致混淆时也简记为$\mathrm{d}\sigma$.

注: 与第二型线积分一样,由(7.11)式可见,第二型面积分实际上也是三个积分的组合.它们也可以单独出现.例如:
若$\boldsymbol{A}(M)=(0,0,R(x,y,z))$,则
$\iint\limits_{(S)}\boldsymbol{A}(M)\cdot\mathbf{d}\boldsymbol{S}=\iint\limits_{(S)}R(x,y,z)\mathrm{d}x\wedge\mathrm{d}y$.

由上述定义可知,流体通过曲面(S)流向$\boldsymbol{e}_n$所指向一侧的总流量Q为流速场$\boldsymbol{v}(M)$在(S)上的第二型面积分

$$Q=\iint\limits_{(S)}\boldsymbol{v}(M)\cdot\mathbf{d}\boldsymbol{S}.$$

此外,电位移向量$\boldsymbol{D}$分布的电场与磁感应强度$\boldsymbol{B}$分布的磁场,对有向曲面(S)的电通量和磁通量都可分别用第二型面积分表示为

$$\Phi_D=\iint\limits_{(S)}\boldsymbol{D}\cdot\mathbf{d}\boldsymbol{S},\quad \Phi_B=\iint\limits_{(S)}\boldsymbol{B}\cdot\mathbf{d}\boldsymbol{S}.$$

一般地,把向量场$\boldsymbol{A}$在有向曲面(S)上的第二型面积分$\Phi=\iint\limits_{(S)}\boldsymbol{A}\cdot\mathbf{d}\boldsymbol{S}$称为场$\boldsymbol{A}$对$(S)$的**通量**.

2. 两种面积分的联系

由(7.9)式可见,

$$\iint\limits_{(S)}\boldsymbol{A}(M)\cdot\mathbf{d}\boldsymbol{S}=\iint\limits_{(S)}[P(x,y,z)\cos\alpha+Q(x,y,z)\cos\beta+R(x,y,z)\cos\gamma]\mathrm{d}S.$$

上式表明了第二型面积分与第一型面积分的联系,因为上式右端就是被积函数

$$\boldsymbol{A}(M)\cdot\boldsymbol{e}_n=P(x,y,z)\cos\alpha+Q(x,y,z)\cos\beta+R(x,y,z)\cos\gamma$$

在(S)上的第一型面积分.

读者看到,与线积分类似,在把有方向性的第二型面积分 $\iint\limits_{(S)}\boldsymbol{A}(M)\cdot\mathrm{d}\boldsymbol{S}$ 化成无方向性的第一型面积分时,曲面(S)指定侧的法线方向已通过$(\cos\alpha,\cos\beta,\cos\gamma)$被包含在第一型面积分的被积函数中了.

☞二维码 6.7.3 在应用线(面)积分时怎样选用第一型或第二型.

3. 第二型面积分的性质

与第二型线积分类似,第二型面积分有以下性质:

性质 1 若改变积分曲面的侧,则积分的值反号,即

$$\iint\limits_{(+S)}\boldsymbol{A}\cdot\mathrm{d}\boldsymbol{S}=-\iint\limits_{(-S)}\boldsymbol{A}\cdot\mathrm{d}\boldsymbol{S}.$$

性质 2 若把曲面(S)分成(S_1)与(S_2)两块,$(S)=(S_1)\cup(S_2)$,则

$$\iint\limits_{(S)}\boldsymbol{A}\cdot\mathrm{d}\boldsymbol{S}=\iint\limits_{(S_1)}\boldsymbol{A}\cdot\mathrm{d}\boldsymbol{S}+\iint\limits_{(S_2)}\boldsymbol{A}\cdot\mathrm{d}\boldsymbol{S},$$

其中等式两端的积分曲面同侧.

性质 3 若有向闭曲面(S)所围空间区域(V)被另一位于(V)内部的曲面分成了两个区域(V_1),(V_2),其边界曲面分别记作(S_1),(S_2),则

想一想:
试用第二型线积分性质的证明方法,证明第二型面积分的性质.

$$\oint\!\!\!\oint\limits_{(S)}\boldsymbol{A}\cdot\mathrm{d}\boldsymbol{S}=\oint\!\!\!\oint\limits_{(S_1)}\boldsymbol{A}\cdot\mathrm{d}\boldsymbol{S}+\oint\!\!\!\oint\limits_{(S_2)}\boldsymbol{A}\cdot\mathrm{d}\boldsymbol{S},$$

其中等式两端曲面或者均取外侧,或者均取内侧.

4. 第二型面积分的计算

为简单起见,我们仅讨论积分曲面可用显式方程$z=z(x,y)$(或$x=x(y,z)$,$y=y(z,x)$)表出的情形.

设有向曲面(S)的方程为$z=z(x,y)$,(S)在xOy坐标平面上的投影区域为(σ_{xy}).于是由(7.9)式与(7.11)式可知

$$\iint\limits_{(S)}R(x,y,z)\mathrm{d}x\wedge\mathrm{d}y=\iint\limits_{(S)}R(x,y,z)\cos\gamma\mathrm{d}S.$$

注意到$\cos\gamma\mathrm{d}S=\pm\mathrm{d}\sigma_{xy}$,把上式右端的第一型面积分化成二重积分得

$$\iint\limits_{(S)}R(x,y,z)\cos\gamma\mathrm{d}S=\pm\iint\limits_{(\sigma_{xy})}R[x,y,z(x,y)]\mathrm{d}\sigma_{xy}.$$

用直角坐标网来划分积分域(σ_{xy}),有

$$\mathrm{d}\sigma_{xy}=\mathrm{d}x\mathrm{d}y,$$

于是得

$$\iint_{(S)} R(x,y,z)\,\mathrm{d}x\wedge\mathrm{d}y=\pm\iint_{(\sigma_{xy})} R[x,y,z(x,y)]\,\mathrm{d}x\mathrm{d}y. \tag{7.12}$$

(7.12)式右端为函数 $R[x,y,z(x,y)]$ 在平面区域 (σ_{xy}) 上的二重积分. 当沿曲面的上侧(即 $\boldsymbol{n}$ 与 z 轴正向夹角为锐角)积分时,(7.12)式右端积分前的符号取正号,沿下侧积分时取负号.

同理,当 (S) 的方程可用 $x=x(y,z)$ 或 $y=y(z,x)$ 表出时,分别有

$$\iint_{(S)} P(x,y,z)\,\mathrm{d}y\wedge\mathrm{d}z=\pm\iint_{(\sigma_{yz})} P[x(y,z),y,z]\,\mathrm{d}y\mathrm{d}z, \tag{7.13}$$

$$\iint_{(S)} Q(x,y,z)\,\mathrm{d}z\wedge\mathrm{d}x=\pm\iint_{(\sigma_{zx})} Q[x,y(z,x),z]\,\mathrm{d}z\mathrm{d}x, \tag{7.14}$$

其中 (σ_{yz}) 与 (σ_{zx}) 分别为 (S) 在 yOz 与 zOx 平面上的投影区域. 当沿曲面 (S) 的前侧(即 $\boldsymbol{n}$ 与 x 轴正向夹角为锐角)积分时,(7.13)式右端的符号取"+",沿后侧时取"−";当沿 (S) 的右侧(即 $\boldsymbol{n}$ 与 y 轴正向夹角为锐角)积分时,(7.14)式右端的符号取"+",沿左侧时取"−".

对于闭合的或不能直接用显式表出的有向曲面 (S),应先将它关于某一坐标平面分片表示成显式,然后运用以上公式化为相应的二重积分来计算.

例 7.7　计算面积分 $I=\oint\!\!\oint_{(S)} z\,\mathrm{d}x\wedge\mathrm{d}y$,其中 (S) 为球面 $x^2+y^2+z^2=R^2$ 在第一卦限的部分与各坐标面所围成立体表面的外侧.

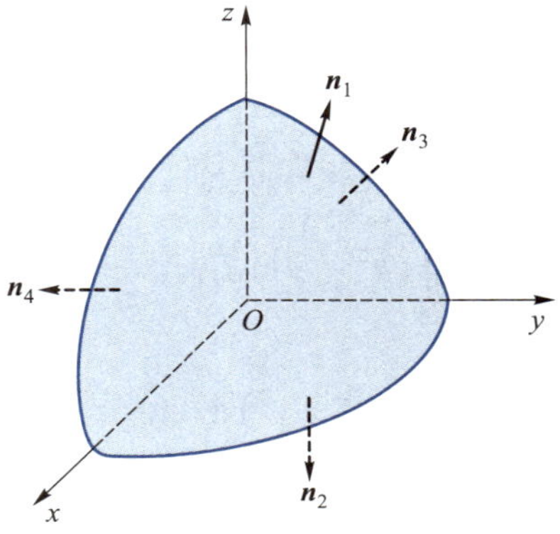

图 6.58

解　把 (S) 分成四部分:球面部分记作 (S_1);xOy 平面、yOz 平面以及 zOx 平面上三个四分之一的圆域,分别记作 (S_2),(S_3) 和 (S_4),它们的法向量均指向所围立体表面的外侧(图 6.58).

曲面 (S_1) 的方程为

$$z=\sqrt{R^2-x^2-y^2},$$

它在 xOy 平面上的投影区域为 $(\sigma_{xy})=\{(x,y)\mid x^2+y^2\leqslant R^2,x\geqslant 0,y\geqslant 0\}$,注意到 (S_1) 的法向量指向上方,它与 z 轴正向的夹角为锐

角，应用公式(7.12)得

$$\iint_{(S_1)} z\mathrm{d}x \wedge \mathrm{d}y = \iint_{(\sigma_{xy})} \sqrt{R^2 - x^2 - y^2}\,\mathrm{d}x\mathrm{d}y = \frac{1}{6}\pi R^3.$$

(S_2)的方程为 $z=0$，其投影区域仍为(σ_{xy})，这时，由题意法向量指向下方，于是

$$\iint_{(S_2)} z\mathrm{d}x \wedge \mathrm{d}y = -\iint_{(\sigma_{xy})} 0\mathrm{d}x\mathrm{d}y = 0.$$

由于(S_3)与(S_4)的法向量 $\boldsymbol{n}$ 均与 z 轴垂直，故它们在 xOy 平面上的投影均为零，即 $\mathrm{d}x\mathrm{d}y=0$，从而沿这两片曲面上的面积分均为零.因此

$$I = \frac{1}{6}\pi R^3. \quad ▌$$

例 7.8 计算 $I=\oiint_{(S)}(x^2+y^2)\mathrm{d}y \wedge \mathrm{d}z + z\mathrm{d}x \wedge \mathrm{d}y$，其中$(S)$为柱面 $x^2+y^2=R^2$ 与 $z=0, z=H\ (H>0)$所围柱体表面的外侧.

解法一 把(S)分成三部分：柱面部分(S_1)，下底面(S_2)，上底面(S_3)(图 6.59).

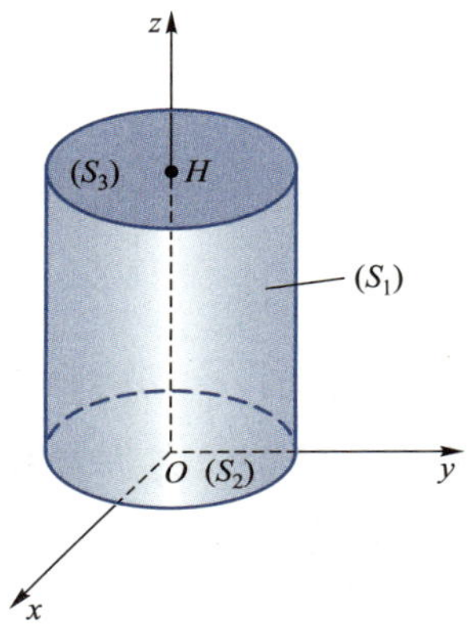

图 6.59

先计算积分 $\oiint_{(S)}(x^2+y^2)\mathrm{d}y \wedge \mathrm{d}z$，这里微元 $\mathrm{d}y \wedge \mathrm{d}z$ 表示要求(S)向 yOz 平面投影，故需把柱面(S_1)分成前后两片分别记作(S_{11})和(S_{12})，它们的方程分别为

$$x = \sqrt{R^2 - y^2}, \quad x = -\sqrt{R^2 - y^2}, \quad |y| \leqslant R,$$

这两片柱面在 yOz 平面的投影区域为

$$(\sigma_{yz}) = \{(y,z) \mid |y| \leqslant R, 0 \leqslant z \leqslant H\}.$$

据题意可知(S_{11})与(S_{12})的法向量和 x 轴正向的夹角分别为锐角与钝角，再注意到(S_2)与(S_3)的法向量均垂直于 x 轴，可得

$$\begin{aligned}
&\oiint_{(S)}(x^2+y^2)\mathrm{d}y \wedge \mathrm{d}z \\
&= \iint_{(S_{11})}(x^2+y^2)\mathrm{d}y \wedge \mathrm{d}z + \iint_{(S_{12})}(x^2+y^2)\mathrm{d}y \wedge \mathrm{d}z + \iint_{(S_2)}(x^2+y^2)\mathrm{d}y \wedge \mathrm{d}z + \\
&\quad \iint_{(S_3)}(x^2+y^2)\mathrm{d}y \wedge \mathrm{d}z \\
&= \iint_{(\sigma_{yz})}[(R^2-y^2)+y^2]\mathrm{d}y\mathrm{d}z - \iint_{(\sigma_{yz})}[(R^2-y^2)+y^2]\mathrm{d}y\mathrm{d}z = 0.
\end{aligned}$$

再计算第二个积分 $\oiint\limits_{(S)} z\mathrm{d}x\wedge\mathrm{d}y$.

由于柱面(S_1)在 xOy 平面的投影为圆周,面积为零,(S_2)与(S_3)在 xOy 面上的投影区域均为$(\sigma_{xy})=\{(x,y)\mid x^2+y^2\leqslant R^2\}$,注意到法向量的指向,可得

$$\oiint\limits_{(S)} z\mathrm{d}x\wedge\mathrm{d}y=\iint\limits_{(S_2)} z\mathrm{d}x\wedge\mathrm{d}y+\iint\limits_{(S_3)} z\mathrm{d}x\wedge\mathrm{d}y=-\iint\limits_{(\sigma_{xy})}0\mathrm{d}x\mathrm{d}y+\iint\limits_{(\sigma_{xy})}H\mathrm{d}x\mathrm{d}y=\pi R^2H,$$

因此

$$I=\pi R^2H.\quad\blacksquare$$

解法二　在计算第二型面积分 $\iint\limits_{(S_1)}(x^2+y^2)\mathrm{d}y\wedge\mathrm{d}z$ 时,利用对称性更为简便.由于柱面(S_1):$x^2+y^2=R^2$ 关于 yOz 坐标平面对称,而被积函数是 x 的偶函数.从而立即可以断定 $\iint\limits_{(S_1)}(x^2+y^2)\mathrm{d}y\wedge\mathrm{d}z=0$.事实上由于$(S_1)$关于 yOz 平面对称,故将曲面(S_1)剖成前后两片后,它们在 yOz 平面上的投影都是同一区域(σ_{yz}),但前片的投影 $\mathrm{d}y\wedge\mathrm{d}z=+(\sigma_{yz})$,后片的投影 $\mathrm{d}y\wedge\mathrm{d}z=-(\sigma_{yz})$.当将此面积分化为二重积分时,需要分别将被积函数中的 x 用(S_1)前后两片一正一负的方程代入.但由于被积函数是 x 的偶函数,故其值不变.所以两片曲面积分化为二重积分后其值相互抵消.

其余部分的计算与解法一相同,于是同样可得

$$I=\pi R^2H.\quad\blacksquare$$

例 7.9　计算向量 $\boldsymbol{r}=(x,y,z)$对有向曲面(S)的通量,其中

(1) (S)为球面 $x^2+y^2+z^2=1$ 的外侧;

(2) (S)为锥面 $z=\sqrt{x^2+y^2}$ 与平面 $z=1$ 所围成锥体表面的外侧.

☞ 二维码 6.7.4 怎样利用对称性计算第二型线(面)积分.

解　这里我们直接利用向量的运算来计算更为方便.由通量定义可知

$$\varPhi=\oiint\limits_{(S)}\boldsymbol{r}\cdot\mathbf{d}\boldsymbol{S}=\oiint\limits_{(S)}\boldsymbol{r}\cdot\boldsymbol{e}_n\mathrm{d}S.$$

(1) 当(S)为球面时,由于 $\boldsymbol{r}$ 与 $\boldsymbol{e}_n$ 平行同向,故

$$\boldsymbol{r}\cdot\boldsymbol{e}_n=|\boldsymbol{r}|^2=1,$$

从而

$$\varPhi=\oiint\limits_{(S)}\mathrm{d}S=4\pi.$$

(2) 把锥体表面分成锥面部分(S_1)和底平面部分(S_2)(图 6.60). 在锥面(S_1)上,由于$\boldsymbol{r}\perp\boldsymbol{e}_n$,从而$\boldsymbol{r}\cdot\boldsymbol{e}_n=0$,故

$$\iint_{(S_1)}\boldsymbol{r}\cdot\mathbf{d}\boldsymbol{S}=\iint_{(S_1)}\boldsymbol{r}\cdot\boldsymbol{e}_n\mathrm{d}S=0.$$

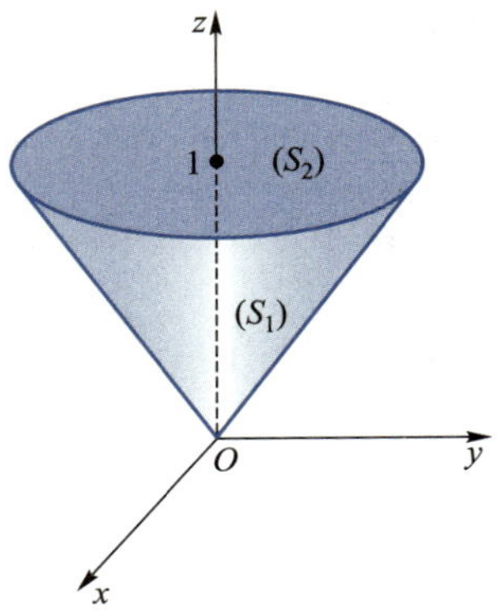

图 6.60

在底平面(S_2)上,由于

$$\boldsymbol{r}\cdot\boldsymbol{e}_n=(x,y,1)\cdot(0,0,1)=1,$$

从而

$$\iint_{(S_2)}\boldsymbol{r}\cdot\mathbf{d}\boldsymbol{S}=\iint_{(S_2)}\mathrm{d}S=\pi,$$

所以

$$\Phi=\oiint_{(S)}\boldsymbol{r}\cdot\mathbf{d}\boldsymbol{S}=\pi. \quad ▌$$

习题 6.7

(A)

1. 分别从概念和数值上说明下列积分的异同:

(1) $\int_{(C)}(x^2+y^2)\mathrm{d}s,\int_{(C)}(x^2+y^2)\mathrm{d}x,\int_0^{-1}x^2\mathrm{d}x$,$(C)$为 Ox 轴上从 $x=0$ 到 $x=-1$ 的线段;

(2) $\iint_{(\sigma)}(x^2+y^2)\mathrm{d}\sigma,\iint_{(S)}(x^2+y^2)\mathrm{d}S,\iint_{(S)}(x^2+y^2)\mathrm{d}x\wedge\mathrm{d}y$,$(\sigma)$为 xOy 坐标平面上的一闭区域,(S)为所占区域为(σ)的一块平面,且其正法线方向朝下.

2. 计算下列线积分:

(1) $\int_{(C)}(x^2-2xy)\mathrm{d}x+(y^2-2xy)\mathrm{d}y$,$(C)$为抛物线 $y=x^2$ 上对应于 x 由-1增加到 1 的那一段;

(2) $\int_{(C)}xy\mathrm{d}x+(y-x)\mathrm{d}y$,其中$(C)$分别为(Ⅰ)直线 $y=x$,(Ⅱ)抛物线 $y^2=x$,(Ⅲ)立方抛物线 $y=x^3$ 上从点$(0,0)$到点$(1,1)$的那一段;

(3) $\oint_{(C)}y\mathrm{d}x-x\mathrm{d}y$,$(C)$为正向椭圆$\dfrac{x^2}{a^2}+\dfrac{y^2}{b^2}=1$;

(4) $\int_{(C)}x\mathrm{d}x+y\mathrm{d}y+(x+y-1)\mathrm{d}z$,$(C)$为由点$(1,1,1)$到点$(1,3,4)$的直线段;

(5) $\int_{(C)}(y^2-z^2)\mathrm{d}x+2yz\mathrm{d}y-x^2\mathrm{d}z$,$(C)$为弧段 $x=t,y=t^2,z=t^3\ (0\leqslant t\leqslant 1)$依 t 增加方向.

(6) $\oint_{(C)}(z-y)\mathrm{d}x+(x-z)\mathrm{d}y+(x-y)\mathrm{d}z$,$(C)$为椭圆$\begin{cases}x^2+y^2=1,\\x-y+z=2,\end{cases}$且从 z 轴正向往 z 轴负向看

去，(C)取顺时针方向.

3. 计算$\int_{(C)} \boldsymbol{F}\cdot \mathbf{d}\boldsymbol{s}$，其中$\boldsymbol{F}=-y\boldsymbol{i}+x\boldsymbol{j}$.

(1) (C)为从$A(R,0)$到$B(-R,0)$的半径为R的上半圆；

(2) (C)为由$A(R,0)$到$B(-R,0)$的直线段.

4. 把第二型线积分$\int_{(C)} P(x,y)\mathrm{d}x+Q(x,y)\mathrm{d}y$化为第一型线积分，其中$(C)$为

(1) 从点$(1,0)$到点$(0,1)$的直线段；

(2) 从点$(1,0)$到点$(0,1)$的上半圆周$x^2+y^2=1$；

(3) 从点$(1,0)$到点$(0,1)$的下半圆周$(x-1)^2+(y-1)^2=1$.

5. 设(C)为曲线$x=t,y=t^2,z=t^3$上从点$(1,1,1)$到点$(0,0,0)$的一段弧，把第二型线积分$\int_{(C)} P(x,y,z)\mathrm{d}x+Q(x,y,z)\mathrm{d}y+R(x,y,z)\mathrm{d}z$化为第一型线积分.

6. 设有平面力场$\boldsymbol{F}=\left(\dfrac{y}{x^2+y^2},\dfrac{-x}{x^2+y^2}\right)$，$(C)$为圆周$x=a\cos t,y=a\sin t\ (0\leqslant t\leqslant 2\pi)$，设一质点沿$(C)$逆时针方向运动一周，求力场所做的功，其中$a>0$.

7. 设在椭圆$x=a\cos t,y=b\sin t$上每一点M都有作用力$\boldsymbol{F}$，其大小等于从M到椭圆中心的距离，而方向指向椭圆中心.今有一质量为m的质点P在椭圆上沿正向移动，求：

(1) 点P历经第一象限中的椭圆弧段时，$\boldsymbol{F}$所做的功；

(2) 点P走遍全椭圆时，$\boldsymbol{F}$所做的功.

8. 将下列各曲面(S)上的第二型面积分化为累次积分：

(1) $\iint_{(S)} \dfrac{\mathrm{e}^z}{\sqrt{x^2+y^2}}\mathrm{d}x\wedge\mathrm{d}y$，$(S)$为锥面$z=\sqrt{x^2+y^2}$被平面$z=1$与$z=2$所截下部分曲面的外侧；

(2) $\oint\!\!\!\oint_{(S)}(x+y+z)\mathrm{d}x\wedge\mathrm{d}y+(y-z)\mathrm{d}y\wedge\mathrm{d}z$，$(S)$为三坐标面及平面$x=1,y=1,z=1$所围成正方体表面的外侧.

9. 试证明第二型线积分的性质2和第二型面积分的性质3.

10. 计算下列线积分：

(1) $\oint_{(C)}(y^2-z^2)\mathrm{d}x+(z^2-x^2)\mathrm{d}y+(x^2-y^2)\mathrm{d}z$，$(C)$为球面$x^2+y^2+z^2=R^2$在第一卦限部分的边界曲线，方向与球面在第一卦限的外法线方向构成右手系；

(2) $\int_{(C)}\boldsymbol{F}\cdot\mathbf{d}\boldsymbol{s}$，$\boldsymbol{F}=(3x^2-3yz+2xz)\boldsymbol{i}+(3y^2-3xz+z^2)\boldsymbol{j}+(3z^2-3xy+x^2+2yz)\boldsymbol{k}$，$(C)$为曲线$\begin{cases}x^2+y^2=1,\\z=0,\end{cases}$取其正向.

11. 设$\boldsymbol{F}=(y,-x,z^2)$，$(S)$是锥面$z=\sqrt{x^2+y^2}$上满足$0\leqslant x\leqslant 1$且$0\leqslant y\leqslant 1$部分的下侧，求$\iint_{(S)}\boldsymbol{F}\cdot\mathbf{d}\boldsymbol{S}$.

12. 计算下列面积分：

(1) $\iint\limits_{(S)} (x+1)^2 \mathrm{d}x\wedge\mathrm{d}y$,$(S)$为半球面 $x^2+y^2+z^2=R^2$ $(z\geqslant 0)$的上侧;

(2) $\oiint\limits_{(S)} xy\mathrm{d}y\wedge\mathrm{d}z+yz\mathrm{d}z\wedge\mathrm{d}x+zx\mathrm{d}x\wedge\mathrm{d}y$,$(S)$为由平面 $x=0,y=0,z=0,x+y+z=1$ 所围成的四面体表面的外侧;

(3) $\iint\limits_{(S)} (z^2+x)\mathrm{d}y\wedge\mathrm{d}z-z\mathrm{d}x\wedge\mathrm{d}y$,$(S)$是 $z=\dfrac{1}{2}(x^2+y^2)$介于平面 $z=0$ 与 $z=2$ 之间部分的下侧;

(4) $\iint\limits_{(S)} -y\mathrm{d}z\wedge\mathrm{d}x+(z+1)\mathrm{d}x\wedge\mathrm{d}y$,$(S)$是柱面 $x^2+y^2=4$ 被平面 $z=0,x+z=2$ 所截下部分的外侧;

(5) $\iint\limits_{(S)} (y-z)\mathrm{d}y\wedge\mathrm{d}z+(z-x)\mathrm{d}z\wedge\mathrm{d}x+(x-y)\mathrm{d}x\wedge\mathrm{d}y$,$(S)$为锥面 $z^2=x^2+y^2$ $(0\leqslant z\leqslant b)$的外侧;

(6) $\iint\limits_{(S)} z^2\mathrm{d}x\wedge\mathrm{d}y$,$(S)$ 为球面 $x^2+y^2+z^2=2z$ 的外侧;

(7) $\iint\limits_{(S)} [f(x,y,z)+x]\mathrm{d}y\wedge\mathrm{d}z+[2f(x,y,z)+y]\mathrm{d}z\wedge\mathrm{d}x+[f(x,y,z)+z]\mathrm{d}x\wedge\mathrm{d}y$,$(S)$为 $x-y+z=1$ 在第四卦限部分的上侧,f 为连续函数.

13. 求向量场 $\boldsymbol{r}=(x,y,z)$穿过下列曲面的通量:

(1) 圆柱 $x^2+y^2\leqslant a^2$ $(0\leqslant z\leqslant h)$的侧表面的外侧;

(2) 上述圆柱的全表面的外侧.

14. 计算 $\iint\limits_{(S)} \boldsymbol{F}\cdot\mathbf{d}\boldsymbol{S}$,其中 $\boldsymbol{F}=x\boldsymbol{i}+y\boldsymbol{j}+z\boldsymbol{k}$,$(S)$是球面 $x^2+y^2+z^2=a^2$ 的外侧.

15. 把第二型面积分 $\iint\limits_{(S)} P(x,y,z)\mathrm{d}y\wedge\mathrm{d}z+Q(x,y,z)\mathrm{d}z\wedge\mathrm{d}x+R(x,y,z)\mathrm{d}x\wedge\mathrm{d}y$ 化为第一型面积分,其中

(1) (S)是平面 $3x+2y+2\sqrt{3}z=6$ 在第一卦限部分的上侧;

(2) (S)是抛物面 $z=8-(x^2+y^2)$在 xOy 平面上方部分的下侧.

(B)

1. 利用线积分的定义证明第二型线积分的计算公式

$$\int_{(C)} P(x,y,z)\mathrm{d}x=\int_\alpha^\beta P[x(t),y(t),z(t)]\dot{x}(t)\mathrm{d}t,$$

其中(C)的方程为 $\boldsymbol{r}=(x(t),y(t),z(t))$,$\alpha\leqslant t\leqslant\beta$.

2. 计算线积分 $\oint_{(C)} y^2\mathrm{d}x+z^2\mathrm{d}y+x^2\mathrm{d}z$,$(C)$为球面 $x^2+y^2+z^2=R^2$ 与柱面 $x^2+y^2=Rx$ $(z\geqslant 0,R>0)$的交线,其方向是面对着正 x 轴看去是逆时针的.

3. 在过点 $O(0,0)$和点 $A(\pi,0)$的曲线段 $y=a\sin x$ $(a>0)$中,求一条曲线(C),使得沿该曲线(C)从点 O 到点 A 的第二型线积分 $\int_{(C)}(1+y^3)\mathrm{d}x+(2x+y)\mathrm{d}y$ 的值最小.

4. 在变力 $\boldsymbol{F}=yz\boldsymbol{i}+xz\boldsymbol{j}+xy\boldsymbol{k}$ 的作用下,质点由原点沿直线运动到椭球面 $\dfrac{x^2}{a^2}+\dfrac{y^2}{b^2}+\dfrac{z^2}{c^2}=1$ 上第

一卦限中的点 $M(\xi,\eta,\zeta)$，问当 ξ,η,ζ 取何值时，力 $\boldsymbol{F}$ 所做的功 W 最大？并求出 W 的最大值.

5. 计算下列面积分：

$$\iint_{(S)}\frac{x\mathrm{d}y\wedge\mathrm{d}z+z^2\mathrm{d}x\wedge\mathrm{d}y}{x^2+y^2+z^2},$$

其中 (S) 是由曲面 $x^2+y^2=R^2$ 及平面 $z=R,z=-R\ (R>0)$ 所围成立体的表面外侧.

6. 计算 $\iint_{(S)}\boldsymbol{F}\cdot\mathrm{d}\boldsymbol{S}$，其中 $\boldsymbol{F}=\dfrac{x\boldsymbol{i}+y\boldsymbol{j}+z\boldsymbol{k}}{x^2+y^2+z^2}$，$(S)$ 是上半球面 $z=\sqrt{R^2-x^2-y^2}$ 的下侧.

7. 设 $P(x,y,z),Q(x,y,z),R(x,y,z)$ 是连续函数，M 是 $\sqrt{P^2+Q^2+R^2}$ 在 (S) 上的最大值，其中 (S) 是一光滑曲面，其面积记为 S，证明：

$$\left|\iint_{(S)}P(x,y,z)\mathrm{d}y\wedge\mathrm{d}z+Q(x,y,z)\mathrm{d}z\wedge\mathrm{d}x+R(x,y,z)\mathrm{d}x\wedge\mathrm{d}y\right|\leqslant MS.$$

第八节　各种积分的联系及其在场论中的应用

在多元函数积分中，我们已经学过二重积分、三重积分、两种线积分和两种面积分. 本节，我们首先要建立这些积分之间的联系，并利用这些积分及其联系对场作进一步的研究.

8.1　Green 公式

Green 公式反映了第二型平面线积分与二重积分的联系.

在讲解这个定理之前，需要对平面区域作些进一步的说明. 若区域 (σ) 内任意一条闭曲线的内部全部属于 (σ)，或者说 (σ) 内任一闭曲线均可在 (σ) 内连续变形缩小成 (σ) 内的一点，则称 (σ) 是一**单连通域**；否则称为**复连通域**. 例如，图 6.61 中所示的两个区域 (σ) 都是复连通域.

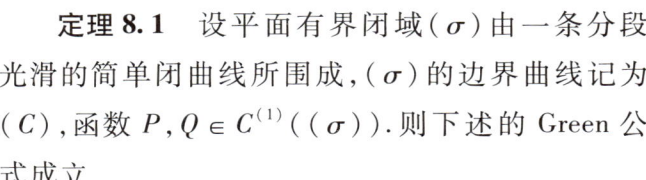

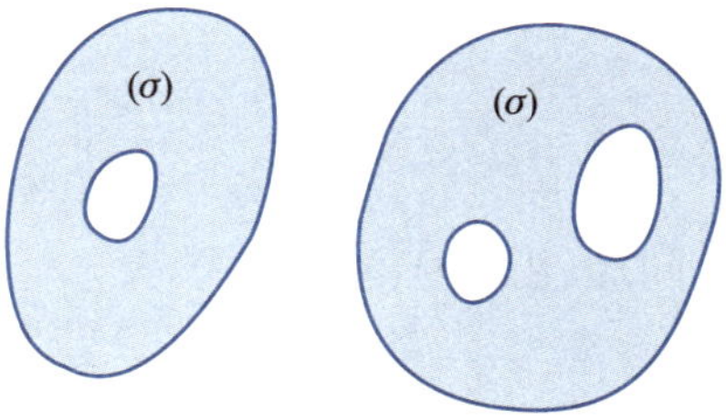

图 6.61

定理 8.1　设平面有界闭域 (σ) 由一条分段光滑的简单闭曲线所围成，(σ) 的边界曲线记为 (C)，函数 $P,Q\in C^{(1)}((\sigma))$. 则下述的 Green 公式成立

注意：由一条分段光滑的简单闭曲线所围成的区域一定是单连通区域.

$$\iint_{(\sigma)}\left(\frac{\partial Q}{\partial x}-\frac{\partial P}{\partial y}\right)\mathrm{d}\sigma=\oint_{(+C)}P(x,y)\mathrm{d}x+Q(x,y)\mathrm{d}y, \tag{8.1}$$

其中$(+C)$表示(C)为正向.

证 公式(8.1)左端是一个二重积分,右端是一个第二型线积分. 在所给定的条件下,它们都可以化为定积分. 因此,要证明等式(8.1)成立,只需把它们都化为定积分加以验证即可.

首先,设积分域(σ)既是x型区域又是y型区域,即(σ)既可表示为

$$y_1(x)\leqslant y\leqslant y_2(x)\quad(a\leqslant x\leqslant b),$$

也可以表示为

$$x_1(y)\leqslant x\leqslant x_2(y)\quad(c\leqslant y\leqslant d).$$

其中曲线$y=y_i(x)$与$x=x_i(y)$ $(i=1,2)$如图6.62所示.

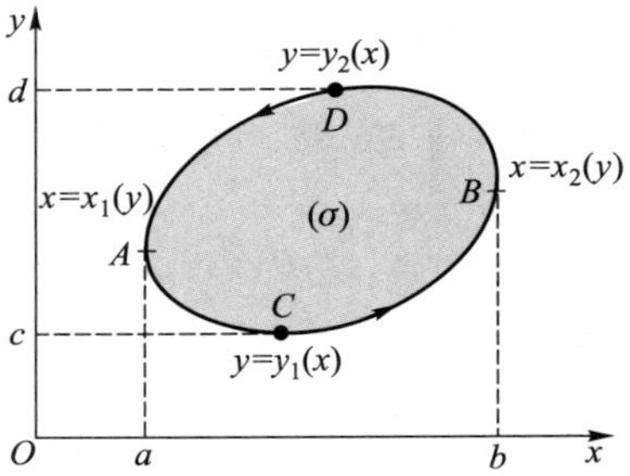

图6.62

由二重积分的计算法得

$$\iint_{(\sigma)}\frac{\partial P}{\partial y}\mathrm{d}\sigma=\int_a^b\mathrm{d}x\int_{y_1(x)}^{y_2(x)}\frac{\partial P}{\partial y}\mathrm{d}y=\int_a^b[P(x,y_2(x))-P(x,y_1(x))]\mathrm{d}x.$$

另一方面,由第二型线积分的计算法得

$$\begin{aligned}\oint_{(+C)}P(x,y)\mathrm{d}x&=\int_{(\overset{\frown}{ACB})}P\mathrm{d}x+\int_{(\overset{\frown}{BDA})}P\mathrm{d}x\\&=\int_a^bP[x,y_1(x)]\mathrm{d}x+\int_b^aP[x,y_2(x)]\mathrm{d}x\\&=-\int_a^b[P(x,y_2(x))-P(x,y_1(x))]\mathrm{d}x,\end{aligned}$$

所以

$$-\iint_{(\sigma)}\frac{\partial P}{\partial y}\mathrm{d}\sigma=\oint_{(+C)}P(x,y)\mathrm{d}x.$$

同理,由(σ)的表达式

$$x_1(y)\leqslant x\leqslant x_2(y)\quad(c\leqslant y\leqslant d),$$

可证得

$$\iint_{(\sigma)}\frac{\partial Q}{\partial x}\mathrm{d}\sigma=\oint_{(+C)}Q\mathrm{d}y.$$

于是,Green公式(8.1)成立.

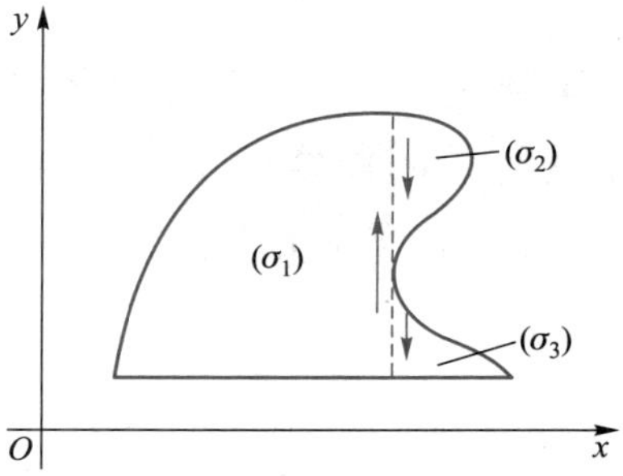

图6.63

其次,当(σ)并非上述"既是x型又是y型区域"时,可以把它分割成若干个上述类型的区域.如图6.63中的区域(σ)可分成三个上述类

型的子域(σ_1),(σ_2)和(σ_3),在每个子域上 Green 公式均成立,即

$$\iint_{(\sigma_i)}\left(\frac{\partial Q}{\partial x}-\frac{\partial P}{\partial y}\right)\mathrm{d}\sigma=\oint_{(+C_i)}P(x,y)\,\mathrm{d}x+Q(x,y)\,\mathrm{d}y,\quad i=1,2,3,$$

其中$(+C_i)$是子域(σ_i)的正向边界曲线.从而

$$\sum_{i=1}^{3}\iint_{(\sigma_i)}\left(\frac{\partial Q}{\partial x}-\frac{\partial P}{\partial y}\right)\mathrm{d}\sigma=\sum_{i=1}^{3}\oint_{(+C_i)}P(x,y)\,\mathrm{d}x+Q(x,y)\,\mathrm{d}y.$$

注意到右端线积分相加时,相邻两子域的公共边界上的线积分要在相反方向各取一次,从而对应的积分值相互抵消,所以 Green 公式(8.1)仍然成立.因此 Green 公式(8.1)对单连通域均成立. ▌

☞二维码 6.8.1 Green 公式的两种表示形式及其物理意义.

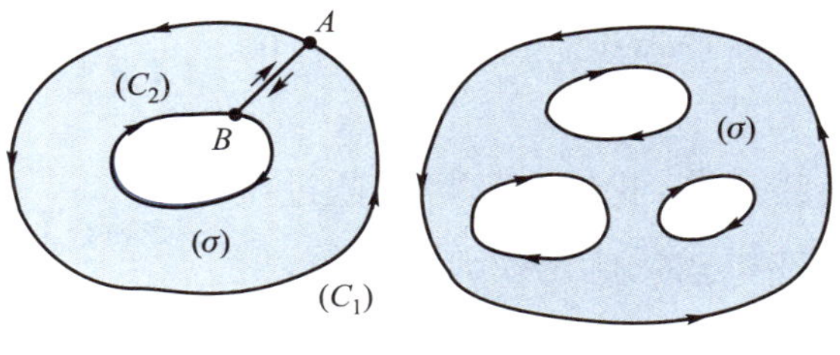

(a)　　　　(b)

图 6.64

应当指出,Green 公式还可以推广到(σ)是由有限条分段光滑的闭曲线所围成的复连通域的情形.此时,我们可以用切割的方法把(σ)切割成单连通域.例如,在图 6.64(a)中,域(σ)的正向边界曲线$(+C)$由正向的闭曲线$(+C_1)$与负向的闭曲线$(-C_2)$所组成,即$(+C)=(+C_1)\cup(-C_2)$.为了将它切割成单连通域,任作割线$\overline{AB}$,将被割开后的域(σ)的边界看作是由

$$(\bar{C})=(C_1)\cup\overline{AB}\cup(-C_2)\cup\overline{BA}$$

围成,$(\bar{C})$的正向如图 6.64(a)所示.这样一来,(σ)就可以看作是一个以曲线$(+\bar{C})$为正向边界的单连通域.应用公式(8.1)得

$$\begin{aligned}\iint_{(\sigma)}\left(\frac{\partial Q}{\partial x}-\frac{\partial P}{\partial y}\right)\mathrm{d}\sigma&=\oint_{(+\bar{C})}P\mathrm{d}x+Q\mathrm{d}y\\&=\int_{(+C_1)}P\mathrm{d}x+Q\mathrm{d}y+\int_{\overline{AB}}P\mathrm{d}x+Q\mathrm{d}y+\\&\quad\int_{\overline{BA}}P\mathrm{d}x+Q\mathrm{d}y+\int_{(-C_2)}P\mathrm{d}x+Q\mathrm{d}y\\&=\int_{(+C_1)}P\mathrm{d}x+Q\mathrm{d}y+\int_{(-C_2)}P\mathrm{d}x+Q\mathrm{d}y\\&=\oint_{(+C)}P\mathrm{d}x+Q\mathrm{d}y,\end{aligned}$$

注意:用切割方法将复连通域化成单连通域,这时此域的边界曲线已非简单闭曲线,因为在切割边处曲线自相交.因此它不是简单闭曲线.这时由图 6.64(a)所示区域(σ)的边界实际上是由正向闭曲线(C_1)和负向闭曲线(C_2)两条闭曲线所围成.

因此 Green 公式对复连通域(σ)仍然成立.对于具有多个"洞"的复连通域(图 6.64(b))可以类似地处理.

Green 公式建立了平面区域(σ)上的二重积分与沿(σ)边界曲线(C)的第二型线积分之间的联系,它不仅有重要的理论意义,而且也可用于第二型线积分的计算.

注:回顾 Newton-Leibniz 公式

$$\int_a^b F'(x)\mathrm{d}x = F(b) - F(a),$$

它将数量值函数 $F(x)$ 在区间$[a,b]$上变化率 $F'(x)$ 的积分,用其原函数 $F(x)$ 在区间边界 a 与 b 上的值来计算. 与此类似,Green 公式,将向量值函数 $\boldsymbol{A}=(P,Q)$ 在(σ)上某种变化率 $\frac{\partial Q}{\partial x}-\frac{\partial P}{\partial y}$ 的二重积分通过其原函数 $\boldsymbol{A}$ 在(σ)边界(C)的线积分来计算.

例 8.1 计算 $\int_{(C)} xy^2\mathrm{d}y - yx^2\mathrm{d}x$,其中

(1) (C)为圆周 $x^2+y^2=R^2$ 的正向;

(2) (C)为上半圆周 $y=\sqrt{R^2-x^2}$,方向从 $A(R,0)$到 $B(-R,0)$.

解 (1) 对所给线积分,我们当然可以通过将圆周的参数方程代入被积式化成定积分来计算,但应用 Green 公式更为方便.

$$\oint_{(C)} xy^2\mathrm{d}y - yx^2\mathrm{d}x = \iint_{(\sigma)} (y^2 + x^2)\mathrm{d}\sigma$$
$$= \int_0^{2\pi}\mathrm{d}\theta\int_0^R \rho^3\mathrm{d}\rho = \frac{\pi R^4}{2}.$$

(2) (C)不是闭曲线,不能直接利用 Green 公式,我们先补上有向直线段$\overline{BA}$使其封闭且保持正向(图 6.65),从而有

$$\int_{(C)} xy^2\mathrm{d}y - yx^2\mathrm{d}x$$
$$= \oint_{(C)\cup\overline{BA}} (xy^2\mathrm{d}y - yx^2\mathrm{d}x) - \int_{\overline{BA}} (xy^2\mathrm{d}y - yx^2\mathrm{d}x).$$

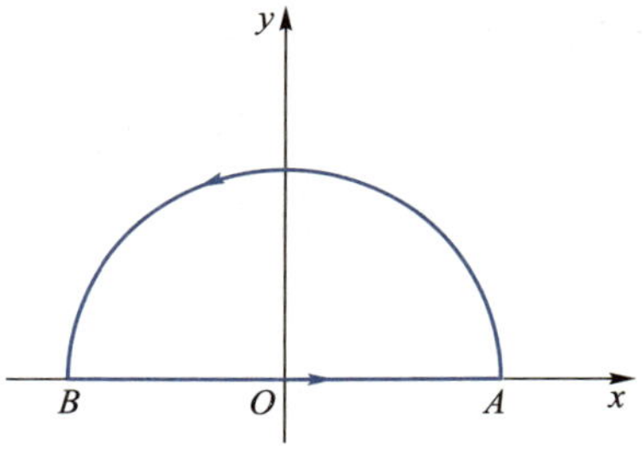

图 6.65

应用 Green 公式得

$$\oint_{(C)\cup\overline{BA}} xy^2\mathrm{d}y - yx^2\mathrm{d}x = \iint_{(\sigma)} (y^2 + x^2)\mathrm{d}\sigma = \frac{\pi R^4}{4}.$$

而

$$\int_{(\overline{BA})} xy^2\mathrm{d}y - yx^2\mathrm{d}x = \int_{-R}^R 0\mathrm{d}x = 0,$$

所以

$$\int_{(C)} xy^2\mathrm{d}y - yx^2\mathrm{d}x = \frac{\pi R^4}{4}. \blacksquare$$

注意:若直接计算此线积分,由于积分变量在积分曲线(C)上变化.故可将圆周的参数方程代入计算;但利用 Green 公式将它转化为二重积分后,积分变量在圆内变化,绝不能再将 $x^2+y^2=R^2$ 代入被积函数,而必须用二重积分的计算法去计算.

例 8.2 证明：由一条分段光滑的简单闭曲线(C)所围成平面区域(σ)的面积为

$$A=\frac{1}{2}\oint_{(+C)}x\mathrm{d}y-y\mathrm{d}x.$$

证 由 Green 公式知

$$\frac{1}{2}\oint_{(+C)}x\mathrm{d}y-y\mathrm{d}x=\frac{1}{2}\iint_{(\sigma)}[1-(-1)]\mathrm{d}\sigma$$

$$=\iint_{(\sigma)}\mathrm{d}\sigma=A.\quad \blacksquare$$

注意：添补线段让积分曲线封闭是利用 Green 公式简化第二型线积分计算的一种常用方法.在添加线段时应当注意：①与原曲线的走向一致；②在所围区域内，保证被积函数连续，且二重积分计算简便；③在所添加线段上线积分的计算简便；④在重积分的计算结果中要将所补线积分的值减去.

例 8.3 设(C)为不通过原点的任一分段光滑的正向简单闭曲线，计算积分

$$I=\oint_{(C)}\frac{x\mathrm{d}y-y\mathrm{d}x}{x^2+y^2}.$$

解 记 $P(x,y)=\dfrac{-y}{x^2+y^2}, Q(x,y)=\dfrac{x}{x^2+y^2}$.

由假设，(C)不通过原点，因此原点可能在(C)内也可能在(C)外，现分别加以讨论.

(1) 设(C)的内部不包含原点 $O(0,0)$.这时由于 P,Q 及其偏导数$\dfrac{\partial P}{\partial y},\dfrac{\partial Q}{\partial x}$均在$(C)$所围区域$(\sigma)$内连续，应用 Green 公式，因$\dfrac{\partial P}{\partial y}-\dfrac{\partial Q}{\partial x}\equiv 0$，从而有

$$I=\iint_{(\sigma)}\left(\frac{\partial Q}{\partial x}-\frac{\partial P}{\partial y}\right)\mathrm{d}\sigma=0.$$

(2) 若(C)的内部包含原点 $O(0,0)$.这时由于 P,Q 均在点 O 无定义，故不能直接利用 Green 公式.现取 $\varepsilon>0$ 足够小，作以 O 为中心、半径为 ε 的圆周(C_ε)，使(C_ε)全部位于(C)的内部(图 6.66).于是 P,Q 及$\dfrac{\partial P}{\partial y},\dfrac{\partial Q}{\partial x}$均在由$(+C)$与$(-C_\varepsilon)$所围成的复连通域$(\sigma)$上连续，应用 Green 公式得

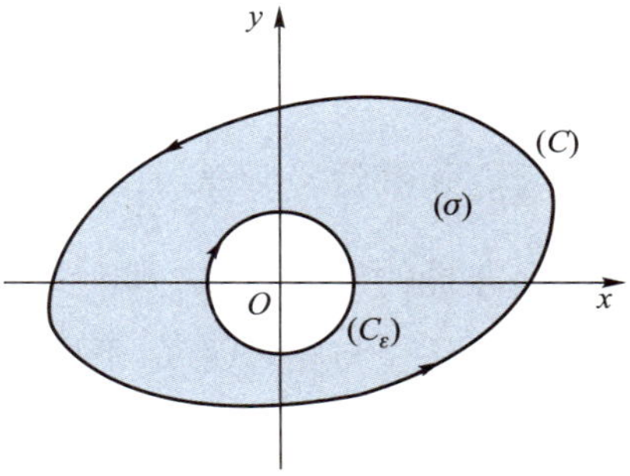

图 6.66

$$\int_{(+C)}\frac{x\mathrm{d}y-y\mathrm{d}x}{x^2+y^2}+\int_{(-C_\varepsilon)}\frac{x\mathrm{d}y-y\mathrm{d}x}{x^2+y^2}$$

$$=\iint_{(\sigma)}\left(\frac{\partial Q}{\partial x}-\frac{\partial P}{\partial y}\right)\mathrm{d}\sigma=0,$$

即

$$\int_{(+C)}\frac{x\mathrm{d}y-y\mathrm{d}x}{x^2+y^2}=\int_{(+C_\varepsilon)}\frac{x\mathrm{d}y-y\mathrm{d}x}{x^2+y^2}.$$

这样我们就把沿任一简单闭曲线(C)的线积分化成了沿圆周(C_ε)的线积分.现在用第二型线积分的计算法来求上式右端的积分.因为$(+C_\varepsilon)$的参数方程为

$$x=\varepsilon\cos t,\quad y=\varepsilon\sin t\quad(0\leqslant t\leqslant 2\pi),$$

于是

$$\int_{(+C_\varepsilon)}\frac{x\mathrm{d}y-y\mathrm{d}x}{x^2+y^2}=\int_0^{2\pi}\frac{\varepsilon^2(\cos^2 t+\sin^2 t)}{\varepsilon^2}\mathrm{d}t=2\pi,$$

故 $I=2\pi$. ▌

8.2 平面线积分与路径无关的条件

一般来讲,沿路径(C)从点 A 到点 B 的线积分

$$\int_{(C)}\boldsymbol{A}(M)\cdot\mathbf{d}\boldsymbol{s}=\int_{(C)}P(x,y)\mathrm{d}x+Q(x,y)\mathrm{d}y$$

的值应与向量场$\boldsymbol{A}(M)$的分布、起点 A 和终点 B 的位置以及积分路径(C)三者有关.然而在本章例 7.5 中,我们已经看到,有些第二型线积分的值与积分路径无关,这种情况在物理学中也经常碰到.例如,如果$\boldsymbol{F}(M)$表示重力场,当质点从点 A 移到点 B 时,重力场所做的功 $W=\int_{(C)}\boldsymbol{F}(M)\cdot\mathbf{d}\boldsymbol{s}$ 只取决于力场 $\boldsymbol{F}$ 以及起点和终点,而与积分路径无关(例 7.6).一般地,当线积分 $\int_{(C)}\boldsymbol{A}(M)\cdot\mathbf{d}\boldsymbol{s}$ 的值与积分路径无关时,称场$\boldsymbol{A}(M)$为一**保守场**.所以重力场是一保守场.这时,可以略去积分路径(C)不写而把线积分用起点 A 和终点 B 表示为 $\int_{(A)}^{(B)}\boldsymbol{A}(M)\cdot\mathbf{d}\boldsymbol{s}$.

由保守场的定义可见,判断一个场是否保守场,从数学上看,就是判断此场的第二型线积分是否与路径无关.下面我们先介绍这一命题的几个等价命题,然后讨论命题成立的条件.

定理 8.2 设区域$(\sigma)\subseteq\mathbf{R}^2$,$P,Q\in C((\sigma))$,$A,B\in(\sigma)$,则下列三个命题等价:

(1) 沿(σ)内任一分段光滑的简单闭曲线(C),线积分

$$\oint_{(C)}P\mathrm{d}x+Q\mathrm{d}y=0;$$

（2）线积分

$$\int_{(A)}^{(B)} P\mathrm{d}x + Q\mathrm{d}y$$

的值在(σ)内与积分路径无关；

（3）被积表达式

$$P\mathrm{d}x + Q\mathrm{d}y$$

在(σ)内是某个二元函数$u(x,y)$的全微分，即

$$\mathrm{d}u = P\mathrm{d}x + Q\mathrm{d}y.$$

注：采用向量形式，定理 8.2 中三个结论可分别写成：

(1) $\oint_{(C)} \boldsymbol{A}\cdot\mathbf{ds} = 0, \boldsymbol{A} = (P,Q)$；

(2) $\int_{(A)}^{(B)} \boldsymbol{A}\cdot\mathbf{ds}$ 的值与积分路径无关；

(3) ∃可微函数$U(x,y)$使

$$\mathbf{grad}\ U=\boldsymbol{A}$$

或

$$\nabla U=\boldsymbol{A}.$$

证 我们按(1)⇒(2)⇒(3)⇒(1)的顺序，用循环推证法来证明．首先来证(1)⇒(2)．

设(1)成立，A,B为(σ)中的任意两点，以A为起点B为终点，任意联结位于(σ)内的两条曲线$(\widehat{APB})$与$(\widehat{AQB})$（图 6.67(a)），要证明线积分$\int_{(A)}^{(B)} P\mathrm{d}x+Q\mathrm{d}y$沿这两条路径积分的值相等．如果此两曲线除$A,B$两点外不相交，那么，由于

$$\int_{(\widehat{APB})} P\mathrm{d}x + Q\mathrm{d}y + \int_{(\widehat{BQA})} P\mathrm{d}x + Q\mathrm{d}y = \oint_{(\widehat{APBQA})} P\mathrm{d}x + Q\mathrm{d}y = 0,$$

所以

$$\int_{(\widehat{APB})} P\mathrm{d}x + Q\mathrm{d}y = -\int_{(\widehat{BQA})} P\mathrm{d}x + Q\mathrm{d}y = \int_{(\widehat{AQB})} P\mathrm{d}x + Q\mathrm{d}y.$$

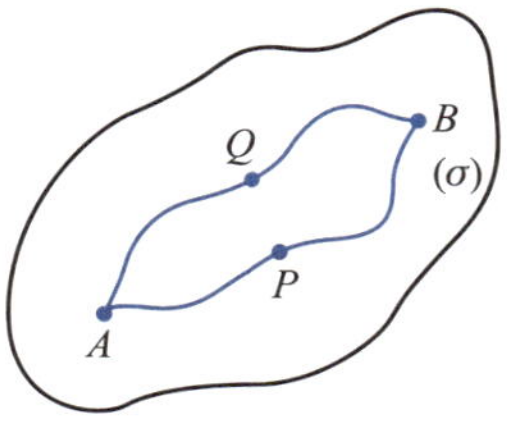

(a)

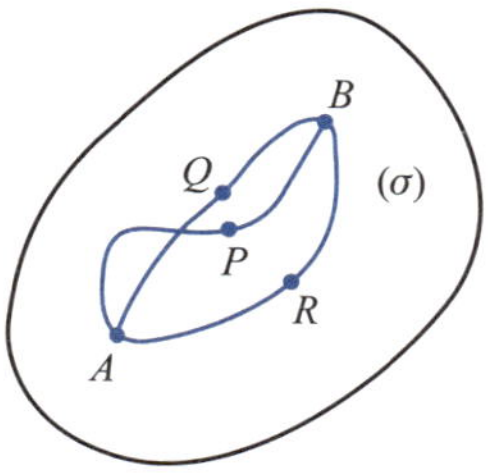

(b)

图 6.67

如果$(\widehat{APB})$与$(\widehat{AQB})$还有其他交点（图 6.67(b)），那么，在(σ)内从A到B再作一条曲线$(\widehat{ARB})$，使它与$(\widehat{APB})$，$(\widehat{AQB})$均不再相交，从而

$$\int_{(\widehat{APB})} P\mathrm{d}x + Q\mathrm{d}y = \int_{(\widehat{ARB})} P\mathrm{d}x + Q\mathrm{d}y = \int_{(\widehat{AQB})} P\mathrm{d}x + Q\mathrm{d}y,$$

因此，命题(2)成立．

其次证明(2)⇒(3)．

设(2)成立，在(σ)内任取一定点$A(x_0,y_0)$为起点，一动点$B(x,y)$为终点，作变

上限积分 $\int_{(x_0,y_0)}^{(x,y)} P\mathrm{d}x + Q\mathrm{d}y$（图 6.68）. 由于线积分的值与积分路径无关，它的值将随上限 (x,y) 的确定而唯一确定，因而是上限 (x,y) 的一个二元函数，记作 $u(x,y)$，令

$$u(x,y) = \int_{(x_0,y_0)}^{(x,y)} P\mathrm{d}x + Q\mathrm{d}y.$$

下面证明，这个函数的全微分就正好是被积表达式，即

$$\mathrm{d}u = P\mathrm{d}x + Q\mathrm{d}y.$$

为此，只需证明

$$\frac{\partial u}{\partial x} = P, \quad \frac{\partial u}{\partial y} = Q.$$

由偏导数定义

$$\frac{\partial u}{\partial x} = \lim_{\Delta x \to 0} \frac{u(x+\Delta x, y) - u(x,y)}{\Delta x},$$

而

$$u(x+\Delta x, y) - u(x,y)$$
$$= \int_{(x_0,y_0)}^{(x+\Delta x, y)} P\mathrm{d}x + Q\mathrm{d}y - \int_{(x_0,y_0)}^{(x,y)} P\mathrm{d}x + Q\mathrm{d}y,$$

由于线积分与路径无关，故上式右端的第一个积分等于由点 A 沿曲线 (C) 到点 B 的积分与由点 B 沿水平直线到点 M 的积分之和，即

$$\int_{(x_0,y_0)}^{(x+\Delta x, y)} P\mathrm{d}x + Q\mathrm{d}y = \int_{(x_0,y_0)}^{(x,y)} P\mathrm{d}x + Q\mathrm{d}y + \int_{(x,y)}^{(x+\Delta x, y)} P\mathrm{d}x + Q\mathrm{d}y,$$

从而

$$u(x+\Delta x, y) - u(x,y) = \int_{(x,y)}^{(x+\Delta x, y)} P\mathrm{d}x + Q\mathrm{d}y.$$

上式右端线积分的积分路径为直线段 $\overline{BM}$，把这个线积分化成定积分并应用积分中值定理，得

$$\int_{(x,y)}^{(x+\Delta x, y)} P\mathrm{d}x + Q\mathrm{d}y = \int_{x}^{x+\Delta x} P(x,y)\mathrm{d}x = P(x+\theta\Delta x, y)\Delta x, \quad 0 \leq \theta \leq 1.$$

于是，由 P 的连续性得

$$\frac{\partial u}{\partial x} = \lim_{\Delta x \to 0} \frac{u(x+\Delta x, y) - u(x,y)}{\Delta x} = \lim_{\Delta x \to 0} P(x+\theta\Delta x, y) = P(x,y).$$

同理可证

注：在定积分中，我们知道，变上限积分 $\int_a^x f(t)\mathrm{d}t$ 是上限 x 的函数，当 $f \in C[a,b]$ 时，它对上限 x 的微分，就是被积表达式 $f(x)\mathrm{d}x$. 现在对于向量值函数 $\boldsymbol{A} = (P,Q) \in C((\sigma))$ 的变上限线积分

$$\int_{(x_0,y_0)}^{(x,y)} \boldsymbol{A} \cdot \mathrm{d}\boldsymbol{s} = \int_{(x_0,y_0)}^{(x,y)} P\mathrm{d}x + Q\mathrm{d}y,$$

若与积分路径无关，自然是上限 x,y 的二元函数. 我们希望证明它的全微分也是被积表达式 $P\mathrm{d}x + Q\mathrm{d}y$.

图 6.68

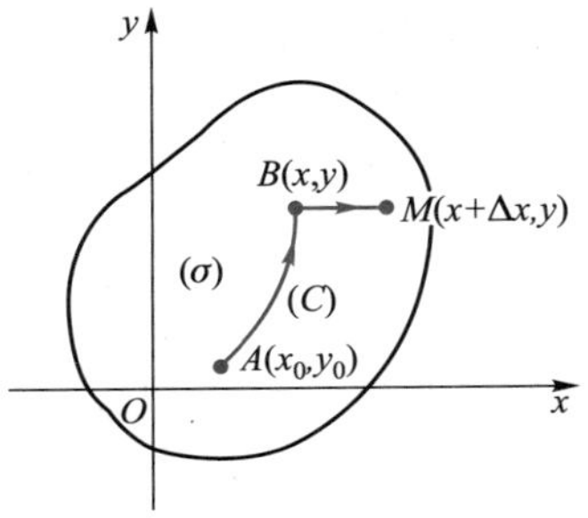

$$\frac{\partial u}{\partial y}=Q(x,y).$$

由于 $P,Q\in C((\sigma))$，即$\frac{\partial u}{\partial x},\frac{\partial u}{\partial y}\in C((\sigma))$，所以 $u(x,y)$ 在(σ)内可微，且

$$\mathrm{d}u=\frac{\partial u}{\partial x}\mathrm{d}x+\frac{\partial u}{\partial y}\mathrm{d}y=P\mathrm{d}x+Q\mathrm{d}y.$$

最后证明：(3)⇒(1). 设(3)成立，即在(σ)内存在可微函数 $u(x,y)$，使

$$\mathrm{d}u=P\mathrm{d}x+Q\mathrm{d}y,$$

从而

$$\frac{\partial u}{\partial x}=P,\quad \frac{\partial u}{\partial y}=Q,$$

设(C)为(σ)内任意一条分段光滑的简单闭曲线，要证明沿(C)的线积分 $\oint_{(C)}P\mathrm{d}x+Q\mathrm{d}y=0$. 设$(C)$的方程为 $x=x(t),y=y(t)\ (\alpha\leqslant t\leqslant\beta)$，且 $x(\alpha)=x(\beta)$，$y(\alpha)=y(\beta)$. 由线积分的计算法可知

$$\begin{aligned}\oint_{(C)}P\mathrm{d}x+Q\mathrm{d}y&=\int_{\alpha}^{\beta}\{P[x(t),y(t)]\dot{x}(t)+Q[x(t),y(t)]\dot{y}(t)\}\mathrm{d}t\\&=\int_{\alpha}^{\beta}\left(\frac{\partial u}{\partial x}\frac{\mathrm{d}x}{\mathrm{d}t}+\frac{\partial u}{\partial y}\frac{\mathrm{d}y}{\mathrm{d}t}\right)\mathrm{d}t=\int_{\alpha}^{\beta}\left(\frac{\mathrm{d}}{\mathrm{d}t}u[x(t),y(t)]\right)\mathrm{d}t\\&=u[x(t),y(t)]\Big|_{\alpha}^{\beta}=0,\end{aligned}$$

即命题(1)成立. ▌

定理 8.2 的三个命题都具有重要的物理意义. 如果把向量场$(P(x,y),Q(x,y))$看作是一平面流速场 $\boldsymbol{v}(x,y)$，即 $\boldsymbol{v}=P\boldsymbol{i}+Q\boldsymbol{j}$，于是

$$\oint_{(C)}P\mathrm{d}x+Q\mathrm{d}y=\oint_{(C)}\boldsymbol{v}(M)\cdot\mathbf{d}\boldsymbol{s}=\oint_{(C)}\boldsymbol{v}(M)\cdot\boldsymbol{e}_{\tau}\mathrm{d}s.$$

由于 $\boldsymbol{v}(M)\cdot\boldsymbol{e}_{\tau}$ 表示流速场在曲线(C)的切线方向的分速度，设流体密度为 1，因而积分 $\oint_{(C)}\boldsymbol{v}(M)\cdot\boldsymbol{e}_{\tau}\mathrm{d}s$ 表示在单位时间内，场 $\boldsymbol{v}$ 沿闭曲线(C)流动流体的流量，力学上称其为沿(C)的**环流量**. 它给出了流速场 $\boldsymbol{v}$ 绕曲线(C)旋转趋势大小的度量. 一般地，对于向量场 $\boldsymbol{A}(M)=P\boldsymbol{i}+Q\boldsymbol{j}$，我们称沿闭曲线$(C)$的第二型线积分

$$\oint_{(C)}\boldsymbol{A}(M)\cdot\mathbf{d}\boldsymbol{s}=\oint_{(C)}\boldsymbol{A}(M)\cdot\boldsymbol{e}_{\tau}\mathrm{d}s$$

为向量场 $\boldsymbol{A}$ 沿闭曲线(C)的**环量**. 命题(1)中，沿(σ)内任一分段光滑的简单闭曲线(C)，线积分均为零，这表明了向量场 $\boldsymbol{A}(M)$ 在(σ)内围绕任一点均无旋转趋势，我们

称其为**无旋场**.因此,命题(1)表明 $\boldsymbol{A}$ 是无旋场.

由保守场的定义可知,命题(2)表明向量场 $\boldsymbol{A}(M)$ 是一保守场.

下面我们来阐述命题(3)的物理意义.在第五章第三节中,我们知道,给定一个可微的数量场 $u(x,y)((x,y)\in(\sigma))$,在 (σ) 内每一点就唯一确定了一个梯度 $\nabla u(x,y)=\frac{\partial u}{\partial x}\boldsymbol{i}+\frac{\partial u}{\partial y}\boldsymbol{j},(x,y)\in(\sigma)$.它是在 (σ) 内的确定的一个向量场,称为**梯度场**.现在,我们考虑它的反问题:给定一个连续的向量场 $\boldsymbol{A}(x,y)=P(x,y)\boldsymbol{i}+Q(x,y)\boldsymbol{j}$,$(x,y)\in(\sigma)$,是否能存在一个可微的数量场 $u(x,y)$,使 $\nabla u(x,y)=\boldsymbol{A}(x,y)((x,y)\in(\sigma))$ 呢? 换句话说,在 (σ) 内是否存在可微函数 $u(x,y)$,使

$$\frac{\partial u}{\partial x}=P,\quad \frac{\partial u}{\partial y}=Q,\quad 或\quad \mathrm{d}u=P\mathrm{d}x+Q\mathrm{d}y.$$

可见,这一反问题实际上就是要问,对于给定的连续向量场 $\boldsymbol{A}(M)=(P,Q)$,$M\in(\sigma)$,表达式 $P\mathrm{d}x+Q\mathrm{d}y$ 是否是 (σ) 内某个二元函数 u 的全微分? 如果这样的 $u(x,y)$ 存在,则称 u 是向量场 $\boldsymbol{A}(M)$ 的**势函数**或**位函数**,而称向量场 $\boldsymbol{A}(M)$ 是一**有势场**.因此,命题(3)表明向量场 $\boldsymbol{A}(M)$ 是一有势场.

定理 8.2 的结论表明:对于一个连续的向量场 $\boldsymbol{A}(M)=(P,Q)$,$M\in(\sigma)$,$\boldsymbol{A}(M)$ 是无旋场、保守场和有势场三者是相互等价的.

现在,我们来进一步研究在什么条件下定理 8.2 中的三个命题成立.

定理 8.3 设 (σ) 为一平面单连通域,$P,Q\in C^{(1)}((\sigma))$,则定理 8.2 中三个命题成立的充要条件是

$$\frac{\partial P}{\partial y}\equiv\frac{\partial Q}{\partial x},\quad (x,y)\in(\sigma).\tag{8.2}$$

证 由于上述三个命题的等价性,只需证明条件(8.2)是命题(1)成立的充要条件即可.

充分性 设条件(8.2)成立,在 (σ) 内任作一分段光滑的简单闭曲线 (C),由于 (σ) 是单连通域,所以 (C) 的内部 (σ_1) 必全部包含在 (σ) 内,从而有

$$\frac{\partial Q}{\partial x}-\frac{\partial P}{\partial y}\equiv 0,\quad (x,y)\in(\sigma_1).$$

由 Green 公式得

$$\oint_{(+C)}P\mathrm{d}x+Q\mathrm{d}y=\iint_{(\sigma_1)}\left(\frac{\partial Q}{\partial x}-\frac{\partial P}{\partial y}\right)\mathrm{d}\sigma=0,$$

注意:定理 8.2 中三个结论成立且等价只需条件 $\boldsymbol{A}=(P,Q)$ 在域 (σ) 上连续,并不要求 (σ) 是单连通域;而定理 8.3 结论的成立,即条件(8.2)与定理 8.2 中三个结论等价,必须加强条件,不仅要求 $\boldsymbol{A}=(P,Q)$ 在 (σ) 上偏导数连续,而且还要求域 (σ) 是单连通的. $\boldsymbol{A}$ 的偏导数连续的作用,读者在必要性的证明中容易看出;单连通域的要求是因为在充分性的证明时,若域 (σ) 内有洞,则 (σ) 内包围洞的闭曲域 (C) 的内部不能保证 $\frac{\partial Q}{\partial x}-\frac{\partial P}{\partial y}\equiv 0$ 成立.

即命题(1)成立.

必要性　使用反证法.设沿(σ)内任一闭曲线(C)有$\oint_{(C)} P\mathrm{d}x+Q\mathrm{d}y=0$.如果条件(8.2)不成立,即至少存在一点$M_0(x_0,y_0)\in(\sigma)$,使

$$\left(\frac{\partial Q}{\partial x}-\frac{\partial P}{\partial y}\right)\Bigg|_{M_0}\neq 0,$$

不妨设其大于零.由于$\frac{\partial Q}{\partial x}-\frac{\partial P}{\partial y}$连续,故存在点$M_0$的一个$\delta$邻域$U(M_0,\delta)$,使

$$\frac{\partial Q}{\partial x}-\frac{\partial P}{\partial y}\geqslant q>0,\quad (x,y)\in U(M_0,\delta).$$

于是沿$U(M_0,\delta)$的边界曲线(C_δ)有

$$\oint_{(+C_\delta)} P\mathrm{d}x+Q\mathrm{d}y=\iint_{U(M_0,\delta)}\left(\frac{\partial Q}{\partial x}-\frac{\partial P}{\partial y}\right)\mathrm{d}\sigma\geqslant q\Sigma>0,$$

其中Σ为$U(M_0,\delta)$的面积,这与假设矛盾.　▌

这样一来,对于向量场$\boldsymbol{A}=(P,Q)$,如果$P,Q\in C^{(1)}((\sigma))$且$\frac{\partial P}{\partial y}\equiv\frac{\partial Q}{\partial x}$,$(x,y)\in(\sigma)$,那么$\boldsymbol{A}$一定是一个有势场.怎样求得它的势函数呢?下面就来讨论这个问题.

势函数的求法　给定向量场$\boldsymbol{A}(M)=(P,Q)$,$M\in(\sigma)$,设$P,Q\in C^{(1)}((\sigma))$,且$\frac{\partial P}{\partial y}\equiv\frac{\partial Q}{\partial x}$.求$\boldsymbol{A}$的势函数.从数学上看就是求一个二元函数$u$,使

$$\mathrm{d}u=P(x,y)\mathrm{d}x+Q(x,y)\mathrm{d}y.$$

这种问题也称为是**全微分求积问题**,所求得的势函数$u(x,y)$也称为是全微分$P\mathrm{d}x+Q\mathrm{d}y$的一个**原函数**.

显然,如果$u(x,y)$是$P\mathrm{d}x+Q\mathrm{d}y$的一个原函数,那么$u(x,y)+C$($C$为常数)也是其原函数,而且同一元函数一样,容易证明,任意两个原函数仅相差一个常数.

想一想:
能否证明与一元函数类似,$P\mathrm{d}x+Q\mathrm{d}y$的任意两个原函数仅相差一个常数?

下面通过例题说明求势函数的方法.

例 8.4　验证向量场$\boldsymbol{A}=(3x^2-6xy,3y^2-3x^2)$在全平面上是有势场并求其势函数.

解　由于在全平面上有$\frac{\partial}{\partial x}(3y^2-3x^2)=-6x$,$\frac{\partial}{\partial y}(3x^2-6xy)=-6x$,所以$\boldsymbol{A}$在全平面上为有势场.下面求它的势函数$u(x,y)$.

解法一(用线积分求) 由定理 8.2 的证明可知

$$\Phi=\int_{(0,0)}^{(x,y)}(3x^2-6xy)\mathrm{d}x+(3y^2-3x^2)\mathrm{d}y$$

是一势函数,且积分与路径无关.取路径为:先沿 x 轴从 $O(0,0)$ 到 $M_0(x,0)$,再沿纵直线从 M_0 到 $M(x,y)$(图 6.69).于是由第二型线积分的计算法得

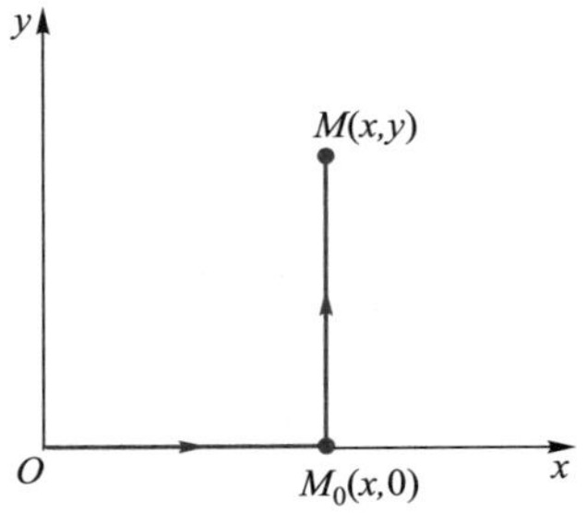

图 6.69

$$\Phi=\int_{(0,0)}^{(x,0)}(3x^2-6xy)\mathrm{d}x+(3y^2-3x^2)\mathrm{d}y+\int_{(x,0)}^{(x,y)}(3x^2-6xy)\mathrm{d}x+(3y^2-3x^2)\mathrm{d}y$$

$$=\int_0^x 3x^2\mathrm{d}x+\int_0^y(3y^2-3x^2)\mathrm{d}y=x^3+y^3-3x^2y.$$

所以势函数(即原函数)的一般形式为

$$u(x,y)=x^3+y^3-3x^2y+C,$$

其中 C 为任意常数.

解法二(用偏积分①求) 要求势函数 $u(x,y)$,使 $\nabla u=(3x^2-6xy,3y^2-3x^2)$.

由于 $\nabla u=\left(\dfrac{\partial u}{\partial x},\dfrac{\partial u}{\partial y}\right)$,故只需求 u,使

$$\frac{\partial u}{\partial x}=3x^2-6xy, \tag{8.3}$$

$$\frac{\partial u}{\partial y}=3y^2-3x^2. \tag{8.4}$$

(8.3)式两端对 x 积分,把 y 视为常数,得

$$u=x^3-3x^2y+\varphi(y), \tag{8.5}$$

由于 y 是被看作常数积分的,故积分常数 φ 中可能含有 y.再将(8.5)式两端对 y 求导并与(8.4)式比较得

$$-3x^2+\varphi'(y)=3y^2-3x^2,$$

从而 $\varphi'(y)=3y^2$,故

$$\varphi(y)=y^3+C.$$

代入(8.5)式得

$$u=x^3-3x^2y+y^3+C.$$

解法三(用凑全微分法求) 求向量场$(3x^2-6xy,3y^2-3x^2)$的势函数,即求一函数 $u(x,y)$ 使其全微分为

---

① 我们把 y 视为常数对 x 的积分 $\int f(x,y)\mathrm{d}x$ 称为对 x 的**偏积分**.

$$du=(3x^2-6xy)dx+(3y^2-3x^2)dy.$$

将上式右端诸项重新排列得

$$\begin{aligned}du&=3x^2dx+3y^2dy-3(x^2dy+2xydx)=dx^3+dy^3-3(x^2dy+ydx^2)\\&=dx^3+dy^3-3d(x^2y)=d(x^3+y^3-3x^2y).\end{aligned}$$

于是势函数

$$u=x^3+y^3-3x^2y+C.\quad\blacksquare$$

读者看到，如果对微分比较熟练，第三种方法是很简便的.

例 8.5　计算线积分 $\int_{(C)}\cos(x+y^2)dx+\left[2y\cos(x+y^2)-\dfrac{1}{\sqrt{1+y^4}}\right]dy$，其中 (C) 为摆线 $x=a(t-\sin t)$，$y=a(1-\cos t)$ 上由点 $O(0,0)$ 到点 $A(2\pi a,0)$ 的有向弧段.

解　此题若利用第二型线积分的计算法直接化为定积分去计算是相当麻烦的，但由于在全平面上

$$\frac{\partial P}{\partial y}=-\sin(x+y^2)\cdot 2y=\frac{\partial Q}{\partial x},$$

所以，此线积分与路径无关.我们取有向直线段 $\overline{OA}$ 去代替 (C)，从而得

$$\begin{aligned}&\int_{(C)}\cos(x+y^2)dx+\left[2y\cos(x+y^2)-\frac{1}{\sqrt{1+y^4}}\right]dy\\&=\int_{\overline{OA}}\cos(x+y^2)dx+\left[2y\cos(x+y^2)-\frac{1}{\sqrt{1+y^4}}\right]dy\\&=\int_0^{2\pi a}\cos x\,dx=\sin 2\pi a.\quad\blacksquare\end{aligned}$$

应当指出，由于定理 8.2 中命题(2)与(3)的等价性，我们也可以利用原函数来计算与积分路径无关的线积分.事实上，设 $P,Q\in C((\sigma))$，如果线积分

$$I=\int_{(x_0,y_0)}^{(x_1,y_1)}Pdx+Qdy$$

在 (σ) 内与路径无关，那么在 (σ) 内 $Pdx+Qdy$ 必为某一函数的全微分，设其原函数为 $F(x,y)$，由于

$$\Phi(x,y)=\int_{(x_0,y_0)}^{(x,y)}Pdx+Qdy$$

也是被积表达式的一个原函数，所以

$$\Phi(x,y)=F(x,y)+C.$$

但 $\Phi(x_0,y_0)=0$，故

$$C=-F(x_0,y_0).$$

于是

$$\Phi(x,y)=F(x,y)-F(x_0,y_0),$$

因此在区域(σ)内

$$\int_{(x_0,y_0)}^{(x_1,y_1)} P\mathrm{d}x+Q\mathrm{d}y=F(x_1,y_1)-F(x_0,y_0)=F(x,y)\Big|_{(x_0,y_0)}^{(x_1,y_1)}. \tag{8.6}$$

公式(8.6)相当于定积分中的 Newton-Leibniz 公式.

例 8.6 计算$\displaystyle\int_{(1,0)}^{(0,1)}\frac{x\mathrm{d}x+y\mathrm{d}y}{\sqrt{x^2+y^2}}$.

解 容易看出

$$\frac{x\mathrm{d}x+y\mathrm{d}y}{\sqrt{x^2+y^2}}=\frac{\mathrm{d}(x^2+y^2)}{2\sqrt{x^2+y^2}}=\mathrm{d}\sqrt{x^2+y^2},$$

所以当$x^2+y^2\neq 0$时,被积表达式是一全微分,它的一个原函数为$\sqrt{x^2+y^2}$,从而在不包含原点的任一平面区域内,所给积分与路径无关,且由公式(8.6)可知

$$\int_{(1,0)}^{(0,1)}\frac{x\mathrm{d}x+y\mathrm{d}y}{\sqrt{x^2+y^2}}=\sqrt{x^2+y^2}\Big|_{(1,0)}^{(0,1)}=0. \quad ▌$$

8.3 Gauss 公式与散度

1. Gauss 公式

8.1 段中的 Green 公式建立了平面区域(σ)上的二重积分与(σ)边界曲线(C)上的第二型线积分之间的联系,本段所要介绍的 Gauss 公式,将建立空间区域(V)上的三重积分与(V)的边界曲面(S)上的第二型面积分之间的联系.

定理 8.4 设空间有界闭区域(V)由分片光滑的闭曲面(S)所围成,$\boldsymbol{A}(P(x,y,z),Q(x,y,z),R(x,y,z))\in C^{(1)}((V))$,则

$$\iiint_{(V)}\left(\frac{\partial P}{\partial x}+\frac{\partial Q}{\partial y}+\frac{\partial R}{\partial z}\right)\mathrm{d}V=\oint\!\!\!\oint_{(S)}P\mathrm{d}y\wedge\mathrm{d}z+Q\mathrm{d}z\wedge\mathrm{d}x+R\mathrm{d}x\wedge\mathrm{d}y, \tag{8.7}$$

其中(S)的法向量朝外.

证 我们只证明

$$\iiint_{(V)}\frac{\partial R}{\partial z}\mathrm{d}V=\oint\!\!\!\oint_{(S)}R\mathrm{d}x\wedge\mathrm{d}y, \tag{8.8}$$

其他两项的证明类似.

由于(8.8)式左端的三重积分和右端的第二型面积分都可以化为二重积分来

计算，故只需把它们都化为二重积分进行比较即可.

首先设积分域(V)是 xy 型区域，即可表示为

$$z_1(x,y) \leqslant z \leqslant z_2(x,y),\quad (x,y) \in (\sigma_{xy}), \tag{8.9}$$

把(V)的边界曲面(S)分成三部分：(S_1)，(S_2)与(S_3)，如图 6.70 所示.

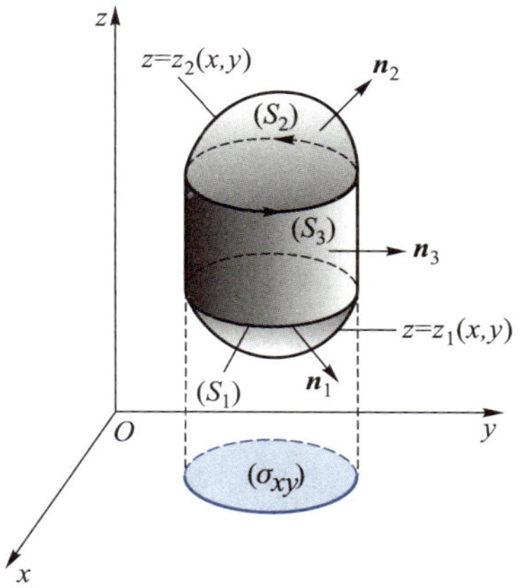

图 6.70

将(8.8)式左端的三重积分化为累次积分并计算得

$$\iiint\limits_{(V)} \frac{\partial R}{\partial z}\mathrm{d}V = \iint\limits_{(\sigma_{xy})} \mathrm{d}\sigma \int_{z_1(x,y)}^{z_2(x,y)} \frac{\partial R}{\partial z}\mathrm{d}z$$
$$= \iint\limits_{(\sigma_{xy})} \{R[x,y,z_2(x,y)] - R[x,y,z_1(x,y)]\}\mathrm{d}\sigma.$$

将(8.8)式右端的面积分化为二重积分得

$$\oiint\limits_{(S)} R\mathrm{d}x \wedge \mathrm{d}y$$
$$= \iint\limits_{(S_2\text{上})} R\mathrm{d}x \wedge \mathrm{d}y + \iint\limits_{(S_3\text{外})} R\mathrm{d}x \wedge \mathrm{d}y + \iint\limits_{(S_1\text{下})} R\mathrm{d}x \wedge \mathrm{d}y$$
$$= \iint\limits_{(\sigma_{xy})} R[x,y,z_2(x,y)]\mathrm{d}\sigma + 0 + \iint\limits_{(\sigma_{xy})} -R[x,y,z_1(x,y)]\mathrm{d}\sigma$$
$$= \iint\limits_{(\sigma_{xy})} \{R[x,y,z_2(x,y)] - R[x,y,z_1(x,y)]\}\mathrm{d}\sigma.$$

于是公式(8.8)对形如图 6.70 的区域(V)成立.

对于其他形状的区域（包括有“洞”的区域），可以利用曲面将其分割成若干子域的并，使每一子域均可用形如(8.9)式的不等式表示.类似于 Green 公式的处理，同样可证(8.8)式成立. ▌

利用 nabla 算子（第五章第三节），Gauss 公式(8.7)可以写成以下向量形式：

$$\iiint\limits_{(V)} \nabla \cdot \boldsymbol{A}\mathrm{d}V = \oiint\limits_{(S)} \boldsymbol{A} \cdot \mathbf{d}\boldsymbol{S}. \tag{8.10}$$

注：注意到 $\boldsymbol{A}=(P,Q,R)$，而 $\nabla \cdot \boldsymbol{A}=\frac{\partial P}{\partial x}+\frac{\partial Q}{\partial y}+\frac{\partial R}{\partial z}$ 是向量值函数 $\boldsymbol{A}$ 的一种变化率，与 Green 公式类似，Gauss 公式表明：$\boldsymbol{A}$ 在空间区域(V)内某种变化率$\frac{\partial P}{\partial x}+\frac{\partial Q}{\partial y}+\frac{\partial R}{\partial z}$的三重积分，可以通过 $\boldsymbol{A}$ 在区域(V)的边界曲面上的第二型面积分来计算.

正像 Green 公式常可简化第二型线积分的计算那样，Gauss 公式常可简化第二型面积分的计算.

例 8.7 计算面积分

$$I=\iint\limits_{(S)} x^3\mathrm{d}y\wedge\mathrm{d}z+y^3\mathrm{d}z\wedge\mathrm{d}x+(z^3+x^2+y^2)\mathrm{d}x\wedge\mathrm{d}y,$$

其中(1) (S)为球面 $x^2+y^2+z^2=R^2$ 的外侧;

(2) (S)为上半球面 $z=\sqrt{R^2-x^2-y^2}$ 的上侧.

☞二维码 6.8.2 计算多元函数积分时容易发生混淆的错误.

解 (1) 设(S)所围区域为(V),由 Gauss 公式得

$$I=\iiint\limits_{(V)}3(x^2+y^2+z^2)\mathrm{d}V=3\int_0^{2\pi}\mathrm{d}\theta\int_0^{\pi}\mathrm{d}\varphi\int_0^R r^4\sin\varphi\mathrm{d}r=\frac{12}{5}\pi R^5.$$

(2) 曲面(S)不封闭,为了利用 Gauss 公式,我们先补上 xOy 平面上的圆面(S_1):$x^2+y^2\leqslant R^2$,使其法线方向朝下,这样对于由上半球面(S)与圆面(S_1)所围成的区域(V_1)来说,其边界曲面的法线方向朝外,于是应用 Gauss 公式得

注:与利用 Green 公式计算非闭合曲线的第二型线积分类似,当曲面不闭合时,补上简单曲面使其闭合再利用 Gauss 公式计算是简化第二型面积分计算的常用方法.这时除了要考虑使补上的面积分和化成的三重积分计算方便外,要特别注意选择所补曲面的正法线方向使闭合曲面的正法线均指向外侧,还要注意将所补曲面上同侧的面积分的值减去.

$$\begin{aligned}I=&\iint\limits_{(S上)}x^3\mathrm{d}y\,\mathrm{d}z+y^3\mathrm{d}z\,\mathrm{d}x+(z^3+x^2+y^2)\mathrm{d}x\,\mathrm{d}y+\\&\iint\limits_{(S_1下)}x^3\mathrm{d}y\,\mathrm{d}z+y^3\mathrm{d}z\,\mathrm{d}x+(z^3+x^2+y^2)\mathrm{d}x\,\mathrm{d}y-\\&\iint\limits_{(S_1下)}x^3\mathrm{d}y\,\mathrm{d}z+y^3\mathrm{d}z\,\mathrm{d}x+(z^3+x^2+y^2)\mathrm{d}x\,\mathrm{d}y\\=&\iint\limits_{(S\cup S_1外)}x^3\mathrm{d}y\,\mathrm{d}z+y^3\mathrm{d}z\,\mathrm{d}x+(z^3+x^2+y^2)\mathrm{d}x\,\mathrm{d}y+\\&\iint\limits_{(S_1上)}x^3\mathrm{d}y\,\mathrm{d}z+y^3\mathrm{d}z\,\mathrm{d}x+(z^3+x^2+y^2)\mathrm{d}x\,\mathrm{d}y\\=&\iiint\limits_{(V_1)}3(x^2+y^2+z^2)\mathrm{d}V+\iint\limits_{(S_1)}(x^2+y^2)\mathrm{d}\sigma=\frac{6}{5}\pi R^5+\frac{\pi R^4}{2}.\end{aligned}$$ ▌

2. 通量与通量密度

在本章第七节中,我们知道,$\boldsymbol{A}(M)$对曲面(S)的第二型面积分 $\iint\limits_{(S)}\boldsymbol{A}\cdot\mathrm{d}\boldsymbol{S}$ 的物理意义是向量场$\boldsymbol{A}(M)$对曲面(S)的通量.设想 $\boldsymbol{v}(M)$ $(M\in(G)\subseteq\mathbf{R}^3)$表示一不可压缩的定常流速场,$(S)$为$(G)$内一闭合曲面,法向量指向外侧,则

$$Q=\oiint\limits_{(S)}\boldsymbol{v}\cdot\mathrm{d}\boldsymbol{S}$$

表示单位时间内流入闭曲面(S)的流量与流出(S)的流量的代数和.如果 $Q>0$,则表示流入的少而流出的多.这时,在(S)所包围的区域(V)内必有产生流体的"**源**";如果 $Q<0$,则流入的多而流出的少,这时(V)内必有吸收流体的"**洞**",我们常把"洞"看作

是**负源**.因而当 $Q=\iint\limits_{(S)}\boldsymbol{v}\cdot\mathbf{d}\boldsymbol{S}\neq 0$ 时，(S) 所围区域 (V) 内必有源存在.在不同的物理场中，源有着不同的物理意义.例如，对于电场，正源表示存在正电荷，它发出电力线；负源表示存在负电荷，它吸收电力线.又如，对于磁场，正源与负源分别表示磁的正极与负极.因此，一般地研究向量场的源有着重要的实际意义.

对于一个向量场，我们不仅需要研究源的存在性，还应该掌握源的强度.如果在 (S) 所围区域 (V) 内向量场 $\boldsymbol{A}(M)$ 的源是离散分布的，那么我们可以对每一个源作一个仅包围此源、在其内部且不通过其他源的闭曲面 (S_0)，然后利用通过此闭曲面的通量

$$\Phi=\oint\!\!\!\!\oint\limits_{(S_0)}\boldsymbol{A}(M)\cdot\mathbf{d}\boldsymbol{S}$$

的正负及其大小来判定 (S_0) 所围区域 (V) 内源的正负及其强弱.如果向量场 $\boldsymbol{A}(M)$ 的源连续分布，那么通量 Φ 仅能表征区域 (V) 内源的总体效应.为了更精确地掌握场中各点处源的正负及其强弱，就必须研究各点处的通量密度.设点 $M\in(V)$，在 M 的邻域内作一内部含有点 M 的闭曲面 $(\Delta S)\subseteq(V)$，(ΔS) 所围区域记为 (ΔV)，于是

$$\frac{\Delta\Phi}{\Delta V}=\frac{1}{\Delta V}\oint\!\!\!\!\oint\limits_{(\Delta S)}\boldsymbol{A}(M)\cdot\mathbf{d}\boldsymbol{S}$$

是 (ΔV) 上的平均通量密度，它近似地反映了点 M 处源的强度，而

$$\lim_{(\Delta V)\to M}\frac{1}{\Delta V}\oint\!\!\!\!\oint\limits_{(\Delta S)}\boldsymbol{A}(M)\cdot\mathbf{d}\boldsymbol{S}$$

就精确地反映了 $\boldsymbol{A}$ 在点 M 处源的强度.称为向量场 $\boldsymbol{A}$ 在点 M 处的**通量密度**，也称为 $\boldsymbol{A}$ 在点 M 的**散度**.

3. 散度的定义及其计算

定义 8.1(散度)　设有连续向量场 $\boldsymbol{A}(M)$ $(M\in(V)\subseteq\mathbf{R}^3)$，在 (V) 内点 M 的邻域任作一包含点 M 而法向量朝外的闭曲面 $(\Delta S)\subseteq(V)$，(ΔS) 所围区域为 (ΔV)，其体积为 ΔV.如果让 (ΔS) 所围区域 (ΔV) 以任意方式缩小为点 M 时，比式

$$\frac{\Delta\Phi}{\Delta V}=\frac{1}{\Delta V}\oint\!\!\!\!\oint\limits_{(\Delta S)}\boldsymbol{A}(M)\cdot\mathbf{d}\boldsymbol{S}$$

的极限存在，则此极限值称为场 $\boldsymbol{A}(M)$ 在点 M 的**散度**，记作

$$\operatorname{div}\boldsymbol{A}(M)=\lim_{(\Delta V)\to M}\frac{1}{\Delta V}\oint\!\!\!\!\oint\limits_{(\Delta S)}\boldsymbol{A}(M)\cdot\mathbf{d}\boldsymbol{S}.\tag{8.11}$$

由定义可见，散度就是通量密度，也就是在点 M 处通量对体积的变化率.

应当注意，向量场的散度是一个数量.对于给定的连续向量场 $\boldsymbol{A}(M)$，场域中任一点 M 都对应着一个散度 $\operatorname{div}\boldsymbol{A}(M)$，因而散度形成了一个数量场，称为**散度场**.它揭

示了场 $\boldsymbol{A}$ 内各点源的分布与强弱,当某一点 M 处的散度为正时,向量场 $\boldsymbol{A}$ 在此点有正源;为负时,有负源;为零时,此点处无源,散度的绝对值给出了源强度的大小.

注意:积分 $\oiint\limits_{(\Delta S)} \boldsymbol{A}(M)\cdot \mathbf{d}\boldsymbol{S}$ 随 (ΔS) 所围区域 (ΔV) 的改变而变化,所以它是一个区域函数.从而 $\boldsymbol{A}$ 在点 M 的通量密度(散度)实际上就是此区域函数在点 M 处关于区域的导数.

计算公式 建立直角坐标系,设

$$\boldsymbol{A}(M)=(P(x,y,z),Q(x,y,z),R(x,y,z)),$$

其中 P,Q,R 为 $C^{(1)}$ 类函数.由 Gauss 公式(8.10),可将(8.11)式中的面积分化为三重积分,再应用积分中值定理得

$$\oiint\limits_{(\Delta S)} \boldsymbol{A}(M)\cdot \mathbf{d}\boldsymbol{S}=\iiint\limits_{(\Delta V)} \nabla\cdot \boldsymbol{A}\mathrm{d}V=(\nabla\cdot\boldsymbol{A})\big|_{M'}\Delta V,$$

其中 $M'\in(\Delta V)$.于是

$$\operatorname{div}\boldsymbol{A}(M)=\lim_{(\Delta V)\to M}\frac{1}{\Delta V}\oiint\limits_{(\Delta S)} \boldsymbol{A}(M)\cdot \mathbf{d}\boldsymbol{S}=\lim_{(\Delta V)\to M}(\nabla\cdot\boldsymbol{A})\big|_{M'}=\nabla\cdot\boldsymbol{A}(M),$$

即

$$\boxed{\operatorname{div}\boldsymbol{A}=\nabla\cdot\boldsymbol{A}=\frac{\partial P}{\partial x}+\frac{\partial Q}{\partial y}+\frac{\partial R}{\partial z}.}\tag{8.12}$$

可见 Gauss 公式(8.10)左端的被积函数就是 $\boldsymbol{A}$ 的散度.利用散度可将 Gauss 公式写成下列形式

$$\boxed{\iiint\limits_{(V)}\operatorname{div}\boldsymbol{A}\mathrm{d}V=\oiint\limits_{(S)}\boldsymbol{A}\cdot\mathbf{d}\boldsymbol{S}.}\tag{8.13}$$

注:(8.13)所表示的 Gauss 公式具有明显的物理意义,以流体为例,(8.13)的右端表示流速场 $\boldsymbol{A}$(单位时间内)流出(或流入)闭曲面 (S) 的流量;注意到 $\operatorname{div}\boldsymbol{A}$ 的定义,可知(8.13)左端被积表达式 $\operatorname{div}\boldsymbol{A}\mathrm{d}V$ 是 (V) 由源在微元 $(\mathrm{d}V)$ 内流出(或流入)的流量.从而 $\iiint\limits_{(V)}\operatorname{div}\boldsymbol{A}\mathrm{d}V$ 就是 (V) 内所有源流出和流入流体量的代数和,由于流体不可压缩,剩下部分当然应从 (V) 的边界曲面 (S) 流出或流入.这就是 Gauss 公式所表示的物理意义.

例 8.8 求由向径 $\boldsymbol{r}=(x,y,z)$ 所构成向量场的散度.

解 由散度的计算公式(8.12)得

$$\nabla\cdot\boldsymbol{r}=\frac{\partial x}{\partial x}+\frac{\partial y}{\partial y}+\frac{\partial z}{\partial z}=3. \quad \blacksquare$$

4. 散度的运算法则和公式

利用公式(8.12),容易证明下列散度的运算法则:

(1) $\operatorname{div}(C\boldsymbol{A})=C\operatorname{div}\boldsymbol{A}$ 或 $\nabla\cdot(C\boldsymbol{A})=C\,\nabla\cdot\boldsymbol{A}$,其中 C 为常数;

(2) $\operatorname{div}(\boldsymbol{A}\pm\boldsymbol{B})=\operatorname{div}\boldsymbol{A}\pm\operatorname{div}\boldsymbol{B}$ 或 $\nabla\cdot(\boldsymbol{A}\pm\boldsymbol{B})=\nabla\cdot\boldsymbol{A}\pm\nabla\cdot\boldsymbol{B}$;

(3) $\operatorname{div}(u\boldsymbol{A})=u\operatorname{div}\boldsymbol{A}+\mathbf{grad}\,u\cdot\boldsymbol{A}$ 或 $\nabla\cdot(u\boldsymbol{A})=u\,\nabla\cdot\boldsymbol{A}+\nabla u\cdot\boldsymbol{A}$.

例 8.9 在位于 M_0 电量为 q 的点电荷所产生的电场中,

（1）求电位移向量场 $\boldsymbol{D}$ 的散度；

（2）求 $\boldsymbol{D}$ 穿过场内任一分片光滑闭曲面 (S) 的电通量 Φ_S.

☞二维码 6.8.3 Gauss 公式是另一形式 Green 公式的推广.

解　由电学知道，电位移向量

$$\boldsymbol{D}=\varepsilon\boldsymbol{E}=\frac{q}{4\pi r^2}\boldsymbol{e}_r,\quad r\neq 0,$$

其中 r 是 M_0 到任一点 M 的距离，$\boldsymbol{e}_r$ 是从 M_0 到点 M 的单位向量.

（1）由于

$$\nabla\cdot\boldsymbol{D}=\nabla\cdot\left(\frac{q}{4\pi r^2}\boldsymbol{e}_r\right)=\frac{q}{4\pi}\nabla\cdot\left(\frac{1}{r^3}\boldsymbol{r}\right)=\frac{q}{4\pi}\left(\frac{1}{r^3}\nabla\cdot\boldsymbol{r}+\nabla\frac{1}{r^3}\cdot\boldsymbol{r}\right),\ r\neq 0$$

由例 8.10 知，$\nabla\cdot\boldsymbol{r}=3$，而

$$\nabla\frac{1}{r^3}=-3\frac{1}{r^4}\nabla r=-3\frac{\boldsymbol{r}}{r^5},$$

所以

$$\nabla\cdot\boldsymbol{D}=\frac{q}{4\pi}\left(\frac{3}{r^3}-\frac{3}{r^5}\boldsymbol{r}\cdot\boldsymbol{r}\right)=\frac{q}{4\pi}\left(\frac{3}{r^3}-\frac{3}{r^3}\right)=0.\quad\blacksquare$$

（2）分两种情况讨论

1）当 (S) 不包含点 M_0 在其内部.

由(1)可知除点电荷 q 所在的点 $M_0(r=0)$ 外，在场中处处有 $\nabla\cdot\boldsymbol{D}=0$. 利用 Gauss 公式可得

$$\oint\!\!\!\!\oint_{(S)}\boldsymbol{D}\cdot\mathrm{d}\boldsymbol{S}=\iiint_{(V)}\nabla\cdot\boldsymbol{D}\mathrm{d}V=0.$$

2）当 (S) 将点 M_0 包围在其内部，如图 6.71 所示.

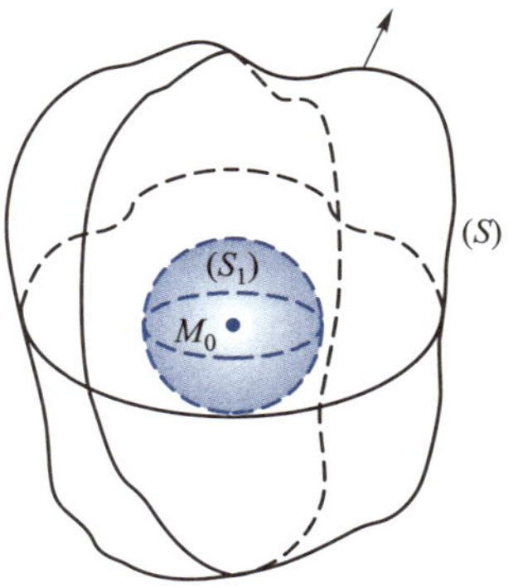

图 6.71

注意到 Gauss 公式对有"洞"的区域仍然成立. 我们可以按照例 8.3 中使用 Green 公式的思想，将穿过任意闭曲面的电通量化为穿过以点 M_0 为球心、R，为半径的球面的电通量来计算. 为此，适当选择 R，在 (S) 内作一以 M_0 为中心半径为 R 且全部包含在 (S) 内的球面 (S_1). 在由 (S) 和 (S_1) 所围成的闭区域 (V) 上应用 Gauss 公式，得

$$\oint\!\!\!\!\oint_{(S外)\cup(S_1内)}\boldsymbol{D}\cdot\mathrm{d}\boldsymbol{S}=\iiint_{(V)}\nabla\cdot\boldsymbol{D}\mathrm{d}V=\iiint_{(V)}0\mathrm{d}V=0.$$

从而

$$\oint\!\!\!\!\oint_{(S外)}\boldsymbol{D}\cdot\mathrm{d}\boldsymbol{S}=\oint\!\!\!\!\oint_{(S_1外)}\boldsymbol{D}\cdot\mathrm{d}\boldsymbol{S}$$

注意到 $\boldsymbol{e}_r=\boldsymbol{e}_n$，故有

$$\oiint_{(S_1)}\boldsymbol{D}\cdot\mathrm{d}\boldsymbol{S}=\oiint_{(S_1)}\frac{q}{4\pi R^2}\boldsymbol{e}_r\cdot\boldsymbol{e}_n\mathrm{d}S=\frac{q}{4\pi R^2}\oiint_{(S_1)}\mathrm{d}S=q,$$

即

$$\Phi_S=\oiint_{(S)}\boldsymbol{D}\cdot\mathrm{d}\boldsymbol{S}=q. \quad \blacksquare$$

上式表明：由点电荷 q 产生的电位移向量场穿过场中任一包围此点电荷的闭曲面的电通量就是此点电荷 q，这一结论容易被推广到由有限个点电荷所产生的电位移场.

设电位移场 $\boldsymbol{D}$ 是由 n 个分布在不同点上的点电荷 $q_1,q_2,\cdots,q_n$ 产生的. 由电场的叠加原理可知，电通量是可以叠加的. 若 (S) 是包围这 n 个点电荷的任一分片光滑的闭曲面，则 $\boldsymbol{D}$ 穿过 (S) 的电通量 Φ_S 应等于各个点电荷 q_k 所产生的电位移场 $\boldsymbol{D}_k$ 穿过闭曲面 (S) 的电通量的代数和，即

$$\Phi_S=\sum_{k=1}^{n}\oiint_{(S)}\boldsymbol{D}_k\cdot\mathrm{d}\boldsymbol{S}=\sum_{k=1}^{n}q_k \tag{8.14}$$

注：(8.14) 式表明：由点电荷 $q_1,\cdots,q_n$ 所产生的电位移向量场 $\boldsymbol{D}$ 穿过任一分片光滑闭曲面 (S) 的电通量，等于 (S) 内部各点电荷的代数和. 这就是电学中的 Gauss 定理.

例 8.10 设有一电荷连续分布的带电体 (V)，其电荷密度为 $\rho(x,y,z)$，求此带电体 (V) 所产生的电位移向量场 $\boldsymbol{D}$ 的散度.

解 我们用微元法的思想来解决这一问题.

显然，带电体微元 $(\mathrm{d}V)$ 上的电荷为

$$\mathrm{d}Q=\rho(x,y,z)\mathrm{d}V.$$

将此电荷看作是一点电荷，由例 8.9 可知它所产生的电位移向量场穿过场内包含 (V) 的闭曲面的电通量就是此电荷本身，即为 $\rho(x,y,z)\mathrm{d}V$. 再据电通量的可加性可知，由带电体 (V) 所产生的电位移向量场 $\boldsymbol{D}$ 穿过包含 (V) 在其内部的任一分片光滑闭曲面 (S) 的电通量为

$$\Phi_S=\oiint_{(S)}\boldsymbol{D}\cdot\mathrm{d}\boldsymbol{S}=\iiint_{(V)}\rho(x,y,z)\mathrm{d}V=Q, \tag{8.15}$$

其中 Q 为带电体 (V) 的电荷总量.

而由 Gauss 公式可知

$$\Phi_S=\oiint_{(S)}\boldsymbol{D}\cdot\mathrm{d}\boldsymbol{S}=\iiint_{(V)}\nabla\cdot\boldsymbol{D}\mathrm{d}V, \tag{8.16}$$

由 (8.15) 与 (8.16) 可见

$$\nabla\cdot\boldsymbol{D}=\rho \tag{8.17}$$

(8.17) 式表明：在静电场中，由带电体所产生的电位移向量场 $\boldsymbol{D}$ 的散度等于此带电体的电荷密度. $\blacksquare$

8.4 Stokes 公式与旋度

1. Stokes 公式

Green 公式给出了平面上沿闭曲线(C)的第二型线积分与(C)所围平面区域上二重积分之间的关系.现在把它推广到空间,考察沿空间闭曲线(C)的第二型线积分与(C)上所张曲面的第二型面积分之间的关系.

☞二维码 6.8.4 为什么 Stokes 公式与曲线(C)上所张定向曲面无关.

定理 8.5　设区域$(G)\subseteq\mathbf{R}^3$,$P,Q,R\in C^{(1)}((G))$,(C)为(G)内一条分段光滑的有向简单闭曲线,(S)是以(C)为边界且完全位于(G)内的任一分片光滑的有向曲面,(C)的方向与(S)的法向量符合右手螺旋法则,则

$$\begin{aligned}&\oint_{(C)} P\mathrm{d}x+Q\mathrm{d}y+R\mathrm{d}z\\&=\iint_{(S)}\left(\frac{\partial R}{\partial y}-\frac{\partial Q}{\partial z}\right)\mathrm{d}y\wedge\mathrm{d}z+\left(\frac{\partial P}{\partial z}-\frac{\partial R}{\partial x}\right)\mathrm{d}z\wedge\mathrm{d}x+\left(\frac{\partial Q}{\partial x}-\frac{\partial P}{\partial y}\right)\mathrm{d}x\wedge\mathrm{d}y,\end{aligned}\tag{8.18}$$

公式(8.18)称为 **Stokes 公式**.

设$\boldsymbol{A}=(P,Q,R)$,利用 nabla 算子∇,Stokes 公式可写成向量形式

$$\oint_{(C)}\boldsymbol{A}\cdot\mathbf{d}\boldsymbol{s}=\iint_{(S)}(\nabla\times\boldsymbol{A})\cdot\mathbf{d}\boldsymbol{S}=\iint_{(S)}(\nabla\times\boldsymbol{A})\cdot\boldsymbol{e}_n\mathrm{d}S.\tag{8.19}$$

*__证__　首先,我们来证明:

$$\oint_{(C)} P\mathrm{d}x=\iint_{(S)}\frac{\partial P}{\partial z}\mathrm{d}z\wedge\mathrm{d}x-\frac{\partial P}{\partial y}\mathrm{d}x\wedge\mathrm{d}y.\tag{8.20}$$

注意到(8.20)右端是一个第二型面积分,它可以化为二重积分,而左端是空间上的第二型线积分,如果我们能把它转换成平面上的线积分,就可以通过 Green 公式也化为二重积分.所以,我们只需将(8.20)的两端都设法化为二重积分进行比较,就可以证明此等式.

注:如果$\boldsymbol{A}$为一平面向量场(P,Q),(C)为一平面闭曲线,(C)所围区域为(σ),这时 Stokes 公式(8.18)就退化为 Green 公式,可见,Stokes 公式是 Green 公式的推广.

先设曲面(S)与垂直于xOy平面的直线至多交于一点,曲面(S)的法向量与相应曲线(C)的正向由右手螺旋法则确定,如图 6.72 所示.此时,(S)的方程可以写成$z=f(x,y)$,其边界记为(C),(C)是一空间曲线,为了把它利用平面曲线

注:若$\boldsymbol{e}_n$朝下,则由右手螺旋法则(C)的方向将相反,类似以下方法,同样可证定理成立.

的方程表示,我们考虑(C)在xOy平面上的投影曲线,记为(Γ).设(Γ)的参数方程为

$$x=x(t),\quad y=y(t)\quad(\alpha\leqslant t\leqslant\beta),$$

由于(C)位于曲面(S)上,(C)上点的z坐标应满足曲面方程:$z=f(x,y)$.从而(C)的参数方程应是

$$x=x(t),\quad y=y(t),\quad z=f[x(t),y(t)]\quad(\alpha\leqslant t\leqslant\beta).$$

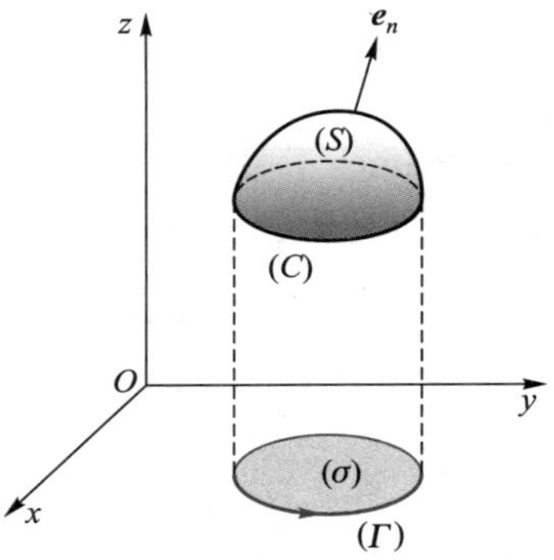

图 6.72

设t增大的方向对应于(C)的正向,故(8.20)式

$$\text{左端}=\oint_{(C)}P(x,y,z)\mathrm{d}x=\int_{\alpha}^{\beta}P\{x(t),y(t),f[x(t),y(t)]\}\dot{x}(t)\mathrm{d}t$$
$$=\oint_{(\Gamma)}P[x,y,f(x,y)]\mathrm{d}x.$$

这样,我们就将沿空间曲线(C)的第二型线积分通过(C)上所张的曲面(S)化成了xOy平面上的第二型线积分.为了利用 Green 公式将它化为xOy平面上的二重积分,首先将它写成$\oint_{(\Gamma)}P[x,y,f(x,y)]\mathrm{d}x-0\mathrm{d}y$,再根据 Green 公式和复合函数求导得

$$\oint_{(\Gamma)}P[x,y,f(x,y)]\mathrm{d}x-0\mathrm{d}y=-\iint_{(\sigma)}\frac{\partial}{\partial y}P[x,y,f(x,y)]\mathrm{d}\sigma=-\iint_{(\sigma)}\left(\frac{\partial P}{\partial y}+\frac{\partial P}{\partial z}\cdot\frac{\partial z}{\partial y}\right)\mathrm{d}\sigma.$$

因此

$$\oint_{(C)}P(x,y,z)\mathrm{d}x=-\iint_{(\sigma)}\left(\frac{\partial P}{\partial y}+\frac{\partial P}{\partial z}\cdot\frac{\partial z}{\partial y}\right)\mathrm{d}\sigma.$$

其中(σ)为xOy平面上闭曲线(Γ)所围成的区域.

下面再来设法将(8.20)的右端也化成xOy平面上的二重积分,由于它是两个积分的组合,要直接化为二重积分需要将(S)分别向zOx平面和xOy平面投影,为了能与左端化成的二重积分比较,我们仅向xOy平面投影,为此,先把它们化为第一型面积分,再转化为二重积分.

设曲面(S)的单位法向量为$(\cos\alpha,\cos\beta,\cos\gamma)$,于是

$$\iint_{(S)}\frac{\partial P}{\partial z}\mathrm{d}z\wedge\mathrm{d}x-\frac{\partial P}{\partial y}\mathrm{d}x\wedge\mathrm{d}y=\iint_{(S)}\left(\frac{\partial P}{\partial z}\cos\beta-\frac{\partial P}{\partial y}\cos\gamma\right)\mathrm{d}S$$
$$=-\iint_{(S)}\left(\frac{\partial P}{\partial y}-\frac{\partial P}{\partial z}\cdot\frac{\cos\beta}{\cos\gamma}\right)\cos\gamma\mathrm{d}S$$

因为(S)的法向量$\boldsymbol{n}$指向上方,由积分曲面(S)的方程:$f(x,y)-z=0$可知,$\boldsymbol{n}$可取为

$$\left(-\frac{\partial z}{\partial x},-\frac{\partial z}{\partial y},1\right),$$

从而有

$$\frac{-\dfrac{\partial z}{\partial x}}{\cos\alpha}=\frac{-\dfrac{\partial z}{\partial y}}{\cos\beta}=\frac{1}{\cos\gamma},$$

于是

$$\frac{\cos\beta}{\cos\gamma}=-\frac{\partial z}{\partial y},$$

因此，

$$\iint\limits_{(S)}\frac{\partial P}{\partial z}\mathrm{d}z\wedge\mathrm{d}x-\frac{\partial P}{\partial y}\mathrm{d}x\wedge\partial y=-\iint\limits_{(S)}\left(\frac{\partial P}{\partial y}+\frac{\partial P}{\partial z}\cdot\frac{\partial z}{\partial y}\right)\cos\gamma\mathrm{d}S=-\iint\limits_{(\sigma)}\left(\frac{\partial P}{\partial y}+\frac{\partial P}{\partial z}\cdot\frac{\partial z}{\partial y}\right)\mathrm{d}\sigma$$

所以(8.20)式成立.

当曲面(S)与垂直于xOy平面的直线的交点多于一个时，可通过分割的方法，把(S)分成几部分，使每一部分均与垂直于xOy平面的直线至多交于一点，然后分片讨论，再利用第二型线面积分的性质，同样可证(8.20)式成立.

同理可证

$$\oint_{(C)}Q(x,y,z)\mathrm{d}y=\iint\limits_{(S)}\frac{\partial Q}{\partial x}\mathrm{d}x\wedge\mathrm{d}y-\frac{\partial Q}{\partial z}\mathrm{d}y\wedge\mathrm{d}z,\qquad(8.21)$$

$$\oint_{(C)}R(x,y,z)\mathrm{d}z=\iint\limits_{(S)}\frac{\partial R}{\partial y}\mathrm{d}y\wedge\mathrm{d}z-\frac{\partial R}{\partial x}\mathrm{d}z\wedge\mathrm{d}x,\qquad(8.22)$$

将(8.20)，(8.21)，(8.22)三式两端分别相加即得 Stokes 公式(8.18). ▍

☞二维码 6.8.5 Stokes 公式是 Green 公式的推广.

2. 环量与环量密度

类似于平面向量场$\boldsymbol{A}$沿平面闭曲线(C)的环量，空间向量场$\boldsymbol{A}$沿空间闭曲线(C)的线积分

$$\oint_{(C)}\boldsymbol{A}(x,y,z)\cdot\mathbf{d}\boldsymbol{s}=\oint_{(C)}P(x,y,z)\mathrm{d}x+Q(x,y,z)\mathrm{d}y+R(x,y,z)\mathrm{d}z$$

称为$\boldsymbol{A}(x,y,z)$沿闭曲线(C)的环量，它同样表示了$\boldsymbol{A}$绕(C)旋转趋势的大小.

环量是对向量场旋转趋势整体的描述.然而在向量场$\boldsymbol{A}(M)$ $(M\in(G))$中，不同点处$\boldsymbol{A}$的旋转趋势一般说来是不相同的，因而尚需对每点处的旋转趋势作局部的考察.例如在一流速场中，在旋涡附近的质点旋转趋势较大，而远离旋涡中心的质点，其旋转趋势就较小.不仅如此，即使在同一点，由于旋转轴的方向不同也会影响其旋转趋势的大小.设想将一微小叶轮放在旋涡附近，当叶轮的中心轴垂直于水面时，转动较快，倾斜放置时，旋转势必减弱.这一事实表明：当我们讨论向量场在一点处的旋转趋势大小时，必须同时讨论沿什么方向做旋转，或者说讨论其旋转轴的方向.

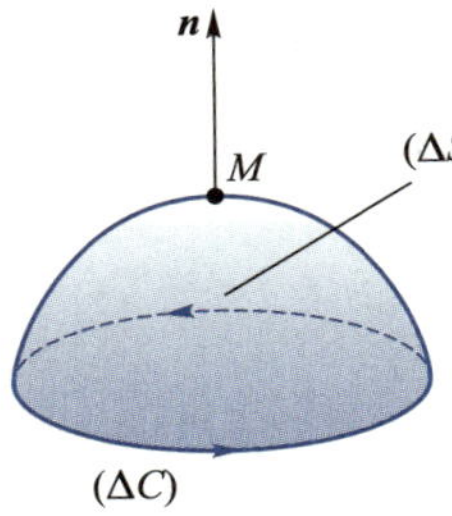

图 6.73

现在我们来考察向量场 $\boldsymbol{A}(M)$ 在点 M 处绕方向 $\boldsymbol{n}$ 的旋转趋势. 为此,以 $\boldsymbol{n}$ 为法向量,过点 M 任作一微小曲面 (ΔS),它的边界曲线记为 (ΔC),并选取 (ΔC) 的正向使与 $\boldsymbol{n}$ 符合右手螺旋法则(图 6.73). 当 (ΔS) 很小时,$\boldsymbol{A}$ 沿 (ΔC) 的环量 $\Delta\Gamma$ 与小曲面 (ΔS) 的面积 ΔS 之比

$$\frac{\Delta\Gamma}{\Delta S}=\frac{1}{\Delta S}\oint_{(\Delta C)}\boldsymbol{A}\cdot\mathrm{d}\boldsymbol{s}$$

近似地反映出 $\boldsymbol{A}$ 在点 M 附近绕方向 $\boldsymbol{n}$ 的旋转趋势大小. 让小曲面 (ΔS) 在保持 $\boldsymbol{n}$ 为其法向量的前提下任意缩向点 M,若上述比值的极限存在,则称此极限值为 $\boldsymbol{A}$ 在点 M 沿 $\boldsymbol{n}$ 方向的**环量密度**,记作 $\frac{\mathrm{d}\Gamma}{\mathrm{d}S}$,即

$$\frac{\mathrm{d}\Gamma}{\mathrm{d}S}=\lim_{(\Delta S)\to M}\frac{\Delta\Gamma}{\Delta S}=\lim_{(\Delta S)\to M}\frac{1}{\Delta S}\oint_{(\Delta C)}\boldsymbol{A}\cdot\mathrm{d}\boldsymbol{s}.$$

可见,环量密度也是一种变化率.

3. 旋度的定义及其计算公式

我们看到向量场 $\boldsymbol{A}(M)$ 在点 M 沿不同的方向 $\boldsymbol{n}$ 可能有不同的环量密度,这一情形与方向导数颇为类似.

在第五章 3.3 段中,我们引入了与方向导数密切相关的梯度这一向量,而且看到,一点处梯度的方向是使该点处方向导数最大的方向,它的模是该点处方向导数的最大值. 有了梯度后,要求任一方向的方向导数,只需求梯度在此方向的投影即可. 下面完全类似地讨论环量密度,给出旋度定义.

定义 8.2(旋度) 若在场 $\boldsymbol{A}(M)$ 中一点 M 处存在这样一个向量,其方向为使 $\boldsymbol{A}$ 在点 M 环量密度最大的方向,其模等于该点处环量密度的最大值,则称此向量为场 $\boldsymbol{A}(M)$ 在点 M 的**旋度**,记作 $\mathbf{rot}\,\boldsymbol{A}$.

注意: 与散度场 $\operatorname{div}\boldsymbol{A}$ 是数量场不同,旋度场 $\mathbf{rot}\,\boldsymbol{A}$ 是一个向量场,它是由向量场 $\boldsymbol{A}$ 在域 (G) 内所构成的. 反映了 $\boldsymbol{A}$ 在 (G) 内每一点处沿各个不同旋转轴方向中最大的旋转趋势和此时旋转轴的方向.

计算公式 先推导环量密度的计算公式. 建立直角坐标系,设 $\boldsymbol{A}=(P(x,y,z),Q(x,y,z),R(x,y,z))$ 为区域 $(G)\subseteq\mathbf{R}^3$ 上的 $C^{(1)}$ 类函数,

$$\boldsymbol{e}_n=(\cos\alpha,\cos\beta,\cos\gamma),$$

由环量密度的定义及 Stokes 公式的向量形式(8.19)可知

$$\frac{\mathrm{d}\Gamma}{\mathrm{d}S}=\lim_{(\Delta S)\to M}\frac{1}{\Delta S}\oint_{(\Delta C)}\boldsymbol{A}\cdot\mathrm{d}\boldsymbol{s}=\lim_{(\Delta S)\to M}\frac{1}{\Delta S}\iint_{(\Delta S)}(\nabla\times\boldsymbol{A})\cdot\boldsymbol{e}_n\mathrm{d}S.$$

利用积分中值定理可知

$$\iint\limits_{(\Delta S)} (\nabla \times \boldsymbol{A}) \cdot \boldsymbol{e}_n \mathrm{d}S = [(\nabla \times \boldsymbol{A}) \cdot \boldsymbol{e}_n]_{\overline{M}} \Delta S, \quad \overline{M} \in (\Delta S).$$

由于$(\nabla\times\boldsymbol{A})\cdot\boldsymbol{e}_n$在点$M$连续,从而

$$\frac{\mathrm{d}\Gamma}{\mathrm{d}S} = \lim_{(\Delta S)\to M} [(\nabla \times \boldsymbol{A}) \cdot \boldsymbol{e}_n]_{\overline{M}} = [(\nabla \times \boldsymbol{A}) \cdot \boldsymbol{e}_n]_M, \tag{8.23}$$

或

$$\frac{\mathrm{d}\Gamma}{\mathrm{d}S} = \left(\frac{\partial R}{\partial y} - \frac{\partial Q}{\partial z}\right)\cos\alpha + \left(\frac{\partial P}{\partial z} - \frac{\partial R}{\partial x}\right)\cos\beta + \left(\frac{\partial Q}{\partial x} - \frac{\partial P}{\partial y}\right)\cos\gamma, \tag{8.24}$$

公式(8.23)或(8.24)就是环量密度的计算公式.

由(8.23)式可见

$$\frac{\mathrm{d}\Gamma}{\mathrm{d}S} = \|\nabla \times \boldsymbol{A}\| \|\boldsymbol{e}_n\| \cos\varphi,$$

其中φ为向量$\nabla\times\boldsymbol{A}$与$\boldsymbol{e}_n$的夹角,因而当$\varphi=0$,即取$\boldsymbol{e}_n$与向量$\nabla\times\boldsymbol{A}$同向时,环量密度$\frac{\mathrm{d}\Gamma}{\mathrm{d}S}$最大,其值为$\|\nabla\times\boldsymbol{A}\|$.由旋度的定义可知,向量$\nabla\times\boldsymbol{A}$正是场$\boldsymbol{A}$在点$M$的旋度,即

$$\mathbf{rot}\,\boldsymbol{A} = \nabla \times \boldsymbol{A},$$

或

$$\boxed{\begin{aligned}\mathbf{rot}\,\boldsymbol{A} &= \begin{vmatrix} \boldsymbol{i} & \boldsymbol{j} & \boldsymbol{k} \\ \frac{\partial}{\partial x} & \frac{\partial}{\partial y} & \frac{\partial}{\partial z} \\ P & Q & R \end{vmatrix} \\ &= \left(\frac{\partial R}{\partial y} - \frac{\partial Q}{\partial z}\right)\boldsymbol{i} + \left(\frac{\partial P}{\partial z} - \frac{\partial R}{\partial x}\right)\boldsymbol{j} + \left(\frac{\partial Q}{\partial x} - \frac{\partial P}{\partial y}\right)\boldsymbol{k},\end{aligned}} \tag{8.25}$$

(8.25)式就是旋度的坐标计算公式.

利用旋度,(8.23)式可改写为

$$\frac{\mathrm{d}\Gamma}{\mathrm{d}S} = \mathbf{rot}\,\boldsymbol{A} \cdot \boldsymbol{e}_n = \|\mathbf{rot}\,\boldsymbol{A}\| \cos(\mathbf{rot}\,\boldsymbol{A}, \boldsymbol{e}_n).$$

因此,有了旋度后,要求向量场$\boldsymbol{A}$沿方向$\boldsymbol{e}_n$的环量密度,只需求旋度$\mathbf{rot}\,\boldsymbol{A}$在$\boldsymbol{e}_n$方向的投影即可.

应当指出,若$\boldsymbol{A}=(P,Q,R)\in C^{(1)}((G))$,则$(G)$内任一点均有一旋度与其对应,从而旋度$\mathbf{rot}\,\boldsymbol{A}$也在$(G)$内构成一向量场,称为**旋度场**.

利用旋度还可将 Stokes 公式写成下列形式:

$$\oint_{(C)} \boldsymbol{A} \cdot \mathrm{d}\boldsymbol{s} = \iint_{(S)} \mathbf{rot}\,\boldsymbol{A} \cdot \mathrm{d}\boldsymbol{S}. \tag{8.26}$$

☞二维码 6.8.6 Stokes 公式与 Green 公式的物理解释.

在各种不同的物理场中,旋度有着不同的物理意义.例如,对于流速场 $\boldsymbol{v}$,旋度的方向就是使流体在点 M 处环量密度(旋转趋势)最大的方向,其模就是最大的环量密度,反映了最大的旋转趋势;在磁场强度 $\boldsymbol{H}$ 构成的磁场中,环量密度 $\dfrac{\mathrm{d}\Gamma}{\mathrm{d}S}$ 表示在点 M 处沿所取方向 $\boldsymbol{e}_n$ 的电流密度,而旋度 $\mathbf{rot}\,\boldsymbol{H}$ 称为电流密度向量,它的方向就是该点处电流密度最大的方向,它的模就是最大的电流密度值.

例 8.11 一刚体绕过原点 O 的轴 l 转动(图 6.74),其角速度 $\boldsymbol{\omega}=(\omega_1,\omega_2,\omega_3)$ 为常向量,则刚体中各点处都有线速度 $\boldsymbol{v}(M)$,构成一线速度场,求此线速度场 $\boldsymbol{v}(M)$ 的旋度.

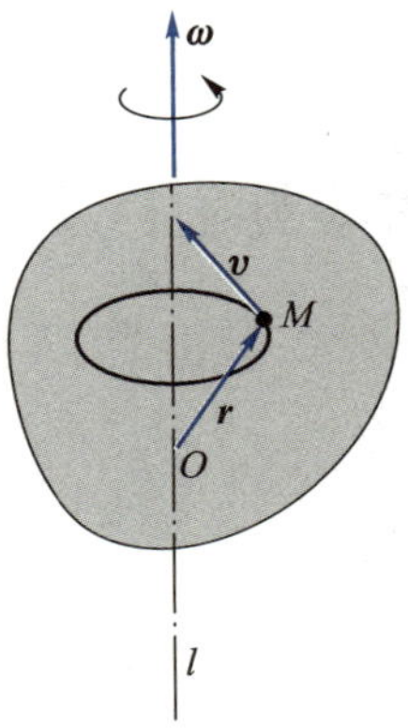

图 6.74

解 设点 M 的向径为

$$\boldsymbol{r}=(x,y,z),$$

则由运动学知,点 M 的线速度场为

$$\boldsymbol{v}=\boldsymbol{\omega}\times\boldsymbol{r}=\begin{vmatrix}\boldsymbol{i} & \boldsymbol{j} & \boldsymbol{k}\\ \omega_1 & \omega_2 & \omega_3\\ x & y & z\end{vmatrix}=(\omega_2 z-\omega_3 y,\omega_3 x-\omega_1 z,\omega_1 y-\omega_2 x).$$

从而

$$\nabla\times\boldsymbol{v}=\begin{vmatrix}\boldsymbol{i} & \boldsymbol{j} & \boldsymbol{k}\\ \dfrac{\partial}{\partial x} & \dfrac{\partial}{\partial y} & \dfrac{\partial}{\partial z}\\ \omega_2 z-\omega_3 y & \omega_3 x-\omega_1 z & \omega_1 y-\omega_2 x\end{vmatrix}=(2\omega_1,2\omega_2,2\omega_3)=2\boldsymbol{\omega}.$$

可见,在刚体旋转的线速度场中,任一点 M 处的旋度,除去一个常数因子外,恰好就是刚体旋转的角速度. ▌

4. 旋度的运算法则

利用旋度的计算公式(8.25)容易验证下列运算法则:

(1) $\mathbf{rot}(C\boldsymbol{A})=C\,\mathbf{rot}\,\boldsymbol{A}$ 或 $\nabla\times(C\boldsymbol{A})=C\,\nabla\times\boldsymbol{A}$,其中 C 为常数;

(2) $\mathbf{rot}(\boldsymbol{A}\pm\boldsymbol{B})=\mathbf{rot}\,\boldsymbol{A}\pm\mathbf{rot}\,\boldsymbol{B}$ 或 $\nabla\times(\boldsymbol{A}\pm\boldsymbol{B})=\nabla\times\boldsymbol{A}\pm\nabla\times\boldsymbol{B}$;

(3) $\mathbf{rot}(u\boldsymbol{A})=u\,\mathbf{rot}\,\boldsymbol{A}+\mathbf{grad}\,u\times\boldsymbol{A}$ 或 $\nabla\times(u\boldsymbol{A})=u(\nabla\times\boldsymbol{A})+(\nabla u)\times\boldsymbol{A}$,其中 u 为一数量值函数.

例 8.12 在点电荷 q 所产生的静电场中,求电场强度 $\boldsymbol{E}$ 的旋度.

解　由电学知

$$\boldsymbol{E}=\frac{q\boldsymbol{r}}{4\pi\varepsilon r^3},\quad \|\boldsymbol{r}\|=r\neq 0,$$

其中 $\boldsymbol{r}$ 为向径. 根据旋度的运算法则(1)与(3),有

$$\nabla\times\boldsymbol{E}=\nabla\times\left(\frac{q\boldsymbol{r}}{4\pi\varepsilon r^3}\right)=\frac{q}{4\pi\varepsilon}\nabla\times\left(\frac{1}{r^3}\boldsymbol{r}\right)=\frac{q}{4\pi\varepsilon}\left(\frac{1}{r^3}\nabla\times\boldsymbol{r}+\nabla\frac{1}{r^3}\times\boldsymbol{r}\right).$$

由于

$$\nabla\times\boldsymbol{r}=\begin{vmatrix}\boldsymbol{i} & \boldsymbol{j} & \boldsymbol{k}\\ \dfrac{\partial}{\partial x} & \dfrac{\partial}{\partial y} & \dfrac{\partial}{\partial z}\\ x & y & z\end{vmatrix}=\boldsymbol{0},\quad \nabla\frac{1}{r^3}=-\frac{3}{r^5}\boldsymbol{r},$$

从而

$$\nabla\frac{1}{r^3}\times\boldsymbol{r}=\boldsymbol{0},$$

所以

$$\nabla\times\boldsymbol{E}=\boldsymbol{0}.\quad ▌$$

5. 场的其他计算公式

此外,在场的讨论中还常用到以下公式,我们把它们列举出来以备读者查用(设所涉及高阶偏导数均连续).

(1) $\mathrm{div}(\boldsymbol{A}\times\boldsymbol{B})=\boldsymbol{B}\cdot\mathbf{rot}\,\boldsymbol{A}-\boldsymbol{A}\cdot\mathbf{rot}\,\boldsymbol{B}$ 或

$\nabla\cdot(\boldsymbol{A}\times\boldsymbol{B})=\boldsymbol{B}\cdot(\nabla\times\boldsymbol{A})-\boldsymbol{A}\cdot(\nabla\times\boldsymbol{B})$;

(2) $\mathrm{div}(\mathbf{rot}\,\boldsymbol{A})=0$ 或 $\nabla\cdot(\nabla\times\boldsymbol{A})=0$;

(3) $\mathbf{rot}(\mathbf{grad}\,u)=\boldsymbol{0}$ 或 $\nabla\times(\nabla u)=\boldsymbol{0}$;

(4) $\mathrm{div}(\mathbf{grad}\,u)=\Delta u$ 或 $\nabla\cdot(\nabla u)=\nabla^2u=\Delta u$,

其中 $\Delta=\frac{\partial}{\partial x^2}+\frac{\partial}{\partial y^2}+\frac{\partial}{\partial z^2}$ 称为 Laplace 算子,$\Delta u=\frac{\partial^2u}{\partial x^2}+\frac{\partial^2u}{\partial y^2}+\frac{\partial^2u}{\partial z^2}$ 称为 Laplace 式;

(5) $\mathbf{rot}(\mathbf{rot}\,\boldsymbol{A})=\mathbf{grad}(\mathrm{div}\,\boldsymbol{A})-\Delta\boldsymbol{A}$ 或 $\nabla\times(\nabla\times\boldsymbol{A})=\nabla(\nabla\cdot\boldsymbol{A})-\nabla^2\boldsymbol{A}$,其中 $\nabla^2\boldsymbol{A}=\Delta\boldsymbol{A}=(\Delta P,\Delta Q,\Delta R)$,$\boldsymbol{A}=(P,Q,R)$.

我们来证明(5),其余的证明留给读者.

由于 $\nabla\times\boldsymbol{A}=\left(\frac{\partial R}{\partial y}-\frac{\partial Q}{\partial z},\frac{\partial P}{\partial z}-\frac{\partial R}{\partial x},\frac{\partial Q}{\partial x}-\frac{\partial P}{\partial y}\right)$,

$$\nabla\times(\nabla\times\boldsymbol{A})=\begin{vmatrix}\boldsymbol{i} & \boldsymbol{j} & \boldsymbol{k}\\ \dfrac{\partial}{\partial x} & \dfrac{\partial}{\partial y} & \dfrac{\partial}{\partial z}\\ \dfrac{\partial R}{\partial y}-\dfrac{\partial Q}{\partial z} & \dfrac{\partial P}{\partial z}-\dfrac{\partial R}{\partial x} & \dfrac{\partial Q}{\partial x}-\dfrac{\partial P}{\partial y}\end{vmatrix},$$

从而$\nabla\times(\nabla\times\boldsymbol{A})$的第一个分量为

$$(\nabla\times(\nabla\times\boldsymbol{A}))_x=\frac{\partial}{\partial y}\left(\frac{\partial Q}{\partial x}-\frac{\partial P}{\partial y}\right)-\frac{\partial}{\partial z}\left(\frac{\partial P}{\partial z}-\frac{\partial R}{\partial x}\right)=\frac{\partial}{\partial x}(\nabla\cdot\boldsymbol{A})-\Delta P.$$

同理可得

$$(\nabla\times(\nabla\times\boldsymbol{A}))_y=\frac{\partial}{\partial y}(\nabla\cdot\boldsymbol{A})-\Delta Q,$$

$$(\nabla\times(\nabla\times\boldsymbol{A}))_z=\frac{\partial}{\partial z}(\nabla\cdot\boldsymbol{A})-\Delta R.$$

所以

$$\begin{aligned}\nabla\times(\nabla\times\boldsymbol{A})&=\left(\frac{\partial}{\partial x}(\nabla\cdot\boldsymbol{A})-\Delta P,\frac{\partial}{\partial y}(\nabla\cdot\boldsymbol{A})-\Delta Q,\frac{\partial}{\partial z}(\nabla\cdot\boldsymbol{A})-\Delta R\right)\\&=\left(\frac{\partial}{\partial x}(\nabla\cdot\boldsymbol{A}),\frac{\partial}{\partial y}(\nabla\cdot\boldsymbol{A}),\frac{\partial}{\partial z}(\nabla\cdot\boldsymbol{A})\right)-(\Delta P,\Delta Q,\Delta R)\\&=\nabla(\nabla\cdot\boldsymbol{A})-\Delta\boldsymbol{A}.\end{aligned}$$ ▌

8.5 几种重要的特殊向量场

首先,我们需要对空间不同的单连域加以区分.

定义 8.3 如果对于空间区域(G)内的任何简单的闭曲线(C),都可以作出一张以(C)为边界而完全属于(G)的曲面,那么域(G)称为**一维单连域**;如果对于(G)内任何不自身相交的闭曲面(S),它所包围的区域全部属于(G)中,那么域(G)称为**二维单连域**.

由定义可见,两个同心球面所围成的区域是一个一维单连域,但却不是二维单连域;一个球域挖去一条直径后便不是一维单连域,但它却是一个二维单连域;环面(即轮胎面)所围区域是一个二维单连域,但却不是一维单连域.

1. 无旋场

在 8.2 中讨论平面向量场 $\boldsymbol{A}(M)$时,我们已经知道,如果沿场内任一简单的闭曲线(C)的环量

$$\oint_{(C)}\boldsymbol{A}(M)\cdot\mathbf{d}\boldsymbol{s}=0,$$

那么 $\boldsymbol{A}(M)$ 是一无旋场，与此同时，我们还讨论了保守场和有势场，对于空间向量场而言，情况是类似的，只不过现在我们有了旋度的概念，无旋场可以定义得更为简捷.

定义 8.4　设有向量场 $\boldsymbol{A}(M)\in C((G))$，$(G)\subseteq \mathbf{R}^3$.

(1) 若线积分 $\int_{(A)}^{(B)} \boldsymbol{A}(M)\cdot \mathbf{d}\boldsymbol{s}$ 的值在 (G) 内与路径无关，则称 $\boldsymbol{A}$ 为**保守场**，其中 A,B 为 (G) 内任意两点；

(2) 若在 (G) 内恒有 $\nabla\times\boldsymbol{A}=\mathbf{0}$，则称 $\boldsymbol{A}$ 为**无旋场**；

(3) 若存在定义在 (G) 上的函数 u，使

$$\boldsymbol{A}=\nabla u,$$

则称 $\boldsymbol{A}$ 为**有势场**，并称 u 为 $\boldsymbol{A}$ 的**势函数**或**位函数**.

当 $(G)\subseteq\mathbf{R}^3$ 是一维单连域而 $\boldsymbol{A}\in C^{(1)}((G))$ 时，容易从 Stokes 公式看出，这里无旋场的定义与沿 (G) 内任何闭曲线 (C) 的环量 $\oint_{(C)}\boldsymbol{A}\cdot\mathbf{d}\boldsymbol{s}=0$ 的定义是等价的（留作习题），类似于定理 8.2、定理 8.3 的证明，可以得到：

定理 8.6　设 (G) 是一维单连域，$\boldsymbol{A}=(P,Q,R)\in C^{(1)}((G))$，则下列四个命题等价：

(1) $\boldsymbol{A}$ 是一无旋场，即在 (G) 内恒有

$$\frac{\partial R}{\partial y}=\frac{\partial Q}{\partial z},\quad \frac{\partial P}{\partial z}=\frac{\partial R}{\partial x},\quad \frac{\partial Q}{\partial x}=\frac{\partial P}{\partial y},$$

即

$$\mathbf{rot}\,\boldsymbol{A}=\mathbf{0};$$

(2) 沿 (G) 内任一简单的闭曲线 (C) 均有环量

$$\oint_{(C)}\boldsymbol{A}\cdot\mathbf{d}\boldsymbol{s}=\oint_{(C)}P\mathrm{d}x+Q\mathrm{d}y+R\mathrm{d}z=0;$$

(3) $\boldsymbol{A}$ 是一保守场，即在 (G) 内线积分 $\int_{(A)}^{(B)}\boldsymbol{A}\cdot\mathbf{d}\boldsymbol{s}$ 与路径无关；

(4) $\boldsymbol{A}$ 是一有势场，即在 (G) 内 $P\mathrm{d}x+Q\mathrm{d}y+R\mathrm{d}z$ 为某一函数的全微分.

☞二维码 6.8.7 空间无旋场的宏观表示与微观表示及其相互关系.

例 8.13　验证 $\boldsymbol{A}=(x^2-y^2,y^2-2xy,z^2+2)$ 在全空间 $\mathbf{R}^3$ 中为有势场，并求其势函数.

解　由于

$$\mathbf{rot}\,\boldsymbol{A}=\nabla\times\boldsymbol{A}=\begin{vmatrix}\boldsymbol{i} & \boldsymbol{j} & \boldsymbol{k}\\ \dfrac{\partial}{\partial x} & \dfrac{\partial}{\partial y} & \dfrac{\partial}{\partial z}\\ x^2-y^2 & y^2-2xy & z^2+2\end{vmatrix}=(0,0,0),$$

所以,$\boldsymbol{A}$ 为 $\mathbf{R}^3$ 中的有势场.

与平面线积分类似,对于空间有势场,我们可以选择一简单的路径通过计算空间线积分去求其势函数,也可利用偏积分法去求势函数(即原函数).前一方法留给读者,这里我们仅介绍偏积分法.

对方程组

$$\begin{cases}\dfrac{\partial u}{\partial x}=x^2-y^2, & (8.27)\\ \dfrac{\partial u}{\partial y}=y^2-2xy, & (8.28)\\ \dfrac{\partial u}{\partial z}=z^2+2 & (8.29)\end{cases}$$

作偏积分,由(8.27)式两端对 x 积分,注意到积分常数中可能含有 y 和 z,得

$$u=\frac{1}{3}x^3-xy^2+\varphi(y,z). \tag{8.30}$$

对 y 求偏导数并与(8.28)式比较得

$$\frac{\partial u}{\partial y}=-2xy+\frac{\partial\varphi}{\partial y}=y^2-2xy,$$

从而

$$\frac{\partial\varphi}{\partial y}=y^2,$$

再对 y 作偏积分,得

$$\varphi(y,z)=\frac{1}{3}y^3+\psi(z),$$

代入(8.30)式后再对 z 求偏导数,并与(8.29)比较得

$$\frac{\partial u}{\partial z}=\frac{\partial\varphi}{\partial z}=\psi'(z)=z^2+2,$$

故

$$\psi(z)=\frac{1}{3}z^3+2z+C,$$

因此

$$u=\frac{1}{3}x^3-xy^2+\frac{1}{3}y^3+\frac{1}{3}z^3+2z+C=\frac{1}{3}(x^3+y^3+z^3)-xy^2+2z+C.$$ ▌

对于像本例这种比较简单的问题，也可以用凑全微分法去求势函数(留给读者)，但当给定的向量场比较复杂时，凑微分法就显得比较困难一些.

当 $\boldsymbol{A}=(P,Q,R)$ 是有势场时，对于空间线积分，也有类似于 Newton-Leibniz 公式的公式：

$$\int_{(x_0,y_0,z_0)}^{(x_1,y_1,z_1)}P\mathrm{d}x+Q\mathrm{d}y+R\mathrm{d}z=u(x,y,z)\Big|_{(x_0,y_0,z_0)}^{(x_1,y_1,z_1)}.$$

2. 无源场

定义 8.5　若在向量场 $\boldsymbol{A}$ 的场域中处处有

$$\nabla\cdot\boldsymbol{A}=0,$$

则称 $\boldsymbol{A}$ 为**无源场**.

定义 8.6　通过向量场的场域某一块曲面 (S) 的所有向量线构成的一个管状区域称为**向量管**(图 6.75).

定理 8.7　设 $(G)\subseteq\mathbf{R}^3$ 是二维单连域，$\boldsymbol{A}\in C^{(1)}((G))$，则下列三个命题是等价的：

(1) $\boldsymbol{A}$ 是无源场，即在 (G) 内恒有 $\nabla\cdot\boldsymbol{A}=0$；

(2) $\boldsymbol{A}$ 沿 (G) 内任一不自相交闭曲面 (S) 的通量为零，即 $\oint\!\!\!\oint_{(S)}\boldsymbol{A}\cdot\mathbf{d}\boldsymbol{S}=0$；

(3) 在 (G) 内存在一向量函数 $\boldsymbol{B}(M)$，使 $\boldsymbol{A}=\nabla\times\boldsymbol{B}$，即 $\boldsymbol{A}$ 是某向量场 $\boldsymbol{B}$ 的旋度场，其中 $\boldsymbol{B}$ 称为 $\boldsymbol{A}$ 的一个**向量势**.

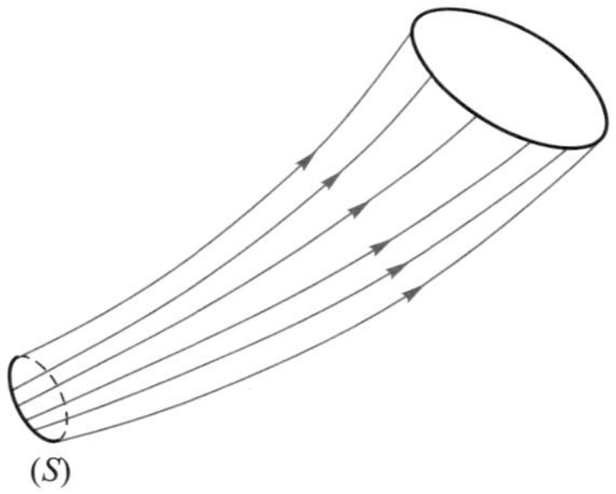

图 6.75

*__证__　首先证明(1)与(2)等价.

设(1)成立，在 (G) 内任作一不自身相交的闭曲面 (S). 由于 (G) 是二维单连域，所以 (S) 所包围的区域 $(G')\subseteq(G)$，从而由 Gauss 公式得

$$\oint\!\!\!\oint_{(S)}\boldsymbol{A}\cdot\mathbf{d}\boldsymbol{S}=\iiint_{(G')}\nabla\cdot\boldsymbol{A}\mathrm{d}V=0.$$

即结论(2)成立.

设(2)成立，要证明(1)成立. 用反证法. 假定存在一点 $M_0\in(G)$，使 $\nabla\cdot\boldsymbol{A}(M_0)\neq0$，不妨设 $\nabla\cdot\boldsymbol{A}(M_0)>0$. 由于 $\nabla\cdot\boldsymbol{A}(M)$ 连续，所以存在 M_0 的一邻域使在其中 $\nabla\cdot\boldsymbol{A}\geq q>0$. 在此邻域内任作一包含点 M_0 且在其内部的闭曲面 (S)，其所围区域记为 (G')，运用 Gauss 公式得

$$\oiint_{(+S)} \boldsymbol{A}\cdot \mathbf{d}\boldsymbol{S} = \iiint_{(G')} \nabla\cdot \boldsymbol{A}\mathrm{d}V \geqslant q\iiint_{(G')}\mathrm{d}V > 0,$$

与(2)矛盾,所以$\nabla\cdot\boldsymbol{A}(M)\equiv 0,\ \forall M\in G$.

其次,证明(1)与(3)等价.

设(1)成立,要证明存在向量场$\boldsymbol{B}$使$\nabla\times\boldsymbol{B}=\boldsymbol{A}$.令

$$\boldsymbol{B}=(X,Y,Z),\quad \boldsymbol{A}=(P,Q,R),$$

即要从方程组

$$\begin{cases}\dfrac{\partial Z}{\partial y}-\dfrac{\partial Y}{\partial z}=P(x,y,z), & (8.31)\\ \dfrac{\partial X}{\partial z}-\dfrac{\partial Z}{\partial x}=Q(x,y,z), & (8.32)\\ \dfrac{\partial Y}{\partial x}-\dfrac{\partial X}{\partial y}=R(x,y,z) & (8.33)\end{cases}$$

中求解(X,Y,Z),这是一偏微分方程组,求解它的一般方法超出了本书的范围.但是,容易验证

$$X=\int_{z_0}^{z}Q(x,y,z)\,\mathrm{d}z-\int_{y_0}^{y}R(x,y,z_0)\,\mathrm{d}y,\quad Y=-\int_{z_0}^{z}P(x,y,z)\,\mathrm{d}z,\quad Z=C\quad (C\text{ 为常数})$$

满足上述偏微分方程组.事实上对于方程(8.31)与(8.32),可将上式代入直接验证;对于(8.33)式应用积分号下求导公式得

$$\frac{\partial Y}{\partial x}-\frac{\partial X}{\partial y}=-\int_{z_0}^{z}\frac{\partial P(x,y,z)}{\partial x}\mathrm{d}z-\int_{z_0}^{z}\frac{\partial Q(x,y,z)}{\partial y}\mathrm{d}z+R(x,y,z_0).$$

由(1)知

$$\nabla\cdot\boldsymbol{A}=\frac{\partial P}{\partial x}+\frac{\partial Q}{\partial y}+\frac{\partial R}{\partial z}\equiv 0,$$

代入上式得

$$\begin{aligned}\frac{\partial Y}{\partial x}-\frac{\partial X}{\partial y}&=-\int_{z_0}^{z}\left(\frac{\partial P(x,y,z)}{\partial x}+\frac{\partial Q(x,y,z)}{\partial y}\right)\mathrm{d}z+R(x,y,z_0)\\&=\int_{z_0}^{z}\frac{\partial R(x,y,z)}{\partial z}\mathrm{d}z+R(x,y,z_0)=R(x,y,z).\end{aligned}$$

设(3)成立,即存在$\boldsymbol{B}$,使$\boldsymbol{A}=\nabla\times\boldsymbol{B}$.由场的其他计算公式(2)知

$$\nabla\cdot\boldsymbol{A}=\nabla\cdot(\nabla\times\boldsymbol{B})=0.$$

由于(1)与(2)等价,又(1)与(3)等价,所以(1)、(2)、(3)等价. ▌

定理 8.8 在二维单连域(G)内,无源场$\boldsymbol{A}(M)$穿过(G)内任一向量管的所有断面的通量均相等.

注意到向量管的定义可知管壁的法向量均与 $\boldsymbol{A}$ 垂直，读者可容易地给出此定理的证明.

☞二维码 6.8.8 空间无源场的宏观表示与微观表示及其相互关系.

3. 调和场

定义 8.7　既无源又无旋的向量场 $\boldsymbol{A}$ 称为**调和场**，即在场域内恒有

$$\nabla \cdot \boldsymbol{A} = 0, \quad \nabla \times \boldsymbol{A} = \boldsymbol{0}.$$

由于调和场 $\boldsymbol{A}(M)$ 是无旋场，所以也是有势场，即存在势函数 $u(M), M \in (G)$，使

$$\boldsymbol{A} = \nabla u = \left(\frac{\partial u}{\partial x}, \frac{\partial u}{\partial y}, \frac{\partial u}{\partial z}\right).$$

又由于 $\boldsymbol{A}$ 是无源场，所以有

$$\nabla \cdot \boldsymbol{A} = \nabla \cdot (\nabla u) = 0,$$

即

$$\Delta u = 0, \text{或} \frac{\partial^2 u}{\partial x^2} + \frac{\partial^2 u}{\partial y^2} + \frac{\partial^2 u}{\partial z^2} = 0.$$

上式是一个二阶偏微分方程，称为 **Laplace 方程**.因此，调和场的势函数必定满足 Laplace 方程.

例如，在第五章第三节中我们已经知道，点电荷 q 所产生静电场的电场强度

$$\boldsymbol{E} = -\nabla u,$$

其中 $u = \dfrac{q}{4\pi\varepsilon r}(r \neq 0)$ 是电场的电位，从而

$$\nabla \times \boldsymbol{E} = -\nabla \times (\nabla u) = \boldsymbol{0}, \quad \nabla \cdot \boldsymbol{E} = -\nabla \cdot (\nabla u) = 0 \quad (r \neq 0).$$

即当 $r \neq 0$ 时，$\boldsymbol{E}$ 是无旋场也是无源场，所以是调和场.u 是 $\boldsymbol{E}$ 的势函数，所以 u 必满足 Laplace 方程 $\Delta u = 0$.

又如，若 $\boldsymbol{A}(M)$ 是一无旋场，因而是有势场，$\boldsymbol{A}(M) = \nabla u$，设 $\boldsymbol{A}$ 有连续分布的源，且源的强度为 $\rho(M)$，即

$$\rho = \nabla \cdot \boldsymbol{A} = \nabla \cdot (\nabla u).$$

所以，其势函数 u 满足方程

$$\Delta u = \rho,$$

这个方程称为 **Poisson 方程**.例如，当静电场中有连续分布的电荷，其电荷密度为 ρ 时，其电位 u 就满足 Poisson 方程

$$\Delta u = -\frac{\rho}{\varepsilon},$$

其中 ε 为介电系数.

习题 6.8

(A)

1. 判断下列各题的解法是否正确？若不正确，指出错误原因并给出正确解法：

(1) 求 $\int_{(C)} y\mathrm{d}x$，其中(C)为$(x-1)^2+y^2=1$上自原点 O 至点 $B(1,1)$的一段弧(如图所示).

解 应用 Green 公式

$$\int_{\widehat{OB}\cup\overline{BA}\cup\overline{AO}} y\mathrm{d}x = \iint_{(\sigma)} -1\mathrm{d}\sigma = -\frac{\pi}{4},$$

由于 $\int_{\overline{BA}} y\mathrm{d}x = 0, \int_{\overline{AO}} y\mathrm{d}x = 0$，故$\int_{(C)} y\mathrm{d}x = -\dfrac{\pi}{4}$.

(2) 求 $I = \int_{(C)} \dfrac{-y}{x^2+y^2}\mathrm{d}x + \dfrac{x}{x^2+y^2}\mathrm{d}y$，其中$(C)$是从点 $A(0,-1)$沿左半平面的星形线$x^{2/3}+y^{2/3}=1$到点 $D(0,1)$的曲线段(如图所示).

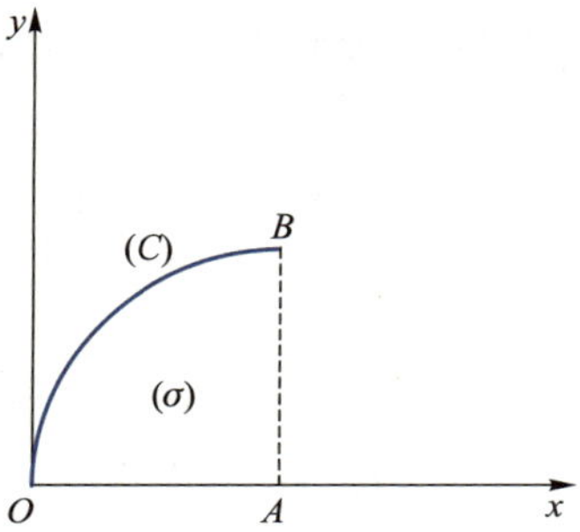

(第 1(1)题图)

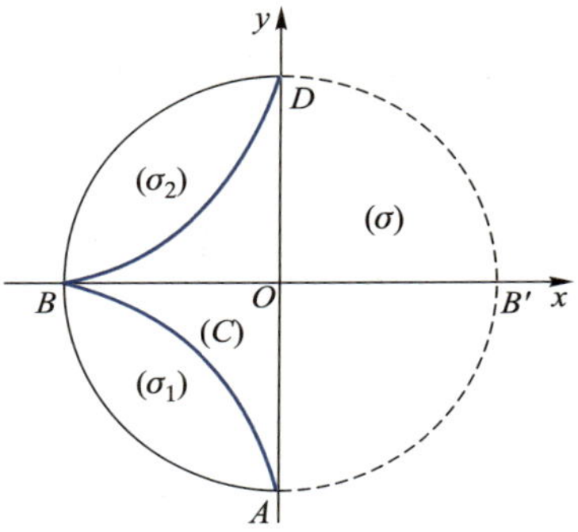

(第 1(2)题图)

解法一 作中心在原点半径为 1 的圆(如图所示)：$\begin{cases} x=\cos t, \\ y=\sin t, \end{cases}$应用 Green 公式得

$$\oint_{(C)\cup\widehat{DB'A}} \frac{-y\mathrm{d}x + x\mathrm{d}y}{x^2+y^2} = -\iint_{(\sigma)} 0\mathrm{d}\sigma = 0,$$

故

$$I = \int_{\widehat{AB'D}} \frac{-y\mathrm{d}x + x\mathrm{d}y}{x^2+y^2} = \int_{-\pi/2}^{\pi/2} \frac{\sin^2 t + \cos^2 t}{\cos^2 t + \sin^2 t}\mathrm{d}t = \pi.$$

解法二 设 $\widehat{ABD}$为左半圆周，则

$$I = \int_{\widehat{ABD}} \frac{-y\mathrm{d}x + x\mathrm{d}y}{x^2+y^2} = \int_{3\pi/2}^{\pi/2} \frac{\sin^2 t + \cos^2 t}{\cos^2 t + \sin^2 t}\mathrm{d}t = -\pi.$$

2. 利用 Green 公式计算下列曲线积分：

(1) $\oint_{(+C)}(1-x^2)y\mathrm{d}x+x(1+y^2)\mathrm{d}y$,$(C)$为圆周 $x^2+y^2=R^2$;

(2) $\oint_{(+C)}(x+y)\mathrm{d}x-(x-y)\mathrm{d}y$,$(C)$为椭圆$\dfrac{x^2}{a^2}+\dfrac{y^2}{b^2}=1$;

(3) $\oint_{(+C)}(x+y)^2\mathrm{d}x-(x^2+y^2)\mathrm{d}y$,$(C)$是顶点为 $A(1,1)$,$B(3,2)$,$C(2,5)$的三角形的边界;

(4) $\int_{(C)}\mathrm{e}^x[\cos y\mathrm{d}x+(y-\sin y)\mathrm{d}y]$,$(C)$为曲线 $y=\sin x$ 从$(0,0)$到$(\pi,0)$的一段;

(5) $\int_{(C)}(\mathrm{e}^x\sin y-my)\mathrm{d}x+(\mathrm{e}^x\cos y-m)\mathrm{d}y$,$(C)$为由点 $A(a,0)$至点 $O(0,0)$的上半圆周 $x^2+y^2=ax$　(m 为常数,$a>0$);

(6) $\int_{(C)}(x^2+y)\mathrm{d}x+(x-y^2)\mathrm{d}y$,$(C)$为曲线 $y^3=x^2$ 由点 $A(0,0)$至 $B(1,1)$的一段.

3. 利用线积分计算星形线 $x^{2/3}+y^{2/3}=a^{2/3}$所围成图形的面积.

4. 求线积分 $\oint_{(C)}[x\cos(x,\boldsymbol{n})+y\sin(x,\boldsymbol{n})]\mathrm{d}s$ 的值,其中$(x,\boldsymbol{n})$为简单闭曲线(C)的向外法线向量 $\boldsymbol{n}$ 与 x 轴正向的夹角.

5. 验证下列各式为全微分,并求它们的原函数:

(1) $(x^2+2xy-y^2)\mathrm{d}x+(x^2-2xy-y^2)\mathrm{d}y$;

(2) $(2x\cos y-y^2\sin x)\mathrm{d}x+(2y\cos x-x^2\sin y)\mathrm{d}y$.

6. 微分方程 $P(x,y)\mathrm{d}x+Q(x,y)\mathrm{d}y=0$ 当条件$\dfrac{\partial Q}{\partial x}\equiv\dfrac{\partial P}{\partial y}$满足时,称为**全微分方程**.试说明它的通解 $F(x,y)=C$ 与向量场$(P(x,y),Q(x,y))$的势函数之间的关系.

7. 验证下列各方程是全微分方程,并求其通解:

(1) $2xy^3\mathrm{d}x+3x^2y^2\mathrm{d}y=0$;

(2) $(x+2y)\mathrm{d}x+(2x-y)\mathrm{d}y=0$;

(3) $(2x\sin y+3x^2y)\mathrm{d}x+(x^3+x^2\cos y+y^2)\mathrm{d}y=0$;

(4) $\dfrac{\mathrm{d}y}{\mathrm{d}x}=\dfrac{-2x\sin y}{(x^2+1)\cos y}$.

8. 计算下列线积分:

(1) $\int_{(1,-1)}^{(1,1)}(x-y)(\mathrm{d}x-\mathrm{d}y)$;

(2) $\int_{(1,0)}^{(6,8)}\dfrac{x\mathrm{d}x+y\mathrm{d}y}{\sqrt{x^2+y^2}}$,沿不通过原点的路径;

(3) $\int_{(0,0)}^{(1,1)}\dfrac{2x(1-\mathrm{e}^y)}{(1+x^2)^2}\mathrm{d}x+\dfrac{\mathrm{e}^y}{(1+x^2)}\mathrm{d}y$.

9. 验证下列场为有势场,并求其势函数:

(1) $\boldsymbol{A}=(2x\cos y-y^2\sin x)\boldsymbol{i}+(2y\cos x-x^2\sin y)\boldsymbol{j}$;

(2) $\boldsymbol{A}=\mathrm{e}^x[\mathrm{e}^y(x-y+2)+y]\boldsymbol{i}+\mathrm{e}^x[\mathrm{e}^y(x-y)+1]\boldsymbol{j}$.

10. 应用 Stokes 公式计算线积分 $\oint_{(C)}y\mathrm{d}x+z\mathrm{d}y+x\mathrm{d}z$,$(C)$为圆周 $x^2+y^2+z^2=a^2$,$x+y+z=0$,其方向与平面 $x+y+z=0$ 的法向量$(1,1,1)$符合右手螺旋法则.

11. 应用 Stokes 公式计算线积分 $\oint_{(C)}(z-y)\mathrm{d}x+(x-z)\mathrm{d}y+(y-x)\mathrm{d}z$,$(C)$是从$(a,0,0)$经$(0,a,0)$

和$(0,0,a)$回到$(a,0,0)$的三角形.

12. 求向量场$\boldsymbol{A}=(-y,x,c)$(c为常数)沿下列曲线正方向的环量:

(1) 圆周:$x^2+y^2=r^2,z=0$; (2) 圆周:$(x-2)^2+y^2=R^2,z=0$.

13. 求向量场$\boldsymbol{A}=xyz(\boldsymbol{i}+\boldsymbol{j}+\boldsymbol{k})$在点$M(1,3,2)$处的旋度以及在这点沿方向$\boldsymbol{n}=\boldsymbol{i}+2\boldsymbol{j}+2\boldsymbol{k}$的环量密度.

14. 求下列场的旋度:

(1) $\boldsymbol{A}=x^2\boldsymbol{i}+y^2\boldsymbol{j}+z^2\boldsymbol{k}$; (2) $\boldsymbol{A}=yz\boldsymbol{i}+zx\boldsymbol{j}+xy\boldsymbol{k}$;

(3) $\boldsymbol{A}=\mathrm{e}^{xy}\boldsymbol{i}+\cos(xy)\boldsymbol{j}+\cos(xz^2)\boldsymbol{k}$在点$M(0,1,2)$处;

(4) $\boldsymbol{A}=(3x^2-2yz,y^3+yz^2,xyz-3xz^2)$在点$M(1,-2,2)$处.

15. 已知$\boldsymbol{A}=3y\boldsymbol{i}+2z^2\boldsymbol{j}+xy\boldsymbol{k}$,$\boldsymbol{B}=x^2\boldsymbol{i}-4\boldsymbol{k}$,求$\mathbf{rot}(\boldsymbol{A}\times\boldsymbol{B})$.

16. 利用Gauss公式计算下列曲面积分:

(1) $\oiint\limits_{(S)}x^2\mathrm{d}y\wedge\mathrm{d}z+y^2\mathrm{d}z\wedge\mathrm{d}x+z^2\mathrm{d}x\wedge\mathrm{d}y$,$(S)$为立方体$0\leqslant x\leqslant a,0\leqslant y\leqslant a,0\leqslant z\leqslant a$的外表面;

(2) $\oiint\limits_{(S)}x^3\mathrm{d}y\wedge\mathrm{d}z+y^3\mathrm{d}z\wedge\mathrm{d}x+z^3\mathrm{d}x\wedge\mathrm{d}y$,$(S)$为球面$x^2+y^2+z^2=R^2$的外侧;

(3) $\oiint\limits_{(S)}(x^2-2xy)\mathrm{d}y\wedge\mathrm{d}z+(y^2-2yz)\mathrm{d}z\wedge\mathrm{d}x+(1-2xz)\mathrm{d}x\wedge\mathrm{d}y$,$(S)$为球心在坐标原点、半径为$a$的上半球面的上侧;

(4) $\oiint\limits_{(S)}(x^2\cos\alpha+y^2\cos\beta+z^2\cos\gamma)\mathrm{d}S$,$(S)$为锥体$x^2+y^2\leqslant z^2,0\leqslant z\leqslant h$的表面,$\cos\alpha,\cos\beta,\cos\gamma$为此曲面外法线的方向余弦;

(5) $\iint\limits_{(S)}x\mathrm{d}y\wedge\mathrm{d}z+y\mathrm{d}z\wedge\mathrm{d}x+(x+y+z+1)\mathrm{d}x\wedge\mathrm{d}y$,$(S)$为半椭球面$z=c\sqrt{1-\dfrac{x^2}{a^2}-\dfrac{y^2}{b^2}}$的上侧;

(6) $\iint\limits_{(S)}4xz\mathrm{d}y\wedge\mathrm{d}z-2yz\mathrm{d}z\wedge\mathrm{d}x+(1-z^2)\mathrm{d}x\wedge\mathrm{d}y$,其中$(S)$是$yOz$平面上的曲线$z=\mathrm{e}^y\ (0\leqslant y\leqslant a)$绕$z$轴旋转成的曲面的下侧.

17. 设(S)为上半球面$x^2+y^2+z^2=a^2\ (z\geqslant0)$,其法向量$\boldsymbol{n}$与$Oz$轴的夹角为锐角,求向量场$\boldsymbol{r}=x\boldsymbol{i}+y\boldsymbol{j}+z\boldsymbol{k}$向$\boldsymbol{n}$所指的一侧穿过$(S)$的通量.

18. 求$\operatorname{div}\boldsymbol{A}$在给定点的值:

(1) $\boldsymbol{A}=x^3\boldsymbol{i}+y^3\boldsymbol{j}+z^3\boldsymbol{k}$在$M(1,0,-1)$处; (2) $\boldsymbol{A}=4x\boldsymbol{i}-2xy\boldsymbol{j}+z^2\boldsymbol{k}$在$M(1,1,3)$处;

(3) $\boldsymbol{A}=xyz\boldsymbol{r}$在$M(1,3,2)$处,其中$\boldsymbol{r}=x\boldsymbol{i}+y\boldsymbol{j}+z\boldsymbol{k}$.

19. 证明下列场为有势场,并求其势函数:

(1) $\boldsymbol{A}=(y\cos xy)\boldsymbol{i}+(x\cos xy)\boldsymbol{j}+\sin z\boldsymbol{k}$;

(2) $\boldsymbol{A}=(2x\cos y-y^2\sin x)\boldsymbol{i}+(2y\cos x-x^2\sin y)\boldsymbol{j}+z\boldsymbol{k}$.

20. 求下列全微分的原函数:

(1) $\mathrm{d}u=(x^2-2yz)\mathrm{d}x+(y^2-2xz)\mathrm{d}y+(z^2-2xy)\mathrm{d}z$;

(2) $\mathrm{d}u=(3x^2+6xy^2)\mathrm{d}x+(6x^2y+4y^3)\mathrm{d}y$.

21. 试证$P\mathrm{d}x+Q\mathrm{d}y$在区域$(\sigma)$上的任意两个原函数仅差一个常数.

22. 设(G)是一维单连通域,$\boldsymbol{A}(P,Q,R)\in C^{(1)}((G))$,试证明在$(G)$内恒有$\nabla\times\boldsymbol{A}=\mathbf{0}$等价于

$\oint_{(C)} \boldsymbol{A}\cdot \mathbf{d}\boldsymbol{s}=0$,其中$(C)$为$(G)$中任一分段光滑闭曲线.

23. 设$\boldsymbol{B}$是无源场$\boldsymbol{A}$的向量势,$\boldsymbol{C}$是$\boldsymbol{A}$的任一向量势,证明$\boldsymbol{C}=\boldsymbol{B}+\mathbf{grad}\, u$,其中$u$为任一数量场.

24. 证明:场$\boldsymbol{A}=-2y\boldsymbol{i}-2x\boldsymbol{j}$为平面调和场,并求其势函数.

(B)

1. 把 Green 公式写成以下两种形式:

$$\iint_{(\sigma)}\left(\frac{\partial X}{\partial x}+\frac{\partial Y}{\partial y}\right)\mathrm{d}\sigma=\oint_{(+C)} X\mathrm{d}y-Y\mathrm{d}x,$$

$$\iint_{(\sigma)}\left(\frac{\partial X}{\partial x}+\frac{\partial Y}{\partial y}\right)\mathrm{d}\sigma=\oint_{(+C)}[X\cos(x,\boldsymbol{n})+Y\sin(x,\boldsymbol{n})]\mathrm{d}s,$$其中$(x,\boldsymbol{n})$为正x轴到(C)的外法线向量$\boldsymbol{n}$的转角.

2. 设$u(x,y),v(x,y)$是具有二阶连续偏导数的函数,并设$\Delta u\equiv\dfrac{\partial^2 u}{\partial x^2}+\dfrac{\partial^2 u}{\partial y^2}$.证明:

(1) $\displaystyle\iint_{(\sigma)}\Delta u\mathrm{d}\sigma=\oint_{(C)}\frac{\partial u}{\partial \boldsymbol{n}}\mathrm{d}s$;　　(2) $\displaystyle\iint_{(\sigma)}(u\Delta v-v\Delta u)\mathrm{d}\sigma=-\oint_{(C)}\left(v\frac{\partial u}{\partial \boldsymbol{n}}-u\frac{\partial v}{\partial \boldsymbol{n}}\right)\mathrm{d}s$,

其中(σ)为闭曲线(C)所围的平面域,$\dfrac{\partial u}{\partial \boldsymbol{n}},\dfrac{\partial v}{\partial \boldsymbol{n}}$分别表示$u$和$v$沿$(C)$的外法线方向的导数.

3. 计算$\displaystyle\int_{(L)}\frac{x\mathrm{d}y-y\mathrm{d}x}{4x^2+y^2}$,其中$(L)$是由点$A(-1,0)$经点$B(1,0)$到点$C(-1,2)$的路径,$\overset{\frown}{AB}$为下半圆周,$BC$段是直线.

4. 计算曲线积分

$$I=\int_{\overset{\frown}{AMB}}[\varphi(y)\cos x-\pi y]\mathrm{d}x+[\varphi'(y)\sin x-\pi]\mathrm{d}y,$$

其中$\overset{\frown}{AMB}$为联结$A(\pi,2)$及$B(3\pi,4)$两点的光滑曲线,并设$\overset{\frown}{AMB}$恒在弦$\overline{AB}$的下方且与$\overline{AB}$围成的弓形域的面积为2.

5. 设函数$f(x)$在$(-\infty,+\infty)$内具有一阶连续导数,(L)是上半平面$(y>0)$内的有向分段光滑曲线,其起点为(a,b),终点为(c,d).记$I=\displaystyle\int_{(L)}\frac{1}{y}[1+y^2f(xy)]\mathrm{d}x+\frac{x}{y^2}[y^2f(xy)-1]\mathrm{d}y$.

(1) 证明曲线积分I的值与路径(L)无关;　(2) 当$ab=cd$时,求I的值.

6. 计算$\displaystyle\oiint_{(S)}x^3\mathrm{d}y\wedge\mathrm{d}z+\left[\frac{1}{z}f\left(\frac{y}{z}\right)+y^3\right]\mathrm{d}z\wedge\mathrm{d}x+\left[\frac{1}{y}f\left(\frac{y}{z}\right)+z^3\right]\mathrm{d}x\wedge\mathrm{d}y$,其中$f(u)$具有连续的导数,$(S)$为锥面$z=\sqrt{x^2+y^2}$与两球面$x^2+y^2+z^2=1,x^2+y^2+z^2=4$所围立体的表面外侧.

7. 计算$\displaystyle\int_{(L)}(y^2+z^2)\mathrm{d}x+(z^2+x^2)\mathrm{d}y+(x^2+y^2)\mathrm{d}z$,其中$(L)$是球面$x^2+y^2+z^2=4x$与柱面$x^2+y^2=2x$的交线,从$Oz$轴正方向看进去为逆时针$(z\geqslant 0)$.

8. 设函数$F=f\left(xy,\dfrac{x}{z},\dfrac{y}{z}\right)$具有连续的二阶偏导数,求$\mathrm{div}(\mathbf{grad}\, F)$.

9. 求$\mathrm{div}(\mathbf{grad}\, f(r))$,其中$r=\sqrt{x^2+y^2+z^2}$,当$f(r)$等于什么时,$\mathrm{div}(\mathbf{grad}\, f(r))=0$?

10. 设向量场 $\boldsymbol{F}$ 在空间区域 $G\subseteq\mathbf{R}^3$ 内有连续的一阶偏导数,证明对 G 内任何按块光滑的封闭曲面(Σ)有

$$\oiint_{(\Sigma)}\mathbf{rot}\,\boldsymbol{F}\cdot\boldsymbol{n}\mathrm{d}S=0.$$

第 6 章习题

1. 选择题(在每小题给出的四个选项中只有一个是正确的,试选择正确的选项并说明理由.)

(1) 设(D)是 xOy 平面上以$(1,1)$,$(-1,1)$和$(-1,-1)$为顶点的三角形区域,(D_1)是(D)在第一象限的部分,则 $\iint\limits_{(D)}(xy+\cos x\sin y)\mathrm{d}x\mathrm{d}y$ 等于(　　).

(A) $2\iint\limits_{(D_1)}\cos x\sin y\mathrm{d}x\mathrm{d}y$　　(B) $2\iint\limits_{(D_1)}xy\mathrm{d}x\mathrm{d}y$

(C) $4\iint\limits_{(D_1)}(xy+\cos x\sin y)\mathrm{d}x\mathrm{d}y$　　(D) 0

(2) 设$f(x)$为连续函数,$F(t)=\int_1^t\mathrm{d}y\int_y^t f(x)\mathrm{d}x$,则 $F'(2)$等于(　　).

(A) $2f(2)$　　(B) $f(2)$　　(C) $-f(2)$　　(D) 0

(3) 设$f(x)$是连续函数,已知 $\int_0^1 f(x)\mathrm{d}x=A$(常数),则$\int_0^1\mathrm{d}x\int_x^1 f(x)f(y)\mathrm{d}y$ 等于(　　).

(A) A　　(B) $\dfrac{A}{2}$　　(C) A^2　　(D) $\dfrac{A^2}{2}$

(4) 设有空间区域$(\Omega_1)=\{(x,y,z)\mid x^2+y^2+z^2\leqslant R^2,z\geqslant0\}$及$(\Omega_2)=\{(x,y,z)\mid x^2+y^2+z^2\leqslant R^2,x\geqslant0,y\geqslant0,z\geqslant0\}$,则(　　).

(A) $\iiint\limits_{(\Omega_1)}x\mathrm{d}V=4\iiint\limits_{(\Omega_2)}x\mathrm{d}V$　　(B) $\iiint\limits_{(\Omega_1)}y\mathrm{d}V=4\iiint\limits_{(\Omega_2)}y\mathrm{d}V$

(C) $\iiint\limits_{(\Omega_1)}z\mathrm{d}V=4\iiint\limits_{(\Omega_2)}z\mathrm{d}V$　　(D) $\iiint\limits_{(\Omega_1)}xyz\mathrm{d}V=4\iiint\limits_{(\Omega_2)}xyz\mathrm{d}V$

(5) 设 $(\Omega)=\{(x,y,z)\mid x^2+y^2+z^2\leqslant 2y-2x\}$,则$\iiint\limits_{(\Omega)}(x+y+z)\mathrm{d}V$ 等于(　　).

(A) 0　　(B) $\dfrac{4}{3}\pi$　　(C) $-\dfrac{4}{3}\pi$　　(D) $\dfrac{8}{3}\sqrt{2}\pi$

(6) 设有曲面$(S)=\{(x,y,z)\mid x^2+y^2+z^2=a^2\ (z\geqslant0)\}$,$(S_1)$为$(S)$在第一卦限中的部分,则有(　　).

(A) $\iint\limits_{(S)}x\mathrm{d}S=4\iint\limits_{(S_1)}x\mathrm{d}S$　　(B) $\iint\limits_{(S)}y\mathrm{d}S=4\iint\limits_{(S_1)}y\mathrm{d}S$

(C) $\iint\limits_{(S)}z\mathrm{d}S=4\iint\limits_{(S_1)}z\mathrm{d}S$　　(D) $\iint\limits_{(S)}xyz\mathrm{d}S=4\iint\limits_{(S_1)}xyz\mathrm{d}S$

(7) 设 D 是第一象限中曲线 $2xy=1$,$4xy=1$ 与直线 $y=x$,$y=\sqrt{3}x$ 围成的平面区域,函数$f(x,y)$在 D 上连续,则 $\iint\limits_{D}f(x,y)\mathrm{d}x\mathrm{d}y=$(　　).

(A) $\int_{\pi/4}^{\pi/3}\mathrm{d}\theta\int_{1/2\sin 2\theta}^{1/\sin 2\theta}f(r\cos\theta,r\sin\theta)r\mathrm{d}r$ (B) $\int_{\pi/4}^{\pi/3}\mathrm{d}\theta\int_{1/\sqrt{2\sin 2\theta}}^{1/\sqrt{\sin 2\theta}}f(r\cos\theta,r\sin\theta)r\mathrm{d}r$

(C) $\int_{\pi/4}^{\pi/3}\mathrm{d}\theta\int_{1/2\sin 2\theta}^{1/\sin 2\theta}f(r\cos\theta,r\sin\theta)\mathrm{d}r$ (D) $\int_{\pi/4}^{\pi/3}\mathrm{d}\theta\int_{1/\sqrt{2\sin 2\theta}}^{1/\sqrt{\sin 2\theta}}f(r\cos\theta,r\sin\theta)\mathrm{d}r$

2. 计算 $\int_1^2\mathrm{d}x\int_{\sqrt{x}}^{x}\sin\frac{\pi x}{2y}\mathrm{d}y+\int_2^4\mathrm{d}x\int_{\sqrt{x}}^{2}\sin\frac{\pi x}{2y}\mathrm{d}y$.

3. 计算 $\int_0^1\mathrm{d}x\int_{x^2}^1\frac{xy}{\sqrt{1+y^3}}\mathrm{d}y$.

4. 计算 $\iint\limits_{(D)}y\mathrm{d}x\mathrm{d}y$,其中$(D)$ 由直线 $x=-2,y=0,y=2$ 及曲线 $x=-\sqrt{2y-y^2}$ 围成.

5. 计算二重积分 $\iint\limits_{(D)}\mathrm{e}^{\max\{x^2,y^2\}}\mathrm{d}x\mathrm{d}y$,其中$(D)=\{(x,y)\mid 0\leqslant x\leqslant 1,0\leqslant y\leqslant 1\}$.

6. 物质均匀分布的平面薄板由 $x^2+y^2\leqslant ax$ 和 $x^2+y^2\leqslant ay$ $(a>0)$的公共部分所确定,求其质心的坐标.

7. 设立体由曲面 $z=3x^2+y^2$ 与 $z=1-x^2$ 围成,求该立体的体积.

8. 设函数$f(x)$连续,平面有界闭区域由$|y|\leqslant|x|\leqslant 1$ 确定,证明:

$$\iint\limits_{(D)}f(\sqrt{x^2+y^2})\mathrm{d}x\mathrm{d}y=\pi\int_0^1 xf(x)\mathrm{d}x+\int_1^{\sqrt{2}}\left(\pi-4\arccos\frac{1}{x}\right)xf(x)\mathrm{d}x.$$

9. 计算 $\iiint\limits_{(\Omega)}\mathrm{e}^{|z|}\mathrm{d}V$,其中$(\Omega)$ 为球体 $x^2+y^2+z^2\leqslant 1$.

10. 设函数$f(x)$连续且恒大于零,

$$F(t)=\frac{\iiint\limits_{\Omega(t)}f(x^2+y^2+z^2)\mathrm{d}V}{\iint\limits_{D(t)}f(x^2+y^2)\mathrm{d}\sigma},\qquad G(t)=\frac{\iint\limits_{D(t)}f(x^2+y^2)\mathrm{d}\sigma}{\int_{-1}^{t}f(x^2)\mathrm{d}x}.$$

其中 $\Omega(t)=\{(x,y,z)\mid x^2+y^2+z^2\leqslant t^2\}$,$D(t)=\{(x,y)\mid x^2+y^2\leqslant t^2\}$.

(1) 讨论 $F(t)$在区间$(0,+\infty)$内的单调性;

(2) 证明当 $t>0$ 时,$F(t)>\frac{2}{\pi}G(t)$.

11. 指出区域$(V)=\{(x,y,z)\mid x^2+y^2+z^2\leqslant 4z\}$的形心坐标,并计算 $I=\iiint\limits_{(V)}(x+y+z)\mathrm{d}V$.

12. 计算 $\iiint\limits_{(\Omega)}(x^2+y^2)\mathrm{d}V$,其中$(\Omega)$ 是圆台体,其上、下底半径分别为 a,b $(0<a<b)$,高为 h,下底为 xOy 面内的圆域 $x^2+y^2\leqslant b^2$.

13. 设空间区域(Ω)由

$$\sqrt{x^2+y^2}\leqslant z\leqslant\sqrt{1-x^2-y^2},\quad 0\leqslant x\leqslant y\leqslant\sqrt{3}x$$

所确定,将三重积分 $I=\iiint\limits_{(\Omega)}f(y,z)\mathrm{d}V$ 化为球面坐标下的累次积分.

14. 设(L)是椭圆 $\frac{x^2}{4}+\frac{y^2}{3}=1$,其周长记为 a,求$\oint_{(L)}(2xy+3x^2+4y^2)\mathrm{d}s$.

15. 计算曲面积分 $\iint\limits_{(\Sigma)}z\mathrm{d}S$,其中$(\Sigma)$ 为锥面 $z=\sqrt{x^2+y^2}$ 在柱体 $x^2+y^2\leqslant 2x$ 内的部分.

16. 设有一高度为 $h(t)$（t 为时间）的雪堆在融化过程中，其表面满足方程 $z=h(t)-\frac{2(x^2+y^2)}{h(t)}$（设长度单位为 cm，时间单位为 h），已知体积减小的速率与侧面积成正比（比例系数为 0.9），问高度为 130 cm 的雪堆全部融化需多少小时？

17. 质点 P 沿着以 AB 为直径的下半圆周，从点 $A(1,2)$ 运动到点 $B(3,4)$ 的过程中受变力 $\boldsymbol{F}$ 作用，$\boldsymbol{F}$ 的大小等于点 P 到原点 O 之间的距离，其方向垂直于线段 OP 且与 y 轴正向的夹角小于 $\frac{\pi}{2}$，求变力 $\boldsymbol{F}$ 对质点 P 所做的功.

18. 计算曲线积分 $I=\oint_{(L)}\frac{x\mathrm{d}y-y\mathrm{d}x}{4x^2+y^2}$，其中 (L) 是不经过原点 $O(0,0)$ 的任一分段光滑的简单闭曲线的正向.

19. 求 $I=\int_{(L)}(\mathrm{e}^x\sin y-b(x+y))\mathrm{d}x+(\mathrm{e}^x\cos y-ax)\mathrm{d}y$，其中 a,b 为正的常数，(L) 为从点 $A(2a,0)$ 沿曲线 $y=\sqrt{2ax-x^2}$ 到点 $O(0,0)$ 的弧.

20. 已知曲线 L 的方程为 $\begin{cases}z=\sqrt{2-x^2-y^2},\\ z=x,\end{cases}$ 起点为 $A(0,\sqrt{2},0)$，终点为 $B(0,-\sqrt{2},0)$，计算 $I=\int_L(y+z)\mathrm{d}x+(z^2-x^2+y)\mathrm{d}y+x^2y^2\mathrm{d}z$.

21. 计算 $\int_{(L)}\frac{y^2}{\sqrt{a^2+x^2}}\mathrm{d}x+(ax+2y\ln(x+\sqrt{a^2+x^2}))\mathrm{d}y$，其中 (L) 是从点 $A(0,R)$ 沿圆周 $x=-\sqrt{R^2-y^2}$ 到点 $B(0,-R)$ 的有向曲线段，常数 $a>0$.

22. 计算 $\int_{(L)}\left(1-\frac{y^2}{x^2}\cos\frac{y}{x}\right)\mathrm{d}x+\left(\sin\frac{y}{x}+\frac{y}{x}\cos\frac{y}{x}\right)\mathrm{d}y$，其中 (L) 是抛物线 $y=4\pi\left(x-\frac{3}{2}\right)^2$ 上从点 $A(1,\pi)$ 到点 $B(2,\pi)$ 的有向曲线段.

23. 试确定正常数 λ 的值，使曲线积分

$$\int_{(C)}xy^{\lambda}\,\mathrm{d}x+x^{\lambda}y\mathrm{d}y$$

与路径无关，并对所求出的 λ，计算 $\int_{(1,1)}^{(0,2)}xy^{\lambda}\mathrm{d}x+x^{\lambda}y\mathrm{d}y$ 的值.

24. 已知 $u(x,y)$ 是定义在 $(D)=\{(x,y)\mid x+y>0\}$ 上的二元函数，且 $\frac{(x+ay)\mathrm{d}x+y\mathrm{d}y}{(x+y)^2}$ 是 $u(x,y)$ 的全微分，试求常数 a 的值及函数 $u(x,y)$.

25. 设函数 $Q(x,y)$ 在 xOy 平面上具有一阶连续偏导数，曲线积分 $\int_{(L)}2xy\mathrm{d}x+Q(x,y)\mathrm{d}y$ 与路径无关，并且对任意 t 恒有

$$\int_{(0,0)}^{(t,1)}2xy\mathrm{d}x+Q(x,y)\mathrm{d}y=\int_{(0,0)}^{(1,t)}2xy\mathrm{d}x+Q(x,y)\mathrm{d}y,$$

求 $Q(x,y)$.

26. 设函数 $f(x,y)$ 满足 $\frac{\partial f(x,y)}{\partial x}=(2x+1)\mathrm{e}^{2x-y}$，且 $f(0,y)=y+1$，L_t 是从点 $(0,0)$ 到点 $(1,t)$ 的光

滑曲线,计算曲线积分 $I(t)=\int_{(L_t)}\frac{\partial f(x,y)}{\partial x}\mathrm{d}x+\frac{\partial f(x,y)}{\partial y}\mathrm{d}y$,并求 $I(t)$ 的最小值.

27. 设流体的密度为 1,流速 $\boldsymbol{v}=xz^2\boldsymbol{i}+\sin x\boldsymbol{k}$,曲面 (S) 是由曲线 $\begin{cases}y=\sqrt{1+z^2}\\x=0\end{cases}$,$(1\leqslant z\leqslant 2)$ 绕 Oz 轴旋转一周所形成的旋转面,(S) 正侧的法向量与 Oz 轴正向的夹角为锐角,求单位时间内流向 (S) 正侧的流量.

28. 计算曲面积分

$$I=\iint_{(\Sigma)}2x^3\mathrm{d}y\wedge\mathrm{d}z+2y^3\mathrm{d}z\wedge\mathrm{d}x+3(z^2-1)\mathrm{d}x\wedge\mathrm{d}y,$$

其中 (Σ) 是曲面 $z=1-x^2-y^2\ (z\geqslant 0)$ 的上侧.

29. 计算 $I=\oint_{(L)}(y^2-z^2)\mathrm{d}x+(2z^2-x^2)\mathrm{d}y+(3x^2-y^2)\mathrm{d}z$,其中 (L) 是平面 $x+y+z=2$ 与柱面 $|x|+|y|=1$ 的交线,从 z 轴正向看去,(L) 为逆时针方向.

30. 设薄片型物体 S 是圆锥面 $z=\sqrt{x^2+y^2}$ 被柱面 $z^2=2x$ 割下的有限部分,其上任一点的密度为 $\mu=9\sqrt{x^2+y^2+z^2}$. 记圆锥面与柱面的交线为 C,(1) 求 C 在 xOy 面上的投影曲线的方程;(2) 求 S 的质量 M.

综合练习题

1. 如图所示,一个对称的地下油库,它的内部设计是:横截面为圆,在中心位置上的半径是 3 m,到底部和顶部的半径减小到 2 m;底部和顶部相隔 12 m(图(a));纵截面的两侧是抛物线 $x=3-\frac{y^2}{36}(-6\leqslant y\leqslant 6)$(图(b)).

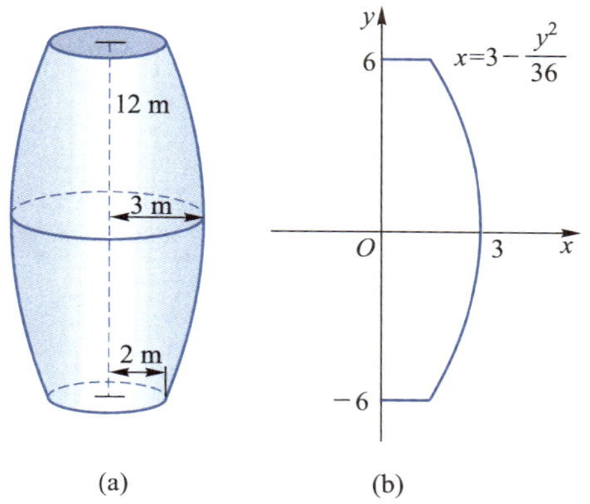

(第 1 题图)

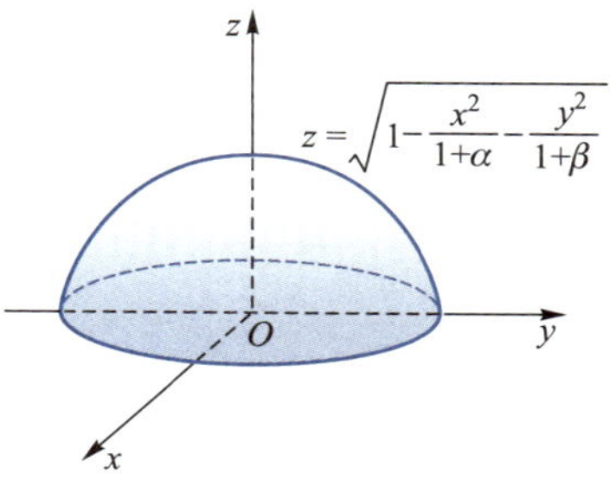

(第 2 题图)

(1) 求油库的容积;

(2) 为了设计油库的油量标尺,试求出油库中油量分别为 $10\ \mathrm{m}^3$, $20\ \mathrm{m}^3$, $30\ \mathrm{m}^3$, …时油的深度.

2. 某工厂按原设计要对一半球体工件的半球面部分镀上一层稀有金属,其半球面方程为 $x^2+y^2+z^2=1\ (z\geqslant 0)$(如图所示),该厂按原设计的半球面面积 2π 备好电镀材料.当工件加工好后,对工件进行了测量,发现半球面方程为

$$\frac{x^2}{1+\alpha}+\frac{y^2}{1+\beta}+z^2=1 \quad (z\geqslant 0),$$

其中 $|\alpha|$, $|\beta|$ 是很小的正数,在测量了 α 和 β 后,工人师傅希望知道,按原准备好的材料电镀后,镀层厚度在什么情况下比原设计的薄? 在什么情况下比原设计的厚?

第七章　无穷级数

无穷级数是数学分析的重要内容之一，是表示函数、研究函数的性质和进行近似计算的有力工具.本章主要研究：常数项级数的概念与审敛准则；函数项级数的收敛性（包括处处收敛和一致收敛性）；幂级数的收敛性，特别是将函数展开为幂级数与 Fourier 级数的问题.

第一节　常数项级数

本节讨论常数项级数的概念、性质与审敛准则，它们是学习函数项级数的基础.在学习这部分内容的时候，应当注意它与数列极限相应内容之间的关系.

1.1　常数项级数的概念、性质与收敛原理

在许多理论与实际问题的研究中，常常会提出无穷多个数“相加”的问题，下面讨论一个有趣的例子.

例 1.1　设有弹性小球自高为 H m 处无初速地下落，落下后又弹起.若每次弹起的高度为前次下落高度的一半，如此往复不已.问小球是否会停止跳动？

大家知道，弹性小球的跳动次数是无穷的，它是否会停止跳动，关键在于小球完成无穷次跳动所用的时间是否有限.若所用的时间有限，则小球必定停跳，否则不会.下面就来计算每次跳动所用的时间.根据自由落体的运动规律 $h=\frac{1}{2}gt^2$ 得

小球从高为 H m 处落到地面所用时间为 $T_0=\sqrt{\frac{2H}{g}}$ s，

小球从地面回跳到 $\frac{1}{2}H$ m 的高处后再落到地面所用的时间 $T_1=2\sqrt{\frac{H}{g}}$ s，

小球第 2 次从地面回跳再落到地面所用时间为 $T_2=2\sqrt{\frac{H}{2g}}$ s，

…………

小球第 n 次往复跳动所用时间为 $T_n=2\sqrt{\dfrac{H}{2^{n-1}g}}$ s，

于是小球完成无穷多次往复跳动所用的时间为

$$T=\sqrt{\frac{2H}{g}}+2\sqrt{\frac{H}{g}}+2\sqrt{\frac{H}{2g}}+\cdots+2\sqrt{\frac{H}{2^{n-1}g}}+\cdots$$

$$=\sqrt{\frac{2H}{g}}+2\sqrt{\frac{H}{g}}\left(1+\frac{1}{\sqrt{2}}+\frac{1}{2}+\cdots+\frac{1}{\sqrt{2^{n-1}}}+\cdots\right)\ (\mathrm{s}).\qquad(1.1)$$

上式右端是由无穷多个数用加号连接起来的一个表达式.为了回答小球是否会停跳，就要研究无穷多个数“相加”的问题.无穷多个数“相加”的含义是什么？能否像有限个数相加那样定义它的“和”呢？显然，我们不能像对有限个数的加法那样对无穷多个数逐一相加，必须科学合理地给出无穷多个数“相加”及其“和”的定义.

通常，将已给数列 $\{a_n\}$ 的各项依次用加号连接起来的表达式

$$a_1+a_2+\cdots+a_n+\cdots, \text{或} \sum_{n=1}^{\infty}a_n \qquad(1.2)$$

称为**常数项无穷级数**，简称为**常数项级数**或**级数**，a_n 称为该级数的**通项**.

在第一章中我们曾用极限理论来研究一个无限变化过程，由于级数实际上也是一个无限个数“相加”的无限过程，因此，我们可以通过有限项相加，利用极限来研究它.

定义 1.1（级数的收敛性与和） 级数(1.2)的前 n 项之和

$$S_n=a_1+a_2+\cdots+a_n=\sum_{k=1}^{n}a_k \quad (n=1,2,\cdots)$$

称为它的**部分和**.若部分和数列 $\{S_n\}$ 收敛，则称级数(1.2)**收敛**，并称

$$S=\lim_{n\to\infty}S_n=\lim_{n\to\infty}\sum_{k=1}^{n}a_k$$

为它的**和**，记作 $\sum\limits_{n=1}^{\infty}a_n=S$；否则，称级数(1.2)**发散**.级数(1.2)的收敛与发散统称为**敛散性**.收敛级数的和与其部分和之差 $R_n=S-S_n=\sum\limits_{k=n+1}^{\infty}a_k$ 称为该级数的**余项**.

注意：定义 1.1 回答了无限多个数“相加”的含义及其“和”的定义这两个重要问题，将无限多个数相加定义为当项数无限增加时其有限项和(即它的部分和)的极限；若极限存在，则将其极限值定义为它的和.这样，就将无穷级数的敛散性及其求和问题转化为它的部分和数列的敛散性与求极限问题.因此，在学习和研究无穷级数的时候，不但需要应用许多数列极限的知识，而且还要用到许多极限理论的思想方法.

例 1.2 讨论**等比级数**(或**几何级数**)

$$\sum_{n=0}^{\infty} aq^n = a + aq + aq^2 + \cdots + aq^{n-1} + \cdots \quad (a \neq 0)$$

的敛散性.

解 该级数的部分和为

$$S_n = a + aq + aq^2 + \cdots + aq^{n-1} = \begin{cases} \dfrac{a(1-q^n)}{1-q}, & q \neq 1, \\ na, & q = 1. \end{cases}$$

当 $|q|<1$ 时,由于

$$\lim_{n\to\infty} S_n = \lim_{n\to\infty}\frac{a(1-q^n)}{1-q} = \frac{a}{1-q},$$

故该级数收敛,且其和为$\dfrac{a}{1-q}$;当 $|q|>1$ 时,由于$\lim\limits_{n\to\infty} q^n = \infty$,从而$\lim\limits_{n\to\infty} S_n$ 不存在,故该数级发散;当 $q=1$ 时,显然级数也发散;当 $q=-1$ 时,级数变为

二维码 7.1.1
研究无穷级数的敛散性与研究数列的敛散性之间的关系.

$$a - a + a - a + \cdots + (-1)^{n-1}a + \cdots,$$

由于它的部分和

$$S_n = \begin{cases} 0, & n \text{ 为偶数}, \\ a, & n \text{ 为奇数} \end{cases}$$

是一个发散数列,所以该级数发散.

综上所述,当 $|q|<1$ 时,等比级数收敛,其和为$\dfrac{a}{1-q}$;当 $|q|\geqslant 1$ 时,等比级数发散. ▌

下面,利用例 1.2 的结果来回答例 1.1 中的问题.事实上,该例中的级数(1.1)从第二项以后是公比 $q=\dfrac{1}{\sqrt{2}}$的一个等比级数,所以

$$T = \sqrt{\frac{2H}{g}} + 2\sqrt{\frac{H}{g}}\,\frac{1}{1-\dfrac{1}{\sqrt{2}}} = (4+3\sqrt{2})\sqrt{\frac{H}{g}}\ (\mathrm{s}).$$

这就是说,小球完成无穷次跳动所用的时间 T 是有限的,因此,小球的跳动一定会停止.

例 1.3 证明:级数

$$\sum_{n=1}^{\infty}\frac{1}{n(n+1)} = \frac{1}{1\cdot 2} + \frac{1}{2\cdot 3} + \cdots + \frac{1}{n(n+1)} + \cdots$$

收敛,且其和 $S=1$.

证 由于级数的部分和数列为

$$S_n=\frac{1}{1\cdot 2}+\frac{1}{2\cdot 3}+\cdots+\frac{1}{n(n+1)},\quad n=1,2,\cdots,$$

根据上册第一章的例 2.6，$\lim\limits_{n\to\infty}S_n=1$，故级数收敛，且其和 $S=1$. ▌

例 1.4 证明：**调和级数**

$$\sum_{n=1}^{\infty}\frac{1}{n}=1+\frac{1}{2}+\frac{1}{3}+\cdots+\frac{1}{n}+\cdots$$

是发散的.

证 由于该级数的部分和数列为

$$S_n=1+\frac{1}{2}+\frac{1}{3}+\cdots+\frac{1}{n}\quad(n\in\mathbf{N}_+),$$

在上册第一章例 2.12 已经证明它是一个发散数列，故知调和级数是发散的. ▌

利用数列极限的有关性质，不难证明级数的下列基本性质.

性质 1.1 设 $\sum\limits_{n=1}^{\infty}a_n=S$，$\sum\limits_{n=1}^{\infty}b_n=\widetilde{S}$，其中 S 与 $\widetilde{S}$ 均为有限实数，则

(1) $\sum\limits_{n=1}^{\infty}(a_n\pm b_n)=\sum\limits_{n=1}^{\infty}a_n\pm\sum\limits_{n=1}^{\infty}b_n=S\pm\widetilde{S}$；

(2) $\sum\limits_{n=1}^{\infty}Ca_n=C\sum\limits_{n=1}^{\infty}a_n=CS$，其中 $C\in\mathbf{R}$ 为常数；

(3) 若 $a_n\leqslant b_n$，则 $\sum\limits_{n=1}^{\infty}a_n\leqslant\sum\limits_{n=1}^{\infty}b_n$.

性质 1.2 在一个级数中，任意删去、添加或改变有限项不改变该级数的敛散性.

想一想：

(1) 试用数列极限的有关性质证明级数的性质 1.2，1.3.

(2) 举例说明删去或添加无限项是否改变级数的敛散性?

性质 1.3 设级数 $\sum\limits_{n=1}^{\infty}a_n$ 收敛，则

(1) $\lim\limits_{n\to\infty}a_n=0$；(2) $\lim\limits_{n\to\infty}R_n=0$.

性质 1.3 中的(1)是级数收敛的必要条件.由于(1)中条件比较容易验证，因此常被用来证明级数的发散性.就是说，若 $\{a_n\}$ 不收敛，或者虽收敛但 $\lim\limits_{n\to\infty}a_n\neq 0$，则级数 $\sum\limits_{n=1}^{\infty}a_n$ 必定发散.例如，级数 $\sum\limits_{n=1}^{\infty}(-1)^{n+1}$ 与 $\sum\limits_{n=1}^{\infty}\frac{1}{\sqrt[n]{2}}$ 都是发散的.

性质 1.4 若 $\sum\limits_{n=1}^{\infty}a_n$ 为收敛级数，则不改变它的各项次序任意加入括号后所得到的新级数仍收敛，并且和不变.

证 设 $\sum\limits_{n=1}^{\infty}a_n=S$，部分和数列为 $\{S_n\}$. 在该级数中任意加入括号，便得一新级数

$$(a_1+a_2+\cdots+a_{n_1})+(a_{n_1+1}+a_{n_1+2}+\cdots+a_{n_2})$$
$$+\cdots+(a_{n_{k-1}+1}+a_{n_{k-1}+2}+\cdots+a_{n_k})+\cdots,$$

记它的部分和数列为$\{\widetilde{S}_k\}$，则

$$\widetilde{S}_1=S_{n_1},\quad \widetilde{S}_2=S_{n_2},\quad \cdots,\quad \widetilde{S}_k=S_{n_k},\cdots.$$

因此$\{\widetilde{S}_k\}$为原级数部分和数列$\{S_n\}$的一个子列$\{S_{n_k}\}$，根据数列极限的归并原理知新级数收敛，且

$$\lim_{k\to\infty}\widetilde{S}_k=\lim_{k\to\infty}S_{n_k}=S.\quad \blacksquare$$

与数列类似，对于级数也要研究两个基本问题：第一，判别敛散性问题；第二，收敛级数的求和问题.第二个问题比较困难，但第一个问题更重要.因为如果级数发散，那么它无和可求；如果级数收敛，即使无法求出其和的精确值，也可利用部分和求出它的近似值.而且根据性质 1.3 的(2)，近似值可以达到任意的精确度，从而满足实际问题的需要.因此，判断敛散性是级数理论的首要问题，也是我们研究的重点.

将判断数列收敛性的 Cauchy 原理转化到级数中来，容易得到判断级数敛散性的一个基本原理.

注意：性质 1.4 说明，任何收敛的级数都满足有限个数加法的结合性，即加括号后仍收敛且和不变.但与有限项加法不同的是，它的逆命题不一定成立，就是说，添加括号后得到的级数收敛不能保证原级数收敛.例如，级数

$$(1-1)+(1-1)+\cdots+(1-1)+\cdots$$

是收敛的，但未加括号的级数 $1-1+1-1+\cdots+1-1+\cdots$ 却发散.

对发散级数而言，加括号后不仅可能收敛，而且用不同方式加括号可能收敛于不同的极限.例如上述发散级数 $\sum\limits_{n=1}^{\infty}(-1)^{n+1}$，相邻两项加括号后易得其和为 0，即收敛于 0，但若用下述方法加括号

$$1-(1-1)-(1-1)-\cdots-(1-1)-\cdots,$$

则收敛于 1.

定理 1.1（Cauchy 收敛原理）　级数 $\sum\limits_{n=1}^{\infty}a_n$ 收敛的充要条件是

$$\forall\varepsilon>0,\exists N\in\mathbf{N}_+,\text{使得 }\forall p\in\mathbf{N}_+,\text{当 }n>N\text{ 时，恒有}\left|\sum_{k=n+1}^{n+p}a_k\right|<\varepsilon.\quad(1.3)$$

例 1.5　利用 Cauchy 收敛原理证明级数 $\sum\limits_{n=1}^{\infty}\frac{1}{n^2}$ 收敛.

证　在第一章的例 2.11 中，已经证得：$\forall n,p\in\mathbf{N}_+$，

$$\frac{1}{(n+1)^2}+\frac{1}{(n+2)^2}+\cdots+\frac{1}{(n+p)^2}<\frac{1}{n},$$

因此，$\forall\varepsilon>0$，只要取 $N=\left[\frac{1}{\varepsilon}\right]$，则当 $n>N$ 时，

想一想：

写出利用 Cauchy 收敛原理证明级数 $\sum\limits_{n=1}^{\infty}a_n$ 发散的条件，并用它证明调和级数 $\sum\limits_{n=1}^{\infty}\frac{1}{n}$ 发散.

$$0<\frac{1}{(n+1)^2}+\frac{1}{(n+2)^2}+\cdots+\frac{1}{(n+p)^2}<\frac{1}{n}<\varepsilon,$$

故由定理 1.1 知级数 $\sum_{n=1}^{\infty}\frac{1}{n^2}$ 收敛. ▌

1.2 正项级数的审敛准则

若 $a_n \geqslant 0\ (n=1,2,\cdots)$，则称级数 $\sum_{n=1}^{\infty}a_n$ 为**正项级数**. 正项级数的一个重要特点是它的部分和数列 $\{S_n\}$ 单调增，因此，根据判定数列收敛的单调有界准则，不难得到下述判定正项级数敛散性的基本定理.

定理 1.2 正项级数 $\sum_{n=1}^{\infty}a_n$ 收敛的充要条件是它的部分和数列有上界.

定理 1.2 虽然可以用来判别正项级数的敛散性，但是它的主要价值是证明正项级数的下列常用审敛准则.

定理 1.3（比较准则 Ⅰ） 设 $\sum_{n=1}^{\infty}a_n$ 与 $\sum_{n=1}^{\infty}b_n$ 是两个正项级数，并且 $\forall n\in\mathbf{N}_+$，$a_n\leqslant b_n$.

(1) 若 $\sum_{n=1}^{\infty}b_n$ 收敛，则 $\sum_{n=1}^{\infty}a_n$ 收敛；　(2) 若 $\sum_{n=1}^{\infty}a_n$ 发散，则 $\sum_{n=1}^{\infty}b_n$ 发散.

证 证明的基本思路与第三章中无穷积分的比较准则 Ⅰ 相同. 由于(2)是(1)的逆否命题，因此只要证明(1). 由已知，$\forall n\in\mathbf{N}_+$，$a_n\leqslant b_n$，所以

$$S_n=\sum_{k=1}^{n}a_k\leqslant\sum_{k=1}^{n}b_k=\widetilde{S}_n.$$

又因为 $\sum_{n=1}^{\infty}b_n$ 收敛，所以 $\{\widetilde{S}_n\}$ 有上界，从而 $\{S_n\}$ 也有上界，故由定理 1.2，级数 $\sum_{n=1}^{\infty}a_n$ 必收敛. ▌

注：根据性质 1.2，定理 1.3 中的条件"$\forall n\in\mathbf{N}_+,a_n\leqslant b_n$"可改为"$\exists N\in\mathbf{N}_+,\forall n>N$，恒有 $a_n\leqslant b_n$".

例 1.6 讨论下列级数的敛散性：

(1) $\sum_{n=1}^{\infty}\sin\frac{\pi}{2^n}$；　(2) $\sum_{n=3}^{\infty}\frac{n+1}{n^2-n-3}$.

解 (1) 利用比较准则 Ⅰ. 由于 $\sin\frac{\pi}{2^n}<\frac{\pi}{2^n}$，且 $\sum_{n=1}^{\infty}\frac{\pi}{2^n}$ 是收敛级数，所以级数 $\sum_{n=1}^{\infty}\sin\frac{\pi}{2^n}$ 也收敛.

(2) 由于

$$a_n=\frac{n+1}{n^2-n-3}>\frac{n+1}{n^2-n-2}=\frac{1}{n-2}\quad(n>2),$$

而调和级数 $\sum_{n=3}^{\infty}\frac{1}{n-2}$ 发散，所以 $\sum_{n=3}^{\infty}\frac{n+1}{n^2-n-3}$ 也发散. ▌

由例 1.6 易见，用比较准则 I 来判定正项级数 $\sum_{n=1}^{\infty}a_n$ 的敛散性时，关键是选择敛散性已知或容易确定的比较级数 $\sum_{n=1}^{\infty}b_n$. 在选择比较级数时，常常需要对 $\sum_{n=1}^{\infty}a_n$ 的通项 a_n 作适当地放大或缩小. 因此，需要不断地总结经验，研究不等式放缩的方向和技巧，选择恰当的比较级数. 为了减少这两个方面的困难，下面再介绍另一种比较准则，实际上，它是上述准则的极限形式.

定理 1.4（比较准则 Ⅱ）　设 $\sum_{n=1}^{\infty}a_n$ 与 $\sum_{n=1}^{\infty}b_n$ 是两个正项级数，并且 $\forall n\in\mathbf{N}_+, b_n>0$，

$$\lim_{n\to\infty}\frac{a_n}{b_n}=\lambda\ (\text{有限正数或 }+\infty).$$

（1）若 $\lambda>0$，则两个级数同时收敛或同时发散；

（2）若 $\lambda=0$，且 $\sum_{n=1}^{\infty}b_n$ 收敛，则 $\sum_{n=1}^{\infty}a_n$ 收敛；

（3）若 $\lambda=+\infty$，且 $\sum_{n=1}^{\infty}b_n$ 发散，则 $\sum_{n=1}^{\infty}a_n$ 发散.

想一想：

读者试利用上册第三章中无穷积分的比较准则 Ⅱ 的证明思路完成定理 1.4 的证明.

下面利用比较准则 Ⅱ 来判别例 1.6 中两个级数的敛散性. 事实上，由于

$$\lim_{n\to\infty}\left(\sin\frac{\pi}{2^n}\Big/\frac{\pi}{2^n}\right)=1,\quad \lim_{n\to\infty}\left(\frac{n+1}{n^2-n-3}\Big/\frac{1}{n}\right)=1,$$

而 $\sum_{n=1}^{\infty}\frac{\pi}{2^n}$ 收敛，$\sum_{n=1}^{n}\frac{1}{n}$ 发散，故由准则 Ⅱ 得知(1) 中级数收敛，(2) 中级数发散.

根据性质 1.3，在讨论级数敛散性时，首先应考察通项 a_n 是否为无穷小量（当 $n\to\infty$ 时）. 若 a_n 不是无穷小，则级数必发散；若 a_n 是无穷小，则按照比较准则 Ⅱ，应分析 a_n 的无穷小阶数. 如果比较级数的通项 b_n 为与 a_n 同阶（等价）或比 a_n 低阶的无穷小，那么当 $\sum_{n=1}^{\infty}b_n$ 收敛时，$\sum_{n=1}^{\infty}a_n$ 必收敛；如果 b_n 是与 a_n 同阶（等价）或比 a_n 高阶的无穷小，那么当 $\sum_{n=1}^{\infty}b_n$ 发散时，$\sum_{n=1}^{\infty}a_n$ 也发散. 性质 1.3 和比较准则 Ⅱ 为我们选取比较级数指明了方向. 因此，只要熟悉无穷小阶的判别方法，并且 $\sum_{n=1}^{\infty}b_n$ 的敛散性已知或容易确定，法则 Ⅱ 比法则 I 更方便一些.

例 1.7　判别下列级数的敛散性：

（1）$\sum_{n=1}^{\infty}\frac{1}{\sqrt{n^2+2n-5}}$；　　（2）$\sum_{n=1}^{\infty}\left[\frac{1}{n}-\ln\left(1+\frac{1}{n}\right)\right]$.

解 (1) 由于该级数的通项 a_n 是无穷小($n\to\infty$),且

$$a_n=\frac{1}{\sqrt{n^2+2n-5}}=\frac{1}{n}\cdot\frac{1}{\sqrt{1+\frac{2}{n}-\frac{5}{n^2}}}\sim\frac{1}{n}(n\to\infty),$$

而级数 $\sum\limits_{n=1}^{\infty}\frac{1}{n}$发散,故原级数 $\sum\limits_{n=1}^{\infty}a_n$ 也发散.

(2) 易见,该级数的通项 a_n 是 $n\to\infty$ 时的无穷小,为了分析它的阶数,利用函数 $\ln(1+x)$ 在 $x=0$ 处的二阶 Taylor 公式将 a_n 表示成

$$\frac{1}{n}-\ln\left(1+\frac{1}{n}\right)=\frac{1}{n}-\left[\frac{1}{n}-\frac{1}{2n^2}+o\left(\frac{1}{n^2}\right)\right]=\frac{1}{2n^2}+o\left(\frac{1}{n^2}\right),$$

所以,它与$\frac{1}{n^2}$是同阶无穷小($n\to\infty$).而级数 $\sum\limits_{n=1}^{\infty}\frac{1}{n^2}$ 收敛,故原级数也收敛. ▌

前面我们已经看到,判定无穷级数敛散性的两个比较准则与第三章中判定无穷积分敛散性的两个比较准则不仅形式类似,而且证明思路也相同.这反映了无穷级数与无穷积分之间有着密切的联系.之所以如此,根本原因在于二者都是无穷项之和,不同点仅在于前者是“离散和”而后者是“连续和”.由此启示我们利用无穷积分敛散性来判别无穷级数敛散性.

定理 1.5(积分准则) 设 $\sum\limits_{n=1}^{\infty}a_n$ 为一正项级数.若存在一个单调减的非负连续函数 $f:[1,+\infty)\to(0,+\infty)$,使 $f(n)=a_n$,则级数 $\sum\limits_{n=1}^{\infty}a_n$ 与无穷积分 $\int_1^{+\infty}f(x)\mathrm{d}x$ 同时收敛或同时发散.

积分准则的正确性仅从几何直观上加以说明.

我们知道,无穷积分 $\int_1^{+\infty}f(x)\mathrm{d}x$ 在几何上表示以曲线 $y=f(x)$ 为曲边的无限开口的曲边三角形的面积,而无穷级数的通项 $a_n=f(n)$ 在数值上等于以 $f(n)$ 为高、宽度为 1 的矩形面积.该矩形既可看作区间 $[n,n+1]$ $(n\geqslant1)$ 上以 $y=f(x)$ 为曲边的小曲边梯形外包的矩形,也可看作区间 $[n-1,n]$ $(n\geqslant2)$ 上以 $y=f(x)$ 为曲边的小曲边梯形内含的矩形(如图 7.1 所示).若记区间 $[k,k+1]$ $(k=1,2,\cdots,n)$ 上诸外包矩形面积之和为 S_n,诸内含矩形面积之和为 s_n,则有

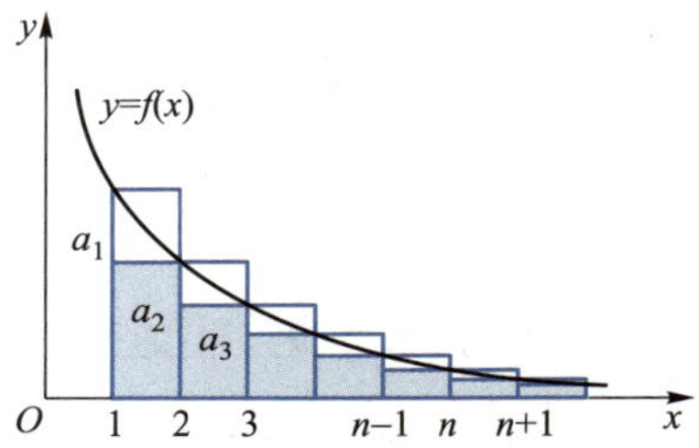

图 7.1

$$a_1 + s_{n-1} = \sum_{k=1}^{n} a_k = S_n.$$

因此,根据上述几何解释易见:

若$\int_1^{+\infty} f(x)\mathrm{d}x$收敛,则$\{s_n\}$有界,故$\sum\limits_{n=1}^{\infty} a_n$收敛;若$\int_1^{+\infty} f(x)\mathrm{d}x$发散,则$\{S_n\}$必无界,从而$\sum\limits_{n=1}^{\infty} a_n$发散.

例 1.8　讨论p级数$\sum\limits_{n=1}^{\infty} \dfrac{1}{n^p}$的敛散性$(p>0)$.

解　取$f(x)=\dfrac{1}{x^p}\ (1\leqslant x<+\infty)$,则$f$是定义在$[1,+\infty)$上的非负连续的单调减函数.由于$p$积分$\int_1^{+\infty}\dfrac{1}{x^p}\mathrm{d}x$当$p>1$时收敛,当$p\leqslant 1$时发散,因此,根据定理1.5,$p$级数$\sum\limits_{n=1}^{\infty}\dfrac{1}{n^p}$当$p>1$时收敛,当$p\leqslant 1$时发散. ▌

注意:定理 1.5 中用来作比较的无穷积分也可换成f在无穷区间$[N,+\infty)$上的积分,其中N是任意的正整数.

例 1.9　讨论级数$\sum\limits_{n=2}^{\infty}\dfrac{1}{n(\ln n)^p}\ (p>0)$的敛散性.

解　取$f(x)=\dfrac{1}{x(\ln x)^p}\ (p>0)$,则$f$在$[2,+\infty)$上满足积分准则的条件.当$p=1$时,无穷积分

$$\int_2^{+\infty}\frac{\mathrm{d}x}{x\ln x} = \ln\ln x\Big|_2^{+\infty} = +\infty,$$

是发散的;当$p\neq 1$时,

$$\int_2^{+\infty}\frac{\mathrm{d}x}{x(\ln x)^p} = \frac{1}{1-p}(\ln x)^{1-p}\Big|_2^{+\infty} = \begin{cases}\dfrac{(\ln 2)^{1-p}}{p-1}, & p>1,\\ +\infty, & p<1.\end{cases}$$

因此,级数$\sum\limits_{n=2}^{\infty}\dfrac{1}{n(\ln n)^p}$当$p>1$时收敛,当$0<p\leqslant 1$时发散. ▌

无论是比较准则,还是积分准则,在使用的时候都必须借助于敛散性已知的级数或反常积分,因此有时很不方便,甚至非常困难.下面介绍的另外两个审敛准则,都是利用已知级数本身所构成的条件来判断该级数敛散性的,并且所构成的条件是受到正项几何级数$\sum\limits_{n=0}^{\infty} q^n\ (q>0)$的敛散性由公比$q$是否小于1完全确定的启示而得到的.设几何级数的通项为a_n,则$\dfrac{a_{n+1}}{a_n}=q$,$\sqrt[n]{a_n}=q$都是常数,且$\dfrac{a_{n+1}}{a_n}<1\ (\geqslant 1)$,$\sqrt[n]{a_n}<1$

$(\geqslant 1)$收敛(发散).然而,对一般的正项级数 $\sum_{n=0}^{\infty} a_n$,$\frac{a_{n+1}}{a_n}$与$\sqrt[n]{a_n}$不一定是常数.研究发现,若$\lim_{n\to\infty}\frac{a_{n+1}}{a_n}$或$\lim_{n\to\infty}\sqrt[n]{a_n}$存在,则可证明下面两个在应用中很方便的准则.

定理 1.6 (D'Alembert 准则) 设 $\sum_{n=1}^{\infty} a_n$ 为正项级数,$a_n > 0$, 并且

$$\lim_{n\to\infty}\frac{a_{n+1}}{a_n} = \lambda \text{ (有限或 } +\infty\text{)}.$$

(1) 若 $\lambda<1$,则 $\sum_{n=1}^{\infty} a_n$ 收敛;

(2) 若 $\lambda>1$ (含 $\lambda=+\infty$),则 $\sum_{n=1}^{\infty} a_n$ 发散.

证 (1) 因为$\lim_{n\to\infty}\frac{a_{n+1}}{a_n}=\lambda<1$,故可选取 $q\in\mathbf{R}$,使$\lambda<q<1$.由极限的保号性,必$\exists N\in\mathbf{N}_+$,使得当 $n>N$时,恒有$\frac{a_{n+1}}{a_n}<q$,从而

$$a_{n+1} < a_n q < a_{n-1}q^2 < \cdots < a_{N+1}q^{n-N}.$$

由于等比级数 $\sum_{n=N+1}^{\infty} q^{n-N}$ 是收敛的,故级数$\sum_{n=1}^{\infty} a_n$ 必定收敛.

(2) 因为$\lim_{n\to\infty}\frac{a_{n+1}}{a_n}=\lambda>1$ (含 $\lambda=+\infty$),故可选取 $q\in\mathbf{R}$,使 $\lambda>q>1$.利用极限的保号性,必$\exists N\in\mathbf{N}_+$,使得$\forall n>N$,$\frac{a_{n+1}}{a_n}>q>1$,从而有 $a_n\not\to 0$ $(n\to\infty)$,故级数 $\sum_{n=1}^{\infty} a_n$ 发散. ▌

注意:定理 1.6 和定理 1.7 实际上是利用已知条件构造一个几何级数作为比较级数,通过比较准则来证明的,所以就其本质而言,可以看作比较准则的特例.

用类似的方法不难证明(由读者自己完成):

定理 1.7 (Cauchy 准则) 设 $\sum_{n=1}^{\infty} a_n$ 为正项级数,$\lim_{n\to\infty}\sqrt[n]{a_n} = \lambda$ (有限或 $+\infty$).

(1) 若 $\lambda<1$,则 $\sum_{n=1}^{\infty} a_n$ 收敛;

(2) 若 $\lambda>1$ (含 $\lambda=+\infty$),则 $\sum_{n=1}^{\infty} a_n$ 发散.

D'Alembert 准则与 Cauchy 准则又分别称为**检比法与检根法**.

例 1.10 用适当的方法判定下列正项级数的敛散性:

注意:无论是检比法还是检根法,当 $\lambda=1$ 时,对级数的敛散性都不能得到确定的结论.此时应采用其他方法来判断.例如,对于 p 级数,对任何 $p>0$,都有

$$\lim_{n\to\infty}\frac{a_{n+1}}{a_n} = \lim_{n\to\infty}\left(\frac{n}{n+1}\right)^p = 1,$$

$$\lim_{n\to\infty}\sqrt[n]{a_n} = \lim_{n\to\infty}\frac{1}{(\sqrt[n]{n})^p} = 1,$$

例 1.8 中已用积分准则给出了肯定的结论,说明当 $\lambda=1$ 时它们对于 p 级数敛散性不能判定.

(1) $\sum\limits_{n=1}^{\infty}\dfrac{x^n}{n!}(x>0)$;　　(2) $\sum\limits_{n=1}^{\infty}\dfrac{1}{2^n}\left(1+\dfrac{1}{n}\right)^{n^2}$;

(3) $\sum\limits_{n=1}^{\infty}2^n\sin\dfrac{\pi}{3^n}$;　　(4) $\sum\limits_{n=1}^{\infty}\dfrac{2+(-1)^n}{2^n}$.

解　(1) 用检比法. 由于

$$\lim_{n\to\infty}\frac{a_{n+1}}{a_n}=\lim_{n\to\infty}\frac{x^{n+1}}{(n+1)!}\cdot\frac{n!}{x^n}=\lim_{n\to\infty}\frac{x}{n+1}=0<1,$$

故该级数收敛.

(2) 用检根法. 由于

$$\lim_{n\to\infty}\sqrt[n]{a_n}=\lim_{n\to\infty}\frac{1}{2}\left(1+\frac{1}{n}\right)^n=\frac{e}{2}>1,$$

故该级数发散.

(3) 用比较准则Ⅱ. 由于

$$\lim_{n\to\infty}\frac{2^n\sin\dfrac{\pi}{3^n}}{\left(\dfrac{2}{3}\right)^n}=\pi,$$

而级数 $\sum\limits_{n=1}^{\infty}\left(\dfrac{2}{3}\right)^n$ 收敛, 故该级数也收敛.

(4) 用比较准则Ⅰ. 由于

$$0<a_n=\frac{2+(-1)^n}{2^n}\leqslant\frac{3}{2^n},$$

又级数 $\sum\limits_{n=1}^{\infty}\dfrac{3}{2^n}$ 是收敛的, 故该级数也收敛. ■

上面介绍了判别正项级数敛散性的五个审敛准则, 它们都是充分条件. 如果用其中某一个准则不能判定所给级数的敛散性, 那么就要尝试用其他准则或者用级数敛散性的定义、收敛级数的性质等去判别. 除了这五个准则之外, 还有一些更精细的判别方法, 有兴趣的读者可参阅有关的书籍. 但这几种方法对于判别常见级数的敛散性已经够用了, 读者应通过练习不断总结各种方法的优劣及适用范围, 熟练而灵活地使用它们.

☞二维码 7.1.2 判定正项级数敛散性的检比法与检根法各有什么优点.

若级数中每一项都是负数, 则称该级数是**负项级数**. 由于对负项级数中每一项都乘 −1 就变成正项级数, 因此, 正项级数的所有审敛准则都可用于负项级数.正项级数与负项级数统称为**同号级数**.

1.3 变号级数的审敛准则

若级数中有无穷多项为正,无穷多项为负,则称此类级数为**变号级数**.变号级数中最简单的是所谓**交错级数**,即各项的正负号交替变化的级数,它可以表示成如下形式:

$$\sum_{n=1}^{\infty}(-1)^{n-1}a_n=a_1-a_2+a_3-a_4+\cdots+(-1)^{n-1}a_n+\cdots, \tag{1.4}$$

其中 $a_n>0\ (n\in\mathbf{N}_+)$.

对于交错级数,常用如下的准则来判断其收敛性.

定理 1.8 (Leibniz 准则) 设 $\forall n\in\mathbf{N}_+$, $a_n\geqslant a_{n+1}$,并且 $\lim\limits_{n\to\infty}a_n=0$,则交错级数(1.4)收敛,并且其和 $S\leqslant a_1$,部分和 S_n 与和 S 的绝对误差

$$|S-S_n|\leqslant a_{n+1}\quad(\forall n\in\mathbf{N}_+). \tag{1.5}$$

证 为了证明级数(1.4)收敛,首先证明它的部分和数列 $\{S_n\}$ 的偶数项子列 $\{S_{2k}\}$ 是单调增、有上界的.事实上,

$$S_{2k}=(a_1-a_2)+(a_3-a_4)+\cdots+(a_{2k-1}-a_{2k}),$$

由于已知 $\{a_n\}$ 是单调减的,上式中每个括号内的数都是非负的,故 $\{S_{2k}\}$ 是单调增的.又

注意:绝对误差估计式(1.5)在近似计算中是很有用的.它告诉我们,对于满足 Leibniz 准则条件的交错级数,如果用其部分和 S_n 作为和的近似值,那么绝对误差不超过余项中第一项的绝对值.

$$S_{2k}=a_1-(a_2-a_3)-(a_4-a_5)-\cdots-(a_{2k-2}-a_{2k-1})-a_{2k},$$

所以 $S_{2k}<a_1$,即 $\{S_{2k}\}$ 有上界,从而得知 $\{S_{2k}\}$ 是收敛数列,设 $\lim\limits_{k\to\infty}S_{2k}=S$.又因为 $\lim\limits_{k\to\infty}S_{2k+1}=\lim\limits_{k\to\infty}(S_{2k}+a_{2k+1})=\lim\limits_{k\to\infty}S_{2k}=S$,根据第一章习题 1.2(A)第 9 题,$\{S_n\}$ 收敛于 S,故知级数(1.4)收敛.

上面已经证得 $0<S_{2k}\leqslant a_1$,两边取极限,得

$$0\leqslant S\leqslant a_1.$$

就是说,若交替级数满足 Leibniz 准则的条件,则其和 S 不超过它的首项 a_1.将这个结论应用于余项级数

$$S-S_n=(-1)^n(a_{n+1}-a_{n+2}+\cdots)$$

(右端括号内也是一个满足 Leibniz 准则的交错级数),便得

$$|S-S_n|\leqslant a_{n+1}.\quad \blacksquare$$

例 1.11 研究级数 $\sum\limits_{n=1}^{\infty}(-1)^{n-1}\dfrac{1}{n^p}\ (p>0)$ 的敛散性.

解 显然，该级数满足 Leibniz 准则的条件，因此，当 $p>0$ 时收敛. 特别地，当 $p=1$ 时，级数 $\sum_{n=1}^{\infty}\frac{(-1)^{n-1}}{n}$ 也是收敛的. ▌

下面证明，交错级数 $\sum_{n=1}^{\infty}\frac{(-1)^{n-1}}{n}$ 之和为 $\ln 2$，并利用(1.5)式来估计用该级数的部分和近似代替和所产生的误差.

在 $\ln(1+x)$ 的 Maclaurin 公式(见第二章第五节)中取 $x=1$，则有

$$\ln 2=1-\frac{1}{2}+\frac{1}{3}-\frac{1}{4}+\cdots+(-1)^{n-1}\frac{1}{n}+(-1)^{n}\frac{1}{(n+1)(1+\theta)^{n+1}}\quad(0<\theta<1)$$

易见上式右端的前 n 项之和就是级数 $\sum_{n=1}^{\infty}\frac{(-1)^{n-1}}{n}$ 的部分和 S_n，并且

$$|S_n-\ln 2|<\frac{1}{n+1},$$

故级数 $\sum_{n=1}^{\infty}\frac{(-1)^{n-1}}{n}$ 的和 $S=\lim\limits_{n\to\infty}S_n=\ln 2$. 根据估计式(1.5)，若用 S_n 作为 $\ln 2$ 的近似值，则绝对误差不超过 $\frac{1}{n+1}$. 因此，只要取 n 足够大，就可求得 $\ln 2$ 的满足任何精度要求的近似值.

由于 Leibniz 准则只是判别交错级数收敛的一个充分条件，所以不能解决所有交错级数的审敛问题，更不能判别一般的变号级数的敛散性. 判别变号级数敛散性的一个常用方法是下面的所谓绝对收敛准则.

定理 1.9 (绝对收敛准则) 若级数 $\sum_{n=1}^{\infty}|a_n|$ 收敛，则级数 $\sum_{n=1}^{\infty}a_n$ 收敛.

证 因为级数 $\sum_{n=1}^{\infty}|a_n|$ 收敛，根据级数的 Cauchy 收敛原理，$\forall\varepsilon>0$，$\exists N\in\mathbf{N}_{+}$，使得 $\forall n,p\in\mathbf{N}_{+}$，当 $n>N$ 时，恒有 $\sum_{k=n+1}^{n+p}|a_k|<\varepsilon$. 从而有

$$\left|\sum_{k=n+1}^{n+p}a_k\right|\leqslant\sum_{k=n+1}^{n+p}|a_k|<\varepsilon,$$

故级数 $\sum_{n=1}^{\infty}a_n$ 收敛. ▌

注意：定理 1.9 的逆命题不成立. 例如，级数 $\sum_{n=1}^{\infty}\frac{(-1)^{n-1}}{n}$ 收敛，但其绝对值级数 $\sum_{n=1}^{\infty}\frac{1}{n}$ 发散.

若级数 $\sum_{n=1}^{\infty}a_n$ 的绝对值级数 $\sum_{n=1}^{\infty}|a_n|$ 收敛，则称级数 $\sum_{n=1}^{\infty}a_n$ **绝对收敛**；若级数 $\sum_{n=1}^{\infty}a_n$ 收敛，但其绝对值级数 $\sum_{n=1}^{\infty}|a_n|$ 发散，则称 $\sum_{n=1}^{\infty}a_n$ **条件收敛**. 级数 $\sum_{n=1}^{\infty}\frac{(-1)^{n-1}}{n}$ 是条件收敛的.

绝对收敛准则将判定变号级数 $\sum_{n=1}^{\infty} a_n$ 的绝对收敛性转化为判定正项级数 $\sum_{n=1}^{\infty} |a_n|$ 的收敛性.若 $\sum_{n=1}^{\infty} |a_n|$ 不收敛,再设法讨论 $\sum_{n=1}^{\infty} a_n$ 是否条件收敛.

例 1.12 讨论下列级数的敛散性.若收敛,是绝对收敛还是条件收敛?

(1) $\sum_{n=1}^{\infty} \frac{\sin(n!)}{n^2}$;　　(2) $\sum_{n=1}^{\infty} \frac{x^n}{n!}(x \in \mathbf{R})$;

(3) $\sum_{n=1}^{\infty} (-1)^{n-1} \ln\left(1+\frac{1}{n}\right)$.

解 (1) 由于

$$\left|\frac{\sin(n!)}{n^2}\right| \leqslant \frac{1}{n^2},$$

而 $\sum_{n=1}^{\infty} \frac{1}{n^2}$ 收敛,故 $\sum_{n=1}^{\infty} \left|\frac{\sin(n!)}{n^2}\right|$ 也收敛,因此,原级数绝对收敛.

(2) 由例 1.10(1)知,级数 $\sum_{n=1}^{\infty} \frac{|x|^n}{n!}$ 对任何 $x \neq 0$ 都收敛,当 $x=0$ 时级数显然也是绝对收敛的,因而对于任何 $x \in \mathbf{R}$,级数 $\sum_{n=1}^{\infty} \frac{x^n}{n!}$ 都绝对收敛.

(3) 由于

$$\left|(-1)^{n-1} \ln\left(1+\frac{1}{n}\right)\right| = \ln\left(1+\frac{1}{n}\right) \sim \frac{1}{n}(n \to \infty),$$

且级数 $\sum_{n=1}^{\infty} \frac{1}{n}$ 发散,所以,原级数的绝对值级数 $\sum_{n=1}^{\infty} \ln\left(1+\frac{1}{n}\right)$ 是发散的.但是,因为

$$\ln\left(1+\frac{1}{n}\right) > \ln\left(1+\frac{1}{n+1}\right) \quad (\forall n \in \mathbf{N}_+),$$

并且 $\lim_{n\to\infty} \ln\left(1+\frac{1}{n}\right) = 0$,由 Leibniz 准则知 $\sum_{n=1}^{\infty} (-1)^{n-1} \ln\left(1+\frac{1}{n}\right)$ 收敛,因而是条件收敛的. ▌

例 1.13 讨论级数 $\sum_{n=1}^{\infty} \frac{(-1)^{n-1}}{n^p+(-1)^{n-1}}$ $(p \geqslant 1)$ 的敛散性.

解 由于

$$\left|\frac{(-1)^{n-1}}{n^p+(-1)^{n-1}}\right| = \frac{1}{n^p+(-1)^{n-1}} \sim \frac{1}{n^p} \quad (n \to \infty),$$

所以当 $p>1$ 时,原级数绝对收敛;当 $p=1$ 时,由上式易见原级数的绝对值级数发散.又因为

$$\frac{(-1)^{n-1}}{n+(-1)^{n-1}}=\frac{(-1)^{n-1}}{n}-\frac{1}{n[n+(-1)^{n-1}]},$$

并且级数 $\sum_{n=1}^{\infty}\frac{(-1)^{n-1}}{n}$ 与 $\sum_{n=1}^{\infty}\frac{1}{n[n+(-1)^{n-1}]}$ 均收敛，故级数 $\sum_{n=1}^{\infty}\frac{(-1)^{n-1}}{n+(-1)^{n-1}}$ 也收敛. 从而知当 $p=1$ 时原级数是条件收敛的. ▌

想一想：

为什么级数 $\sum_{n=1}^{\infty}\frac{1}{n[n+(-1)^{n-1}]}$ 收敛?

绝对收敛级数与条件收敛级数有着很大的差异，这主要表现在关于有限和的某些运算性质对条件收敛的级数不成立，但对绝对收敛级数成立. 例如，绝对收敛级数具有**可交换性**，并且两个绝对收敛级数的**乘积**也绝对收敛. 下面给出相应的两个定理.

定理 1.10　如果级数 $\sum_{n=1}^{\infty}a_n$ 绝对收敛，那么任意交换它的各项次序所得到的级数 $\sum_{n=1}^{\infty}\tilde{a}_n$（称它为 $\sum_{n=1}^{\infty}a_n$ 的一个**重排**）也绝对收敛，而且它们的和相等.

二维码 7.1.3 加法运算的结合律与交换律能否推广到无穷级数.

* **证**　(1) 先证 $\sum_{n=1}^{\infty}\tilde{a}_n$ 绝对收敛，并且绝对值级数 $\sum_{n=1}^{\infty}|a_n|$ 与 $\sum_{n=1}^{\infty}|\tilde{a}_n|$ 的和相等. 设 $\forall k\in\mathbf{N}_+$，

$$\tilde{a}_1=a_{n_1},\quad \tilde{a}_2=a_{n_2},\quad \cdots,\quad \tilde{a}_k=a_{n_k},$$

令 $N=\max\{n_1,n_2,\cdots,n_k\}$，则

$$\sum_{i=1}^{k}|\tilde{a}_i|\leqslant\sum_{i=1}^{N}|a_i|\leqslant\sum_{n=1}^{\infty}|a_n|. \tag{1.6}$$

即 $\sum_{n=1}^{\infty}|\tilde{a}_n|$ 的部分和有上界. 根据定理 1.2，级数 $\sum_{n=1}^{\infty}\tilde{a}_n$ 绝对收敛. 设级数 $\sum_{n=1}^{\infty}|a_n|$ 的和为 S，$\sum_{n=1}^{\infty}|\tilde{a}_n|$ 的和为 $\tilde{S}$，由不等式(1.6)得知 $\tilde{S}\leqslant S$. 另一方面，由于 $\sum_{n=1}^{\infty}a_n$ 也可以看作是 $\sum_{n=1}^{\infty}\tilde{a}_n$ 的一个重排，按照上面的证明，又有 $S\leqslant\tilde{S}$，故 $S=\tilde{S}$.

(2) 再证级数 $\sum_{n=1}^{\infty}a_n$ 与 $\sum_{n=1}^{\infty}\tilde{a}_n$ 的和相等. 根据本章习题 7.1(A) 第 22 题，任一绝对收敛的级数 $\sum_{n=1}^{\infty}a_n$ 都可以表示为两个收敛的正项级数之差，故有

$$\sum_{n=1}^{\infty}a_n=\sum_{n=1}^{\infty}a_n^+-\sum_{n=1}^{\infty}a_n^-=S^+-S^-,$$

其中 S^+ 与 S^- 分别为 $\sum_{n=1}^{\infty}a_n^+$ 与 $\sum_{n=1}^{\infty}a_n^-$ 的和. 由(1)知 $\sum_{n=1}^{\infty}\tilde{a}_n$ 绝对收敛，故亦有

$$\sum_{n=1}^{\infty}\widetilde{a}_n=\sum_{n=1}^{\infty}\widetilde{a}_n^+-\sum_{n=1}^{\infty}\widetilde{a}_n^-,$$

并且 $\sum\limits_{n=1}^{\infty}\widetilde{a}_n^+$ 与 $\sum\limits_{n=1}^{\infty}\widetilde{a}_n^-$ 分别是 $\sum\limits_{n=1}^{\infty}a_n^+$ 与 $\sum\limits_{n=1}^{\infty}a_n^-$ 的重排.由(1)又有

$$\sum_{n=1}^{\infty}\widetilde{a}_n^+=S^+,\quad \sum_{n=1}^{\infty}\widetilde{a}_n^-=S^-.$$

从而得知

$$\sum_{n=1}^{\infty}\widetilde{a}_n=\sum_{n=1}^{\infty}\widetilde{a}_n^+-\sum_{n=1}^{\infty}\widetilde{a}_n^-=S^+-S^-=\sum_{n=1}^{\infty}a_n.$$ ▌

定理 1.10 表明,绝对收敛级数具有可交换性.又由性质 1.4,它还具有可结合性.绝对收敛级数同时具有这两个性质,为计算它的和带来了很大的方便.

* 对于条件收敛的级数来说,可交换性不一定成立.就是说,它的重排不一定收敛,即使收敛,其和也不一定等于原级数的和.例如,我们已经知道,级数 $\sum\limits_{n=1}^{\infty}\dfrac{(-1)^{n-1}}{n}$ 是条件收敛的,它的和 $S=\ln 2$.显然,级数

$$\sum_{n=1}^{\infty}\widetilde{a}_n=1-\frac{1}{2}-\frac{1}{4}+\frac{1}{3}-\frac{1}{6}-\frac{1}{8}+\cdots+\frac{1}{2n-1}-\frac{1}{4n-2}-\frac{1}{4n}+\cdots$$

是它的一个重排.由于

$$\frac{1}{2n-1}-\frac{1}{4n-2}-\frac{1}{4n}=\frac{1}{2}\left(\frac{1}{2n-1}-\frac{1}{2n}\right),$$

所以 $\sum\limits_{n=1}^{\infty}\widetilde{a}_n$ 的前 $3n$ 项部分和

$$\begin{aligned}\widetilde{S}_{3n}&=\left(1-\frac{1}{2}-\frac{1}{4}\right)+\left(\frac{1}{3}-\frac{1}{6}-\frac{1}{8}\right)+\cdots+\left(\frac{1}{2n-1}-\frac{1}{4n-2}-\frac{1}{4n}\right)\\&=\frac{1}{2}\left[\left(1-\frac{1}{2}\right)+\left(\frac{1}{3}-\frac{1}{4}\right)+\cdots+\left(\frac{1}{2n-1}-\frac{1}{2n}\right)\right]\\&=\frac{1}{2}\left(1-\frac{1}{2}+\frac{1}{3}-\frac{1}{4}+\cdots+\frac{1}{2n-1}-\frac{1}{2n}\right)=\frac{1}{2}S_{2n},\end{aligned}$$

其中 S_{2n} 为原级数的前 $2n$ 项部分和.从而得

$$\lim_{n\to\infty}\widetilde{S}_{3n}=\frac{1}{2}\lim_{n\to\infty}S_{2n}=\frac{1}{2}\ln 2.$$

又

$$\lim_{n\to\infty}\widetilde{S}_{3n-1}=\lim_{n\to\infty}\left(\widetilde{S}_{3n}+\frac{1}{4n}\right)=\frac{1}{2}\ln 2,\ \lim_{n\to\infty}\widetilde{S}_{3n-2}=\lim_{n\to\infty}\left(\widetilde{S}_{3n}+\frac{1}{4n-2}+\frac{1}{4n}\right)=\frac{1}{2}\ln 2,$$

因此这个重排级数的和 $\widetilde{S}=\dfrac{1}{2}\ln 2$.

定理 1.11　设级数 $\sum\limits_{n=1}^{\infty} a_n$ 与 $\sum\limits_{n=1}^{\infty} b_n$ 都绝对收敛，它们的和分别为 A 与 B，那么，它们各项相乘得到的所有可能的乘积项 $a_n b_m$ 按任何次序排列所得的级数 $\sum\limits_{n=1}^{\infty} c_n$ 也绝对收敛，并且其和为 AB.

定理的证明从略.我们知道，两个级数相乘，如果所有的乘积项排列次序不同，那么，得到的乘积级数也不尽相同.最常用的一种是按**对角线方法**排列，即将下列方阵中位于同一对角线上各乘积项相加作为乘积级数的一项：

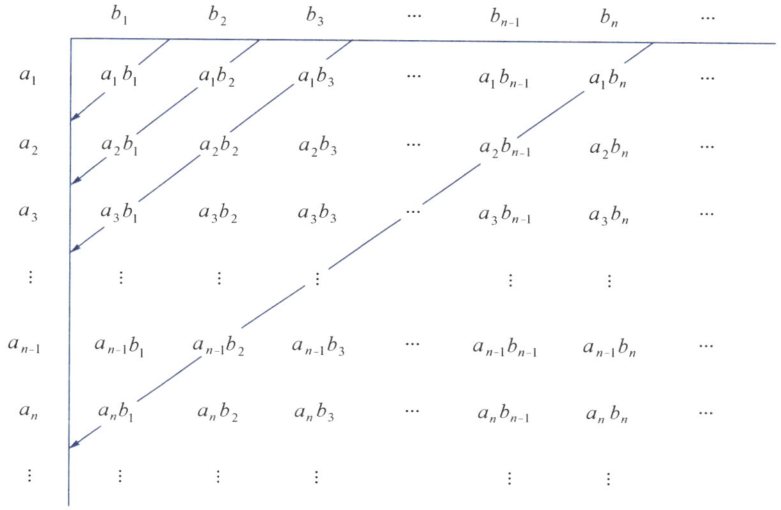

这样得到的乘积级数 $\sum\limits_{n=1}^{\infty} c_n$ 的通项为

$$c_n = a_1 b_n + a_2 b_{n-1} + \cdots + a_n b_1.$$

例如，我们知道，当 $|x|<1$ 时，级数 $\sum\limits_{n=0}^{\infty} x^n$ 绝对收敛，且其和为 $\dfrac{1}{1-x}$.将该级数与自己相乘，并按对角线方法排列可得

$$\frac{1}{(1-x)^2} = \left(\sum_{n=0}^{\infty} x^n\right)\left(\sum_{n=0}^{\infty} x^n\right) = 1 + 2x + 3x^2 + \cdots + nx^{n-1} + \cdots = \sum_{n=1}^{\infty} nx^{n-1}.$$

根据定理 1.11，当 $|x|<1$ 时，级数 $\sum\limits_{n=1}^{\infty} nx^{n-1}$ 绝对收敛，并且它的和为 $\dfrac{1}{(1-x)^2}$.

习题 7.1

(A)

1. 试用级数的理论解释《庄子》中所说的“一尺之棰，日取其半，万世不竭.”

2. 已知级数 $\sum_{n=1}^{\infty} a_n$ 的部分和 S_n 如下,试写出该级数并求出它的和:

(1) $S_n=\dfrac{2n}{n+1}$; (2) $S_n=\dfrac{3^n-1}{3^n}$.

3. 利用级数收敛的定义判别下列级数的敛散性,并对收敛级数求其和:

(1) $\sum_{n=0}^{\infty}\dfrac{3^n+1}{q^n}$ $(|q|>3)$; (2) $\sum_{n=0}^{\infty}\dfrac{1}{(3n+1)(3n+4)}$;

(3) $\sum_{n=1}^{\infty}(\sqrt{n+2}-2\sqrt{n+1}+\sqrt{n})$; (4) $\sum_{n=1}^{\infty}\ln\dfrac{n}{n+1}$.

4. 证明:数列$\{a_n\}$收敛$\Leftrightarrow$级数 $\sum_{n=1}^{\infty}(a_{n+1}-a_n)$ 收敛.利用这个结论能将研究数列的敛散性问题转化为研究级数敛散性问题.

5. 设 $\sum_{n=1}^{\infty} a_n$ 发散,$\sum_{n=1}^{\infty} b_n$ 收敛,证明 $\sum_{n=1}^{\infty}(a_n \pm b_n)$ 必发散.若这两个级数都发散,上述结论是否成立?

6. 已知 $\sum_{n=1}^{\infty}(-1)^{n-1}a_n=2$,$\sum_{n=1}^{\infty}a_{2n-1}=5$,求级数 $\sum_{n=1}^{\infty}a_n$ 的和.

7. 设级数 $\sum_{n=1}^{\infty}a_n$ 的前 $2n$ 项之和 $S_{2n}\to A$,并且 $a_n\to 0\ (n\to\infty)$,证明该级数收敛且其和为 A.

8. 利用级数的性质判别下列级数的敛散性:

(1) $\sum_{n=1}^{\infty}\dfrac{\sqrt[n]{n}}{\left(1+\dfrac{1}{n}\right)^n}$; (2) $\sum_{n=1}^{\infty}2^n\sin\dfrac{\pi}{2^n}$;

(3) $\sum_{n=1}^{\infty}\left(\dfrac{1}{n}-\dfrac{1}{2^n}\right)$; (4) $\sum_{n=1}^{\infty}n^2\ln\left(1+\dfrac{x}{n^2}\right)$ $(x\in\mathbf{R})$.

9. 试求在第 i 点钟到 $i+1$ $(i=1,2,\cdots,11)$ 点钟之间的什么时间,时钟上的分针恰好与时针重合.

10. 试用 Cauchy 收敛原理证明:若级数 $\sum_{n=1}^{\infty}a_n$ 收敛,则 $\lim_{n\to\infty}a_n=0$.

11. 下列命题是否正确?若正确,给出证明;若不正确,举出反例.

(1) 若 $a_n\leqslant b_n$,且 $\sum_{n=1}^{\infty}b_n$ 收敛,则 $\sum_{n=1}^{\infty}a_n$ 必收敛;

(2) 若 $\sum_{n=1}^{\infty}a_n$ 收敛,且 $\lim_{n\to\infty}\dfrac{b_n}{a_n}=1$,则 $\sum_{n=1}^{\infty}b_n$ 必收敛;

(3) 若 $\sum_{n=1}^{\infty}a_n$ 收敛,且 $a_n>0$,则 $\lim_{n\to\infty}\dfrac{a_{n+1}}{a_n}=\lambda<1$;

(4) 若数列$\{a_n\}$单调减,且 $a_n\to 0\ (n\to\infty)$,则 $\sum_{n=1}^{\infty}a_n$ 必收敛;

(5) 若 $\sum_{n=1}^{\infty}a_n$ 发散,则 $\sum_{n=1}^{\infty}a_n^2$ 必发散;

(6) 若 $\sum_{n=1}^{\infty}a_n^2$ 收敛,则 $\sum_{n=1}^{\infty}\dfrac{a_n}{n}$ 必收敛.

12. 判别下列正项级数的敛散性：

(1) $\sum\limits_{n=1}^{\infty}\dfrac{1}{3^n+2}$；　(2) $\sum\limits_{n=1}^{\infty}\dfrac{n^{n+1}}{(n+1)^{n+2}}$；

(3) $\sum\limits_{n=1}^{\infty}\dfrac{\sqrt{n+2}-\sqrt{n-2}}{n^{\alpha}}$ $(\alpha\in\mathbf{R})$；　(4) $\sum\limits_{n=1}^{\infty}\dfrac{\sqrt{n}}{n^2-\ln n}$；

(5) $\sum\limits_{n=1}^{\infty}\dfrac{2^n\cdot n^2}{n!}$；　(6) $\sum\limits_{n=1}^{\infty}\dfrac{n^3[\sqrt{2}+(-1)^n]^n}{3^n}$；

(7) $\sum\limits_{n=0}^{\infty}\dfrac{1}{\sqrt[3]{n^2+1}}$；　(8) $\sum\limits_{n=1}^{\infty}\left(1-\cos\dfrac{\pi}{n}\right)$；

(9) $\sum\limits_{n=1}^{\infty}n\ln\left(1+\dfrac{2}{n^3}\right)$；　(10) $\sum\limits_{n=1}^{\infty}n\sin\dfrac{\pi}{3^n}$；

(11) $\sum\limits_{n=1}^{\infty}n!\left(\dfrac{x}{n}\right)^n$ $(x>0)$；　(12) $\sum\limits_{n=1}^{\infty}\dfrac{1}{\sqrt[3]{n}}\cot\dfrac{1}{n}$；

(13) $\sum\limits_{n=1}^{\infty}\left(2n\tan\dfrac{1}{n}\right)^{n/3}$；　(14) $\sum\limits_{n=1}^{\infty}\dfrac{\alpha^n}{1+\alpha^{2n}}$ $(\alpha>0)$.

13. 设 $|r|<1$，利用级数理论证明 $\lim\limits_{n\to\infty}nr^n=0$.

14. 讨论下列级数的敛散性，并对收敛级数说明是绝对收敛还是条件收敛：

(1) $\sum\limits_{n=1}^{\infty}(-1)^n\dfrac{1\cdot3\cdot5\cdot\cdots\cdot(2n-1)}{3^n\cdot n!}$；　(2) $\sum\limits_{n=1}^{\infty}\dfrac{(-1)^{n-1}}{\sqrt{2n-1}}$；

(3) $\sum\limits_{n=1}^{\infty}(-1)^{n-1}\dfrac{1}{n-\ln n}$；　(4) $\sum\limits_{n=1}^{\infty}(-1)^{n-1}(\sqrt[n]{a}-1)$ $(a>0,a\neq1)$；

(5) $\sum\limits_{n=1}^{\infty}\dfrac{(-1)^{n-1}}{n(\sqrt{n}+1)}$；　(6) $\sum\limits_{n=1}^{\infty}x^n\tan\dfrac{1}{\sqrt{n}}$ $(x\in\mathbf{R})$.

15. 下列级数是否是交错级数？是否满足 Leibniz 准则的条件？是否收敛？

(1) $\sum\limits_{n=2}^{\infty}\left(\dfrac{1}{\sqrt{n}-1}-\dfrac{1}{\sqrt{n}+1}\right)$；　(2) $\sum\limits_{n=1}^{\infty}[1+(-1)^n]\dfrac{1}{n}\sin\dfrac{1}{n}$；

(3) $\sum\limits_{n=1}^{\infty}(-1)^{n-1}(\sqrt{n+1}-\sqrt{n})$；　(4) $\sum\limits_{n=1}^{\infty}\dfrac{(-1)^n}{\sqrt[n]{n}}$.

16. 判别下列级数的敛散性：

(1) $\sum\limits_{n=1}^{\infty}\dfrac{a^n}{n^p}$ $(p>0,|a|\neq1)$；

(2) $a-\dfrac{b}{2}+\dfrac{a}{3}-\dfrac{b}{4}+\cdots+\dfrac{a}{2n-1}-\dfrac{b}{2n}+\cdots$ $(a^2+b^2\neq0)$.

17. 计算级数 $\sum\limits_{n=1}^{\infty}(-1)^{n-1}\dfrac{1}{(2n-1)!}$ 和的近似值，使绝对误差小于 10^{-3}.

18. 下列级数中哪些是绝对收敛的？哪些是条件收敛的？

(1) $\sum\limits_{n=1}^{\infty}\dfrac{\cos(n!)}{n\sqrt{n}}$；　(2) $\sum\limits_{n=1}^{\infty}(-1)^{\frac{n(n+1)}{2}}\dfrac{n}{2^n}$；

(3) $\sum\limits_{n=1}^{\infty}(-1)^{n-1}\frac{1}{\sqrt[4]{n}}$;　　(4) $\sum\limits_{n=1}^{\infty}(-1)^{n+1}\frac{\ln\left(2+\frac{1}{n}\right)}{\sqrt{9n^2-4}}$.

19. 设 $\sum\limits_{n=1}^{\infty}a_n$ 为收敛的正项级数，$\{a_{n_k}\}$ 是 $\{a_n\}$ 的一个子列，证明级数 $\sum\limits_{k=1}^{\infty}a_{n_k}$ 收敛.

20. 设 $\sum\limits_{n=1}^{\infty}a_n$ 及 $\sum\limits_{n=1}^{\infty}c_n$ 都收敛，且 $a_n \leqslant b_n \leqslant c_n$，证明 $\sum\limits_{n=1}^{\infty}b_n$ 收敛.

21. 设 $a_n>0$，证明：

(1) 若 $\frac{a_{n+1}}{a_n}\leqslant\lambda<1$（或 $\sqrt[n]{a_n}\leqslant\lambda<1$），则 $\sum\limits_{n=1}^{\infty}a_n$ 收敛；

(2) 若 $\frac{a_{n+1}}{a_n}\geqslant 1$（或 $\sqrt[n]{a_n}\geqslant 1$），则 $\sum\limits_{n=1}^{\infty}a_n$ 发散.

22. 设 $\sum\limits_{n=1}^{\infty}a_n$ 绝对收敛，令

$$a_n^+=\frac{|a_n|+a_n}{2}=\begin{cases}a_n, & a_n>0,\\ 0, & a_n\leqslant 0,\end{cases}\qquad a_n^-=\frac{|a_n|-a_n}{2}=\begin{cases}-a_n, & a_n<0,\\ 0, & a_n\geqslant 0,\end{cases}$$

则 a_n^+ 与 a_n^- 分别称为 a_n 的**正部**和**负部**. 证明：

(1) 正项级数 $\sum\limits_{n=1}^{\infty}a_n^+$ 与 $\sum\limits_{n=1}^{\infty}a_n^-$ 都收敛；

(2) 任一绝对收敛的级数 $\sum\limits_{n=1}^{\infty}a_n$ 都可以表示为两个收敛的正项级数之差：

$$\sum_{n=1}^{\infty}a_n=\sum_{n=1}^{\infty}a_n^+-\sum_{n=1}^{\infty}a_n^-.$$

(B)

1. 设 $a_n>0, b_n>0, \frac{a_{n+1}}{a_n}\leqslant\frac{b_{n+1}}{b_n}$. 若 $\sum\limits_{n=1}^{\infty}b_n$ 收敛，证明 $\sum\limits_{n=1}^{\infty}a_n$ 也收敛.

2. 设 $a_n>0$，且 $\lim\limits_{n\to\infty}\frac{-\ln a_n}{\ln n}=q$. 证明：

(1) 若 $q>1$，则级数 $\sum\limits_{n=1}^{\infty}a_n$ 收敛；　　(2) 若 $q<1$，则级数 $\sum\limits_{n=1}^{\infty}a_n$ 发散.

3. 设 $f(x)$ 在 $x=0$ 的某一邻域内具有二阶连续导数，且 $\lim\limits_{x\to 0}\frac{f(x)}{x}=0$. 证明：级数 $\sum\limits_{n=1}^{\infty}f\left(\frac{1}{n}\right)$ 绝对收敛.

4. 判别下列级数的敛散性：

(1) $\sum\limits_{n=1}^{\infty}\frac{\ln n}{n^{1+\alpha}}(\alpha>0)$;　　(2) $\sum\limits_{n=1}^{\infty}\frac{1}{n\ln(5+n^3)}$;

(3) $\sum\limits_{n=1}^{\infty}\left(\frac{\alpha^n}{n+1}\right)^n(\alpha>0)$;　　(4) $\sum\limits_{n=1}^{\infty}\tan\left(\sqrt{n^2+1}\,\pi\right)$;

(5) $\sqrt{3}+\sqrt{3-\sqrt{6}}+\sqrt{3-\sqrt{6+\sqrt{6}}}+\cdots+\sqrt{3-\sqrt{6+\sqrt{6+\cdots+\sqrt{6}}}}+\cdots$;

(6) $\sum_{n=1}^{\infty} \tan \frac{x^n}{\sqrt{n}} (x \in \mathbf{R})$.

第二节　函数项级数

所谓函数项级数,是指它的每一项都是函数的无穷级数.本节主要讨论一般的函数项级数的收敛性问题,包括处处收敛和一致收敛以及一致收敛的函数项级数所具有的重要性质.

2.1　函数项级数的处处收敛性

设$\{u_n\}$是定义在同一个集合$A \subseteq \mathbf{R}$上由无穷多项组成的一列函数(称为**函数列**),将它的各项依次用加号联结起来所得到的表达式

$$u_1 + u_2 + \cdots + u_n + \cdots \text{或} \sum_{n=1}^{\infty} u_n, \tag{2.1}$$

称为集合A上的**函数项级数**,u_n称为它的**通项**,前n项之和$S_n = \sum_{k=1}^{n} u_k$称为它的**部分和**.

函数项级数的收敛性及其和函数可借助于常数项级数来定义.

定义 2.1(函数项级数的处处收敛性与和函数)　设$x_0 \in A$,将x_0代入函数项级数(2.1),它就变为一个常数项级数

$$\sum_{n=1}^{\infty} u_n(x_0) = u_1(x_0) + u_2(x_0) + \cdots + u_n(x_0) + \cdots. \tag{2.2}$$

若级数(2.2)收敛,则称x_0为函数项级数(2.1)的**收敛点**,由收敛点全体所构成的集合D称为该级数的**收敛域**.若x_0不是收敛点,则称它为该级数的**发散点**,由发散点的全体所构成的集合称为该级数的**发散域**.设D为级数(2.1)的收敛域,则$\forall x \in D$,级数(2.1)都收敛,称该级数的这种收敛为在D上**处处收敛**(或**逐点收敛**).此时,称由

$$S(x) = \sum_{n=1}^{\infty} u_n(x), \quad x \in D$$

定义的函数$S: D \to \mathbf{R}$为级数(2.1)的**和函数**,简称为**和**.

若级数(2.1)在D上处处收敛,则$S(x) = \lim_{n\to\infty} \sum_{k=1}^{n} u_k(x) = \lim_{n\to\infty} S_n(x)$.因此,在$D$上级数(2.1)的和函数就是其部分和$S_n(x)$的极限.与常数项级数类似,也称

$$R_n(x) = S(x) - S_n(x) = \sum_{k=n+1}^{\infty} u_k(x)$$

为该级数的**余项**,并且$\lim_{n\to\infty} R_n(x) = 0\ (x \in D)$.

由于函数项级数的敛散性是用常数项级数的敛散性逐点定义的,因此,只要利用已知的常数项级数的审敛准则就能判定一些函数项级数的敛散性,并求出它们的收敛域与和函数.

例 2.1 研究等比级数

$$\sum_{n=0}^{\infty} ax^n = a + ax + ax^2 + \cdots + ax^n + \cdots$$

的收敛性,并求其和函数(其中 $a \neq 0$).

解 由例 1.2 知,当 $|x|<1$ 时,该级数收敛;当 $|x| \geqslant 1$ 时,该级数发散.所以它的收敛域是 $(-1,1)$,和函数为

$$S(x) = \sum_{n=0}^{\infty} ax^n = \frac{a}{1-x}, \quad x \in (-1,1). \quad ▌$$

例 2.2 研究级数

$$x + (x^2 - x) + (x^3 - x^2) + \cdots + (x^n - x^{n-1}) + \cdots$$

的收敛性,并求其和函数.

解 由于

$$S_n(x) = x + (x^2 - x) + (x^3 - x^2) + \cdots + (x^n - x^{n-1}) = x^n,$$

故当 $|x|<1$ 时,$\lim\limits_{n\to\infty} S_n(x) = \lim\limits_{n\to\infty} x^n = 0$;当 $x=1$ 时,$\lim\limits_{n\to\infty} S_n(1) = 1$;当 $x=-1$ 时,$S_n(-1) = (-1)^n$,故当 $n\to\infty$ 时它的极限不存在;当 $|x|>1$ 时,$\lim\limits_{n\to\infty} S_n(x) = \lim\limits_{n\to\infty} x^n = \pm\infty$.因此,该级数的收敛域为 $(-1,1]$,和函数为

$$S(x) = \begin{cases} 0, & |x| < 1, \\ 1, & x = 1. \end{cases} \quad ▌$$

在上册中我们知道,有限个函数之和仍保持各相加函数许多重要的分析性质.例如:(1)有限个连续函数之和仍为连续函数;(2)有限个可导函数之和仍为可导函数,并且它的导数等于各个函数的导数之和;(3)有限个可积函数之和仍为可积函数,并且它的积分等于各函数的积分之和.那么,无限多个函数相加(即函数项级数)是否也有这些性质呢?细心的读者可能已经发现,例 2.2 中级数的每一项在区间 $(-1,1]$ 上都是连续而且可导的函数,但它的和函数在 $(-1,1]$ 上却不连续,自然也不可导.这说明,在处处收敛的条件下,函数项级数不具备有限个函数之和的上述性质,这是非常遗憾的事!因为,如果上述性质仍然成立,那么函数项级数的分析运算就非常方便.因此,研究在什么条件下函数项级数才能保持各相加函数的分析性质就是摆在我们面前的一个非常重要的问题.研究发现,函数项级数一致收敛的概念对解决这个问题起着至关重要的作用.

2.2 函数项级数的一致收敛性概念与判别方法

为了更好地理解函数项级数的一致收敛性，先对它的处处收敛性作进一步的分析. 设级数(2.1)在 D 上处处收敛于 $S(x)$，即 $\forall x \in D$，$\lim\limits_{n\to\infty} S_n(x) = S(x)$. 用 ε-N 语言来表述，就是 $\forall \varepsilon>0$，$\exists N \in \mathbf{N}_+$，当 $n>N$ 时，恒有

$$|S_n(x) - S(x)| < \varepsilon. \tag{2.3}$$

应当注意的是，这里的 N 不仅与 ε 有关，而且与 x 有关. 即便对同一个 ε，当 x 不同时，N 也不尽相同. 因此，常将它写成 $N=N(x,\varepsilon)$. 下面以例 2.2 来说明.

例 2.2 中的级数在区间 $[0,1)$ 上处处收敛于零，即 $\lim\limits_{n\to\infty} S_n(x) = 0$，$x \in [0,1)$. 故 $\forall \varepsilon>0$，使不等式(2.3)成立的 N 应满足

$$|S_n(x) - 0| = x^n < \varepsilon,$$

解之可得 $N=\left[\dfrac{\ln \varepsilon}{\ln x}\right]$. 显然，它不但与 ε 有关，而且与 x 有关. 这个事实从图 7.2 也可以很清楚地看到. 对于给定的 ε，在 x_1 处，只要 $n>2$ 曲线 $S_n(x)=x^n$ 上的对应点 (x_1, x_1^n) 就落到以和函数 $S(x)=0$ 为对称轴的宽为 2ε 的带形域中；而在点 x_2 处，需要 $n>10$ 才行. 而且，不论 n 取多大，曲线 $S_n(x)=x^n$ 上与 $[0,1)$ 相对应的部分始终不能全都落到这个带形域中. 这就是说，使不等式 $x^n<\varepsilon$ 成立的 N 对于不同的 x 是不一致的. 如果对于所有的 $x \in D$，能找到一个共同的 N，它仅与 ε 有关，使不等式(2.3)成立，那么就说级数(2.1)在 D 上一致收敛于 $S(x)$.

注：在解不等式 $x^n<\varepsilon$ 得到的 $N=\left[\dfrac{\ln \varepsilon}{\ln x}\right]$ 中只需考虑 $x>0$ 的情况，因为当 $x=0$ 时，不等式 $x^n<\varepsilon$ 显然对任何 $n \in \mathbf{N}_+$ 都成立.

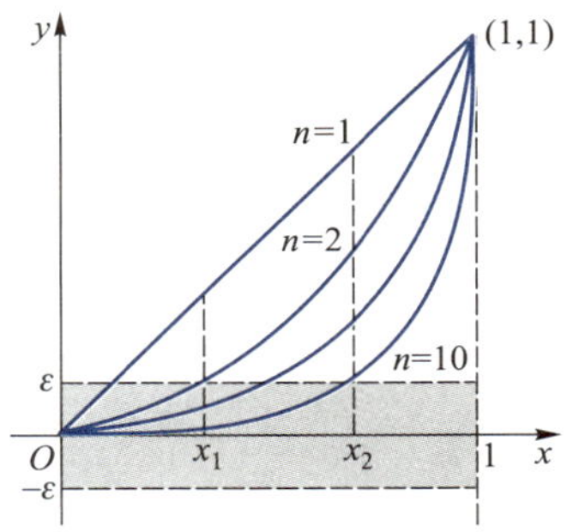

图 7.2

定义 2.2（函数项级数的一致收敛性） 若存在一个函数 $S: D\to\mathbf{R}$，满足

$$\forall \varepsilon > 0, \exists N(\varepsilon) \in \mathbf{N}_+, \text{当 } n > N(\varepsilon) \text{ 时}, \forall x \in D, \text{恒有 } |S_n(x) - S(x)| < \varepsilon, \tag{2.4}$$

则称级数(2.1)在 D 上**一致收敛于** S.

级数(2.1)在 D 上一致收敛于 S 的几何意义是：对于任给的 $\varepsilon>0$，当 $n>N(\varepsilon)$ 时，它的部分和函数列 $\{S_n\}$ 的图像全部落到关于函数 S 图像对称的宽为 2ε 的带形域中（图 7.3）.

例 2.3 证明：函数项级数

$$\frac{x}{1+x^2}+\sum_{n=2}^{\infty}\left[\frac{x}{1+n^2x^2}-\frac{x}{1+(n-1)^2x^2}\right]$$

在区间[0,1]上一致收敛于0.

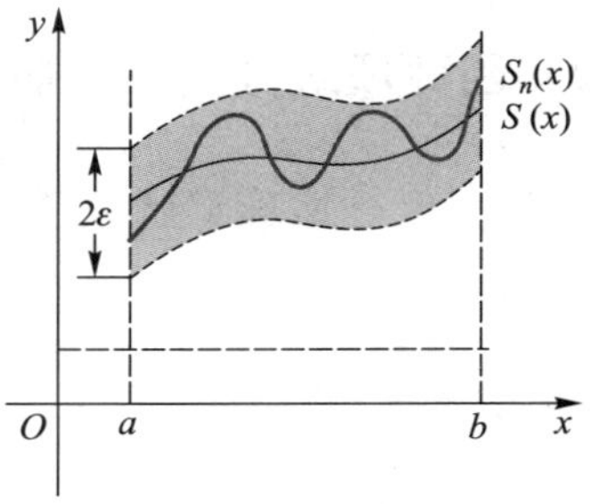

图 7.3

证 由于该级数的部分和函数列为 $S_n(x)=\frac{x}{1+n^2x^2}$，所以 $\forall x\in[0,1]$，$\lim\limits_{n\to\infty}S_n(x)=0$. 就是说，在[0,1]上该级数处处收敛于 $S(x)=0$. 下面证明它在[0,1]上一致收敛于0. 由于

$$|S_n(x)-S(x)|=\frac{x}{1+n^2x^2}=\frac{1}{2n}\cdot\frac{2nx}{1+n^2x^2}\leqslant\frac{1}{2n},$$

因此，对于任给的 $\varepsilon>0$，要使 $|S_n(x)-S(x)|<\varepsilon$，只要 $\frac{1}{2n}<\varepsilon$ 就行了. 取 $N=\left[\frac{1}{2\varepsilon}\right]$，当 $n>N$ 时，$\forall x\in[0,1]$，恒有 $|S_n(x)-0|<\varepsilon$. 根据定义 2.2，该级数在[0,1]上一致收敛于0. ▌

例 2.4 证明：例 2.2 中的函数项级数在区间(-1,1]上不一致收敛.

证 由例 2.2 知，该级数在(-1,1]上处处收敛于和函数

$$S(x)=\begin{cases}0, & |x|<1,\\ 1, & x=1.\end{cases}$$

为了证明它在(-1,1]上不一致收敛于 $S(x)$，只要证明：$\exists\varepsilon_0>0$，$\forall n\in\mathbf{N}_+$，$\exists x_0\in(-1,1]$，使 $|S_n(x_0)-S(x_0)|\geqslant\varepsilon_0$ 就行了. 由于级数的部分和 $S_n(x)=x^n$，且 $\forall n\in\mathbf{N}_+$，点 $x_n=\frac{1}{\sqrt[n]{2}}\in(0,1]$，故有

$$|S_n(x_n)-S(x_n)|=\left(\frac{1}{\sqrt[n]{2}}\right)^n-0=\frac{1}{2}.$$

因此，只要取 $\varepsilon_0\leqslant\frac{1}{2}$，则 $\forall n\in\mathbf{N}_+$，在点 x_n 处都有 $|S_n(x_n)-S(x_n)|\geqslant\varepsilon_0$，这样，就证明了题中的结论. ▌

由定义 2.2 易知，若级数(2.1)在 D 上一致收敛于 S，则它必处处收敛于 S；反之，结论不一定成立，例 2.2 中的级数就属于这种情况.

用定义来判断函数项级数的一致收敛性需要先知道它的和函数，是比较困难的，下面介绍判别级数一致收敛的 Cauchy 原理，它无需知道和函数.

定理 2.1（Cauchy 一致收敛原理） 函数项级数(2.1)在 D 上一致收敛的充要

条件是

$\forall \varepsilon>0, \exists N(\varepsilon) \in \mathbf{N}_+$，使得 $\forall n, p \in \mathbf{N}_+$，当 $n>N(\varepsilon)$ 时，$\forall x \in D$，恒有

$$|S_{n+p}(x)-S_n(x)|=\left|\sum_{k=n+1}^{n+p} u_k(x)\right|<\varepsilon. \tag{2.5}$$

证　必要性　设级数(2.1)在 D 上一致收敛于 $S: D \to \mathbf{R}$，则 $\forall \varepsilon>0$，$\exists N(\varepsilon) \in \mathbf{N}_+$，使得 $\forall n, p \in \mathbf{N}_+$，当 $n>N(\varepsilon)$ 时，$\forall x \in D$，恒有

$$|S_n(x)-S(x)|<\frac{\varepsilon}{2}, \quad |S_{n+p}(x)-S(x)|<\frac{\varepsilon}{2},$$

从而有

$$|S_{n+p}(x)-S_n(x)| \leqslant |S_{n+p}(x)-S(x)|+|S_n(x)-S(x)|<\varepsilon.$$

充分性　设不等式(2.5)成立.由常数项级数的 Cauchy 收敛原理，对于任意固定的 $x \in D$，部分和数列 $\{S_n(x)\}$ 收敛，即级数(2.1)是收敛的常数项级数，故它在 D 上处处收敛，设其极限函数为 $S: D \to \mathbf{R}$. 在不等式(2.5)中令 $p \to \infty$，便得：当 $n>N(\varepsilon)$ 时，$\forall x \in D$，

$$|S(x)-S_n(x)| \leqslant \varepsilon.$$

由定义 2.2，$\{S_n\}$ 在 D 上一致收敛于 S，故级数(2.1)在 D 上一致收敛于 S. ▌

Cauchy 一致收敛原理给出了判别函数项级数一致收敛的充要条件，虽然应用起来并不方便，却有着重要的理论意义.下面我们利用 Cauchy 原理推出一致收敛性的一个常用的判别准则——**Weierstrass 准则**或称 ***M* 判别准则**.

定理 2.2（*M* 判别准则）　如果存在一个收敛的正项级数 $\sum\limits_{n=1}^{\infty} M_n$，$\forall n \in \mathbf{N}_+$ 以及 $\forall x \in D$，恒有 $|u_n(x)| \leqslant M_n$，那么级数(2.1)在 D 上一致收敛.

证　由于正项级数 $\sum\limits_{n=1}^{\infty} M_n$ 收敛，根据常数项级数的 Cauchy 收敛原理，$\forall \varepsilon>0$，$\exists N(\varepsilon) \in \mathbf{N}_+$，使得 $\forall n, p \in \mathbf{N}_+$，当 $n>N(\varepsilon)$ 时，恒有

$$M_{n+1}+M_{n+2}+\cdots+M_{n+p}<\varepsilon.$$

又已知 $\forall n \in \mathbf{N}_+$，以及 $\forall x \in D$，$|u_n(x)| \leqslant M_n$，故得

$$\begin{aligned}|u_{n+1}(x)+u_{n+2}(x)+\cdots+u_{n+p}(x)| &\leqslant |u_{n+1}(x)|+\cdots+|u_{n+p}(x)| \\ &\leqslant M_{n+1}+M_{n+2}+\cdots+M_{n+p}<\varepsilon.\end{aligned}$$

根据定理 2.1，级数(2.1)在 D 上一致收敛. ▌

定理 2.2 中的级数 $\sum\limits_{n=1}^{\infty} M_n$ 称为级数(2.1)的**优级数或控制级数**.利用 M 判别准则证明级数(2.1)在 D 上一致收敛，关键在于找到它的一个优级数.

注：M 判别准则将判定函数项级数一致收敛的问题，转化为寻求一个收敛的正项级数作为该级数的控制级数的问题.

例 2.5 证明级数 $\sum\limits_{n=1}^{\infty}\dfrac{\sin nx}{n^2}$ 在$(-\infty,+\infty)$上一致收敛.

证 由于$\forall x\in(-\infty,+\infty)$,不等式

$$\left|\frac{\sin nx}{n^2}\right|\leqslant\frac{1}{n^2}\quad(n\in\mathbf{N}_+)$$

成立,并且级数 $\sum\limits_{n=1}^{\infty}\dfrac{1}{n^2}$ 是收敛的,故由 M 判别准则,原级数在$(-\infty,+\infty)$上一致收敛. ▌

例 2.6 证明级数 $\sum\limits_{n=1}^{\infty}ne^{-nx}$ 在区间$[\delta,+\infty)$(其中$\delta>0$)上一致收敛.

证 由于$\forall x\in[\delta,+\infty)$,$\forall n\in\mathbf{N}_+$,恒有

$$|u_n(x)|=ne^{-nx}\leqslant ne^{-n\delta}.$$

记 $M_n=ne^{-n\delta}$,则

$$\lim_{n\to\infty}\frac{M_{n+1}}{M_n}=\lim_{n\to\infty}\frac{n+1}{n}\mathrm{e}^{-\delta}=\mathrm{e}^{-\delta}<1.$$

由检比法知级数 $\sum\limits_{n=1}^{\infty}M_n$ 收敛,所以级数 $\sum\limits_{n=1}^{\infty}ne^{-nx}$ 在区间$[\delta,+\infty)$上一致收敛. ▌

2.3 一致收敛级数的性质

现在证明,在一致收敛的条件下,函数项级数的和函数保持了有限个函数之和的一些重要分析性质.

定理 2.3(和函数的连续性) 设$u_n\in C(I)(n\in\mathbf{N}_+)$,若函数项级数 $\sum\limits_{n=1}^{\infty}u_n$ 在区间 I 上一致收敛于 $S:I\to\mathbf{R}$,则和函数 $S\in C(I)$.

***证** 为证明 S 在 I 上连续,只要证明 S 在任意一点 $x_0\in I$ 处连续.根据连续的定义,就是要证明:$\forall\varepsilon>0$,$\exists\delta>0$,使得当 $x\in U(x_0,\delta)\cap I$ 时,恒有

$$|S(x)-S(x_0)|<\varepsilon.$$

由于级数 $\sum\limits_{n=1}^{\infty}u_n$ 在 I 上一致收敛于 S,根据定义 2.2,$\forall\varepsilon>0$,$\exists N=N(\varepsilon)\in\mathbf{N}_+$,使得$\forall x\in I$,恒有

$$|S(x)-S_N(x)|<\frac{\varepsilon}{3},\tag{2.6}$$

因而,对于任意的 $x_0\in I$,也有

$$|S(x_0)-S_N(x_0)|<\frac{\varepsilon}{3}.\tag{2.7}$$

又由 $u_n\in C(I)$ 得知，部分和 $S_N=\sum\limits_{k=1}^{N}u_k$ 也在 x_0 处连续，故对于上述 $\varepsilon>0$，必 $\exists\delta>0$，使得 $\forall x\in U(x_0,\delta)\cap I$，有

$$|S_N(x)-S_N(x_0)|<\frac{\varepsilon}{3}. \tag{2.8}$$

综合不等式(2.6)，(2.7)与(2.8)，就有：$\forall\varepsilon>0$，$\exists\delta>0$，使得当 $x\in U(x_0,\delta)\cap I$ 时，

$$\begin{aligned}&|S(x)-S(x_0)|\\ \leqslant\ &|S(x)-S_N(x)|+|S_N(x)-S_N(x_0)|+|S_N(x_0)-S(x_0)|\\ <\ &\frac{\varepsilon}{3}+\frac{\varepsilon}{3}+\frac{\varepsilon}{3}=\varepsilon,\end{aligned}$$

从而定理得证. ▌

由定理 2.3 易知

$$\boxed{\lim_{x\to x_0}\sum_{n=1}^{\infty}u_n(x)=\lim_{x\to x_0}S(x)=S(x_0)=\sum_{n=1}^{\infty}u_n(x_0)=\sum_{n=1}^{\infty}\lim_{x\to x_0}u_n(x).} \tag{2.9}$$

定理 2.4（和函数的可积性） 设 $u_n\in C[a,b]\ (n\in\mathbf{N}_+)$. 若级数 $\sum\limits_{n=1}^{\infty}u_n$ 在 $[a,b]$ 上一致收敛于 $S:[a,b]\to\mathbf{R}$，则和函数 S 在 $[a,b]$ 上可积，且 $\forall x\in[a,b]$，

$$\boxed{\int_a^x S(t)\,\mathrm{d}t=\int_a^x\Big(\sum_{n=1}^{\infty}u_n(t)\Big)\,\mathrm{d}t=\sum_{n=1}^{\infty}\int_a^x u_n(t)\,\mathrm{d}t.} \tag{2.10}$$

***证** 由定理 2.3，$S\in C[a,b]$，所以 S 在 $[a,b]$ 上可积. 为了证明(2.10)式，由于 $\forall x\in[a,b]$，

$$\sum_{n=1}^{\infty}\int_a^x u_n(t)\,\mathrm{d}t=\lim_{n\to\infty}\sum_{k=1}^{n}\int_a^x u_k(t)\,\mathrm{d}t=\lim_{n\to\infty}\int_a^x\sum_{k=1}^{n}u_k(t)\,\mathrm{d}t=\lim_{n\to\infty}\int_a^x S_n(t)\,\mathrm{d}t,$$

所以只要证明

$$\int_a^x S(t)\,\mathrm{d}t=\lim_{n\to\infty}\int_a^x S_n(t)\,\mathrm{d}t.$$

又由于

$$\begin{aligned}\left|\int_a^x S(t)\,\mathrm{d}t-\int_a^x S_n(t)\,\mathrm{d}t\right|&=\left|\int_a^x[S(t)-S_n(t)]\,\mathrm{d}t\right|\\ &\leqslant\int_a^x|S(t)-S_n(t)|\,\mathrm{d}t\leqslant\int_a^b|S(t)-S_n(t)|\,\mathrm{d}t,\end{aligned}$$

并且级数 $\sum\limits_{n=1}^{\infty}u_n$ 在 $[a,b]$ 上一致收敛于 S，即 $\forall\varepsilon>0$，$\exists N(\varepsilon)\in\mathbf{N}_+$，使得当 $n>N(\varepsilon)$ 时，$\forall x\in[a,b]$，恒有 $|S(x)-S_n(x)|<\varepsilon$. 因而当 $n>N(\varepsilon)$ 时，

$$\left|\int_a^x S(t)\,\mathrm{d}t-\int_a^x S_n(t)\,\mathrm{d}t\right|<\int_a^b \varepsilon\,\mathrm{d}t=\varepsilon(b-a).$$

由 ε 的任意性得

$$\int_a^x S(t)\,\mathrm{d}t=\lim_{n\to\infty}\int_a^x S_n(t)\,\mathrm{d}t. \quad ▌$$

定理 2.5（和函数的可导性） 设 $u_n\in C^{(1)}(I)(n\in\mathbf{N}_+)$.若 $\sum\limits_{n=1}^{\infty}u_n$ 在 I 上处处收敛于 $S:I\to\mathbf{R}$，$\sum\limits_{n=1}^{\infty}u_n'$ 在 I 上一致收敛于 $\sigma:I\to\mathbf{R}$，则和函数 $S\in C^{(1)}(I)$，并且

$$\boxed{S'(x)=\left(\sum_{n=1}^{\infty}u_n(x)\right)'=\sum_{n=1}^{\infty}u_n'(x)=\sigma(x).} \tag{2.11}$$

*证 由于 $\sum\limits_{n=1}^{\infty}u_n'$ 在 I 上一致收敛于 σ，u_n' 在 I 上连续，根据定理 2.3，$\sigma\in C(I)$.又由定理 2.4，$\forall x_0,x\in I$，

$$\begin{aligned}\int_{x_0}^x\sigma(t)\,\mathrm{d}t&=\int_{x_0}^x\sum_{n=1}^{\infty}u_n'(t)\,\mathrm{d}t=\sum_{n=1}^{\infty}\int_{x_0}^x u_n'(t)\,\mathrm{d}t\\&=\sum_{n=1}^{\infty}u_n(x)-\sum_{n=1}^{\infty}u_n(x_0)=S(x)-S(x_0).\end{aligned}$$

在上式中固定 x_0，对积分上限 x 求导得

$$\sigma(x)=\frac{\mathrm{d}}{\mathrm{d}x}\left(\int_{x_0}^x\sigma(t)\,\mathrm{d}t\right)=S'(x).$$

因此，$S'\in C(I)$，即 $S\in C^{(1)}(I)$，并且

$$S'(x)=\left(\sum_{n=1}^{\infty}u_n(x)\right)'=\sum_{n=1}^{\infty}u_n'(x). \quad ▌$$

等式(2.9)，(2.10)与(2.11)表明，在对应定理的条件下，对级数可以逐项求极限、逐项求积分与逐项求导数.换句话说，求极限、求积分与求导数都可以与求和交换次序，关键的条件是一致收敛性.但是，一致收敛仅是保证这些结论成立的充分条件，而不是必要条件.

例 2.7 证明：函数

$$f(x)=\sum_{n=1}^{\infty}\frac{\cos nx}{n^3}$$

在$(-\infty,+\infty)$内有连续的导数，并且 $f'(x)=-\sum\limits_{n=1}^{\infty}\dfrac{\sin nx}{n^2}$.

证 只要证明级数 $\sum\limits_{n=1}^{\infty}\dfrac{\cos nx}{n^3}$ 在$(-\infty,+\infty)$上满足定理 2.5 的条件即可.由于

$$\forall x \in (-\infty, +\infty),\quad |u_n(x)| = \left|\frac{\cos nx}{n^3}\right| \leqslant \frac{1}{n^3},$$

并且 $\sum\limits_{n=1}^{\infty} \frac{1}{n^3}$ 收敛,根据 M 判别准则,级数 $\sum\limits_{n=1}^{\infty} \frac{\cos nx}{n^3}$ 在 $(-\infty, +\infty)$ 上一致收敛,因而处处收敛.又 $u_n(x) = \frac{\cos nx}{n^3} \in C^{(1)}(-\infty, +\infty)$, $\sum\limits_{n=1}^{\infty} u_n'(x) = -\sum\limits_{n=1}^{\infty} \frac{\sin nx}{n^2}$ 在 $(-\infty, +\infty)$ 上一致收敛(例 2.5),由定理 2.5, $f \in C^{(1)}(-\infty, +\infty)$,并且

$$f'(x) = \left(\sum_{n=1}^{\infty} \frac{\cos nx}{n^3}\right)' = \sum_{n=1}^{\infty} \left(\frac{\cos nx}{n^3}\right)' = -\sum_{n=1}^{\infty} \frac{\sin nx}{n^2}.$$ ▌

习题 7.2

(A)

1. 说明函数项级数的逐点收敛与一致收敛的区别和联系,并且用 $\varepsilon-N$ 语言表述级数 $\sum\limits_{n=1}^{\infty} u_n$ 在集合 $D \subseteq \mathbf{R}$ 上不收敛于和函数 $S: D \to \mathbf{R}$.

2. 证明: $\sum\limits_{n=1}^{\infty} \frac{(-1)^n x^2}{(1+x^2)^n}$ 在 $(-\infty, +\infty)$ 上收敛, 并求它的和函数.

3. 求下列函数项级数的收敛域:

(1) $\sum\limits_{n=1}^{\infty} \frac{(-1)^n}{n}\left(\frac{1}{1+x}\right)^n$;　　(2) $\sum\limits_{n=1}^{\infty} \frac{\sin nx}{2^n}$;

(3) $\sum\limits_{n=1}^{\infty} x^n \sin \frac{x}{2^n}$;　　(4) $\sum\limits_{n=1}^{\infty} n e^{-nx}$.

4. 证明下列级数在给定的区间上一致收敛:

(1) $\frac{1}{1+x} - \sum\limits_{n=2}^{\infty} \frac{1}{(x+n-1)(x+n)}$, $x \in [0,1]$;

(2) $\sum\limits_{n=1}^{\infty} \frac{x}{1+n^4 x^2}$, $x \in (-\infty, +\infty)$;

(3) $\sum\limits_{n=1}^{\infty} \frac{x^n}{n^{3/2}}$, $x \in [-1,1]$;

(4) $\sum\limits_{n=1}^{\infty} \sqrt{n}\, 2^{-nx}$, $x \in [\delta, +\infty)$ $(\delta > 0)$;

(5) $\sum\limits_{n=1}^{\infty} \left(1 - \cos \frac{x}{n}\right)$, $x \in [-\delta, \delta]$ $(\delta > 0)$.

5. 证明:级数 $\sum\limits_{n=0}^{\infty} x^n$ 在 $[-q,q]\,(0<q<1)$ 上一致收敛,并且

(1) $\ln(1+x) = x - \frac{x^2}{2} + \frac{x^3}{3} - \cdots + (-1)^{n-1}\frac{x^n}{n} + \cdots$, $|x|<1$;

(2) $\dfrac{1}{(1-x)^2}=1+2x+3x^2+\cdots+(n+1)x^n+\cdots,\ |x|<1.$

6. 证明：$f(x)=\sum\limits_{n=1}^{\infty}\dfrac{\sin nx}{n^4}$ 在 $(-\infty,+\infty)$ 上有二阶连续导数，并且

$$f''(x)=-\sum_{n=1}^{\infty}\frac{\sin nx}{n^2}.$$

(B)

1. 叙述函数列 $\{f_n\}$ 在定义域 D 上一致收敛于 f 的定义，并对函数列 $\{f_n\}$ 写出与定理 2.3、定理 2.4 和定理 2.5 相对应的定理.

2. **(函数列的 Cauchy 一致收敛原理)** 设 $\{f_n\}$ 是集合 D 上的一个函数列，证明：$\{f_n\}$ 在 D 上一致收敛的充要条件为 $\{f_n\}$ 是 D 上的基本函数列，即

$$\forall \varepsilon>0,\ \exists N\in \mathbf{N}_+,\text{使得 } \forall m,n>N,\ \forall x\in D,\text{恒有 } |f_m(x)-f_n(x)|<\varepsilon.$$

3. 若级数 $\sum\limits_{n=1}^{\infty}u_n$ 在开区间 (a,b) 内的任一闭子区间上一致收敛，则称该级数在 (a,b) 上**内闭一致收敛**. 证明：若 $\sum\limits_{n=1}^{\infty}u_n$ 在 (a,b) 上内闭一致收敛，则它在 (a,b) 内处处收敛.

4. 设有级数 $\sum\limits_{n=1}^{\infty}\left(x+\dfrac{1}{n}\right)^n$，证明：

(1) 该级数的收敛区域为 $(-1,1)$；

(2) 该级数在 $(-1,1)$ 上内闭一致收敛；

(3) 该级数的和函数在 $(-1,1)$ 内连续.

5. 证明：级数 $\sum\limits_{n=1}^{\infty}x^2\mathrm{e}^{-nx}$ 在 $[0,+\infty)$ 上一致收敛.

6. 如果 $\forall n\in\mathbf{N}_+$，$u_n(x)$ 在 $[a,b]$ 上是单调函数，并且级数 $\sum\limits_{n=1}^{\infty}u_n(x)$ 在 $[a,b]$ 的端点绝对收敛，证明它在 $[a,b]$ 上绝对一致收敛(即绝对值级数一致收敛).

第三节 幂级数

在本节和下一节中将研究两类常用的函数项级数——幂级数与 Fourier 级数. 本节研究幂级数的收敛性、幂级数在收敛区间内的性质以及函数展开为幂级数的问题.

3.1 幂级数及其收敛半径

形如

$$\sum_{n=0}^{\infty}a_nx^n=a_0+a_1x+a_2x^2+\cdots+a_nx^n+\cdots, \tag{3.1}$$

或者

$$\sum_{n=0}^{\infty} a_n(x-x_0)^n = a_0 + a_1(x-x_0) + a_2(x-x_0)^2 + \cdots + a_n(x-x_0)^n + \cdots \quad (3.2)$$

的函数项级数称为**幂级数**,其中 x_0 与系数 a_n $(n=0,1,2,\cdots)$ 都是实常数.在级数(3.2)中,令 $u=x-x_0$,它就变成(3.1)式的形式.因此,只要讨论形如(3.1)的幂级数就行了.

幂级数是常用的一类函数项级数,它除了具有函数项级数的共同性质外,由于它的通项是幂函数,因此,还有一些特殊的性质.例如,幂级数(3.1)的部分和 $S_n(x)=\sum_{k=0}^{n} a_k x^k$ 是一个关于 x 的 n 次多项式.如果在集合 $D\subseteq\mathbf{R}$ 上,$\{S_n\}$ 处处收敛于和函数 S,那么,

$$\forall x \in D,\ S(x)=\lim_{n\to\infty} S_n(x)=\sum_{n=0}^{\infty} a_n x^n.$$

这样,就像第二章第五节中所指出的那样,可以用 n 次多项式 $S_n(x)$ 任意逼近和函数 $S(x)$,在函数逼近理论和近似计算中,这是一件很有意义的事.

首先研究幂级数的收敛性有些什么特点.

显然,当 $x=0$ 时,幂级数(3.1)必定收敛,就是说,幂级数的收敛域是非空的.进一步的研究发现幂级数的收敛性还有一些重要性质.例如,由例 2.1 知道,作为一个简单幂级数的等比级数,它的收敛域是以 $x=0$ 为中心的对称区间$(-1,1)$.试问,是否任何幂级数的收敛域都具有这个特点呢?下面来讨论这个问题.

定理 3.1 (Abel 定理)　对于幂级数(3.1),下列命题成立:

(1) 若它在点 $x_0\neq 0$ 处收敛,则当 $|x|<|x_0|$ 时,该级数绝对收敛;

(2) 若它在点 $\tilde{x}_0\neq 0$ 处发散,则当 $|x|>|\tilde{x}_0|$ 时,该级数发散.

证　(1) 由已知,级数 $\sum_{n=0}^{\infty} a_n x_0^n$ 收敛,故 $\lim_{n\to\infty} a_n x_0^n=0$.因此,数列 $\{a_n x_0^n\}$ 有界,即 $\exists M>0$,使得 $\forall n\in\mathbf{N}_+$,恒有 $|a_n x_0^n|\leqslant M$.于是有

$$|a_n x^n| = |a_n x_0^n|\cdot\left|\frac{x}{x_0}\right|^n \leqslant M\left|\frac{x}{x_0}\right|^n.$$

当 $|x|<|x_0|$ 时,由于 $\left|\frac{x}{x_0}\right|<1$,所以等比级数 $\sum_{n=0}^{\infty} M\left|\frac{x}{x_0}\right|^n$ 收敛.根据比较准则,当 $|x|<|x_0|$ 时,级数(3.1)绝对收敛.

(2) 用反证法.假定存在 x_1 $(|x_1|>|\tilde{x}_0|)$,使级数 $\sum_{n=0}^{\infty} a_n x_1^n$ 收敛,由(1)得知,级数(3.1)在 $\tilde{x}_0$ 处绝对收敛,这与假设相矛盾.　▌

从 Abel 定理可以看到,若存在 $x_0\neq 0$,使级数(3.1)在 x_0 处收敛,则它在开区间

$(-|x_0|,|x_0|)$内绝对收敛;若存在$\tilde{x}_0\neq 0$,使该级数在$\tilde{x}_0$发散,则它在开区间$(-\infty,-|\tilde{x}_0|)$与$(|\tilde{x}_0|,+\infty)$内发散.

为了进一步讨论幂级数收敛域的情况,令

$$D=\left\{|x|\ \Big|\ \sum_{n=0}^{\infty}a_nx^n\ 收敛\right\},$$

则$D\neq\varnothing$,且D有且仅有以下三种情况:

(1) D无上界.此时,$\forall x\in\mathbf{R}$,$\exists x_0$ $(|x_0|\in D)$,使$|x|<|x_0|$.由于级数(3.1)在x_0处收敛,根据Abel定理,它在x处绝对收敛.因此,级数(3.1)在任何$x\in\mathbf{R}$处都绝对收敛.

(2) D有上界.此时D必有上确界,设$\sup D=R$.如果$R=0$,即$D=\{0\}$,那么,该级数的收敛域仅由$x=0$组成.

(3) D有上界,且$R>0$.在这种情况下,由Abel定理,当$|x|>R$时,级数发散;当$|x|<R$时,级数必绝对收敛.事实上,取$\varepsilon=R-|x|$,由上确界的定义,必存在x_0 $(|x_0|\in D)$,使$|x_0|>R-\varepsilon=|x|$.由于级数(3.1)在x_0处收敛,根据Abel定理,它在x处绝对收敛.

由以上讨论可得:

定理3.2 幂级数(3.1)的收敛性有且仅有三种可能:

(1) 对于任何$x\in\mathbf{R}$都收敛,并且绝对收敛;

(2) 仅在$x=0$点收敛;

(3) 存在一个正数R,当$|x|<R$时绝对收敛,当$|x|>R$时发散.

由此,我们引入如下定义:

定义3.1 定理3.2中的正数R称为幂级数(3.1)的**收敛半径**,对应的开区间$(-R,R)$称为它的**收敛区间**.

由定理3.2,幂级数(3.1)在收敛区间$(-R,R)$内绝对收敛,在收敛区间之外发散(图7.4).为统一起见,对于定理3.2中的情况(1),我们说级数(3.1)的收敛半径$R=+\infty$,收敛区间为$(-\infty,+\infty)$;对于情况(2),$R=0$,收敛域$D=\{0\}$;对于情况(3),收敛区间为$(-R,R)$.至于在两个端点$x=\pm R$处级数的敛散性如何,定理3.2没有给出任何结论,需要对给定的幂级数作具体分析.

注意:不要把收敛区间与收敛域混为一谈.对幂级数而言,收敛区间是指开区间$(-R,R)$,收敛域可能是包含收敛区间端点的闭区间或半开(半闭)区间,甚至可能是仅由$x=0$构成的单点集.

由上面的讨论得知,任何幂级数(3.1)的收敛区间都是以$x=0$为对称中心的开区间.收敛区间为开区间$(-R,R)$ $(R\neq 0$,但R可以为$+\infty)$是幂级数收敛性的一大优点.要求幂级数的收敛区间,只要求它的收敛半径.如何计算幂级数的收敛半径呢?

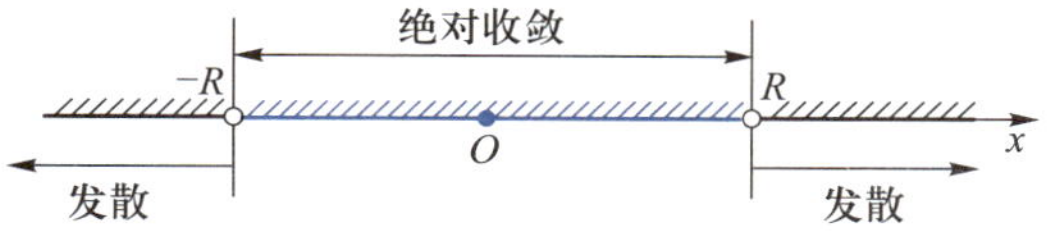

图 7.4

下面介绍两个常用的方法.

定理 3.3　设有幂级数 $\sum\limits_{n=0}^{\infty} a_n x^n$，若 $a_n \neq 0$，并且 $\lim\limits_{n\to\infty}\left|\dfrac{a_n}{a_{n+1}}\right|$ 存在或为 $+\infty$，则它的收敛半径为

$$R=\lim_{n\to\infty}\left|\frac{a_n}{a_{n+1}}\right|. \tag{3.3}$$

证　设 $\lim\limits_{n\to\infty}\left|\dfrac{a_n}{a_{n+1}}\right|=L$，利用正项级数的检比法，得

$$\lim_{n\to\infty}\left|\frac{u_{n+1}(x)}{u_n(x)}\right|=\lim_{n\to\infty}\left|\frac{a_{n+1}x^{n+1}}{a_n x^n}\right|=|x|\lim_{n\to\infty}\left|\frac{a_{n+1}}{a_n}\right|. \tag{3.4}$$

(1) 若 $0<L<+\infty$，则 $\forall x\neq 0$，(3.4)式的右端等于 $\dfrac{|x|}{L}$，故当 $|x|<L$ 时，级数 $\sum\limits_{n=1}^{\infty} a_n x^n$ 绝对收敛；当 $|x|>L$ 时，该级数的绝对值级数发散. 但由于此时 $|u_{n+1}(x)|>|u_n(x)|$，故当 $n\to\infty$ 时，$u_n(x)\not\to 0$，所以该级数发散，因此 $R=L$.

(2) 若 $L=0$，则 $\forall x\neq 0$，(3.4)式右端等于 $+\infty$，因此除 $x=0$ 外，该级数都发散，故 $R=0=L$.

(3) 若 $L=+\infty$，则 $\forall x\in(-\infty,+\infty)$，(3.4)式右端等于 0. 因此，级数在 $(-\infty,+\infty)$ 上绝对收敛，故 $R=+\infty=L$. ▍

定理 3.4　设有幂级数 $\sum\limits_{n=0}^{\infty} a_n x^n$，若 $a_n\neq 0$，且 $\lim\limits_{n\to\infty}\dfrac{1}{\sqrt[n]{|a_n|}}$ 存在或为 $+\infty$，则它的收敛半径为

想一想：
试用与证明定理 3.3 类似的方法证明定理 3.4.

$$R=\lim_{n\to\infty}\frac{1}{\sqrt[n]{|a_n|}}. \tag{3.5}$$

例 3.1　求下列幂级数的收敛区间与收敛域：

(1) $\sum\limits_{n=0}^{\infty}\dfrac{x^n}{(n+2)3^n}$；　　(2) $\sum\limits_{n=0}^{\infty}\dfrac{x^n}{n!}$；

(3) $\sum_{n=1}^{\infty}\frac{3^n+(-2)^n}{n}(x-1)^n$.

解 (1) 由于

$$R=\lim_{n\to\infty}\left|\frac{a_n}{a_{n+1}}\right|=\lim_{n\to\infty}\frac{(n+3)3^{n+1}}{(n+2)3^n}=3,$$

所以它的收敛区间为$(-3,3)$.又在 $x=\pm3$ 处,该级数分别变为两个常数项级数:

$$\sum_{n=0}^{\infty}\frac{1}{n+2}=\frac{1}{2}+\frac{1}{3}+\cdots+\frac{1}{n+2}+\cdots,$$

$$\sum_{n=0}^{\infty}\frac{(-1)^n}{n+2}=\frac{1}{2}-\frac{1}{3}+\cdots+\frac{(-1)^n}{n+2}+\cdots,$$

并且前者发散,后者收敛.所以原级数的收敛域为$[-3,3)$.

(2) 由于

$$R=\lim_{n\to\infty}\left|\frac{a_n}{a_{n+1}}\right|=\lim_{n\to\infty}\frac{(n+1)!}{n!}=\lim_{n\to\infty}(n+1)=+\infty,$$

所以该级数的收敛区间与收敛域都是$(-\infty,+\infty)$.

(3) 由于

$$R=\lim_{n\to\infty}\left|\frac{a_n}{a_{n+1}}\right|=\lim_{n\to\infty}\frac{3^n+(-2)^n}{n}\cdot\frac{n+1}{3^{n+1}+(-2)^{n+1}}$$

$$=\lim_{n\to\infty}\frac{n+1}{n}\frac{1+\left(-\frac{2}{3}\right)^n}{3+\left(-\frac{2}{3}\right)^n(-2)}=\frac{1}{3},$$

所以该级数的收敛区间为$\left(\frac{2}{3},\frac{4}{3}\right)$.

在 $x=\frac{2}{3}$ 处,该级数变为

$$\sum_{n=1}^{\infty}\frac{3^n+(-2)^n}{n}\left(\frac{-1}{3}\right)^n=\sum_{n=1}^{\infty}\frac{(-1)^n+\left(\frac{2}{3}\right)^n}{n}.$$

由于级数 $\sum_{n=1}^{\infty}\frac{(-1)^n}{n}$ 收敛,$\sum_{n=1}^{\infty}\frac{\left(\frac{2}{3}\right)^n}{n}$ 也收敛(利用检比法),故原级数在 $x=\frac{2}{3}$ 处收敛.

在 $x=\frac{4}{3}$ 处,级数变为

$$\sum_{n=1}^{\infty}\frac{3^n+(-2)^n}{n}\left(\frac{1}{3}\right)^n=\sum_{n=1}^{\infty}\frac{1+\left(-\frac{2}{3}\right)^n}{n},$$

它可以看成是发散级数 $\sum\limits_{n=0}^{\infty}\frac{1}{n}$ 与收敛级数 $\sum\limits_{n=1}^{\infty}(-1)^n\frac{\left(\frac{2}{3}\right)^n}{n}$ 之和，所以发散.

想一想：

例 3.1 中哪些级数的收敛半径可用公式(3.5)求出？

因此，原级数的收敛域为 $\left[\frac{2}{3},\frac{4}{3}\right)$. ▍

在定理 3.3 与定理 3.4 中，要求所给级数所有项的系数 $a_n\neq 0$（至多有限项系数为 0）.若其中有无穷多项的系数 $a_n=0$，则称它为**缺项级数**.此时，收敛半径 R 不能用公式(3.3)与(3.5)来求，而要用常数项级数中的检比法或检根法直接来求.

例 3.2　求级数 $\sum\limits_{n=0}^{\infty}\frac{x^{2n}}{4^n(n+1)^2}$ 的收敛区间与收敛域.

解　该级数仅含偶次幂项，而 $a_{2k-1}=0\ (k=1,2,\cdots)$，是一个缺项级数.记 $u_n(x)=\frac{x^{2n}}{4^n(n+1)^2}$，由于

$$\lim_{n\to\infty}\left|\frac{u_{n+1}(x)}{u_n(x)}\right|=\lim_{n\to\infty}\left|\frac{x^{2n+2}}{4^{n+1}(n+2)^2}\cdot\frac{4^n(n+1)^2}{x^{2n}}\right|$$

$$=\lim_{n\to\infty}\left(\frac{n+1}{n+2}\right)^2\frac{|x|^2}{4}=\frac{|x|^2}{4},$$

根据检比法，当 $|x|<2$ 时，级数绝对收敛；当 $|x|>2$ 时，$|u_{n+1}(x)|>|u_n(x)|$，故当 $n\to\infty$ 时，$u_n(x)\not\to 0$，所以该级数发散.因此，它的收敛半径 $R=2$，收敛区间为 $(-2,2)$.

注意： 由上面两例可见，幂级数的收敛区间与收敛域不一定相同，一般来说，收敛域不小于收敛区间.

又在 $x=\pm 2$ 处，原级数变为 $\sum\limits_{n=0}^{\infty}\frac{1}{(n+1)^2}$，由于它是收敛的，所以原级数收敛域为 $[-2,2]$. ▍

3.2　幂级数的运算性质

根据常数项级数的性质 1.1 和定理 1.11，易得幂级数下面的代数运算性质.

定理 3.5　设幂级数 $\sum\limits_{n=0}^{\infty}a_nx^n$ 与 $\sum\limits_{n=0}^{\infty}b_nx^n$ 的收敛半径分别为 R_1 与 R_2，令 $R=\min\{R_1,R_2\}$，则在它们公共的收敛区间 $(-R,R)$ 内，有

(1) 级数 $\alpha\sum_{n=0}^{\infty}a_nx^n+\beta\sum_{n=0}^{\infty}b_nx^n$ 收敛,并且

$$\alpha\sum_{n=0}^{\infty}a_nx^n+\beta\sum_{n=0}^{\infty}b_nx^n=\sum_{n=0}^{\infty}(\alpha a_n+\beta b_n)x^n\quad(\text{其中 }\alpha,\beta\in\mathbf{R});$$

(2) 它们的乘积级数收敛,并且

$$\left(\sum_{n=0}^{\infty}a_nx^n\right)\left(\sum_{n=0}^{\infty}b_nx^n\right)=\sum_{n=0}^{\infty}c_nx^n,$$

其中 $c_n=a_0b_n+a_1b_{n-1}+\cdots+a_{n-1}b_1+a_nb_0$.

为了研究幂级数的分析性质(连续性、可积性与可导性等),先证明幂级数的一致收敛性定理.

定理 3.6 (内闭一致收敛性) 设幂级数 $\sum_{n=0}^{\infty}a_nx^n$ 的收敛半径为 R,$0<R\leqslant+\infty$,则它在收敛区间 $(-R,R)$ 内的任何闭子区间 $[a,b]$ 上都是一致收敛的.

证 令 $r=\max\{|a|,|b|\}$,由于 $[a,b]\subsetneqq(-R,R)$,所以 $0<r<R$. 根据定理 3.2,级数 $\sum_{n=0}^{\infty}a_nr^n$ 绝对收敛,即 $\sum_{n=0}^{\infty}|a_n|r^n$ 收敛. 又当 $|x|\leqslant r$ 时,$|a_nx^n|\leqslant|a_n|r^n\ (n=0,1,2,\cdots)$. 由 M 判别准则,级数 $\sum_{n=0}^{\infty}a_nx^n$ 在 $[-r,r]$ 上一致收敛. 因为 $-r\leqslant a<b\leqslant r$,所以它在 $[a,b]$ 上一致收敛. ▌

注意: 两个收敛幂级数的相加减或相乘得到的幂级数,其收敛半径 $\geqslant\min\{R_1,R_2\}$. 例如,幂级数 $\sum_{n=0}^{\infty}(1+2^n)x^n$ 与 $\sum_{n=0}^{\infty}(1-2^n)x^n$ 的收敛半径分别为

$$R_1=\lim_{n\to\infty}\frac{1+2^n}{1+2^{n+1}}=\frac{1}{2},$$

$$R_2=\lim_{n\to+\infty}\frac{1-2^n}{1-2^{n+1}}=\frac{1}{2}.$$

它们相加得到的级数为

$$\sum_{n=0}^{\infty}[(1+2^n)+(1-2^n)]x^n=2\sum_{n=0}^{\infty}x^n,$$

收敛半径 $R=1$,故 $R>\min\{R_1,R_2\}$.

定理 3.7 设幂级数 $\sum_{n=0}^{\infty}a_nx^n$ 的和函数为 $S(x)$,收敛半径为 R,则有

(1) $S(x)$ 在收敛区间 $(-R,R)$ 内是连续的,即 $S(x)\in C(-R,R)$;

(2) $S(x)$ 在收敛区间 $(-R,R)$ 内有连续的导数,并且可以逐项求导,即 $\forall x\in(-R,R)$,有

$$S'(x)=\left(\sum_{n=0}^{\infty}a_nx^n\right)'=\sum_{n=0}^{\infty}(a_nx^n)'=\sum_{n=0}^{\infty}na_nx^{n-1},\tag{3.6}$$

求导后所得幂级数(3.6)与原级数有相同的收敛半径;

(3) $S(x)$ 在收敛区间 $(-R,R)$ 内可积,并且可以逐项积分,即 $\forall x\in(-R,R)$,有

$$\int_0^x S(t)\,\mathrm{d}t=\int_0^x\left(\sum_{n=0}^{\infty}a_nt^n\right)\mathrm{d}t=\sum_{n=0}^{\infty}\int_0^x a_nt^n\,\mathrm{d}t=\sum_{n=0}^{\infty}\frac{a_n}{n+1}x^{n+1},\tag{3.7}$$

积分后所得幂级数(3.7)与原级数有相同的收敛半径.

证　仅证明(1)，关于(2)与(3)的证明，可参看参考文献[11]. 为了证明 $S(x)$ 在 $(-R,R)$ 内连续，只要证明它在任一点 $x_0\in(-R,R)$ 连续就行了. 由于 $x_0\in(-R,R)$，故必存在 $r>0$，使 $|x_0|<r<R$. 由定理 3.6，级数 $\sum\limits_{n=1}^{\infty}a_nx^n$ 在 $[-r,r]$ 上一致收敛于 $S(x)$. 又由于级数的每一项 a_nx^n 都是连续函数，根据定理 2.3，和函数 $S(x)$ 在 $[-r,r]$ 上连续，因而在 x_0 处连续. ▌

☞二维码 7.3.1 确定幂级数收敛半径的常用方法.

综上所述，幂级数的和函数不但具有在收敛区间内的连续性、可导性（实际上是任意阶可导的）与可积性，而且能像多项式一样地进行加法和乘法运算，可以逐项求导、逐项积分. 这些性质在幂级数求和以及将函数展开为幂级数等问题中都有十分重要的应用.

例 3.3　求级数

$$\sum_{n=0}^{\infty}(-1)^n\frac{x^{n+1}}{n+1}=x-\frac{x^2}{2}+\frac{x^3}{3}-\cdots+(-1)^n\frac{x^{n+1}}{n+1}+\cdots$$

的和函数与收敛域.

解　由于

$$\frac{1}{1+x}=\sum_{n=0}^{\infty}(-1)^nx^n,\quad x\in(-1,1),$$

对上式两端逐项积分，得

$$\ln(1+x)=\int_0^x\frac{\mathrm{d}t}{1+t}=\int_0^x\sum_{n=0}^{\infty}(-1)^nt^n\mathrm{d}t$$

$$=\sum_{n=0}^{\infty}\int_0^x(-1)^nt^n\mathrm{d}t=\sum_{n=0}^{\infty}(-1)^n\frac{x^{n+1}}{n+1},\quad x\in(-1,1).$$

又当 $x=1$ 时，级数变为 $\sum\limits_{n=0}^{\infty}\frac{(-1)^n}{n+1}$，它是收敛的，并且它的和为 ln 2（见本章例 1.11）. 因此，级数 $\sum\limits_{n=0}^{\infty}(-1)^n\frac{x^{n+1}}{n+1}$ 的和函数为 $\ln(1+x)$，其收敛域为 $(-1,1]$. 从而可知

$$\ln(1+x)=\sum_{n=0}^{\infty}(-1)^n\frac{x^{n+1}}{n+1},\quad x\in(-1,1]. \quad ▌ \tag{3.8}$$

例 3.4　求级数 $\sum\limits_{n=1}^{\infty}nx^n$ 的和函数.

解　已知该级数的收敛区间为 $(-1,1)$，设其和函数为 $S(x)$，则

$$S(x)=\sum_{n=1}^{\infty}nx^n=x\sum_{n=1}^{\infty}nx^{n-1},\quad x\in(-1,1).$$

由于

$$\sum_{n=0}^{\infty} x^n = \frac{1}{1-x}, \quad x \in (-1,1),$$

两边逐项求导得

$$\sum_{n=1}^{\infty} nx^{n-1} = \frac{1}{(1-x)^2}, \quad x \in (-1,1),$$

所以该级数的和函数 $S(x)=\dfrac{x}{(1-x)^2}, \quad x\in(-1,1)$. ▌

例 3.5 求级数 $\sum\limits_{n=0}^{\infty} \dfrac{x^n}{n!}$ 的和函数.

解 在例 3.1 中已经求出该级数的收敛区间为 $(-\infty,+\infty)$. 设其和函数为 $S(x)$,则

$$S(x) = \sum_{n=0}^{\infty} \frac{x^n}{n!} = 1 + x + \frac{x^2}{2!} + \frac{x^3}{3!} + \cdots + \frac{x^n}{n!} + \cdots, \quad x \in (-\infty, +\infty).$$

为了求出和函数 $S(x)$ 的表达式,将上式两边逐项求导,便得到 $S(x)$ 所满足的微分方程

$$\frac{\mathrm{d}S(x)}{\mathrm{d}x} = 1 + x + \frac{x^2}{2!} + \cdots + \frac{x^{n-1}}{(n-1)!} + \cdots = S(x), \quad x \in (-\infty, +\infty).$$

用分离变量法解此一阶微分方程得

$$\ln|S(x)| = x + C_1,$$

或

$$S(x) = C\mathrm{e}^x \quad (C = \pm \mathrm{e}^{C_1} \text{ 为待定常数}).$$

由于 $S(0)=1$,代入上式得 $C=1$,所以 $S(x)=\mathrm{e}^x$ 便是所求的和函数.从而有

$$\mathrm{e}^x = \sum_{n=0}^{\infty} \frac{x^n}{n!} = 1 + x + \frac{x^2}{2!} + \cdots + \frac{x^n}{n!} + \cdots, \quad x \in (-\infty, +\infty). \text{ ▌} \tag{3.9}$$

3.3 函数展开成幂级数

前面我们讨论了对于给定的幂级数,如何求出其收敛区间与和函数的表达式的问题.本段我们讨论它的反问题,就是如何将给定的函数 f 展开为幂级数的问题,也就是求得一收敛的幂级数,在收敛区间内使其和函数恰好等于 $f(x)$,常称它为函数 f 的幂级数表示问题,即

$$f(x) = \sum_{n=0}^{\infty} a_n (x - x_0)^n, \quad x \in (x_0 - R, x_0 + R). \tag{3.10}$$

由于幂级数形式简单,在收敛区间内具有类似于多项式的运算性质,因此,如果 f 能

在 x_0 的某邻域内展开为幂级数，那么在此邻域内就能用 $x-x_0$ 的多项式来逼近 f，近似计算 $f(x)$ 的值，研究该函数的性质. 研究函数 f 能否展开为幂级数，需要解决两个问题：一是如果 f 能展开为 $x-x_0$ 的幂级数，系数 a_n 如何确定；二是 f 满足什么条件，(3.10)式才能成立？

先讨论第一个问题. 假定 f 能展开为 $x-x_0$ 的幂级数，即(3.10)式成立. 根据幂级数的性质，f 在收敛区间 (x_0-R,x_0+R) 内任意阶可导，并且可对(3.10)式两端逐项求导. 从而，$\forall x\in(x_0-R,x_0+R)$，都有

$$f'(x)=a_1+2a_2(x-x_0)+3a_3(x-x_0)^2+\cdots+na_n(x-x_0)^{n-1}+\cdots,$$

$$f''(x)=2!\,a_2+3\cdot 2a_3(x-x_0)+\cdots+n(n-1)a_n(x-x_0)^{n-2}+\cdots,$$

$$\cdots\cdots\cdots\cdots$$

$$f^{(n)}(x)=n!\,a_n+(n+1)!\,a_{n+1}(x-x_0)+\cdots,$$

$$\cdots\cdots\cdots\cdots$$

在以上诸式中令 $x=x_0$，便得

$$a_0=f(x_0),\quad a_1=f'(x_0),\quad a_2=\frac{1}{2!}f''(x_0),\quad \cdots,\quad a_n=\frac{1}{n!}f^{(n)}(x_0),\quad \cdots.$$

将求得的系数 a_n 代入(3.10)式，得

$$f(x)=f(x_0)+f'(x_0)(x-x_0)+\frac{f''(x_0)}{2!}(x-x_0)^2+\cdots+$$

$$\frac{f^{(n)}(x_0)}{n!}(x-x_0)^n+\cdots,\quad x\in(x_0-R,x_0+R).\tag{3.11}$$

所以，如果函数 f 在 (x_0-R,x_0+R) 内能展开为 $x-x_0$ 的幂级数，那么，f 在 (x_0-R,x_0+R) 内具有任意阶导数，即 f 是 C^∞ 类函数，并且该级数的系数 a_n 由下式唯一确定：

$$a_n=\frac{f^{(n)}(x_0)}{n!},\quad n=0,1,2,\cdots.\tag{3.12}$$

因为由上式所确定的系数 a_n 就是第二章中介绍过的 f 在 x_0 处的 Taylor 系数，所以称(3.11)式右端的幂级数为 f 在 x_0 处的 **Taylor 级数.**

以上讨论说明，如果 f 在 (x_0-R,x_0+R) 内能展开为 $x-x_0$ 的幂级数，那么该级数就是 f 在 x_0 的 Taylor 级数，通常称此结论为函数展开为幂级数的唯一性. 此外，从以上讨论还可看到，只要 f 属于 C^∞ 类函数，就可形式地写出它的 Taylor 级数，即

$$f(x)\sim\sum_{n=0}^{\infty}\frac{f^{(n)}(x_0)}{n!}(x-x_0)^n.$$

试问该级数是否收敛于 $f(x)$？在什么条件下收敛于 $f(x)$？这就需要讨论第二个问

题.在第二章中已经讲过 Taylor 公式,即若 f 在 (x_0-R,x_0+R) 内 $n+1$ 阶可导,则 $\forall x\in(x_0-R,x_0+R)$,有

$$f(x)=\sum_{k=0}^{n}\frac{f^{(k)}(x_0)}{k!}(x-x_0)^k+R_n(x),$$

其中,$R_n(x)=\dfrac{f^{(n+1)}(\xi)}{(n+1)!}(x-x_0)^{n+1}\ (\xi=x_0+\theta(x-x_0),\theta\in(0,1))$.

将 f 在 x_0 处的 Taylor 公式与 f 在 x_0 处的 Taylor 级数加以比较,易见,Taylor 公式中关于 $x-x_0$ 的 n 次多项式就是 f 在 x_0 处 Taylor 级数的部分和 $S_{n+1}(x)$.因此,若 $f:(x_0-R,x_0+R)\to\mathbf{R}$ 是 C^∞ 类函数,则 f 在 (x_0-R,x_0+R) 内能展开为它在 x_0 处的 Taylor 级数的充要条件是

$$\lim_{n\to\infty}S_{n+1}(x)=f(x),\quad x\in(x_0-R,x_0+R),$$

即

$$\lim_{n\to\infty}R_n(x)=0,\quad x\in(x_0-R,x_0+R).$$

☞二维码 7.3.2 函数的 Taylor 级数与 Taylor 展开式的区别.

从而得

定理 3.8 设 $f:(x_0-R,x_0+R)\to\mathbf{R}$ 是 C^∞ 类函数,则 f 在 (x_0-R,x_0+R) 内能展开为它在 x_0 处的 Taylor 级数的充要条件是

$$\lim_{n\to\infty}R_n(x)=0,\quad x\in(x_0-R,x_0+R).$$

利用定理 3.8,不难得到函数展开为幂级数的一个充分条件如下,证明留给读者.

推论 3.1 设 $f:(x_0-R,x_0+R)\to\mathbf{R}$ 是 C^∞ 类函数,如果 $\{f^{(n)}\}$ 在 (x_0-R,x_0+R) 内是**一致有界的**,即 $\exists K>0$,使得 $\forall n\in\mathbf{N}_+$ 与 $x\in(x_0-R,x_0+R)$,都有 $|f^{(n)}(x)|\leqslant K$,那么 f 在 (x_0-R,x_0+R) 内必能展开为它在 x_0 处的 Taylor 级数.

如果函数 $f:(x_0-R,x_0+R)\to\mathbf{R}$ 能展开成它在 x_0 处的 Taylor 级数,即等式(3.11)成立,则称该等式为 f 在 x_0 处的 **Taylor 展开式**.f 在 $x_0=0$ 处的 Taylor 展开式

$$f(x)=f(0)+f'(0)x+\frac{f''(0)}{2!}x^2+\cdots+\frac{f^{(n)}(0)}{n!}x^n+\cdots,\quad x\in(-R,R)$$

称为 f 的 **Maclaurin 展开式**,右端的级数称为 **Maclaurin 级数.**

下面给出几个常用初等函数的 Maclaurin 展开式.

指数函数 e^x 的展开式

$$e^x=1+x+\frac{x^2}{2!}+\cdots+\frac{x^n}{n!}+\cdots,\quad x\in(-\infty,+\infty).$$

这个等式已由例 3.5 建立(见(3.9)式).由于

$$f^{(n)}(0)=(\mathrm{e}^x)^{(n)}\big|_{x=0}=1\quad(n=0,1,2,\cdots),$$

所以上式中的系数就是 e^x 在 $x_0=0$ 处的 Taylor 系数.根据函数展开为幂级数的唯一性,它就是 e^x 的 Maclaurin 展开式.

二维码 7.3.3 求幂级数和函数的方法和步骤.

正弦函数 $\sin x$ 的展开式

设 $f(x)=\sin x$,由高阶导数公式

$$f^{(n)}(x)=\sin\left(x+n\cdot\frac{\pi}{2}\right)\quad(n=0,1,2,\cdots)$$

不难求得 $\sin x$ 在 $x=0$ 处的 Taylor 级数

$$\sin x\sim x-\frac{x^3}{3!}+\frac{x^5}{5!}-\cdots+(-1)^k\frac{x^{2k+1}}{(2k+1)!}+\cdots,\quad x\in(-\infty,+\infty).$$

又因为 $\forall x\in(-\infty,+\infty)$, $\forall n\in\mathbf{N}_+$, $|f^{(n)}(x)|\leqslant 1$,由推论 3.1 得

$$\sin x=x-\frac{x^3}{3!}+\frac{x^5}{5!}-\cdots+(-1)^k\frac{x^{2k+1}}{(2k+1)!}+\cdots,\quad x\in(-\infty,+\infty).$$

余弦函数 $\cos x$ 的展开式

对上式逐项求导得

$$\cos x=1-\frac{x^2}{2!}+\frac{x^4}{4!}-\cdots+(-1)^k\frac{x^{2k}}{(2k)!}+\cdots,\quad x\in(-\infty,+\infty).$$

对数函数 $\ln(1+x)$ 的展开式

由例 3.3 中的(3.8)式及函数展开为幂级数的唯一性得

$$\ln(1+x)=x-\frac{x^2}{2}+\frac{x^3}{3}-\frac{x^4}{4}+\cdots+(-1)^{n-1}\frac{x^n}{n}+\cdots,\quad x\in(-1,1].$$

上面求得几个初等函数 Maclaurin 展开式所用的方法,大体上可归纳为两类:

(1) 基本方法.就是按(3.12)式直接算出 f 的 Taylor 系数,得到它的 Taylor 级数.然后验证 f 满足定理 3.8 或推论 3.1 的条件.例如,求正弦函数的展开式用的就是这种方法.由于用这种方法需要计算 $f^{(n)}(x_0)$,工作量大,而且要验证满足定理 3.8 或推论 3.1 中条件也不容易,因此,用基本方法比较困难.

(2) 间接方法.根据函数展开为幂级数的唯一性,从某些已知函数的 Taylor 展开式出发,利用对收敛幂级数的四则运算、逐项求导、逐项积分以及变量代换等,求得所给函数的 Taylor 展开式.例如,求余弦函数与对数函数的展开式用的就是这种方法.间接方法是求函数的 Taylor 展开式较为简便的常用方法.

例 3.6 将$f(x)=\dfrac{1}{1-x-2x^2}$展开成 x 的幂级数.

解 由于

$$f(x)=\frac{1}{(1+x)(1-2x)}=\frac{1}{3}\left(\frac{1}{1+x}+\frac{2}{1-2x}\right),$$

而

$$\frac{1}{1+x}=\sum_{n=0}^{\infty}(-1)^n x^n=1-x+x^2-x^3+\cdots+(-1)^n x^n+\cdots,\quad x\in(-1,1),$$

$$\frac{1}{1-2x}=\sum_{n=0}^{\infty}2^n x^n=1+2x+2^2x^2+\cdots+2^n x^n+\cdots,\quad x\in\left(-\frac{1}{2},\frac{1}{2}\right),$$

所以

$$f(x)=\frac{1}{3}\sum_{n=0}^{\infty}(-1)^n x^n+\frac{2}{3}\sum_{n=0}^{\infty}2^n x^n$$

$$=\sum_{n=0}^{\infty}\frac{(-1)^n+2^{n+1}}{3}x^n,\quad x\in\left(-\frac{1}{2},\frac{1}{2}\right).\quad \blacksquare$$

例 3.7 求函数 arctan x 的 Maclaurin 展开式.

解 由于

$$\frac{1}{1+x}=\sum_{n=0}^{\infty}(-1)^n x^n,\quad x\in(-1,1),$$

令 $x=t^2$,则

$$\frac{1}{1+t^2}=\sum_{n=0}^{\infty}(-1)^n t^{2n},\quad t\in(-1,1).$$

逐项积分,得

$$\arctan x=\int_0^x\frac{\mathrm{d}t}{1+t^2}=\sum_{n=0}^{\infty}(-1)^n\int_0^x t^{2n}\mathrm{d}t=\sum_{n=0}^{\infty}\frac{(-1)^n}{2n+1}x^{2n+1},\quad x\in(-1,1).\quad \blacksquare$$

幂函数$(1+x)^\alpha$ 的展开式($\alpha\in\mathbf{R}$)

设$f(x)=(1+x)^\alpha$,则

$$f(0)=1,\quad f'(0)=\alpha,\quad f''(0)=\alpha(\alpha-1),\cdots,$$
$$f^{(n)}(0)=\alpha(\alpha-1)\cdots(\alpha-n+1),\cdots,$$

从而得知f的 Maclaurin 级数为

$$1+\alpha x+\frac{\alpha(\alpha-1)}{2!}x^2+\cdots+\frac{\alpha(\alpha-1)\cdots(\alpha-n+1)}{n!}x^n+\cdots.$$

利用公式(3.3)不难求得它的收敛半径 $R=1$,收敛区间为$(-1,1)$.下面证明它在$(-1,1)$内的和函数就是$(1+x)^\alpha$.假设在$(-1,1)$内它的和函数为 $S(x)$,即

$$S(x)=1+\alpha x+\frac{\alpha(\alpha-1)}{2!}x^2+\cdots+\frac{\alpha(\alpha-1)\cdots(\alpha-n+1)}{n!}x^n+\cdots,\quad x\in(-1,1),$$

二维码 7.3.4 函数展开为 Taylor 级数的方法.

则

$$\begin{aligned}S'(x)&=\alpha+\frac{\alpha(\alpha-1)}{1}x+\cdots+\frac{\alpha(\alpha-1)\cdots(\alpha-n+1)}{(n-1)!}x^{n-1}+\cdots\\&=\alpha\left[1+(\alpha-1)x+\cdots+\frac{(\alpha-1)\cdots(\alpha-n+1)}{(n-1)!}x^{n-1}+\cdots\right].\end{aligned}$$

从而

$$\begin{aligned}&(1+x)S'(x)\\&=\alpha+\alpha\left\{[(\alpha-1)+1]x+\cdots+\left[\frac{(\alpha-1)\cdots(\alpha-n+1)}{(n-1)!}+\frac{(\alpha-1)\cdots(\alpha-n)}{n!}\right]x^n+\cdots\right\}\\&=\alpha\left[1+\alpha x+\cdots+\frac{\alpha(\alpha-1)\cdots(\alpha-n+1)}{n!}x^n+\cdots\right]=\alpha S(x).\end{aligned}$$

所以,$S(x)$满足一阶微分方程

$$S'(x)=\frac{\alpha}{1+x}S(x)$$

及初值条件 $S(0)=1$.解之可得 $S(x)=(1+x)^{\alpha}$,因此,

$$(1+x)^{\alpha}=1+\alpha x+\frac{\alpha(\alpha-1)}{2!}x^2+\cdots+\frac{\alpha(\alpha-1)\cdots(\alpha-n+1)}{n!}x^n+\cdots,\quad x\in(-1,1).$$

▎

上式右端的级数称为**二项式级数**.当 α 是正整数时,它就是通常的二项式公式.

在上面的展开式中取 α 为不同的值,就可以得到不同幂函数的 Maclaurin 展开式.例如,取 $\alpha=-\frac{1}{2}$得

$$\frac{1}{\sqrt{1+x}}=1-\frac{x}{2}+\frac{1\cdot 3}{2^2(2!)}x^2-\cdots+(-1)^n\frac{1\cdot 3\cdot\cdots\cdot(2n-1)}{2^n(n!)}x^n+\cdots,\quad x\in(-1,1),$$

从而

$$\frac{1}{\sqrt{1-x^2}}=1+\frac{x^2}{2}+\frac{1\cdot 3}{2^2(2!)}x^4+\cdots+\frac{1\cdot 3\cdot\cdots\cdot(2n-1)}{2^n(n!)}x^{2n}+\cdots,\quad x\in(-1,1),$$

上式两端逐项积分又得

$$\arcsin x=x+\frac{1}{2}\frac{x^3}{3}+\frac{1\cdot 3}{2^2\cdot(2!)}\frac{x^5}{5}+\cdots+\frac{1\cdot 3\cdot\cdots\cdot(2n-1)}{2^n(n!)}\frac{x^{2n+1}}{2n+1}+\cdots,$$

$$x\in(-1,1).$$

3.4 幂级数的应用举例

幂级数在近似计算函数值、近似计算定积分、求解微分方程等多方面都具有重要的应用.例如,在无线电技术中经常遇到的 Bessel 函数、Legendre 函数等都是用幂级数方法求得的相应的微分方程的解,它们都是用幂级数表示的特殊函数.本段主要说明幂级数在近似计算中的应用.

前面已经指出,如果函数 f 能展开为幂级数,那么在收敛区域上就能用级数的部分和(即 n 阶 Taylor 多项式)来近似表示函数 f,而且所取的项数越多,精度也越高.由于级数收敛于 f,所以无论精度要求多高,只要项数足够多,总是可以达到的.

例 3.8 计算 ln 2 的近似值,使误差不超过 10^{-4}.

解 由于对数函数 $\ln(1+x)$ 的展开式在 $x=1$ 也成立,所以有

$$\ln 2=1-\frac{1}{2}+\frac{1}{3}-\cdots+(-1)^{n-1}\frac{1}{n}+\cdots.$$

如果用右端级数的前 n 项之和作为 ln 2 的近似值,根据交错级数理论,绝对误差 $|R_n|\leqslant\frac{1}{n+1}$.为使绝对误差小于 10^{-4},需要算前一万项,计算量太大,因为该级数的收敛速度太慢.为了加快收敛速度,减小计算量,下面利用 $\ln\frac{1+x}{1-x}$ 的展开式来计算 ln 2 的近似值.由于在 $\ln(1+x)$ 的展开式中,将 x 换成 $-x$,得

$$\ln(1-x)=-x-\frac{x^2}{2}-\frac{x^3}{3}-\cdots-\frac{x^n}{n}-\cdots,\quad x\in(-1,1),$$

所以

$$\ln\frac{1+x}{1-x}=\ln(1+x)-\ln(1-x)=2\left(x+\frac{x^3}{3}+\frac{x^5}{5}+\cdots+\frac{x^{2n-1}}{2n-1}+\cdots\right),\quad x\in(-1,1).$$

令 $\frac{1+x}{1-x}=2$,则 $x=\frac{1}{3}$,代入上式得

$$\ln 2=2\left[\frac{1}{3}+\frac{1}{3}\left(\frac{1}{3}\right)^3+\frac{1}{5}\left(\frac{1}{3}\right)^5+\frac{1}{7}\left(\frac{1}{3}\right)^7+\cdots+\frac{1}{2n-1}\left(\frac{1}{3}\right)^{2n-1}+\cdots\right].$$

由于

$$|R_n|=\sum_{k=n+1}^{\infty}\frac{2}{2k-1}\left(\frac{1}{3}\right)^{2k-1}<\frac{1}{3n}\sum_{k=n+1}^{\infty}\left(\frac{1}{9}\right)^{k-1}<\frac{1}{n\cdot 9^n},$$

易见,只要取 $n=4$,就有 $|R_n|<10^{-4}$,并且由此可求得

$$\ln 2\approx 0.693\ 14.\ \blacksquare$$

例 3.9　计算积分 $\int_0^1 e^{-x^2}dx$ 的近似值，精确到 10^{-4}.

解　由于被积函数 e^{-x^2} 的原函数不是初等函数，所以该积分无法用 Newton-Leibniz 公式计算. 然而，因为

$$e^{-x^2}=1-x^2+\frac{x^4}{2!}-\frac{x^6}{3!}+\cdots+(-1)^n\frac{x^{2n}}{n!}+\cdots,\quad x\in(-\infty,+\infty),$$

两端逐项积分，便得

$$\int_0^1 e^{-x^2}dx=1-\frac{1}{3}+\frac{1}{5\cdot 2!}-\frac{1}{7\cdot 3!}+\frac{1}{9\cdot 4!}-\frac{1}{11\cdot 5!}+\frac{1}{13\cdot 6!}-\frac{1}{15\cdot 7!}+\cdots.$$

又因为 $\frac{1}{15\cdot 7!}<10^{-4}$，根据交错级数理论，只要取前七项就可以达到精度要求. 经计算可得

$$\int_0^1 e^{-x^2}dx\approx 0.746\ 84.\quad ▌$$

例 3.10　某君要在银行存入一笔钱，希望在第 n 年年末提取 n^2 元 $(n=1,2,\cdots)$，并且永远按此规律提取，问开始存款时需要存入多少本金?

解　目前国内银行尚无这种存款与付息方式，它属于财务管理中不等额现金流量现值的计算问题.

我们知道，一笔数量为 A 的本金，若年利率为 i，按复利的计算方法，则第 1 年年末的本利和(即本金与利息之和)为 $A(1+i)$，第 2 年年末的本利和为 $A(1+i)(1+i)=A(1+i)^2$，…，第 n 年年末的本利和为 $A(1+i)^n\ (n=1,2,\cdots)$. 假定存 n 年的本金为 A_n，则第 n 年年末的本利和应为 $A_n(1+i)^n\ (n=1,2,\cdots)$.

为保证某君的要求得以实现，即第 n 年年末提取 n^2 元，那么，必须要求第 n 年年末的本利和最少应等于 n^2 元，不妨要求 $A_n(1+i)^n=n^2\ (n=1,2,\cdots)$. 也就是说，应当满足如下条件:

$$A_1(1+i)=1,\quad A_2(1+i)^2=4,\quad A_3(1+i)^3=9,\quad \cdots.$$

因此，第 n 年年末要提取 n^2 元，事先应存入的本金 $A_n=n^2(1+i)^{-n}$. 如果还要求此种提款方式能永远继续下去，则事先需要存入的本金总数应等于

$$\sum_{n=1}^{\infty}n^2(1+i)^{-n}=\frac{1}{1+i}+\frac{4}{(1+i)^2}+\cdots+\frac{n^2}{(1+i)^n}+\cdots.$$

读者不难验证，此级数是收敛的. 因此，为了求得应存入的本金总数，需要计算它的和.

由于上述常数项级数的和是幂级数 $\sum_{n=1}^{\infty}n^2x^n$ 的

想一想：

你能验证级数 $\sum_{n=1}^{\infty}n^2(1+i)^{-n}$ 是收敛的吗?

和函数在 $x=\dfrac{1}{1+i}$ 处的值，因此，应当先求该幂级数的和函数. 为此，将

$$\frac{1}{1-x}=\sum_{n=0}^{\infty}x^n=1+x+x^2+\cdots+x^n+\cdots,\quad x\in(-1,1)$$

逐项求导得

$$\frac{1}{(1-x)^2}=\sum_{n=1}^{\infty}nx^{n-1},\quad x\in(-1,1),$$

从而

$$\frac{x}{(1-x)^2}=\sum_{n=1}^{\infty}nx^n,\quad x\in(-1,1).$$

对上式两端再逐项求导，得

$$\frac{1+x}{(1-x)^3}=\sum_{n=1}^{\infty}n^2x^{n-1},\quad x\in(-1,1),$$

所以

$$\sum_{n=1}^{\infty}n^2x^n=\frac{x+x^2}{(1-x)^3},\quad x\in(-1,1).$$

在上式中取 $x=\dfrac{1}{1+i}$ 便得所求的本金总数，即

$$\sum_{n=1}^{\infty}n^2(1+i)^{-n}=\frac{(1+i)(2+i)}{i^3}.$$

假定年利率为 10%，不难算得需事先存入 2 310 元本金. ▌

最后，我们证明一个在本章第四节中要用的 **Euler 公式**

$$\boxed{e^{ix}=\cos x+i\sin x,}$$

其中，$x\in\mathbf{R}$，$i=\sqrt{-1}$ 是虚数单位.

前面介绍的级数理论都是在实数集内讨论的. 实际上，它们都可以推广到复数集中. 由于篇幅所限，不能仔细讨论，有兴趣的读者可以参阅西安交通大学高等数学教研室编《复变函数》(第四版)，高等教育出版社于 1996 年出版.

注意：在例 3.10 中，若提款方式换成第 n 年年末提取 n 元或 n^3 元，也可求得事先应存入的本金数. 但提款方式换成第 n 年年末提取 $(1+i)^n$ 元的利息是不能实现的. 因为需要事先存入的本金数应为

$$\sum_{n=1}^{\infty}(1+i)^n(1+i)^{-n}$$
$$=1+1+1+\cdots+1+\cdots,$$

该级数是发散的，为无穷大.

由于

$$e^x=\sum_{n=0}^{\infty}\frac{x^n}{n!},\quad x\in(-\infty,+\infty),$$

为了将它推广到复数集内,定义

$$e^{z}=\sum_{n=0}^{\infty}\frac{z^{n}}{n!},\quad |z|<+\infty,$$

右端的幂级数在复平面内处处绝对收敛.令 $z=\mathrm{i}x$,则

$$\begin{aligned}e^{\mathrm{i}x}&=\sum_{n=0}^{\infty}\frac{(\mathrm{i}x)^{n}}{n!}=1+\mathrm{i}x+\frac{(\mathrm{i}x)^{2}}{2!}+\frac{(\mathrm{i}x)^{3}}{3!}+\cdots+\frac{(\mathrm{i}x)^{n}}{n!}+\cdots\\&=1+\mathrm{i}x-\frac{x^{2}}{2!}-\mathrm{i}\frac{x^{3}}{3!}+\frac{x^{4}}{4!}+\mathrm{i}\frac{x^{5}}{5!}-\frac{x^{6}}{6!}-\mathrm{i}\frac{x^{7}}{7!}+\cdots.\end{aligned}$$

由于绝对收敛级数具有可交换性,所以,将上式右端重排便得

$$\begin{aligned}e^{\mathrm{i}x}&=\left(1-\frac{x^{2}}{2!}+\frac{x^{4}}{4!}-\frac{x^{6}}{6!}+\cdots\right)+\mathrm{i}\left(x-\frac{x^{3}}{3!}+\frac{x^{5}}{5!}-\frac{x^{7}}{7!}+\cdots\right)\\&=\cos x+\mathrm{i}\sin x.\end{aligned}$$

类似地,

$$e^{-\mathrm{i}x}=\cos x-\mathrm{i}\sin x,$$

将它们相加,又有

$$\cos x=\frac{e^{\mathrm{i}x}+e^{-\mathrm{i}x}}{2},\quad \sin x=\frac{e^{\mathrm{i}x}-e^{-\mathrm{i}x}}{2\mathrm{i}},$$

这两个公式也称为 **Euler 公式**.

习题 7.3

(A)

1. 为什么说 Abel 定理是研究幂级数收敛性的基本定理? 设有幂级数 $\sum_{n=0}^{\infty}a_{n}(x-2)^{n}$,它在 $x=0$ 处收敛,在 $x=3$ 处发散,这可能吗?

2. 设幂级数 $\sum_{n=0}^{\infty}a_{n}x^{n}$ 在 $x=-3$ 处条件收敛,你能确定该幂级数的收敛半径吗?

3. 已知幂级数 $\sum_{n=0}^{\infty}a_{n}x^{n}$ 的收敛半径 $R=1$,有人采用下面的方法求幂级数

$$\sum_{n=0}^{\infty}b_{n}x^{n}=\sum_{n=0}^{\infty}\frac{a_{n}}{n!}x^{n}$$

的收敛半径,你认为对吗? 若不对,指出错在何处.

由于 $R=1$,所以

$$\lim_{n\to\infty}\left|\frac{a_{n+1}}{a_{n}}\right|=1,$$

从而得

$$\lim_{n\to\infty}\left|\frac{b_{n+1}}{b_n}\right| = \lim_{n\to\infty}\frac{1}{n+1}\left|\frac{a_{n+1}}{a_n}\right| = 0.$$

因此,级数 $\sum_{n=0}^{\infty} b_n x^n$ 的收敛半径为 $+\infty$.

4. 求下列幂级数的收敛区间与收敛域:

(1) $\sum_{n=0}^{\infty}\frac{n!}{2n+1}x^n$;

(2) $\sum_{n=1}^{\infty}\frac{n^2}{n!}x^n$;

(3) $\sum_{n=1}^{\infty}\frac{(-1)^{n-1}}{n+\sqrt{n}}x^n$;

(4) $\sum_{n=1}^{\infty}\frac{1}{n\cdot 2^n}(x+2)^n$;

(5) $\sum_{n=1}^{\infty}\frac{n!}{n^n}x^{2n-1}$;

(6) $\sum_{n=1}^{\infty}\frac{3^n+(-2)^n}{n}(2x+1)^n$;

(7) $\sum_{n=1}^{\infty}\frac{(2n+1)}{n!}x^{2n}$;

(8) $\sum_{n=1}^{\infty}(\sqrt{n+1}-\sqrt{n})2^n x^{2n}$;

(9) $\sum_{n=1}^{\infty} n!\left(\frac{x^2}{n}\right)^n$;

(10) $\sum_{n=1}^{\infty}\frac{(x+1)^n}{4^n+(-2)^n}$.

5. 指出下列推导有什么错误:

由于

$$\frac{x}{1-x} = x + x^2 + \cdots + x^n + \cdots,$$

$$\frac{-x}{1-x} = \frac{1}{1-\frac{1}{x}} = 1 + \frac{1}{x} + \frac{1}{x^2} + \cdots + \frac{1}{x^n} + \cdots,$$

两式相加得

$$\cdots + \frac{1}{x^n} + \cdots + \frac{1}{x^2} + \frac{1}{x} + 1 + x + x^2 + \cdots + x^n + \cdots = 0.$$

6. 求下列函数的 Maclaurin 展开式:

(1) xe^{-x^2};

(2) $\sin^2 x$;

(3) $\operatorname{ch}\frac{x}{2}$;

(4) $\arcsin x$;

(5) $\frac{1}{\sqrt{2-x}}$;

(6) $\frac{x}{1+x-2x^2}$;

(7) $\ln(1-3x+2x^2)$;

(8) $\sqrt[3]{27-x^3}$.

7. 设 $f(x)=x^3e^{-x^2}$,求 $f^{(n)}(0)$ $(n=2,3,\cdots)$.

8. 求下列函数在给定点 x_0 处的 Taylor 展开式:

(1) e^{x-1}, $x_0=2$;

(2) $\cos x$, $x_0=\frac{\pi}{4}$;

(3) $\ln x$, $x_0=1$;

(4) $\frac{x}{x^2-5x+6}$, $x_0=5$;

(5) $\frac{1}{x^2}$, $x_0=3$;　　(6) $\cos\left(2x+\frac{\pi}{4}\right)$, $x_0=0$;

(7) $\frac{1}{4}\ln\frac{1+x}{1-x}+\frac{1}{2}\arctan x-x$, $x_0=0$;　　(8) $\frac{x}{(1-x^2)^2}$, $x_0=0$.

9. 求下列幂级数的和函数:

(1) $\sum_{n=0}^{\infty}(n+1)(n+2)x^n$;　　(2) $\sum_{n=1}^{\infty}(-1)^n n^2x^n$;

(3) $\sum_{n=1}^{\infty}\frac{1}{n(n+1)}x^n$;　　(4) $\sum_{n=1}^{\infty}(-1)^{n-1}\frac{x^{2n}}{(2n-1)3^{2n-1}}$;

(5) $\sum_{n=0}^{\infty}(2n+1)x^n$;　　(6) $\sum_{n=1}^{\infty}\frac{1}{n2^n}x^{n-1}$.

10. 利用幂级数求下列常数项级数的和:

(1) $\sum_{n=1}^{\infty}\frac{1}{(2n-1)2^{n-1}}$;　　(2) $\sum_{n=3}^{\infty}\frac{1}{(n-2)n2^n}$;

(3) $\sum_{n=0}^{\infty}(-1)^n(n^2-n+1)\frac{1}{2^n}$;　　(4) $\sum_{n=1}^{\infty}\frac{n(n+1)}{2^{n+1}}$.

11. 设 $f(x)=\sum_{n=1}^{\infty}n3^{n-1}x^{n-1}$.

(1) 证明 $f(x)$ 在 $\left(-\frac{1}{3},\frac{1}{3}\right)$ 内连续;　　(2) 计算 $\int_0^{1/8}f(x)\,\mathrm{d}x$.

12. 说明函数 f 在 x_0 处的 Taylor 公式、Taylor 级数以及 Taylor 展开式有什么区别和联系.

13. 求下列各数的近似值,精确到 10^{-4}:

(1) e;　　(2) $\cos 10^\circ$;

(3) $\int_0^1\cos\sqrt{x}\,\mathrm{d}x$;　　(4) $\int_0^{1/4}\sqrt{1+x^3}\,\mathrm{d}x$.

14. 利用 Euler 公式将 $\mathrm{e}^x\cos x$ 与 $\mathrm{e}^x\sin x$ 展开成 x 的幂级数.

15. 设有一半径为 a,电荷密度为 σ 的带电圆盘.证明在该圆盘的中轴线上距圆盘中心 R (R 充分大)处的电势 $V\approx\frac{\pi a^2\sigma}{R}$.

16. 若例 3.10 中,改为第 n 年年末提取 n^3 元,试求开始应存入的本金数.

(B)

1. 设幂级数 $\sum_{n=1}^{\infty}a_nx^n$ 的收敛区间为 $(-R,R)$,$0<R<+\infty$,并且在 $x=-R$ 处绝对收敛,证明它在 $[-R,R]$ 上一致收敛.

2. 证明:如果幂级数 $\sum_{n=0}^{\infty}a_n(x-x_0)^n$ 的和函数在 x_0 的邻域内恒等于 0,那么它的所有系数 a_n 都等于 0.

3. 如果正项级数 $\sum_{n=1}^{\infty}a_n$ 收敛,证明:$f(x)=\sum_{n=0}^{\infty}a_nx^n$ 在 $(-1,1)$ 上连续.

第四节 Fourier 级数

本节讨论另一类在理论上和应用中都有重要价值的函数项级数——Fourier 级数. Fourier 级数是一种三角级数,三角级数的一般形式为

$$\frac{a_0}{2}+\sum_{n=1}^{\infty}(a_n\cos nx+b_n\sin nx), \tag{4.1}$$

其中系数 a_0,a_n,b_n $(n=1,2,\cdots)$都是实常数.由于三角级数的通项是三角函数(正弦和余弦函数),因此,它是研究周期性物理现象的重要数学工具.本节主要讨论怎样将一个已知函数表示为三角级数的问题,也就是将函数展开为 Fourier 级数的问题.

4.1 周期函数与三角级数

在科学技术中,常常会遇到各种各样的周期现象.周期现象在数学上可用周期函数来近似描述.最简单的周期函数是正弦(或余弦)函数

$$y=A\sin(\omega x+\varphi),$$

它们描述了物理中的所谓简谐振动问题,其中 A,ω 和 φ 分别叫做振幅、频率和初位相.它的周期 $T=\frac{2\pi}{\omega}$,当 $\omega=1$ 时,$T=2\pi$,因此,又称之为正弦波或谐波.

考虑如下一列正弦函数:

$$A_1\sin(x+\varphi_1),\ A_2\sin(2x+\varphi_2),\ \cdots,\ A_n\sin(nx+\varphi_n),\ \cdots,$$

它们的共同周期为 2π.易见,两个周期为 2π 的正弦函数的叠加仍是一个周期为 2π 的周期函数.一般地,n 个周期为 2π 的正弦函数与常数 A_0 之和

$$S_n(x)=A_0+\sum_{k=1}^{n}A_k\sin(kx+\varphi_k)$$

(称为 **n 次三角多项式**)也是一个以 2π 为周期的周期函数.如果 $\lim\limits_{n\to\infty}S_n(x)=S(x)$,也就是说,由一周期为 2π 的正弦函数列所构成的级数

$$A_0+\sum_{n=1}^{\infty}A_n\sin(nx+\varphi_n)$$

收敛于 $S(x)$,那么和函数 $S(x)$ 还是以 2π 为周期的周期函数.

现在自然要提如下相反的问题:能否把一个给定的以 2π 为周期的周期函数 $f(x)$ 表示(展开)成一列正弦函数之和呢?也就是表达式

$$f(x)=A_0+\sum_{n=1}^{\infty}A_n\sin(nx+\varphi_n) \tag{4.2}$$

能否成立呢?如果能,那么,就可以通过简单的正弦函数来研究复杂的周期函数

$f(x)$ 的性质，用 n 次三角多项式来任意逼近周期函数 $f(x)$. 在物理上，就可以用简单的正弦波的叠加来研究各种复杂的周期现象，这是一件非常有意义的事情. 实际上，早在 1807 年，法国数学家和物理学家 Fourier 在研究热传导问题时就研究并解决了这个问题，后人因此称之为把函数 $f(x)$ 展开为 Fourier 级数. 下面就来讨论这个问题. 由于

$$A_n\sin(nx+\varphi_n)=A_n(\sin nx\cos\varphi_n+\cos nx\sin\varphi_n)=a_n\cos nx+b_n\sin nx,$$

其中 $a_n=A_n\sin\varphi_n, b_n=A_n\cos\varphi_n\ (n=1,2,\cdots)$. 为与今后得到的系数公式统一起见，记 $A_0=\dfrac{a_0}{2}$，那么 (4.2) 式右端的级数就变成三角级数 (4.1) 的形式了. 因此，上面的问题就变为能否将一个周期为 2π 的周期函数 $f(x)$ 展开为形如 (4.1) 式的三角级数. 为了研究这类问题，也需要解决两个问题：

(1) $f(x)$ 满足什么条件时，才能展开成三角级数 (4.1)？

(2) 如果 $f(x)$ 能展开成三角级数，展开式中的系数 $a_0, a_n, b_n\ (n=1,2,\cdots)$ 如何计算？

4.2 三角函数系的正交性与 Fourier 级数

首先讨论问题 (2). 我们知道，三角级数 (4.1) 是由函数系

$$\{1,\cos x,\sin x,\cos 2x,\sin 2x,\cdots,\cos nx,\sin nx,\cdots\}$$

构成的，通常称之为**三角函数系**. 这个函数系有一个非常重要的性质：其中任意两个不同函数的乘积在 $[-\pi,\pi]$ 上的积分等于零，而任一函数的平方在 $[-\pi,\pi]$ 上的积分都不等于零. 即 $\forall m,n\in\mathbf{N}_+$,

$$\int_{-\pi}^{\pi}\cos nx\mathrm{d}x=0,\qquad \int_{-\pi}^{\pi}\sin nx\mathrm{d}x=0;$$

$$\int_{-\pi}^{\pi}\cos mx\cos nx\mathrm{d}x=0,\quad \int_{-\pi}^{\pi}\sin mx\sin nx\mathrm{d}x=0\quad(m\neq n),\quad \int_{-\pi}^{\pi}\sin mx\cos nx\mathrm{d}x=0;$$

$$\int_{-\pi}^{\pi}\cos^2 nx\mathrm{d}x=\int_{-\pi}^{\pi}\sin^2 nx\mathrm{d}x=\pi,\qquad \int_{-\pi}^{\pi}1^2\mathrm{d}x=2\pi.$$

读者不难用积分法直接证明上述等式. 而且，根据三角函数的周期性，它们在长为一个周期的任何区间 $[a,a+2\pi]$ (a 为常数) 上都成立.

一般地，若 $f,g\in\mathscr{R}[a,b]$，且 $\int_a^b f(x)g(x)\mathrm{d}x=0$，则称函数 f 与 g 在 $[a,b]$ 上**正交**. 设 $\{f_n\}$ 是区间 $[a,b]$ 上的一个函数列，若其中任意两个不同的函数在 $[a,b]$ 上正交，且 $\int_a^b f_n^2(x)\mathrm{d}x\neq 0\ (n=1,2,\cdots)$，则称 $\{f_n\}$ 是 $[a,b]$ 上的**正交函数系**. 三角函数系的上述性质表明，它在长

二维码 7.4.1 怎样理解函数的正交性概念.

为一个周期的任何区间$[a,a+2\pi]$上都构成一个正交函数系.两个函数正交的概念是两个向量正交的推广.

利用三角函数的正交性可以解决问题(2).设f是以2π为周期的可积函数,由于周期性,只要在$[-\pi,\pi]$上讨论就可以了.假定f在$[-\pi,\pi]$上能展开为三角级数,即

$$f(x)=\frac{a_0}{2}+\sum_{n=1}^{\infty}(a_n\cos nx+b_n\sin nx), \tag{4.3}$$

并且假定右端级数在$[-\pi,\pi]$上一致收敛于f.在(4.3)式两端同乘$\cos kx\ (k=0,1,2,\cdots)$,并在$[-\pi,\pi]$上逐项积分,得

$$\int_{-\pi}^{\pi}f(x)\cos kx\mathrm{d}x=\frac{a_0}{2}\int_{-\pi}^{\pi}\cos kx\mathrm{d}x+\sum_{n=1}^{\infty}\left(a_n\int_{-\pi}^{\pi}\cos nx\cos kx\mathrm{d}x+b_n\int_{-\pi}^{\pi}\sin nx\cos kx\mathrm{d}x\right).$$

根据正交性,当$k=0$时,

$$\int_{-\pi}^{\pi}f(x)\mathrm{d}x=\frac{a_0}{2}\int_{-\pi}^{\pi}\mathrm{d}x=\pi a_0,$$

从而得

$$a_0=\frac{1}{\pi}\int_{-\pi}^{\pi}f(x)\mathrm{d}x;$$

当$k\neq0$时,

$$\int_{-\pi}^{\pi}f(x)\cos kx\mathrm{d}x=a_k\int_{-\pi}^{\pi}\cos^2kx\mathrm{d}x=\pi a_k,$$

从而得

$$a_k=\frac{1}{\pi}\int_{-\pi}^{\pi}f(x)\cos kx\mathrm{d}x\quad(k=1,2,\cdots).$$

类似地,用$\sin kx$同乘(4.3)式两端,并逐项积分可得

$$b_k=\frac{1}{\pi}\int_{-\pi}^{\pi}f(x)\sin kx\mathrm{d}x\quad(k=1,2,\cdots).$$

将上面的结果合并起来就得到系数公式:

$$\boxed{\begin{aligned}a_k&=\frac{1}{\pi}\int_{-\pi}^{\pi}f(x)\cos kx\mathrm{d}x\quad(k=0,1,2,\cdots),\\ b_k&=\frac{1}{\pi}\int_{-\pi}^{\pi}f(x)\sin kx\mathrm{d}x\quad(k=1,2,\cdots).\end{aligned}} \tag{4.4}$$

称(4.4)式为**Euler-Fourier 公式**,系数由这个公式确定的三角级数称为f的**Fourier 级数**,这些系数称为f的**Fourier 系数**.

系数公式(4.4)是在f能展开为(4.3)式并且右端的三角级数一致收敛于f的条

件下求得的，但仅从公式本身来看，只要 f 在 $[-\pi,\pi]$ 上可积，就可以按此公式计算出系数 a_k 与 b_k，并唯一地写出 f 的 Fourier 级数，即

$$f(x)\sim\frac{a_0}{2}+\sum_{n=1}^{\infty}(a_n\cos nx+b_n\sin nx).$$

至于这个级数是否收敛；如果收敛，是否收敛于 f 的问题还需要进一步研究. 一旦证明了该级数收敛，而且收敛于 f 之后，就可以把上式中的符号“~”换成等号“=”. 因此，下面我们来研究问题(1).

4.3 周期函数的 Fourier 展开

函数的 Fourier 级数的收敛性问题是一个相当复杂的理论问题，至今还没有便于应用的判别敛散性的充要条件，下面不加证明地给出一个应用较为广泛的充分条件. 为此，先说明什么叫分段单调函数. 设有函数 $f:[a,b]\to\mathbf{R}$，如果在 $[a,b]$ 内插入 $n-1$ 个分点

$$a=x_0<x_1<x_2<\cdots<x_{n-1}<x_n=b,$$

能使 f 在每个开子区间 (x_{k-1},x_k) 内都单调，那么就称 f 在 $[a,b]$ 上**分段单调**(图 7.5).

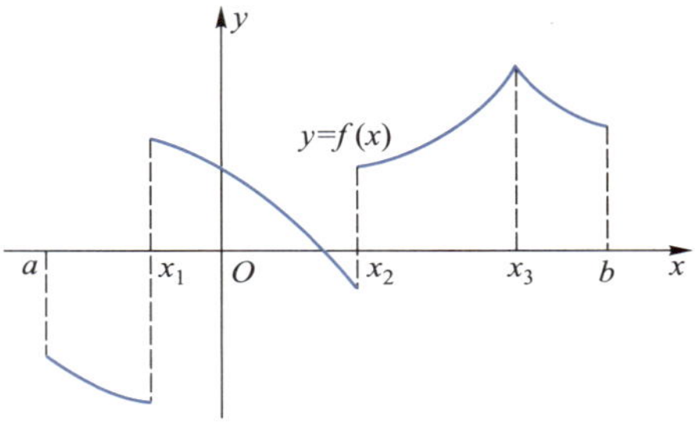

图 7.5

Dirichlet 定理 设函数 f 在 $[-\pi,\pi]$ 上分段单调，而且除有限个第一类间断点外都是连续的，那么它的 Fourier 级数在 $[-\pi,\pi]$ 上收敛，且其和函数为

$$S(x)=\begin{cases}f(x), & x\text{ 是 }f\text{ 的连续点},\\ \dfrac{f(x-0)+f(x+0)}{2}, & x\text{ 是 }f\text{ 的间断点},\\ \dfrac{f(-\pi+0)+f(\pi-0)}{2}, & x=\pm\pi.\end{cases}$$

注意：由 Dirichlet 定理易见：(1) 将函数 f 展开为 Fourier 级数的条件比展开为 Taylor 级数的条件要弱得多；(2) 只要函数 f 满足 Dirichlet 条件，不论 x 是连续点还是间断点，它的 Fourier 级数都收敛，但其和函数不一定等于该点的函数值，在间断点处仅等于 f 在该点处左、右极限的算术平均值.

在上述定理中，虽然并非对 $[-\pi,\pi]$ 上的每个点 x，$f(x)$ 的 Fourier 级数都收敛于 $f(x)$ 自身，但为方便起见，常把定理中的三种收敛情形都说成是 f 的 Fourier 级数在 $[-\pi,\pi]$ 上收敛于 f，或者 f 在 $[-\pi,\pi]$ 上**被展开为 Fourier 级数**.

定理中的条件称为 **Dirichlet 条件**，它是判别收敛性的一个充分条件. 在实际应用中，很多函数都能满足这个条件.

还应当指出的是，虽然定理中的 f 仅定义在 $[-\pi,\pi]$ 上，但由于 Fourier 级数的各

项是以 2π 为周期的函数,所以它的和函数也是以 2π 为周期的函数. 只要将 f 按照周期 2π 向左右两侧作周期延拓,即在每个区间 $[(2n-1)\pi,(2n+1)\pi)$ $(n=\pm1,\pm2,\cdots)$ 上重复取它在 $[-\pi,\pi)$ 上的值,那么它的 Fourier 级数就在整个数轴上都收敛于 f 了,即有

$$f(x)=\frac{a_0}{2}+\sum_{n=1}^{\infty}(a_n\cos nx+b_n\sin nx),\quad x\in(-\infty,+\infty).$$

此时,就说 f 在整个数轴上被展开为 Fourier 级数,上式右端的级数也称为 f 在 $(-\infty,+\infty)$ 上的 **Fourier 展开式**.

注意: 函数 f 的 Fourier 级数与函数 f 的 Fourier 展开式是两个不同的概念. 前者是指系数由公式(4.4)确定的三角级数,并不要求该级数收敛于 f,而后者则要求该级数收敛,且在连续点收敛于 f.

特别地,如果 f 在 $[-\pi,\pi]$ 上是奇函数,那么由于 $f(x)\cos nx$ 也是奇函数,而 $f(x)\sin nx$ 是偶函数,所以

$$a_n=\frac{1}{\pi}\int_{-\pi}^{\pi}f(x)\cos nx\mathrm{d}x=0\quad(n=0,1,2,\cdots),$$

$$b_n=\frac{1}{\pi}\int_{-\pi}^{\pi}f(x)\sin nx\mathrm{d}x=\frac{2}{\pi}\int_{0}^{\pi}f(x)\sin nx\mathrm{d}x\quad(n=1,2,\cdots).$$

从而,它的 Fourier 展开式变为

$$f(x)=\sum_{n=1}^{\infty}b_n\sin nx,\quad x\in(-\infty,+\infty).$$

由此可见,奇函数的 Fourier 展开式只含正弦项,称这种级数为 f 的 **Fourier 正弦级数**.

类似可知,如果 f 在 $[-\pi,\pi]$ 上是偶函数,那么它的 Fourier 展开式中只含余弦项. 即

$$f(x)=\frac{a_0}{2}+\sum_{n=1}^{\infty}a_n\cos nx,\quad x\in(-\infty,+\infty),$$

其中

$$a_n=\frac{2}{\pi}\int_{0}^{\pi}f(x)\cos nx\mathrm{d}x\quad(n=0,1,2,\cdots),$$

称它为 f 的 **Fourier 余弦级数**.

例 4.1 设 f 是以 2π 为周期的函数,它在 $(-\pi,\pi]$ 上的定义为

$$f(x)=\begin{cases}0, & -\pi<x<0,\\ x, & 0\leqslant x\leqslant\pi.\end{cases}$$

求 f 的 Fourier 展开式.

解 函数 f 的图像如图 7.6 所示. 显然,它在 $[-\pi,\pi]$ 上满足 Dirichlet 条件. 根据系数公式(4.4)得

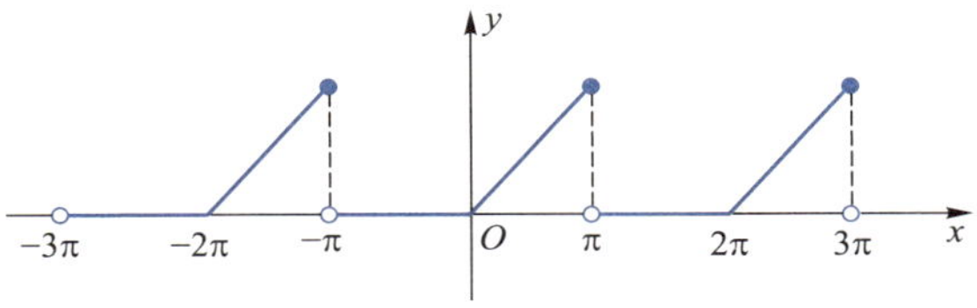

图 7.6

$$a_0=\frac{1}{\pi}\int_{-\pi}^{\pi}f(x)\mathrm{d}x=\frac{1}{\pi}\int_0^{\pi}x\mathrm{d}x=\frac{\pi}{2},$$

$$a_n=\frac{1}{\pi}\int_{-\pi}^{\pi}f(x)\cos nx\mathrm{d}x=\frac{1}{\pi}\int_0^{\pi}x\cos nx\mathrm{d}x$$

$$=\frac{1}{\pi}\left[\frac{x\sin nx}{n}\bigg|_0^{\pi}-\int_0^{\pi}\frac{\sin nx}{n}\mathrm{d}x\right]=\frac{(-1)^n-1}{n^2\pi}=\begin{cases}-\dfrac{2}{n^2\pi}, & n\text{ 为奇数},\\ 0, & n\text{ 为偶数},\end{cases}$$

$$b_n=\frac{1}{\pi}\int_{-\pi}^{\pi}f(x)\sin nx\mathrm{d}x=\frac{1}{\pi}\int_0^{\pi}x\sin nx\mathrm{d}x$$

$$=\frac{1}{\pi}\left[\frac{-x\cos nx}{n}\bigg|_0^{\pi}+\frac{1}{n}\int_0^{\pi}\cos nx\mathrm{d}x\right]=\frac{(-1)^{n+1}}{n}=\begin{cases}\dfrac{1}{n}, & n\text{ 为奇数},\\ -\dfrac{1}{n}, & n\text{ 为偶数}.\end{cases}$$

因此，根据 Dirichlet 定理，当 $x\in(-\pi,\pi)$ 时，

$$f(x)=\frac{\pi}{4}-\left(\frac{2}{\pi}\cos x-\sin x\right)-\frac{\sin 2x}{2}-\left(\frac{2}{3^2\pi}\cos 3x-\frac{1}{3}\sin 3x\right)-\cdots$$

$$=\frac{\pi}{4}-\sum_{k=1}^{\infty}\left[\frac{2}{(2k-1)^2\pi}\cos(2k-1)x+\frac{(-1)^k}{k}\sin kx\right].$$

当 $x=\pm\pi$ 时，f 的 Fourier 级数收敛于

$$\frac{1}{2}[f(-\pi+0)+f(\pi-0)]=\frac{\pi}{2}.$$

易见，在整个数轴上，函数 f 的 Fourier 级数除了在点 $x=n\pi\ (n=\pm1,\pm3,\pm5,\cdots)$ 处收敛于 $\frac{\pi}{2}$ 外，在其余各点 x 处都收敛于 $f(x)$. ▌

想一想：

画出例 4.1 中函数 $f(x)$ 的 Fourier 级数的和函数的图像，并与 $f(x)$ 的图像加以比较，指出它们之间有何不同.

在此例中，由于 f 的 Fourier 级数在 $x=n\pi\ (n=\pm1,\pm3,\pm5,\cdots)$ 处收敛于 $\frac{\pi}{2}$，将它们代入 f 的 Fourier 级数，便得到了一个常数项级数的和，即

$$\sum_{n=1}^{\infty}\frac{1}{(2n-1)^2}=\frac{\pi^2}{8}.$$

例 4.2 设$f(x)$的周期为2π,它在$[-\pi,\pi)$上的定义为

$$f(x)=\begin{cases}0, & -\pi\leqslant x<0,\\ 1, & 0\leqslant x<\pi,\end{cases}$$

求$f(x)$的 Fourier 级数及此 Fourier 级数的和函数$S(x)$.

解 显然f满足 Dirichlet 条件,根据系数公式(4.4),

$$a_0=\frac{1}{\pi}\int_{-\pi}^{\pi}f(x)\mathrm{d}x=\frac{1}{\pi}\int_0^{\pi}\mathrm{d}x=1,$$

$$a_n=\frac{1}{\pi}\int_{-\pi}^{\pi}f(x)\cos nx\mathrm{d}x=\frac{1}{\pi}\int_0^{\pi}\cos nx\mathrm{d}x=0\quad(n=1,2,\cdots),$$

$$b_n=\frac{1}{\pi}\int_{-\pi}^{\pi}f(x)\sin nx\mathrm{d}x=\frac{1}{\pi}\int_0^{\pi}\sin nx\mathrm{d}x=\frac{1-(-1)^n}{n\pi}=\begin{cases}\dfrac{2}{n\pi}, & n\text{ 为奇数},\\ 0, & n\text{ 为偶数}.\end{cases}$$

所以,$f(x)$的 Foruier 级数为 $\dfrac{1}{2}+\dfrac{2}{\pi}\sum\limits_{k=1}^{\infty}\dfrac{\sin(2k-1)x}{2k-1}$. 根据 Dirichlet 定理,它在$[-\pi,\pi]$上收敛于和函数

$$S(x)=\begin{cases}0, & -\pi<x<0,\\ 1, & 0<x<\pi,\\ \dfrac{1}{2}, & x=0,\ \pm\pi.\end{cases}$$

由于$f(x)$是以2π为周期的函数,所以它的 Fourier 级数在$(-\infty,+\infty)$上除去$x=n\pi\ (n=0,\pm1,\pm2,\cdots)$的点处都收敛于$f(x)$,在点$x=n\pi$处收敛于$\dfrac{1}{2}$. ▌

前面已经指出,在 Dirichlet 定理中,$f(x)$的 Fourier 级数并非处处收敛于$f(x)$,更不一定一致收敛于$f(x)$,这种情况在上面两个例子中也可以很清楚地看到.例如,在例 4.2 中$f(x)$的 Fourier 级数的前三个部分和为

$$S_1(x)=\frac{1}{2}+\frac{2}{\pi}\sin x,\quad S_2(x)=\frac{1}{2}+\frac{2}{\pi}\left(\sin x+\frac{\sin 3x}{3}\right),$$

$$S_3(x)=\frac{1}{2}+\frac{2}{\pi}\left(\sin x+\frac{\sin 3x}{3}+\frac{\sin 5x}{5}\right).$$

从它们的图像(图 7.7)易见,虽然从局部上看,在某些点处(如$x=0,\pm\pi$等)$S_n(x)$与$f(x)$的值相差甚大,可能等于$\dfrac{1}{2}$,但是从整体上看,随着n的增大,$S_n(x)$的图像越

来越逼近于 $f(x)$ 的图像，因此，$S_n(x)$ 不失为是对 $f(x)$ 的一种很好的逼近！为了从数量关系上讨论这种逼近，人们采用 $\left(\int_{-\pi}^{\pi}[f(x)-S_n(x)]^2\mathrm{d}x\right)^{\frac{1}{2}}$ 来刻画它们之间的误差. 粗略地说，就是用在 $[-\pi,\pi]$ 上各点处 $S_n(x)$ 近似代替 $f(x)$ 产生的误差 $|f(x)-S_n(x)|$ 的平方在 $[-\pi,\pi]$ 上无限累加后再开方来度量. 这就是所谓的**平均平方逼近**，简称**均方逼近**. 因此，将函数 f 展开为它的 Fourier 级数，实际上就是用 f 的 Fourier 三角多项式来均方逼近 f. 可以证明，在所有的三角多项式中，f 的 Fourier 三角多项式是对 f 的最佳均方逼近.

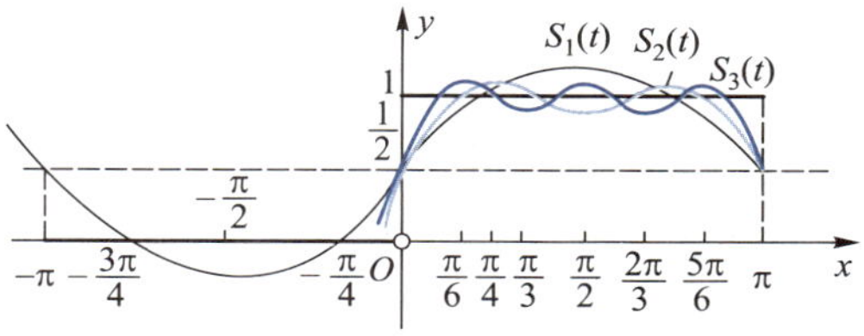

图 7.7

二维码 7.4.2
怎样理解函数 Fourier 级数的均方逼近.

例 4.3　设 f 是以 2π 为周期的函数，它在 $[-\pi,\pi)$ 上的定义为

$$f(x)=\begin{cases}-\dfrac{A}{\pi}x, & -\pi\leqslant x<0,\\ \dfrac{A}{\pi}x, & 0\leqslant x<\pi,\end{cases}$$

求 f 的 Fourier 展开式，其中 A 为常数.

解　函数 f 的图像如图 7.8 所示，电子学中称之为**三角波**. 显然，它在 $[-\pi,\pi]$ 上满足 Dirichlet 条件（以后所给函数均满足此条件，不再一一说明）.

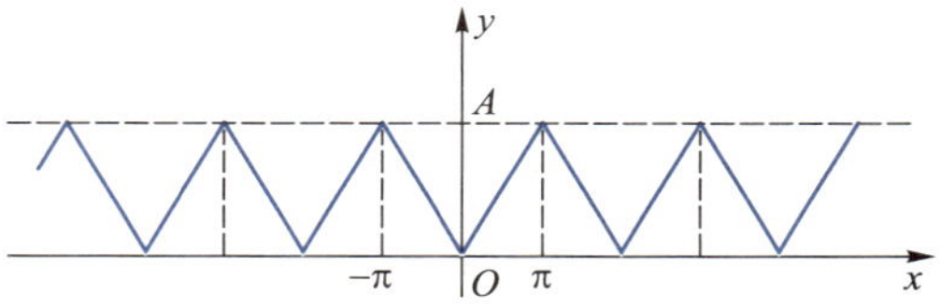

图 7.8

由于它是偶函数，所以 $b_n=0\ (n=1,2,\cdots)$. 而

$$a_0=\frac{2}{\pi}\int_0^{\pi}f(x)\mathrm{d}x=\frac{2}{\pi}\int_0^{\pi}\frac{A}{\pi}x\mathrm{d}x=A,$$

$$a_n=\frac{2}{\pi}\int_0^{\pi}f(x)\cos nx\mathrm{d}x=\frac{2}{\pi}\int_0^{\pi}\frac{A}{\pi}x\cos nx\mathrm{d}x=\frac{2A}{\pi^2}\left[\frac{x\sin nx}{n}\bigg|_0^{\pi}-\int_0^{\pi}\frac{\sin nx}{n}\mathrm{d}x\right]$$

$$=\frac{2A}{n^2\pi^2}[(-1)^n-1]=\begin{cases}0, & n\text{ 为偶数},\\ -\dfrac{4A}{n^2\pi^2}, & n\text{ 为奇数}.\end{cases}$$

从而得 f 的 Fourier 展开式为

$$f(x)=\frac{A}{2}-\frac{4A}{\pi^2}\sum_{k=1}^{\infty}\frac{\cos(2k-1)x}{(2k-1)^2},\quad x\in(-\infty,+\infty).\quad \blacksquare$$

下面讨论周期为 $2l$（l 为任意实数）的函数如何展开为 Fourier 级数的问题. 设 f 是周期为 $2l$ 的函数，并且在 $[-l,l]$ 上满足 Dirichlet 条件. 为了求得它的 Fourier 展开

式,我们先通过变量代换将该问题转化为周期为 2π 函数的 Fourier 展开问题.令 $x=\frac{l}{\pi}t$,则 $f(x)=f\left(\frac{l}{\pi}t\right)$.若记 $g(t)=f\left(\frac{l}{\pi}t\right)$,不难验证,$g$ 就是一个周期为 2π 的函数,并且在 $[-\pi,\pi]$ 上满足 Dirichlet 条件.根据 Dirichlet 定理,它的 Fourier 级数在 $[-\pi,\pi]$ 上收敛于 g (此处收敛的含义也包含该定理中的三种情形),即

$$g(t)=\frac{a_0}{2}+\sum_{n=1}^{\infty}(a_n\cos nt+b_n\sin nt),$$

其中

$$a_n=\frac{1}{\pi}\int_{-\pi}^{\pi}f\left(\frac{l}{\pi}t\right)\cos nt\mathrm{d}t\quad(n=0,1,2,\cdots),$$

$$b_n=\frac{1}{\pi}\int_{-\pi}^{\pi}f\left(\frac{l}{\pi}t\right)\sin nt\mathrm{d}t\quad(n=1,2,\cdots).$$

再将变量换回到 x 便得 f 在 $[-l,l]$ 上的 Fourier 展开式

$$f(x)=\frac{a_0}{2}+\sum_{n=1}^{\infty}\left(a_n\cos\frac{n\pi x}{l}+b_n\sin\frac{n\pi x}{l}\right),\tag{4.5}$$

其中系数 a_n 与 b_n 可由下面的公式求得

$$\begin{cases}a_n=\dfrac{1}{l}\displaystyle\int_{-l}^{l}f(x)\cos\frac{n\pi x}{l}\mathrm{d}x\quad(n=0,1,2,\cdots),\\ b_n=\dfrac{1}{l}\displaystyle\int_{-l}^{l}f(x)\sin\frac{n\pi x}{l}\mathrm{d}x\quad(n=1,2,\cdots).\end{cases}\tag{4.6}$$

若 f 定义在有限区间 $[-l,l]$ 上,关于对 f 作周期延拓以及 f 为奇函数或偶函数的情形如何展开等问题与 f 为以 2π 为周期的函数类似,不再一一重述.

例 4.4 将以 4 为周期,在 $[-2,2]$ 上定义为

$$f(x)=\begin{cases}\dfrac{1}{2\delta}, & |x|<\delta,\\ 0, & \delta\leqslant|x|\leqslant 2\end{cases}$$

的函数 f 展开为 Fourier 级数.

解 f 的图像如图 7.9 所示,电子学中称之为**矩形脉冲**.

由于它是偶函数,所以 $b_n=0$ $(n=1,2,\cdots)$,而

$$a_0=\frac{2}{l}\int_0^l f(x)\mathrm{d}x=\int_0^{\delta}\frac{1}{2\delta}\mathrm{d}x=\frac{1}{2},$$

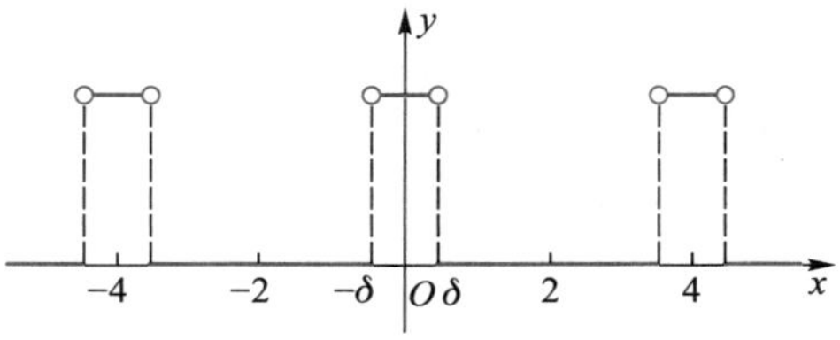

图 7.9

$$a_n = \frac{2}{l}\int_0^l f(x)\cos\frac{n\pi x}{l}\mathrm{d}x = \int_0^{\delta}\frac{1}{2\delta}\cos\frac{n\pi x}{2}\mathrm{d}x = \frac{1}{n\pi\delta}\sin\frac{n\pi\delta}{2}\quad (n=1,2,\cdots).$$

因此,当 $x\in[-2,-\delta)\cup(-\delta,\delta)\cup(\delta,2]$ 时,

$$f(x) = \frac{1}{4} + \frac{1}{\pi\delta}\sum_{n=1}^{\infty}\frac{1}{n}\sin\frac{n\pi\delta}{2}\cos\frac{n\pi x}{2};$$

当 $x=\pm\delta$ 时,它的 Fourier 级数收敛于 $\frac{1}{4\delta}$. ▌

4.4　定义在 $[0,l]$ 上函数的 Fourier 展开

设函数 f 定义在区间 $[0,l]$ 上,周期为 $2l$,并且满足 Dirichlet 条件. 为了求它的 Fourier 展开式,将它任意延拓到区间 $[-l,0)$ 上,即在 $[-l,0)$ 上对函数 f 作任意补充定义,得到一个定义在 $[-l,l]$ 上的辅助函数 F,使得 F 在 $[-l,l]$ 上满足 Dirichlet 条件,并且在 $[0,l]$ 上等于 f. 只要我们能将 F 在 $[-l,l]$ 上展开为 Fourier 级数,那么就得到 f 在 $[0,l]$ 上的 Fourier 展开式.

在理论上,延拓的方式有无穷多种,可以根据问题不同的要求采用不同的延拓方式,但常用的是下面两种:

1. 偶延拓

如果要求将 f 在 $[0,l]$ 上展开成 Fourier 余弦级数,可采用偶延拓的方式,就是使 F 是 $[-l,l]$ 上的偶函数,即

$$F(x) = \begin{cases} f(x), & 0\leqslant x\leqslant l, \\ f(-x), & -l\leqslant x<0. \end{cases}$$

二维码 7.4.3 函数展开为 Fourier 级数的方法.

将 F 在 $[-l,l]$ 上展开为 Fourier 级数,得

$$b_n = 0\quad (n=1,2,\cdots),$$

$$a_n = \frac{2}{l}\int_0^l f(x)\cos\frac{n\pi x}{l}\mathrm{d}x\quad (n=0,1,2,\cdots).$$

从而可知

$$f(x) = \frac{a_0}{2} + \sum_{n=1}^{\infty}a_n\cos\frac{n\pi x}{l}$$

就是 f 在 $[0,l]$ 上的 Fourier 余弦展开式.

2. 奇延拓

如果要求将 f 在 $[0,l]$ 上展开为 Fourier 正弦级数,可采用奇延拓的方式,就是使 F 是 $[-l,l]$ 上的奇函数,即

$$F(x)=\begin{cases}f(x), & 0<x\leqslant l,\\ -f(-x), & -l\leqslant x<0.\end{cases}$$

根据奇函数的定义,必须有 $f(0)=0$. 如果 f 不满足这个条件,那么首先应当改变它在 $x=0$ 的值,使它符合这个要求,然后再将 F 在 $[-l,l]$ 上展开,得

$$a_n=0\quad(n=0,1,2,\cdots),$$

$$b_n=\frac{2}{l}\int_0^l f(x)\sin\frac{n\pi x}{l}\mathrm{d}x\quad(n=1,2,\cdots).$$

从而可知,f 在 $[0,l]$ 上的 Fourier 正弦展开式就是

$$f(x)=\sum_{n=1}^{\infty}b_n\sin\frac{n\pi x}{l}.$$

从上面讨论可见,无论是偶延拓还是奇延拓,在计算展开式的系数时,只用到 f 在 $[0,l]$ 上的值. 所以,在解题过程中并不需要具体作出辅助函数 F,只要指明采用哪一种延拓方式就够了.

例 4.5 将函数

$$f(x)=\begin{cases}x, & 0\leqslant x\leqslant 1,\\ 2-x, & 1<x\leqslant 2\end{cases}$$

在 $[0,2]$ 上展开为周期为 4 的 Fourier 正弦级数.

解 根据要求,本题应采用奇延拓. 因此有

$$a_n=0\quad(n=0,1,2,\cdots),$$

$$b_n=\int_0^2 f(x)\sin\frac{n\pi x}{2}\mathrm{d}x=\int_0^1 x\sin\frac{n\pi x}{2}\mathrm{d}x+\int_1^2(2-x)\sin\frac{n\pi x}{2}\mathrm{d}x$$

$$=-\frac{2}{n\pi}\left(x\cos\frac{n\pi x}{2}\Big|_0^1-\int_0^1\cos\frac{n\pi x}{2}\mathrm{d}x\right)-\frac{4}{n\pi}\cos\frac{n\pi x}{2}\Big|_1^2+\frac{2}{n\pi}\left(x\cos\frac{n\pi x}{2}\Big|_1^2-\int_1^2\cos\frac{n\pi x}{2}\mathrm{d}x\right)$$

$$=\frac{8}{n^2\pi^2}\sin\frac{n\pi}{2}=\begin{cases}(-1)^k\dfrac{8}{n^2\pi^2}, & n=2k+1,\\ 0, & n=2k\end{cases}\quad(k=0,1,2,\cdots).$$

从而得

$$f(x)=\frac{8}{\pi^2}\sum_{k=0}^{\infty}\frac{(-1)^k}{(2k+1)^2}\sin\frac{(2k+1)\pi x}{2},\quad x\in[0,2].\ \blacksquare$$

☞二维码 7.4.4 将函数展开为 Fourier 级数与 Taylor 级数有哪些不同.

*4.5 Fourier 级数的复数形式

在实际应用中,将 Fourier 级数化成复数形式更为方便.

设 f 是在 $[-l,l]$ 上满足 Dirichlet 条件、周期为 $2l$ 的函数,那么,它可以展开为形

如(4.5)式的 Fourier 级数,系数 a_n 与 b_n 由(4.6)式确定.令 $\omega=\dfrac{\pi}{l}$,则由 Euler 公式,

$$\cos\frac{n\pi x}{l}=\cos n\omega x=\frac{1}{2}(\mathrm{e}^{\mathrm{i}n\omega x}+\mathrm{e}^{-\mathrm{i}n\omega x}),$$

$$\sin\frac{n\pi x}{l}=\sin n\omega x=\frac{1}{2\mathrm{i}}(\mathrm{e}^{\mathrm{i}n\omega x}-\mathrm{e}^{-\mathrm{i}n\omega x}).$$

代入(4.5)式得

$$\begin{aligned}f(x)&=\frac{a_0}{2}+\sum_{n=1}^{+\infty}\left[\frac{a_n}{2}(\mathrm{e}^{\mathrm{i}n\omega x}+\mathrm{e}^{-\mathrm{i}n\omega x})-\frac{b_n\mathrm{i}}{2}(\mathrm{e}^{\mathrm{i}n\omega x}-\mathrm{e}^{-\mathrm{i}n\omega x})\right]\\&=\frac{a_0}{2}+\sum_{n=1}^{+\infty}\left(\frac{a_n-\mathrm{i}b_n}{2}\mathrm{e}^{\mathrm{i}n\omega x}+\frac{a_n+\mathrm{i}b_n}{2}\mathrm{e}^{-\mathrm{i}n\omega x}\right).\end{aligned}$$

把上式中各项系数分别记成

$$C_0=\frac{a_0}{2},\quad C_n=\frac{a_n-\mathrm{i}b_n}{2},\quad C_{-n}=\frac{a_n+\mathrm{i}b_n}{2}(n=1,2,\cdots),$$

那么,f 的 Fourier 展开式就可以写成更简洁的复数形式:

$$f(x)=\sum_{n=0}^{+\infty}C_n\mathrm{e}^{\mathrm{i}n\omega x}+\sum_{n=1}^{+\infty}C_{-n}\mathrm{e}^{-\mathrm{i}n\omega x}=\sum_{n=-\infty}^{+\infty}C_n\mathrm{e}^{\mathrm{i}n\omega x},\tag{4.7}$$

其中

$$C_0=\frac{a_0}{2}=\frac{1}{2l}\int_{-l}^{l}f(x)\,\mathrm{d}x,$$

$$\begin{aligned}C_{\pm n}&=\frac{a_n\mp\mathrm{i}b_n}{2}=\frac{1}{2l}\int_{-l}^{l}f(x)(\cos n\omega x\mp\mathrm{i}\sin n\omega x)\,\mathrm{d}x\\&=\frac{1}{2l}\int_{-l}^{l}f(x)\mathrm{e}^{\mp\mathrm{i}n\omega x}\,\mathrm{d}x\quad(n=1,2,\cdots),\end{aligned}$$

也能写成统一的形式

$$C_n=\frac{1}{2l}\int_{-l}^{l}f(x)\mathrm{e}^{-\mathrm{i}n\omega x}\,\mathrm{d}x\quad(n=0,\ \pm1,\ \pm2,\cdots).\tag{4.8}$$

函数 f 的 Fourier 级数的复数形式与实数形式没有本质上的差异,但应用上常常更为方便.例如,在电子技术中,可以利用它来作频谱分析.本节开始就曾指出,为了研究复杂的周期现象,常常将一个描写该周期现象的周期函数 f 展开为 Fourier 级数.在物理上就是将一个复杂的周期波 f (非正弦波)分解为一系列不同频率的简单正弦波(谐波)的叠加,这些正弦波的频率通常称为 f 的**频率成分**.在工程应用中,经常需要分析各种频率成分的正弦波振幅的大小,称之为**频谱分析**.

在 f 的 Fourier 展开式中,$\dfrac{a_0}{2}$ 称为非正弦波 f 的**直流分量**,与 f 同频率的正弦波

$a_1\cos\omega x+b_1\sin\omega x$ 称为**基波**，而 $a_n\cos n\omega x+b_n\sin n\omega x=A_n\sin(n\omega x+\varphi_n)$（其中 $A_n=\sqrt{a_n^2+b_n^2}$）称为 n **阶谐波**.在复数形式(4.7)中，由于

$$|C_n|=|C_{-n}|=\frac{1}{2}\sqrt{a_n^2+b_n^2}=\frac{1}{2}A_n,$$

因此，系数 C_n 与 C_{-n} 直接反映了 n 阶谐波振幅 A_n 的大小.通常称 A_n 为周期波（或信号）f 的**振幅频谱**，简称为**频谱**.在作频谱分析时，根据各阶谐波的振幅与频率之间的函数关系画出相应的频谱图.例如，考察例 4.4 中的矩形脉冲，将它的 Fourier 级数与 Fourier 系数化成复数形式，得

$$C_0=\frac{a_0}{2}=\frac{1}{4},$$

$$C_n=\frac{a_n-\mathrm{i}b_n}{2}=\frac{1}{2n\pi\delta}\sin\frac{n\pi\delta}{2}\quad(n=\pm1,\ \pm2,\cdots),$$

$$f(x)=\frac{1}{4}+\frac{1}{2\pi\delta}\sum_{\substack{n=-\infty\\(n\neq0)}}^{+\infty}\frac{1}{n}\sin\frac{n\pi\delta}{2}\mathrm{e}^{\mathrm{i}n\omega x},\quad x\in[-2,2]\setminus\{-\delta,\delta\}.$$

有了 C_n，就容易画出它的频谱图.取脉冲宽度 $2\delta=\frac{T}{3}$，即 $\delta=\frac{T}{6}=\frac{2}{3}$（本题中 $T=4$），则

$$|C_n|=\frac{3}{4\pi|n|}\left|\sin\frac{n\pi}{3}\right|\quad(n=\pm1,\ \pm2,\cdots).$$

列表如下：

n	0	1	2	3	4	5	6	7	…
$\|C_n\|$	$\frac{1}{4}$（直流分量）	$\frac{3\sqrt{3}}{8\pi}$	$\frac{3\sqrt{3}}{8\pi}\cdot\frac{1}{2}$	0	$\frac{3\sqrt{3}}{8\pi}\cdot\frac{1}{4}$	$\frac{3\sqrt{3}}{8\pi}\cdot\frac{1}{5}$	0	$\frac{3\sqrt{3}}{8\pi}\cdot\frac{1}{7}$	…

画出矩形脉冲的频谱图如图 7.10 所示，它是一条一条离散的谱线.随着谐波阶数 n 的增大，振幅很快减小，并且当 $n\to\infty$ 时趋于 0.

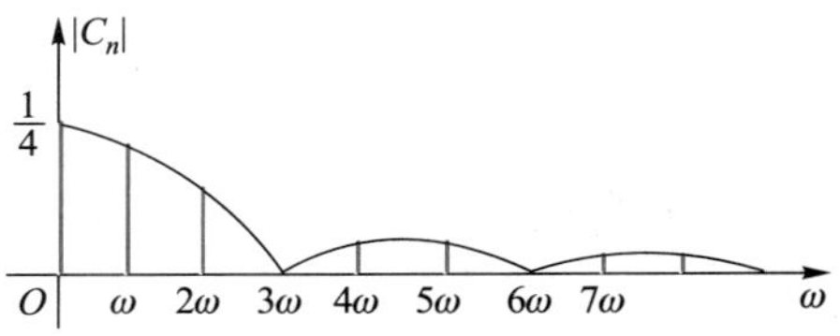

图 7.10

例 4.6 设 f 是以 $T=\frac{2\pi}{\omega}$ 为周期的函数，它在 $\left[-\frac{\pi}{\omega},\frac{\pi}{\omega}\right]$ 上定义为

$$f(x)=\begin{cases}0, & -\dfrac{\pi}{\omega}\leqslant t<0,\\ E\sin\omega t, & 0\leqslant t\leqslant\dfrac{\pi}{\omega},\end{cases}$$

求 f 复数形式的 Fourier 展开式.

解 函数 f 的图像如图 7.11 所示.电子学中它表示一个交变电压 $E\sin\omega t$ 经整流后所得到的周期波形,称为**半波整流**.

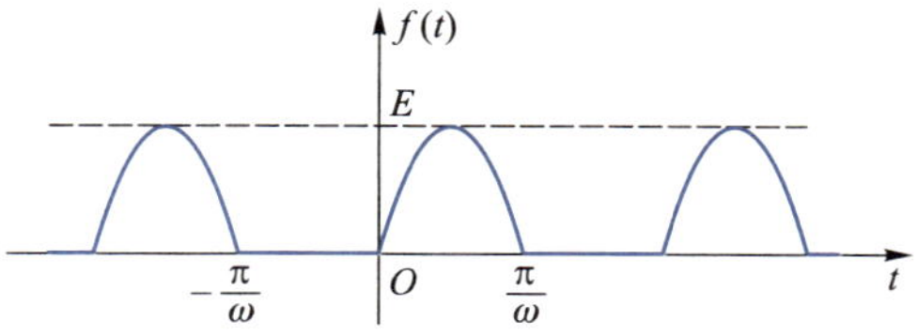

图 7.11

由系数公式(4.8)得

$$C_0=\frac{1}{2\cdot\dfrac{\pi}{\omega}}\int_{-\frac{\pi}{\omega}}^{\frac{\pi}{\omega}}f(t)\mathrm{d}t=\frac{\omega}{2\pi}\int_0^{\frac{\pi}{\omega}}E\sin\omega t\mathrm{d}t=\frac{\omega E}{2\pi}\left(-\frac{\cos\omega t}{\omega}\right)\Bigg|_0^{\frac{\pi}{\omega}}=\frac{E}{\pi},$$

$$C_n=\frac{1}{2\cdot\dfrac{\pi}{\omega}}\int_{-\frac{\pi}{\omega}}^{\frac{\pi}{\omega}}f(t)\mathrm{e}^{-\mathrm{i}n\omega t}\mathrm{d}t=\frac{\omega E}{2\pi}\int_0^{\frac{\pi}{\omega}}\sin\omega t\mathrm{e}^{-\mathrm{i}n\omega t}\mathrm{d}t\quad(n=\pm1,\ \pm2,\cdots).$$

当 $n\neq\pm1$ 时,利用 Euler 公式上式又可化为

$$C_n=\frac{\omega E}{4\pi\mathrm{i}}\int_0^{\frac{\pi}{\omega}}[\mathrm{e}^{-\mathrm{i}(n-1)\omega t}-\mathrm{e}^{-\mathrm{i}(n+1)\omega t}]\mathrm{d}t=\frac{E}{4\pi}\left[\frac{\mathrm{e}^{-\mathrm{i}(n-1)\omega t}}{n-1}\Bigg|_0^{\frac{\pi}{\omega}}-\frac{\mathrm{e}^{-\mathrm{i}(n+1)\omega t}}{n+1}\Bigg|_0^{\frac{\pi}{\omega}}\right]$$

$$=\frac{E}{2\pi}\cdot\frac{(-1)^{n-1}-1}{n^2-1}=\begin{cases}-\dfrac{E}{\pi}\cdot\dfrac{1}{(2k)^2-1}, & n=2k,\\ 0, & n=2k+1\end{cases}\qquad(k=\pm1,\ \pm2,\cdots).$$

而

$$C_{\pm1}=\frac{\omega E}{2\pi}\int_0^{\frac{\pi}{\omega}}\sin\omega t\mathrm{e}^{\mp\mathrm{i}\omega t}\mathrm{d}t=\frac{\omega E}{2\pi}\int_0^{\frac{\pi}{\omega}}(\sin\omega t\cos\omega t\mp\mathrm{i}\sin^2\omega t)\mathrm{d}t$$

$$=\frac{\omega E}{2\pi}\left[\left(-\frac{\cos2\omega t}{4\omega}\right)\Bigg|_0^{\frac{\pi}{\omega}}\mp\mathrm{i}\left(\frac{t}{2}-\frac{\sin2\omega t}{4\omega}\right)\Bigg|_0^{\frac{\pi}{\omega}}\right]=\mp\frac{E}{4}\mathrm{i}.$$

因此,我们有

$$f(t)=\frac{E}{\pi}-\frac{E\mathrm{i}}{4}\mathrm{e}^{\mathrm{i}\omega t}+\frac{E\mathrm{i}}{4}\mathrm{e}^{-\mathrm{i}\omega t}-\frac{E}{\pi}\sum_{\substack{k=-\infty\\k\neq0}}^{+\infty}\frac{1}{(2k)^2-1}\mathrm{e}^{2k\omega t\mathrm{i}}$$

$$=\frac{E}{\pi}+\frac{E}{2}\sin\omega t-\frac{E}{\pi}\sum_{\substack{k=-\infty\\k\neq0}}^{+\infty}\frac{1}{4k^2-1}\mathrm{e}^{2k\omega t\mathrm{i}},\quad t\in(-\infty,+\infty).\ \blacksquare$$

与矩形脉冲类似,读者不难对半波整流画出相应的频谱图,进行频谱分析.

习题 7.4

(A)

1. 什么叫做正交函数系?证明函数系

$$\{\sin\omega t,\sin 2\omega t,\cdots,\sin n\omega t,\cdots\},\quad t\in\left[0,\frac{T}{2}\right],\quad \omega=\frac{2\pi}{T}$$

是所给区间上的正交函数系.

2. 函数 f 满足什么样的条件就存在着相应的 Fourier 级数? f 的 Fourier 级数一定收敛吗?若收敛,一定收敛于 f 本身吗?

3. 设函数 f 在区间 $[a,b]$ $(a,b\in\mathbf{R})$ 上满足 Dirichlet 条件,如何求 f 在 $[a,b]$ 上的 Fourier 展开式?试写出它的 Fourier 系数公式.

4. 设 $S(x)$ 是周期为 2π 的函数 $f(x)$ 的 Fourier 级数的和函数. $f(x)$ 在一个周期内的表达式为

$$f(x)=\begin{cases}0, & 2<|x|\leqslant\pi,\\ x, & |x|\leqslant 2,\end{cases}$$

写出 $S(x)$ 在 $[-\pi,\pi]$ 上的表达式,并求 $S(\pi)$, $S\left(\frac{3}{2}\pi\right)$ 与 $S(-10)$ 的值.

5. 求下列函数的 Fourier 展开式,它们在一个周期内分别定义为

(1) $f(x)=x^2,-\pi<x\leqslant\pi$; (2) $f(x)=2\sin\frac{x}{3},-\pi\leqslant x<\pi$;

(3) $f(x)=\mathrm{e}^x+1,-\pi\leqslant x<\pi$; (4) $f(x)=\begin{cases}1, & 0\leqslant x\leqslant\pi,\\0, & -\pi<x<0;\end{cases}$

(5) $f(x)=|x|,-\pi\leqslant x\leqslant\pi$.

6. 把下列函数展开为 Fourier 级数,它们在一个周期内的定义分别为

(1) $f(x)=x(l-x),x\in[-l,l)$; (2) $f(x)=1-|x|,x\in[-1,1]$;

(3) $f(x)=\begin{cases}2-x, & x\in[0,4],\\x-6, & x\in(4,8);\end{cases}$ (4) $f(x)=\begin{cases}1+\cos\pi x, & x\in(-1,1),\\0, & x\in[-2,-1]\cup[1,2];\end{cases}$

(5) $f(x)=\begin{cases}\pi x+x^2, & -\pi\leqslant x<0,\\ \pi x-x^2, & 0\leqslant x<\pi.\end{cases}$

7. 将下列函数展开为指定的 Fourier 级数:

(1) $f(x)=\frac{1}{2}(\pi-x), x\in[0,\pi]$，正弦级数；

(2) $f(x)=\begin{cases}0, & x\in\left[0,\frac{\pi}{2}\right),\\ \pi-x, & x\in\left[\frac{\pi}{2},\pi\right],\end{cases}$ 余弦级数；

(3) $f(x)=\begin{cases}\frac{3}{2}x, & x\in\left[0,\frac{\pi}{3}\right],\\ \frac{\pi}{2}, & x\in\left(\frac{\pi}{3},\frac{2\pi}{3}\right],\\ \frac{3}{2}(\pi-x), & x\in\left[\frac{2\pi}{3},\pi\right],\end{cases}$ 正弦级数；

(4) $f(x)=x-1, x\in[0,2]$，余弦级数，并求常数项级数 $\sum_{n=1}^{\infty}\frac{1}{n^2}$ 的和.

8. 证明：下列展开式在 $[0,\pi]$ 上成立：

(1) $x(\pi-x)=\frac{\pi^2}{6}-\sum_{n=1}^{\infty}\frac{\cos 2nx}{n^2}$；　　(2) $x(\pi-x)=\frac{8}{\pi}\sum_{n=1}^{\infty}\frac{\sin(2n-1)x}{(2n-1)^3}$.

9. 利用上题的结论证明：

(1) $\sum_{n=1}^{\infty}\frac{(-1)^{n-1}}{n^2}=\frac{\pi^2}{12}$；　　(2) $\sum_{n=1}^{\infty}\frac{(-1)^{n-1}}{(2n-1)^3}=\frac{\pi^3}{32}$.

10. 将下列函数展开为复数形式的 Fourier 级数，并画出它们的频谱图.

(1) 锯齿波 $f(t)=\frac{h}{T}t, t\in[0,T)$，周期为 T；

(2) 全波整流波 $f(t)=|E\sin\omega t|, t\in\left[-\frac{\pi}{\omega},\frac{\pi}{\omega}\right]$，周期为 $\frac{2\pi}{\omega}$.

(B)

1. 设 f 在 $[-\pi,\pi]$ 上可积，证明 **Bessel 不等式**

$$\frac{a_0^2}{2}+\sum_{n=1}^{\infty}(a_n^2+b_n^2)\leqslant\frac{1}{\pi}\int_{-\pi}^{\pi}f^2(x)\mathrm{d}x$$

成立，其中 a_0, a_n 与 b_n $(n=1,2,\cdots)$ 是 f 在 $[-\pi,\pi]$ 上的 Fourier 系数.

2. 设 f 在 $[-\pi,\pi]$ 上的 Fourier 级数一致收敛于 f，并且 f 在 $[-\pi,\pi]$ 上平方可积，证明 **Parseval 等式**

$$\frac{a_0^2}{2}+\sum_{n=1}^{\infty}(a_n^2+b_n^2)=\frac{1}{\pi}\int_{-\pi}^{\pi}f^2(x)\mathrm{d}x$$

成立，其中 a_0, a_n 与 b_n 是 f 在 $[-\pi,\pi]$ 上的 Fourier 系数.

第7章习题

1. 选择题(在每小题给出的四个选项中只有一个是正确的,试选择正确的选项并说明理由.)

(1) 设常数项级数 $\sum_{n=1}^{\infty} a_n$ 收敛,则下列级数中收敛的是(　　).

(A) $\sum_{n=1}^{\infty}(-1)^n \frac{a_n}{n}$　　(B) $\sum_{n=1}^{\infty} a_n^2$

(C) $\sum_{n=1}^{\infty}(a_{2n}-a_{2n-1})$　　(D) $\sum_{n=1}^{\infty}(a_n+a_{n+1})$

(2) 下列命题中正确的是(　　).

(A) 若 $\forall n \in \mathbf{N}_+, a_n \leqslant b_n$,则 $\sum_{n=1}^{\infty} a_n \leqslant \sum_{n=1}^{\infty} b_n$

(B) 若 $\forall n \in \mathbf{N}_+, a_n \leqslant b_n$,且 $\sum_{n=1}^{\infty} b_n$ 收敛,则 $\sum_{n=1}^{\infty} a_n$ 也收敛

(C) 若 $\lim\limits_{n\to\infty}\frac{a_n}{b_n}=1$,且 $\sum_{n=1}^{\infty} b_n$ 收敛,则 $\sum_{n=1}^{\infty} a_n$ 也收敛

(D) 若 $a_n \leqslant c_n \leqslant b_n$,且 $\sum_{n=1}^{\infty} a_n$ 与 $\sum_{n=1}^{\infty} b_n$ 都收敛,则 $\sum_{n=1}^{\infty} c_n$ 也收敛

(3) 下列命题正确的是(　　).

(A) 若 $\lim\limits_{n\to\infty}\frac{a_n}{b_n}=\infty$,则由级数 $\sum_{n=1}^{\infty} a_n$ 发散可推得 $\sum_{n=1}^{\infty} b_n$ 发散

(B) 若 $\lim\limits_{n\to\infty}\frac{a_n}{b_n}=0$,则由级数 $\sum_{n=1}^{\infty} b_n$ 收敛可推得 $\sum_{n=1}^{\infty} a_n$ 收敛

(C) 若 $\lim\limits_{n\to\infty}a_n b_n=0$,则级数 $\sum_{n=1}^{\infty} a_n$ 和 $\sum_{n=1}^{\infty} b_n$ 至少有一个收敛

(D) 若 $\lim\limits_{n\to\infty}a_n b_n=1$,则级数 $\sum_{n=1}^{\infty} a_n$ 和 $\sum_{n=1}^{\infty} b_n$ 至少有一个发散

(4) 设级数 $\sum_{n=1}^{\infty} a_n^2$ 收敛,常数 $\lambda>0$,则级数 $\sum_{n=1}^{\infty}(-1)^n \frac{|a_n|}{\sqrt{n^2+\lambda}}$ (　　).

(A) 发散　　(B) 条件收敛

(C) 绝对收敛　　(D) 收敛性与 λ 有关

(5) 下列命题正确的是(　　).

(A) 若正项级数 $\sum_{n=1}^{\infty} a_n$ 发散,则 $a_n \geqslant \frac{1}{n}\ (n>N)$

(B) 若 $\sum_{n=1}^{\infty}(a_{2n-1}+a_{2n})$ 收敛,则 $\sum_{n=1}^{\infty} a_n$ 收敛

(C) 若 $\sum_{n=1}^{\infty} a_n$ 与 $\sum_{n=1}^{\infty} b_n$ 至少有一个发散,则 $\sum_{n=1}^{\infty}(|a_n|+|b_n|)$ 发散

(D) 若 $\sum_{n=1}^{\infty}|a_n b_n|$ 收敛,则 $\sum_{n=1}^{\infty} a_n^2$ 与 $\sum_{n=1}^{\infty} b_n^2$ 都收敛

(6) 设函数 $f(x)$ 在 $[0,1]$ 上连续, $a_n=\sqrt{n}\int_{\frac{1}{n+1}}^{\frac{1}{n}} f(x)\,dx\ (n=1,2,\cdots)$, 则级数 $\sum_{n=1}^{\infty} a_n$ (　　).

(A) 条件收敛　　(B) 绝对收敛

(C) 发散　　(D) 敛散性与 $f(x)$ 有关

(7) 设 $0\leqslant a_n<\frac{1}{n}(n=1,2,\cdots)$, 则下列级数中肯定收敛的是(　　).

(A) $\sum_{n=1}^{\infty} a_n$　　(B) $\sum_{n=1}^{\infty}(-1)^n a_n$

(C) $\sum_{n=1}^{\infty}\sqrt{a_n}$　　(D) $\sum_{n=1}^{\infty}(-1)^n a_n^2$

(8) 设 $u_n\neq 0\ (n=1,2,\cdots)$, 且 $\lim\limits_{n\to\infty}\frac{n}{u_n}=1$, 则级数 $\sum_{n=1}^{\infty}(-1)^{n-1}\left(\frac{1}{u_n}+\frac{1}{u_{n+1}}\right)$ (　　).

(A) 发散　　(B) 绝对收敛

(C) 条件收敛　　(D) 敛散性不定

(9) 设幂级数 $\sum_{n=1}^{\infty} a_n(x-1)^n$ 在 $x=2$ 处条件收敛, 则该级数在 $x=-2$ 处 (　　).

(A) 绝对收敛　　(B) 条件收敛

(C) 发散　　(D) 敛散性不能确定

(10) 设幂级数 $\sum_{n=1}^{\infty}\frac{(x-a)^n}{n}$ 在 $x=-2$ 处条件收敛, 则幂级数 $\sum_{n=1}^{\infty}\frac{(x+a)^n}{2^n}$ 在 $x=\ln\frac{1}{2}$ 处(　　).

(A) 绝对收敛　　(B) 条件收敛

(C) 必发散　　(D) 敛散性不能确定

(11) 设 $f(x)=\begin{cases} x, & 0\leqslant x\leqslant\frac{1}{2},\\ 2-2x, & \frac{1}{2}<x<1,\end{cases}$ $S(x)=\frac{a_0}{2}+\sum_{n=1}^{\infty} a_n\cos n\pi x\ (-\infty<x<+\infty)$, 其中 $a_n=2\int_0^1 f(x)\cos n\pi x\,dx\ (n=0,1,2,\cdots)$, 则 $S\left(-\frac{5}{2}\right)$ 等于(　　).

(A) $\frac{1}{2}$　　(B) $-\frac{1}{2}$

(C) $\frac{3}{4}$　　(D) $-\frac{3}{4}$

2. 在古代阿拉伯民间流传着一个有趣的故事:一个农民有 17 只羊,临终前立下遗嘱,把 17 只羊全部分给 3 个儿子.大儿子得 $\frac{1}{2}$,二儿子得 $\frac{1}{3}$,三儿子得 $\frac{1}{9}$,但不得把羊杀死或卖掉.三个儿子无法分,去请教邻居.一个聪明的邻居带了一只羊来,这样就有 18 只羊了.他将 $\frac{1}{2}$(即 9 只)分给老大, $\frac{1}{3}$(即 6 只)分给老二, $\frac{1}{9}$(即 2 只)分给老三,余下的一只自己带回,从而圆满地解决了这个难题.试用级数理论说明这种分法的正确性.

3. 患有某种心脏病的患者需要经常服用一种叫做洋地黄毒苷的药物.假设每天给患者的服用量为 0.05 mg,服用一天后大约有 10%的药物被排除.若某患者连续服用 10 天,问 10 天末体内药物的残留量是多少？如果长期不间断地服用(可假定服用的天数 $t\to\infty$),那么患者体内该药物的残留量还有多少？如果要使患者体内该药物的残留量再降低 10%,应当怎样改变每天给患者的服用量？

4. 判定下列级数的敛散性：

(1) $\sum\limits_{n=1}^{\infty}\dfrac{\sqrt{n}}{\int_0^n\sqrt[4]{1+x^4}\,\mathrm{d}x}$；　　(2) $\sum\limits_{n=1}^{\infty}(-1)^n\dfrac{n-1}{n+1}\dfrac{1}{\sqrt{n}}$.

5. 已知函数 $f(x)$ 可导,且 $f(0)=1,0<f'(x)<\dfrac{1}{2}$,设数列 $\{x_n\}$ 满足 $x_{n+1}=f(x_n)\,(n=1,2,\cdots)$.证明:(1)级数 $\sum\limits_{n=1}^{\infty}(x_{n+1}-x_n)$ 绝对收敛;(2) $\lim\limits_{n\to\infty}x_n$ 存在,且 $0<\lim\limits_{n\to\infty}x_n<2$.

6. 设级数 $\sum\limits_{n=1}^{\infty}a_n^2$ 与 $\sum\limits_{n=1}^{\infty}b_n^2$ 都收敛,证明:级数 $\sum\limits_{n=1}^{\infty}a_nb_n$ 绝对收敛.

7. 设正项数列 $\{a_n\}$ 单调减少,且 $\sum\limits_{n=1}^{\infty}(-1)^na_n$ 发散,试问级数 $\sum\limits_{n=1}^{\infty}\left(\dfrac{1}{1+a_n}\right)^n$ 是否收敛？为什么？

8. 设级数 $\sum\limits_{n=1}^{\infty}(a_{n+1}-a_n)$ 收敛, $\sum\limits_{n=1}^{\infty}b_n$ 绝对收敛.证明:级数 $\sum\limits_{n=1}^{\infty}a_nb_n$ 绝对收敛.

9. 设 $f(x)$ 在 $[a,b]$ 上可导,且 $|f'(x)|\leqslant h<1$,对一切 $x\in[a,b]$ 有 $a\leqslant f(x)\leqslant b$.令 $u_n=f(u_{n-1})\,(n=1,2,\cdots)$,其中 $u_0\in[a,b]$,证明:级数 $\sum\limits_{n=1}^{\infty}(u_{n+1}-u_n)$ 绝对收敛.

10. 设 $f(x)$ 在 $[0,+\infty)$ 上连续,且 $\int_0^{+\infty}f^2(x)\,\mathrm{d}x$ 收敛,令 $a_n=\int_0^1 f(nx)\,\mathrm{d}x$,证明级数 $\sum\limits_{n=1}^{\infty}\dfrac{a_n^2}{n^{\alpha}}(\alpha>0)$ 收敛.

11. 求级数 $\sum\limits_{n=1}^{\infty}\dfrac{x^n}{2^nn^p}$ 的收敛域,其中 p 为任意常数.

12. 将 $f(x)=\arctan\dfrac{1+x}{1-x}$ 展开成 x 的幂级数.

13. 将 $f(x)=\ln(x+\sqrt{1+x^2})$ 展开成 x 的幂级数.

14. 设 $f(x)=x^2\ln(1-2x)$,试求 $f^{(n)}(0)$.

15. 求幂级数 $\sum\limits_{n=0}^{\infty}\dfrac{x^{4n}}{(4n)!}$ 的收敛域与和函数 $S(x)$.

16. 求级数 $\sum\limits_{n=0}^{\infty}\dfrac{x^{2n}}{(2n)!}$ 的和函数.

17. 将 $f(x)=\arcsin(\sin x)$ 展开成以 2π 为周期的 Fourier 级数.

18. 将 $f(x)=x^2$ 在 $[0,2\pi]$ 上展成以 2π 为周期的 Fourier 级数,并求常数项级数 $\sum\limits_{n=1}^{\infty}\dfrac{1}{n^2}$,

$\sum_{n=1}^{\infty}\frac{(-1)^{n+1}}{n^2}$ 与 $\sum_{n=1}^{\infty}\frac{1}{(2n-1)^2}$ 的和.

19. 证明：$\sum_{n=1}^{\infty}\frac{\sin(2n-1)x}{2n-1}\equiv\sum_{n=1}^{\infty}\frac{(-1)^{n+1}}{2n-1}, 0<x<\pi.$

20. 将函数 $f(x)=\operatorname{sgn}(\cos x)$ 展开成 Fourier 级数.

综合练习题

在热辐射理论中，会遇到反常积分 $I=\int_0^{+\infty}\frac{x^3}{e^x-1}dx$ 的计算问题(见吴百诗主编《大学物理》下册，西安交通大学出版社，309~311 页)，试利用无穷级数的知识计算 I 的值.

附录　部分曲面和空间立体的图形

为了增强读者的空间想象能力，便于计算多元函数的积分，我们选择了部分曲面和空间立体的图形附在下面，供查阅和选用.

1. $z=xy$

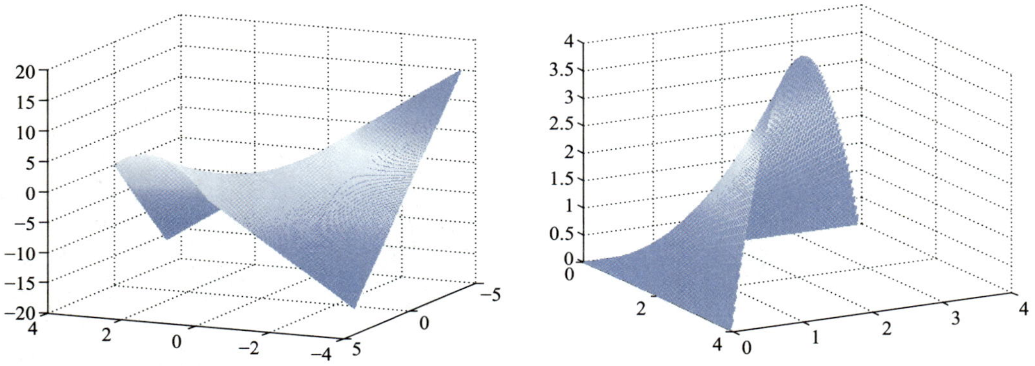

2. $z=x^2-y^2$

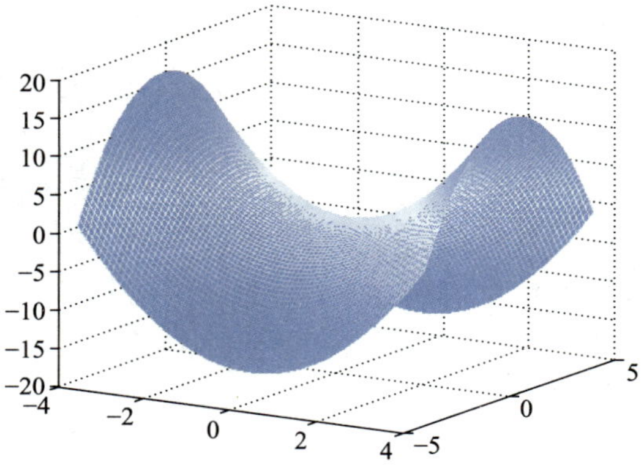

3. $z=x^2+y^3$

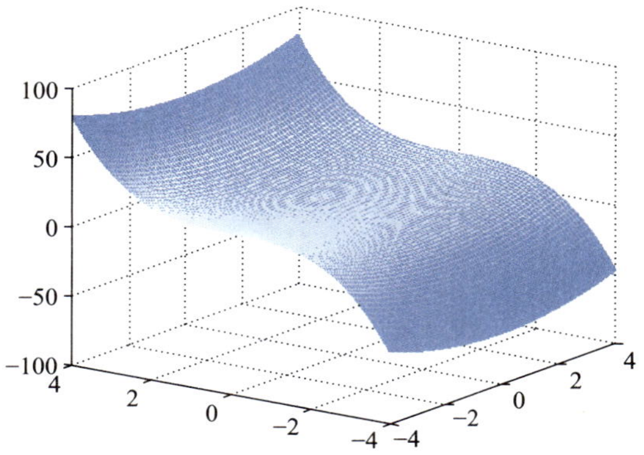

4. $z=\ln(x^2+y^2-1)$

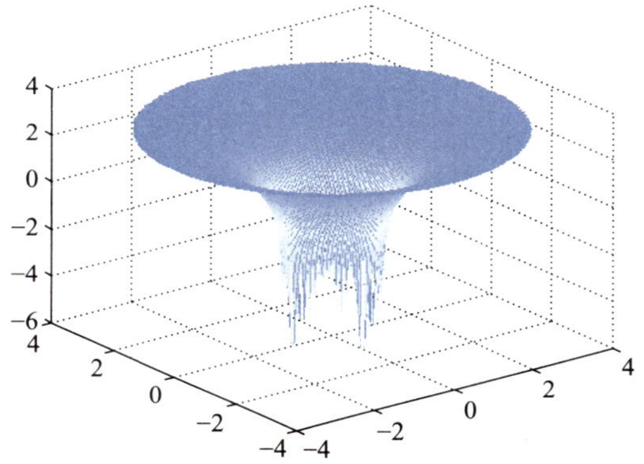

5. $z=e^{-y}\cos x$

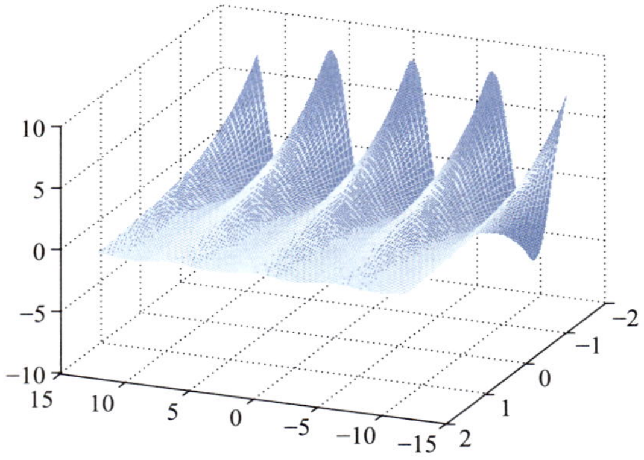

6. $z=\dfrac{xy(x^2-y^2)}{x^2+y^2}$

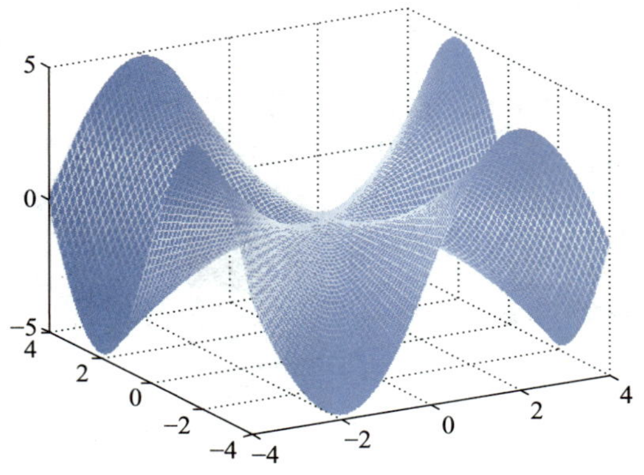

7. $z=\cos(x-y)$

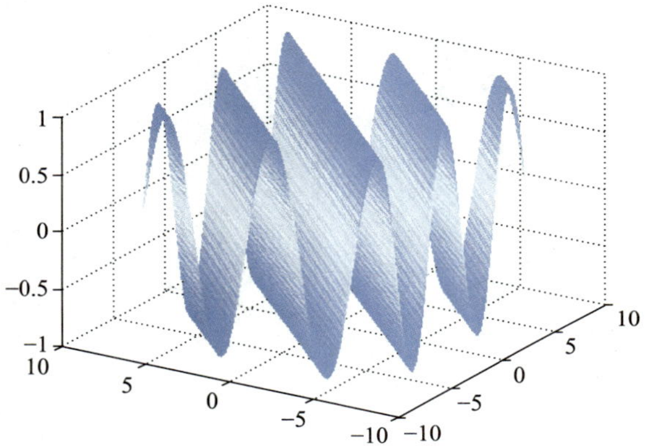

8. $f(x,y)=\dfrac{\sin(x^2+y^2)}{x^2+y^2}\quad(-4\leqslant x\leqslant 4,-4\leqslant y\leqslant 4)$

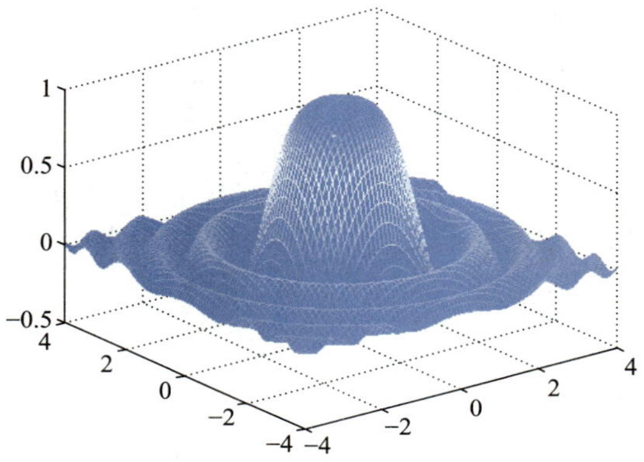

9. 由 $x^2+y^2=R^2$, $x^2+z^2=R^2$ 所围成立体在第一卦限的图形.

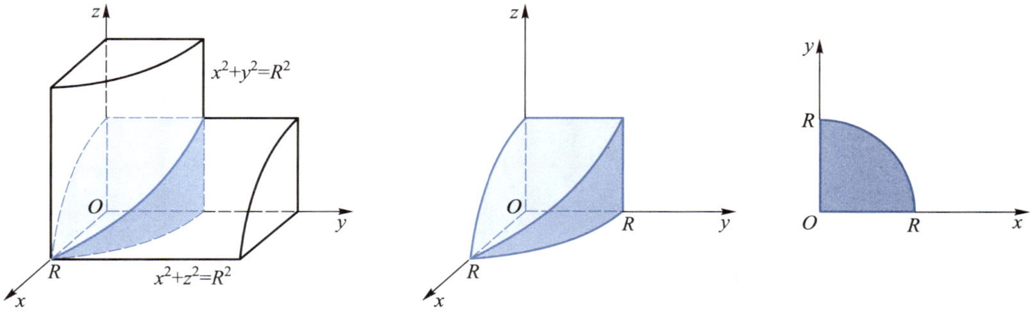

10. 由 $x^2+y^2+z^2=R^2$, $z=\sqrt{x^2+y^2}$, $y=x$, $y=2x$, $z=0$ 在第一卦限部分所围成立体的图形.

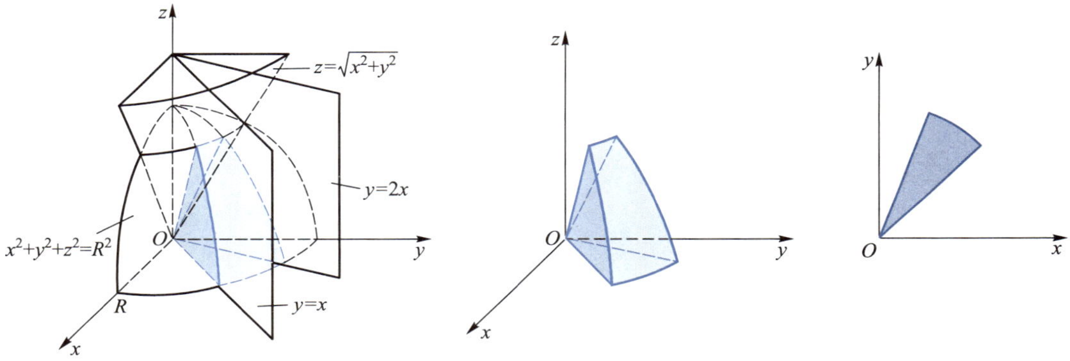

11. 由 $x^2+y^2+z^2=R^2$, $z=\sqrt{x^2+y^2}$, $y=x$, $x=0$, $z=0$ 在第一卦限部分所围成立体的图形.

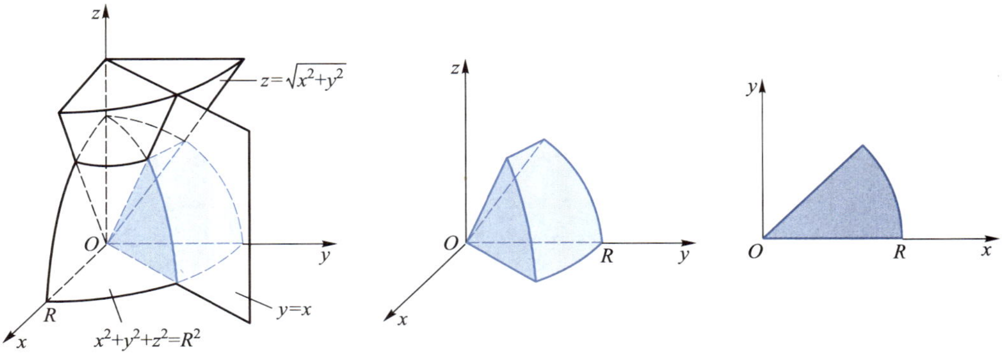

12. 由曲面 $x^2+y^2+z^2=R^2$ 与 $x^2+y^2=2ax$ 所围成立体在第一卦限的图形，其中 $R=2a$.

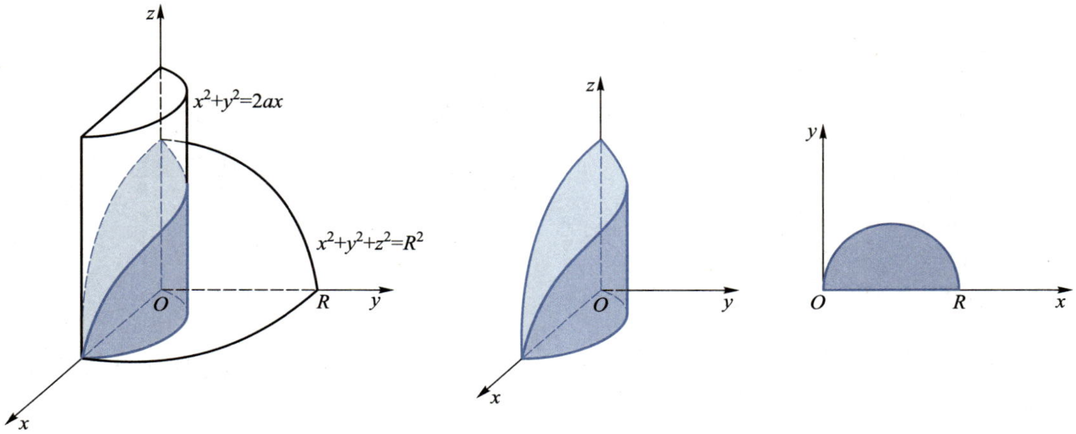

13. 由曲面 $x^2+y^2+z^2=R^2$ 与 $x^2+y^2=2ax$ 所围成立体在第一卦限的图形，其中 $R>2a$.

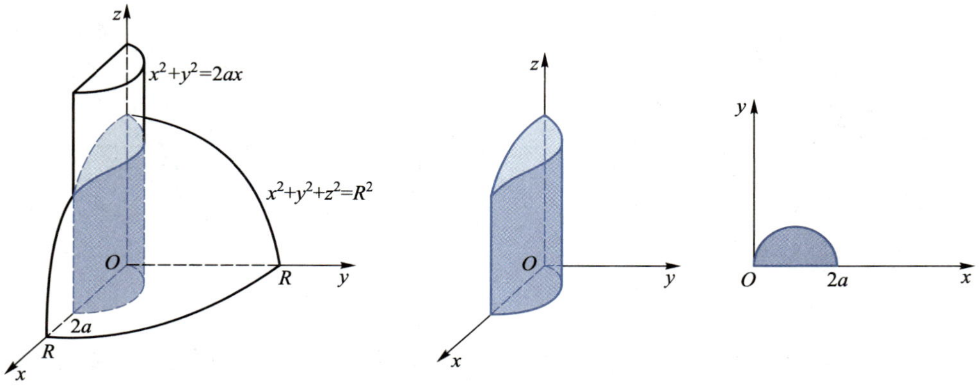

14. 由曲面 $x^2+y^2+z^2=R^2$ 与 $x^2+y^2=2ax$ 所围成立体在第一卦限的图形，其中 $\sqrt{2}a<R<2a$.

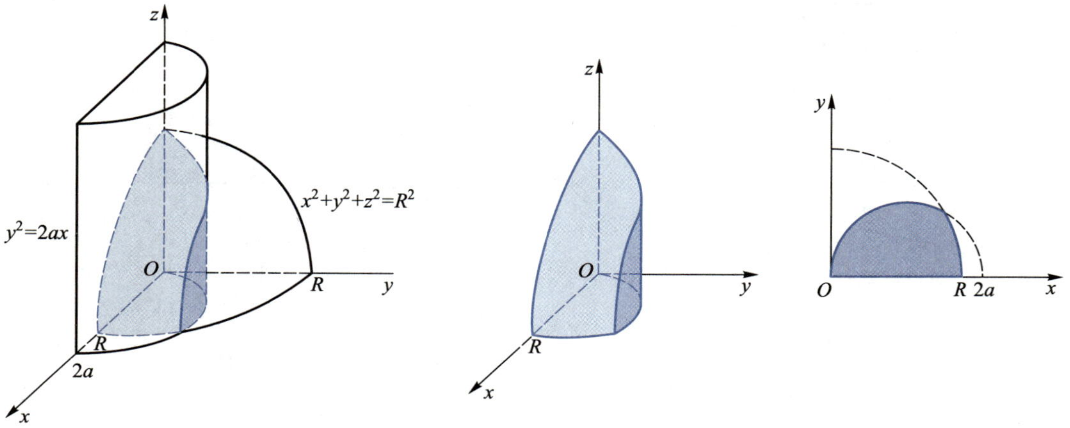

15. 由曲面 $x^2+y^2+z^2=R^2$ 与 $x^2+y^2=2ax$ 所围成立体在第一卦限的图形，其中 $R\leqslant\sqrt{2}a$.

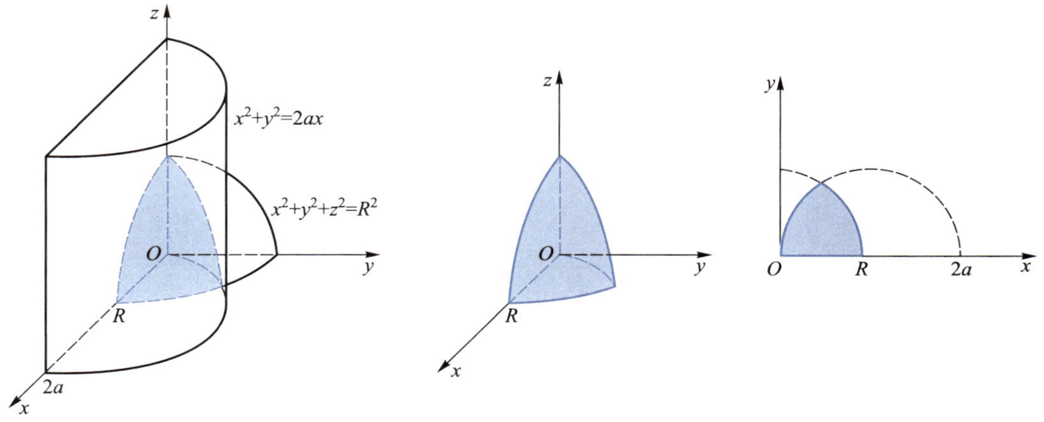

16. 由 $z=\sqrt{x^2+y^2}$, $z=1$, $z=2$ 所围成的立体图形.

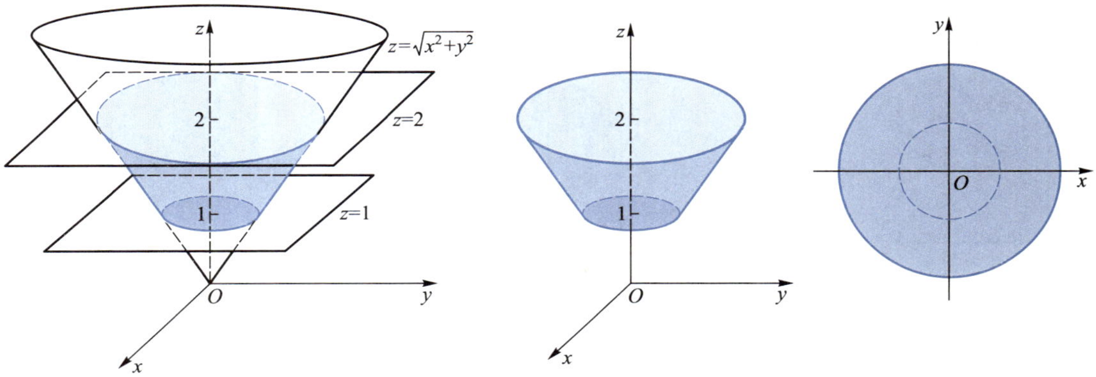

17. 由 $z=\sqrt{x^2+y^2}$, $x+y=1$, $x=0$, $y=0$, $z=0$ 围成的立体图形.

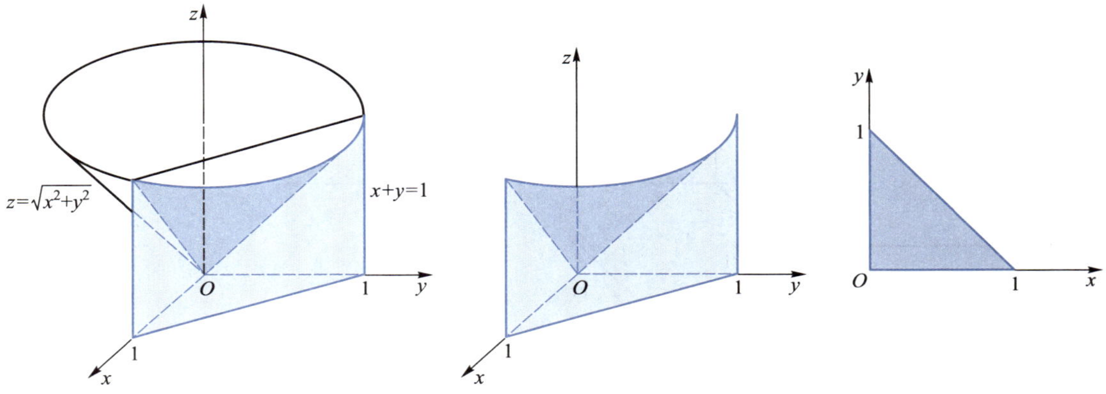

18. 由 $z=\sqrt{x^2+y^2}$, $x^2+y^2=2x$, $z=0$ 所围成立体在第一卦限中的图形.

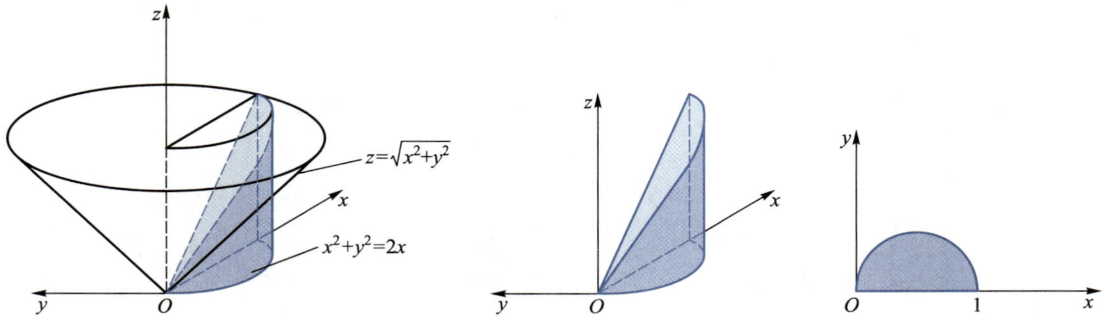

19. 由 $z=x^2+y^2$, $x=1$, $y=1$ 与 $x=0$, $y=0$, $z=0$ 所围成立体的图形.

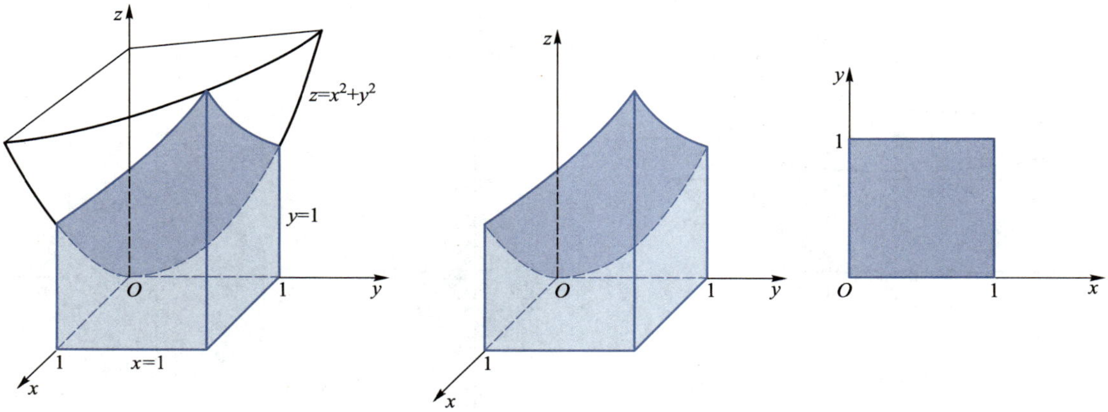

20. 由 $x^2+z^2=a^2$, $x+y=a$, $x=0$, $y=0$, $z=0$ 在第一卦限围成立体的图形.

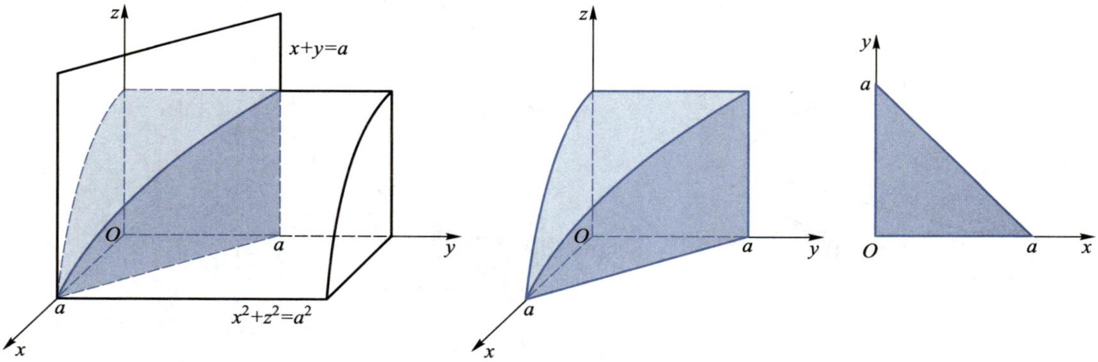

21. 由 $z=1-y^2$，$x+y=1$，$x=0$，$y=0$，$z=0$ 在第一卦限所围成立体的图形.

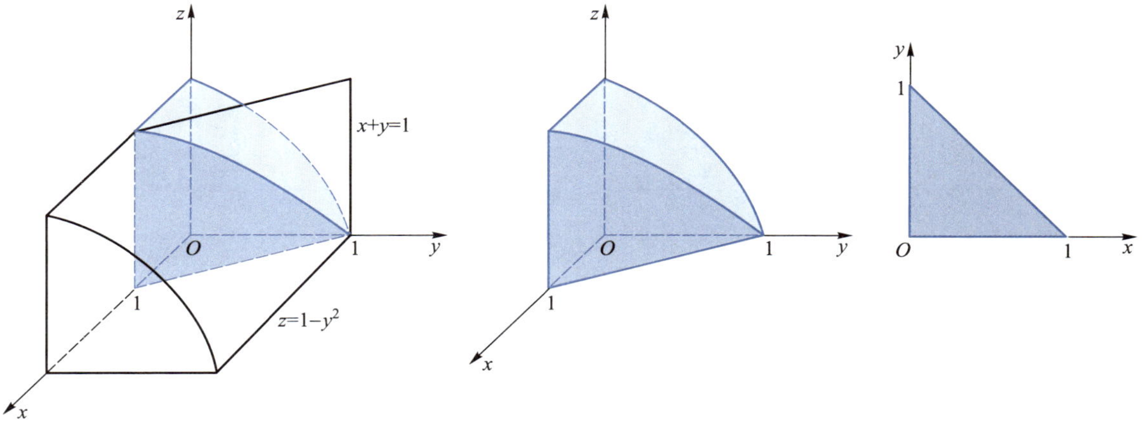

22. 由 $z=x^2+y^2$，$z=1-x^2$ 所围成的立体在第一卦限的图形.

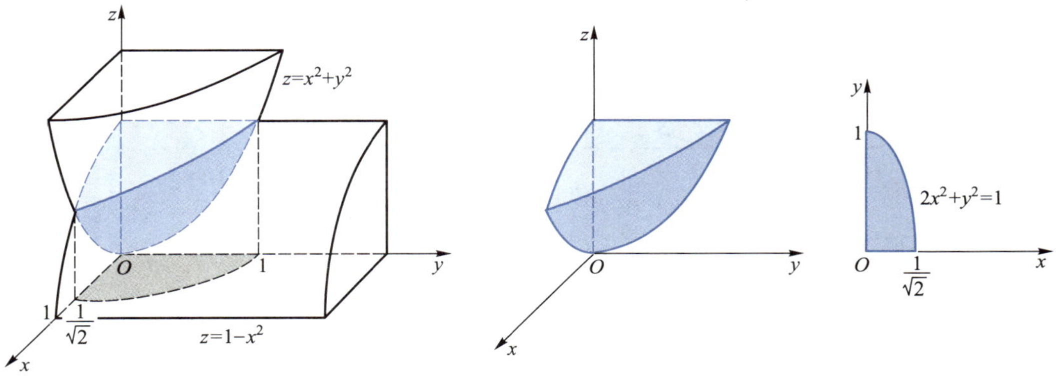

23. 由 $y=x^2$，$z=1-y^2$，$z=0$ 所围成立体的图形.

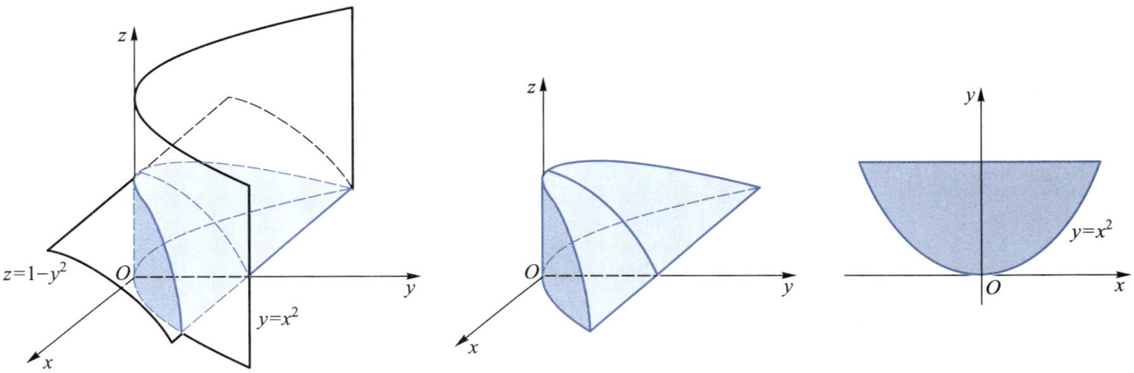

24. 由曲面 $z=xy$，$x+y=1$ 与 $z=0$ 所围成的立体图形.

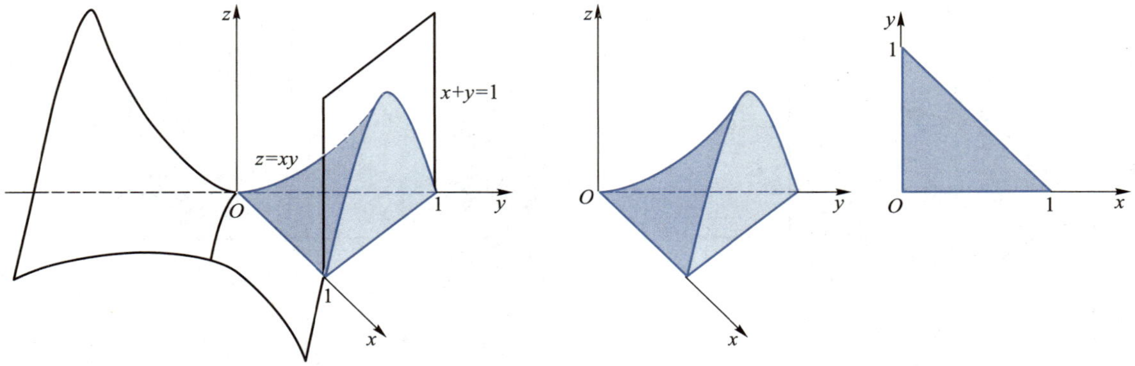

25. 由 $z=x^2-y^2$，$z=0$，$x=1$ 所围成立体的图形.

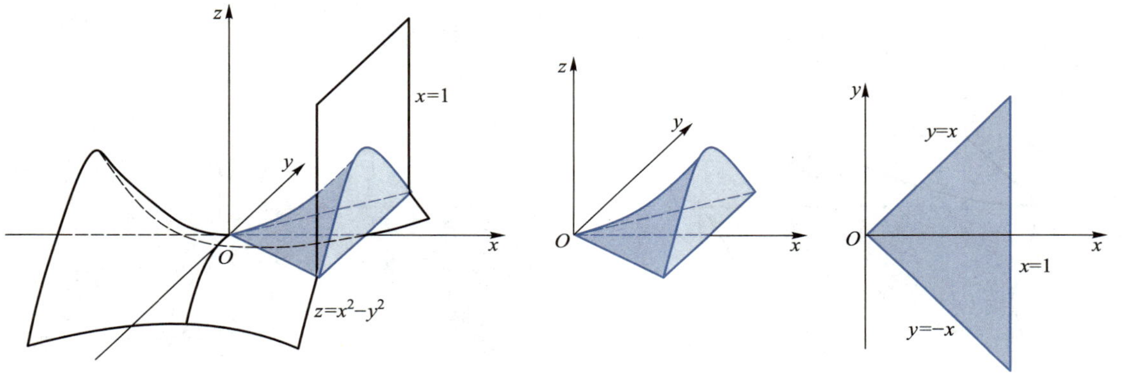

部分习题答案与提示

第五章

习题 5.1

(A)

2. (1) $(0,1)$；(2) $(1,\mathrm{e})$.

4. (1) $A'=\{(x,y)\mid x^2+y^2\geqslant 2\}$，$\overline{A}=A'$，$A$ 不是闭集；

   (2) $A'=\left\{(0,0),\left(\dfrac{1}{m},0\right),\left(0,\dfrac{1}{n}\right)\ \middle|\ m,n\in\mathbf{N}_+\right\}$，$\overline{A}=A\cup A'$，$A$ 不是闭集；

   (3) $A'=\varnothing$，$\overline{A}=A$，A 是闭集；

   (4) $A'=\mathbf{R}^2$，$\overline{A}=\mathbf{R}^2$，$A$ 不是闭集.

5. (1) 闭集，$\operatorname{int}A=\{(x,y)\mid x>0,y>0,x+y<1\}$，$\partial A=\{(x,y)\mid x=0,0\leqslant y\leqslant 1$ 或 $y=0,0\leqslant x\leqslant 1$ 或 $x+y=1,0\leqslant x\leqslant 1\}$，$\overline{A}=A$；

   (2) 开集，$\operatorname{int}A=A$，$\partial A=\{(x,y)\mid y=x^2\}$，$\overline{A}=\{(x,y)\mid y\leqslant x^2\}$；

   (3) 闭集，$\operatorname{int}A=\varnothing$，$\partial A=A$，$\overline{A}=A$；

   (4) 不是开集也不是闭集，$\operatorname{int}A=\varnothing$，$\partial A=\overline{A}=\{(x,y)\mid -1\leqslant x\leqslant 1,y=0\}$.

6. (1) 有界闭域；(2) 无界区域；(3) 不是区域；(4) 不是区域.

(B)

1. 提示：(1) 利用定义；(2) 证明 A' 是闭集利用定理 1.5，证明 $\partial A=(A^\circ\cup\operatorname{ext}A)^c$ 是闭集利用本题(1)及定理 1.7；(3) 当 $A=A^\circ$ 时，有 $A\cap\partial A=A^\circ\cap\partial A=\varnothing$，当 $A\cap\partial A=\varnothing$ 时，又因 $A\cap\operatorname{ext}A=\varnothing$，可知 $A\subseteq A^\circ$，故 $A=A^\circ$.

习题 5.2

(A)

1. (1) $D=\{(x,y)\mid y\geqslant 0\}$；　(2) $D=\{(x,y)\mid |y|\leqslant|x|$ 且 $x\neq 0\}$；

   (3) $D=\{(x,y)\mid x<x^2+y^2\leqslant 2x\}$；　(4) $D=\{(x,y)\mid |x|\leqslant y^2,0<y\leqslant 2\}$；

(5) $D=\{(x,y,z)\mid x^2+y^2>1\}$;　　(6) $D=\{(x,y,z)\mid z^2\leqslant x^2+y^2$ 且 $(x,y)\neq(0,0)\}$.

2. (1) 平面;(2) 椭圆锥面;(3) 双曲抛物面;(4) 旋转面;(5) 椭圆抛物面;(6) 上半椭球面.

4. (2) 提示:沿直线 $y=0$ 与曲线 $y=x^2-x$ 趋于点(0,0)的极限值不同.

5. (1) 2;(2) 0;(3) 2;(4) 0.

6. (1)在点(0,0)间断;(2) 在 $x+y=0$ 上间断;(3) 处处连续;(4) 在点(0,0)间断.

7. (1) 存在;(2) 不存在.

(B)

1. (3) 提示:先证 $f^{-1}(W^c)=[f^{-1}(W)]^c$.

2. 提示:取 $P_n=\left(n+\dfrac{1}{n},n+\dfrac{1}{n}\right)$, $Q_n=(n,n)$, $n=1,2,\cdots$, 则 $\|P_n-Q_n\|\to0\ (n\to\infty)$, 但 $|f(P_n)-f(Q_n)|\to1\ (n\to\infty)$.

4. 提示:(1) 与(2)利用本节习题(B)中第1题的结论,(3) 利用题(2)中两闭集的交集仍为闭集.

习题 5.3

(A)

1. (1) $\dfrac{\partial z}{\partial x}=y+\dfrac{1}{y},\dfrac{\partial z}{\partial y}=x-\dfrac{x}{y^2}$;

(2) $\dfrac{\partial z}{\partial x}=\dfrac{|y|}{x^2+y^2},\dfrac{\partial z}{\partial y}=-\dfrac{xy}{|y|(x^2+y^2)}$;

(3) $\dfrac{\partial z}{\partial x}=\dfrac{1}{1+(x-y^2)^2},\dfrac{\partial z}{\partial y}=\dfrac{-2y}{1+(x-y^2)^2}$;

(4) $\dfrac{\partial z}{\partial x}=(1+xy)^x\left[\ln(1+xy)+\dfrac{xy}{1+xy}\right],\dfrac{\partial z}{\partial y}=x^2(1+xy)^{x-1}$;

(5) $\dfrac{\partial z}{\partial x}=x^{y-1}y^x(y+x\ln y),\dfrac{\partial z}{\partial y}=y^{x-1}x^y(x+y\ln x)$;

(6) $\dfrac{\partial u}{\partial x}=\dfrac{z}{y}\left(\dfrac{x}{y}\right)^{z-1},\dfrac{\partial u}{\partial y}=-\dfrac{z}{y}\left(\dfrac{x}{y}\right)^{z},\dfrac{\partial u}{\partial z}=\left(\dfrac{x}{y}\right)^{z}\ln\dfrac{x}{y}$;

(7) $\dfrac{\partial u}{\partial x}=\dfrac{y}{z}x^{\frac{y}{z}-1},\dfrac{\partial u}{\partial y}=\dfrac{1}{z}x^{\frac{y}{z}}\ln x,\dfrac{\partial u}{\partial z}=-\dfrac{y}{z^2}x^{\frac{y}{z}}\ln x$;

(8) $\dfrac{\partial u}{\partial x}=\dfrac{x}{x^2+y^2+z^2},\dfrac{\partial u}{\partial y}=\dfrac{y}{x^2+y^2+z^2},\dfrac{\partial u}{\partial z}=\dfrac{z}{x^2+y^2+z^2}$;

(9) $\dfrac{\partial u}{\partial x}=ze^{\sin(yz)},\dfrac{\partial u}{\partial y}=xz^2e^{\sin(yz)}\cos(yz),\dfrac{\partial u}{\partial z}=xe^{\sin(yz)}[1+yz\cos(yz)]$;

(10) $\dfrac{\partial u}{\partial x}=-\dfrac{y}{x^2}-\dfrac{1}{z},\dfrac{\partial u}{\partial y}=\dfrac{1}{x}-\dfrac{z}{y^2},\dfrac{\partial u}{\partial z}=\dfrac{1}{y}+\dfrac{x}{z^2}$.

2. (1) $f_x(x,1)=1$;(2) $f_y\left(\pi,\dfrac{\pi}{4}\right)=-2\sqrt{2}$.　　3. $\dfrac{\pi}{4}$.　　4. (1) $f_x(0,0)$不存在,$f_y(0,0)=0$;(2) 0,0.

7. $dz=\dfrac{1}{3}dx+\dfrac{2}{3}dy$.　　8. $\Delta y=-\dfrac{5}{42},dy=-\dfrac{1}{8}$.　　9. $u=x^2-\dfrac{3}{2}y^2+C$.

12. (1) $1+mx+ny$;(2) $x+y$.　　13. (1) 0.502;(2) 0.97.　　14. $\Delta V\approx -628\ \mathrm{cm}^3$.

16. 8.333 3 $\mathrm{kg/m^3}$,绝对误差为 0.513 9 $\mathrm{kg/m^3}$,相对误差为 6%.　　18. $\dfrac{\partial u}{\partial \boldsymbol{l}}=\dfrac{1}{2}$.　　19. 5.

20. $\nabla u=-\dfrac{1}{r^2}(x-a,y-b,z-c)$,在球面 $(x-a)^2+(y-b)^2+(z-c)^2=1$ 上各点处 $\|\nabla u\|=1$.

21. 沿 $\boldsymbol{l}=\left(-\dfrac{1}{a},-\dfrac{1}{b},\dfrac{1}{c}\right)$ 方向增大最快,沿 $-\boldsymbol{l}$ 方向减小最快,沿向量 $k_1(a,-b,0)+k_2(a,0,c)$(其中 k_1,k_2 为不全为零的任意常数)的方向变化率为零.

22. $\nabla r=\dfrac{1}{r}(x,y,z)$,$\nabla\dfrac{1}{r}=-\dfrac{1}{r^3}(x,y,z)$.

23. (1) $z_x=f_1+2f_2+2xf_3$,$z_y=f_2-3f_3$;(2) $z_x=2xf'$,$z_y=-4yf'$.

26. (1) $z_{xx}=\mathrm{e}^x(2\sin y+\cos y+x\sin y)$,$z_{xy}=z_{yx}=\mathrm{e}^x(x\cos y+\cos y-\sin y)$,$z_{yy}=-\mathrm{e}^x(\cos y+x\sin y)$;

(2) $\dfrac{\partial^3 z}{\partial y\partial x^2}=0$,　$\dfrac{\partial^3 z}{\partial y^2\partial x}=-\dfrac{1}{y^2}$;

(3) $\dfrac{\partial^2 z}{\partial x^2}=y^4f_{11}+4xy^3f_{12}+4x^2y^2f_{22}+2yf_2$,$\dfrac{\partial^2 z}{\partial x\partial y}=\dfrac{\partial^2 z}{\partial y\partial x}=2xy^3f_{11}+5x^2y^2f_{12}+2x^3yf_{22}+2yf_1+2xf_2$,

$\dfrac{\partial^2 z}{\partial y^2}=4x^2y^2f_{11}+4x^3yf_{12}+x^4f_{22}+2xf_1$;

(4) $\dfrac{\partial^2 u}{\partial x^2}=4x^2f''+2f'$,$\dfrac{\partial^2 u}{\partial y^2}=4y^2f''+2f'$,$\dfrac{\partial^2 u}{\partial z^2}=4z^2f''+2f'$,

$\dfrac{\partial^2 u}{\partial x\partial y}=\dfrac{\partial^2 u}{\partial y\partial x}=4xyf''$,$\dfrac{\partial^2 u}{\partial y\partial z}=\dfrac{\partial^2 u}{\partial z\partial y}=4yzf''$,$\dfrac{\partial^2 u}{\partial x\partial z}=\dfrac{\partial^2 u}{\partial z\partial x}=4xzf''$;

(5) $f_1-\dfrac{1}{y^2}f_2+xyf_{11}-\dfrac{x}{y^3}f_{22}-\dfrac{1}{x^2}g'-\dfrac{y}{x^3}g''$;

(6) $\dfrac{\partial^2 z}{\partial x^2}=\dfrac{1}{y}f''+\dfrac{y^2}{x^3}g''$,$\dfrac{\partial^2 z}{\partial x\partial y}=-\dfrac{x}{y^2}f''-\dfrac{y}{x^2}g''$;

(7) $-4xyf_{11}+2(x^2-y^2)f_{12}+xyf_{22}+f_2$.

27. $F(1)=1$,$F'(1)=a+ab+ab^2+b^3$.　　28. $a=-1$,$b=-\dfrac{1}{3}$ 或 $a=-\dfrac{1}{3}$,$b=-1$.

29. $u=C_1\arctan\dfrac{y}{x}+C_2$,其中 C_1,C_2 为任意常数.

30. (1) $\mathrm{d}z=\left(y\varphi'+\dfrac{1}{y}\varphi'\right)\mathrm{d}x+\left(x\varphi'-\dfrac{x}{y^2}\varphi'\right)\mathrm{d}y$;

(2) $\mathrm{d}z=\mathrm{e}^{xy}\{[y\sin(x+y)+\cos(x+y)]\mathrm{d}x+[x\sin(x+y)+\cos(x+y)]\mathrm{d}y\}$;

(3) $\mathrm{d}u=\dfrac{1}{x^2+y^2+z^2}(x\mathrm{d}x+y\mathrm{d}y+z\mathrm{d}z)$;

(4) $\mathrm{d}u=(2xf_1+y\mathrm{e}^{xy}f_2)\mathrm{d}x+(-2yf_1+x\mathrm{e}^{xy}f_2)\mathrm{d}y+f_3\mathrm{d}z$.

31. (1) $\dfrac{\mathrm{d}y}{\mathrm{d}x}=\dfrac{x+y}{x-y}$,$\dfrac{\mathrm{d}^2y}{\mathrm{d}x^2}=\dfrac{2(x^2+y^2)}{(x-y)^3}$;(2) $\dfrac{\mathrm{d}y}{\mathrm{d}x}=\dfrac{y}{x}$,$\dfrac{\mathrm{d}^2y}{\mathrm{d}x^2}=0$.

32. (1) $\dfrac{\partial z}{\partial x}=\dfrac{z}{x+z}$,$\dfrac{\partial z}{\partial y}=\dfrac{z^2}{y(x+z)}$,$\dfrac{\partial^2 z}{\partial x^2}=-\dfrac{z^2}{(x+z)^3}$,$\dfrac{\partial^2 z}{\partial x\partial y}=\dfrac{\partial^2 z}{\partial y\partial x}=\dfrac{xz^2}{y(x+z)^3}$,$\dfrac{\partial^2 z}{\partial y^2}=-\dfrac{x^2z^2}{y^2(x+z)^3}$;

(2) $\frac{\partial z}{\partial x}=\frac{2-x}{z+1},\frac{\partial z}{\partial y}=\frac{2y}{z+1},\frac{\partial^2 z}{\partial x^2}=-\frac{(z+1)^2+(2-x)^2}{(z+1)^3},\frac{\partial^2 z}{\partial x\partial y}=\frac{\partial^2 z}{\partial y\partial x}=\frac{2y(x-2)}{(z+1)^3},\frac{\partial^2 z}{\partial y^2}=2\cdot\frac{(z+1)^2-2y^2}{(z+1)^3}$.

34. $-\frac{F_2^2F_{11}-2F_1F_2F_{12}+F_1^2F_{22}}{F_2^3}$.　　35. (1) -2;(2) -1.

36. (1) $\mathrm{d}z=\frac{F_1\mathrm{d}x+F_2\mathrm{d}y}{aF_1+bF_2}$;(2) $\mathrm{d}z=\frac{1}{f'(u)-2z}\{2x\mathrm{d}x+[2y-f(u)+uf'(u)]\mathrm{d}y\}$,其中 $u=\frac{z}{y}$.

(B)

1. $\boldsymbol{e}_l=\left(\frac{3}{5},\frac{4}{5}\right)$ 或 $\boldsymbol{e}_l=\left(\frac{4}{5},\frac{3}{5}\right)$.　　2. $\frac{\partial f}{\partial \boldsymbol{l}}=\frac{1}{\sqrt{13}}(15-2\sqrt{2})$.

3. 提示:$|f(x_0+\Delta x,y_0+\Delta y)-f(x_0,y_0)|$

$\leqslant|f(x_0+\Delta x,y_0+\Delta y)-f(x_0,y_0+\Delta y)|+|f(x_0,y_0+\Delta y)-f(x_0,y_0)|$,

利用微分中值定理与连续的定义.

4. 提示:利用可微的定义,$f(\boldsymbol{x})g(\boldsymbol{x})-f(\boldsymbol{x}_0)g(\boldsymbol{x}_0)=f(\boldsymbol{x})[g(\boldsymbol{x})-g(\boldsymbol{x}_0)]=f(\boldsymbol{x})[\mathrm{d}g(\boldsymbol{x}_0)+\alpha]$.而 $f(\boldsymbol{x})=f(\boldsymbol{x}_0)+\beta$,其中 α,β 为 $\boldsymbol{x}\to\boldsymbol{x}_0$ 时的无穷小量.

5. 提示:利用定义,考虑

$f(x_0+\Delta x,y_0+\Delta y)-f(x_0,y_0)$

$=[f(x_0+\Delta x,y_0+\Delta y)-f(x_0,y_0+\Delta y)]+[f(x_0,y_0+\Delta y)-f(x_0,y_0)]$

$=f_x(x_0+\theta\Delta x,y_0+\Delta y)\Delta x+[f_y(x_0,y_0)+\varepsilon_2]\Delta y$

$=[f_x(x_0,y_0)+\varepsilon_1]\Delta x+[f_y(x_0,y_0)+\varepsilon_2]\Delta y$,其中 $\varepsilon_1,\varepsilon_2$ 均为 $\rho=\sqrt{\Delta x^2+\Delta y^2}\to0$ 时的无穷小.

6. (1) $\mathrm{d}^2u=2\cos y\mathrm{d}x\mathrm{d}y-x\sin y\mathrm{d}y^2$;(2) $\mathrm{d}^2u=2\cos y\mathrm{d}x\mathrm{d}y-x\sin y\mathrm{d}y^2+\sin y\mathrm{d}^2x+x\cos y\mathrm{d}^2y$.

7. $u=C_1\cos\sqrt{x^2+y^2}+C_2\sin\sqrt{x^2+y^2}+x^2+y^2-2$.

习题 5.4

(A)

1. $f(x,y)=5+2(x-1)^2-(x-1)(y+2)-(y+2)^2$.

2. $f(x,y)=\frac{1}{2}\left\{1+\left(x-\frac{\pi}{4}\right)+\left(y-\frac{\pi}{4}\right)+\frac{1}{2!}\left[-\left(x-\frac{\pi}{4}\right)^2+2\left(x-\frac{\pi}{4}\right)\left(y-\frac{\pi}{4}\right)-\left(y-\frac{\pi}{4}\right)^2\right]\right\}+R_2$,

其中 $R_2=o(\rho^2)$,$\rho=\sqrt{\left(x-\frac{\pi}{4}\right)^2+\left(y-\frac{\pi}{4}\right)^2}$.

3. $f(x,y)=1+4(x-1)+6(x-1)^2+(x-1)(y-4)+R_2$,$1.08^{3.96}\approx1.355\ 2$.

4. (1) 在 $x=0$ 及 $y=1$ 取极小值 0;(2) 在点(0,0)取极大值 1,在 $x^2+y^2=1$ 上取极小值 0;

(3) 当 $a>0$ 时在点$\left(\frac{a}{3},\frac{a}{3}\right)$取极大值$\frac{a^3}{27}$,当 $a<0$ 时在点$\left(\frac{a}{3},\frac{a}{3}\right)$取极小值$\frac{a^3}{27}$,当 $a=0$ 时无极值;

(4) 在点$\left(\frac{1}{2},-1\right)$取极小值$-\frac{\mathrm{e}}{2}$;(5) 在点$(2a-b,2b-a)$取极小值 $3(ab-a^2-b^2)$.

5. (1) 最大值为 4,最小值为 0;(2) 最大值为 $8+4\sqrt{2}$,最小值为-28;(3) 最大值为 125,最小值为-75.

6. 三个正因子为$\sqrt[3]{a}$,$\sqrt[3]{a}$,$\sqrt[3]{a}$,最小值$\dfrac{3}{\sqrt[3]{a}}$.　　7. $H=2R=2\sqrt{\dfrac{S}{3\pi}}$,其中 R 为圆柱底半径,H 为高.

8. $\left(\dfrac{8}{5},\dfrac{16}{5}\right)$.　　9. $\left(\dfrac{1}{n}\sum\limits_{k=1}^{n}x_k,\dfrac{1}{n}\sum\limits_{k=1}^{n}y_k\right)$.

10. 最短距离$\sqrt{9-5\sqrt{3}}$,最长距离$\sqrt{9+5\sqrt{3}}$.　　12. 长、宽、高相等.

13. 当三角形顶点在(0,2),(−3,−1),(3,−1)或(0,−2),(−3,2),(3,1)三点时其面积最大,且最大面积为 9.

(B)

1. 提示:在 $a+b+c=L$ (L 为常数)的条件下,求 abc^3 的最大值.

2. 提示:求出极值后,利用极值的结论.

3. 提示:(1) 用反证法.若 u 在 D 内取正最大值,则 $u_{xx}\leqslant 0$,$u_{yy}\leqslant 0$,题中等式不能成立;(2) 利用(1)的结论.

4. (1) $\sqrt{5x_0^2+5y_0^2-8x_0y_0}$;(2) $M_1(5,-5)$,或 $M_2(-5,5)$.

习题 5.5

(A)

1. (1) $\mathrm{D}\boldsymbol{f}(\boldsymbol{x})=(a_{ij})_{m\times n}$,其中所有的 $a_{ij}=0$;(2) $\mathrm{D}\boldsymbol{f}(\boldsymbol{x})=\boldsymbol{A}$.

2. (1) $\mathrm{D}\boldsymbol{f}=\begin{bmatrix}2x & \cos y\\ 2y & 2x\end{bmatrix}$;(2) $\mathrm{D}\boldsymbol{f}=\begin{bmatrix}2x & 0\\ y & x\\ 0 & 2y\end{bmatrix}$;(3) $\mathrm{D}\boldsymbol{f}=\begin{bmatrix}\cos y & -x\sin y & 0\\ ye^x & e^x & 0\\ z\cos(xz) & 0 & x\cos(xz)\end{bmatrix}$.

3. (1) $\mathrm{D}\boldsymbol{f}(1,0)=\begin{bmatrix}2 & 0\\ 0 & \tan 1\end{bmatrix}$;(2) $\mathrm{D}\boldsymbol{f}(1,0)=\begin{bmatrix}\dfrac{1}{2} & 0\\ 0 & 1\end{bmatrix}$;

(3) $\mathrm{D}\boldsymbol{f}(1,1,1)=\begin{bmatrix}2 & 1 & 0\\ 0 & -\dfrac{1}{2} & -\dfrac{1}{2}\end{bmatrix}$;(4) $\mathrm{D}\boldsymbol{f}(1,1,1)=\begin{bmatrix}2 & -2 & 0\\ 1 & 0 & 1\\ 0 & -\dfrac{1}{2\sqrt{2}} & -\dfrac{1}{2\sqrt{2}}\end{bmatrix}$.

5. (1) $\dfrac{\partial u}{\partial x}=\dfrac{\partial v}{\partial y}=\dfrac{yv-xu}{x^2-y^2}$;(2) $\dfrac{\partial u}{\partial x}=\dfrac{u^2}{(u-v)(u-w)}$,$\dfrac{\partial u}{\partial y}=\dfrac{u}{(u-v)(w-u)}$,$\dfrac{\partial u}{\partial z}=\dfrac{-1}{(u-v)(w-u)}$.

6. $f_1+f_2\cos x-\dfrac{1}{\varphi_3}f_3(2x\varphi_1+\varphi_2e^{\sin x}\cos x)$.　　7. $\dfrac{(f+xf')F_2-xf'F_1}{F_2+xf'F_3}$ $(F_2+xf'F_3\neq 0)$.

8. $\left[\dfrac{1}{y}F_1G_2+xF_2G_1+\left(\dfrac{1}{y}-\dfrac{z}{y^2}\right)F_2G_2\right]\Big/\left(\dfrac{1}{y}F_1G_2-yF_2G_1\right)$.　　9. $\mathrm{D}\boldsymbol{g}=\begin{bmatrix}\dfrac{1}{4} & \dfrac{1}{5} & -\dfrac{3}{20}\\ -\dfrac{1}{2} & \dfrac{6}{5} & \dfrac{1}{10}\end{bmatrix}$.

(B)

1. 提示:证明 $\boldsymbol{f}$ 的每个分量 f_i 可微即可.　　2. 提示:先求$(\boldsymbol{f}\times\boldsymbol{g})(x)$,再求每个分量的导数.

3. 提示:先利用类似于定理 4.1 的方法推导 n 元数量值函数 f_i 的 Lagrange 公式.

习题 5.6

(A)

1. (1) $x-1=\frac{y-2}{4}=\frac{z-1}{2}, x+4y+2z-11=0$;

(2) $\frac{x-\frac{3}{\sqrt{2}}}{-3}=\frac{y-\frac{3}{\sqrt{2}}}{3}=\frac{z-\pi}{4\sqrt{2}}, 3x-3y-4\sqrt{2}z+4\sqrt{2}\pi=0$; (3) $\begin{cases}x=1,\\ z=1,\end{cases}$ $y=0$.

2. $\frac{x-\frac{1}{3}}{3}=\frac{y+\frac{1}{9}}{-2}=z-\frac{1}{27}$ 及 $x-1=\frac{y+1}{-2}=\frac{z-1}{3}$.

4. (1) $\frac{p}{2}[\ln(\sqrt{2}+\sqrt{3})+\sqrt{6}]$; (2) $\sqrt{2}$; (3) $6a$; (4) $\sqrt{2}(e^{\frac{\pi}{2}}-1)$; (5) $2\pi^2 a$; (6) $8a$; (7) $\frac{3}{2}\pi a$;

(8) $\frac{4\pi}{3}+\sqrt{3}$; (9) $\ln(\sec\alpha+\tan\alpha)$.

5. (1) $\sqrt{3}(e^{\frac{\pi}{2}}-1)$; (2) $6+\frac{\sqrt{2}}{2}\ln(2\sqrt{2}+3)$; (3) 5.

7. (1) $\boldsymbol{r}=(a\sin\varphi\cos\theta, b\sin\varphi\sin\theta, c\cos\varphi), 0\leqslant\varphi\leqslant\pi, 0\leqslant\theta\leqslant 2\pi$;

(2) $\boldsymbol{r}=\left(v, \frac{b}{a}\sqrt{v^2-a^2}\cos u, \frac{c}{a}\sqrt{v^2-a^2}\sin u\right), a\leqslant|v|<+\infty, 0\leqslant u\leqslant 2\pi$;

(3) $\boldsymbol{r}=(a(u+v), b(u-v), 2uv), -\infty<u<+\infty, -\infty<v<+\infty$;

(4) $\boldsymbol{r}=(au\cos v, bu\sin v, cu), -\infty<u<+\infty, 0\leqslant v\leqslant 2\pi$.

8. $\boldsymbol{r}=(f(v)\cos u, f(v)\sin u, g(v)), 0\leqslant u\leqslant 2\pi, a\leqslant v\leqslant b$.

9. $\boldsymbol{\rho}(\lambda,\mu)=\boldsymbol{r}(u_0,v_0)+\lambda\boldsymbol{r}_u(u_0,v_0)+\mu\boldsymbol{r}_v(u_0,v_0)$, $\boldsymbol{\rho}(t)=\boldsymbol{r}(u_0,v_0)+t[\boldsymbol{r}_u(u_0,v_0)\times\boldsymbol{r}_v(u_0,v_0)]$.其中 $\boldsymbol{\rho}$ 为图形上动点的向径.

10. (1) $(\cos\varphi_0\cos\theta_0)x+(\cos\varphi_0\sin\theta_0)y+(\sin\varphi_0)z=a, \frac{x}{\cos\varphi_0\cos\theta_0}=\frac{y}{\cos\varphi_0\sin\theta_0}=\frac{z}{\sin\varphi_0}$;

(2) $9x+8y-30z=0, \frac{x-6}{9}=\frac{y-12}{8}=\frac{z-5}{-30}$; (3) $x+11y+5z=18, x-1=\frac{y-2}{11}=\frac{z+1}{5}$;

(4) $x+y-(\ln 4)z=0, x-\ln 2=y-\ln 2=\frac{z-1}{-\ln 4}$.

11. $x+y-z=2$ 或 $6x+3y-5z=9$.

12. (1) $x+y=\frac{1}{2}(1+\sqrt{2}), x+y=\frac{1}{2}(1-\sqrt{2})$; (2) $9x+y-z=27$ 及 $9x+17y-17z=-27$.

13. $x+3=\frac{y+1}{3}=z-3$. 14. $x+2=1-y=\frac{z+4}{2}$ 或 $x-2=-y-1=\frac{z-4}{2}$.

15. $\frac{1}{5}(0,\sqrt{10},\sqrt{15})$. 16. (1) $\frac{11}{7}$; (2) $-\frac{16}{243}$. 17. $\frac{x_0x}{a^2}+\frac{y_0y}{b^2}=\frac{z_0z}{c^2}$. 18. $\frac{9}{2}a^3$.

(B)

1. 先证明 Oz 轴为旋转轴,再证明曲面上点 P 处的法向量 $\boldsymbol{n}$,向径$\overrightarrow{OP}$及旋转轴上的向量(0,0,1)共面.

2. 利用 $\|\boldsymbol{F}\|^2$为常数当且仅当$\frac{\partial}{\partial u}\|\boldsymbol{F}\|^2\equiv 0$ 及$\frac{\partial}{\partial v}\|\boldsymbol{F}\|^2\equiv 0$.

3. 设 Σ 的所有法线均通过定点 $\boldsymbol{X}_0$,则 $\boldsymbol{r}(u,v)-\boldsymbol{X}_0$ 及 $\boldsymbol{n}=\boldsymbol{r}_u\times\boldsymbol{r}_v$ 均是 Σ 上点 $\boldsymbol{r}(u,v)$ 处的法向量,故 ∃ 数量值函数 $f(u,v)$,使 $\boldsymbol{r}(u,v)-\boldsymbol{X}_0=f(u,v)\boldsymbol{n}$,由此并利用上题和 $\boldsymbol{r}_u\cdot\boldsymbol{n}=0$ 及$\boldsymbol{r}_v\cdot\boldsymbol{n}=0$ 可得$[\boldsymbol{r}(u,v)-\boldsymbol{X}_0]$的长度为常数.

4. 利用有约束极值的 Lagrange 乘数法.

习题 5.7

(A)

1. $\boldsymbol{T}=\frac{\mathrm{d}\boldsymbol{r}}{\mathrm{d}s}=\frac{\mathrm{d}\boldsymbol{r}}{\mathrm{d}t}\frac{\mathrm{d}t}{\mathrm{d}s}=\frac{\mathrm{d}\boldsymbol{r}}{\mathrm{d}t}\frac{1}{\frac{\mathrm{d}s}{\mathrm{d}t}}=\frac{\dot{\boldsymbol{r}}}{\|\dot{\boldsymbol{r}}\|},\frac{\mathrm{d}\boldsymbol{r}}{\mathrm{d}s}=\dot{\boldsymbol{r}}\frac{\mathrm{d}t}{\mathrm{d}s}\Rightarrow\frac{\mathrm{d}^2\boldsymbol{r}}{\mathrm{d}s^2}=\ddot{\boldsymbol{r}}\frac{\mathrm{d}t}{\mathrm{d}s}+\dot{\boldsymbol{r}}\frac{\mathrm{d}^2t}{\mathrm{d}s^2}\Rightarrow\boldsymbol{r}'\times\boldsymbol{r}''=\left(\dot{\boldsymbol{r}}\frac{\mathrm{d}t}{\mathrm{d}s}\right)\times\left[\dot{\boldsymbol{r}}\frac{\mathrm{d}t}{\mathrm{d}s}+\dot{\boldsymbol{r}}\frac{\mathrm{d}^2t}{\mathrm{d}s^2}\right]=$ $(\dot{\boldsymbol{r}}\times\ddot{\boldsymbol{r}})\left(\frac{\mathrm{d}t}{\mathrm{d}s}\right)^3$ 与 $\dot{\boldsymbol{r}}\times\ddot{\boldsymbol{r}}$ 同向,再由(7.3)式便得 $\boldsymbol{B}=\frac{\dot{\boldsymbol{r}}\times\ddot{\boldsymbol{r}}}{\|\dot{\boldsymbol{r}}\times\ddot{\boldsymbol{r}}\|}$.

2. (1) $\boldsymbol{T}=\frac{1}{5}(-3\cos t,3\sin t,-4),\boldsymbol{N}=(\sin t,\cos t,0),\boldsymbol{B}=\frac{1}{5}(4\cos t,-4\sin t,-3)$;

   (2) $\boldsymbol{T}=\frac{1}{\sqrt{2}(1+t^2)}(1-t^2,2t,1+t^2),\boldsymbol{N}=\frac{1}{1+t^2}(-2t,1-t^2,0),\boldsymbol{B}=\frac{1}{\sqrt{2}(1+t^2)}(t^2-1,-2t,1+t^2)$;

   (3) $\boldsymbol{T}=\frac{1}{\sqrt{a^2+b^2}}(-a\cos t,a\sin t,b),\boldsymbol{N}=(\sin t,\cos t,0),\boldsymbol{B}=\frac{1}{\sqrt{a^2+b^2}}(-b\cos t,b\sin t,-a)$.

3. $bx-ay+abz=2ab,a(b^2+1)x+by-b^2z=a^2(b^2+1)-b^2$.

4. 次法线方程:$\boldsymbol{\rho}=(\mathrm{ch}\,t,\mathrm{sh}\,t,t)+\boldsymbol{\lambda}(-\mathrm{sh}\,t,\mathrm{ch}\,t,-1)$, 主法线方程:$\boldsymbol{\rho}=(\mathrm{ch}\,t,\mathrm{sh}\,t,t)+\boldsymbol{\lambda}(2\mathrm{ch}\,t,0,-\mathrm{sh}\,2t)$.

5. 主法线方程:$\boldsymbol{\rho}=(a\cos t,a\sin t,bt)+\boldsymbol{\lambda}(\cos t,\sin t,0)$.

7. (1) $\frac{3}{25|\sin t\cos t|}$;(2) $\frac{1}{3(1+t^2)^2}$;(3) $\frac{a}{a^2+b^2}$.

8. (1) 2;(2) 1;(3) $\frac{2}{3a|\sin 2t_0|}$;(4) $\frac{1}{4a\left|\sin\frac{t_0}{2}\right|}$.

9. $\left(\frac{1}{\sqrt{2}},\ln\frac{1}{\sqrt{2}}\right),\frac{3\sqrt{3}}{2}$. 10. $(x+2)^2+(y-3)^2=8$. 11. 约为 1 246 N,在原点处按圆周运动作近似处理.

14. (1) $\frac{4}{25\sin t\cos t}$;(2) $\frac{1}{3(1+t^2)^2}$;(3) $\frac{-b}{a^2+b^2}$.

(B)

1. $\boldsymbol{r}=\left(\frac{3y^2}{2p}+p,-\frac{y^3}{p^2}\right)$,或直角坐标方程 $27py^2=8(x-p)^3$.

2. $\boldsymbol{\rho}(s)=(a\cos\omega s,a\sin\omega s,b\omega s)+(a_0-s)\omega(-a\sin\omega s,a\cos\omega s,b)$,其中 $\omega=\frac{1}{\sqrt{a^2+b^2}}$,$a_0$为任意常数.

3. 提示：$\boldsymbol{r}(s)$ 处的曲率中心为 $\boldsymbol{\rho}(s)=\boldsymbol{r}(s)+\dfrac{1}{\kappa(s)}\boldsymbol{N}(s)$，只要证明 $\boldsymbol{r}'(s)\cdot\boldsymbol{\rho}'(s)=0$.

4. 提示：设曲线方程为 $\begin{cases}F(x,y,z)=0,\\G(x,y,z)=0,\end{cases}$ 其自然参数方程为 $x=x(s)$，$y=y(s)$，$z=z(s)$，且设 $s=0$ 对应于点 $(0,0,0)$，则有

$$\begin{cases}\dfrac{\mathrm{d}}{\mathrm{d}s}F[x(s),y(s),z(s)]=0,\\ \dfrac{\mathrm{d}}{\mathrm{d}s}G[x(s),y(s),z(s)]=0,\\ [x'(s)]^2+[y'(s)]^2+[z'(s)]^2=1.\end{cases}\qquad(*)$$

在 $(*)$ 式中令 $s=0$，可得 $\boldsymbol{T}(0)=\boldsymbol{r}'(0)=\dfrac{1}{\sqrt{3}}(1,1,1)$；对 $(*)$ 式关于 s 再求导后令 $s=0$，可得 $\boldsymbol{r}''(0)=\left(\dfrac{1}{9},\dfrac{1}{9},-\dfrac{2}{9}\right)$，从而得 $\kappa=\dfrac{1}{9}\sqrt{6}$，$\boldsymbol{N}(0)=\dfrac{1}{\sqrt{6}}(1,1,-2)$，$\boldsymbol{B}(0)=\dfrac{1}{\sqrt{2}}(-1,1,0)$.

5. 提示：(1) 只要证曲线的曲率 $\kappa\equiv0$ 或 $\boldsymbol{r}''(s)\equiv\boldsymbol{0}$；(2) 只要证曲线的挠率 $\tau\equiv0$ 或 $(\boldsymbol{r}',\boldsymbol{r}'',\boldsymbol{r}''')\equiv\boldsymbol{0}$.

第 5 章习题

1. (1) (C)；(2) (B)；(3) (D)；(4) (A)；(5) (D)；(6) (C)；(7) (A)；(8) (B)；(9) (D)；(10) (A).

2. (1) $yx^{y-1}f_1+y^x\ln y f_2$；(2) $f_2+xf_{12}+xyf_{22}$；(3) $\left(\dfrac{\pi}{\mathrm{e}}\right)^2$；(4) $yf''+\varphi'+y\varphi''$；(5) $-\mathrm{d}x+2\mathrm{d}y$；(6) $\dfrac{1}{9}(2,4,-4)$；(7) $2x+4y-z=5$；(8) $x-1=\dfrac{y+2}{-4}=\dfrac{z-2}{6}$；(9) $2x+y-4=0$；(10) 2.

3. $\dfrac{\partial u}{\partial x}=y^xz^{y^x}\ln y\ln z$，$\dfrac{\partial u}{\partial y}=xy^{x-1}z^{y^x}\ln z$，$\dfrac{\partial u}{\partial z}=y^xz^{y^x-1}$.

4. $3x^2,3,\sin 1$. 5. $f_1(1,1)$，$f_{11}(1,1)+f_1(1,1)-f_2(1,1)$. 6. 可微，且 $\mathrm{d}f\big|_{(0,0)}=0$.

7. 极大值点为 $(2k\pi,0)$，$k\in\mathbf{Z}$，极大值为 2；没有极小值. 8. x^2+y^2. 9. 3.

10. (1) $\mathrm{d}z=\dfrac{2x-\varphi'}{\varphi'+1}\mathrm{d}x+\dfrac{2y-\varphi'}{\varphi'+1}\mathrm{d}y$；(2) $\dfrac{\partial u}{\partial x}=-\dfrac{2\varphi''(1+2x)}{(\varphi'+1)^3}$. 11. $\varphi(u)=\mathrm{e}^{-\frac{1}{4}u^2}$. 12. $f(x,y)=\mathrm{e}^x\sin y$.

13. 极小值 $z(9,3)=3$，极大值 $z(-9,-3)=-3$. 14. 最远点 $(-5,-5,5)$，最近点 $(1,1,1)$.

15. (2) $f(u)=\ln u$. 16. $x+y-4z=0$，$x-2=y-2=\dfrac{1-z}{4}$. 17. $f(x,y)=\dfrac{1}{2}(x^2y+xy^2)+x^2+y$.

19. 3.

综合练习题

1. $y=0.884x-5.881$，100.2 千元. 2. $y=\dfrac{5}{12}(1-x)^{\frac{6}{5}}-\dfrac{5}{8}(1-x)^{\frac{4}{5}}+\dfrac{5}{24}$，$t=\dfrac{5}{24v_0}$.

第六章

习题 6.1

(A)

5. (1) $\iint\limits_{(\sigma)}(x+y)\mathrm{d}\sigma$ 大；(2) $\iint\limits_{(\sigma)}(x^2+y^2)^3\mathrm{d}\sigma$ 大；(3) $\iint\limits_{(\sigma_2)}(x^2+y^2)\mathrm{d}\sigma$ 大；(4) $\iint\limits_{(\sigma_1)}x^2y\mathrm{d}\sigma$ 大.

(B)

2. 提示：由原题知 $\exists M\in(\Omega)$，使 $f(M)>0$. 又 f 连续，则存在 M 的邻域，在此邻域内 $f>0$.

3. $\iint\limits_{(\sigma_1)}xy\mathrm{d}\sigma$ 大.　　4. $f(x_0,y_0)$.

习题 6.2

(A)

1. $\iint\limits_{(\sigma)}[f_2(x,y)-f_1(x,y)]\mathrm{d}\sigma$.

2. (4) 当 $f(x,y)$ 是 y 的奇函数时，$\iint\limits_{(\sigma)}f(x,y)\mathrm{d}\sigma=0$；

　　当 $f(x,y)$ 是 y 的偶函数时，$\iint\limits_{(\sigma)}f(x,y)\mathrm{d}\sigma=2\iint\limits_{(\sigma_1)}f(x,y)\mathrm{d}\sigma$.

3. (1) $\dfrac{2}{21}$；(2) $\dfrac{9}{4}$；(3) $\dfrac{1}{8}$；(4) $\dfrac{2}{3}$；(5) 3；(6) $\dfrac{1}{2}\left(1-\dfrac{1}{\mathrm{e}}\right)$；(7) $\dfrac{4}{5}$；(8) $\dfrac{8}{3}$；(9) $2(\sin 1-\cos 1)$；(10) 0.

4. (1) $\int_{-2}^{1}\mathrm{d}y\int_{y^2}^{2-y}f(x,y)\mathrm{d}x$，　$\int_0^1\mathrm{d}x\int_{-\sqrt{x}}^{\sqrt{x}}f(x,y)\mathrm{d}y+\int_1^4\mathrm{d}x\int_{-\sqrt{x}}^{2-x}f(x,y)\mathrm{d}y$；

　(2) $\int_0^1\mathrm{d}y\int_{\sqrt{y}}^{y+1}f(x,y)\mathrm{d}x$，　$\int_0^1\mathrm{d}x\int_0^{x^2}f(x,y)\mathrm{d}y+\int_1^2\mathrm{d}x\int_{x-1}^{1}f(x,y)\mathrm{d}y$.

5. (1) $\int_{-\frac{1}{4}}^{0}\mathrm{d}y\int_{-\frac{1}{2}-\sqrt{y+\frac{1}{4}}}^{-\frac{1}{2}+\sqrt{y+\frac{1}{4}}}f(x,y)\mathrm{d}x+\int_0^2\mathrm{d}y\int_{y-1}^{-\frac{1}{2}+\sqrt{y+\frac{1}{4}}}f(x,y)\mathrm{d}x$；

　(2) $\int_0^1\mathrm{d}y\int_0^{\sqrt{y}}f(x,y)\mathrm{d}x-\int_1^4\mathrm{d}y\int_{\sqrt{y}}^{2}f(x,y)\mathrm{d}x$；

　(3) $\int_0^2\mathrm{d}y\int_y^{\sqrt{8-y^2}}f(x,y)\mathrm{d}x$；(4) $\int_0^2\mathrm{d}x\int_{\frac{x}{2}}^{3}f(x,y)\mathrm{d}y+\int_2^{18}\mathrm{d}x\int_{\sqrt{\frac{x}{2}}}^{3}f(x,y)\mathrm{d}y$.

6. (1) $\pi(\mathrm{e}^{b^2}-\mathrm{e}^{a^2})$；(2) $-\dfrac{8}{3}\left(\dfrac{2}{3}-\dfrac{\pi}{2}\right)$；(3) $\dfrac{\pi a^2}{2}$；(4) $\dfrac{\pi^2}{16}$；(5) $\dfrac{3\pi-4}{18}R^3$；(6) $\dfrac{1}{2}\pi a^4$.

7. (1) $\dfrac{3\pi}{4}$；(2) $2-\dfrac{\pi}{2}$；(3) $\dfrac{14\sqrt{2}-7}{9}$.　　8. (1) $\left(\dfrac{15}{8}-2\ln 2\right)a^2$；(2) $\left(\sqrt{3}-\dfrac{\pi}{3}\right)a^2$；(3) $\dfrac{3}{2}\pi a^2$.

9. (1) $\dfrac{128}{3}$；(2) $\dfrac{32}{9}a^3$；(3) $\dfrac{16}{3}a^3$.　　10. $\dfrac{5k\pi}{3}a^3$（k 是比例系数）.　　11. $\dfrac{4}{3}\pi(64-15\sqrt{15})$.

12. 12 cm. 13. (1) $\frac{2}{3}\pi ab$;(2) $\frac{e-1}{2}$;(3) $\frac{3}{2}\ln 2$.

14. (1) πa^2;(2) $\frac{(b^2-a^2)(\beta-\alpha)}{2(1+\alpha)(1+\beta)}$;(3) $\frac{a^2}{2}\ln 2$;(4) $\frac{4}{3}(q-p)(s-r)$.

(B)

1. (1) $\frac{5}{3}+\frac{\pi}{2}$;(2) $\frac{\pi}{2}$;(3) $\frac{35\pi a^4}{12}$. 2. $\frac{3}{8}e-\frac{1}{2}\sqrt{e}$.

3. $F(t)=\begin{cases}0, & t\leqslant 0,\\ \frac{t^3}{3}, & 0<t\leqslant 1,\\ t-\frac{2}{3}-\frac{(t-1)^3}{3}, & 0<t\leqslant 2,\\ 1, & t>2.\end{cases}$

4. $-\frac{2}{5}$. 5. $\frac{A^2}{2}$. 8. $\frac{\pi}{|a_1b_2-a_2b_1|}$,提示:令 $a_1x+b_1y+c_1=u,a_2x+b_2y+c_2=v$.

9. $2x-z=0,V_{\min}=\frac{\pi}{2}$. 11. $\frac{H}{3}$. 13. $f(t)=(4\pi t^2+1)e^{4\pi t^2}$.

习题 6.3

(A)

1. (1) f 关于 z 分别是奇函数和偶函数;(2) f 关于 x 分别是奇函数和偶函数;
 (3) f 关于 y 分别是奇函数和偶函数.

2. (1) 对;(2) 对;(3) 对;(4) 错.

3. (1) $\int_0^1 dx\int_0^{2-2x}dy\int_0^{3-3x-\frac{3}{2}y}f(x,y,z)dz$;

 (2) $\int_0^{2\pi}d\theta\int_0^{\frac{\pi}{4}}d\varphi\int_0^2 f(r\sin\varphi\cos\theta,r\sin\varphi\sin\theta,r\cos\varphi)r^2\sin\varphi dr$;

 (3) $\int_{-\frac{\pi}{2}}^{\frac{\pi}{2}}d\theta\int_0^{2\cos\theta}d\rho\int_0^{\sqrt{4-\rho^2}}f(\rho\cos\theta,\rho\sin\theta,z)\rho dz$;

 (4) $\int_0^{2\pi}d\theta\int_0^{\frac{\sqrt{3}}{2}a}d\rho\int_{a-\sqrt{a^2-\rho^2}}^{\sqrt{a^2-\rho^2}}f(\rho\cos\theta,\rho\sin\theta,z)\rho dz$.

4. (1) $\frac{7}{2}-e$;(2) $\frac{\pi^2-8}{16}$;(3) $2\pi e^2$;(4) $\frac{16}{3}\pi$;(5) $\frac{1}{8}$;(6) $\frac{1}{180}$;(7) $\frac{4}{15}\pi(A^5-a^5)$;

 (8) $\frac{13}{4}\pi$;(9) $\pi\left(\ln 2-2+\frac{\pi}{2}\right)$;(10) $\frac{59}{480}\pi R^5$;(11) $\frac{1}{48}$;(12) $\frac{\pi^2}{16}(2-\sqrt{2})$;

 (13) $\frac{15}{4}\pi$;(14) 0;(15) $\frac{\pi(2^6-1)}{48}=\frac{21}{16}\pi$;(16) $\frac{7}{6}\pi a^4$.

5. (1) $\frac{\pi}{12}$;(2) $\frac{243}{5}\pi$.

6. (1) $\frac{\pi}{3}(b^3-a^3)(2-\sqrt{2})$;(2) $\frac{32}{3}\pi$;(3) $\frac{\pi}{3}a^3$;(4) $\frac{1}{6}\pi-\frac{\sqrt{3}}{8}$;(5) $\frac{a^3}{12}$;(6) $\frac{4}{3}\pi abc$;

(7) $\frac{4}{3}\pi abc(2\sqrt{2}-1)$.

7. $\frac{1\ 024}{3}\pi$.　　8. $\frac{\pi}{2}$.

(B)

1. (1) $\frac{\pi}{6}(7-4\sqrt{2})$;(2) $\frac{\pi}{6}(\sqrt{2}-1)$;(3) $\frac{\pi^2}{4}abc$.

2. $\int_0^1 dz\left\{\int_0^{\sqrt{z}} dy\int_{\sqrt{z-y^2}}^1 f(x,y,z)\,dx+\int_{\sqrt{z}}^1 dy\int_0^1 f(x,y,z)\,dx\right\}+\int_1^2 dz\int_{\sqrt{z-1}}^1 dy\int_{\sqrt{z-y^2}}^1 f(x,y,z)\,dx$

$=\int_0^1 dx\left\{\int_0^{x^2} dz\int_0^1 f(x,y,z)\,dy+\int_{x^2}^{x^2+1} dz\int_{\sqrt{z-x^2}}^1 f(x,y,z)\,dy\right\}$.

3. $\frac{\pi}{2}t^3\ln(1+t^2)$.　　4. $\frac{\pi}{2}(2\ln 2t\pi-4)$.　　5. $2\pi ht\left[\frac{h^2}{3}+f(t^2)\right]$,$\pi h\left[\frac{h^2}{3}+f(0)\right]$.

6. $\frac{4}{15}\pi abc(a^2+b^2+c^2)$.

习题 6.4

(A)

1. (1) $\frac{\pi}{4}$;(2) $\frac{8}{3}$;(3) $\frac{\pi}{4}$.

2. (1) $F'(x)=2xe^{-x^5}-e^{-x^3}-\int_x^{x^2} y^2e^{-xy^2}dy$;

(2) $F'(y)=\left(\frac{1}{y}+\frac{1}{b+y}\right)\sin y(b+y)-\left(\frac{1}{y}+\frac{1}{a+y}\right)\sin y(a+y)$;

(3) $F''(x)=3f(x)+2xf'(x)$.

3. (1) $\frac{\pi}{8}\ln 2$,提示:利用$\int_0^1\frac{\ln(1+\alpha x)}{1+x^2}dx$ 对 α 的导数;(2) $\pi\ln\frac{a+b}{2}$.

4. $\ln\frac{b}{a}$.　　5. (1) 2π;(2) $\frac{\pi}{2}$;(3) 2;(4) $\frac{\pi}{2}$.

(B)

1. $F''(x)=\begin{cases}2f(x), & x\in(a,b),\\ 0, & x\notin(a,b).\end{cases}$

2. $F'(\alpha)=f(\alpha,-\alpha)+2\int_0^{\alpha}f'_u(u,v)\,dx$,其中 $u=x+\alpha,v=x-\alpha$;

习题 6.5

(A)

1. (1) $\left(-\frac{a}{2},\frac{8}{5}a\right)$;(2) $\left(\pi a,\frac{5}{6}a\right)$;(3) $\rho=\frac{5}{6}a,\theta=0$.

2. (1) $\left(0,0,\frac{3}{8}c\right)$;(2) $\left(0,0,\frac{5a}{6\sqrt{3}-5}\right)$;(3) $\left(\frac{2}{5}a,\frac{2}{5}a,\frac{7}{30}a^2\right)$.

3. $I_x=\frac{1}{64}(7e^8+1),I_y=\frac{1}{32}(34e^4+6)$.　4. $\frac{8}{3}\mu\pi$.　5. $M\left(\frac{R^2}{4}+\frac{H^2}{3}\right)$.

6. $2\pi G\mu H(1-\cos\alpha)$,其中 G 为万有引力常量.　7. $\frac{\pi R^2H}{6}(3R^2+2H^2)$.

(B)

1. $\frac{1}{h}\left(\frac{V}{32\pi}+h^3\right)^{\frac{1}{3}}-1$.　2. $\sqrt{\frac{2}{3}}R$.

3. $-\frac{2GMM'}{a^2}\left[1+\frac{1}{h}\left(\sqrt{a^2+(b-h)^2}-\sqrt{a^2+b^2}\right)\right]$,$G$ 为万有引力常量.　5. $\frac{7}{5}mR^2$.

习题 6.6

(A)

1. (1) $\frac{1}{3}(5\sqrt{5}-1)$;(2) $2\pi a^{2n+1}$;(3) $\frac{1}{3}[(t_0^2+2)^{\frac{3}{2}}-2^{\frac{3}{2}}]$;(4) $1+\sqrt{2}$;(5) π;(6) $4\sqrt{2}$.

3. (1) $\frac{5\sqrt{5}-1}{12}$;(2) $2a^2$;(3) $2(2-\sqrt{2})a^2$.

4. $2a^2$.　5. $3\pi R^2$.

6. (1) $I_z=\frac{2}{3}\pi a^2\sqrt{a^2+k^2}(3a^2+4\pi^2k^2)$;

(2) $\bar{x}=\frac{6ak^2}{3a^2+4\pi^2k^2}$, $\bar{y}=\frac{-6\pi ak^2}{3a^2+4\pi^2k^2}$, $\bar{z}=\frac{3k(\pi a^2+2\pi^3k^2)}{3a^2+4\pi^2k^2}$.

7. $\sqrt{2}\pi$.　8. $\frac{\sqrt{3}-\sqrt{2}}{12}\pi R^2\ \mathrm{km}^2$.　9. (1) $\frac{12}{5}\pi a^2$;(2) $2\sqrt{2}\pi a^2\left(1-\frac{\pi}{4}\right)$.

10. (1) $4\sqrt{61}$;(2) $\frac{\pi}{2}(1+\sqrt{2})$;(3) πa^3;(4) πR^3;(5) $2\pi\arctan\frac{H}{R}$;(6) $(\sqrt{3}-1)\ln 2+\frac{3-\sqrt{3}}{2}$;

(7) $\frac{125\sqrt{5}-1}{420}$;(8) $\frac{64}{15}\sqrt{2}a^4$;(9) $\pi^2[a\sqrt{1+a^2}+\ln(a+\sqrt{1+a^2})]$;(10) $\frac{1}{2}\pi a^4\sin\alpha\cos^2\alpha$.

11. μa.　12. (1) $\left(\frac{4a}{3\pi},\frac{4a}{3\pi},\frac{4a}{3\pi}\right)$;(2) $\left(\frac{a}{2},\frac{a}{2},\frac{a}{2}\right)$.　13. $\frac{\pi\mu a^3}{2}\sqrt{a^2+b^2}$.

14. (1) $4\pi\mu hR^3$;(2) $2\pi\mu hR\left(R^2+\frac{2}{3}h^2\right)$;(3) $2\pi\mu hR\left(R^2+\frac{8}{3}h^2\right)$.

(B)

1. $\frac{\sqrt{2}}{6}$.　2. $2\pi\int_a^b f(x)\sqrt{1+[f'(x)]^2}\,dx$.　3. (1) $\frac{64}{3}\pi a^2$;(2) $16\pi^2 a^2$;(3) $\frac{32}{3}\pi a^2$.

4. $4\pi^2 ab$.　6. $\left(0,0,\frac{4\pi G\mu R^2}{a^2}\right)$.　7. $\frac{2\pi}{3}$.　8. $R=\frac{4}{3}a$.　9. $\frac{3\pi}{2}$.　10. $\frac{9h_0}{124\alpha}(5\sqrt{5}+1)$.

习题 6.7

(A)

2. (1) $-\frac{14}{15}$;(2) (Ⅰ) $\frac{1}{3}$;(Ⅱ) $\frac{17}{30}$;(Ⅲ) $-\frac{1}{20}$;(3) $-2ab\pi$;(4) 10;(5) $\frac{1}{35}$;(6) -2π.

3. (1) πR^2;(2) 0.

4. (1) $\int_{(C)}\frac{-P+Q}{\sqrt{2}}ds$; (2) $\int_{(C)}[-\sqrt{1-x^2}P+xQ]ds$; (3) $\int_{(C)}[-\sqrt{2x-x^2}P+(1-x)Q]ds$.

5. $-\int_{(C)}\frac{P+2xQ+3yR}{\sqrt{1+4x^2+9y^2}}ds$.　6. -2π.　7. (1) $\frac{1}{2}(a^2-b^2)$;(2) 0.

8. (1) $-\int_0^{2\pi}d\theta\int_1^2 e^{\rho}d\rho$; (2) $\int_0^1 dx\int_0^1(x+y+1)dy-\int_0^1 dx\int_0^1(x+y)dy$.

10. (1) $-4R^3$;(2) 0.　11. $-\frac{2}{3}$.

12. (1) $\pi R^2\left(1+\frac{R^2}{4}\right)$;(2) $\frac{1}{8}$;(3) 8π;(4) -8π;(5) 0;(6) $\frac{8\pi}{3}$;(7) $\frac{1}{2}$.

13. (1) $2\pi a^2 h$;(2) $3\pi a^2 h$.　14. $4\pi a^3$.

15. (1) $\iint_{(S)}\left(\frac{3}{5}P+\frac{2}{5}Q+\frac{2\sqrt{3}}{5}R\right)dS$; (2) $-\iint_{(S)}\frac{2xP+2yQ+R}{\sqrt{1+4x^2+4y^2}}dS$.

(B)

2. $-\frac{\pi}{4}R^3$.　3. $y=\sin x$.

4. $\xi=\frac{a}{\sqrt{3}},\eta=\frac{b}{\sqrt{3}},\zeta=\frac{c}{\sqrt{3}}$时最大,$W_{\max}=\frac{\sqrt{3}}{9}abc$.　5. $\frac{1}{2}\pi^2 R$.　6. $-2\pi R$.

习题 6.8

(A)

1. (1) 错;(2) 解法一错,解法二对.

2. (1) $\frac{\pi}{2}R^4$;(2) $-2\pi ab$;(3) $-46\frac{2}{3}$;(4) $\frac{4}{5}(e^{\pi}-1)$;(5) $\frac{m\pi a^2}{8}$;(6) 1.

3. $\frac{3\pi}{8}a^2$.　4. $2S$,其中 S 为由简单闭曲线(C)所围区域的面积.

5. (1) $\frac{1}{3}x^3+x^2y-xy^2-\frac{1}{3}y^3+C$;(2) $y^2\cos x+x^2\cos y+C$.　6. $F(x,y)$就是(P,Q)的一个势函数.

7. (1) $x^2y^3=C$;(2) $x^2-y^2+4xy=C$;(3) $x^2\sin y+x^3y+\frac{1}{3}y^3=C$;(4) $(1+x^2)\sin y=C$;

8. (1) -2;(2) 9;(3) $\frac{e-1}{2}$.

9. (1) $u(x,y)=x^2\cos y+y^2\cos x+C$;(2) $u(x,y)=e^x[e^y(x-y+1)+y]+C$.

10. $-\sqrt{3}\pi a^2$. 11. $3a^2$. 12. (1) $2\pi r^2$;(2) $2\pi R^2$.

13. $\mathbf{rot}\,\boldsymbol{A}\big|_M=-\boldsymbol{i}-3\boldsymbol{j}+4\boldsymbol{k}$, $\mathbf{rot}_n\boldsymbol{A}\big|_M=\frac{1}{3}$.

14. (1) $\mathbf{0}$;(2) $\mathbf{0}$;(3) $\mathbf{0}$;(4) $2(5\boldsymbol{i}+10\boldsymbol{j}+2\boldsymbol{k})$. 15. $4z(xz-4)\boldsymbol{j}+3x^2y\boldsymbol{k}$.

16. (1) $3a^4$;(2) $\frac{12}{5}\pi R^5$;(3) $\pi a^2\left(1-\frac{a^2}{2}\right)$;(4) $\frac{\pi}{2}h^4$;(5) $\pi ab(2c+1)$.(6) $(e^{2a}-1)\pi a^2$.

17. $2\pi a^3$. 18. (1) 6;(2) 8;(3) 36.

19. (1) $\sin xy-\cos z+C$;(2) $x^2\cos y+y^2\cos x+\frac{1}{2}z^2+C$;(3) $x^2yz^3+\sin yz+C$.

20. (1) $u=\frac{1}{3}(x^3+y^3+z^3)-2xyz+C$;(2) $u=x^3+3x^2y^2+y^4+C$.

(B)

3. $\frac{7}{8}\pi$. 4. $-6\pi^2$. 5. (2) $\frac{c}{d}-\frac{a}{b}$. 6. $\frac{93\pi}{5}(2-\sqrt{2})$. 7. 4π.

8. $(x^2+y^2)f_{11}+\frac{1}{z^2}\left(1+\frac{x^2}{z^2}\right)f_{22}+\frac{1}{z^2}\left(1+\frac{y^2}{z^2}\right)f_{33}+\frac{2y}{z}f_{12}+\frac{2xy}{z^4}f_{23}+\frac{2x}{z}f_{13}+\frac{2}{z^3}(xf_2+yf_3)$. 9. $\frac{C_1}{r}+C_2$.

第 6 章习题

1. (1) (A);(2) (B);(3) (D);(4) (C);(5) (A);(6) (C);(7) (B).

2. $\frac{4}{\pi^3}(\pi+2)$. 3. $\frac{1}{3}(\sqrt{2}-1)$. 4. $4-\frac{\pi}{2}$. 5. $e-1$. 6. $\left(\frac{a}{4},\frac{a}{4}\right)$. 7. $\frac{\pi}{4}$. 9. 2π.

11. 形心$(0,0,2)$,$I=\frac{64}{3}\pi$. 12. $\frac{\pi h(b^5-a^5)}{10(b-a)}$. 13. $\int_{\frac{\pi}{4}}^{\frac{\pi}{3}}d\theta\int_0^{\frac{\pi}{4}}d\varphi\int_0^1 f(\rho\sin\varphi\sin\theta,\rho\cos\varphi)\rho^2\sin\varphi d\rho$.

14. $12a$. 15. $\frac{32}{9}\sqrt{2}$. 16. 100 . 17. $2(\pi-1)$.

18. 当 L 不包围点 O 时,$I=0$;当 L 包围点 O 时,$I=\pi$.

19. $\left(\frac{\pi}{2}+2\right)a^2b-\frac{\pi}{2}a^3$. 20. $\frac{\sqrt{2}}{2}\pi$. 21. $-\frac{1}{2}\pi aR^2$. 22. $\pi+1$.

23. 2 ,$-\frac{1}{2}$. 24. $a=2$,$u=\ln(x+y)+\frac{x}{x+y}+C$. 25. x^2+2y-1.

26. $I(t)=t+e^{2-t}$,最小值为 3. 27. $-\frac{128}{15}\pi$. 28. $-\pi$. 29. -24. 30. (1) $\begin{cases}x^2+y^2=2x,\\z=0;\end{cases}$(2) 64.

综合练习题

1. (1) 油库容积为$\frac{432}{5}\pi\ \mathrm{m}^3$;

(2) 提示：先求出油库介于 $y=-6$ 和 $y=y$ $(-6\leqslant y\leqslant 6)$之间的容积 V_y，$V_y=\pi\left(\frac{y^5}{6\,480}-\frac{y^3}{18}+9y+\frac{216}{5}\right)$.

然后求五次方程 $\pi\left(\frac{y^5}{6\,480}-\frac{x^3}{18}+9x+\frac{216}{5}\right)=V$. 当 V 分别等于 10,20,30,…时的近似根.

2. 提示：问题的本质是曲面 $z=\left(1-\frac{x^2}{1+\alpha}-\frac{y^2}{1+\beta}\right)^{\frac{1}{2}}$ 的面积比 2π 小还是比 2π 大，将此面积记为 $S(\alpha,\beta)$，此值不易求，利用 Taylor 公式将 $S(\alpha,\beta)$ 在 $(0,0)$ 展开后可知：当 $\alpha+\beta<0$ 时，$S(\alpha,\beta)$ 小于 2π；当 $\alpha+\beta>0$ 时，$S(\alpha,\beta)>2\pi$.

第七章

习题 7.1

(A)

2. (1) $\sum_{n=1}^{\infty}\frac{2}{n(n+1)}=2$；(2) $\sum_{n=1}^{\infty}\frac{2}{3^n}=1$.

3. (1) 收敛，$S=\frac{4q-6}{(q-1)(q-3)}$；(2) 收敛，$\frac{1}{3}$；(3) 收敛，$1-\sqrt{2}$；(4) 发散.　　6. 8.

8. (1) 发散；(2) 发散；(3) 发散；(4) $x=0$ 时收敛，$x\neq 0$ 时发散.　　9. $i+\frac{i}{11}$点钟$(i=1,2,\cdots,11)$.

11. (1) 否；(2) 否，可考虑 $a_n=\frac{(-1)^n}{\sqrt{n}}$ 与 $b_n=\frac{(-1)^n}{\sqrt{n}}+\frac{1}{n}$；(3) 否；(4) 否；(5) 否；(6) 是.

12. (1) 收敛；(2) 发散；(3) $\alpha>\frac{1}{2}$时收敛，$\alpha\leqslant\frac{1}{2}$时发散；(4) 收敛；(5) 收敛；

(6) 收敛；(7) 发散；(8) 收敛；(9) 收敛；(10) 收敛；(11) $x<\mathrm{e}$ 时收敛，$x\geqslant\mathrm{e}$ 时发散；

(12) 发散；(13) 发散；(14) $\alpha\neq 1$ 时收敛，$\alpha=1$ 时发散.

14. (1) 绝对收敛；(2) 条件收敛；(3) 条件收敛$\left(当\ n\to\infty\ 时\frac{1}{n-\ln n}\sim\frac{1}{n}，当\ x>1\ 时\frac{\mathrm{d}}{\mathrm{d}x}\left(\frac{1}{x-\ln x}\right)<0\right)$；

(4) 条件收敛；(5) 绝对收敛；(6) $|x|<1$ 时绝对收敛，$x=-1$ 时条件收敛，其他情况发散.

15. (1) 发散；(2) 收敛；(3) 收敛；(4) 发散.

16. (1) $|a|<1$ 时绝对收敛，$|a|>1$ 时发散；(2) $a=b$ 时条件收敛，$a\neq b$ 时发散.

17. 0.841 7.　　18. (1) 绝对收敛；(2) 绝对收敛；(3) 条件收敛；(4) 条件收敛.

(B)

1. 注意$\frac{a_{n+1}}{a_1}=\frac{a_{n+1}}{a_n}\cdot\frac{a_n}{a_{n-1}}\cdot\cdots\cdot\frac{a_2}{a_1}$.

2. 由极限定义，若 $q>1$，则对于满足 $q-\varepsilon=r>1$ 的正数 ε，存在正整数 N_0，使当 $n>N_0$ 时有$\frac{-\ln a_n}{\ln n}>r$.

3. 利用 Taylor 公式及 $f''(x)$ 在 $x=0$ 的某一邻域内有界.

4. (1) 收敛; (2) 发散; (3) $\alpha\leqslant 1$ 时收敛, $\alpha>1$ 时发散; (4) 发散; (5) 收敛;

(6) $|x|<1$ 时绝对收敛, $x=-1$ 时条件收敛, 其他情况发散.

习题 7.2

(A)

2. $-\dfrac{x^2}{x^2+2}$. 3. (1) $(-\infty,-2)\cup[0,+\infty)$; (2) $(-\infty,+\infty)$; (3) $(-2,2)$; (4) $(0,+\infty)$.

5. (1) 对 $\dfrac{1}{1+x}=\sum\limits_{n=0}^{\infty}(-x)^n$ 利用定理 2.4.

(2) 先证明 $\sum\limits_{n=0}^{\infty}(n+1)x^n$ 在 $|x|\leqslant q\ (0<q<1)$ 上一致收敛, 再对 $\dfrac{1}{1-x}=\sum\limits_{n=0}^{\infty}x^n$ 利用定理 2.5.

(B)

5. 先证明 $u>0$ 时 $e^u>\dfrac{u^2}{2}$ 成立, 从而有 $e^{-u}<\dfrac{2}{u^2}$, 再利用 M 判别准则.

6. 利用 $|u_n(x)|\leqslant\max\{|u_n(a)|,|u_n(b)|\}\leqslant|u_n(a)|+|u_n(b)|$.

习题 7.3

(A)

3. 例如, 研究 $a_n=\dfrac{2+(-1)^n}{n}$.

4. 收敛域: (1) $x=0$; (2) $-\infty<x<+\infty$; (3) $-1<x\leqslant 1$; (4) $-4\leqslant x<0$; (5) $|x|<\sqrt{e}$;

(6) $-\dfrac{2}{3}\leqslant x<-\dfrac{1}{3}$; (7) $(-\infty,+\infty)$; (8) $\left(-\dfrac{1}{\sqrt{2}},\dfrac{1}{\sqrt{2}}\right)$; (9) $(-\sqrt{e},\sqrt{e})$; (10) $(-5,3)$.

6. (1) $\sum\limits_{n=0}^{\infty}\dfrac{(-1)^n}{n!}x^{2n+1},\ -\infty<x<+\infty$; (2) $\sum\limits_{n=1}^{\infty}(-1)^{n-1}\dfrac{2^{2n-1}}{(2n)!}x^{2n},\ -\infty<x<+\infty$;

(3) $\sum\limits_{n=0}^{\infty}\dfrac{1}{(2n)!\ 4^n}x^{2n},\ -\infty<x<+\infty$; (4) $x+\sum\limits_{n=1}^{\infty}\dfrac{1\cdot 3\cdot\cdots\cdot(2n-1)}{2^n\cdot n!\ (2n+1)}x^{2n+1},\ |x|\leqslant 1$;

(5) $\dfrac{1}{\sqrt{2}}+\dfrac{1}{\sqrt{2}}\sum\limits_{n=1}^{\infty}\dfrac{1\cdot 3\cdot\cdots\cdot(2n-1)}{n!\ 4^n}x^n,\ -2\leqslant x<2$;

(6) $\sum\limits_{n=0}^{\infty}\dfrac{1+(-1)^{n+1}2^n}{3}x^n,\ |x|<\dfrac{1}{2}$; (7) $-\sum\limits_{n=1}^{\infty}\dfrac{2^n+1}{n}x^n,\ -\dfrac{1}{2}\leqslant x<\dfrac{1}{2}$;

(8) $3+3\sum\limits_{n=1}^{\infty}\dfrac{1\cdot(1-3)\cdot(1-6)\cdot\cdots\cdot[1-3(n-1)]}{81^n\cdot n!}x^{3n},\ |x|<3$.

7. 利用 $f(x)$ 的 Maclaurin 展开式, $f^{(2m)}(0)=0,\ f^{(2m+1)}(0)=(-1)^{m-1}\dfrac{(2m+1)!}{(m-1)!}\quad(m=1,2,\cdots)$.

8. (1) $\sum\limits_{n=0}^{\infty}\dfrac{e}{n!}(x-2)^n,\ -\infty<x<+\infty$; (2) $\sum\limits_{n=0}^{\infty}\dfrac{\sqrt{2}}{2}(-1)^{\frac{n(n+1)}{2}}\dfrac{1}{n!}\left(x-\dfrac{\pi}{4}\right)^n,\ -\infty<x<+\infty$;

(3) $\sum\limits_{n=1}^{\infty}\dfrac{(-1)^{n-1}}{n}(x-1)^n,\ 0<x\leqslant 2$; (4) $\sum\limits_{n=0}^{\infty}(-1)^n\left(\dfrac{3}{2^{n+1}}-\dfrac{2}{3^{n+1}}\right)(x-5)^n,\ |x-5|<2$;

(5) $\sum_{n=1}^{\infty}(-1)^{n+1}\frac{n}{3^{n+1}}(x-3)^{n-1}$, $0<x<6$; (6) $\sum_{n=0}^{\infty}\frac{\sqrt{2}}{2}(-1)^{\frac{n(n+1)}{2}}\frac{2^n}{n!}x^n$, $-\infty<x<+\infty$;

(7) $\sum_{n=1}^{\infty}\frac{1}{4n+1}x^{4n+1}$, $|x|<1$; (8) $\sum_{n=1}^{\infty}nx^{2n-1}$, $|x|<1$.

9\. (1) $\frac{2}{(1-x)^3}$, $|x|<1$;(2) $\frac{x(x-1)}{(x+1)^3}$, $|x|<1$; (3) $\begin{cases}1+\left(\frac{1}{x}-1\right)\ln(1-x), & |x|<1,x\neq 0,\\ 0, & x=0;\end{cases}$

(4) $x\arctan\frac{x}{3}$, $|x|\leqslant 3$;(5) $\frac{1+x}{(1-x)^2}$, $|x|<1$;(6) $\begin{cases}-\frac{1}{x}\ln\left(1-\frac{x}{2}\right), & -2\leqslant x<2,x\neq 0,\\ \frac{1}{2}, & x=0.\end{cases}$

10\. (1) $\sqrt{2}\ln(\sqrt{2}+1)$;(2) $\frac{5}{16}-\frac{3}{8}\ln 2$;(3) $\frac{22}{27}$;(4) 4. 11. (2) $\frac{1}{5}$.

13\. (1) 2.718 28;(2) 0.998 46;(3) 0.763 54;(4) 0.250 49.

14\. $e^x\cos x=1+x-\frac{1}{3}x^3-\frac{1}{6}x^4-\frac{1}{30}x^5+\cdots\quad(-\infty<x<+\infty)$, $e^x\sin x=x+x^2+\frac{1}{3}x^3-\frac{1}{30}x^5+\cdots\quad(-\infty<x<+\infty)$.

16\. $\frac{1+i}{i^4}(i^2+6i+6)$.

习题 7.4

(A)

4\. $S(x)=\begin{cases}-1, & x=-2,\\ x, & |x|<2,\\ 1, & x=2,\\ 0, & 2<|x|\leqslant\pi,\end{cases}$ $S(\pi)=0,S\left(\frac{3}{2}\pi\right)=-\frac{\pi}{2},S(-10)=0.$

5\. (1) $f(x)=\frac{\pi^2}{3}+\sum_{n=1}^{\infty}(-1)^n\frac{4}{n^2}\cos nx$, $|x|\leqslant\pi$;

(2) $f(x)=\frac{18\sqrt{3}}{\pi}\sum_{n=1}^{\infty}(-1)^{n-1}\frac{n}{9n^2-1}\sin nx$, $|x|<\pi$;

(3) $f(x)=1+\frac{\text{sh}\,\pi}{\pi}+\frac{2\text{sh}\,\pi}{\pi}\sum_{n=1}^{\infty}\frac{(-1)^n}{1+n^2}(\cos nx-n\sin nx)$, $|x|<\pi$;

(4) $f(x)=\frac{1}{2}+\frac{2}{\pi}\sum_{n=1}^{\infty}\frac{1}{2n-1}\sin(2n-1)x$, $0<|x|<\pi$;

(5) $f(x)=\frac{\pi}{2}-\frac{4}{\pi}\sum_{n=1}^{\infty}\frac{1}{(2n-1)^2}\cos(2n-1)x$, $|x|\leqslant\pi$.

6\. (1) $f(x)=-\frac{1}{3}l^2+\frac{2l^2}{\pi}\sum_{n=1}^{\infty}(-1)^{n-1}\left(\frac{2}{n^2\pi}\cos\frac{n\pi x}{l}+\frac{1}{n}\sin\frac{n\pi x}{l}\right)$, $|x|<l$;

(2) $f(x)=\frac{1}{2}+\frac{4}{\pi^2}\sum_{n=1}^{\infty}\frac{1}{(2n-1)^2}\cos(2n-1)\pi x$, $|x|\leqslant 1$;

(3) $f(x)=\dfrac{16}{\pi^2}\sum_{n=1}^{\infty}\dfrac{1}{(2n-1)^2}\cos\dfrac{(2n-1)\pi x}{4},\ 0\leqslant x\leqslant 8;$

(4) $f(x)=\dfrac{1}{2}+\dfrac{8}{\pi}\sum_{n=1}^{\infty}(-1)^{n-1}\dfrac{1}{(2n-1)[4-(2n-1)^2]}\cos\dfrac{(2n-1)\pi x}{2},\ |x|\leqslant 2;$

(5) $f(x)=\dfrac{8}{\pi}\sum_{n=1}^{\infty}\dfrac{1}{(2n-1)^3}\sin(2n-1)x,\ |x|\leqslant\pi.$

7. (1) $f(x)=\sum_{n=1}^{\infty}\dfrac{1}{n}\sin nx,\ 0<x\leqslant\pi;$

(2) $f(x)=\dfrac{\pi}{8}-\sum_{n=1}^{\infty}\left[\dfrac{1}{n}\sin\dfrac{n\pi}{2}+\dfrac{2}{n^2\pi}\left((-1)^n-\cos\dfrac{n\pi}{2}\right)\right]\cos nx,0\leqslant x<\dfrac{\pi}{2},\dfrac{\pi}{2}<x\leqslant\pi;$

(3) $f(x)=\dfrac{6}{\pi}\sum_{n=1}^{\infty}(-1)^{n-1}\dfrac{1}{(2n-1)^2}\cos\dfrac{(2n-1)\pi}{6}\sin(2n-1)x,\ 0\leqslant x\leqslant\pi;$

(4) $f(x)=-\dfrac{8}{\pi^2}\sum_{n=1}^{\infty}\dfrac{1}{(2n-1)^2}\cos\dfrac{(2n-1)\pi x}{2},0\leqslant x\leqslant 2,\sum_{n=1}^{\infty}\dfrac{1}{n^2}=\dfrac{\pi^2}{6}.$

10. (1) $f(t)=\dfrac{h}{2}+\sum_{\substack{n=-\infty\\ n\neq 0}}^{+\infty}\dfrac{hi}{2n\pi}e^{in\omega t}\ \left(\omega=\dfrac{2\pi}{T}\right).$

n	0	1	2	3	4	…
$\lvert C_n\rvert$	$\dfrac{h}{2}$	$\dfrac{h}{2\pi}$	$\dfrac{h}{2\pi}\cdot\dfrac{1}{2}$	$\dfrac{h}{2\pi}\cdot\dfrac{1}{3}$	$\dfrac{h}{2\pi}\cdot\dfrac{1}{4}$	…

(2) $f(t)=\dfrac{2E}{\pi}-\dfrac{2E}{\pi}\sum_{\substack{n=-\infty\\ n\neq 0}}^{+\infty}\dfrac{1}{4n^2-1}e^{i2n\omega t}.$

n	0	1	2	3	4	5	…
$\lvert C_n\rvert$	$\dfrac{2E}{\pi}$	0	$\dfrac{2E}{\pi}\cdot\dfrac{1}{3}$	0	$\dfrac{2E}{\pi}\cdot\dfrac{1}{15}$	0	…

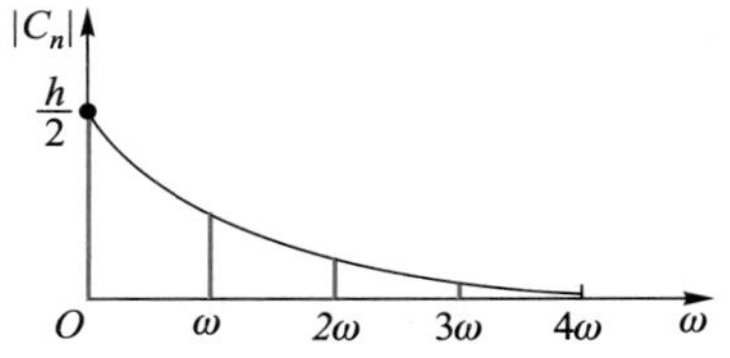

(第 10(1)题图)

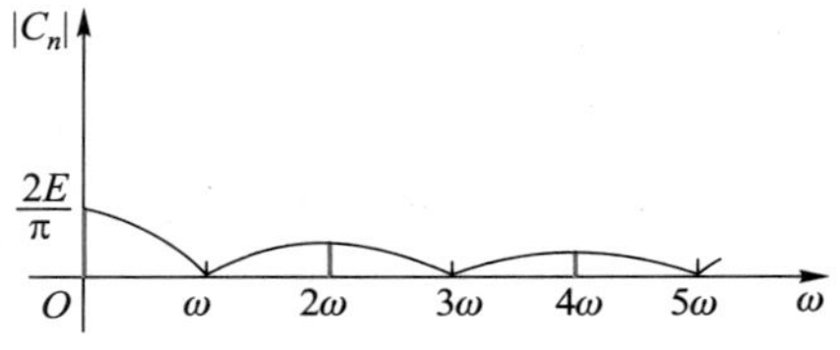

(第 10(2)题图)

(B)

1. 利用 $\int_{-\pi}^{\pi}[f(x)-S_n(x)]^2\mathrm{d}x\geqslant 0$,其中 $S_n(x)=\dfrac{a_0}{2}+\sum\limits_{k=1}^{n}(a_k\cos kx+b_k\sin kx)$.

2. 证明 $\lim\limits_{n\to\infty}\int_{-\pi}^{\pi}[f(x)-S_n(x)]^2\mathrm{d}x=0$,其中 $S_n(x)$ 同上题.

第 7 章习题

1. (1) (D);(2) (D);(3) (D);(4) (C);(5) (C);(6) (B);(7) (D);(8) (C);(9) (C);(10) (A);(11) (C).

2. 提示:三个儿子按题中比例分 17 只羊,还剩下 $\left[1-\left(\dfrac{1}{2}+\dfrac{1}{3}+\dfrac{1}{9}\right)\right]\times 17=\dfrac{17}{18}$ 只,按同样的比例再分,还剩下 $\dfrac{1}{18}\times\dfrac{17}{18}$.如此继续分下去,以至无穷.这样,大儿子分得的羊数应为

$$S=\frac{17}{2}\left(1+\frac{1}{18}+\frac{1}{18^2}+\cdots+\frac{1}{18^n}+\cdots\right)=\frac{17}{2}\times\frac{1}{1-\frac{1}{18}}=9(\text{只}).$$

同样可得二儿子分得 6 只,三儿子分得 2 只.

3. 10 天末的残留量为 $0.05[1+0.9+(0.9)^2+\cdots+(0.9)^{10}]=0.05\times\dfrac{1-(0.9)^{11}}{1-0.9}\approx 0.343\ 1(\mathrm{mg})$.长期服用,残留量维持在 0.5 mg 的水平.每天服用 0.045 mg,残留量即可降低 10%.

4. (1) 收敛;(2) 收敛.

5. (1) 提示: $|x_{n+1}-x_n|=|f(x_n)-f(x_{n-1})|=|f'(\xi_1)(x_n-x_{n-1})|\leqslant\dfrac{1}{2}|(x_n-x_{n-1})|\leqslant\cdots\leqslant\dfrac{1}{2^{n-1}}|(x_n-x_{n-1})|$;(2) $f(x)$ 是压缩映射,有唯一的不动点,而方程 $x-f(x)=0$ 在 $[0,2]$ 上有一个零点.

6. 提示: $|a_nb_n|\leqslant\dfrac{1}{2}(a_n^2+b_n^2)$.　　7. 收敛.

8. 提示: $(a_2-a_1)+(a_3-a_2)+\cdots+(a_n-a_{n-1})=a_n-a_1$,当 $n\to\infty$ 有极限,则 $\{a_n\}$ 有界,即 $|a_n|\leqslant M$,从而 $|a_nb_n|\leqslant M|b_n|$.

9. 提示: $|u_{n+1}-u_n|=|f(u_n)-f(u_{n-1})|=|f'(\xi_n)||u_n-u_{n-1}|\leqslant h|u_n-u_{n-1}|\leqslant\cdots\leqslant h^n|u_1-u_0|$.

10. 提示: $a_n\xlongequal{nx=t}\dfrac{\int_0^n f(t)\mathrm{d}t}{n}$, $a_n^2=\dfrac{1}{n^2}\left(\int_0^n f(t)\mathrm{d}t\right)^2\leqslant\dfrac{1}{n^2}\int_0^n 1^2\mathrm{d}t\cdot\int_0^n f^2(t)\mathrm{d}t\leqslant\dfrac{1}{n}\int_0^{+\infty}f^2(t)\mathrm{d}t$.

11. $p\leqslant 0$ 时收敛域为 $(-2,2)$, $0<p\leqslant 1$ 时收敛域为 $[-2,2)$, $p>1$ 时收敛域为 $[-2,2]$.

12. $\dfrac{\pi}{4}+\sum\limits_{n=0}^{\infty}(-1)^n\dfrac{x^{2n+1}}{2n+1}$, $-1\leqslant x<1$.

13. $x+\sum\limits_{n=1}^{\infty}(-1)^n\dfrac{(2n-1)!!}{(2n)!!}\dfrac{x^{2n+1}}{2n+1}$, $-1\leqslant x\leqslant 1$.　　14. $\dfrac{-2^{n-2}n!}{n-2}$,

15. 收敛域为 $(-\infty,+\infty)$,和函数为 $\dfrac{1}{4}(\mathrm{e}^x+\mathrm{e}^{-x})+\dfrac{1}{2}\cos x$.提示:对幂级数两边求导数,得到和函数满足

的微分方程 $S^{(4)}(x)-S(x)=0$.

16. ch x. 17. $\dfrac{4}{\pi}\sum_{n=1}^{\infty}\dfrac{(-1)^{n-1}}{(2n-1)^2}\sin(2n-1)x$, $(-\infty,+\infty)$.

18. $\dfrac{4}{3}\pi^2+4\sum_{n=1}^{\infty}\dfrac{\cos nx}{n^2}-4\pi\sum_{n=1}^{\infty}\dfrac{\sin nx}{n}$, $(0,2\pi)$; $\dfrac{\pi^2}{6},\dfrac{\pi^2}{12},\dfrac{\pi^2}{8}$.

19. 提示:将 $f(x)=k$ (常数)在 $[0,\pi]$ 上展成 Fourier 正弦级数.

20. $\dfrac{4}{\pi}\sum_{k=0}^{\infty}\dfrac{(-1)^k}{2k+1}\cos(2k+1)x$.

综合练习题

$\dfrac{1}{15}\pi^4$.将 $\dfrac{1}{e^x-1}$ 展成 e^{-x} $(x>0)$ 的幂级数.利用逐项求积分的方法,并利用 $f(x)=|x|$ 的 Parseval 等式求级数 $\sum_{n=1}^{\infty}\dfrac{1}{n^4}$ 的和.

二维码清单

第一章　函数、极限、连续

1.1.1　对应法则是函数定义中的本质要素
1.1.2　非严格单调函数是否一定没有单值反函数
1.1.3　分段函数一定不是初等函数吗
1.2.1　极限概念精确化的简要历程
1.2.2　数列极限的 ε-N 定义中蕴含的科学思维方法
1.2.3　判别数列发散的方法
1.2.4*　无界数列、发散数列和无穷大数列之间的关系
1.2.5　实数完备性简介
1.3.1*　函数极限定义的推广
1.3.2*　单侧极限在研究函数极限时有什么作用
1.3.3*　函数极限归并原理的重要作用
1.3.4　应用极限的保号性与保序性时应当注意的问题
1.3.5*　怎样正确运用复合函数极限的运算法则
1.3.6　两个重要极限公式的作用
1.4.1　无限个无穷小的乘积不是无穷小的例子
1.4.2　无穷小的阶与高阶无穷小的运算规律
1.4.3*　用无穷小等价代换求极限时常见的错误
1.5.1　函数在一点处连续的等价定义
1.5.2　怎样理解函数间断点的定义
1.5.3　为什么只说初等函数在它们的定义区间上连续
1.5.4*　怎样才能在讨论函数的连续性与间断点问题中少犯错误
1.5.5　有界闭区间上连续函数性质的归纳与小结

第二章　一元函数微分学及其应用

2.1.1*　导数定义的常见不同形式

第三章 一元函数积分学及其应用

第四章 常微分方程

第五章 多元函数微分学

第六章 多元函数积分学及其应用

6.7.3* 在应用线(面)积分时怎样选用第一型或第二型
6.7.4* 怎样利用对称性计算第二型线(面)积分
6.8.1* Green 公式的两种表示形式及其物理意义
6.8.2* 计算多元函数积分时容易发生混淆的错误
6.8.3* Gauss 公式是另一形式 Green 公式的推广
6.8.4* 为什么 Stokes 公式与曲线(C)上所张定向曲面无关
6.8.5* Stokes 公式是 Green 公式的推广
6.8.6* Stokes 公式与 Green 公式的物理解释
6.8.7* 空间无旋场的宏观表示与微观表示及其相互关系
6.8.8* 空间无源场的宏观表示与微观表示及其相互关系

第七章　无穷级数

7.1.1 研究无穷级数的敛散性与研究数列的敛散性之间的关系
7.1.2* 判定正项级数敛散性的检比法与检根法各有什么优点
7.1.3 加法运算的结合律与交换律能否推广到无穷级数
7.3.1* 确定幂级数收敛半径的常用方法
7.3.2* 函数的 Taylor 级数与 Taylor 展开式的区别
7.3.3 求幂级数和函数的方法和步骤
7.3.4 函数展开为 Taylor 级数的方法
7.4.1 怎样理解函数的正交性概念
7.4.2 怎样理解函数 Fourier 级数的均方逼近
7.4.3 函数展开为 Fourier 级数的方法
7.4.4* 将函数展开为 Fourier 级数与 Taylor 级数有哪些不同

注:其中标*的为录屏文件,未标*的为 PDF 文件.

参考文献

[1] 西安交通大学高等数学教研室.高等数学:下.2版.北京:高等教育出版社,1985.

[2] 萧树铁,居余马.高等数学:第3卷:多元微积分与微分几何初步.北京:清华大学出版社,1997.

[3] 朱自清.工科用数学分析:下.武汉:华中理工大学出版社,1995.

[4] 廖可人,李正元.数学分析:第3册.北京:高等教育出版社,1986.

[5] 欧阳光中,朱学炎,秦曾复.数学分析:下.上海:上海科学技术出版社,1982.

[6] 吉林大学数学系.数学分析:下.北京:人民教育出版社,1978.

[7] 李心灿.高等数学应用205例.北京:高等教育出版社,1997.

[8] 陈维桓.微分几何初步.北京:北京大学出版社,1990.

[9] 梅向明,黄敬之.微分几何.北京:人民教育出版社,1981.

[10] 吴大任.微分几何讲义.3版.北京:人民教育出版社,1979.

[11] 刘玉琏,傅沛仁.数学分析讲义:下.北京:高等教育出版社,1992.

读者意见反馈

为收集对教材的意见建议，进一步完善教材编写并做好服务工作，读者可将对本教材的意见建议通过如下渠道反馈至我社。

咨询电话　400-810-0598

反馈邮箱　hepsci@ pub.hep.cn

通信地址　北京市朝阳区惠新东街 4 号富盛大厦 1 座
　　　　　高等教育出版社理科事业部

邮政编码　100029

防伪查询说明

用户购书后刮开封底防伪涂层，使用手机微信等软件扫描二维码，会跳转至防伪查询网页，获得所购图书详细信息。

防伪客服电话

(010) 58582300

数字课程说明

1　计算机访问 http：//abook. hep. com. cn/48216，或手机扫描二维码、下载并安装 Abook 应用。

2　注册并登录，进入“我的课程”。

3　输入封底数字课程账号（20 位密码，刮开涂层可见），或通过 Abook 应用扫描封底数字课程账号二维码，完成课程绑定。

4　单击“进入课程”按钮，开始本数字课程的学习。

课程绑定后一年为数字课程使用有效期。受硬件限制，部分内容无法在手机端显示，请按提示通过计算机访问学习。

如有使用问题，请发邮件至 abook@ hep. com. cn。

扫描二维码
下载 Abook 应用